Analysis

Anton Deitmar

Analysis

3., überarbeitete und erweiterte Auflage

 Springer Spektrum

Anton Deitmar
Mathematisches Institut
Universität Tübingen
Tübingen, Deutschland

ISBN 978-3-662-62857-7   ISBN 978-3-662-62858-4   (eBook)
https://doi.org/10.1007/978-3-662-62858-4

Die Deutsche Nationalbibliothek verzeichnet diese Publikation in der Deutschen Nationalbibliografie; detaillierte bibliografische Daten sind im Internet über http://dnb.d-nb.de abrufbar.

Planung/Lektorat: Annika Denkert
Springer Spektrum ist ein Imprint der eingetragenen Gesellschaft Springer-Verlag GmbH, DE und ist ein Teil von Springer Nature.
Die Anschrift der Gesellschaft ist: Heidelberger Platz 3, 14197 Berlin, Germany

Vorwort

Dieses Buch liefert eine vollständige Einführung in die Analysis, von den mengentheoretischen Grundlagen bis zur komplexen Analysis. Enthalten sind ein- und mehrdimensionale Differentiation und Integration, die Theorie metrischer Räume, metrische und abstrakte Topologie, gewöhnliche Differentialgleichungen, Maßtheorie und Lebesgue-Integral, Differentialformen und Integration auf Mannigfaltigkeiten, der Residuensatz und der Riemannsche Abbildungssatz. Besonderer Wert wurde auf eine kurze und prägnante Darstellung gelegt, sowie auf Vollständigkeit und Klarheit der Argumente. Die Sprache wurde von unnötigen Floskeln befreit, prozesshafte Schilderungen wurden zugunsten prägnanter Zustandsbeschreibungen gekürzt. Insgesamt kann man die hinter dem Buch stehende Auffassung in drei Sätzen so formulieren:

Was gesagt werden kann, kann kurz gesagt werden.

Die beste Motivation für einen mathematischen Sachverhalt ist ein klarer und einfacher Beweis.

Für einen guten Text ist es nicht nur wichtig, was gesagt, sondern auch, was verschwiegen wird.

Das Buch eignet sich zum Selbststudium, als Vorlage für Lehrveranstaltungen oder als Begleittext. Für Anregungen, Bemerkungen und Korrekturen bedanke ich mich bei den Kollegen Christian Hainzl, Frank Loose und Reiner Schätzle, sowie bei Ben Deitmar, Lukas Epple, Alheydis Geiger, Stefan Köberle, Frank Monheim, Lukas Müller und einem anonymen Leser. Für alle Art von Feedback an meine Email-Adresse bin ich dankbar. Auf meiner Homepage finden Sie laufend Updates für dieses Buch.

Tübingen, 2020   Anton Deitmar

Inhaltsverzeichnis

Abhängigkeiten der Kapitel

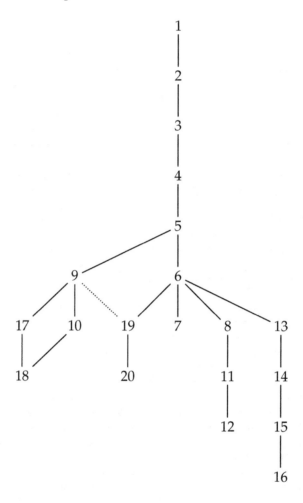

Teil I

Differential- und Integralrechnung

Kapitel 1

Mengentheoretische Grundlagen

Bevor die eigentliche Analysis beginnt, werden in diesem Kapitel einige Grundlagen über Mengen und Abbildungen, sowie über die Beweistechnik der vollständigen Induktion angegeben. Der Leser, der sich mit diesen Dingen vertraut fühlt, kann sie überspringen und dieses Kapitel nur zum gelegentlichen Nachschlagen verwenden.

1.1 Aussagen

In der Mathematik beschäftigt man sich damit, aus bekannten wahren Aussagen neue wahre Aussagen zu gewinnen. Eine wahre Aussage ist zum Beispiel die Formel $1 + 1 = 2$. Man kann Aussagen verknüpfen durch 'und' oder durch 'oder'. So ist zum Beispiel die Aussage

$$1 + 1 = 2 \quad \text{oder es regnet}$$

immer wahr, egal, ob es regnet oder nicht, da ja schon der erste Teil der Aussage wahr ist. Hier muss auf einen Unterschied zur Umgangssprache aufmerksam gemacht werden: das Wort 'oder' wird in der Mathematik stets als *einschließendes Oder* verwendet, das heißt, eine 'Oder'-Aussage gilt auch dann als wahr, wenn beide Teilaussagen stimmen, also ist die Aussage "$1 + 1 = 2$ oder es regnet" eben auch dann wahr, wenn es regnet, wenn also beide Teilaussagen stimmen.

Die wichtigste Verknüpfung von Aussagen ist die *Folgerung*, für die der Mathematiker das Zeichen "$\Rightarrow$" verwendet, das man als "wenn ... dann"

© Springer-Verlag GmbH Deutschland, ein Teil von Springer Nature 2021
A. Deitmar, *Analysis*, https://doi.org/10.1007/978-3-662-62858-4_1

lesen muss. Die Aussage "Wenn es regnet, wird die Straße nass." kann man dann so schreiben

$$\text{Es regnet.} \quad \Rightarrow \quad \text{Die Straße wird nass.}$$

Der Gebrauch des Folgerungszeichens "$\Rightarrow$" in der Mathematik unterscheidet sich aber vom Alltagsgebrauch der "wenn ... dann" Konstruktion, da keinerlei kausaler Zusammenhang bestehen muss, also gilt eine Folgerung "$\mathcal{A} \Rightarrow \mathcal{B}$" dann als wahr, wenn die Aussage $\mathcal{B}$ wahr ist, oder die Aussage $\mathcal{A}$ falsch. So ist zum Beispiel die Aussage

Wenn der Mond aus Harzer Käse besteht, dann ist 9 eine Primzahl.

ohne Zweifel wahr, da der Mond eben nicht aus Harzer Käse besteht.

Wenn eine Aussage $\mathcal{B}$ aus einer Aussage $\mathcal{A}$ folgt und gilt gleichzeitig, dass auch $\mathcal{A}$ aus $\mathcal{B}$ folgt, so sagt man, die Aussagen $\mathcal{A}$ und $\mathcal{B}$ sind *äquivalent* und schreibt dies in der Form

$$\mathcal{A} \quad \Leftrightarrow \quad \mathcal{B}.$$

Die Äquivalenz von zwei Aussagen bedeutet also, dass entweder beide wahr oder beide falsch sind. Grundlegende aussagenlogische Umformungen werden im Folgenden ohne weitere Kommentare verwendet, also Dinge wie die Tatsache, dass für beliebige Aussagen $\mathcal{A}, \mathcal{B}$ gilt:

$$(\mathcal{A} \Rightarrow \mathcal{B}) \quad \Leftrightarrow \quad (\mathcal{B} \text{ oder } \neg\mathcal{A}),$$

wobei $\neg\mathcal{A}$, gelesen als "nicht $\mathcal{A}$", die Negation der Aussage $\mathcal{A}$ ist. Man kann solche Umformungen in der Tat durch sogenannte *Wahrheitstafeln* beweisen. Als Beispiel wird für das nachfolgende Lemma ein solcher Beweis geführt.

Lemma 1.1.1. *Für beliebige Aussagen $\mathcal{A}, \mathcal{B}, C$ gilt:*

$$\mathcal{A} \text{ und } (\mathcal{B} \text{ oder } C) \quad \Leftrightarrow \quad (\mathcal{A} \text{ und } \mathcal{B}) \text{ oder } (\mathcal{A} \text{ und } C).$$

Beweis. Es gibt folgende Möglichkeiten: Die Aussage $\mathcal{A}$ ist entweder wahr oder falsch. Ebenso für $\mathcal{B}$ und C. Man schreibt nun alle möglichen Konstellationen dieser drei Wahrheitswerte in eine Tabelle, dann die sich ergebenden

Wahrheitswerte für $\mathcal{B}$ oder C und schließlich die für $\mathcal{A}$ und ($\mathcal{B}$ oder C),

$\mathcal{A}$	$\mathcal{B}$	C	$\mathcal{B}$ oder C	$\mathcal{A}$ und ($\mathcal{B}$ oder C)
w	w	w	w	w
w	w	f	w	w
w	f	w	w	w
w	f	f	f	f
f	w	w	w	f
f	w	f	w	f
f	f	w	w	f
f	f	f	f	f

Die andere Seite der Äquivalenz führt bei diesem Verfahren zur Tabelle

$\mathcal{A}$	$\mathcal{B}$	C	$\mathcal{A}$ und $\mathcal{B}$	$\mathcal{A}$ und C	($\mathcal{A}$ und $\mathcal{B}$) oder ($\mathcal{A}$ und C)
w	w	w	w	w	w
w	w	f	w	f	w
w	f	w	f	w	w
w	f	f	f	f	f
f	w	w	f	f	f
f	w	f	f	f	f
f	f	w	f	f	f
f	f	f	f	f	f

Die letzten Spalten dieser beiden Tabellen stimmen überein, womit das Lemma bewiesen ist, denn diese Übereinstimmung bedeutet ja, dass unter allen Konstellationen der Wahrheitswerte von $\mathcal{A}, \mathcal{B}$ und C die Wahrheitswerte der beiden in Frage stehenden Aussagen immer gleich sind. □

1.2 Mengen und Abbildungen

Mengen bilden seit dem neunzehnten Jahrhundert die Grundlage mathematischen Denkens. Eine *Menge* ist eine (gedachte) Zusammenfassung von (wirklichen oder gedachten) Objekten, die die *Elemente* der Menge genannt werden.

Beispiele 1.2.1.

- Die Leere Menge $\emptyset = \{\}$.

- Die Menge $\{1, 2, 3\}$ der Zahlen 1,2,3.

- Die Menge $\mathbb{N} = \{1, 2, 3, \dots\}$ der *natürlichen Zahlen*.

- Die Menge $\mathbb{N}_0 = \{0, 1, 2, 3, \ldots\}$ der natürlichen Zahlen mit Null.

- Die Menge $\mathbb{Z} = \{\ldots, -1, 0, 1, \ldots\}$ der ganzen Zahlen.

Eine Menge lässt sich auch dadurch beschreiben, dass ihre Elemente eine gemeinsame Eigenschaft haben. So haben die Elemente der Menge $\{1, 2, 3\}$ die Eigenschaft natürliche Zahlen und ≤ 3 zu sein, was sich auch wie folgt ausdrücken lässt:

$$\{1, 2, 3\} = \{n \in \mathbb{N} : n \leq 3\}.$$

Die rechte Seite liest man als "die Menge aller $n \in \mathbb{N}$ mit der Eigenschaft $n \leq 3$". Hier heißt $n \leq 3$, dass n kleiner oder gleich 3 ist. Entsprechend schreibt man $n < 3$, falls n echt kleiner als 3 ist. Man schreibt diese Relationen auch umgekehrt $3 \geq n$ oder $3 > n$ und liest diese als 3 ist größer oder gleich n und 3 ist echt größer als 3.

Zwei Menge heißen *gleich*, wenn sie die gleichen Elemente haben. Anders ausgedrückt:

$$N = M \quad \Leftrightarrow \quad \left(x \in N \; \Leftrightarrow \; x \in M \right).$$

Eine Menge A ist *Teilmenge* einer Menge B, geschrieben $A \subset B$, falls jedes Element von A schon in B liegt, also

$$A \subset B \quad \Leftrightarrow \quad \left(x \in A \; \Rightarrow \; x \in B \right).$$

Hieraus ergibt sich die Folgerung, dass zwei Mengen M, N genau dann gleich sind, wenn jede Teilmenge der anderen ist, also

$$M = N \quad \Leftrightarrow \quad \left(M \subset N \text{ und } N \subset M \right).$$

Sei M eine Menge. Die *Potenzmenge* $\mathcal{P}(M)$ von M ist die Menge aller Teilmengen von M. Dies versteht man am besten durch ein Beispiel.

Beispiele 1.2.2.

- Sei $M = \{1, 2, 3\}$. Dann ist

$$\mathcal{P}(M) = \{\emptyset, \{1\}, \{2\}, \{3\}, \{1, 2\}, \{1, 3\}, \{2, 3\}, \{1, 2, 3\}\}.$$

- Die Potenzmenge von $\mathbb{N}$ enthält die leere Menge $\emptyset$, alle einelementigen Teilmengen $\{1\}, \{2\}, \{3\}, \ldots$, alle 2-elementigen $\{1, 2\}, \{1, 3\}, \ldots$, und so weiter, aber auch alle unendlichen Teilmengen, die Potenzmenge von $\mathbb{N}$ ist ziemlich groß.

Seien A und B Mengen. Der *Durchschnitt* $A \cap B$ von A und B ist die Menge der gemeinsamen Elemente:

$$x \in A \cap B \quad \Leftrightarrow \quad \left(x \in A \text{ und } x \in B\right),$$

oder, was das Gleiche bedeutet:

$$A \cap B = \left\{x \in A : x \in B\right\}.$$

Beispiel 1.2.3.

$$\left\{1,2,3\right\} \cap \left\{2,3,4\right\} = \left\{2,3\right\}.$$

Definition 1.2.4. Zwei Menge A und B heißen *disjunkt*, falls sie keine gemeinsamen Elemente haben, also falls der Durchschnitt leer ist, d.h., wenn $A \cap B = \emptyset$ gilt. Ist $X = A \cup B$ und A und B disjunkt, so schreibt man dies in der Form:

$$X = A \sqcup B.$$

Diese Formel enthält also zwei Informationen: dass X die Vereinigung der beiden Mengen ist und dass diese disjunkt sind.

Wenn Objekte aufgezählt werden, benutzt man gerne Indizes, wie etwa $A_1, A_2, \ldots, A_k$. Hier wurden die Zahlen $1, 2, 3, \ldots, k$ als Indizes verwendet, also war die Menge $\{1, 2, 3, \ldots, k\}$ die *Indexmenge*. Es kann aber auch sein, dass man unendlich viele Objekte angeben möchte. Dies ist kein Problem, denn man kann beliebige Indexmengen verwenden. Man schreibt dann $(A_i)_{i \in I}$ für eine Liste von Objekten, die mit der Indexmenge I durchnummeriert sind. Statt "Liste" spricht man in diesem Fall von einer *Familie*. So besteht zum Beispiel eine Familie von Mengen aus einer Indexmenge I und der Angabe einer Menge A_i für jedes $i \in I$.

Eine Familie von Mengen $(A_i)_{i \in I}$ heißt *disjunkt*, falls zu je zwei $i, j \in I$ mit $i \neq j$ gilt $A_i \cap A_j = \emptyset$. Manchmal sagt man auch: die A_j sind *paarweise disjunkt*, was dasselbe bedeutet. Ist die Familie $(A_j)_{j \in J}$ disjunkt und ist $X = \bigcup_{j \in J} A_j$ deren Vereinigung, so schreibt man diese beiden Sachverhalte auch in der Form

$$X = \bigsqcup_{j \in J} A_j.$$

Definition 1.2.5. Die *Vereinigung* zweier Mengen $A \cup B$ ist die Menge aller x, die in mindestens einer der beiden Mengen liegen, also

$$x \in (A \cup B) \quad \Leftrightarrow \quad \left(x \in A \text{ oder } x \in B\right).$$

Sind die beiden Mengen disjunkt, dann schreibt man auch $A \sqcup B$ statt $A \cup B$.

Beispiel 1.2.6. Ein einfaches Beispiel ist $\{1, 2\} \cup \{2, 3\} = \{1, 2, 3\}$.

Proposition 1.2.7. *Sind A, B, C Mengen, dann gilt*

a) $A \cap (B \cup C) = (A \cap B) \cup (A \cap C)$, *diese Menge ist im folgenden Diagramm grau gekennzeichnet:*

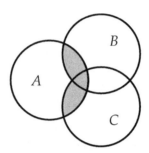

b) $A \cup (B \cap C) = (A \cup B) \cap (A \cup C)$, *auch für diese Menge hier ein Diagramm:*

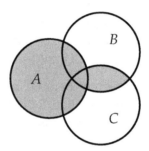

Beweis. Der Beweis von (a) läuft durch eine Reihe von Umformungen:

$$
\begin{array}{lll}
& x \in A \cap (B \cup C) & \\
\Leftrightarrow & x \in A \text{ und } x \in B \cup C & \text{Definition von } ''\cap'' \\
\Leftrightarrow & x \in A \text{ und } (x \in B \text{ oder } x \in C) & \text{Definition von } ''\cup'' \\
\Leftrightarrow & (x \in A \text{ und } x \in B) \text{ oder } (x \in A \text{ und } x \in C) & \text{Lemma 1.1.1} \\
\Leftrightarrow & (x \in A \cap B) \text{ oder } (x \in A \cap C) & \text{Definition von } ''\cap'' \\
\Leftrightarrow & x \in (A \cap B) \cup (A \cap C) & \text{Definition von } ''\cup''.
\end{array}
$$

Teil (b) beweist man analog. ☐

Zahlbereiche

Die Menge der *natürlichen Zahlen*

$$\mathbb{N} = \left\{1, 2, 3, \dots\right\}$$

erweitert man zur Menge der *ganzen Zahlen*

$$\mathbb{Z} = \left\{\dots, -2, -1, 0, 1, 2, \dots\right\}$$

und diese zur Menge der *rationalen Zahlen*

$$\mathbb{Q} = \left\{ \frac{p}{q} : \begin{array}{l} p, q \in \mathbb{Z}, \ q > 0 \\ p \text{ und } q \text{ sind teilerfremd} \end{array} \right\}.$$

Es ergibt sich die folgende Kette von Inklusionen:

$$\mathbb{N} \subset \mathbb{Z} \subset \mathbb{Q} \subset \underbrace{\mathbb{R}}_{\text{die reellen Zahlen}} \subset \underbrace{\mathbb{C}}_{\text{die komplexen Zahlen}}$$

Die reellen Zahlen werden in den folgenden Kapiteln ausführlich behandelt, die komplexen Zahlen in Abschnitt 4.5.

Definition 1.2.8. Sind X und Y Mengen, so heißt die Menge

$$X \setminus Y = \left\{ x \in X : x \notin Y \right\}$$

die *Mengendifferenz* von X und Y. Diese Menge ist im nächsten Bild grau dargestellt.

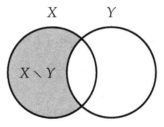

Beispiel 1.2.9. $\mathbb{Z} \setminus \mathbb{N} = \{0, -1, -2, \ldots\}$.

Quantoren

Möchte man eine Aussage treffen, die für jedes Element einer Menge A gilt, sagt man "Für jedes $x \in A$ gilt ...". Es gibt für solche Aussagen ein abkürzendes Symbol, den *Allquantor* "$\forall$". Zum Beispiel schreibt man die Aussage: Für jedes $n \in \mathbb{N}$ gilt $n \geq 1$ in der Form

$$\forall_{n \in \mathbb{N}} \ n \geq 1.$$

Ebenso gibt es einen Quantor für Existenzaussagen, den *Existenzquantor* "$\exists$". Die Aussage: "es gibt ein $n \in \mathbb{N}$ mit der Eigenschaft $n \leq 1$" liest sich dann so:

$$\exists_{n \in \mathbb{N}} \ n \leq 1.$$

Zur Illustration noch ein Beispiel aus der Praxis. Das ε-δ-Kriterium der Stetigkeit (Satz 4.3.9) schreibt man mit Quantoren wie folgt

$$\forall_{\varepsilon>0} \; \exists_{\delta>0} \quad |x - p| < \delta \implies |f(x) - f(p)| < \varepsilon.$$

Bei den Quantoren ist vor allem zu beachten, dass die Reihenfolge eine Rolle spielt. So ist etwa die Aussage "Für jeden Fuß gibt es einen Schuh, der ihm passt." durchaus verschieden von der Aussage "Es gibt einen Schuh, der auf jeden Fuß passt."

Abbildungen

Eine *Abbildung* $f : X \to Y$ von einer Menge X zu einer Menge Y ist eine Zuordnung, die jedem Element x von X ein Element $y = f(x)$ von Y zuordnet.

Beispiele 1.2.10.

(a) Sei $f : \{1, 2, 3\} \to \{4, 5\}$ die Abbildung

$$f(1) = 4, \quad f(2) = 4 \quad f(3) = 5.$$

(b) Ein anderes Beispiel ist die Abbildung $f : \mathbb{R} \to \mathbb{R}$,

$$f(x) = x^2.$$

(c) Auf jeder gegebenen Menge X gibt es eine kanonische Abbildung $X \to X$, nämlich die *Identität*

$$\mathrm{Id}_X : X \to X; \quad x \mapsto x.$$

Definition 1.2.11. Eine Abbildung von einer beliebigen Menge nach $\mathbb{R}$ wird auch *Funktion* genannt.

Sei X eine Menge und $A \subset X$ eine Teilmenge. Die *charakteristische Funktion* oder *Indikatorfunktion* der Menge A ist die Abbildung $\mathbf{1}_A : X \to \{0, 1\}$, die durch die Vorschrift

$$\mathbf{1}_A(x) := \begin{cases} 1 & x \in A, \\ 0 & x \notin A, \end{cases}$$

definiert wird.

Hier bedeutet das Zeichen ":=", dass die Zahl $\mathbf{1}_A(x)$ durch die rechte Seite definiert wird. Um die Anzahl der Zeichen zu minimieren, wird diese Schreibweise in diesem Buch sparsam eingesetzt.

Definition 1.2.12. Eine Abbildung $f : X \to Y$ heißt *injektiv*, falls *verschiedene Elemente verschiedene Bilder* haben, also wenn für alle $x, x' \in X$ gilt

$$x \neq x' \implies f(x) \neq f(x'),$$

oder, anders ausgedrückt, wenn

$$f(x) = f(x') \implies x = x'.$$

Dieser Begriff wird in den nächsten Bildern erläutert.

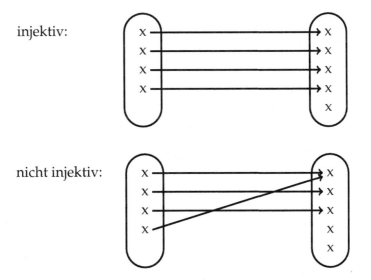

Beispiele 1.2.13.

- Die Abbildung $f : \mathbb{R} \to \mathbb{R}$ mit $f(x) = x^2$ ist nicht injektiv, denn $f(1) = 1 = f(-1)$.

- Die Abbildung $f : \mathbb{R} \to \mathbb{R}$ mit $f(x) = x^3$ ist injektiv.

Definition 1.2.14. Eine Abbildung $f : X \to Y$ heißt *surjektiv*, falls es zu jedem $y \in Y$ ein $x \in X$ gibt, so dass $f(x) = y$ gilt, wenn also jedes $y \in Y$ durch f getroffen wird.

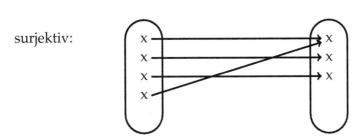

nicht surjektiv: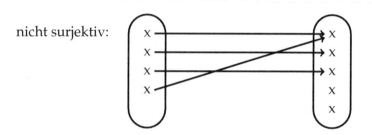

Beispiele 1.2.15.

- Die Abbildung $F : \mathbb{R} \to \mathbb{R}$ mit $f(x) = x^2$ ist nicht surjektiv, da es kein $x \in \mathbb{R}$ gibt mir $f(x) = -1$.

- Die Abbildung $f : \mathbb{R} \to \mathbb{R}$ mit $f(x) = x^3$ ist surjektiv.

Definition 1.2.16. Sei $f : X \to Y$ eine Abbildung. Das *Bild* von f ist die Teilmenge von Y, die durch

$$\mathrm{Bild}(f) = \big\{ f(x) : x \in X \big\}$$

definiert wird. Also ist f genau dann surjektiv, wenn $\mathrm{Bild}(f) = Y$ gilt.

Eine Abbildung $f : X \to Y$, die sowohl injektiv als auch surjektiv ist, heißt *bijektiv*.

Satz 1.2.17. *Ist X eine endliche Menge und ist $f : X \to X$ eine Abbildung der Menge X in sich, so sind äquivalent:*

(a) f ist injektiv,   (b) f ist surjektiv,   (c) f ist bijektiv.

Bei unendlichen Mengen gilt diese Äquivalenz allerdings nicht.

Beweis. Sei $X = \{x_1, \dots, x_n\}$ eine Menge mit n Elementen.

(a)$\Rightarrow$(b) Da $f(x_1), \dots, f(x_n)$ alle verschieden sind, sind es wieder n Elemente, also $\{f(x_1), \dots, f(x_n)\} = X$, damit ist f surjektiv.

(b)$\Rightarrow$(c) Sei f surjektiv. Es ist zu zeigen, dass f injektiv ist. Da nun aber $\{f(x_1), \dots, f(x_n)\} = \{x_1, \dots, x_n\}$ ist, müssen die $f(x_1), \dots, f(x_n)$ verschiedene Elemente sein, also ist f injektiv.

Die Richtung (c)$\Rightarrow$(a) ist trivial.

Ein Beispiel einer Selbstabbildung einer unendlichen Menge, die injektiv, aber nicht surjektiv ist, ist die Verschiebungsabbildung $f : \mathbb{N} \to \mathbb{N}$, die ein gegebenes $n \in \mathbb{N}$ auf $n + 1$ abbildet, also $1 \mapsto 2, 2 \mapsto 3$ und so weiter. Diese

Abbildung ist injektiv, aber sie ist nicht surjektiv, da das Element $1 \in \mathbb{N}$ nicht getroffen wird. Umgekehrt, ein Beispiel einer Selbstabbildung, die surjektiv, aber nicht injektiv ist, ist die Abbildung $g : \mathbb{N} \to \mathbb{N}$, die 1 auf 1 wirft und jede natürliche Zahl $n \geq 2$ auf $n - 1$ abbildet. Sie bildet also ab: $1 \mapsto 1, 2 \mapsto 1$, $3 \mapsto 2$, und so weiter. □

1.3 Komposition

Seien $f : X \to Y$ und $g : Y \to Z$ Abbildungen. Ihre *Komposition* $g \circ f$ (gelesen "geh nach eff"), ist die Abbildung von X nach Z, die durch

$$g \circ f(x) = g(f(x))$$

definiert wird. Man sagt auch, dass das Diagramm

kommutiert, was bedeutet, dass es egal ist, welchen Weg man von X nach Z im Diagramm geht, es kommt immer dieselbe Abbildung heraus.

Allgemeiner sagt man, dass ein Diagramm von Mengen und Abbildungen *kommutiert*, falls für jedes Paar X, Y von Mengen in dem Diagramm alle Wege von X nach Y im Diagramm dieselbe Abbildung liefern, wobei man natürlich immer nur in Pfeilrichtung gehen darf.

Beispiele 1.3.1.

- Für jede Abbildung $f : X \to Y$ gilt $f \circ \mathrm{Id}_X = f$ und $\mathrm{Id}_Y \circ f = f$.

- Sei $f : \mathbb{R} \to \mathbb{R}$ definiert durch $f(x) = x + 1$ und sei $g : \mathbb{R} \to \mathbb{R}, g(x) = x^2$. Dann gilt für $x \in \mathbb{R}$:

$$g \circ f(x) = g(f(x)) = g(x + 1) = (x + 1)^2 = x^2 + 2x + 1.$$

Lemma 1.3.2 (Assoziativität). *Seien* $f : W \to X, g : X \to Y$ *und* $h : Y \to Z$ *Abbildungen. Dann gilt*

$$h \circ (g \circ f) = (h \circ g) \circ f.$$

Man sagt hierzu auch: die Komposition ist assoziativ.

Beweis. Mit $w \in W$ gilt

$$h \circ (g \circ f)(w) = h(g \circ f(w)) = h(g(f(w))) = (h \circ g)(f(w)) = (h \circ g) \circ f(w).$$

□

Man kann die Assoziativität auch durch ein Diagramm beschreiben. Sie besagt, dass das Diagramm

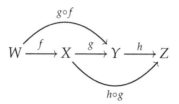

kommutiert. In der Tat kann man die Assoziativität auch durch dieses Diagramm beweisen, denn die Kommutativität des gesamten Diagramms folgt aus der Kommutativität der beiden Teildiagramme

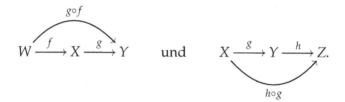

Die Kommutativität dieser Teildiagramme ist allerdings durch die Definition der Kompositionen $g \circ f$ und $h \circ g$ sichergestellt.

Proposition 1.3.3. *Seien $f : X \to Y$ und $g : Y \to Z$ Abbildungen. Sind g und f beide injektiv, so ist $g \circ f$ injektiv. Dasselbe gilt für Surjektivität.*

Beweis. Es seien beide injektiv und $x \neq x'$ in X. Da f injektiv ist, folgt $f(x) \neq f(x')$. Da g injektiv ist, folgt hieraus $g \circ f(x) = g(f(x)) \neq g(f(x')) = g \circ f(x')$. Also ist $g \circ f$ injektiv. Sind nun beide surjektiv und ist $z \in Z$, dann gibt es, da g surjektiv ist, ein $y \in Y$ mit $g(y) = z$. Da f surjektiv ist, gibt es ein $x \in X$ mit $f(x) = y$. Dann folgt $g \circ f(x) = g(f(x)) = g(y) = z$. Also ist $g \circ f$ surjektiv.   □

Insbesondere ist die Komposition bijektiver Abbildungen bijektiv.

Definition 1.3.4. Eine Abbildung $f : X \to Y$ heißt *invertierbar* oder *umkehrbar*, wenn es eine Abbildung $g : Y \to X$ gibt, so dass

$$g \circ f = \mathrm{Id}_X \quad \text{und} \quad f \circ g = \mathrm{Id}_Y$$

gilt.

Satz 1.3.5.

a) *Sei $f : X \to Y$ eine umkehrbare Abbildung. Dann ist die Abbildung g mit der Eigenschaft $f \circ g = \mathrm{Id}_Y$ und $g \circ f = \mathrm{Id}_X$ eindeutig bestimmt. Sie wird die* inverse Abbildung *oder* Umkehrabbildung *von f genannt und in der Form $g = f^{-1}$ geschrieben.*

b) *Eine Abbildung $f : X \to Y$ ist genau dann umkehrbar, wenn sie bijektiv ist.*

Beweis. (a) Die Annahme, es gebe eine weitere Abbildung $h : Y \to X$ mit $h \circ f = \mathrm{Id}_X$ und $f \circ h = \mathrm{Id}_Y$ führt zu $g = g \circ \mathrm{Id}_Y = g \circ (f \circ h) = (g \circ f) \circ h = \mathrm{Id}_X \circ h = h$, also zu $g = h$ wie behauptet.

(b) Sei $f : X \to Y$ eine Abbildung. Es ist zu zeigen:

$$f \text{ invertierbar} \Leftrightarrow f \text{ bijektiv}.$$

"$\Rightarrow$" Sei f invertierbar und sei f^{-1} die Umkehrabbildung. Sind $x, x' \in X$ mit $f(x) = f(x')$, so gilt $x = \mathrm{Id}_X(x) = f^{-1} \circ f(x) = f^{-1}(f(x)) = f^{-1}(f(x')) = \mathrm{Id}_X(x') = x'$, also $x = x'$, somit ist f injektiv. Sei ferner $y \in Y$, so gibt es ein $x \in X$, nämlich $x = f^{-1}(y)$ mit $f(x) = f(f^{-1}(y)) = y$, also ist f auch surjektiv.

"$\Leftarrow$" Sei f bijektiv und sei $y \in Y$. Dann existiert ein $x \in X$ mit $f(x) = y$, da f surjektiv ist. Da f obendrein injektiv ist, ist x eindeutig bestimmt. Die Festlegung $g(y) = x$ definiert also eine Abbildung $g : Y \to X$, die nach Definition die Gleichung $f \circ g = \mathrm{Id}_Y$ erfüllt. Sei $x \in X$ und sei $y = f(x)$, dann folgt $x = g(y)$ und also $g(f(x)) = x$ und also auch $g \circ f = \mathrm{Id}_X$. $\quad\square$

Definition 1.3.6. Sei M eine Menge. Eine bijektive Abbildung $\sigma : M \to M$ nennt man auch eine *Permutation* auf M. Die Menge aller Permutationen $\sigma : M \to M$ schreibt man als $\mathrm{Per}(M)$.

1.4 Produkte und Relationen

Das *Produkt* oder auch das *kartesische Produkt* $X \times Y$ zweier Mengen X und Y ist die Menge aller Paare (x, y) wobei $x \in X$ in $y \in Y$ ist.

Beispiele 1.4.1.

- $\{1, 2\} \times \{3, 4, 5\} = \{(1, 3), (1, 4), (1, 5), (2, 3), (2, 4), (2, 5)\}$.

- Die Menge $\mathbb{R} \times \mathbb{R}$ ist die kartesische Ebene.

Definition 1.4.2. Sei X eine Menge. Eine *Relation* auf X ist eine Teilmenge $R \subset X \times X$. Man schreibt $x \sim_R y$ oder einfach $x \sim y$ falls $(x, y) \in R$.

Beispiele 1.4.3.

- Auf der Menge aller Menschen gibt es die Vetter-Relation:

$$x \sim y \quad \Leftrightarrow \quad x \text{ ist Vetter von } y.$$

- Auf der Menge der reellen Zahlen $X = \mathbb{R}$ gibt es die "kleiner-gleich-Relation":

$$x \sim y \quad \Leftrightarrow \quad x \leq y.$$

- Auf der Menge der ganzen Zahlen $\mathbb{Z}$ gibt es die *Parität*, das ist die Relation:

$$x \sim y \quad \Leftrightarrow \quad x - y \text{ ist gerade.}$$

Definition 1.4.4. Eine Relation $\sim$ heißt *Äquivalenzrelation*, falls für alle x, y, z in X gilt

$$
\begin{array}{ll}
x \sim x & \text{Reflexivität} \\
x \sim y \Rightarrow y \sim x & \text{Symmetrie} \\
x \sim y, y \sim z \Rightarrow x \sim z & \text{Transitivität.}
\end{array}
$$

Ist $\sim$ eine Äquivalenzrelation und gilt $x \sim y$, so sagt man: x ist *äquivalent* zu y.

Beispiele 1.4.5.

- Die "Vetternwirtschaft" ist keine Äquivalenzrelation, denn es kann sein, dass x ein Vetter von y ist und y ein Vetter von z, aber x kein Vetter von z.

- die kleiner-gleich-Relation ist keine Äquivalenzrelation, denn $0 \leq 1$, aber $1 \nleq 0$.

- Die Parität auf $\mathbb{Z}$ ist eine Äquivalenzrelation.

Definition 1.4.6. Sei $\sim$ eine Äquivalenzrelation auf der Menge X. Für $x \in X$ sei

$$[x] = \left\{ y \in X : y \sim x \right\}$$

die *Äquivalenzklasse* von x.

Proposition 1.4.7. *Ist ~ eine Äquivalenzrelation auf X, so zerfällt X in paarweise disjunkte Äquivalenzklassen. Ist umgekehrt irgendeine disjunkte Zerlegung von X gegeben:*

$$X = \bigsqcup_{i \in I} X_i,$$

so definiert man eine Äquivalenzrelation ~ durch

$$x \sim y \quad \Leftrightarrow \quad x \text{ und } y \text{ liegen in derselben Menge } X_i.$$

In diesem Fall sind die X_i genau die Äquivalenzklassen der Relation ~.

Man kann also sagen: Eine Äquivalenzrelation auf einer Menge X ist dasselbe wie eine disjunkte Zerlegung von X in Teilmengen.

Beweis. Sei ~ eine Äquivalenzrelation. Wegen der Reflexivität liegt jedes $x \in X$ in einer Äquivalenzklasse, nämlich $x \in [x]$. Für $x, y \in X$ wird zunächst gezeigt, dass $x \in [y] \Leftrightarrow y \in [x] \Leftrightarrow [x] = [y]$ gilt. Die erste Äquivalenz folgt direkt aus der Symmetrie. Für die zweite gelte $u, y \in [x]$, damit also $y \sim x$ und $u \sim x$, woraus nach Symmetrie und Transitivität schon $u \sim y$ folgt, also $u \in [y]$ so dass $[x] \subset [y]$ folgt. Da die Voraussetzung in x und y symmetrisch ist, kann man die beiden vertauschen und erhält auch $[y] \subset [x]$, also $[x] = [y]$ wie behauptet. Hieraus folgt nun, dass für beliebige $x, y \in X$ entweder $[x] = [y]$ oder $[x] \cap [y] = \emptyset$ gilt. Damit liefern die Äquivalenzklassen eine disjunkte Zerlegung. Der Nachweis, dass umgekehrt jede Zerlegung von X eine Äquivalenzrelation definiert, sei dem Leser zur Übung gelassen. □

Beispiele 1.4.8.

- Die Parität auf $\mathbb{Z}$ hat genau zwei Äquivalenzklassen, die Menge der geraden Zahlen und die Menge der ungeraden Zahlen.

- Auf $\mathbb{R}$ sei die folgende Äquivalenzrelation definiert: man sagt $x \sim y$, wenn $x - y$ eine ganze Zahl ist. Man schreibt $\mathbb{R}/\mathbb{Z}$ für die Menge der Äquivalenzklassen. Man sollte sich $\mathbb{R}/\mathbb{Z}$ als einen Kreis vorstellen, die Projektion $\mathbb{R} \to \mathbb{R}/\mathbb{Z}$, $x \mapsto [x]$, rollt die Gerade auf einen Kreis auf.

1.5 Vollständige Induktion

Die vollständige Induktion ist ein Beweisprinzip für Aussagen, die die natürliche Zahlen betreffen. Ist $A(n)$ eine Aussage, die für eine natürliche Zahl n Sinn macht, so gilt

Ist die Aussage A(1) richtig und gilt

$$A(n) \quad \Rightarrow \quad A(n+1)$$

für jedes $n = 1, 2, 3, \ldots$, dann gilt $A(n)$ für jedes $n \in \mathbb{N}$.

Anders aufgeschrieben ist das

$$\left. \begin{array}{l} A(1) \text{ gilt,} \\[2ex] A(n) \Rightarrow A(n+1) \\ \text{für jedes } n \in \mathbb{N} \end{array} \right\} \Rightarrow A(n) \text{ gilt für jedes } n \in \mathbb{N}.$$

Beispiel 1.5.1. Für jede natürliche Zahl n gilt

$$1 + 2 + 3 + \cdots + n = \frac{n(n+1)}{2}.$$

Beweis. Induktionsanfang: Für $n = 1$ ist die Behauptung wahr, denn die linke Seite ist 1 und die rechte Seite ist $\frac{1(1+1)}{2} = \frac{2}{2} = 1$.

Induktionsschritt: $n \to n+1$: Unter der Annahme, dass $A(n)$ gilt, rechnet man

$$\underbrace{1 + 2 + \cdots + n}_{= \frac{n(n+1)}{2}} + (n+1) = \frac{n(n+1)}{2} + n + 1$$

$$= \frac{n^2 + n + 2n + 2}{2} = \frac{(n+1)(n+2)}{2}.$$

Mithin folgt aus $A(n)$, dass

$$1 + 2 + \cdots + n + (n+1) = \frac{(n+1)(n+2)}{2}.$$

Dies ist aber gerade die Aussage $A(n+1)$. $\qquad\qquad\square$

Es kommt auch vor, dass eine Aussage $A(n)$ erst ab einer bestimmten Zahl richtig ist, wie man an folgendem Beispiel sieht.

Beispiele 1.5.2.

- Für jede natürliche Zahl $n \geq 3$ gilt $2n^2 \geq (n+1)^2$.

- Für jede natürliche Zahl $n \geq 5$ gilt $2^n > n^2$.

Beweis. Die erste Aussage kann man ohne Induktion beweisen, denn aus $n > 2$ folgt $n^2 > 2n$, also $n^2 \geq 2n + 1$ und daher $2n^2 \geq n^2 + 2n + 1 = (n + 1)^2$.

Nun zur zweiten Aussage. *Induktionsanfang:* Für $n = 5$ rechne $2^n = 2^5 = 32 > 25 = n^2$.

Induktionsschritt: $n \to n + 1$. Es gelte $2^n > n^2$ und es sei $n \geq 5$. Dann folgt unter Verwendung der Induktionsvoraussetzung und ersten Aussage:

$$2^{n+1} = 2 \cdot 2^n > 2 \cdot n^2 \geq (n + 1)^2,$$

was gerade die Behauptung für $n + 1$ ist. □

Es kommt auch vor, dass man im Induktionsschritt nicht nur $A(n)$ als Voraussetzung braucht, sondern dass der Induktionsschritt lautet: $A(1), \ldots A(n) \Rightarrow A(n + 1)$.

Beispiel 1.5.3. Jede natürliche Zahl $n \geq 2$ ist ein Produkt von Primzahlen, lässt sich also schreiben als

$$n = p_1 \cdot p_2 \cdots p_k,$$

wobei die Zahlen $p_1, \ldots, p_k$ Primzahlen sind. Hierbei ist $k = 1$ ausdrücklich erlaubt, das heißt, eine Primzahl wird auch als Primzahlprodukt aufgefasst.

Beweis. Induktionsanfang: $n = 2$. Diese Zahl ist allerdings selbst eine Primzahl, also ein Produkt mit einem Faktor.

Induktionsschritt: $2, \ldots, n \to n + 1$. Die Behauptung sei wahr für jede der Zahlen $2, \ldots, n$. Ist nun $n + 1$ selbst eine Primzahl, so ist der Beweis beendet, denn die Behauptung gilt dann auch für $n + 1$, welches ein Primzahlprodukt mit einem Faktor ist. Andernfalls hat $n + 1$ einen echten Teiler d. Dann liegen sowohl d als auch $\frac{n+1}{d}$ in der Menge $\{2, 3, \ldots, n\}$, damit gilt also die Behauptung für d und für $\frac{n+1}{d}$, welche damit beide Produkte von Primzahlen sind, also ist auch $n + 1 = d \cdot \frac{n+1}{d}$ ein Produkt von Primzahlen. □

Beispiel 1.5.4. Die folgende Aussage sieht auf den ersten Blick geradezu banal aus. Sie ist aber in der Tat äquivalent zum Beweisprinzip der Vollständigen Induktion:

Jede Teilmenge $S \neq \emptyset$ von $\mathbb{N}$ hat ein kleinstes Element.

Beweis. Sei S eine Teilmenge von $\mathbb{N}$ ohne kleinstes Element. Zu zeigen ist, dass $S = \emptyset$ ist. Die Aussage, dass S kein kleinstes Element hat, liefert für $k \geq 0$, dass

$$1 \notin S, 2 \notin S, \ldots, k \notin S \quad \Rightarrow \quad k + 1 \notin S,$$

da andernfalls $k + 1$ das kleinste Element wäre. Für $k = 0$ ist dies der *Induktionsanfang* zum Induktionsbeweis von $\bigvee_{n \in \mathbb{N}} n \notin S$ und für $k = n$ ist es der *Induktionsschritt* $n \to n + 1$. Damit liegt keine natürliche Zahl in S, also ist $S = \emptyset$.   □

Definition 1.5.5. Zur Abkürzung wird das *Summenzeichen* benutzt:

$$\sum_{j=1}^{n} a_j = a_1 + a_2 + \cdots + a_n.$$

Beispiel 1.5.6. Für jede natürliche Zahl n gilt

$$\sum_{k=1}^{n} (2k - 1) = n^2.$$

Beweis. Induktionsanfang: $n = 1$ In diesem Fall haben beide Seiten der Gleichung den Wert 1, sind also gleich.

Induktionsschritt: Die Aussage sei wahr für n, dann gilt

$$\sum_{k=1}^{n+1} (2k - 1) = \underbrace{\sum_{k=1}^{n} (2k - 1)}_{=n^2} + (2(n + 1) - 1)$$

$$= n^2 + (2(n + 1) - 1) = n^2 + 2n + 1 = (n + 1)^2.$$

Der Vergleich des Anfangs und des Endes dieser Gleichungskette ist gerade die verlangte Aussage für $n + 1$.   □

Analog zum Summenzeichen gibt es auch das *Produktzeichen*

$$\prod_{j=1}^{n} a_j = a_1 \cdot a_2 \cdots a_n.$$

So ist zum Beispiel die *Fakultät* einer Zahl $n \in \mathbb{N}$ definiert als

$$n! = \prod_{k=1}^{n} k = 1 \cdot 2 \cdots n, \qquad \text{gelesen: ''Enn Fakultät''}$$

Also gilt etwa $1! = 1, 2! = 2, 3! = 6, 4! = 24, 5! = 120, 6! = 720$. Für $n = 0$ trifft man noch die *Sondervereinbarung*, dass $0! = 1$ sein soll.

Proposition 1.5.7. *Die Anzahl aller möglichen Anordnungen einer n-elementigen Menge ist n!.*

Beispiele: Alle Anordnungen der 2-elementigen Menge $\{1, 2\}$ sind

$$(1, 2), \quad (2, 1)$$

also 2 Stück. Alle Anordnungen der 3-elementigen Menge $\{1, 2, 3\}$ sind

$$(1, 2, 3), (1, 3, 2), (2, 1, 3), (3, 1, 2), (2, 3, 1), (3, 2, 1),$$

also $6 = 3 \cdot 2 \cdot 1 = 3!$.

Beweis. Um n-Elemente anzuordnen, hat man für die erste Position die freie Wahl unter allen n-Elementen. Ist die erste Position besetzt, so bleibt noch die Wahl unter $n - 1$ Elementen, für die ersten beiden Positionen gibt es also $n \cdot (n - 1)$ verschiedenen Wahlen. Für die dritte Position bleiben $(n - 2)$ viele Wahlmöglichkeiten und so weiter, bis am Ende die letzte Position vorgegeben ist, so dass es im Endeffekt $n \cdot (n - 1) \cdot (n - 2) \cdots 1 = n!$ viele Wahlmöglichkeiten gibt. □

Definition 1.5.8. Es seien zwei ganze Zahlen $k, n \geq 0$ gegeben. Der *Binomialkoeffizient* $\binom{n}{k}$ ist die Zahl

$$\binom{n}{k} = \frac{\text{Anzahl der } k\text{-elementigen Teilmengen}}{\text{einer } n\text{-elementigen Menge.}}$$

Ist $k > n$, dann gibt es keine k-elementigen Teilmengen einer n-elementigen Menge, in diesem Fall ist der Binomialkoeffizient also Null.

Beispiele 1.5.9.

- Für jedes n gilt $\binom{n}{0} = 1$, denn die einzige 0-elementige Menge ist die leere Menge.

- Für jedes $n \geq 1$ gilt $\binom{n}{1} = n$, denn die einelementigen Teilmengen von $\{1, \ldots, n\}$ sind genau die Mengen $\{1\}, \{2\}, \ldots, \{n\}$.

- Es gilt $\binom{n}{2} = \frac{n(n-1)}{2}$, denn um eine 2-elementige Teilmenge zu bilden, hat man für das erste Element n-Wahlmöglichkeiten und für das zweite $n - 1$. Jetzt kommt aber jede Teilmenge zweimal vor, weil ja beide möglichen Reihenfolgen auftreten, so dass das Ergebnis noch durch 2 geteilt werden muss.

Proposition 1.5.10. *Für* $0 \leq k \leq n$ *gilt*

$$\binom{n}{k} = \frac{n!}{k!(n - k)!} = \frac{n \cdot (n - 1) \cdots (n - k + 1)}{k!}.$$

Beweis. Wählt man zunächst k Elemente mit Reihenfolge aus einer gegebenen n-elementigen Menge aus, so hat man für die erste Position n Wahlmöglichkeiten, für die zweite $n - 1$ und so weiter, insgesamt also $n \cdot (n - 1) \cdots (n - k + 1)$ Möglichkeiten. Jetzt treten aber alle $k!$ möglichen Reihenfolgen dieser k Elemente auf, also muss das Ergebnis noch durch $k!$ geteilt werden.   □

Proposition 1.5.11 (Pascalsches Gesetz). *Für $k, n \geq 1$ gilt*

$$\binom{n}{k} = \binom{n - 1}{k - 1} + \binom{n - 1}{k}.$$

Beweis. Sei A die Menge aller Teilmengen der Menge $\{1, 2, 3, \ldots, n\}$, welche genau k Elemente haben. Dann gilt $|A| = \binom{n}{k}$, wobei $|A|$ die Anzahl der Elemente der Menge A bezeichnet. Sei A_1 die Menge aller Teilmengen, die das Element 1 enthalten und sei A_2 die Menge aller Teilmengen, die die 1 nicht enthalten. Dann ist A die disjunkte Vereinigung von A_1 und A_2 und daher folgt

$$|A| = |A_1| + |A_2|.$$

Es ist nun

$$|A_1| = \frac{\text{Anzahl der } k - 1\text{-elementigen Teilmengen}}{\text{von } \{2, 3, \ldots, n\}} = \binom{n - 1}{k - 1}.$$

Ebenso gilt

$$|A_2| = \frac{\text{Anzahl der } k\text{-elementigen Teilmengen}}{\text{von } \{2, 3, \ldots, n\}} = \binom{n - 1}{k}.$$

Zusammen folgt die Behauptung.   □

Satz 1.5.12 (Binomischer Lehrsatz). *Für jedes $n \geq 0$ und $x, y \in \mathbb{R}$ gilt*

$$(x + y)^n = \sum_{k=0}^{n} \binom{n}{k} x^k y^{n-k}.$$

Setzt man $y = 1$, so folgt

$$(x + 1)^n = \sum_{k=0}^{n} \binom{n}{k} x^k.$$

Dieser Satz ist der Grund, warum die Zahlen $\binom{n}{k}$ die *Binomialkoeffizienten* heißen. Man beachte, dass x^0 stets als 1 erklärt ist.

Beweis. Induktion nach n. Für $n = 0$ ist nichts zu zeigen. Der Induktionsschritt $n \to n + 1$ ergibt sich aus der Rechnung

$$(x + y)^{n+1} = (x + y)(x + y)^n = (x + y) \sum_{k=0}^{n} \binom{n}{k} x^k y^{n-k}$$

$$= \sum_{k=0}^{n} \binom{n}{k} x^{k+1} y^{n-k} + \sum_{k=0}^{n} \binom{n}{k} x^k y^{n+1-k}$$

$$= \sum_{k=1}^{n+1} \binom{n}{k-1} x^k y^{n+1-k} + \sum_{k=0}^{n} \binom{n}{k} x^k y^{n+1-k} = \sum_{k=0}^{n+1} \binom{n+1}{k} x^k y^{n+1-k}.$$

Damit folgt die Behauptung. □

Folgerungen:

$$\sum_{k=0}^{n} \binom{n}{k} = 2^n, \qquad \sum_{k=0}^{n} \binom{n}{k} (-1)^k = 0.$$

Satz 1.5.13 (Geometrische Reihe). *Für jedes $n \in \mathbb{N}$ und $x \in \mathbb{R}$, $x \neq 1$ gilt*

$$\sum_{k=0}^{n} x^k = \frac{1 - x^{n+1}}{1 - x}$$

Beweis. Man kann diesen Satz durch Induktion nach n beweisen. Etwas schneller geht es so:

$$(1 - x) \sum_{k=0}^{n} x^k = \sum_{k=0}^{n} x^k - \sum_{k=0}^{n} x^{k+1} = \sum_{k=0}^{n} x^k - \sum_{k=1}^{n+1} x^k = 1 - x^{n+1}.$$

Nach Division durch $(1 - x)$ folgt die Behauptung. □

1.6 Aufgaben und Bemerkungen

Aufgaben

Aufgabe 1.1. Es seien

$$\wedge = \text{und}, \qquad \vee = \text{oder}.$$

Zeige: Für alle Aussagen $\mathcal{A}, \mathcal{B}$ gilt

(a) $\mathcal{A} \Rightarrow (\mathcal{B} \Rightarrow \mathcal{A})$ und

(b) $(\mathcal{A} \wedge \neg\mathcal{B}) \vee (\mathcal{B} \wedge \neg\mathcal{A}) \quad \Leftrightarrow \quad (\mathcal{A} \vee \mathcal{B}) \wedge \neg(\mathcal{A} \wedge \mathcal{B})$.

Hierbei ist $\neg C$ die *Negation* der Aussage C, also ist $\neg C$ genau dann wahr, wenn C falsch ist.

Aufgabe 1.2. Seien A, B, C Mengen. *Zeige:*

$$(A \smallsetminus B) \smallsetminus (A \smallsetminus C) = (A \cap C) \smallsetminus B,$$
$$(A \smallsetminus B) \smallsetminus (C \smallsetminus B) = A \smallsetminus (B \cup C).$$

Aufgabe 1.3. Sei $f : X \to Y$ eine Abbildung. Sei $f^{-1} : \mathcal{P}(Y) \to \mathcal{P}(X)$ die Abbildung

$$A \mapsto f^{-1}(A) = \{x \in X : f(x) \in A\}.$$

Man nennt $f^{-1}(A)$ auch das *Urbild* von A.

Man beweise, dass für beliebige Teilmengen A, B von Y gilt

$$f^{-1}(A \cap B) = f^{-1}(A) \cap f^{-1}(B) \quad \text{und} \quad f^{-1}(A \cup B) = f^{-1}(A) \cup f^{-1}(B),$$

sowie $f^{-1}(A^c) = f^{-1}(A)^c$. In der letzten Aussage ist $(.)^c$ jeweils entsprechend zu interpretieren, also $A^c = Y \smallsetminus A$ und $f^{-1}(A)^c = X \smallsetminus f^{-1}(A)$.

Aufgabe 1.4. *Beweise,* dass für jede natürliche Zahl n gilt

$$\text{(a)} \sum_{k=1}^{n} k = \frac{n(n+1)}{2}, \quad \text{(b)} \sum_{k=1}^{n} k^2 = \frac{n(n+1)(2n+1)}{6}, \quad \text{(c)} \sum_{k=1}^{n} k^3 = \frac{n^2(n+1)^2}{4}.$$

Aufgabe 1.5. Sei $f : \mathbb{N} \to \mathbb{R}$ eine *Polynomfunktion* vom Grad $d + 1$, d.h., gegeben durch

$$f(n) = a_0 + a_1 n + \cdots + a_{d+1} n^{d+1}$$

mit Koeffizienten $a_0, \ldots, a_{d+1} \in \mathbb{R}$ mit $a_{d+1} \neq 0$. Sei dann

$$\Delta f(n) = f(n+1) - f(n).$$

Beweise:

(a) Die Funktion Δf ist eine Polynomfunktion vom Grad d.

(b) Ist $\Delta f = 0$, dann ist f konstant.

(c) Zu jeder Polynomfunktion g gibt es eine Polynomfunktion f so dass $g = \Delta f$.

(d) Sei umgekehrt $f : \mathbb{N} \to \mathbb{R}$ eine Funktion, so dass $\Delta f(n)$ eine Polynomfunktion vom Grad d ist, dann ist $f(n)$ eine Polynomfunktion vom Grad $d + 1$.

Aufgabe 1.6. Sei $f_1 = f_2 = 1$ und für $n \in \mathbb{N}$ sei $f_{n+2} = f_n + f_{n+1}$. Die Folge (f_n) heißt die Folge der *Fibonacci-Zahlen*.

Zeige, dass für jede natürliche Zahl n gilt

$$f_n = \frac{1}{\sqrt{5}} \left(\left(\frac{1 + \sqrt{5}}{2} \right)^n - \left(\frac{1 - \sqrt{5}}{2} \right)^n \right).$$

Aufgabe 1.7. *Zeige,* dass für jedes $n \in \mathbb{N}$ gilt

(a) $n + n^2$ ist gerade,

(b) die Zahl $f(n) = 7^{2n} - 2^n$ ist durch 47 teilbar.

Aufgabe 1.8. *Zeige:*

(a) Für jede natürliche Zahl n ist die Zahl $f(n) = n(n + 3)$ gerade.

(b) Für jede natürliche Zahl n ist die Zahl $g(n) = n^3 - n$ durch 6 teilbar.

Aufgabe 1.9. *Zeige,* dass für jede natürliche Zahl n gilt

$$\sum_{k=1}^{2n} \frac{(-1)^{k+1}}{k} = \sum_{k=1}^{n} \frac{1}{k+n}.$$

Mehr Aufgaben und Lösungen finden Sie in dem Begleitbuch *Übungsbuch zur Analysis,* Springer-Verlag 2020.

Bemerkungen

Die hier eingeführte "Naive Mengenlehre" reicht für den Hausgebrauch eines Studenten der Anfangssemester. Dringt man tiefer in die Materie ein, stößt man allerdings auf Probleme. So ist die Forderung, dass es zu jeder Formel $\mathcal{F}(x)$ in der die Variable x vorkommt, eine Menge $\{x : \mathcal{F}(x)\}$ geben soll, problematisch, wie das folgende, von Bertrand Russel vorgebrachte Beispiel zeigt. Sei $R = \{x : x \notin x\}$. Ist nun $R \in R$, dann muss R die definierende Bedingung erfüllen, also folgt $R \notin R$. Ist aber $R \notin R$, so erfüllt R die definierende Bedingung, also folgt $R \in R$. In beiden Fällen erhält man einen Widerspruch. Dieses Problem ist als *Russelsche Antinomie* bekannt. Die von Zermelo und Fraenkel vorgeschlagene und allgemein akzeptierte Lösung dieses Problems besteht darin, dass beliebige Formeln $\mathcal{F}(x)$ nur sogenannte *Klassen* definieren können und dass Mengen "kleine" Klassen sind. Will man eine Menge durch eine Formel definieren, so kann man das nur tun, indem man sie als eine Teilmenge einer bereits vorhandenen Menge angibt. Ein Ausdruck der Form $\{x : \mathcal{F}(x)\}$ liefert demnach keine Menge, ein Ausdruck der Form $\{x \in M : \mathcal{F}(x)\}$ aber schon und dieser letztere liefert dann eine Teilmenge von M. Es gibt viele Bücher, die sich mit diesem Thema befassen. Als Einstieg eignet sich das Buch von Deiser [Deis04]. Eine umfassende Darstellung findet sich etwa in dem Buch von Jech [Jec03].

Kapitel 2

Die reellen Zahlen

Die reellen Zahlen werden zunächst und vorübergehend als Dezimalzahlen eingeführt. Die wichtigsten Eigenschaften werden aus dieser Darstellung hergeleitet, mit denen dann die sogenannte *axiomatische Darstellung* der reellen Zahlen begründet wird. Diese Darstellung wird in der Mathematik vorgezogen, da sie einen besseren Überblick über die Eigenschaften der reellen Zahlen erlaubt.

2.1 Zahlbereiche

Als Kind entwickelt der Mensch einen Begriff von Zahlen naturgemäß durch das Zählen. Der dafür ausreichende erste Zahlbereich ist die Menge der *natürlichen Zahlen*

$$\mathbb{N} = \{1, 2, 3, \dots\}.$$

Da diese Zahlenmenge nicht unter Subtraktion abgeschlossen ist, erweitert man sie zur Menge der *ganzen Zahlen*

$$\mathbb{Z} = \{\dots, -2, -1, 0, 1, 2, \dots\}.$$

Diese Menge ist wiederum nicht abgeschlossen unter Division, also führt man die Menge der *rationalen Zahlen*

$$\mathbb{Q} = \left\{ \frac{p}{q} : \begin{array}{l} p, q \in \mathbb{Z},\ q > 0 \\ p\ \text{und}\ q\ \text{sind teilerfremd} \end{array} \right\}$$

ein. In dieser Zahlenmenge kann man zwar die klassischen Operationen durchführen, aber dennoch ist diese Menge noch nicht ausreichend, um etwa die Welt zu beschreiben. So erfüllt etwa die Diagonallänge d eines

© Springer-Verlag GmbH Deutschland, ein Teil von Springer Nature 2021
A. Deitmar, *Analysis*, https://doi.org/10.1007/978-3-662-62858-4_2

Tisches mit Kantenlänge 1 nach dem Satz des Pythagoras die Gleichung $d^2 = 1 + 1 = 2$. Diese Zahl d kann aber keine rationale Zahl sein, wie die folgende Proposition zeigt.

Proposition 2.1.1. *Es gibt keine rationale Zahl r mit $r^2 = 2$.*

Beweis. *Angenommen* doch, etwa $r = \frac{p}{q}$, dann kann man annehmen, dass nicht beide Zahlen p und q durch 2 teilbar sind, denn sonst kann man ja den gemeinsamen Faktor 2 aus dem Bruch herauskürzen. Durch Quadrieren erhält man $2 = r^2 = \frac{p^2}{q^2}$, also $p^2 = 2q^2$. Damit ist p^2 eine gerade Zahl und folglich ist auch p gerade, etwa $p = 2k$ mit $k \in \mathbb{Z}$. Es folgt $2q^2 = p^2 = (2k)^2 = 4k^2$, also $q^2 = 2k^2$. Damit ist auch q eine gerade Zahl, was der Annahme, dass nicht beide p und q durch 2 teilbar sind, *widerspricht!*   □

Da die rationalen Zahlen also zur Beschreibung der Welt nicht ausreichen, führt man die reellen Zahlen ein, in denen es unter anderem auch eine Zahl $r = \sqrt{2}$ gibt, deren Quadrat die Zahl 2 ist. In der Schule versteht man unter der Menge der reellen Zahlen die Menge aller Dezimalzahlen mit eventuell unendlich vielen Nachkommastellen, also zum Beispiel

$$\pi = 3,141592653589793...$$

oder

$$\sqrt{2} = 1,414213562373095...$$

In diesem Buch werden Dezimalzahlen allerdings nicht benutzt und dies geschieht aus gutem Grund. Zunächst einmal haben auch die Dezimalzahlen ihre Tücken, da die Dezimaldarstellung einer reellen Zahl nicht eindeutig ist, so ist zum Beispiel

$$0,999... = 1,$$

wobei die linke Seite die Dezimalzahl mit unendlich vielen Neunen sein soll. Wenn man also mit Dezimalzahlen arbeiten will und diese die reellen Zahlen eindeutig darstellen sollen, muss man Neuner-Enden verbieten, was zu unangenehmen Fallunterscheidungen führt. Darüber hinaus gibt es aber auch noch tiefere Gründe, Dezimalzahlen nicht zu benutzen. Um sich vor Irrtümern zu schützen, muss der Mathematiker sich nämlich Klarheit über alle Rechengesetze verschaffen, die in $\mathbb{R}$ gelten. Hierzu benutzt man die sogenannte *axiomatische Darstellung* der reellen Zahlen. Das bedeutet, dass man eine möglichst kleine Anzahl von Rechengesetzen finden will, aus denen sich alle anderen durch Schlussfolgerungen herleiten lassen. Diese grundlegenden Rechengesetze werden dann *Axiome* genannt. Diese Axiome stützen sich naturgemäß nicht so sehr auf die Darstellung

der reellen Zahlen zum Beispiel als Dezimalzahlen, sondern auf die Gesetze, die zwischen ihnen gelten. Der interessante Punkt ist, dass diese Gesetze
tatsächlich ausreichen, um die reellen Zahlen eindeutig festzulegen, man
also im Grunde gar keine explizite Darstellung nötig hat. Die Axiome, die
man zur Beschreibung der reellen Zahlen benutzt, werden in den nächsten
Abschnitten angegeben.

2.2 Körper

Die in den reellen Zahlen geltenden Rechengesetze, die nur die Addition
und Multiplikation betreffen, führen zum Begriff des Körpers, einer Menge
in der es Addition und Multiplikation gibt. In einem allgemeinen Körper
gelten die üblichen, von der Schule bekannten Rechenregeln, wenngleich
sich ein Körper durchaus substantiell von der Menge der reellen Zahlen
unterscheiden kann.

Definition 2.2.1. Ein *Körper* ist ein Tripel $(\mathcal{K}, +, \cdot)$, bestehend aus einer Menge
$\mathcal{K}$ und zwei Abbildungen von $\mathcal{K} \times \mathcal{K}$ nach $\mathcal{K}$, die *Addition* und Multiplikation genannt werden und in der Form

$$(a, b) \mapsto a + b, \qquad (a, b) \mapsto ab$$

geschrieben werden, wobei verlangt wird, dass für alle $a, b, c \in \mathcal{K}$ die folgenden Axiome K1-K3 erfüllt sind

K1 Addition

(K1.1) $a + (b + c) = (a + b) + c$ Assoziativität

(K1.2) Es gibt ein Element 0 in $\mathcal{K}$ so dass $a + 0 = a$ gilt.   neutrales Element

(K1.3) Zu jedem $a \in \mathcal{K}$ gibt es ein $b \in \mathcal{K}$ mit $a + b = 0$.   inverses Element

(K1.4) $a + b = b + a$ Kommutativität

Man sagt zu diesen Gesetzen auch: $(\mathcal{K}, +)$ ist eine *abelsche Gruppe*.

K2 Multiplikation

(K2.1) $a(bc) = (ab)c$ Assoziativität

(K2.2) Es gibt ein Element 1 in $\mathcal{K} \setminus \{0\}$,
so dass $a1 = a$ gilt.   neutrales Element

(K2.3) Zu jedem a in $\mathcal{K} \setminus \{0\}$ gibt es ein $b \in \mathcal{K} \setminus \{0\}$
mit der Eigenschaft $ab = 1$.   inverses Element

(K2.4) $ab = ba$ Kommutativität

Insbesondere ist dann $(\mathcal{K} \setminus \{0\}, \cdot)$ eine abelsche Gruppe.

K3 Distributivgesetz

$$a(b + c) = ab + ac.$$

Diese Axiome sind in dem Sinne vollständig, dass sich alle üblichen Rechenregeln, die nur die Addition und Multiplikation betreffen, aus ihnen herleiten lassen.

Beispiele 2.2.2.

- Die Menge $\mathbb{Q}$ ist mit der üblichen Addition und Multiplikation ein Körper.

- Jeder Körper hat mindestens zwei Elemente, die Null und die Eins. Die reichen allerdings auch schon, denn auf der Menge $\mathbb{F}_2 = \{0, 1\}$ kann man Addition und Multiplikation so definieren, dass ein Körper entsteht. In diesem Körper gilt dann $1 + 1 = 0$. Addition und Multiplikation in $\mathbb{F}_2$ sind durch folgende Tabellen vollständig beschrieben:

+	0	1		×	0	1
---	---	---		---	---	---
0	0	1		0	0	0
1	1	0		1	0	1

  Anhand dieser Tabellen kann man die Körperaxiome K1-K3 überprüfen.

- Die Menge $\mathbb{R}$ der reellen Zahlen ist mit der üblichen Addition und Multiplikation ein Körper.

Lemma 2.2.3. *In einem Körper $\mathcal{K}$ sind die neutralen Elemente 0 und 1 eindeutig bestimmt. Ferner sind zu gegebenem $a \in \mathcal{K}$ das Inverse der Addition und, falls $a \neq 0$ ist, das Inverse der Multiplikation eindeutig bestimmt.*

Man schreibt dann auch $(-a)$ für das additive Inverse und a^{-1} für das multiplikative Inverse.

Beweis. Sei $0'$ ein weiteres neutrales Element der Addition. Dann gilt

$$\begin{aligned} 0' &= 0' + 0 \quad &\text{(0 ist neutral)} \\ &= 0 + 0' \quad &\text{(Kommutativität)} \\ &= 0 \quad &\text{(0' ist neutral)}. \end{aligned}$$

Seien nun b und c zwei additive Inverse zu $a \in \mathcal{K}$. Dann gilt

$$
\begin{aligned}
c \;&= c + 0 &&\text{(0 ist neutral)} \\
&= c + (a + b) &&\text{(b ist invers zu a)} \\
&= (c + a) + b &&\text{(Assoziativität)} \\
&= (a + c) + b &&\text{(Kommutativität)} \\
&= 0 + b &&\text{(c ist invers)} \\
&= b + 0 &&\text{(Kommutativität)} \\
&= b &&\text{(0 ist neutral)}
\end{aligned}
$$

Die entsprechenden Aussagen für die Multiplikation werden analog bewiesen. Eine Ausführung dieses Beweises sei dem Leser zur Übung empfohlen. □

Schreibweise: Statt $a + (-b)$ schreibt man einfacher $a - b$. Ebenso schreibt man statt ab^{-1} auch $\frac{a}{b}$. Man kann aus den Körperaxiomen die üblichen Rechenregeln herleiten, wie zum Beispiel $\frac{a}{b}\frac{c}{d} = \frac{ac}{bd}$ oder $\frac{a}{b} + \frac{c}{d} = \frac{ad+bc}{bd}$ für $a,b,c,d \in \mathcal{K}$ mit $b \neq 0 \neq d$. Um diese beiden Rechenregeln zu beweisen, kann man sich am Beweis des letzten Lemmas orientieren.

Lemma 2.2.4 (Folgerungen aus den Körperaxiomen). *Sei $\mathcal{K}$ ein Körper.*

a) *Für $a,b \in \mathcal{K}$ hat die Gleichung $a + x = b$ genau eine Lösung in $\mathcal{K}$, nämlich das Element $x = b - a$.*

b) *Für jedes $a \in \mathcal{K}$ gilt $-(-a) = a$.*

c) *Für alle $a,b \in \mathcal{K}$ gilt $-(a + b) = -a - b$.*

d) *Für jedes $a \neq 0$ und jedes $b \in \mathcal{K}$ hat die Gleichung $ax = b$ genau eine Lösung in $\mathcal{K}$, nämlich $x = ba^{-1}$.*

e) *Für alle $a,b,c \in \mathcal{K}$ gilt $(a + b)c = ac + bc$.*

f) *Für jedes $a \in \mathcal{K}$ gilt $a0 = 0$.*

g) *(Nullteilerfreiheit) Ist das Produkt ab zweier Elemente eines Körpers gleich Null, so muss mindestens eines der beiden Elemente Null sein.*

h) *Für alle $a \in \mathcal{K}$ gilt $(-1)a = -a$.*

i) *Es gilt $(-1)(-1) = 1$.*

Beweis. (a) Das Element $x = b - a$ stellt sich als die gesuchte Lösung heraus:

$$
\begin{aligned}
a + (b - a) &= a + (b + (-a)) && \text{(Schreibweise)} \\
&= a + ((-a) + b) && \text{(Kommutativität)} \\
&= (a + (-a)) + b && \text{(Assoziativität)} \\
&= 0 + b && \text{(Inverses Element)} \\
&= b && \text{(Neutrales Element)}.
\end{aligned}
$$

Nun zur Eindeutigkeit. Ist $x \in \mathcal{K}$ eine Lösung der Gleichung, so gilt

$$
\begin{aligned}
x &= 0 + x && \text{(Neutrales Element)} \\
&= ((-a) + a) + x && \text{(Inverses Element)} \\
&= (-a) + (a + x) && \text{(Assoziativität)} \\
&= (-a) + b && \text{(x ist Lösung)} \\
&= b + (-a) && \text{(Kommutativität)} \\
&= b - a && \text{(Schreibweise)}.
\end{aligned}
$$

(b) Es gilt $a + (-a) = 0$, also ist a das eindeutig bestimmte additive Inverse zu $(-a)$, also $a = -(-a)$.

(c) Ab jetzt lassen werden bei den Rechnungen die expliziten Begründungen weggelassen (in der Hoffnung, der Leser möge sie selbst finden).

$$
\begin{aligned}
(a + b) + (-a - b) &= (b + a) + (-a - b) \\
&= b + (a + (-a - b) \\
&= b + ((a - a) - b) \\
&= b + (0 - b) \\
&= b - b = 0.
\end{aligned}
$$

Also ist $(-a - b)$ das eindeutig bestimmte additive Inverse zu $a + b$, was gerade bedeutet $-(a + b) = (-a - b)$.

(d) ist analog zu (a) und (e) folgt aus

$$
(a + b)c = c(a + b) = ca + cb = ac + bc.
$$

(f) Es gilt für ein beliebiges Körperelement a,

$$
\begin{aligned}
a0 &= a0 + 0 = a0 + (a - a) = (a0 + a) - a \\
&= (a0 + a1) - a = a(0 + 1) - a = a1 - a = a - a = 0.
\end{aligned}
$$

(g) Ist $a = 0$ oder $b = 0$ so folgt nach (f) und der Kommutativität schon $ab = 0$. Ist nun umgekehrt $ab = 0$ und ist $a \neq 0$, so existiert das multiplikative Inverse a^{-1} und es folgt $b = 1b = (a^{-1}a)b = a^{-1}(ab) = a^{-1}0 = 0$.

(h) Für ein Körperelement a gilt $(-1)a = (-1)a + 0 = (-1)a + a - a = ((-1) + 1)a - a = 0a - a = 0 - a = -a$.

(i) Es gilt $(-1)(-1) + (-1) = ((-1) + 1)(-1) = 0(-1) = 0$, also folgt $(-1)(-1) = 1$ nach der Eindeutigkeit des additiven Inversen. Damit ist alles bewiesen. $\square$

Definition 2.2.5. (Potenzen) Für $x \in \mathcal{K}$ sind die Potenzen x^n die Körperelemente

$$x^0 = 1, \quad x^1 = x, \quad x^2 = xx, \quad \ldots \quad x^{n+1} = x^n x.$$

Lemma 2.2.6. *In $\mathcal{K}$ gelten die Rechenregeln:*

$$x^{n+m} = x^n x^m, \quad (x^n)^m = x^{nm}, \quad x^n y^n = (xy)^n,$$

wobei $x, y \in \mathcal{K}$, $m, n \in \mathbb{N}_0$.

Beweis. Übungsaufgabe. $\square$

Bislang sind noch nicht sehr viele Körper in diesem Buch aufgetreten. Außer $\mathbb{Q}$ und $\mathbb{R}$ eigentlich nur noch $\mathbb{F}_2$. In Abschnitt 4.5 wird auch der Körper $\mathbb{C}$ der komplexen Zahlen eingeführt. Es gibt aber sehr viel mehr Körper. Zum Beispiel ist die Menge aller reellen Zahlen der Form $a + b\sqrt{2}$ mit $a, b \in \mathbb{Q}$ ein Körper, ein Unterkörper von $\mathbb{R}$.

2.3 Anordnung

Neben den Grundrechenarten kennen die reellen Zahlen auch Größenvergleiche, d.h., man kann sagen, wann eine Zahl größer oder kleiner als eine andere ist. Die Größenvergleiche vertragen sich in bestimmter Weise mit den Rechenarten, was zum Begriff des angeordneten Körpers führt.

Definition 2.3.1. Ein *angeordneter Körper* ist ein Körper $\mathcal{K}$ zusammen mit einer Relation "$<$" auf $\mathcal{K}$, die folgende Axiome O1-O4 für alle $a, b, c \in K$ erfüllt. Man liest $a < b$ als " a kleiner b".

(O1) Je zwei Zahlen sind vergleichbar, das heißt für $a, b \in \mathcal{K}$ gilt genau einer der drei Fälle:

$$a < b \quad \text{oder} \quad a = b \quad \text{oder} \quad b < a.$$

(O2) $a < b, b < c \Rightarrow a < c$ Transitivität

(O3) $a < b \Rightarrow a + c < b + c$ Additivität

(O4) $a < b, 0 < c \Rightarrow ac < bc$ Multiplikativität

Man schreibt auch $a > b$ statt $b < a$ und liest dies als "a größer b". Das Zeichen $\leq$ wird im Sinne von "kleiner oder gleich" benutzt, also

$$a \leq b \quad \Leftrightarrow \quad a < b \text{ oder } a = b.$$

Eine reelle Zahl a heißt *positiv*, falls $a > 0$ und *negativ*, falls $a < 0$. Ferner heißt *a semi-positiv*, falls $a \geq 0$ und *semi-negativ*, falls $a \leq 0$.

Aus (O1) folgt:

$$a \leq b \text{ und } b \leq a \quad \Rightarrow \quad a = b.$$

Beispiele 2.3.2.

- Die Körper $\mathbb{Q}$ und $\mathbb{R}$ sind mit der gewöhnlichen 'kleiner'-Relation angeordnete Körper.

- Auf dem Körper $\mathbb{F}_2$ gibt es keine Anordnung, denn ist $0 < 1$, so folgt durch Addition der Eins $1 = 1 + 0 < 1 + 1 = 0$, also $1 < 0$ und ebenso folgt aus $1 < 0$ auch $0 < 1$, also in jedem Fall ein Widerspruch!

Lemma 2.3.3 (Folgerungen aus den Anordnungsaxiomen). *Seien a, b, x, y Elemente des angeordneten Körpers $\mathcal{K}$.*

a) *Es gilt $x < y \Leftrightarrow 0 < y - x$.*

b) *Man kann Ungleichungen addieren. Gilt etwa $a < b$ und $x < y$, so folgt $a + x < b + y$.*

c) *Man kann Ungleichungen bedingt multiplizieren:*

$$0 \leq a < b, \; 0 \leq x < y \quad \Rightarrow \quad ax < by.$$

d) *Bei Vorzeichenwechsel dreht sich das Anordnungszeichen um, es gilt*

$$x < y \quad \Leftrightarrow \quad -x > -y.$$

e) *Man kann Ungleichungen mit strikt negativen Zahlen multiplizieren, dann drehen sie sich allerdings um:*

$$a < b, \; x < 0 \Rightarrow ax > bx.$$

f) *Für jedes $x \neq 0$ gilt $x^2 > 0$. Insbesondere ist $1 > 0$.*

g) *Für jedes $x \in \mathcal{K}$ gilt $x > 0 \Leftrightarrow x^{-1} > 0$.*

h) *Ist $0 < x < y$, so folgt $x^{-1} > y^{-1}$.*

Beweis. (a) Aus $x < y$ folgt $0 = x - x < y - x$. Die Umkehrung folgt ebenso.
(b) Aus $a < b$ folgt $a + x < b + x$. Aus $x < y$ folgt $b + x < b + y$. Mit Hilfe der Transitivität folgt daraus $a + x < b + y$.

(c) Ist $x = 0$, so ist $ax = 0$ und $0 < by$, so dass die Behauptung folgt. Sei nun also $x > 0$. Aus $a < b$ folgt dann $ax < bx$. Aus $x < y$ folgt außerdem $bx < by$. Mit Transitivität folgt $ax < by$.

(d) $x < y$ ist äquivalent zu $0 < y - x = (-x) - (-y)$ und dies ist äquivalent zu $-y < -x$.

(e) $x < 0$ impliziert $-x > 0$, man erhält also $-ax < -bx$ und damit nach (d) die Behauptung.

(f) Ist $x > 0$, so folgt $x^2 > 0$. Ist $x < 0$, so ist $-x > 0$, also

$$0 < (-x)^2 = (-x)(-x) = (-1)(-1)x^2 = (-1)^2 x^2 = 1x^2 = x^2.$$

(g) Es ist $(x^{-1})^2 > 0$. Durch Multiplikation mit x folgt $x^{-1} > 0$.

(h) Aus $0 < x < y$ folgt $xy > 0$ und damit $x^{-1}y^{-1} = (xy)^{-1} > 0$. Multiplikation der Ungleichung $x < y$ mit der Zahl $(xy)^{-1} > 0$ liefert die Behauptung. □

Beispiel 2.3.4. Dieses Lemma zeigt, dass es auf dem Körper $\mathbb{C}$ der komplexen Zahlen, der in Abschnitt 4.5 eingeführt wird, keine Anordnung geben kann, denn in diesem Körper gibt es ein Element i mit der Eigenschaft, dass $i^2 = -1$, also $-1 = i^2 > 0$, was nach Addition von 1 zu $0 > 1$ und damit zum Widerspruch führt.

Satz 2.3.5. *Ein angeordneter Körper $\mathcal{K}$ hat stets unendlich viele Elemente. Genauer ist die Abbildung $\mathbb{N} \to \mathcal{K}$, die n auf die n-fache Summe $1 + 1 + \cdots + 1$ der Eins in $\mathcal{K}$ wirft, eine injektive Abbildung.*

Beweis. Es bezeichne $n_{\mathcal{K}}$ die n-fache Summe der Eins in $\mathcal{K}$. Durch eine einfache Induktion zeigt man

$$(m + k)_{\mathcal{K}} = m_{\mathcal{K}} + k_{\mathcal{K}}$$

für alle $m, k \in \mathbb{N}$. Eine weitere Induktion liefert $k_{\mathcal{K}} > 0$ für alle $k \in \mathbb{N}$. Seien $m < n$ natürliche Zahlen. Dann existiert eine natürliche Zahl k mit $n = m + k$, und da $k_{\mathcal{K}} > 0$ ist, folgt $m_{\mathcal{K}} < m_{\mathcal{K}} + k_{\mathcal{K}} = n_{\mathcal{K}}$, so dass insbesondere $m_{\mathcal{K}} \neq n_{\mathcal{K}}$, womit die Injektivität bewiesen ist. □

Definition 2.3.6. Das *Maximum* zweier Zahlen $a, b \in \mathcal{K}$ ist die größere der beiden, man schreibt

$$\max(a, b) = \begin{cases} a & \text{falls } a \geq b, \\ b & \text{falls } a < b. \end{cases}$$

Der *Absolutbetrag* einer Zahl $x \in \mathcal{K}$ ist

$$|x| = \max(x, -x) = \begin{cases} x & \text{falls } x \geq 0, \\ -x & \text{falls } x < 0. \end{cases}$$

Satz 2.3.7. *Sind* x, y *aus dem angeordneten Körper* $\mathcal{K}$*, so gilt* $|x| \geq 0$ *und*

$$\begin{aligned} |x| = 0 & \Leftrightarrow & x = 0 & \qquad \text{(Definitheit)} \\ |xy| & = & |x||y| & \qquad \text{(Multiplikativität)} \\ |x + y| & \leq & |x| + |y| & \qquad \text{(Dreiecksungleichung).} \end{aligned}$$

Beweis. Ist $x \geq 0$, so ist $|x| = x \geq 0$. Ist $x < 0$, so folgt $|x| = -x > 0$, damit also in jedem Fall $|x| \geq 0$.

(Definitheit) "$\Leftarrow$" folgt aus der Definition. Zu "$\Rightarrow$": Ist $|x| = 0$, so ist entweder $x = 0$ oder $-x = 0$. In beiden Fällen folgt $x = 0$.

(Multiplikativität) Die Aussage ist trivial falls $x, y \geq 0$. Allgemein gilt $x = \pm x_0$ und $y = \pm y_0$ mit $x_0, y_0 \geq 0$. Dann folgt $|xy| = |\pm x_0 y_0| = |x_0 y_0| = |x_0||y_0| = |x||y|$.

(Dreiecksungleichung) Es gilt $x \leq |x|$ und $y \leq |y|$. Durch Addition ergibt sich $x + y \leq |x| + |y|$. Man kann x durch $-x$ und y durch $-y$ ersetzen. Wegen $|-x| = |x|$ gilt dann $-(x + y) \leq |x| + |y|$. Zusammen folgt $|x + y| \leq |x| + |y|$. □

Lemma 2.3.8 (Die umgekehrte Dreiecksungleichung). *Für Elemente* a, b *eines angeordneten Körpers* $\mathcal{K}$ *gilt*

$$\big| |a| - |b| \big| \leq |a - b|.$$

Beweis. Es gilt $|a| = |b + a - b| \leq |b| + |a - b|$, also $|a| - |b| \leq |a - b|$. Man vertauscht die Rollen von a und b und erhält ebenso $|b| - |a| \leq |b - a| = |a - b|$. Damit folgt

$$\big| |a| - |b| \big| = \max\big(|a| - |b|, |b| - |a|\big) \leq |a - b|. \qquad \square$$

2.4 Intervalle und beschränkte Mengen

Definition 2.4.1. Sei $\mathcal{K}$ ein angeordneter Körper und seien $a \leq b$ Elemente von $\mathcal{K}$. Das *abgeschlossene Intervall* $[a, b]$ ist die Menge

$$[a, b] = \left\{ x \in \mathcal{K} : a \leq x \leq b \right\}.$$

Das *offene Intervall* ist

$$(a, b) = \left\{ x \in \mathcal{K} : a < x < b \right\}.$$

Schließlich gibt es noch die *halboffenen Intervalle*:

$$[a, b) = \left\{ x \in \mathcal{K} : a \leq x < b \right\}$$
$$(a, b] = \left\{ x \in \mathcal{K} : a < x \leq b \right\}.$$

Definition 2.4.2. Für jedes Intervall ist die *Länge* definiert als

$$L\big([a, b]\big) = L\big([a, b)\big) = L\big((a, b]\big) = L\big((a, b)\big) = b - a \geq 0.$$

Aus praktischen Gründen lässt man auch *Unendlich*, geschrieben ∞ und sein negatives $-\infty$ als Intervallgrenzen zu. Man schreibt dann

$$[a, \infty) = \left\{ x \in \mathcal{K} : a \leq x \right\}$$
$$(-\infty, b] = \left\{ x \in \mathcal{K} : x \leq b \right\}.$$

In ähnlicher Weise werden $(-\infty, b)$, (a, ∞) und $(-\infty, \infty)$ definiert. Die Länge wird dann allerdings auch unendlich: $L\big([a, \infty)\big) = L\big((a, \infty)\big) = L\big((-\infty, b]\big) = L\big((-\infty, b)\big) = \infty$.

Die Schnittmenge zweier Intervalle ist stets ein Intervall.

Definition 2.4.3. Eine Teilmenge M von $\mathcal{K}$ heißt *nach oben beschränkt*, wenn es eine Zahl $S \in \mathcal{K}$ gibt, so dass $x \leq S$ für jedes $x \in M$ gilt. Jedes solche S wird eine *obere Schranke* von M genannt. Ist S eine obere Schranke zu M und ist $S' \geq S$, so ist auch S' eine obere Schranke zu M.

Analog definiert man "nach unten beschränkt" und "untere Schranke". Eine Menge heißt *beschränkt*, falls sie nach oben und nach unten beschränkt ist.

Beispiele 2.4.4.

- Das Intervall $[0, 1]$ ist nach oben und nach unten beschränkt.

- Die Menge der natürlichen Zahlen $\mathbb{N}$ ist in $\mathcal{K} = \mathbb{Q}$ nach unten beschränkt, nicht aber nach oben.

Lemma 2.4.5. *Eine Teilmenge M des angeordneten Körpers $\mathcal{K}$ ist genau dann beschränkt, wenn es ein $T > 0$ gibt, so dass*

$$x \in M \quad \Rightarrow \quad |x| \leq T.$$

Beweis. "$\Rightarrow$" Sei M beschränkt. Sei S_- eine untere und S_+ eine obere Schranke. Für jedes $x \in M$ gilt dann also $S_- \leq x \leq S_+$. Setze

$$T = \max(|S_-|, |S_+|).$$

Es gilt $-|S_-| \leq S_-$ und $S_+ \leq |S_+|$, damit erfüllt jedes $x \in M$ die Ungleichung $-T \leq x \leq T$, also $|x| \leq T$.

"$\Leftarrow$" Es gelte $x \in M \Rightarrow |x| \leq T$. Für jedes $x \in M$ gilt dann also $-T \leq x \leq T$, so dass $-T$ eine untere und T eine obere Schranke ist. $\qquad\square$

Definition 2.4.6. Nun soll das Konzept eines *größten Elementes* oder *Maximums* einer Menge $M \subset \mathcal{K}$ eingeführt werden. Nicht jede Teilmenge eines geordneten Körpers hat ein größtes Element, wie man an dem offenen Intervall $(0, 1)$ in $\mathbb{Q}$ oder $\mathbb{R}$ sieht.

Man sagt dass die Menge M ein *Maximum* besitzt, wenn es ein $m_0 \in M$ gibt, das eine obere Schranke zu M ist. Wenn es existiert, ist es eindeutig festgelegt, denn für ein weiteres Maximum m_0' gilt dann $m_0 \leq m_0'$ und auch $m_0' \leq m_0$, also zusammen $m_0 = m_0'$. Man schreibt dann

$$m_0 = \max(M).$$

Eine endlich Menge $M = \{a_1, \ldots, a_n\}$ hat immer ein Maximum, das man auch in der Form $\max(a_1, \ldots, a_n)$ schreibt. Ebenso kann man das *Minimum* von M als eine untere Schranke definieren, die in M liegt, falls eine solche existiert. Man schreibt das Minimum als $\min(M)$ oder $\min(a_1, \ldots, a_n)$, falls $M = \{a_1, \ldots, a_n\}$ eine endliche Menge ist.

Beispiel 2.4.7. Es ist

$$\min(2, 3, 5) = 2 \quad \text{und} \quad \max(2, 3, 5) = 5.$$

2.5 Dedekind-Vollständigkeit

Definition 2.5.1. Sei M eine Teilmenge des angeordneten Körpers $\mathcal{K}$. Ein Element $s \in \mathcal{K}$ heißt *Supremum* von M, falls gilt

- s ist eine obere Schranke zu M,

- ist t eine obere Schranke zu M, dann folgt $t \geq s$.

Mit anderen Worten: das Supremum ist die kleinste obere Schranke.

Proposition 2.5.2. *Hat eine Teilmenge M eines angeordneten Körpers ein Supremum, dann ist dieses eindeutig bestimmt. Es wird mit* sup(M) *bezeichnet.*

Es gibt nichtleere beschränkte Teilmengen von $\mathbb{Q}$, die kein Supremum in $\mathbb{Q}$ besitzen.

Beweis. Seien s, t Suprema für $M \subset \mathcal{K}$, dann sind beide obere Schranken und weil s ein Supremum ist, folgt $s \leq t$. Da auch t ein Supremum ist, gilt auch $t \leq s$, also zusammen $s = t$.

Für die zweite Aussage ist die Menge $M = \{r \in \mathbb{Q} : r^2 < 2\}$ ein Beispiel, denn sie besitzt kein Supremum in $\mathbb{Q}$. *Angenommen*, sie hätte eines, $s \in \mathbb{Q}$. Dann muss s eine Wurzel aus 2 sein, denn für jedes $n \in \mathbb{N}$ ist $s + \frac{1}{n} \notin M$, also $\left(s + \frac{1}{n}\right)^2 \geq 2$, oder $\frac{1}{n}(2s + \frac{1}{n}) \geq 2 - s^2$. *Angenommen*, dass $\alpha := 2 - s^2 > 0$. Dann ist $2sn + 1 > n^2\alpha > 0$, oder $2s > n\alpha - \frac{1}{n} \geq n\alpha - 1$, also $\frac{2s+1}{\alpha} > n$, was nicht für alle $n \in \mathbb{N}$ stimmen kann. Damit folgt also $s^2 - 2 \geq 0$.

Ferner *angenommen*, dass $\beta := s^2 - 2 > 0$. Sei $n \in \mathbb{N}$. Da s die kleinste obere Schranke zu M ist, gibt es ein $r \in M$ mit $r > s - \frac{1}{n}$. Das bedeutet $\left(s - \frac{1}{n}\right)^2 < r^2 < 2$, also $s^2 - \frac{2s}{n} + \frac{1}{n^2} < 2$ oder $0 < n\beta = n(s^2 - 2) < 2s - \frac{1}{n} < 2s - 1$, was ebenfalls nicht für jedes $n \in \mathbb{N}$ stimmen kann. Zusammen folgt $s^2 = s$, was einen *Widerspruch* zu Proposition 2.1.1 bedeutet. □

Beispiele 2.5.3.

- In $\mathcal{K} = \mathbb{Q}$ gilt sup$[0, 1] = $ sup$(0, 1) = 1$. Also hat das offene Intervall $(0, 1)$ kein Maximum, aber ein Supremum.

- Später wird gezeigt, dass in $\mathbb{R}$ das Supremum der Menge $\{-\frac{1}{n} : n \in \mathbb{N}\}$ gleich Null ist.

Definition 2.5.4. Ein angeordneter Körper $\mathcal{K}$ heißt *Dedekind-vollständig*, falls jede nach oben beschränkte Teilmenge $\emptyset \neq M \subset \mathcal{K}$ ein Supremum besitzt. Man sagt in diesem Fall auch, dass $\mathcal{K}$ das *Supremumsaxiom* erfüllt.

Nach der Proposition ist also der Körper $\mathbb{Q}$ nicht Dedekind-vollständig. Der Körper der reellen Zahlen ist Dedekind-vollständig.

In Appendix A wird gezeigt, dass $\mathbb{R}$ bis auf Isomorphie der einzige Dedekind-vollständige Körper ist. Mit anderen Worten, die

- Körperaxiome,

- Anordnungsaxiome und

- das Supremumsaxiom

beschreiben den Körper der reellen Zahlen $\mathbb{R}$ vollständig!
Von jetzt ab werden alle Aussagen über reelle Zahlen aus diesen drei Eigenschaften hergeleitet.

Bemerkung 2.5.5. Streng genommen gibt es hier ein Problem, denn bislang ist noch sicher, dass es die reellen Zahlen überhaupt gibt! Es ist nicht sicher, ob ein Dedekind-vollständiger Körper existiert! In Appendix A dieses Buches wird allerdings ein Beweis für die Existenz eines Dedekind-vollständigen Körpers geliefert. Ferner wird bewiesen, dass es bis auf Isomorphie nur einen solchen Körper gibt, den man dann $\mathbb{R}$ nennt. Man kann dann im Nachhinein zeigen, dass sich seine Elemente, die reellen Zahlen, als Dezimalzahlen schreiben lassen. Die Existenz und Eindeutigkeit von $\mathbb{R}$ ist nicht umsonst in den Appendix verbannt worden, da diese Überlegungen besser mit etwas mehr mathematischer Erfahrung verstanden werden können. Es wird daher dem Leser empfohlen, zunächst die axiomatische Darstellung zu akzeptieren und damit zu arbeiten, um sich dann später, mit mehr Übung, dem Problem der Existenz und Eindeutigkeit des Körpers der reellen Zahlen zu stellen.

Proposition 2.5.6.

(a) *Jede nach unten beschränkte Teilmenge $M \neq \emptyset$ von $\mathbb{R}$ besitzt eine größte untere Schranke, genannt das* Infimum *von M, geschrieben* $\inf(M)$.

(b) *Hat eine Teilmenge $M \subset \mathbb{R}$ ein Maximum, dann hat sie auch ein Supremum und das Maximum ist gleich dem Supremum, also* $\max(M) = \sup(M)$.

Beweis. Durch Spiegelung von M am Nullpunkt erhält man die Menge $-M$ aller Zahlen der Form $-m$, wobei $m \in M$ ist. Es ist dann leicht einzusehen, dass die Zahl $-\sup(-M)$ die größte untere Schranke zu M ist.

Sei $s = \max M$. Dann ist s eine obere Schranke und für jedes $t < s$ gibt es ein Element aus M, das größer ist als t, nämlich s selbst. Zusammen folgt $s = \sup(M)$. $\square$

Satz 2.5.7 (Archimedisches Prinzip). *Die Menge der natürlichen Zahlen in $\mathbb{R}$ ist nicht beschränkt, d.h. für jedes $x \in \mathbb{R}$ gibt es eine natürliche Zahl $n \in \mathbb{N}$, so dass $n > x$.*

Beweis. Angenommen, die Menge $\mathbb{N}$ ist beschränkt in $\mathbb{R}$. Dann gibt es ein Supremum $s = \sup \mathbb{N} \in \mathbb{R}$. Da $0 < 1 \leq s$ ist $s \neq 0$. Es gilt $n \leq s$ für jedes $n \in \mathbb{N}$, also auch $2n \leq s$ und damit $n \leq \frac{s}{2}$. Daher ist $\frac{s}{2}$ ebenfalls eine obere Schranke, da s aber die kleinste obere Schranke ist, folgt $s \leq \frac{s}{2}$, oder $2s \leq s$, was nach Division durch s zu $2 \leq 1$ führt. Dies steht nach Subtraktion von 1 aber im *Widerspruch* zu $1 > 0$! Damit muss die Annahme falsch sein, also ist $\mathbb{N}$ nicht beschränkt in $\mathbb{R}$. □

Proposition 2.5.8 (Folgerung aus dem archimedischen Prinzip). *Zu jedem $x \in \mathbb{R}$ existiert eine eindeutig bestimmte ganze Zahl $k \in \mathbb{Z}$ so dass $k \leq x < k + 1$. Man schreibt $k = [x]$ und nennt diese Zahl die* Gauß-Klammer *von x.*

Beweis. Sei zunächst $x \geq 0$. Nach dem archimedischen Prinzip ist die Menge

$$\{n \in \mathbb{N} : n > x\}$$

nichtleer, hat also nach Beispiel 1.5.4 ein kleinstes Element n_0. Sei $k = n_0 - 1 \in \mathbb{Z}$, dann folgt $k \leq x < k + 1 = n_0$, so dass die Proposition für $x \geq 0$ bewiesen ist. Ist $x < 0$ und ist $x \in \mathbb{Z}$, so folgt die Behauptung auch. Ist $x \notin \mathbb{Z}$, dann gibt es für $-x \geq 0$ ein $l \in \mathbb{Z}$ mit $l < -x < l + 1$, woraus $-l - 1 < x < -l$ folgt, so dass mit $k = -l - 1$ die Proposition folgt. □

Lemma 2.5.9. *Zu jedem $\varepsilon > 0$ in $\mathbb{R}$ existiert ein $n \in \mathbb{N}$ mit $0 < \frac{1}{n} < \varepsilon$.*

Beweis. Nach dem archimedischen Prinzip existiert ein $n \in \mathbb{N}$ mit $\frac{1}{\varepsilon} < n$. Durch Inversenbildung folgt die Behauptung. □

Definition 2.5.10. Eine Teilmenge $T \subset \mathbb{R}$ heißt *dicht* in $\mathbb{R}$, wenn für je zwei $a, b \in \mathbb{R}$ mit $a < b$ gilt

$$(a, b) \cap T \neq \emptyset.$$

Satz 2.5.11. *Die Menge $\mathbb{Q}$ liegt dicht in $\mathbb{R}$.*

Beweis. Seien $a < b$ reelle Zahlen. Dann ist $b - a > 0$ und es gibt eine natürliche Zahl n mit $\frac{1}{n} < b - a$. Es folgt dann $1 < bn - an$ oder $an + 1 < bn$, also gibt es $k \in \mathbb{Z}$ mit $an < k < bn$. Damit ist $a < \frac{k}{n} < b$. □

2.6 Aufgaben und Bemerkungen

Aufgaben

Aufgabe 2.1. Sei $\mathcal{K}$ ein Körper und seien $a, b, c, d \in \mathcal{K}$ mit $b, d \neq 0$. Für ab^{-1} schreibt man auch $\frac{a}{b}$. *Zeige:*

$$\text{(a)} \quad \frac{a}{b} \cdot \frac{c}{d} = \frac{ac}{bd}, \qquad\qquad \text{(b)} \quad \frac{a}{b} + \frac{c}{d} = \frac{ad + bc}{bd}.$$

Aufgabe 2.2. *Man beweise*, dass für alle $n, m \in \mathbb{N}$ und für alle Elemente x, y eines Körpers $\mathcal{K}$ gilt $(xy)^n = x^n y^n$, sowie $x^{m+n} = x^m x^n$ und $(x^m)^n = x^{mn}$.

Aufgabe 2.3. *Beweise*, dass für alle Elemente $0 < a \leq b$ eines angeordneten Körpers gilt

$$a^2 \leq \left(\frac{2ab}{a+b} \right)^2 \leq ab \leq \left(\frac{a+b}{2} \right)^2 \leq \frac{a^2 + b^2}{2} \leq b^2.$$

(Hinweis: Beweise jede Ungleichung separat. Die meisten fußen auf der Tatsache, dass Quadrate ≥ 0 sind.)

Aufgabe 2.4. *Zeige*, dass für alle $a, b \in \mathbb{R}$ gilt

$$|a| + |b| \leq |a + b| + |a - b|.$$

Wann gilt Gleichheit?
(Hinweis: Fallunterscheidung nach Vorzeichen von a und b.)

Aufgabe 2.5. *Zeige*, dass die Menge $M = \left\{ x \in \mathbb{R} : |x + 1| \leq |x - 1| \right\}$ ein Intervall ist und bestimme die Intervallgrenzen.

Aufgabe 2.6. (Arithmetisches und geometrischen Mittel) Seien $0 < a < b$ in $\mathbb{R}$ gegeben. *Zeige:*

$$\sqrt{ab} \leq \frac{a + b}{2}.$$

Der Ausdruck $\sqrt{ab}$ wird das *geometrische Mittel* und $\frac{a+b}{2}$ das *arithmetische Mittel* genannt.

Aufgabe 2.7. Seien $\emptyset \neq A, B \subset \mathbb{R}$ nach oben beschränkt. *Zeige*, dass die Menge

$$A + B = \left\{ a + b : a \in A, \ b \in B \right\}$$

nach oben beschränkt ist und dass gilt

$$\sup(A + B) = \sup A + \sup B.$$

Aufgabe 2.8. Für welche $\alpha \in \mathbb{R}$ ist die Funktion $f : \mathbb{R} \to \mathbb{R}$,

$$f(x) = \alpha x + |x|,$$

Injektiv, bzw. surjektiv?

Mehr Aufgaben und Lösungen finden Sie in dem Begleitbuch *Übungsbuch zur Analysis*, *Springer-Verlag 2020.*

Bemerkungen

Oft wird die Vollständigkeit von $\mathbb{R}$ auch als Folgenvollständigkeit eingeführt, d.h., durch die Konvergenz von Cauchy-Folgen und nicht durch die Dedekind-Vollständigkeit wie in diesem Text. Dies ist letzten Endes eine Geschmacksfrage, denn wie in Appendix B gezeigt wird, ist die Dedekind-Vollständigkeit äquivalent zur Folgenvollständigkeit zusammen mit dem Archimedischen Prinzip. Wer tiefer in die Theorie der reellen Zahlen und Zahlsysteme eindringen möchte, dem sei das Buch "Zahlen" [EHH+83] ans Herz gelegt. Sehr zu empfehlen ist das amüsante Buch von Conway [Con83], das eine gänzlich eigenständige Einführung in Zahlsysteme gibt.

Kapitel 3

Folgen und Reihen

Eine reelle Zahl mit unendlich vielen Nachkommastellen kann man im Allgemeinen nur annäherungsweise beschreiben. Für die meisten Zwecke reicht eine solche Beschreibung aus. Um aber mit diesem Begriff von "Annäherung" sauber umgehen zu können, muss er präzisiert werden, was in diesem Kapitel geschehen soll.

3.1 Konvergenz

Definition 3.1.1. Eine *Folge* mit Werten in $\mathbb{R}$ ist eine Abbildung

$$a : \mathbb{N} \to \mathbb{R}.$$

Man schreibt a_n statt $a(n)$ und nennt die $a_1, a_2, \ldots$ die *Folgenglieder*. Die Folge kann auch als $(a_n)_{n \in \mathbb{N}}$ oder aufzählend $(a_1, a_2, a_3, \ldots)$ geschrieben werden.

Beispiele 3.1.2.

- Die *konstante Folge* $(a, a, a, \ldots)$ mit $a_n = a \in \mathbb{R}$.

- Die Folge $\left(\frac{1}{n}\right)_{n \in \mathbb{N}}$. Die ersten Glieder sind $1, \frac{1}{2}, \frac{1}{3}, \frac{1}{4}, \ldots$.

- Die Folge $a_n = (-1)^n$, die abwechselnd die Werte 1 und −1 annimmt.

- Die Folge $\left(\frac{n}{n+1}\right)_{n \in \mathbb{N}}$ oder $(\frac{1}{2}, \frac{2}{3}, \frac{3}{4}, \frac{4}{5}, \ldots)$.

- Gelegentlich wird eine Folge auch mal an einer anderen Stelle als $n = 1$ beginnen, wie etwa $\left(\frac{n}{n-1}\right)_{n \geq 2}$.

© Springer-Verlag GmbH Deutschland, ein Teil von Springer Nature 2021
A. Deitmar, *Analysis*, https://doi.org/10.1007/978-3-662-62858-4_3

- Mit $f_0 = 0$ und $f_1 = 1$ wird durch die Vorschrift

$$f_{n+1} = f_n + f_{n-1}$$

  die Folge der *Fibonacci-Zahlen* definiert.

- Die Folge der Quadratzahlen $(n^2)_{n\in\mathbb{N}}$. Diese heißt so, weil sie die Größen von Quadraten mit ganzzahligen Seiten wiedergibt.

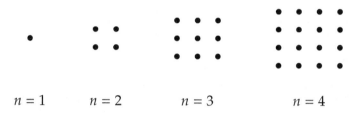

$$n = 1 \qquad n = 2 \qquad n = 3 \qquad n = 4$$

- Die Folge der *Dreieckszahlen*, die die Größe von entsprechenden Dreiecken wiedergeben:

$$n = 1 \qquad n = 2 \qquad n = 3$$

Diese Folge ist bereits in Beispiel 1.5.1 berechnet worden:

$$a_n = 1 + 2 + \cdots + n = \frac{n(n+1)}{2}.$$

Definition 3.1.3 (Konvergenz). Eine Folge reeller Zahlen $(a_n)_{n\in\mathbb{N}}$ heißt *konvergent* gegen $a \in \mathbb{R}$, wenn es zu jedem $\varepsilon > 0$ ein $n_0 \in \mathbb{N}$ gibt, so dass

$$|a_n - a| < \varepsilon \qquad \text{für jedes } n \geq n_0 \text{ gilt.}$$

Man drückt diesen Sachverhalt auch durch die suggestive Schreibweise

$$a_n \to a$$

aus.

Beispiele 3.1.4.

- Die konstante Folge $a_n = a$ konvergiert gegen a, denn es ist $|a_n - a| = 0$ für jedes n.

- Eine Folge (a_n) heißt *am Ende konstant*, wenn es ein $n_0 \in \mathbb{N}$ gibt, so dass $a_n = a_{n_0}$ für jedes $n \geq n_0$ gilt. Eine solche Folge (a_n) konvergiert dann gegen a_{n_0}.

- Die Folge $\left(\frac{1}{n}\right)_{n\in\mathbb{N}}$ konvergiert gegen Null, denn zu gegebenem $\varepsilon > 0$ existiert nach Lemma 2.5.9 ein $n_0 \in \mathbb{N}$ mit $0 < \frac{1}{n_0} < \varepsilon$. Daher ist für jedes $n \geq n_0$ schon

$$\left|\frac{1}{n} - 0\right| = \frac{1}{n} \leq \frac{1}{n_0} < \varepsilon.$$

- Die Folge $a_n = (-1)^n$ konvergiert nicht, denn, angenommen, sie würde konvergieren, etwa gegen $a \in \mathbb{R}$ dann sei $\varepsilon > 0$, so gibt es n_0 so dass für jedes $n \geq n_0$ gilt $|(-1)^n - a| < \varepsilon$. Für gerades n folgt daraus $|1 - a| < \varepsilon$ und für ungerades n ebenso $|(-1) - a| < \varepsilon$. Es gilt nach der Dreiecksungleichung:

$$2 = |1 + 1| = |1 - (-1)| = |1 - a + a - (-1)| \leq |1 - a| + |(-1) - a|$$
$$< \varepsilon + \varepsilon = 2\varepsilon.$$

Dies führt zum Beispiel für $\varepsilon = 1$ zum Widerspruch.

- Die Folge $\left(\frac{n}{n+1}\right)$ konvergiert gegen $a = 1$, dies wird klar mit der Rechnung

$$\frac{n}{n+1} - 1 = \frac{n - (n+1)}{n+1} = \frac{-1}{n+1}.$$

Satz 3.1.5 (Eindeutigkeit des Limes). *Die Folge (a_n) sei konvergent gegen $a \in \mathbb{R}$ und gleichzeitig auch gegen $b \in \mathbb{R}$. Dann folgt $a = b$.*

Beweis. Zu gegebenem $\varepsilon > 0$ existiert ein $n \in \mathbb{N}$ mit $|a_n - a| < \varepsilon/2$ und $|a_n - b| < \varepsilon/2$. Nach der Dreiecksungleichung folgt $|a - b| = |a - a_n + a_n - b| \leq |a_n - a| + |a_n - b| < \frac{\varepsilon}{2} + \frac{\varepsilon}{2} = \varepsilon$. Also ist $0 \leq |a - b| < \varepsilon$ für jedes positive ε. Damit muss $|a - b| = 0$ sein, was zu $a = b$ führt. $\square$

Definition 3.1.6. Die folgende Notation ist durch den letzten Satz gerechtfertigt. Konvergiert eine Folge $(a_n)_{n\in\mathbb{N}}$ gegen ein $a \in \mathbb{R}$ so heißt a der *Limes* oder *Grenzwert* der Folge und man schreibt $a_n \to a$ oder

$$a = \lim_{n\to\infty} a_n.$$

Satz 3.1.7 (Einschließungskriterium). *Seien $a_n \to \alpha$ und $b_n \to \alpha$ konvergente Folgen mit demselben Limes $\alpha \in \mathbb{R}$. Ist $n_0 \in \mathbb{N}$ und ist (c_n) eine Folge mit der Eigenschaft*

$$a_n \leq c_n \leq b_n$$

für jedes $n \geq n_0$, dann konvergiert auch (c_n) gegen α.

Beweis. Zu gegebenem $\varepsilon > 0$ gibt es einen Index $n_1 \geq n_0$ so dass für jedes $n \geq n_1$ beide Ungleichungen $|a_n - \alpha| < \varepsilon$ und $|b_n - \alpha| < \varepsilon$ erfüllt sind. Das bedeutet dann

$$-\varepsilon < a_n - \alpha \leq c_n - \alpha \leq b_n - \alpha < \varepsilon,$$

also auch $|c_n - \alpha| < \varepsilon$ für $n \geq n_1$. $\square$

Satz 3.1.8.

(a) *Eine Teilmenge $T \subset \mathbb{R}$ ist genau dann dicht in $\mathbb{R}$, wenn es zu jedem $x \in \mathbb{T}$ eine Folge $(t_n)_{n \in \mathbb{N}}$ in T gibt, so dass $t_n \to x$ in $\mathbb{R}$ konvergiert.*

(b) *Zu jeder reellen Zahl $x \in \mathbb{R}$ gibt es eine Folge rationaler Zahlen $(r_n)_{n \in \mathbb{N}}$, die gegen x konvergiert.*

Beweis. (a) Sei T dicht in $\mathbb{R}$ und sei $x \in \mathbb{R}$. zu jedem $n \in \mathbb{N}$ gibt es wegen der Dichtheit ein Element $t_n \in T$, so dass $t_n \in \left(x, x + \frac{1}{n}\right)$ gilt. Dann gilt $x < t_n < x + \frac{1}{n}$ und nach dem Einschließungskriterium, Satz 3.1.7, konvergiert die Folge (t_n) gegen x.

Sei umgekehrt $T \subset \mathbb{R}$ so, dass es zu jedem $x \in \mathbb{R}$ eine Folge (t_n) in T gibt, die gegen x konvergiert. Seien dann $a < b$ in $\mathbb{R}$. Sei dann $x = \frac{a+b}{2} \in (a, b)$ und sei (t_n) eine Folge in T, die gegen x konvergiert. Sei $\varepsilon = \frac{b-a}{2} > 0$, dann gibt es ein $n \in \mathbb{N}$, so dass $|t_n - x| < \varepsilon$, was gleichbedeutend ist mit $t_n \in (a, b)$. Also ist $(a, b) \cap T \neq \emptyset$.

(b) Nach Satz 2.5.11 liegt $\mathbb{Q}$ dicht in $\mathbb{R}$ und daher folgt die Aussage nach Teil (a). $\square$

Definition 3.1.9. Eine Folge, die nicht konvergiert, heißt *divergent*. Darüber hinaus gibt es auch noch den Begriff der *Bestimmten Divergenz*: Man sagt, eine Folge (a_n) *divergiert gegen* $+\infty$, falls es zu jedem $T > 0$ ein $n_0 \in \mathbb{N}$ gibt, so dass $a_n > T$ für jedes $n \geq n_0$ gilt. Sie divergiert gegen $-\infty$, falls $(-a_n)$ gegen $+\infty$ divergiert, also wenn es zu jedem $S < 0$ ein $n_0 \in \mathbb{N}$ gibt, so dass $a_n < S$ für jedes $n \geq n_0$ gilt.

Man sagt manchmal auch, eine Folge *konvergiert gegen* $+\infty$, wenn man bestimmte Divergenz gegen $+\infty$ meint. Diese Sprechweise macht dann Sinn, wenn man in der Menge der *erweiterten reellen Zahlen*

$$[-\infty, +\infty] = \mathbb{R} \cup \left\{ -\infty, +\infty \right\}$$

statt $\mathbb{R}$ arbeitet.

Man dehnt auch die Addition und die Multiplikation zumindest teilweise auf die erweiterten reellen Zahlen aus. Hierbei gelten folgende Konventionen:

$$a + (+\infty) = +\infty, \qquad a + (-\infty) = -\infty,$$

falls $a \in \mathbb{R}$. Ferner

$$(-\infty) + (-\infty) = -\infty, \qquad (+\infty) + (+\infty) = +\infty.$$

Die Summe $(-\infty) + (+\infty)$ ist nicht definiert. Für $a > 0$ ist

$$a \cdot (+\infty) = +\infty, \qquad a \cdot (-\infty) = -\infty.$$

Ist hingegen $a < 0$, so kehren sich die Vorzeichen jeweils um. Ferner

$$(+\infty) \cdot (+\infty) = (-\infty) \cdot (-\infty) = +\infty, \qquad (-\infty) \cdot (+\infty) = -\infty.$$

Die Produkte $0 \cdot (-\infty)$ und $0 \cdot (+\infty)$ sind nicht definiert.

Definition 3.1.10. Eine Folge, die gegen Null konvergiert, heißt auch *Nullfolge*.

Satz 3.1.11. *Sei $(a_n)_n$ eine Folge positiver Zahlen. Die Folge (a_n) ist genau dann eine Nullfolge, wenn $(\frac{1}{a_n})$ bestimmt gegen $+\infty$ divergiert.*

Beweis. Sei (a_n) eine Nullfolge und sei $K > 0$. Dann existiert ein n_0 so dass $0 < a_n < \frac{1}{K}$ für jedes $n \geq n_0$ gilt. Durch Inversenbildung folgt $K < \frac{1}{a_n}$ für jedes $n \geq n_0$, also divergiert $(\frac{1}{a_n})$ gegen $+\infty$. Umgekehrt divergiere $(\frac{1}{a_n})$ gegen $+\infty$ und sei $\varepsilon > 0$. Dann existiert ein n_0 so dass für jedes $n \geq n_0$ gilt $\frac{1}{a_n} > \frac{1}{\varepsilon}$. Durch Inversenbildung folgt $0 < a_n < \varepsilon$ für jedes $n \geq n_0$, also ist a_n eine Nullfolge. □

Definition 3.1.12. Eine Folge (a_n) heißt *nach oben beschränkt*, falls die Menge der Folgenglieder $\{a_1, a_2, \dots\}$ nach oben beschränkt ist, also wenn es ein $S \in \mathbb{R}$ gibt, so dass $a_n \leq S$ für jedes $n \in \mathbb{N}$ gilt. Analog definiert man nach unten beschränkte Folgen. Die Folge heißt *beschränkt*, falls die Folge der Beträge $|a_n|$ nach oben beschränkt ist, oder, was dasselbe ist, wenn die Folge (a_n) nach oben und unten beschränkt ist.

Satz 3.1.13. *Jede konvergente Folge ist beschränkt.*

Beweis. Sei (a_n) eine konvergente Folge mit Grenzwert a. Da die Folge konvergiert, existiert ein n_0, so dass $|a_n - a| < 1$ für jedes $n \geq n_0$. Sei M das Maximum der endlich vielen Zahlen $|a_1 - a|, |a_2 - a|, \ldots, |a_{n_0-1} - a|$, dann gilt nach der Dreiecksungleichung $|a_n| = |a_n - a + a| \leq |a_n - a| + |a| \leq M + 1 + |a|$, also ist die Folge beschränkt.   □

Beispiel 3.1.14. Die Umkehrung der Satzes gilt nicht, die Folge $a_n = (-1)^n$ etwa ist beschränkt, aber nicht konvergent.

Satz 3.1.15.

  a) *Sei $q \in \mathbb{R}$ mit $q > 1$, dann divergiert die Folge $a_n = q^n$ bestimmt gegen ∞.*

  b) *Sei $q \in \mathbb{R}$ mit $|q| < 1$. Dann konvergiert die Folge $a_n = q^n$ gegen Null.*

Beweis. (a) Sei $K > 1$ beliebig gewählt. Ein gegebenes $q > 1$ kann in der Form $q = 1 + a$ mit $a > 0$ geschrieben werden. Nach dem Archimedischen Prinzip gibt es ein $n_0 \in \mathbb{N}$, so dass für jedes $n \geq n_0$ die Ungleichung $n > (K - 1)/a$ oder $1 + an > K$ gilt. Dann ist für jedes $n \geq n_0$,

$$q^n = (a + 1)^n = \sum_{k=0}^{n} \binom{n}{k} a^{n-k} \geq 1 + na > K.$$

Die Aussage (a) ist bewiesen.

Für (b) sei $|q| < 1$. Dann ist $1/|q| > 1$ und nach Teil (a) geht $1/|q|^n$ gegen $+\infty$. Nach Satz 3.1.11 geht dann die Folge $|q^n| = |q|^n$ gegen Null.   □

Satz 3.1.16 (Summe und Produkt konvergenter Folgen). *Seien $a_n \to a$ und $b_n \to b$ konvergente Folgen.*

  a) *Die Folge $(a_n + b_n)$ konvergiert gegen $a + b$.*

  b) *Die Folge $(a_n b_n)$ konvergiert gegen ab.*

Als Spezialfall ergibt sich für $\lambda, \mu \in \mathbb{R}$, dass die Folge $\lambda a_n + \mu b_n$ gegen $\lambda a + \mu b$ konvergiert.

In der Sprache der Linearen Algebra besagt der Spezialfall, dass die Menge der konvergenten Folgen ein Untervektorraum des Raums aller Abbildungen Abb($\mathbb{N}, \mathbb{R}$) von $\mathbb{N}$ nach $\mathbb{R}$ ist und dass die Abbildung, die einer Folge ihren Grenzwert zuordnet, linear ist.

Die Aussage des Satzes kann auch sinnfällig in der Form

$$\lim_n (a_n + b_n) = \lim_n (a_n) + \lim_n (b_n)$$

und

$$\lim_n (a_n b_n) = \lim_n (a_n) \lim_n (b_n)$$

geschrieben werden.

Beweis des Satzes. (a) Sei $\varepsilon > 0$, dann gibt es ein $n_0 \in \mathbb{N}$ so dass für alle $n \geq n_0$ gilt $|a_n - a| < \varepsilon/2$ und $|b_n - b| < \varepsilon/2$. Für jedes $n \geq n_0$ gilt dann

$$|(a_n + b_n) - (a + b)| \leq |a_n - a| + |b_n - b| < \frac{\varepsilon}{2} + \frac{\varepsilon}{2} = \varepsilon.$$

Damit folgt die Behauptung.

(b) Die Folgen a_n und b_n sind beschränkt. Also existiert $M > 0$, so dass $|a_n|, |b_n|, |a|, |b| \leq M$ gilt für jedes $n \in \mathbb{N}$. Es folgt dann

$$
\begin{aligned}
|a_n b_n - ab| = |a_n b_n - a_n b + a_n b - ab| &\leq |a_n b_n - a_n b| + |a_n b - ab| \\
&= |a_n||b_n - b| + |a_n - a||b| \\
&\leq M|b_n - b| + M|a_n - a|.
\end{aligned}
$$
□

Beispiel 3.1.17. Durch wiederholte Anwendung von Teil (b) des Satzes erhält man, dass für jedes gegebene $k \in \mathbb{N}$ die Folge $\left(\frac{1}{n^k}\right)_{n \in \mathbb{N}}$ gegen Null geht. Hieraus folgt, dass für gegebenes $s \in \mathbb{N}$ und gegebene Konstanten $c_1, \dots, c_s$ die Folge

$$c_1 \frac{1}{n} + c_2 \frac{1}{n^2} + \cdots + c_s \frac{1}{n^s}$$

für $n \to \infty$ gegen Null geht.

Definition 3.1.18. Eine reelle *Polynomfunktion* ist eine Funktion $f(x)$ der Form

$$f(x) = a_0 + a_1 x + \cdots + a_s x^s$$

mit *Koeffizienten* $a_0, \dots, a_s \in \mathbb{R}$.

Korollar 3.1.19. *Ist* $f(x) = a_0 + a_1 x + \cdots + a_d x^d$ *eine Polynomfunktion und ist* $x_n \to a$ *eine konvergente Folge, so gilt* $f(x_n) \to f(a)$.

Beweis. Dies folgt durch wiederholte Anwendung des Satzes. □

Lemma 3.1.20. *Sind zwei Polynomfunktionen gleich, stimmen alle ihre Koeffizienten überein. Genauer, gilt* $f(x) = a_0 + a_1 x + \cdots + a_s x^s$ *mit* $a_s \neq 0$ *und* $g(x) = b_0 + b_1 x + \cdots + b_t x^t$ *mit* $b_t \neq 0$ *und ist* $f(x) = g(x)$ *für alle* $x \in \mathbb{R}$, *dann gilt* $s = t$ *und* $a_j = b_j$ *für jedes* $j = 0, \ldots, s$.

Beweis. Wegen $a_0 = f(0) = g(0) = b_0$ folgt

$$a_1 x + \cdots + a_s x^s = b_1 x + \cdots + b_t x^t$$

für jedes $x \in \mathbb{R}$. Ist $x \neq 0$, kann man durch x dividieren und erhält $a_1 + \cdots + a_s x^{s-1} = b_1 + \cdots + b_t x^{t-1}$ für jedes $x \neq 0$. Mit $x = \frac{1}{n}$ wird das

$$a_1 + a_2 \frac{1}{n} \cdots + a_s \frac{1}{n^{s-1}} = b_1 + b_2 \frac{1}{n} \cdots + b_t \frac{1}{n^{t-1}}.$$

Nach dem letzten Beispiel konvergieren beide Seiten für $n \to \infty$ und es folgt $a_1 = b_1$. Dieses Argument lässt sich nun wiederholen und liefert die Behauptung. □

Definition 3.1.21. Sei $f(x) = a_0 + a_1 x + \ldots a_d x^d$ eine Polynomfunktion. Der *Grad* einer Polynomfunktion $f \neq 0$ ist die höchste Potenz $k \geq 0$ mit $a_k \neq 0$, also etwa $\text{grad}(x^2 + 1) = 2$. Sind alle Koeffizienten Null, ist die Funktion also die Nullfunktion, wird der Grad auf den Wert $-\infty$ gesetzt. Das sieht zwar künstlich aus, macht aber Sinn, da dann die Rechenregeln

$$\text{grad}(f + g) \leq \max(\text{grad}(f), \text{grad}(g)), \qquad \text{grad}(fg) = \text{grad}(f) + \text{grad}(g)$$

immer Gültigkeit haben. Hierbei gelten die Rechenregeln der erweiterten reellen Zahlen aus Definition 3.1.9.

Lemma 3.1.22. *Zwei konvergente Folgen* $a_n \to a$ *und* $b_n \to b$ *haben genau dann denselben Grenzwert, wenn* $a_n - b_n$ *eine Nullfolge ist.*

Beweis. Seien a und b die Grenzwerte der Folgen, so gilt $a - b = \lim_n a_n - \lim_n b_n = \lim_n (a_n - b_n)$. Nun ist $a = b$ gleichbedeutend mit $a - b = 0$ und dies ist gleichbedeutend damit, dass $a_n - b_n$ gegen Null geht. □

Satz 3.1.23 (Quotient konvergenter Folgen). *Seien* $a_n \to a$ *und* $b_n \to b$ *konvergente Folgen und sei* $b \neq 0$. *Dann gibt es eine natürliche Zahl* n_0, *so dass* $b_n \neq 0$ *für jedes* $n \geq n_0$ *und die Folge* $\left(\frac{a_n}{b_n}\right)_{n \geq n_0}$ *gegen* $\frac{a}{b}$ *konvergiert.*

Beweis. Für $\varepsilon = |b|/2 > 0$ gibt es ein n_0 so dass für $n \geq n_0$ gilt $|b_n - b| < \varepsilon = |b|/2$. Hieraus folgt, dass für $n \geq n_0$ schon $b_n \neq 0$ sein muss, da sonst der Widerspruch $|b| = |-b| < |b|/2$ entsteht. Genauer sieht man sogar

$$|b_n| = |b - (b - b_n)| \geq ||b| - |b_n - b|| \geq |b| - \frac{|b|}{2} = \frac{|b|}{2},$$

so dass für $n \geq n_0$ gilt

$$\left|\frac{1}{b_n} - \frac{1}{b}\right| = \frac{1}{|b_n||b|}|b_n - b| \leq \frac{2}{|b|^2}|b_n - b|.$$

Damit konvergiert $1/b_n$ gegen $1/b$ und da man die Folge $\frac{a_n}{b_n}$ als Produkt $a_n \cdot \frac{1}{b_n}$ schreiben kann, folgt der Satz. $\qquad\square$

Beispiel 3.1.24. Die Folge $a_n = \frac{3n^2+7n}{n^2+5}$ konvergiert gegen 3, was man einsieht, indem man Zähler und Nenner mit $1/n^2$ multipliziert. Man erhält dann $a_n = \frac{3+\frac{7}{n}}{1+\frac{5}{n^2}}$. Der Zähler geht gegen 3, der Nenner gegen 1, der Bruch also gegen 3.

Satz 3.1.25 (Monotonie des Limes). *Sein (a_n) und (b_n) zwei konvergente Folgen. Es gebe ein n_0 so dass $a_n \leq b_n$ für jedes $n \geq n_0$. Dann gilt*

$$\lim_n a_n \leq \lim_n b_n.$$

Beweis. Seien a und b die Grenzwerte der beiden Folgen und sei $\varepsilon > 0$. Dann existiert ein n_0 so dass für jedes $n \geq n_0$ gilt $|a_n - a| < \varepsilon/2$ und $|b_n - b| < \varepsilon/2$. Für solches n folgt

$$a = a_n + (a - a_n) \leq b_n + (a - a_n) = b + \underbrace{(b_n - b)}_{<\varepsilon/2} + \underbrace{(a_n - a)}_{<\varepsilon/2} < b + \varepsilon.$$

Wäre nun $a > b$, so erhielte man mit $\varepsilon = (a - b)/2$ einen Widerspruch, es folgt also $a \leq b$. $\qquad\square$

Definition 3.1.26. Eine Folge (a_n) heißt *monoton wachsend*, falls für jedes $n \in \mathbb{N}$ die Ungleichung $a_n \leq a_{n+1}$ gilt. Sie heißt *monoton fallend*, falls $a_n \geq a_{n+1}$ gilt für jedes $n \in \mathbb{N}$. Eine Folge heißt *monoton*, falls sie monoton wachsend oder monoton fallend ist.

Satz 3.1.27. *Sei (a_n) eine monotone Folge. Ist (a_n) nicht beschränkt, so divergiert sie gegen $\pm\infty$. Ist (a_n) beschränkt, so konvergiert sie in $\mathbb{R}$.*

Beweis. Ist a_n fallend, so ist $-a_n$ wachsend und umgekehrt. Es reicht also, anzunehmen, dass die Folge (a_n) monoton wachsend ist. In dem Fall ist die Unbeschränktheit nach Definition äquivalent dazu, dass die Folge gegen $+\infty$ geht. Sei die Folge also beschränkt und sei $a = \sup\{a_1, a_2, a_3, \dots\} \in \mathbb{R}$. Es wird nun gezeigt, dass a_n gegen a konvergiert. Sei hierzu $\varepsilon > 0$. Dann ist $a - \varepsilon$ keine obere Schranke mehr, es gibt also ein n_0 mit $a - \varepsilon < a_{n_0} \leq a$. Aus der Monotonie folgt, dass für jedes $n \geq n_0$ gilt $a - \varepsilon < a_{n_0} \leq a_n \leq a$, mithin also $|a_n - a| < \varepsilon$ für jedes $n \geq n_0$. $\qquad\square$

Satz 3.1.28. *Sei $\emptyset \neq M \subset \mathbb{R}$ nach oben beschränkt und sei $s \in \mathbb{R}$ das Supremum von M. Dann gibt es eine Folge $a_n \in M$, die gegen s konvergiert. Ebenso gibt es eine Folge $b_n \in \mathbb{R} \setminus M$, die gegen s konvergiert.*

Beweis. Da s das Supremum von M ist, gibt es für jedes $n \in \mathbb{N}$ ein $a_n \in M$, so dass $s - \frac{1}{n} < a_n \leq s$, da sonst $s - \frac{1}{n}$ bereits eine obere Schranke wäre. Damit ist die Existenz der Folge (a_n) gezeigt, die gegen s konvergiert. Für die zweite Folge beachte, dass für jedes $n \in \mathbb{N}$ die Zahl $b_n := s + \frac{1}{n}$ nicht in M liegt, da s eine obere Schranke ist. $\qquad\square$

Definition 3.1.29. Eine Folge (a_n) heißt *Cauchy-Folge*, falls es zu jedem $\varepsilon > 0$ ein n_0 gibt, so dass für alle $m, n \geq n_0$ gilt

$$|a_n - a_m| < \varepsilon.$$

Das heißt also, dass eine Folge eine Cauchy-Folge ist, wenn die Abstände der Folgenglieder untereinander mit wachsendem Index beliebig klein werden.

Satz 3.1.30.

 a) *Jede Cauchy-Folge ist beschränkt.*

 b) *Jede konvergente Folge ist eine Cauchy-Folge.*

 c) *In $\mathbb{R}$ konvergiert jede Cauchy-Folge.*

 d) *In $\mathbb{Q}$ gibt es Cauchy-Folgen, die in $\mathbb{Q}$ nicht konvergieren, d.h., die einen Limes in $\mathbb{R}$ haben, nicht aber in $\mathbb{Q}$.*

Beweis. (a) Sei (a_n) eine Cauchy-Folge. Sei $\varepsilon > 0$ und sei n_0 so dass $|a_n - a_m| < \varepsilon$ ist für alle $m, n \geq n_0$. Dann ist insbesondere $|a_n - a_{n_0}| < \varepsilon$ für jedes $n \geq n_0$, also gilt für solche n, dass $|a_n| < |a_{n_0}| + \varepsilon$ ist. Sei $S = \max(|a_1|, \ldots, |a_{n_0}|, |a_{n_0}| + \varepsilon)$, dann folgt $|a_n| \leq S$ für jedes $n \in \mathbb{N}$, die Folge ist also beschränkt.

(b) Sei $a_n \to a$ konvergent und sei $\varepsilon > 0$. Dann existiert ein n_0 so dass für jedes $n \geq n_0$ die Ungleichung $|a_n - a| < \varepsilon/2$ gilt. Für $m, n \geq n_0$ ist dann

$$|a_m - a_n| = |a_n - a + a - a_m| \leq |a_n - a| + |a_m - a| < \frac{\varepsilon}{2} + \frac{\varepsilon}{2} = \varepsilon.$$

Daher ist (a_n) eine Cauchy-Folge.

(c) Sei eine Cauchy-Folge (a_n) in $\mathbb{R}$ gegeben. Für $N \in \mathbb{N}$ definiere $\tilde{a}_N = \inf\{a_N, a_{N+1} \ldots\}$. Da das Infimum $\tilde{a}_{N+1}$ über eine kleinere Menge als das Infimum $\tilde{a}_N$ genommen wird, ist $\tilde{a}_N \leq \tilde{a}_{N+1}$, die Folge $\tilde{a}_n$ also monoton wachsend. Ferner ist die Folge (a_n) als Cauchy-Folge beschränkt und da $\tilde{a}_N \leq a_N$, so ist auch die Folge $\tilde{a}_n$ beschränkt, also nach Satz 3.1.27 konvergent. Sei $a = \lim_n \tilde{a}_n$. Um einzusehen, dass die Folge a_n ebenfalls den Grenzwert a hat, wählt man ein $\varepsilon > 0$. Dann existiert ein N_0 so dass einerseits $|a_n - a_m| < \varepsilon/3$ für alle $m, n \geq N_0$ und andererseits $|\tilde{a}_N - a| < \varepsilon/3$ für alle $N \geq N_0$. Nach der Definition von $\tilde{a}_{N_0}$ existiert ein $n_0 \geq N_0$ mit $|a_{n_0} - \tilde{a}_{N_0}| < \varepsilon/3$. Für $n \geq n_0$ gilt dann

$$|a_n - a| \leq |a_n - a_{n_0}| + |a_{n_0} - \tilde{a}_{N_0}| + |\tilde{a}_{N_0} - a| < \frac{\varepsilon}{3} + \frac{\varepsilon}{3} + \frac{\varepsilon}{3} = \varepsilon.$$

(d) Sei $\alpha \in \mathbb{R} \setminus \mathbb{Q}$, zum Beispiel $\alpha = \sqrt{2}$. Nach Satz 3.1.8 gibt es eine Folge (r_n) in $\mathbb{Q}$, die in $\mathbb{R}$ gegen α konvergiert. Daher ist (r_n) eine Cauchy-Folge in $\mathbb{Q}$, deren Limes nicht in $\mathbb{Q}$ liegt. $\qquad\square$

Das folgende Lemma wird später gebraucht.

Lemma 3.1.31. *Sei (a_n) eine konvergente Folge reeller Zahlen mit Limes $a \in \mathbb{R}$. Dann konvergiert die Folge der Beträge $|a_n|$ gegen $|a|$.*

Beweis. Zu gegebenem $\varepsilon > 0$ existiert ein n_0 so dass für alle $n \geq n_0$ gilt $|a_n - a| < \varepsilon$. Mit der umgekehrten Dreiecksungleichung aus Lemma 2.3.8 folgt für jeden $n \geq n_0$

$$\big||a_n| - |a|\big| \leq |a_n - a| < \varepsilon.$$

Damit ist das Lemma bewiesen. $\qquad\square$

3.2   Intervallschachtelung

Das Prinzip der Intervallschachtelung besagt, dass eine absteigende Folge
nichtleerer Intervalle endlicher Länge einen nichtleeren Schnitt hat. Gehen
außerdem die Längen gegen Null, besteht der Schnitt aus genau einem
Punkt. In dieser Form wird die Aussage benutzt und daher auch nur so
formuliert.

Die Voraussetzung, dass die Längen endlich sein sollen, ist erforderlich, wie
die Folge der Intervalle $I_n = [n, \infty)$ zeigt, die einen leeren Schnitt hat.

Satz 3.2.1 (Prinzip der Intervallschachtelung). *Sei (I_n) eine Folge nicht-
leerer abgeschlossener Intervalle in $\mathbb{R}$ so dass $I_{n+1} \subset I_n$ für jedes $n \in \mathbb{N}$ gilt.
Gehen die Längen der Intervalle gegen Null, so besteht der Schnitt aus genau
einem Punkt, es gilt also*

$$\bigcap_{n \in \mathbb{N}} I_n = \{x\}$$

für ein $x \in \mathbb{R}$.

Beweis. Da die Längen der Intervalle gegen Null gehen, sind sie ab einem
Index jedenfalls endlich, man kann sie also alle als endlich annehmen. Sei
also $I_n = [a_n, b_n]$. Für $k, n \in \mathbb{N}$ gilt $I_{n+k} \subset I_n$, also ist $a_n \leq a_{n+k} \leq b_{n+k} \leq b_n$.
Insbesondere ist die Folge a_n also monoton wachsend und beschränkt, etwa
durch b_1. Damit konvergiert die Folge, sei a der Grenzwert. Wegen $a_{n+k} \leq b_n$
ist auch $x = \lim_k a_{n+k} \leq b_n$ und damit liegt x in jedem Intervall $[a_n, b_n]$. Sei x'
eine weitere reelle Zahl, die in jedem Intervall I_n liegt. Für jedes $\varepsilon > 0$ gibt
es ein n so dass $L(I_n) < \varepsilon$. Wegen $x, x' \in I_n$ folgt $|x - x'| < \varepsilon$ und da dies für
jedes $\varepsilon > 0$ gilt, ist $|x - x'| = 0$, also $x = x'$.   □

Definition 3.2.2. Eine Menge M heißt *abzählbar*, wenn sie leer ist oder es
eine surjektive Abbildung $\phi : \mathbb{N} \to M$ gibt. Im zweiten Fall lässt sich die
Menge abzählend in der Form

$$M = \big\{\phi(1), \phi(2), \phi(3), \dots\big\}$$

schreiben, wobei Mehrfach-Nennungen möglich sind.

Eine Menge M heißt *überabzählbar*, falls sie nicht abzählbar ist.

Lemma 3.2.3.

   a) *Eine endliche Menge ist abzählbar.*

   b) *Eine Teilmenge einer abzählbaren Menge ist abzählbar.*

c) *Ist $\phi : X \to Y$ surjektiv und ist X abzählbar, dann ist Y abzählbar.*

d) *Eine Vereinigung von abzählbar vielen endlichen Mengen ist abzählbar.*

e) *Eine Vereinigung von abzählbar vielen abzählbaren Mengen ist abzählbar.*

Beweis. Der Fall der leeren Menge ist jeweils trivial, für (a) sei also $X = \{x_1, \ldots, x_n\}$ eine nichtleere endliche Menge. Definiere dann $\phi : \mathbb{N} \to X$ durch

$$\phi(j) = \begin{cases} x_j & \text{falls } j \leq n, \\ x_1 & \text{sonst.} \end{cases}$$

Die Abbildung ϕ ist surjektiv.

Für (b) sei X abzählbar und $\emptyset \neq Y \subset X$ und sei eine surjektive Abbildung $\phi : \mathbb{N} \to X$ gegeben. Mit einem fixierten Element $y_0 \in Y$ definiert man eine surjektive Abbildung $\psi : \mathbb{N} \to Y$ durch

$$\psi(n) = \begin{cases} \phi(n) & \text{falls } \phi(n) \in Y, \\ y_0 & \text{sonst.} \end{cases}$$

Die Aussage (c) ist trivial. (d) Für jedes $n \in \mathbb{N}$ sei eine endliche Menge E_n gegeben. Um zu zeigen, dass die Vereinigung $V := \bigcup_{n \in \mathbb{N}} E_n$ abzählbar ist, kann angenommen werden, dass jedes E_n nichtleer ist. Sei also $E_n = \{x_1^n, x_2^n, \ldots, x_{k(n)}^n\}$. Man setzt $K(n) = k(1) + k(2) + \cdots + k(n)$ und $K(0) = 0$. Für jedes $j \in \mathbb{N}$ gibt es dann genau ein $n \geq 0$ mit

$$K(n) < j \leq K(n+1).$$

Setze $\phi(j) = x_{j-K(n)}^n$, falls $K(n) < j \leq K(n+1)$. Dann ist ϕ eine surjektive Abbildung $\mathbb{N} \to V$.

(e) Seien nun $A_1, A_2, \ldots$ abzählbare Mengen, etwa $A_n = \{a_1^n, \ldots\}$. Sei $A = \bigcup_{n \in \mathbb{N}} A_n$. Sei $B_n = \{a_\nu^\mu \in A : \nu + \mu = n\}$ Dann ist $B_1 = \emptyset$, $B_2 = \{a_1^1\}$, $B_3 = \{a_2^1, a_1^2\}$ und so weiter. Jedenfalls ist jedes B_n endlich und es ist $A = \bigcup_{n \in \mathbb{N}} B_n$ eine abzählbare Vereinigung endlicher Mengen. Damit ist A nach Teil (d) abzählbar. $\qquad\square$

Satz 3.2.4. *Die Menge der rationalen Zahlen $\mathbb{Q}$ ist abzählbar.*

Beweis. Die Menge $\mathbb{N}$ der natürlichen Zahlen ist trivialerweise abzählbar. Die Menge $\mathbb{Z} = \mathbb{N} \cup \{0\} \cup \{-n : n \in \mathbb{N}\}$ ist abzählbar nach dem Lemma. Die

Menge

$$\mathbb{Z} \times (\mathbb{Z} \setminus \{0\}) = \bigcup_{q \neq 0} \mathbb{Z} \times \{q\}$$

ist ebenfalls abzählbar nach dem Lemma. Die Abbildung $\mathbb{Z} \times (\mathbb{Z} \setminus \{0\}) \to \mathbb{Q}$, die ein gegebenes Paar (p, q) auf den Bruch $\frac{p}{q}$ wirft, ist surjektiv, also ist $\mathbb{Q}$ abzählbar.   □

Satz 3.2.5. *Die Menge der reellen Zahlen ist nicht abzählbar.*

Beweis. Sei $\phi : \mathbb{N} \to \mathbb{R}$ eine beliebige Abbildung. Es ist zu zeigen, dass ϕ nicht surjektiv sein kann. Sei $[a_0, b_0] = [0, 1]$ das Einheitsintervall. Teilt man das Intervall $[a_0, b_0]$ in drei gleich große Teilintervalle, so kann $\phi(1)$ maximal in zweien von diesen liegen. Es gibt also ein Teilintervall $[a_1, b_1]$, so dass $b_1 - a_1 = \frac{1}{3}$ und $\phi(1) \notin [a_1, b_1]$. Iterativ konstruiert man eine absteigende Folge von Intervallen $[a_n, b_n]$ mit $b_n - a_n = \frac{1}{3^n}$ und $\phi(n) \notin [a_n, b_n]$. Nach dem Intervallschachtelungsprinzip gibt es einen Punkt $x \in \mathbb{R}$, der in allen diesen Intervallen liegt. Für jedes $n \in \mathbb{N}$ gilt nun $\phi(n) \neq x$, da $x \in [a_n, b_n]$. Also ist ϕ nicht surjektiv, somit $\mathbb{R}$ nicht abzählbar.   □

3.3 Teilfolgen

Definition 3.3.1. Sei (a_n) eine Folge. Eine *Teilfolge* ist eine Folge, die durch Weglassen von Folgengliedern entsteht. Man lässt also aus

$$(a_1, a_2, a_3, \dots)$$

Folgenglieder weg, aber auf eine Art und Weise, dass noch unendlich viele übrig bleiben, also etwa

$$(\cancel{a_1}, \underbrace{a_2}_{=b_1}, \cancel{a_2}, \cancel{a_3}, \underbrace{a_4}_{=b_2}, \dots).$$

Präziser entsteht eine Teilfolge $(b_k)_{k \in \mathbb{N}}$ aus der gegebenen Folge $(a_n)_{n \in \mathbb{N}}$ durch Angabe einer Abbildung $\mathbb{N} \to \mathbb{N}$, $k \mapsto n_k$, so dass für jedes $k \in \mathbb{N}$ die Ungleichung $n_k < n_{k+1}$ und die Gleichung $b_k = a_{n_k}$ gilt.

Beispiel 3.3.2. Sei $a_n = (-1)^n$ und sei $n_k = 2k$. Die dadurch entstehende Teilfolge ist $b_k = a_{2k} = (-1)^{2k} = 1$, ist also die konstante Folge 1. Diese Folge ist konvergent, obwohl die Ausgangsfolge (a_n) nicht konvergent war.

Satz 3.3.3. *Ist die Folge (a_n) konvergent gegen $a \in \mathbb{R}$, so auch jede Teilfolge. Divergiert (a_n) bestimmt gegen $\pm\infty$, so auch jede Teilfolge.*

Beweis. Sei $a_n \to a$ und sei $b_k = a_{n_k}$ eine Teilfolge. Zu gegebenem $\varepsilon > 0$ existiert ein $n_0 \in \mathbb{N}$ so dass für jedes $n \geq n_0$ der Abstand $|a_n - a|$ kleiner als ε ist. Es gibt nun ein $k_0 \in \mathbb{N}$ so dass für jedes $k \geq k_0$ der Index n_k größer als n_0 ist. Also folgt für jedes $k \geq k_0$, dass $|b_k - a| = |a_{n_k} - a| < \varepsilon$. Damit konvergiert die Teilfolge (b_k) auch gegen a. Der Fall der bestimmten Divergenz wird analog behandelt. $\square$

Satz 3.3.4 (Satz von Bolzano-Weierstraß). *Jede beschränkte Folge in $\mathbb{R}$ hat eine konvergente Teilfolge.*

Beweis. Sei $(a_j)_{j\in\mathbb{N}}$ eine beschränkte Folge in $\mathbb{R}$, etwa $\alpha_1 \leq a_j \leq \beta_1$ für alle $j \in \mathbb{N}$. Sei $\gamma_1 = \frac{\alpha_1 + \beta_1}{2}$ das arithmetische Mittel. In mindestens einem der beiden Intervalle $[\alpha_1, \gamma_1]$ oder $[\gamma_1, \beta_1]$ liegen unendlich viele Folgenglieder. Man wählt eines der beiden, das unendlich viele Folgenglieder enthält und nennt es $[\alpha_2, \beta_2]$. Eine Iteration des Prozesses liefert eine Folge abgeschlossener Intervalle $I_n = [\alpha_n, \beta_n]$ mit $L(I_n) \to 0$ und $I_{n+1} \subset I_n$. Jedes I_n enthält unendlich viele Folgenglieder a_j. Induktiv wählt man zu jedem $n \in \mathbb{N}$ einen Index $j(n) \in \mathbb{N}$ so dass $j(n+1) > j(n)$ und $a_{j(n)} \in I_n$. Dann konvergiert die Teilfolge $(a_{j(n)})_{n\in\mathbb{N}}$ gegen den eindeutigen Punkt $x \in \mathbb{R}$, der in allen Intervallen I_n liegt, denn es gilt $|a_{j(n)} - x| < L(I_n)$, da $a_{j(n)}$ und x beide in I_n liegen. $\square$

3.4 Reihen

Sei $(a_n)_{n\in\mathbb{N}}$ eine Folge reeller Zahlen. Die Folge

$$s_n := \sum_{k=1}^{n} a_k$$

ist die Folge der *Partialsummen*. Diese Folge wird auch die *Reihe* über die (a_n) genannt. Falls die Folge (s_n) konvergiert, sei $\sum_{k=1}^{\infty} a_k$ ihr Grenzwert.

In missbräuchlicher Schreibweise schreibt man allerdings auch $\sum_{k=1}^{\infty} a_k$ für die Folge $(s_n)_n$ der Partialsummen, wie etwa in folgendem Beispiel.

Beispiel 3.4.1. Die Reihe $\sum_{k=1}^{\infty} \frac{1}{k(k+1)}$ konvergiert und hat den Grenzwert 1.

Beweis. Es gilt $\frac{1}{k(k+1)} = \frac{1}{k} - \frac{1}{k+1}$. Also ist die n-te Partialsumme gleich

$$\left(1 - \frac{1}{2}\right) + \left(\frac{1}{2} - \frac{1}{3}\right) + \cdots + \left(\frac{1}{n} - \frac{1}{n+1}\right) = 1 - \frac{1}{n+1}$$

Da $\frac{1}{n+1} \to 0$, folgt die Behauptung. □

Satz 3.4.2. *Die geometrische Reihe $\sum_{n=0}^{\infty} x^n$ konvergiert für $|x| < 1$ und hat den Grenzwert*

$$\sum_{n=0}^{\infty} x^n = \frac{1}{1-x}.$$

Beweis. Sei $x \in \mathbb{R}$ mit $|x| < 1$. In Satz 1.5.13 wurde die Summenformel für die endliche geometrische Reihe $s_n := \sum_{k=0}^{n} x^k = \frac{1-x^{n+1}}{1-x}$ bewiesen. Nach Satz 3.1.15 geht die Folge x^{n+1} gegen Null. Also konvergiert s_n gegen $\frac{1}{1-x}$. □

Beispiel 3.4.3. Im Fall $x = \frac{1}{2}$ erhält man aus dem Satz $1 + \frac{1}{2} + \frac{1}{4} + \frac{1}{8} + \cdots = 2$.

Satz 3.4.4 (Linearkombinationen konvergenter Reihen). *Sind $\sum_{n=1}^{\infty} a_n$ und $\sum_{n=1}^{\infty} b_n$ konvergente Reihen, so ist für $\lambda, \mu \in \mathbb{R}$ auch die Reihe $\sum_{n=1}^{\infty}(\lambda a_n + \mu b_n)$ konvergent und für die Grenzwerte gilt*

$$\sum_{n=1}^{\infty}(\lambda a_n + \mu b_n) = \lambda \sum_{n=1}^{\infty} a_n + \mu \sum_{n=1}^{\infty} b_n.$$

In der Sprache der linearen Algebra heißt das, dass die Menge der konvergenten Reihen einen Untervektorraum des Raums aller Reihen bilden und die Abbildung, die einer konvergenten Reihe ihrem Limes zuordnet, linear ist.

Beweis. Die Linearität gilt für die Partialsummen und wegen Satz 3.1.16 auch nach Limesübergang. □

3.5 Absolute Konvergenz

Definition 3.5.1. Eine Reihe $\sum_{n=1}^{\infty} a_n$ ist *absolut konvergent*, falls die Reihe der Absolutbeträge $\sum_{n=1}^{\infty} |a_n|$ konvergiert.

Falls die Reihe der Absolutbeträge nicht konvergiert, kann sie nur bestimmt gegen $+\infty$ divergieren, da die Summenglieder semi-positiv sind. Die Reihe $\sum_{n=1}^{\infty} a_n$ konvergiert also genau dann absolut, wenn gilt

$$\sum_{n=1}^{\infty} |a_n| < \infty.$$

Satz 3.5.2. *Eine absolut konvergente Reihe konvergiert auch im gewöhnlichen Sinn, allerdings im Allgemeinen gegen einen anderen Grenzwert.*

Beweis. Sei $s_n = \sum_{k=1}^{n} a_k$ die Folge der Partialsummen einer absolut konvergenten Reihe. Sei $\varepsilon > 0$. Wegen der absoluten Konvergenz existiert ein n_0 so dass für $m \geq n \geq n_0$ gilt $\sum_{k=n}^{m} |a_k| < \varepsilon$. Für die gleichen m, n gilt dann $|s_m - s_n| = \left|\sum_{k=n}^{m} a_k\right| \leq \sum_{k=n}^{m} |a_k| < \varepsilon$. Also ist (s_n) eine Cauchy-Folge und damit konvergent. $\square$

Lemma 3.5.3 (Dreiecksungleichung für unendliche Reihen). *Ist die Reihe $\sum_{n=1}^{\infty} a_n$ absolut konvergent, so gilt*

$$\left|\sum_{n=1}^{\infty} a_n\right| \leq \sum_{n=1}^{\infty} |a_n|.$$

Beweis. Für jedes $N \in \mathbb{N}$ gilt

$$\left|\sum_{n=1}^{N} a_n\right| \leq \sum_{n=1}^{N} |a_n|.$$

Nach Lemma 3.1.31 konvergiert die Folge $\left|\sum_{n=1}^{N} a_n\right|$ gegen $\left|\sum_{n=1}^{\infty} a_n\right|$ und die Behauptung folgt dann nach der Monotonie des Limes, Satz 3.1.25. $\square$

Satz 3.5.4 (Konvergenz einer Teilsumme). *Ist die Reihe $\sum_{n=1}^{\infty} a_n$ absolut konvergent und ist $(a_{n_k})_{k \in \mathbb{N}}$ eine Teilfolge, dann konvergiert auch die Reihe $\sum_{k=1}^{\infty} a_{n_k}$ absolut.*

Beweis. Für jedes $K \in \mathbb{N}$ gilt

$$\sum_{k=1}^{K} |a_{n_k}| \leq \sum_{n=1}^{n_K} |a_n| \leq \sum_{n=1}^{\infty} |a_n|,$$

so dass nach Grenzübergang $\sum_{k=1}^{\infty} |a_{n_k}| \leq \sum_{n=1}^{\infty} |a_n| < \infty$ folgt. $\square$

3.6 Konvergenzkriterien für Reihen

In diesem Abschnitt werden einige Kriterien angegeben, die es erlauben, die Konvergenz einer Reihe schnell einzusehen.

Satz 3.6.1 (Cauchy-Kriterium). *Eine Reihe $\sum_{n=1}^{\infty} a_n$ konvergiert genau dann in $\mathbb{R}$, wenn es zu jedem $\varepsilon > 0$ ein n_0 gibt, so dass für alle $m \geq n \geq n_0$ gilt*

$$\left| \sum_{k=n}^{m} a_k \right| < \varepsilon.$$

Beweis. Sei $s_n = \sum_{k=1}^{n} a_k$ die Folge der Partialsummen. Dann gilt $\left| \sum_{k=n}^{m} a_k \right| = |s_m - s_{n-1}|$. Daher folgt die Behauptung aus der Tatsache, dass die Folge (s_n) genau dann konvergiert, wenn sie eine Cauchy-Folge ist, was in Satz 3.1.30 bewiesen wurde. $\qquad\square$

Satz 3.6.2. *Konvergiert die Reihe $\sum_{n=1}^{\infty} a_n$ in $\mathbb{R}$, dann geht die Folge (a_n) gegen Null. Die Umkehrung gilt im Allgemeinen nicht.*

Beweis. Die Reihe $\sum_{n=1}^{\infty} a_n$ sei konvergent und sei $\varepsilon > 0$. Nach dem letzten Satz gibt es ein n_0 so dass für jedes $n \geq n_0$ gilt $|a_n| = \left| \sum_{k=n}^{n} a_k \right| < \varepsilon$. Also geht (a_n) gegen Null. Die zweite Aussage ergibt sich aus nachfolgendem Beispiel. $\qquad\square$

Beispiel 3.6.3. (Die Harmonische Reihe) Die Reihe $\sum_{n=1}^{\infty} \frac{1}{n}$ konvergiert nicht.

Beweis. Sei $s_n = \sum_{k=1}^{n} \frac{1}{k}$ die n-te Partialsumme. Für $\nu \in \mathbb{N}$ ist die 2^{ν}-te Partialsumme gleich

$$s_{2^{\nu}} = \sum_{k=1}^{2^{\nu}} \frac{1}{k} = 1 + \frac{1}{2} + \sum_{p=1}^{\nu-1} \sum_{k=2^p+1}^{2^{p+1}} \frac{1}{k}$$

$$\geq 1 + \frac{1}{2} + \sum_{p=1}^{\nu-1} \underbrace{\sum_{k=2^p+1}^{2^{p+1}} \frac{1}{2^{p+1}}}_{2^p \text{ Summanden}} = 1 + \frac{1}{2} + \sum_{p=1}^{\nu-1} \frac{1}{2} = 1 + \frac{\nu}{2}$$

Damit divergiert die Teilfolge $s_{2^{\nu}}$ bestimmt gegen ∞. Also kann auch die ursprüngliche Folge (s_n) nicht konvergieren. $\qquad\square$

Satz 3.6.4 (Majorantenkriterium). *Sei $\sum_{n=1}^{\infty} c_n$ eine konvergente Reihe mit positiven Gliedern $c_n > 0$. Sei $\sum_{n=1}^{\infty} a_n$ eine Reihe mit $|a_n| \leq c_n$. Dann konvergiert die Reihe $\sum_{n=1}^{\infty} a_n$ absolut.*

Beweis. Für jedes $N \in \mathbb{N}$ gilt $\sum_{n=1}^{N} |a_n| \leq \sum_{n=1}^{N} c_n \leq \sum_{n=1}^{\infty} c_n$ und nach Grenzübergang (siehe Satz 3.1.25) folgt $\sum_{n=1}^{\infty} |a_n| \leq \sum_{n=1}^{\infty} c_n < \infty$. □

Beispiel 3.6.5. Sei $k \geq 2$. Dann konvergiert die Reihe $\sum_{n=1}^{\infty} \frac{1}{n^k}$, wie man folgendermaßen einsieht: Nach Beispiel 3.4.1 konvergiert die Reihe $\sum_{n=1}^{\infty} \frac{1}{n(n+1)}$ und damit auch die Reihe $\sum_{n=1}^{\infty} \frac{2}{n(n+1)}$. Für $k \geq 2$ ist $\frac{1}{n^k} \leq \frac{1}{n^2} \leq \frac{2}{n(n+1)}$. Damit folgt die Behauptung nach dem Majorantenkriterium.

Satz 3.6.6 (Quotientenkriterium). *Sei $\sum_{n=1}^{\infty} a_n$ eine Reihe mit $a_n \neq 0$ für fast alle $n \in \mathbb{N}$. Es gebe ein n_0 und ein $0 < q < 1$ mit $\left|\frac{a_{n+1}}{a_n}\right| \leq q$ für jedes $n \geq n_0$. Dann konvergiert die Reihe $\sum_{n=1}^{\infty} a_n$ absolut.*
Hierbei heißt 'für fast alle" soviel wie "für alle bis auf endlich viele Ausnahmen".

Beweis. Die Werte der endlich vielen Glieder $a_1, \ldots, a_{n_0}$ sind für Konvergenzfragen irrelevant. Man darf sie daher so abändern, dass $\left|\frac{a_{n+1}}{a_n}\right| \leq q$ für jedes $n \in \mathbb{N}$ gilt. Das heißt dann

$$|a_{n+1}| \leq q|a_n| \leq q^2|a_{n-1}| \leq q^3|a_{n-2}| \leq \cdots \leq q^n|a_1|.$$

Also ist die Reihe $\sum_{n=1}^{\infty} q^n|a_1|$ eine konvergente Majorante. □

Beispiele 3.6.7.

- Sei $0 < x < 1$ und sei $k \in \mathbb{N}$. Dann konvergiert die Reihe $\sum_{n=1}^{\infty} n^k x^n$, was mit dem Quotientenkriterium wie folgt eingesehen werden kann: Sei $a_n = n^k x^n$. Dann ist $a_n \neq 0$ für jedes n und es gilt

$$\left|\frac{a_{n+1}}{a_n}\right| = \frac{(n+1)^k x^{n+1}}{n^k x^n} = x\left(\frac{n+1}{n}\right)^k.$$

  Die Folge $\frac{n+1}{n} = 1 + \frac{1}{n}$ konvergiert gegen 1, also konvergiert $\left|\frac{a_{n+1}}{a_n}\right|$ gegen $x < 1$. Sei $x < q < 1$ beliebig, dann existiert also ein n_0 mit $\left|\frac{a_{n+1}}{a_n}\right| < q$ für jedes $n \geq n_0$ und damit folgt die absolute Konvergenz nach dem Quotientenkriterium.

- *Beachte:* im Quotientenkriterium heißt es nicht $\left|\frac{a_{n+1}}{a_n}\right| < 1$, sondern $\left|\frac{a_{n+1}}{a_n}\right| \leq q < 1$ und das mit gutem Grund, denn für die harmonische Reihe $a_n = \frac{1}{n}$ gilt

$$\left|\frac{a_{n+1}}{a_n}\right| = \frac{n}{n+1} < 1$$

  für jedes n, aber bekanntlich konvergiert diese Reihe nicht.

- Für die Reihe $\sum_{n=1}^{\infty} a_n = \sum_{n=1}^{\infty} \frac{1}{n^2}$ gilt

$$\left|\frac{a_{n+1}}{a_n}\right| = \left(\frac{n}{n+1}\right)^2 < 1$$

  für jedes n, aber es gibt kein $q < 1$ mit $\left|\frac{a_{n+1}}{a_n}\right| \leq q$ für alle n, da ja schließlich die Folge $\left|\frac{a_{n+1}}{a_n}\right|$ gegen 1 konvergiert. Andererseits konvergiert die Reihe $\sum_{n=1}^{\infty} \frac{1}{n^2}$ nach Beispiel 3.6.5. Also ist das Quotientenkriterium nicht bei allen konvergenten Reihen anwendbar, sondern nur bei solchen, die 'schnell genug' konvergieren.

Satz 3.6.8 (Leibnizsches Konvergenzkriterium). *Ist (a_n) eine monoton fallende Nullfolge, dann konvergiert die Reihe $\sum_{n=1}^{\infty} (-1)^{n+1} a_n$.*

Beweis. Für jedes $n \in \mathbb{N}$ sei $s(n)$ die n-te Partialsumme. Da $s(2n) - s(2n+1) = -a_{2n+1}$ eine Nullfolge ist, reicht es, die Konvergenz von $s(2n)$ zu zeigen. Es gilt $0 \leq (a_1 - a_2) + (a_2 - a_3) + \cdots + (a_{n-1} - a_n) = a_1 - a_n \leq a_1$, so dass die Summe aller Differenzen aufeinanderfolgender Glieder $(a_1 - a_2) + (a_2 - a_3) + \ldots$ absolut konvergiert. Damit konvergiert auch ihre Teilsumme $(a_1 - a_2) + (a_3 - a_4) + \ldots$ nach Satz 3.5.4, also konvergiert $s(2n)$. $\qquad\square$

Beispiel 3.6.9. Die Reihe $\sum_{n=1}^{\infty} \frac{(-1)^{n+1}}{n}$ konvergiert. In Beispiel 7.3.10 wird gezeigt, dass sie den Grenzwert $\log 2$ hat.

3.7 Umordnung

Sei $\sigma : \mathbb{N} \to \mathbb{N}$ eine bijektive Abbildung. Die Reihe $\sum_{n=1}^{\infty} a_{\sigma(n)}$ heißt dann eine *Umordnung* der Reihe $\sum_{n=1}^{\infty} a_n$. Man summiert also die Glieder nur in einer anderen Reihenfolge auf.

> **Satz 3.7.1** (Umordnungssatz). *Die Reihe $\sum_{n=1}^{\infty} a_n$ sei absolut konvergent. Dann konvergiert auch jede Umordnung absolut, und zwar gegen denselben Grenzwert.*

Beweis. Sei $\tau : \mathbb{N} \to \mathbb{N}$ eine Bijektion und sei $A = \sum_{n=1}^{\infty} a_n$. Es ist zu zeigen, dass die Folge $s_n = \sum_{k=1}^{n} a_{\tau(k)}$ ebenfalls gegen A konvergiert. Sei $\varepsilon > 0$, so existiert wegen der absoluten Konvergenz ein n_0 mit $\sum_{n=n_0}^{\infty} |a_n| < \varepsilon$. Sei nun $n_1 \in \mathbb{N}$ so groß, dass für jedes $n \geq n_1$ die Menge $S(n) = \{\tau(1), \tau(2), \tau(3), \ldots, \tau(n)\}$ alle Zahlen $\{1, \ldots, n_0 - 1\}$ umfasst. Für $n \geq n_1$ gilt dann

$$|s_n - A| = \left| \sum_{k=1}^{n} a_{\tau(n)} - \sum_{k=1}^{\infty} a_k \right| = \left| \sum_{\substack{k=1 \\ k \notin S(n)}}^{\infty} a_k \right| \leq \sum_{\substack{k=1 \\ k \notin S(n)}}^{\infty} |a_k| \leq \sum_{k=n_0}^{\infty} |a_k| < \varepsilon. \qquad \square$$

Der Satz wird krass falsch, wenn man auf die *absolute* Konvergenz verzichtet, wie im Folgenden gezeigt wird.

> **Satz 3.7.2.** *Sei $\sum_{n=1}^{\infty} a_n$ eine konvergente, aber nicht absolut konvergente Reihe. Dann gibt es zu jedem $a \in \mathbb{R} \cup \{\pm\infty\}$ eine Umordnung der Reihe, die gegen a konvergiert.*

Beweis. Der Beweis wird nur im Fall $a \in \mathbb{R}$ ausgeführt. Die Änderungen für den Fall $a = \pm\infty$ sind einigermaßen offensichtlich. Die Glieder a_n, die Null sind, können weggelassen werden, so dass man $a_n \neq 0$ für jedes n annehmen kann. Sei a_{n_k} die Teilfolge der a_n, die > 0 und a_{m_k} die Teilfolge der a_n, die < 0 sind.

Da die Reihe $\sum_{n=1}^{\infty} a_n$ konvergiert, ist a_n eine Nullfolge, also sind (a_{n_k}) und (a_{m_k}) Nullfolgen. Da die Reihe $\sum_{n=1}^{\infty} a_n$ nicht absolut konvergiert, folgt

$$\sum_{k=1}^{\infty} a_{n_k} = +\infty = -\sum_{k=1}^{\infty} a_{m_k},$$

denn wenn eine der beiden Reihen konvergiert, dann konvergiert auch die andere wegen der Konvergenz von $\sum_{n=1}^{\infty} a_n$. Dann aber auch ihre Differenz, welche die Reihe $\sum_{n=1}^{\infty} |a_n|$ ist. Widerspruch!

Induktiv wird nun eine Folge (b_n) konstruiert, die eine Umordnung von (a_n) ist, mit der Eigenschaft dass die Reihe $\sum_{n=1}^{\infty} b_n$ gegen a konvergiert.

Da $\sum_{k=1}^{\infty} a_{n_k} = +\infty$, existiert ein kleinstes $k_1^+ \in \mathbb{N}$ so dass $s(k_1^+) = \sum_{k=1}^{k_1^+} a_{n_k} > a$.
Setze

$$b_1 = a_{n_1}, \quad b_2 = a_{n_2}, \quad \ldots \quad b_{k_1^+} = a_{n_{k_1^+}},$$

Da $\sum_{k=1}^{\infty} a_{m_k} = -\infty$, existiert ein kleinstes k_1^-, so dass $t(k_1^-) = \sum_{k=1}^{k_1^-} a_{m_k} \leq a - s(k_1^+)$. Setze

$$b_{k_1^+ + 1} = a_{m_1}, \quad b_{k_1^+ + 2} = a_{m_2}, \quad \ldots \quad b_{k_1^+ + k_1^-} = a_{m_{k_1^-}}.$$

Sei dann $k_2^+ > k_1^+$ die kleinste natürliche Zahl so dass $s(k_2^+) + t(k_1^-) > a$. Setze
dann $b_{k_1^+ + k_1^- + 1} = a_{n_{k_1^+ + 1}}, \ldots, b_{k_2^+ + k_1^-} = a_{n_{k_2^+}}$ und so fort. Wiederholung dieser
Konstruktion liefert eine Folge (b_n), die eine Umordnung der (a_n) ist und
natürliche Zahlen $k_1^+ < k_2^+ < \ldots$ sowie $k_1^- < k_2^- < \ldots$ so dass für jedes $j \in \mathbb{N}$
die Ungleichungen $s(k_j^+) + t(k_j^-) \leq a < s(k_{j+1}^+) + t(k_j^-)$ gelten. Sei $S(N) = \sum_{n=1}^{N} b_n$.
Ist $k_j^+ + k_j^- < N \leq k_{j+1}^+ + k_j^-$, dann folgt

$$a - |b_{k_j^+ + k_j^-}| \leq S(N) \leq a + |b_{k_{j+1}^+ + k_j^-}|.$$

Ist hingegen $k_{j+1}^+ + k_j^- < N \leq k_{j+1}^+ + k_{j+1}^-$, dann gilt

$$a - |b_{k_{j+1}^+ + k_{j+1}^-}| \leq S(N) \leq a + |b_{k_{j+1}^+ + k_j^-}|.$$

Da a_n, und damit b_n gegen Null geht, konvergiert $S(N)$ für $N \to \infty$ gegen a
wie behauptet.   □

Satz 3.7.3 (Cauchy-Produkt von Reihen). *Seien $\sum_{n=0}^{\infty} a_n$ und $\sum_{n=0}^{\infty} b_n$ absolut konvergente Reihen. Setze*

$$c_n = \sum_{k=0}^{n} a_k b_{n-k}.$$

Dann ist auch die Reihe $\sum_{n=0}^{\infty} c_n$ absolut konvergent und es gilt

$$\sum_{n=0}^{\infty} c_n = \left(\sum_{n=0}^{\infty} a_n \right) \left(\sum_{n=0}^{\infty} b_n \right).$$

Beweis. Sei $\varepsilon > 0$ und seien $A = \sum_{n=0}^{\infty} |a_n|$ sowie $B = \sum_{n=1}^{\infty} |b_n|$. Dann gibt es
ein $N \in \mathbb{N}$ so dass

$$\sum_{n=N+1}^{\infty} |a_n|, \sum_{n=N+1}^{\infty} |b_n| < \varepsilon/(A + B).$$

Für $M \geq 2N$ gilt dann

$$\sum_{m=2N+1}^{M} |c_m| \leq \sum_{m=2N+1}^{M} \sum_{k=0}^{m} |a_k b_{m-k}| = \sum_{\substack{i,j \in \mathbb{N} \\ 2N < i+j \leq M}} |a_i||b_j|$$

$$\leq \sum_{i=N+1}^{\infty} |a_i| \sum_{j=0}^{\infty} |b_j| + \sum_{i=0}^{N} |a_i| \sum_{j=N+1}^{\infty} |b_j| < \varepsilon.$$

Daher konvergiert die Reihe. Mit Demselben N gilt

$$\left| \sum_{n=0}^{N} c_n - \left(\sum_{n=0}^{2N} a_n \right) \left(\sum_{m=0}^{2N} b_m \right) \right| = \left| \sum_{\substack{0 \leq n,m \leq 2N \\ n+m > N}} a_n b_m \right|$$

$$\leq \sum_{n=0}^{N} |a_n| \sum_{m=N+1}^{\infty} |b_n| + \sum_{n=N+1}^{\infty} |a_n| \sum_{m=0}^{\infty} |b_m| < \varepsilon.$$

Die Behauptung folgt. □

3.8 Die Exponentialreihe

Ein wichtiges Beispiel einer konvergenten Reihe ist die Exponentialreihe, die das exponentielle Wachstum beschreibt. Für ihre Definition wird die Fakultät $n! = 1 \cdot 2 \cdot 3 \cdots n$ einer natürlichen Zahl n benutzt, die in Abschnitt 1.5 definiert wurde.

Satz 3.8.1. *Für jedes $x \in \mathbb{R}$ konvergiert die* Exponentialreihe

$$\exp(x) = \sum_{n=0}^{\infty} \frac{x^n}{n!}$$

absolut. Die durch diese Reihe definierte Funktion $\mathbb{R} \to \mathbb{R}$, $x \mapsto \exp(x)$ wird auch die Exponentialfunktion *genannt.*
Für je zwei $x, y \in \mathbb{R}$ gilt die Funktionalgleichung

$$\exp(x + y) = \exp(x) \exp(y).$$

Beweis. Ist $x = 0$, so ist nichts zu zeigen. Für gegebenes $x \neq 0$ sei $a_n = \frac{x^n}{n!}$.

Dann ist

$$\frac{|a_{n+1}|}{|a_n|} = \frac{|x|^{n+1}n!}{|x|^n(n+1)!} = \frac{|x|}{n+1}.$$

Dies ist eine Nullfolge, so dass das Quotientenkriterium die absolute Konvergenz liefert. Zum Beweis der Funktionalgleichung wendet man Satz 3.7.3 auf die Reihen $\sum_{n=0}^{\infty} a_n = \sum_{n=0}^{\infty} \frac{x^n}{n!} = \exp(x)$ und $\sum_{n=0}^{\infty} b_n = \sum_{n=0}^{\infty} \frac{y^n}{n!} = \exp(y)$ an und erhält die Reihe $\sum_n c_n$, deren Glieder gleich

$$c_n = \sum_{k=0}^{n} \frac{x^k y^{n-k}}{k!(n-k)!} = \frac{1}{n!}\sum_{k=0}^{n}\binom{n}{k}x^k y^{n-k} = \frac{(x+y)^n}{n!}$$

sind, wobei der binomische Lehrsatz benutzt wurde. Es folgt

$$\exp(x)\exp(y) = \sum_{n=0}^{\infty} c_n = \exp(x+y). \qquad \square$$

Definition 3.8.2. Die Zahl

$$e := \exp(1) = \sum_{n=0}^{\infty} \frac{1}{n!} = 1 + 1 + \frac{1}{2} + \frac{1}{6} + \ldots$$

wird die *Eulersche Zahl* genannt.

Definition 3.8.3. Sei $D \subset \mathbb{R}$. Eine Funktion $f : D \to \mathbb{R}$ heißt

$$\left.\begin{array}{c} \text{streng monoton wachsend} \\ \text{monoton wachsend} \\ \text{monoton fallend} \\ \text{streng monoton fallend} \end{array}\right\}, \text{ falls } x < y \Rightarrow \left\{\begin{array}{c} f(x) < f(y) \\ f(x) \leq f(y) \\ f(x) \geq f(y) \\ f(x) > f(y) \end{array}\right\},$$

für alle $x, y \in D$. Man nennt f einfach nur *monoton*, wenn sie monoton wachsend oder fallend ist.

Beispiel 3.8.4. Sei $k \in \mathbb{N}$. Die Funktion $f : [0, \infty) \to \mathbb{R}, x \mapsto x^k$ ist streng monoton wachsend, denn aus $0 \leq x < y$ folgt durch wiederholte Multiplikation die Ungleichung $0 \leq x^k < y^k$.

Korollar 3.8.5.

a) *Für jedes $x \in \mathbb{R}$ gilt $\exp(x) > 0$.*

b) *Für jedes $x \in \mathbb{R}$ gilt $\exp(-x) = \exp(x)^{-1}$.*

c) *Für jede natürliche Zahl k ist $\exp(k) = e^k$. Man schreibt daher auch*

$$\exp(x) = e^x$$

für beliebige $x \in \mathbb{R}$.

d) *Die Exponentialfunktion ist streng* monoton wachsend.
   Das heisst, es gilt $x < y \Rightarrow e^x < e^y$.
   Es gilt $\lim_{x \to -\infty} \exp(x) = 0$ und $\lim_{x \to +\infty} \exp(x) = +\infty$.

Beweis. Nach der Funktionalgleichung ist $\exp(-x)\exp(x) = \exp(0) = 1$, also folgt (b). Ist $x \geq 0$, so ist $\exp(x) = \sum_{n=0}^{\infty} \frac{x^n}{n!} \geq 1 > 0$. Ist $x < 0$. so ist $0 < \exp(-x) = \exp(x)^{-1}$, also ist $\exp(x)$ auch > 0.

Zu (c). Für $k \in \mathbb{N}$ ist

$$\exp(k) = \exp(\overbrace{1 + 1 + \cdots + 1}^{k-\text{mal}}) = \overbrace{\exp(1) \cdots \exp(1)}^{k-\text{mal}} = e^k.$$

Schließlich zu (d). Seien $0 \leq x < y$, so folgt $\frac{x^n}{n!} < \frac{y^n}{n!}$ für jedes $n \geq 1$, also folgt

$$\exp(x) = \sum_{n=0}^{\infty} \frac{x^n}{n!} < \sum_{n=0}^{\infty} \frac{y^n}{n!} = \exp(y).$$

Ist $x < 0 \leq y$, so folgt $\exp(-x) > \exp(0) = 1$, also $\exp(x) = \exp(-x)^{-1} < 1 \leq \exp(y)$. Zuletzt, falls $x < y \leq 0$, dann ist $0 \leq -y < -x$ und also $\exp(y)^{-1} = \exp(-y) < \exp(-x) = \exp(x)^{-1}$, mithin $\exp(x) < \exp(y)$. Für $x > 0$ gilt $\exp(x) > 1 + \frac{x}{2}$, was man durch Weglassen der weiteren Summanden sieht. Also gilt $\lim_{x \to +\infty} \exp(x) = +\infty$. Schließlich ist

$$\lim_{x \to -\infty} \exp(x) = \lim_{x \to +\infty} \exp(-x) = \lim_{x \to +\infty} \exp(x)^{-1} = 0. \qquad \square$$

3.9 Aufgaben

Aufgabe 3.1.

Sei $S \subset \mathbb{R}$ eine nichtleere, nach oben beschränkte Menge und sei $a \in \mathbb{R}$ ihr Supremum. *Zeige,* dass es eine monoton wachsende Folge (s_n) in S gibt, die gegen a konvergiert. Folgere, dass eine nach oben beschränkte abgeschlossene Menge $A \subset \mathbb{R}$ ihr Supremum enthält und dass eine nach unten beschränkte abgeschlossene Menge $B \subset \mathbb{R}$ ihr Infimum enthält.

Aufgabe 3.2. Sei $(a_n)_{n \in \mathbb{N}}$ eine beschränkte Folge in $\mathbb{R}$. *Zeige,* dass der *Limes superior*

$$\limsup_{n \to \infty} a_n = \lim_{n \to \infty} \left(\sup \{ a_k : k \geq n \} \right)$$

und der Limes inferior

$$\liminf_{n \to \infty} a_n = \lim_{n \to \infty} \left(\inf \{ a_k : k \geq n \} \right)$$

in $\mathbb{R}$ existieren und dass die Folge genau dann in konvergiert, wenn die beiden gleich sind.

Aufgabe 3.3. Sei (a_n) eine Folge in $\mathbb{R}$. Eine Zahl $a \in \mathbb{R}$ heißt *Häufungspunkt* der Folge, wenn es zu jedem $\varepsilon > 0$ unendlich viele Indizes $n \in \mathbb{N}$ gibt mit $|a_n - a| < \varepsilon$. *Zeige:*

(a) Ein Punkt $a \in \mathbb{R}$ ist genau dann Häufungspunkt der Folge (a_n), wenn es eine Teilfolge $(a_{n_k})_{k \in \mathbb{N}}$ gibt, die gegen a konvergiert.

(b) Sei (r_n) irgendeine Abzählung der rationalen Zahlen. Dann ist jede reelle Zahl Häufungspunkt der Folge (r_n).

(c) Sei H die Menge der Häufungspunkte einer beschränkten reellen Folge (a_n), dann gilt

$$\limsup_n a_n = \sup H.$$

(d) Die Menge H der Häufungspunkte ist abgeschlossen in $\mathbb{R}$.

Aufgabe 3.4. *Untersuche* jeweils die Folge (a_n) auf Konvergenz und bestimme gegebenenfalls den Grenzwert (mit Begründung).

$$a_n = \frac{n+1}{n^2+1}, \quad \frac{n^2+4}{(n+1)^2}, \quad \frac{1}{\sqrt{n}},$$

$$a_n = \left(\sqrt{n+1} - \sqrt{n} \right), \quad (-1)^n \frac{3n+1}{n+4}, \quad \frac{n^n}{n!}.$$

Aufgabe 3.5. Sei (a_n) eine Folge reeller Zahlen und sei $a \in \mathbb{R}$ mit der folgenden Eigenschaft: zu jeder Teilfolge (a_{n_k}) gibt es eine Teilfolge $\left(a_{n_{k_j}} \right)$, welche gegen a konvergiert. *Man zeige,* dass die Folge (a_n) gegen a konvergiert.

Aufgabe 3.6. *Zeige,* dass die rekursiv definierte Folge

$$a_1 = 1, \qquad a_{n+1} = \sqrt{a_n + 1}$$

konvergiert und bestimme ihren Grenzwert.

Aufgabe 3.7. (Konvergenz von Mittelwerten) Für eine gegebene Folge (a_n) in $\mathbb{R}$ mit $a_n > 0$ sei $A_n = \frac{1}{n}(a_1 + \cdots + a_n)$ das arithmetische Mittel. *Zeige:* Konvergiert (a_n) gegen $a \in \mathbb{R}$, dann konvergiert auch (A_n) gegen a.

Aufgabe 3.8. *Zeige,* dass jede Folge in $\mathbb{R}$ eine monotone Teilfolge besitzt

Aufgabe 3.9. Eine Teilmenge $S \subset \mathbb{N}$ der Menge der natürlichen Zahlen hat *Dichte* $\alpha \in [0,1]$, falls

$$\lim_{N \to \infty} \frac{1}{N} \# \left(S \cap \{1, 2, \dots, N\} \right) = \alpha.$$

Eine Teilfolge $(a_{n_k})_{k \in \mathbb{N}}$ einer Folge $(a_n)_{n \in \mathbb{N}}$ hat *Dichte* $\alpha \in [0,1]$, falls die Menge der Indizes $\{n_1, n_2, \dots\}$ die Dichte α hat. Sei $(a_n)_{n \in \mathbb{N}}$ eine Folge reeller Zahlen $0 \le a_n \le 1$.

Zeige, dass die folgenden Aussagen äquivalent sind:

(a) $\frac{1}{N} \sum_{n=1}^{N} a_n$ konvergiert für $N \to \infty$ gegen Null,

(b) es gibt eine Teilfolge $(a_{n_k})_{k \in \mathbb{N}}$ der Dichte 1, die gegen Null konvergiert.

Aufgabe 3.10. (Wurzelkriterium) Sei $(a_n)_{n \in \mathbb{N}}$ eine Folge reeller Zahlen mit der Eigenschaft

$$\limsup_n \sqrt[n]{|a_n|} < 1.$$

Zeige, dass die Reihe $\sum_{n=1}^{\infty} a_n$ absolut konvergiert.

Aufgabe 3.11. Untersuche die folgenden Reihen auf Konvergenz:

$$\sum_{n=1}^{\infty} \frac{n!}{n^n}, \quad \sum_{n=1}^{\infty} \frac{n+4}{n^2 + 3n + 1}.$$

Aufgabe 3.12. *Zeige,* dass für jedes $n \in \mathbb{N}$ die Abschätzung $\sum_{k=1}^{n} \frac{1}{k} \le 1 + \log n$ gilt.

Mehr Aufgaben und Lösungen finden Sie in dem Begleitbuch *Übungsbuch zur Analysis, Springer-Verlag 2020.*

Kapitel 4

Funktionen und Stetigkeit

Stetigkeit einer Funktion bedeutet, dass sich der Funktionswert bei kleinen Änderungen des Arguments auch nur wenig verändert, die Funktion also keine wilden Sprünge macht. Dies scheint eine vernünftige Forderung zu sein, die man auch von Funktionen, die Naturphänomene beschreiben, erwarten sollte.

4.1 Funktionen

Unter einer *Funktion* versteht man allgemein eine Abbildung mit Werten in $\mathbb{R}$.

Beispiele 4.1.1.

- Konstante Funktionen. Ist $c \in \mathbb{R}$ so setzt man $f(x) = c$ für $x \in \mathbb{R}$.

- Die identische Abbildung $f(x) = x$ ist eine Funktion auf $\mathbb{R}$.

- Der Absolutbetrag $x \mapsto |x|$.

- Die Gaußsche Treppenfunktion $x \mapsto [x]$.

- Die Quadrat-Funktion $x \mapsto x^2$ definiert auf $\mathbb{R}$.

- Die Quadratwurzel $[0, \infty) \to \mathbb{R},\ x \mapsto \sqrt{x}$. Die Exponentialfunktion $\mathbb{R} \to \mathbb{R},\ x \mapsto \exp(x)$.

- Rationale Funktionen: Seien $p(x)$ und $q(x)$ Polynomfunktionen und $D = \{x \in \mathbb{R} : q(x) \neq 0\}$. Dann ist $D \to \mathbb{R},\ x \mapsto \frac{p(x)}{q(x)}$ eine *rationale Funktion*.

© Springer-Verlag GmbH Deutschland, ein Teil von Springer Nature 2021
A. Deitmar, *Analysis*, https://doi.org/10.1007/978-3-662-62858-4_4

- Die *Indikatorfunktion* einer Menge $A \subset \mathbb{R}$ ist die Abbildung $\mathbf{1}_A : \mathbb{R} \to \mathbb{R}$,

$$\mathbf{1}_A(x) = \begin{cases} 1 & x \in A, \\ 0 & x \notin A. \end{cases}$$

Definition 4.1.2. (Summe und Produkt von Funktionen) Sind f, g Funktionen auf $D \subset \mathbb{R}$ und ist $\lambda \in \mathbb{R}$ so definiert man $f + g$, fg und λf durch

$$(f + g)(x) = f(x) + g(x), \qquad (fg)(x) = f(x)g(x), \qquad (\lambda f)(x) = \lambda \left(f(x) \right).$$

Sind $f, g : D \to \mathbb{R}$ Funktionen und ist $D' = \{x \in D : g(x) \neq 0\}$, so definiert man den Quotienten $\frac{f}{g} : D' \to \mathbb{R}$ durch

$$\frac{f}{g}(x) = \frac{f(x)}{g(x)}.$$

Definition 4.1.3. (Komposition von Funktionen) Seien $f : D \to \mathbb{R}$ und $g : E \to \mathbb{R}$ mit $f(D) \subset E$ Funktionen, so erhält man die Funktion $g \circ f : D \to \mathbb{R}$ als die Hintereinanderausführung der Abbildungen.

4.2   Stetige Funktionen

Definition 4.2.1 (Stetigkeit). Eine Funktion $f : D \to \mathbb{R}$ mit $D \subset \mathbb{R}$ heißt *stetig im Punkt* $x \in D$, wenn für jede konvergente Folge $x_n \to x$ in D gilt

$$\lim_n f(x_n) = f(x).$$

Man sagt, f ist eine *stetige Funktion*, falls die Funktion f in jedem Punkt ihres Definitionsbereiches stetig ist.

Man kann dann sagen, dass eine Funktion f auf D stetig ist, falls für jede in D konvergente Folge (x_n) die Identität $f(\lim_n x_n) = \lim_n f(x_n)$ gilt. Man drückt die Stetigkeit einer Funktion im Punkt $p \in D$ auch so aus, dass man schreibt

$$\lim_{x \to p} f(x) = f(p),$$

was bedeuten soll, dass der Limes für jede Folge $x_n \to p$ existiert und gleich $f(p)$ ist.

Beispiele 4.2.2.

- Eine konstante Funktion $f(x) = c$ ist ist in jedem Punkt von $\mathbb{R}$ stetig.

- Die Indikatorfunkton der rationalen Zahlen $\mathbf{1}_\mathbb{Q} : \mathbb{R} \to \mathbb{R}$,

$$\mathbf{1}_\mathbb{Q}(x) = \begin{cases} 1 & x \in \mathbb{Q}, \\ 0 & x \notin \mathbb{Q}. \end{cases}$$

  ist in keinem Punkt $x \in \mathbb{R}$ stetig.

- Die Quadratwurzelfunktion $\sqrt{\cdot} : \mathbb{R}_{\geq 0} \to \mathbb{R}$ ist stetig. Dies wird im nächsten Abschnitt in größerer Allgemeinheit bewiesen.

- Ein Punkt $p \in D$ heißt *isolierter Punkt*, falls jede Folge $x_n \in D$, die gegen p konvergiert, am Ende konstant ist. Sei zum Beispiel $D = (0, 1) \cup \{2\}$, dann ist $p = 2$ ein isolierter Punkt. Ist $p \in D$ ein isolierter Punkt, dann ist jede Funktion $f : D \to \mathbb{R}$ im Punkt p stetig. Besteht also D nur aus isolierten Punkten, wie zum Beispiel $D = \mathbb{Z}$, dann ist jede Funktion $D \to \mathbb{R}$ stetig.

Definition 4.2.3. Zuweilen betrachtet man auch *einseitige Limiten*. Ist $f : D \to \mathbb{R}$ eine Funktion und $p \in D$, so schreibt man

$$\lim_{x \nearrow p} f(x) = \alpha,$$

wenn für jede streng monoton wachsende Folge $x_n \in D$, die gegen p konvergiert, die Bildfolge $f(x_n)$ gegen α konvergiert. Ebenso heißt $\alpha = \lim_{x \searrow d} f(x)$, dass $f(x_n) \to \alpha$ für jede streng monoton fallende Folge in D mit Limes p gilt.

Lemma 4.2.4. *Sei* $f(x) = c_0 + c_1 x + \cdots + c_d x^d$ *eine Polynomfunktion mit Definitionsbereich* $D = \mathbb{R}$. *Dann ist* f *in jedem Punkt* $p \in \mathbb{R}$ *stetig.*

Beweis. Sei $x_n \to p$ eine konvergente Folge in $\mathbb{R}$. Dann gilt $\lim_{n \to \infty} f(x_n) = f(p)$ nach Korollar 3.1.19. Damit folgt die Behauptung. □

Lemma 4.2.5. *Die Exponentialfunktion ist in jedem Punkt* $p \in \mathbb{R}$ *stetig.*

Beweis. Für $|x| \leq 1$ und $n \in \mathbb{N}$ gilt $|x|^{n-1} \leq 1$ und es ist

$$|\exp(x) - 1| = \left| \sum_{n=1}^{\infty} \frac{x^n}{n!} \right| \leq \sum_{n=1}^{\infty} \frac{|x|^n}{n!} \leq \sum_{n=1}^{\infty} \frac{1}{n!} |x| \leq e|x|.$$

Ist nun $x_n \to 0$ eine Nullfolge, dann ist $|\exp(x_n) - 1| \leq e|x_n|$, also konvergiert nach dem Einschließungskriterium die Folge $\exp(x_n)$ gegen $1 = \exp(0)$ und die Exponentialfunktion ist stetig im Nullpunkt. Sei nun $p \in \mathbb{R}$, sei $x_n \to p$ eine konvergente Folge und sei $\varepsilon > 0$. Dann ist $\exp(x_n) = \exp(x_n - p + p) = \exp(x_n - p)\exp(p)$ und diese Folge konvergiert gegen $\exp(p)$. □

Satz 4.2.6. *Seien $f, g : D \to \mathbb{R}$ stetig im Punkt $p \in D$ und sei $\lambda \in \mathbb{R}$. Dann sind auch die Funktionen*

$$f + g : D \to \mathbb{R}, \quad fg : D \to \mathbb{R}, \quad \lambda f : D \to \mathbb{R}$$

im Punkt $p \in D$ stetig. Ist $g(p) \neq 0$, so ist auch die Funktion

$$\frac{f}{g} : D' \to \mathbb{R}$$

stetig in p. Hierbei ist $D' = \{x \in D : g(x) \neq 0\}$.

Beweis. Dieser Satz folgt aus der Stetigkeitsdefinition und den entsprechenden Aussagen für konvergente Folgen, also Satz 3.1.16 und Satz 3.1.23. □

Korollar 4.2.7. *Eine rationale Funktion ist auf ihrem Definitionsbereich stetig.*

Satz 4.2.8. *Die Komposition stetiger Funktionen ist stetig. Genauer seien $f : D \to \mathbb{R}$ und $g : E \to \mathbb{R}$ Funktionen mit $f(D) \subset E$. Die Funktion f sei im Punkte $p \in D$ stetig und die Funktion g sei im Punkte $f(p) \in E$ stetig. Dann ist $g \circ f : D \to \mathbb{R}$ im Punkt $p \in D$ stetig.*

Beweis. Sei $x_n \to p$ eine konvergente Folge in D. Da f stetig ist, konvergiert die Folge $f(x_n)$ gegen $f(p)$, außerdem liegen diese Folge und ihr Limes in E. Da g im Punkte $f(p)$ stetig ist, konvergiert also die Folge $g(f(x_n)) = g \circ f(x_n)$ gegen $g(f(p)) = g \circ f(p)$ und damit folgt die Behauptung. □

Beispiele 4.2.9.

- Die Betragsfunktion $\mathbb{R} \to \mathbb{R}$, $x \mapsto |x| = \sqrt{x^2}$ ist die Komposition stetiger Funktionen und damit stetig.

- Ist $f : D \to \mathbb{R}$ eine stetige Funktion, so ist auch $|f| : x \mapsto |f(x)|$ stetig, denn diese Funktion ist die Komposition aus f und $|\cdot|$.

- Die Funktion $x \mapsto \exp(x^2)$ ist stetig auf $\mathbb{R}$.

4.3 Sätze über stetige Funktionen

Definition 4.3.1. Eine *Nullstelle* einer Funktion $f : D \to \mathbb{R}$ ist ein $p \in D$ mit $f(p) = 0$.

Satz 4.3.2 (Zwischenwertsatz). *Seien $a < b$ in $\mathbb{R}$ und sei $f : [a, b] \to \mathbb{R}$ eine stetige Funktion mit $f(a) < 0 < f(b)$. Dann hat f eine Nullstelle, d.h., es existiert ein $p \in (a, b)$ mit $f(p) = 0$. Dasselbe gilt, wenn man $f(a) > 0 > f(b)$ voraussetzt.*

Beweis. Sei M die Menge aller $x \in [a, b]$ mit $f(x) < 0$ und sei s das Supremum der beschränkten Menge M. Nach Satz 3.1.28 ist die Zahl s Grenzwert einer Folge $a_n \in M$. Da f stetig ist, konvergiert die Folge $f(a_n) \leq 0$ gegen $f(s)$ und daher ist auch $f(s) \leq 0$. Nach demselben Satz gibt es eine Folge $b_n \notin M$, die von oben gegen s konvergiert und da $f(s) \leq 0 < f(b)$ ist $s < b$ und man kann $b_n \in [a, b]$ annehmen. Da $f(b_n) \geq 0$ folgt $f(s) \geq 0$ und zusammen also $f(s) = 0$. Damit ist die erste Aussage bewiesen. Die zweite folgt, indem man f durch $-f$ ersetzt und die erste Aussage anwendet. □

Korollar 4.3.3. *Jede reelle Polynomfunktion ungeraden Grades hat eine Nullstelle in $\mathbb{R}$.*

Beweis. Sei $f(x) = a_0 + a_1 x + \cdots + a_d x^d$ mit d ungerade und $a_d \neq 0$. Gegebenenfalls ersetzt man f furch $-f$, so dass man $a_d > 0$ annehmen kann. Für eine natürliche Zahl n ist

$$f(n) = n^d \left(\frac{a_0}{n^d} + \frac{a_1}{n^{d-1}} + \cdots + \frac{a_{d-1}}{n} + a_d \right).$$

Da die Folge $\frac{1}{n}$ gegen Null geht, konvergiert der Klammerausdruck gegen $a_d > 0$. Insbesondere gilt $f(n) > 0$ für große $n \in \mathbb{N}$. Da d ungerade ist, gilt ferner

$$f(-n) = -n^d \left(-\frac{a_0}{n^d} + \frac{a_1}{n^{d-1}} + \cdots - \frac{a_{d-1}}{n} + a_d \right).$$

Die Zahl n kann, wenn nötig, vergrößert werden, so dass auch dieser Klammerausdruck > 0 ist. Dann ist $f(-n) < 0 < f(n)$. Nach dem Zwischenwertsatz hat die stetige Funktion f in dem Intervall $[-n, n]$ eine Nullstelle. □

Korollar 4.3.4.

a) *Sei $f : [a, b] \to \mathbb{R}$ eine stetige Funktion und α eine reelle Zahl zwischen $f(a)$ und $f(b)$, so existiert ein $p \in [a, b]$ mit $f(p) = \alpha$.*

b) *Ist I ein Intervall und ist $f : I \to \mathbb{R}$ eine stetige Funktion, so ist $f(I)$ wieder ein Intervall.*

Beweis. Teil (a) folgt, in dem man den Zwischenwertsatz auf die Funktion $f(x) - \alpha$ anwendet.

Eine Teilmenge $M \subset \mathbb{R}$ ist genau dann ein Intervall, wenn zu je drei Zahlen $r < s < t$ in $\mathbb{R}$ mit $r, t \in M$ auch die mittlere s in M liegt. Seien also $r < s < t$ mit $r, t \in f(I)$, etwa $r = f(a)$ und $t = f(b)$ mit $a, b \in I$. Nach Teil (a) gib es ein $c \in I$ zwischen a und b, so dass $f(c) = s$. Also liegt in der Tat s in $f(I)$, so dass auch Teil (b) bewiesen ist. □

Definition 4.3.5. Eine Funktion $f : D \to \mathbb{R}$ heißt *beschränkte Funktion*, falls das Bild $f(D)$ beschränkt ist, es also ein $T > 0$ gibt, so dass

$$|f(d)| \leq T \qquad \text{für jedes } d \in D.$$

Man sagt, f *nimmt ihr Maximum an*, wenn das Bild $f(D)$ ein Maximum hat. Analog für das Minimum. Man nennt dann jedes $x \in D$, in dem $f(x) = \max(f(D))$ gilt, ein *Maximum* der Funktion und ebenso für das Minimum.

Beispiele 4.3.6.

- Betrachte die Funktion $f : (1, \infty) \to \mathbb{R}$, $x \mapsto 1/x$. Sie ist beschränkt, nimmt aber weder Maximum noch Minimum an. Erweitert man den Definitionsbereich auf $[1, \infty)$ mit derselben Abbildungsvorschrift, so nimmt sie ihr Maximum, nicht aber ein Minimum an.

- Die Funktion $g : \mathbb{R} \to \mathbb{R}$, $x \mapsto x^2$ ist nicht beschränkt. Sie nimmt ein Minimum in $x = 0$ an, aber kein Maximum.

Definition 4.3.7. Ein *kompaktes Intervall* ist ein Intervall der Form $[a, b]$ mit reellen Zahlen $a \leq b$.

Satz 4.3.8.   a) *Eine stetige Funktion f nimmt auf einem kompakten Intervall Minimum und Maximum an.*

b) *Das stetige Bild eines kompakten Intervalls ist ein kompaktes Intervall.*

Beweis. (a) Es genügt, die Existenz des Maximums zu beweisen, da man durch Übergang zu $-f$ auch die Existenz des Minimums erhält. Sei $S \in \mathbb{R} \cup \{\infty\}$ das Supremum von $f([a, b])$. Nach Satz 3.1.28 gibt es eine Folge in $f([a, b])$, die gegen S konvergiert, also gibt es eine Folge $x_n \in [a, b]$ so dass $f(x_n) \to S$. Nach dem Satz von Bolzano-Weierstraß 3.3.4 hat (x_n) eine konvergente Teilfolge $x_{n_k} \to x$ und $x \in [a, b]$. Da f stetig ist, folgt $f(x) = \lim_k f(x_{n_k}) = S$, also nimmt die Funktion f in x ihr Maximum an.

(b) Sei $f : [a, b] \to \mathbb{R}$ eine stetige Funktion auf einem kompakten Intervall $[a, b]$. Nach Korollar 4.3.4 ist das Bild ein Intervall, welches nach Teil (a) dieses Satzes Maximum und Minimum in $\mathbb{R}$ besitzt, also ein kompaktes Intervall ist. □

Satz 4.3.9 (ε-δ-Kriterium der Stetigkeit). *Eine Funktion $f : D \to \mathbb{R}$ ist genau dann stetig im Punkt $p \in D \subset \mathbb{R}$, wenn es zu jedem $\varepsilon > 0$ ein $\delta > 0$ gibt, so dass für jedes $x \in D$ gilt*

$$|x - p| < \delta \quad \Rightarrow \quad |f(x) - f(p)| < \varepsilon.$$

Mit Hilfe der Quantoren kann man die Stetigkeit von f im Punkt p also wie folgt schreiben:

$$\forall_{\varepsilon > 0} \, \exists_{\delta > 0} \quad |x - p| < \delta \Rightarrow |f(x) - f(p)| < \varepsilon.$$

Beweis. Sei f in p stetig und sei $\varepsilon > 0$. *Angenommen, es gibt kein $\delta > 0$ wie im Satz.* Das bedeutet dann aber, dass es zu jedem $\delta > 0$ ein $x(\delta) \in D$ gibt, so dass

$$|x(\delta) - p| < \delta, \quad \text{aber} \quad |f(x(\delta)) - f(p)| \geq \varepsilon.$$

Für $n \in \mathbb{N}$ setze $\delta = \frac{1}{n}$ und $x_n = x(1/n)$. Dann folgt für jedes $n \in \mathbb{N}$

$$|x_n - p| < \frac{1}{n}, \quad \text{aber} \quad |f(x_n) - f(p)| \geq \varepsilon.$$

Die erste Bedingung zeigt, dass x_n gegen p konvergiert, die zweite aber, dass $f(x_n)$ nicht gegen $f(p)$ konvergiert, was der Stetigkeit von f in p widerspricht. Aus diesem *Widerspruch* folgt die Behauptung.

Nun zur Rückrichtung. Es sei das ε-δ-Kriterium im Punkte $p \in D$ erfüllt. Sei $x_n \to p$ eine konvergente Folge in D. Zu gegebenem $\varepsilon > 0$ existiert dann also ein $\delta > 0$ mit

$$|x - p| < \delta \quad \Rightarrow \quad |f(x) - f(p)| < \varepsilon.$$

Zu diesem $\delta > 0$ existiert wiederum ein $n_0 \in \mathbb{N}$ so dass für jedes $n \geq n_0$ gilt $|x_n - p| < \delta$. Damit gilt also für jedes $n \geq n_0$ schon $|f(x_n) - f(p)| < \varepsilon$. Also ist f stetig in p. □

Korollar 4.3.10. *Sei $f : D \to \mathbb{R}$ stetig in $p \in D \subset \mathbb{R}$ und es gelte $f(p) \neq 0$. Dann ist $f(x) \neq 0$ in einer Umgebung von p, d.h. es gibt ein $\delta > 0$ so dass für $x \in D$ gilt*

$$|x - p| < \delta \quad \Rightarrow \quad f(x) \neq 0.$$

Beweis. Wende das $\varepsilon - \delta$-Kriterium mit $\varepsilon = |f(p)| > 0$ an.   □

Definition 4.3.11. (gleichmäßige Stetigkeit) Eine Funktion $f : D \to \mathbb{R}$ heißt *gleichmäßig stetig*, wenn gilt:

- Zu jedem $\varepsilon > 0$ gibt es ein $\delta > 0$ so dass für alle $x, y \in D$ gilt

$$|x - y| < \delta \quad \Rightarrow \quad |f(x) - f(y)| < \varepsilon.$$

Der entscheidende Punkt ist, dass δ *nicht von den Punkten x oder y abhängt, sondern nur von ε.*

Proposition 4.3.12. *Jede gleichmäßig stetige Funktion ist stetig, die Umkehrung gilt im Allgemeinen nicht.*

Beweis. Die erste Aussage ist offensichtlich. Für die zweite reicht es, ein Beispiel einer stetigen Funktion anzugeben, die nicht gleichmäßig stetig ist. Hierzu sei D das offene Intervall $(0, 1)$ und sei $f : D \to \mathbb{R}$ die Funktion $f(x) = \frac{1}{x}$. Angenommen, f wäre gleichmäßig stetig, dann gäbe es für $\varepsilon = 1$ ein $0 < \delta < 1/2$ so dass für $0 < x, y < 1$ gilt

$$|x - y| < \delta \quad \Rightarrow \quad \left| \frac{1}{x} - \frac{1}{y} \right| < 1.$$

Durch Multiplikation mit xy erhält man

$$|x - y| < \delta \quad \Rightarrow \quad |x - y| < xy.$$

Wähle $0 < x < \frac{1}{2}$ und $y = x + \delta$. Dann ist $|x - y| = \delta$, und die Annahme führt zu

$$\delta = |x - y| < xy = x(x + \delta).$$

Wenn man x sehr klein wählt, wird die rechte Seite beliebig klein und es folgt ein *Widerspruch!*   □

Satz 4.3.13. *Jede auf einem kompakten Intervall $[a, b]$ stetige Funktion ist auf $[a, b]$ gleichmäßig stetig.*

Beweis. Sei $f : [a, b] \to \mathbb{R}$ stetig. *Angenommen, f ist nicht gleichmäßig stetig.* Dann gibt es ein $\varepsilon > 0$, so dass zu jedem $n \in \mathbb{N}$ zwei Elemente $x_n, y_n \in [a, b]$ existieren mit

$$|x_n - y_n| < \frac{1}{n}, \quad \text{aber} \quad |f(x_n) - f(y_n)| \geq \varepsilon.$$

Die Folge (x_n) ist beschränkt, hat also eine konvergente Teilfolge $x_{n_k} \to p \in [a, b]$. Wegen $|x_{n_k} - y_{n_k}| < \frac{1}{n_k}$, konvergiert auch (y_{n_k}) gegen p. Aus der Stetigkeit von f im Punkte p folgt

$$\lim_{k \to \infty} \left(f(x_{n_k}) - f(y_{n_k}) \right) = f(p) - f(p) = 0,$$

was im *Widerspruch* zu $|f(x_{n_k}) - f(y_{n_k})| \geq \varepsilon$ steht. $\square$

Satz 4.3.14 (Stetigkeit der Umkehrfunktion). *Sei $I \subset \mathbb{R}$ ein Intervall und $f : I \to \mathbb{R}$ eine stetige, streng monoton wachsende (oder fallende) Funktion. Dann bildet f das Intervall I bijektiv auf das Intervall $J = f(I)$ ab und die Umkehrfunktion $f^{-1} : J \to I$ ist ebenfalls stetig und streng monoton wachsend (oder fallend).*

Beweis. Es genügt, anzunehmen, dass f streng monoton wachsend ist, da man sonst f durch $-f$ ersetzen kann. Das Bild $J = f(I)$ ist ein Intervall nach Korollar 4.3.4. Die Funktion f ist offensichtlich injektiv, also ist $f : I \to J$ eine Bijektion. Sei $f^{-1} : J \to I$ die Umkehrfunktion. Um einzusehen, dass f^{-1} streng monoton wachsend ist, wähle $x < y$ in J. Wäre nun $f^{-1}(x) \geq f^{-1}(y)$, so wäre auch $x = f\left(f^{-1}(x) \right) \geq f\left(f^{-1}(y) \right) = y$, was nicht der Fall ist, also ist $f^{-1}(x) < f^{-1}(y)$.

Es bleibt die Stetigkeit von f^{-1} zu zeigen. Hierzu sei $x_0 \in J$. Es reicht, anzunehmen, dass x_0 kein Randpunkt des Intervalls J ist, der andere Fall geht analog mit offensichtlichen Äderungen. Sei $y_0 = f^{-1}(x_0)$ und sei $\varepsilon > 0$.

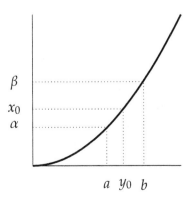

$a \quad y_0 \quad b$

Seien dann $a, b \in I$ mit $y_0 - \varepsilon < a < y_0 < b < y_0 + \varepsilon$. Seien $\alpha = f(a)$ und $\beta = f(b)$, dann folgt $\alpha < x_0 < \beta$. Sei $\delta = \min(|x_0 - \alpha|, x_0 - \beta|)$, dann gilt für jedes $x \in J$,

$$|x - x_0| < \delta \Rightarrow x_0 - \delta < x < x_0 + \delta \Rightarrow \alpha < x < \beta$$
$$\Rightarrow a = f^{-1}(\alpha) < f^{-1}(x) < f^{-1}(\beta) = b$$
$$\Rightarrow |f^{-1}(x) - f^{-1}(x_0)| < \varepsilon.$$

Damit ist f^{-1} stetig in x_0 nach dem $\varepsilon - \delta$-Kriterium.   □

Proposition 4.3.15 (Allgemeine Wurzel). *Sei $k \in \mathbb{N}$. Die Umkehrfunktion der k-ten Potenz* $(0, \infty) \to (0, \infty)$, $x \mapsto x^k$, *genannt die k-te* Wurzel, *geschrieben* $x \mapsto \sqrt[k]{x}$ *oder* $x \mapsto x^{\frac{1}{k}}$, *ist stetig und streng monoton wachsend.*

Es folgt, dass es für jedes $x > 0$ genau ein $y > 0$ gibt, so dass $y^k = x$ ist.

Beweis. Klar mit dem letzten Satz.   □

4.4   Der Logarithmus

Der Logarithmus wird hier als Umkehrfunktion der Exponentialfunktion definiert. Später wird gezeigt, dass diese Funktion auch das Integral der Funktion $1/x$ ist.

Satz 4.4.1. *Die Exponentialfunktion* $\exp : \mathbb{R} \to \mathbb{R}$ *ist stetig und streng monoton wachsend. Das Bild ist das Intervall $(0, \infty)$. Die Umkehrfunktion* $\log : (0, \infty) \to \mathbb{R}$ *ist stetig und streng monoton wachsend und erfüllt die Funktionalgleichung*

$$\log(ab) = \log(a) + \log(b)$$

für alle $a, b \in (0, \infty)$.

Beweis. Die Stetigkeit der Exponentialfunktion ist bereits in Lemma 4.2.5 bewiesen worden. Die Monotonie findet sich in Korollar 3.8.5, wo auch gezeigt wird, dass $\lim_{x \to -\infty} \exp(x) = 0$ und $\lim_{x \to +\infty} \exp(x) = +\infty$ gelten, woraus mit der Stetigkeit folgt, dass die Exponentialfunktion die reelle Gerade bijektiv auf das Intervall $(0, \infty)$ abbildet. Die Umkehrfunktion $\log$ ist nach Satz 4.3.14 stetig und streng monoton wachsend. Für die Funktionalgleichung beachte, dass für $0 < a, b$ nach der Funktionalgleichung der Exponentialfunktion gilt

$$\exp\left(\log(ab)\right) = ab = \exp\left(\log(a)\right) \exp\left(\log(b)\right) = \exp\left(\log(a) + \log(b)\right).$$

Aus der Injektivität der Exponentialfunktion folgt $\log(ab) = \log(a) + \log(b)$ wie verlangt. □

Ist $a > 0$ und $n \in \mathbb{N}$, so gilt

$$a^n = a \cdots a = \exp\left(\log(a)\right) \cdots \exp\left(\log(a)\right)$$
$$= \exp\left(\log(a) + \cdots + \log(a)\right) = \exp\left(n\log(a)\right).$$

Daher ist die folgende Definition sinnvoll.

Definition 4.4.2. Für $a > 0$ und $x \in \mathbb{R}$ sei die *allgemeine Potenz* durch

$$a^x = \exp\left(x\log(a)\right)$$

definiert.

Satz 4.4.3. *Sei $a > 0$ gegeben.*

a) *Die Funktion $\mathbb{R} \to (0, \infty)$, $x \mapsto a^x$ ist stetig und erfüllt $a^{x+y} = a^x a^y$ und damit auch $a^{-x} = \frac{1}{a^x}$.*

b) *Für jedes $x \in \mathbb{R}$ gilt $\log(a^x) = x\log a$.*

c) *Es gilt $(ab)^x = a^x b^x$, falls $b > 0$ und $x \in \mathbb{R}$.*

d) *Ist $x, y \in \mathbb{R}$, so gilt $(a^x)^y = a^{xy}$.*

e) *Es gilt $a^{\frac{p}{q}} = \sqrt[q]{a^p}$ falls $q \in \mathbb{N}$ und $p \in \mathbb{Z}$.*

f) *Mit der Eulerzahl $e = \exp(1) = \sum_{n=0}^{\infty} \frac{1}{n!} > 1$ gilt $\exp(x) = e^x$ für jedes $x \in \mathbb{R}$.*

Beweis. Teil (a) folgt aus der Stetigkeit und der Funktionalgleichung der Exponentialfunktion. Teil (b) folgt durch Anwenden des Logarithmus auf die Definition von a^x. Teil (c) folgt aus den Funktionalgleichungen von der Exponentialfunktion und des Logarithmus. Für (d) beachte die Formel $\log(a^x) = \log\left(\exp\left(x\log(a)\right)\right) = x\log(a)$ und rechne

$$(a^x)^y = \exp\left(y\log(a^x)\right) = \exp\left(xy\log(a)\right) = a^{xy}.$$

Für Teil (e) beachte $a^{\frac{p}{q}} > 0$ und $(a^{\frac{p}{q}})^q = a^{\frac{p}{q}q} = a^p$, damit ist $a^{\frac{p}{q}}$ die eindeutig bestimmte positive q-te Wurzel aus a^p. Die Aussage (f) schließlich folgt aus $\log(e) = 1$. □

Korollar 4.4.4. *Für jedes $a > 0$ geht die Folge $\lim_{n \to \infty} \sqrt[n]{a}$ gegen 1.*

Beweis. Es gilt $\sqrt[n]{a} = \exp\left(\frac{1}{n} \log(a)\right)$. Die Behauptung folgt nun, da die Folge $\frac{1}{n} \log(a)$ gegen Null geht und die Exponentialfunktion stetig ist. □

Lemma 4.4.5.

a) *Für jedes $k \in \mathbb{N}$ gilt*

$$\lim_{x \to \infty} \frac{e^x}{x^k} = \infty.$$

Man sagt auch: e^x wächst schneller als jede Potenz von x.

b) *Für jedes $k \in \mathbb{N}$ gilt $\lim_{x \to \infty} \frac{x^k}{e^x} = 0$ und $\lim_{x \searrow 0} x^{-k} e^{-1/x} = 0$.*

c) *Sei $\alpha > 0$, dann gilt*

$$\lim_{x \to \infty} \frac{\log(x)}{x^\alpha} = 0.$$

Man sagt: der Logarithmus wächst langsamer als jede Potenz.

d) *Sei $\alpha > 0$, dann gilt*

$$\lim_{x \searrow 0} x^\alpha \log(x) = 0.$$

Beweis. Für $x > 0$ ist $e^x > \frac{x^{k+1}}{(k+1)!}$ und damit $\frac{e^x}{x^k} > \frac{x}{(k+1)!}$, also folgt Teil (a). Der erste Ausdruck in (b) ist der Kehrwert von Teil (a), der zweite ist der erste mit x durch $1/x$ ersetzt.

(c) Schreibe $x = e^y$, dann ist $\frac{\log(x)}{x^\alpha} = \frac{y}{e^{\alpha y}} = \frac{1}{\alpha} \frac{\alpha y}{e^{\alpha y}}$, so dass die Aussage aus Teil (b) folgt.

(d) Schreibe $x = 1/y$. Mit $x \searrow 0$ geht y dann gegen ∞ und es ist $x^\alpha \log(x) = \frac{-\log(y)}{y^\alpha}$, so dass die Behauptung aus Teil (c) folgt. □

4.5 Die Exponentialfunktion im Komplexen

In der folgenden Proposition wird der Körper der komplexen Zahlen als Erweiterung des Körpers der reellen Zahlen eingeführt.

Proposition 4.5.1 (Komplexe Zahlen). *Die Menge $\mathbb{R}^2$ aller Paare reeller Zahlen ist mit der komponentenweisen Addition und Multiplikation*

$$(a, b) + (c, d) := (a + c, b + d),$$
$$(a, b)(c, d) := (ac - bd, ad + bc)$$

ein Körper. Er wird der Körper der komplexen Zahlen *genannt und mit* $\mathbb{C}$ *bezeichnet. Schreibt man $i = (0, 1)$, so gilt in* $\mathbb{C}$*, dass*

$$i^2 = -1.$$

Man schreibt die komplexe Zahl (a, b) auch als $a + bi$.

Beweis. Die Menge $\mathbb{C}$ ist eine abelsche Gruppe bezüglich der Addition. Das neutrale Element ist $(0, 0)$. Durch direkte Rechnung verifiziert man, dass die Multiplikation assoziativ und kommutativ ist und dass das Distributivgesetz gilt. Es bleibt zu zeigen, dass jedes $z \in \mathbb{C} \setminus \{0\}$ ein multiplikatives Inverses besitzt. Sei hierzu $z = (a, b) = a + bi \neq 0$. Dann ist $a^2 + b^2 > 0$, denn es können nicht beide, a und b, gleich Null sein. Mit $w = \left(\frac{a}{a^2+b^2}, \frac{-b}{a^2+b^2} \right)$ ist dann

$$zw = (a, b) \left(\frac{a}{a^2 + b^2}, \frac{-b}{a^2 + b^2} \right)$$
$$= \left(\frac{a^2 + b^2}{a^2 + b^2}, \frac{-ab + ab}{a^2 + b^2} \right) = (1, 0).$$

Da $(1, 0)$ das neutrale Element der Multiplikation, also das Einselement ist, ist w das Inverse zu z und damit ist $\mathbb{C}$ ein Körper. $\qquad\square$

Mit der Schreibweise $a + bi$ statt (a, b) ergibt sich die Multiplikation aus $i^2 = -1$ und dem Distributivgesetz:

$$(a + bi)(c + di) = ac + adi + bci + bdi^2 = ac - bd + (ad + bc)i.$$

Man kann sich den Körper $\mathbb{C} = \mathbb{R}^2$, als Ebene vorstellen. Die Addition ist durch

$$(a, b) + (c, d) = (a + c, b + d)$$

gegeben, kann also als Hintereinandersetzen von Vektoren realisiert werden, wie im folgenden Bild zu sehen ist.

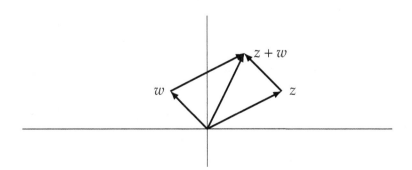

Die Multiplikation kann wie folgt visualisiert werden: Die Längen der beteiligten Vektoren werden multipliziert und die Winkel, die sie mit der positiven x-Achse bilden, addiert:

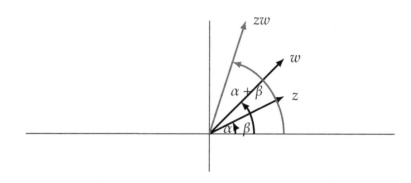

Diese Aussagen können im Moment noch nicht streng bewiesen werden, was aber im Abschnitt 4.6 nachgeholt wird. Der *Realteil* und der *Imaginärteil* einer komplexen Zahl $z = x + iy$ ist

$$\operatorname{Re}(z) = \operatorname{Re}(x + iy) = x, \qquad \operatorname{Im}(z) = \operatorname{Im}(x + iy) = y.$$

Die *komplexe Konjugation* $z \mapsto \bar{z}$ ist die Abbildung von $\mathbb{C}$ nach $\mathbb{C}$,

$$\bar{z} = \overline{(x + iy)} = x - iy.$$

Die folgenden Aussagen rechnet man leicht nach:

$$\bar{\bar{z}} = z \qquad\qquad \overline{z + w} = \bar{z} + \bar{w} \qquad\qquad \overline{zw} = \bar{z}\,\bar{w}$$

$$\overline{1/z} = 1/\bar{z} \text{ falls } z \neq 0 \qquad z + \bar{z} = 2\operatorname{Re}(z) \qquad z - \bar{z} = 2i\operatorname{Im}(z)$$

Für eine komplexe Zahl $z = x + iy$ gilt

$$z\bar{z} = (x + iy)(x - iy) = x^2 + y^2$$

und diese reelle Zahl ist ≥ 0. Der *Betrag* der komplexen Zahl z ist die reelle Zahl

$$|z| = \sqrt{z\bar{z}}.$$

Satz 4.5.2. *Für $z, w \in \mathbb{C}$ gilt*

   a) $|z| \geq 0$ *und* $|z| = 0 \Leftrightarrow z = 0$,   *Definitheit*

   b) $|zw| = |z||w|$,   *Multiplikativität*

   c) $|z + w| \leq |z| + |w|$.   *Dreiecksungleichung*

Beweis. Teil (a) ist klar. Für Teil (b) rechne $|zw| = \sqrt{zw\overline{zw}} = \sqrt{z\bar{z}w\overline{w}} = \sqrt{z\bar{z}}\sqrt{w\overline{w}} = |z||w|$. Für Teil (c) betrachte

$$|z + w|^2 = (z + w)(\bar{z} + \overline{w}) = z\bar{z} + w\overline{w} + \underbrace{z\overline{w} + w\bar{z}}_{=2\operatorname{Re}(z\overline{w})}.$$

Für jede komplexe Zahl $w = u + iv$ gilt $|\operatorname{Re}(w)| \leq |w|$, also folgt

$$|z + w|^2 = |z\bar{z} + w\overline{w} + 2\operatorname{Re}(z\overline{w})|$$

$$\leq z\bar{z} + w\overline{w} + 2|\operatorname{Re}(z\overline{w})| \leq z\bar{z} + w\overline{w} + 2|z||w| = (|z| + |w|)^2.$$

Durch Wurzelziehen ergibt sich die Behauptung. □

Definition 4.5.3. Eine Folge (z_n) komplexer Zahlen heißt *konvergent gegen* $z \in \mathbb{C}$, falls die Folge $|z_n - z|$ gegen Null geht, wenn es also für jedes $\varepsilon > 0$ ein $n_0 \in \mathbb{N}$ gibt, so dass für jedes $n \geq n_0$ gilt

$$|z_n - z| < \varepsilon.$$

Proposition 4.5.4. *Eine Folge komplexer Zahlen $z_n = x_n + iy_n$ konvergiert genau dann gegen $z = x + iy$, wenn x_n gegen x und y_n gegen y konvergiert. Insbesondere folgt, dass der Limes einer Folge eindeutig bestimmt ist. Konvergiert (a_n) in $\mathbb{C}$ gegen $a \in \mathbb{C}$, so konvergiert $(\bar{a}_n)$ gegen $\bar{a}$.*

Beweis. Sei z_n gegen z konvergent. Es ist $|x_n - x| = |\operatorname{Re}(z_n - z)| \leq |z_n - z|$, also geht x_n gegen x. Diese Ungleichung gilt ebenso für den Imaginärteil. Damit folgt die erste Behauptung. Sei nun $x_n \to x$ und $y_n \to y$ konvergent. Sei $z = x + yi$, so gilt

$$|z_n - z|^2 = (x_n - x)^2 + (y_n - y)^2.$$

Dies ist eine Nullfolge und damit ist auch $|z_n - z|$ eine Nullfolge. □

Definition 4.5.5. In Analogie zu der Terminologie im Reellen heißt eine Folge komplexer Zahlen (z_n) eine *Cauchy-Folge*, wenn es zu jedem $\varepsilon > 0$ ein $n_0 \in \mathbb{N}$ gibt, so dass für alle $m, n \geq n_0$ gilt

$$|z_n - z_m| < \varepsilon.$$

Proposition 4.5.6.

a) *Eine Folge (z_n) ist genau dann eine Cauchy-Folge wenn die reellen Folgen $\operatorname{Re}(z_n)$ und $\operatorname{Im}(z_n)$ beide Cauchy-Folgen sind.*

b) *Der Körper $\mathbb{C}$ ist vollständig in dem Sinne, dass jede Cauchy-Folge in $\mathbb{C}$ konvergiert.*

c) *Konvergieren die Folgen (z_n) und (w_n) in $\mathbb{C}$, so auch deren Summe und Produkt und es gilt*

$$\lim_n (z_n + w_n) = \lim_n z_n + \lim_n w_n, \qquad \lim_n (z_n w_n) = (\lim_n z_n)(\lim_n w_n).$$

Ist schließlich der Limes von (w_n) ungleich Null, so sind fast alle w_n ungleich Null und es gilt

$$\lim_n \frac{z_n}{w_n} = \frac{\lim_n z_n}{\lim_n w_n}.$$

Hierbei heißt "fast alle" dasselbe wie "alle bis auf endlich viele".

Beweis. Teil (a) beweist man ähnlich wie Proposition 4.5.4. Teil (b) folgt aus Teil (a) und Proposition 4.5.4. Teil (c) folgt wortwörtlich wie die Aussage in $\mathbb{R}$, also Satz 3.1.16. □

Definition 4.5.7. Eine Reihe $\sum_{n=1}^{\infty} z_n$ in $\mathbb{C}$ heißt *konvergent*, wenn die Folge der Partialsummen $s_n = \sum_{k=1}^{n} z_k$ konvergent ist. Die Reihe heißt *absolut konvergent*, falls

$$\sum_{n=1}^{\infty} |z_n| < \infty$$

gilt.

Proposition 4.5.8.

a) *Eine absolut konvergente Reihe ist konvergent.*

b) *Es gilt das Majorantenkriterium: Sei (a_n) eine Folge positiver reeller Zahlen mit $\sum_{n=1}^{\infty} a_n < \infty$ und sei (z_n) eine Folge komplexer Zahlen mit $|z_n| \leq a_n$ für jedes $n \in \mathbb{N}$, dann konvergiert die Reihe $\sum_{n=1}^{\infty} z_n$ absolut.*

c) *Es gilt das Quotientenkriterium: Sei (z_n) eine Folge komplexer Zahlen und es gebe ein $0 < \theta < 1$ und ein $n_0 \in \mathbb{N}$ so dass für alle $n \geq n_0$ gilt $z_n \neq 0$ und $\left| \frac{z_{n+1}}{z_n} \right| \leq \theta$, dann konvergiert die Reihe $\sum_{n=1}^{\infty} z_n$ absolut.*

d) *Sind $\sum_{n=0}^{\infty} a_n$ und $\sum_{n=0}^{\infty} b_n$ absolut konvergente Reihen komplexer Zahlen, dann gilt*

$$\left(\sum_{n=0}^{\infty} a_n \right) \left(\sum_{n=0}^{\infty} b_n \right) = \sum_{n=0}^{\infty} c_n,$$

wobei auch die Reihe $\sum_{n=0}^{\infty} c_n$ mit $c_n = \sum_{k=0}^{n} a_k b_{n-k}$ absolut konvergiert.

Beweis. Ganz genauso wie im Reellen (Satz 3.7.3). □

Satz 4.5.9. *Für jedes $z \in \mathbb{C}$ konvergiert die Exponentialreihe*

$$\exp(z) = \sum_{n=0}^{\infty} \frac{z^n}{n!}$$

absolut. Für $z, w \in \mathbb{C}$ gilt

$$\exp(z + w) = \exp(z)\exp(w).$$

Ferner gilt $\overline{\exp(z)} = \exp(\bar{z})$.

Beweis. Mit $a_n = \frac{z^n}{n!}$ ist $\left|\frac{a_{n+1}}{a_n}\right| = \left|\frac{z}{n+1}\right|$. Mit dem Quotientenkriterium folgt die absolute Konvergenz. Die Funktionalgleichung folgt wie im Reellen aus dem Cauchy-Produkt von Reihen. Die letzte Aussage folgt aus Proposition 4.5.4. □

Definition 4.5.10. Sei $D \subset \mathbb{C}$. Eine Funktion $f : D \to \mathbb{C}$ heißt *stetig* im Punkt $p \in D$, wenn gilt

$$\lim_{\substack{z \to p \\ z \in D}} f(z) = f(p),$$

d.h., wenn für jede Folge $z_n \in D$ mit $z_n \to p$ gilt $\lim_n f(z_n) = f(p)$.

Satz 4.5.11. *Die Exponentialfunktion $\exp : \mathbb{C} \to \mathbb{C}$ ist überall stetig.*

Beweis. Der Beweis verläuft wie im Reellen, indem man zuerst die Stetigkeit in $p = 0$ beweist und dann Stetigkeit in einem beliebigen Punkt p mit Hilfe der Funktionalgleichung folgert. □

4.6 Trigonometrische Funktionen

Genau wie im Reellen schreibt man auch $e^z = \exp(z)$ für $z \in \mathbb{C}$. Das nächste Lemma sagt, dass die Exponentialfunktion die imaginäre Gerade $i\mathbb{R}$ auf den Einheitskreis abbildet. Die Funktionen Cosinus und Sinus werden dann als deren reelle Koordinaten definiert.

Lemma 4.6.1. *Der Betrag der komplexen Exponentialfunktion ist $|e^z| = e^{\mathrm{Re}(z)}$, $z \in \mathbb{C}$. Es folgt also insbesondere $|e^{ix}| = 1$ für $x \in \mathbb{R}$.*

Beweis. Durch Wurzelziehen aus $|e^z|^2 = e^z e^{\bar{z}} = e^{z+\bar{z}} = e^{2\,\mathrm{Re}(z)} = \left(e^{\mathrm{Re}(z)}\right)^2$ folgt die Behauptung. $\qquad\square$

Definition 4.6.2. Für $x \in \mathbb{R}$ sei

$$\cos x = \mathrm{Re}(e^{ix}), \qquad \sin x = \mathrm{Im}(e^{ix}).$$

Es gilt dann

$$e^{ix} = \cos x + i \sin x.$$

Satz 4.6.3. *Für $x \in \mathbb{R}$ gilt*

a) $\cos x = \dfrac{e^{ix} + e^{-ix}}{2}, \quad \sin x = \dfrac{e^{ix} - e^{-ix}}{2i},$

b) $\cos(-x) = \cos x, \quad \sin(-x) = -\sin x,$

c) $\cos^2 x + \sin^2 x = 1.$

Beweis. Teil (a) ergibt sich aus der Formel $\mathrm{Re}(z) = \frac{1}{2}(z + \bar{z})$, sowie $\overline{e^z} = e^{\bar{z}}$. Teil (b) rechnet man leicht nach. Schließlich ist

$$\cos^2 x + \sin^2 x = |e^{ix}|^2 = 1. \qquad\square$$

Satz 4.6.4. *Die Funktionen* cos *und* sin *sind auf ganz $\mathbb{R}$ stetig. Für $x, y \in \mathbb{R}$ gelten die* Additionstheoreme:

$$\cos(x + y) = \cos x \cos y - \sin x \sin y$$
$$\sin(x + y) = \sin x \cos y + \sin y \cos x.$$

Beweis. Ist $x_n \to x$ eine Folge reeller Zahlen, so folgt $e^{ix_n} \to e^{ix}$, da die Exponentialfunktion stetig ist und daraus folgt dieselbe Aussage für Real- und Imaginärteil, also sind cos und sin stetig.

Die Additionstheoreme folgen aus $e^{i(x+y)} = e^{ix}e^{iy}$, denn damit ist

$$\cos(x + y) + i\sin(x + y) = (\cos x \cos y - \sin x \sin y) + i(\cos x \sin y + \cos y \sin x).$$

Durch Vergleich von Real- und Imaginärteil folgt die Behauptung. $\qquad\square$

Satz 4.6.5 (Potenzreihen von Cosinus und Sinus). *Für jedes $x \in \mathbb{R}$ gilt*

$$\cos x = \sum_{n=0}^{\infty} (-1)^n \frac{x^{2n}}{(2n)!} \quad und \quad \sin x = \sum_{n=0}^{\infty} (-1)^n \frac{x^{2n+1}}{(2n+1)!},$$

wobei die Reihen absolut konvergieren.

Beweis. Es ist

$$\cos x = \frac{1}{2}(e^{ix} + e^{-ix}) = \frac{1}{2} \sum_{n=0}^{\infty} \frac{i^n x^n}{n!} + (-1)^n \frac{i^n x^n}{n!} = \sum_{n=0}^{\infty} i^{2n} \frac{x^{2n}}{(2n)!}.$$

Wegen $i^{2n} = (-1)^n$ folgt die erste Behauptung. Die zweite beweist man anlog. $\square$

Die Zahl π

Die Kreiszahl π soll hier eingeführt werden als kleinste Zahl $\pi > 0$ mit der Eigenschaft, dass $e^{i\pi} = -1$ gilt. Es muss allerdings bewiesen werden, dass es eine solche Zahl gibt.

Lemma 4.6.6.

(a) *Für $0 < x \leq 2$ gelten die Abschätzungen*

$$1 - \frac{x^2}{2} < \cos(x) < 1 - \frac{x^2}{2} + \frac{x^4}{24}$$

und

$$x - \frac{x^3}{6} < \sin(x) < x.$$

(b) *Der Cosinus fällt im Intervall $[0,2]$ streng monoton.*

Beweis. (a) Sei $0 < x < 2$, dann gilt für jedes $n \in \mathbb{N}$, dass $x^2 < 4 < (4n + 2)(4n + 1)$, also $\frac{x^{4n+2}}{(4n+2)!} < \frac{x^{4n}}{(4n)!}$.

Es folgt

$$\cos(x) = 1 - \frac{x^2}{2} + \underbrace{\sum_{n=1}^{\infty} \frac{x^{4n}}{(4n)!} - \frac{x^{4n+2}}{(4n+2)!}}_{>0} > 1 - \frac{x^2}{2}.$$

Dasselbe Argument wird auf die Reihe ohne den ersten Summanden angewendet, was zu

$$\cos(x) = 1 - \sum_{k=1}^{\infty} \frac{x^{2(2k-1)}}{(2(2k-1))!} - \frac{x^{4k}}{(4k)!} < 1 - \frac{x^2}{2} + \frac{x^4}{24}$$

führt. Der Beweis für den Sinus verläuft ebenso.

(b) Für $x > y$ in dem Intervall gilt

$$\cos(x) - \cos(y) = \frac{1}{2}\left(e^{ix} + e^{-ix} - e^{iy} - e^{-iy}\right) = -2\sin\left(\frac{x-y}{2}\right)\sin\left(\frac{x+y}{2}\right)$$

wie man sieht, indem man $\sin(t) = (e^{it}-e^{-it})/2i$ einsetzt und ausmultipliziert. Für $x > y$ in $[0,2]$ sind die Sinus-Faktoren nach Teil (a) positiv. □

Satz 4.6.7. *Es gibt genau eine Zahl $\pi > 0$ mit $e^{i\pi} = -1$ und $e^{it} \neq -1$ für jedes $0 < t < \pi$.*
Sei $\mathbb{T} = \{z \in \mathbb{C} : |z| = 1\}$ der Einheitskreis. Die Abbildung $f : \mathbb{R} \to \mathbb{T}, x \mapsto e^{xi}$ bildet das Intervall $[0, 2\pi)$ bijektiv auf $\mathbb{T}$ ab und erfüllt $f(x + 2\pi) = f(x)$. Es gilt $e^{it} = 1$ genau dann, wenn t ein ganzzahliges Vielfaches von 2π ist.

Beweis. Es ist $\cos(0) = 1$ und $\cos(2) < 0$ nach Lemma 4.6.6. Da der Cosinus in dem Intervall $(0,2)$ außerdem streng monoton ist, hat er dort genau eine Nullstelle, sei π das Doppelte dieser Nullstelle. Es gilt dann $\cos(\pi/2) = 0$ und $\sin(\pi/2) = 1$, also $e^{i\pi/2} = i$ und damit $e^{i\pi} = \left(e^{i\pi/2}\right)^2 = -1$. Da der Cosinus im Intervall $[0,2]$ streng monoton ist, gilt für $0 < t < \pi$, dass $\mathrm{Re}(e^{it/2}) = \cos(t/2) > 0$ ist und damit $e^{it} \neq -1$, da sonst $e^{it/2} = \pm i$ sein müsste. Die Abbildung $t \mapsto e^{it}$ bildet also das Intervall $[0, \pi]$ auf den oberen Halbkreis ab, und zwar surjektiv, da die stetige Funktion Cosinus mit 1 und -1 auch alle Zwischenwerte annimmt. Ebenso folgt, dass $e^{2\pi i} = 1$ und $e^{it} \neq 1$ für $0 < t < 2\pi$. Sei nun $t \in \mathbb{R}$ beliebig mit $e^{it} = 1$. Dann gibt es eindeutig bestimmte $k \in \mathbb{Z}$ und $x \in [0, 2\pi)$ so dass $t = 2\pi k + x$. Dann ist $1 = e^{it} = e^{2\pi k}e^{ix} = e^{ix}$, womit $x = 0$, also $t \in 2\pi\mathbb{Z}$ folgt. Ist schließlich $e^{ix} = e^{iy}$ mit $x, y \in [0, 2\pi)$, dann folgt $1 = e^{ix}/e^{iy} = e^{i(x-y)}$ so dass $x - y \in 2\pi\mathbb{Z}$ sein muss, was zu $x = y$ führt. □

Satz 4.6.8 (Polarkoordinaten). *Jede komplexe Zahl z lässt sich in der Form*

$$z = re^{it}$$

schreiben, wobei $r = |z| \geq 0$ und $t \in \mathbb{R}$. Für $z \neq 0$ ist t bis auf ein ganzzahliges Vielfaches von 2π eindeutig bestimmt.

Beweis. Ist $0 \neq z \in \mathbb{C}$, so ist $\frac{z}{|z|}$ in $\mathbb{T}$ und der letzte Satz kann angewendet werden. □

Korollar 4.6.9. *Für jedes $x \in \mathbb{R}$ gilt*

  a) $\cos(x + 2\pi) = \cos x, \quad \sin(x + 2\pi) = \sin x.$

  b) $\cos(x + \pi) = -\cos x, \quad \sin(x + \pi) = -\sin x.$

  c) $\cos(x + \frac{\pi}{2}) = -\sin x, \quad \sin(x + \frac{\pi}{2}) = \cos x.$

Beweis. Es ist $e^{xi+2\pi i} = e^{xi}e^{2\pi i} = e^{xi}$, damit folgt (a). Aus $e^{xi+\pi i} = e^{xi}e^{\pi i} = -e^{xi}$ folgt (b) und aus $e^{xi+i\pi/2} = e^{xi}e^{i\pi/2} = e^{xi}i$ folgt (c). □

Korollar 4.6.10 (Nullstellen von Sinus und Cosinus).

  a) *Eine reelle Zahl ist genau dann eine Nullstelle der Funktion $\sin$, wenn sie von der Form $k\pi$ mit $k \in \mathbb{Z}$ ist.*

  b) *Eine reelle Zahl ist genau dann eine Nullstelle der Funktion $\cos$, wenn sie von der Form $(k + \frac{1}{2})\pi$ mit $k \in \mathbb{Z}$ ist.*

Definition 4.6.11. Für $x \in \mathbb{R} \setminus \{\frac{\pi}{2} + k\pi : k \in \mathbb{Z}\}$ setze $\tan x = \frac{\sin x}{\cos x}$. Diese Funktion wird der *Tangens* genannt.

Satz 4.6.12.

a) *Die Funktion* $\cos x$ *ist im Intervall* $[0, \pi]$ *streng monoton fallend und bildet dieses Intervall bijektiv auf* $[-1, 1]$ *ab. Die Umkehrfunktion*

$$\arccos : [-1, 1] \rightarrow [0, \pi]$$

heißt Arcus-Cosinus.

b) *Die Funktion* $\sin x$ *ist im Intervall* $[-\frac{\pi}{2}, \frac{\pi}{2}]$ *streng monoton wachsend und bildet dieses Intervall bijektiv auf* $[-1, 1]$ *ab. Die Umkehrfunktion*

$$\arcsin : [-1, 1] \rightarrow \left[-\frac{\pi}{2}, \frac{\pi}{2} \right]$$

heißt Arcus-Sinus.

c) *Die Funktion* $\tan x$ *ist im Intervall* $(-\frac{\pi}{2}, \frac{\pi}{2})$ *streng monoton wachsend und bildet dieses Intervall bijektiv auf* $\mathbb{R}$ *ab. Die Umkehrfunktion*

$$\arctan : \mathbb{R} \rightarrow \left(-\frac{\pi}{2}, \frac{\pi}{2} \right)$$

heißt Arcus-Tangens.

Beweis. (a) Folgt aus der Definition der Zahl π und Satz 4.6.7. (b) folgt wegen $\sin x = \cos(\frac{\pi}{2} - x)$. Zu (c): Sei $0 \leq x < y < \frac{\pi}{2}$. Dann gilt $\sin x < \sin y$ und $\cos x > \cos y > 0$, also $\tan x < \tan y$. Damit ist $\tan$ in $[0, \pi/2)$ streng monoton wachsend. Weil $\tan(-x) = -\tan x$, wächst $\tan$ auch in $(-\pi/2, 0)$. Die Tatsache, dass $\lim_{x \nearrow \frac{\pi}{2}} \tan x = \infty$ folgt aus $\cos \frac{\pi}{2} = 0$ und $\sin \frac{\pi}{2} = 1$. Wegen $\tan(-x) = -\tan x$ folgt dann auch $\lim_{x \searrow -\frac{\pi}{2}} \tan x = -\infty$. $\qquad \square$

4.7   Aufgaben

Aufgabe 4.1. Seien $f, g : \mathbb{R} \rightarrow \mathbb{R}$ stetige Funktionen. Es gelte $f(r) = g(r)$ für jedes $r \in \mathbb{Q}$. *Zeige*, dass $f = g$ ist.

Aufgabe 4.2. *Man zeige*, dass die Indikatorfunktion des Intervalls $[\sqrt{2}, \infty)$, also $f = 1_{[\sqrt{2}, \infty)}$ in jedem Punkt von $\mathbb{Q}$ stetig ist.

Aufgabe 4.3. Sei $p \in D \subset \mathbb{R}$ und sei $f : D \rightarrow \mathbb{R}$ eine Funktion. Es gelte $\lim_n f(x_n) = f(p)$ für jede monotone Folge $x_n \rightarrow p$ in D. *Zeige*, dass f im Punkt p stetig ist.

(Es darf benutzt werden, dass jede Folge eine monotone Teilfolge enthält, siehe Aufgabe 3.8.)

Aufgabe 4.4. Seien $f, g : \mathbb{R} \to \mathbb{R}$ stetig und sei $m : \mathbb{R} \to \mathbb{R}$, $m(x) = \max(f(x), g(x))$ das Maximum der beiden Funktionen. *Zeige,* dass die Funktion $m(x)$ stetig ist.

Aufgabe 4.5. (Sonnenaufgangslemma) Sei $f : \mathbb{R} \to \mathbb{R}$ eine stetige Funktion. Ein Punkt $x \in \mathbb{R}$ heißt *Schattenpunkt,* falls es ein $y > x$ gibt mit $f(y) > f(x)$. Die Punkte $a < b$ seien keine Schattenpunkte für f, aber das offene Intervall (a, b) bestehe nur aus Schattenpunkten. *Zeige,* dass $f(a) = f(b)$ gilt und $f(x) < f(b)$ für alle $x \in (a, b)$.

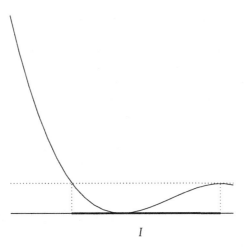

I

Das Intervall I enthält nur Schattenpunkte.

Aufgabe 4.6. Eine Funktion $f : \mathbb{R} \to \mathbb{R}$ heißt *halbstetig von unten,* wenn für jede monoton wachsende konvergente Folge $x_n \to x$ gilt $\lim_n f(x_n) = f(x)$. *Zeige:*

a) Eine Funktion f ist genau dann halbstetig von unten, wenn

$$\forall_{\substack{x \in \mathbb{R} \\ \varepsilon > 0}} \exists_{\delta > 0} : \quad y \in (x - \delta, x) \quad \Rightarrow \quad |f(y) - f(x)| < \varepsilon.$$

b) Eine von unten halbstetige Funktion hat nur abzählbar viele Unstetigkeitsstellen. Hier ist eine *Unstetigkeitsstelle* ein Punkt p im Definitionsbereich, in dem die Funktion nicht stetig ist.

Aufgabe 4.7. Die Funktion $f : [a, b] \to [a, b]$ mit $a, b \in \mathbb{R}$ und $a < b$ sei monoton wachsend und stetig. *Zeige,* dass für jedes $x_0 \in [a, b]$ die Iterationsfolge $(x_n)_{n \in \mathbb{N}}$ mit $x_{n+1} = f(x_n)$

a) monoton ist und

b) gegen einen Punkt $\xi \in [a, b]$ konvergent. Zeige, weiter, dass für diesen Punkt gilt $f(\xi) = \xi$, d.h. ξ ist ein *Fixpunkt* von f.

Aufgabe 4.8. *Zeige,* dass eine monotone Funktion auf einem Intervall nur abzählbar viele Unstetigkeitsstellen hat.

Aufgabe 4.9. Definiere die Funktion cosh (*Cosinus hyperbolicus*) durch

$$\cosh : \mathbb{R} \to \mathbb{R}, \qquad \cosh(x) = \frac{e^x + e^{-x}}{2}.$$

Zeige, dass die Funktion cosh das Intervall $[0, \infty)$ bijektiv nach $[1, \infty)$ abbildet. Die Umkehrfunktion wird arcosh (*Area Cosinus hyperbolicus*) genannt. Zeige weiter, dass für jedes $x \geq 1$ die Gleichung $\operatorname{arcosh}(y) = \log\left(y + \sqrt{y^2 - 1}\right)$ gilt.

Aufgabe 4.10. Seien $f, g : \mathbb{N} \to [0, \infty)$ Funktionen. Man schreibt $f \ll g$, falls es eine Konstante $C > 0$ gibt so dass $f(n) \le Cg(n)$ für jedes $n \in \mathbb{N}$ gilt.

(a) Ist die Aussage $f \ll g$ äquivalent dazu, dass es ein $n_0 \in \mathbb{N}$ und ein $C > 0$ gibt, so dass $f(n) \le Cg(n)$ für alle $n \ge n_0$ gilt?

(b) Seien
$$f(n) = e^{n^2}, \qquad g(n) = n^n.$$
Entscheide, ob $f \ll g$ oder $g \ll f$ oder beides gilt.

Aufgabe 4.11. (Arithmetisch-Geometrisches Mittel). Seien $0 < x < y$ reelle Zahlen. Sei $a_1 = \frac{x+y}{2}$ und $g_1 = \sqrt{xy}$. Definiere dann induktiv $a_{n+1} = \frac{a_n + g_n}{2}$ und $g_{n+1} = \sqrt{a_n g_n}$.

Zeige: Die Folge fällt a_n monoton, die Folge g_n wächst monoton und es gilt $g_n \le a_n$. Beide Folgen konvergieren, und zwar gegen denselben Grenzwert.

Aufgabe 4.12. Sei $n \in \mathbb{N}$.
Zeige, dass jede komplexe Zahl z eine n-te Wurzel in $\mathbb{C}$ hat, also dass es ein $w \in \mathbb{C}$ gibt, so dass $w^n = z$ gilt.

(Hinweis: Polarkoordinaten)

Mehr Aufgaben und Lösungen finden Sie in dem Begleitbuch *Übungsbuch zur Analysis, Springer-Verlag 2020.*

Kapitel 5

Differentialrechnung

Dieses Kapitel ist der Differentialrechnung und ihren Anwendungen gewidmet. Das Differential wird als Limes der Differenzenquotienten erklärt und beschreibt damit die punktuelle Steigung des Graphen einer Funktion. Man kann das Differential allerdings nicht für jede Funktion definieren, da dieser Limes nicht immer existiert. Konsequenterweise nennt man eine Funktion differenzierbar, wenn der Limes der Differenzenquotienten existiert.

5.1 Differenzierbarkeit

Definition 5.1.1. Sei $f : D \to \mathbb{R}$ eine Funktion. Dann heißt f in einem Punkt $p \in D$ *differenzierbar*, wenn es eine Folge (x_n) in $D \smallsetminus \{p\}$ gibt, die gegen p konvergiert und der Limes der Differenzenquotienten

$$
f'(p) = \lim_{\substack{x \to p \\ x \in D \smallsetminus \{p\}}} \frac{f(x) - f(p)}{x - p}
$$

existiert, wenn also für jede Folge $x_n \to p$ in $D \smallsetminus \{p\}$ die Folge $\frac{f(x_n) - f(p)}{x_n - p}$ konvergiert. Man schreibt diesen Limes auch als

$$
f'(p) = \lim_{h \to 0} \frac{f(p + h) - f(p)}{h},
$$

wobei man die zusätzliche Bedingungen $p + h \in D$ und $h \neq 0$ in der Notation weglässt. Man nennt die Zahl $f'(p)$ die *Ableitung* von f im Punkte p.

95

© Springer-Verlag GmbH Deutschland, ein Teil von Springer Nature 2021
A. Deitmar, *Analysis*, https://doi.org/10.1007/978-3-662-62858-4_5

Für eine Funktion $f : D \to \mathbb{R}$ kann man die Ableitung $f'(p)$ als Steigung des Graphen von f im Punkt p interpretieren.

Anders als in der Definition der Stetigkeit 4.2.1, ist hier die Bedingung, dass p Limes einer Folge in $D \setminus \{p\}$ ist, erforderlich, weil sonst der Limes der Differenzenquotienten keinen Sinn macht. In der Regel wird D ein Intervall sein, so dass diese Bedingung für jeden Punkt $p \in D$ erfüllt ist. Ist D ein p ein Randpunkt des Intervalls D, dann spricht man auch von der *einseitigen Ableitung*. Ist also etwa $D = [a, b]$ mit reellen Zahlen $a < b$, so ist

$$f'(a) = \lim_{\substack{h \to 0 \\ h > 0}} \frac{f(a + h) - f(a)}{h}$$

die einseitige Ableitung im Randpunkt a und analog für den anderen Randpunkt b.

Beispiele 5.1.2.

- Sei $n \in \mathbb{N}$, dann ist die Funktion $f(x) = x^n$ in jedem Punkt p von $\mathbb{R}$ differenzierbar und es gilt $f'(x) = nx^{n-1}$.

- Die Funktion $g(x) = e^x$ ist auf ganz $\mathbb{R}$ differenzierbar und es gilt $g'(x) = e^x$.

Beweis. Sei $f(x) = x^n$. Für $x \in \mathbb{R}$ und $h \neq 0$ gilt

$$\frac{f(x + h) - f(x)}{h} = \frac{1}{h}((x + h)^n - x^n) = \frac{1}{h} \sum_{k=1}^{n} \binom{n}{k} h^k x^{n-k} = \sum_{k=1}^{n} \binom{n}{k} h^{k-1} x^{n-k}.$$

Lässt man h gegen Null gehen, so geht h^{k-1} gegen Null, falls $k > 1$. Für $k = 1$ bleibt $\binom{n}{k} x^{n-1} = nx^{n-1}$.

Sei $g(x) = e^x$. Für $x \in \mathbb{R}$ und $h \neq 0$ gilt

$$\frac{g(x + h) - g(x)}{h} = \frac{1}{h}(e^{x+h} - e^x) = \frac{1}{h}e^x(e^h - 1) = e^x \frac{1}{h} \sum_{n=1}^{\infty} \frac{h^n}{n!} = e^x \sum_{n=1}^{\infty} \frac{h^{n-1}}{n!}.$$

Die Summe $\sum_{n=1}^{\infty} \frac{h^{n-1}}{n!} = 1 + h \sum_{n=2}^{\infty} \frac{h^{n-2}}{n!}$ geht gegen 1 wenn $h \to 0$, denn es ist für $|h| \leq 1$,

$$\left| \sum_{n=2}^{\infty} \frac{h^{n-2}}{n!} \right| \leq \sum_{n=2}^{\infty} \frac{|h|^{n-2}}{n!} \leq \sum_{n=2}^{\infty} \frac{1}{n!} < \infty. \qquad \square$$

Proposition 5.1.3. *Ist eine Funktion $f : D \to \mathbb{R}$ in einem Punkt $p \in D$ differenzierbar, so ist sie dort auch stetig.*

Beweis. Sei (a_n) eine Folge in $D \smallsetminus \{p\}$ mit $a_n \to p$. Dann konvergiert die Folge $b_n = \frac{f(a_n) - f(p)}{a_n - p}$, ist also beschränkt, das heißt $|b_n| < C$ für ein $C > 0$, oder

$$|f(a_n) - f(p)| < C|a_n - p|.$$

Nun ist $|a_n - p|$ eine Nullfolge, also ist auch $|f(a_n) - f(p)|$ eine Nullfolge und damit konvergiert $f(a_n)$ gegen $f(p)$. □

Satz 5.1.4. *Seien* $f, g : D \to \mathbb{R}$ *im Punkte* $x \in D$ *differenzierbar und sei* $\lambda \in \mathbb{R}$. *Dann sind auch die Funktionen* $f + g, fg, \lambda f$ *in* x *differenzierbar und es gilt*

  a) *Linearität:*

$$(f + g)'(x) = f'(x) + g'(x), \qquad (\lambda f)'(x) = \lambda f'(x).$$

  b) *Produktregel:*
$$(fg)'(x) = f'(x)g(x) + f(x)g'(x).$$

  c) *Quotientenregel: Ist* $g(x) \neq 0$ *für alle* $x \in D$, *so ist auch* $\frac{f}{g}$ *in* x *differenzierbar und es gilt*

$$\left(\frac{f}{g}\right)'(x) = \frac{f'(x)g(x) - f(x)g'(x)}{g(x)^2}.$$

Beweis. Teil (a) folgt sofort aus den Rechenregeln für Grenzwerte von Folgen.

Für Teil (b) sei $h \neq 0$ so dass $x + h \in D$, dann gilt

$$\frac{(fg)(x + h) - (fg)(x)}{h}$$
$$= \frac{f(x + h)g(x + h) - f(x + h)g(x) + f(x + h)g(x) - f(x)g(x)}{h}$$
$$= \underbrace{f(x + h)\frac{g(x + h) - g(x)}{h}}_{\to f(x)g'(x)} + \underbrace{\frac{f(x + h) - f(x)}{h}g(x)}_{\to f'(x)g(x)}$$

Für Teil (c) rechnet man

$$\frac{\frac{f}{g}(x+h) - \frac{f}{g}(x)}{h} = \frac{f(x+h)g(x) - f(x)g(x+h)}{hg(x)g(x+h)}$$

$$= \frac{f(x+h)g(x) - f(x)g(x) + f(x)g(x) - f(x)g(x+h)}{hg(x)g(x+h)}$$

$$= \frac{\frac{f(x+h)-f(x)}{h}g(x) - f(x)\frac{g(x+h)-g(x)}{h}}{g(x)g(x+h)}$$

Für $h \to 0$ konvergiert dieser Ausdruck gegen $\frac{f'(x)g(x)-f(x)g'(x)}{g(x)^2}$.   □

Beispiele 5.1.5.

a) Für $n \in \mathbb{N}$ ist $f(x) = \frac{1}{x^n}$ differenzierbar in $D = \mathbb{R} \setminus \{0\}$ und es gilt $f'(x) = -\frac{n}{x^{n+1}}$. Zusammen mit den vorher behandelten positiven Potenzen folgt, dass für jedes $k \in \mathbb{Z}$ die Funktion $f(x) = x^k$ in $D = \mathbb{R} \setminus \{0\}$ differenzierbar ist und dass stets $f'(x) = kx^{k-1}$ gilt.

b) Die Funktion $f(x) = \cos x$ ist auf ganz $\mathbb{R}$ differenzierbar und es gilt $\cos' x = -\sin x$.

c) Die Funktion $f(x) = \sin x$ ist auf ganz $\mathbb{R}$ differenzierbar und es gilt $\sin' x = \cos x$.

Beweis. (a) ist klar nach der Quotientenregel. (b) Mit derselben Rechnung wie in Beispiel 5.1.2, nur mit komplexen Zahlen statt reellen, sieht man ein, dass $\frac{e^{ih}-1}{ih}$ für $h \to 0$ gegen 1 geht. Für $x \in \mathbb{R}$ und $h \neq 0$ gilt

$$\frac{\cos(x+h) - \cos x}{h} = \frac{e^{i(x+h)} + e^{-i(x+h)} - e^{ix} - e^{-ix}}{2h} = \frac{e^{ix}}{2}\frac{e^{ih}-1}{h} + \frac{e^{-ix}}{2}\frac{e^{-ih}-1}{h}$$

$$= \frac{e^{ix}}{2}\frac{e^{ih}-1}{h} - \frac{e^{-ix}}{2}\frac{e^{-ih}-1}{-h} \xrightarrow{h \to 0} \frac{e^{ix}}{2}i - \frac{e^{-ix}}{2}i = -\frac{e^{ix} - e^{-ix}}{2i} = -\sin x.$$

Teil (c) wird analog bewiesen.   □

> **Satz 5.1.6** (Ableitung der Umkehrfunktion). *Sei $I \subset \mathbb{R}$ ein Intervall und $f : I \to \mathbb{R}$ eine stetige, streng monotone Funktion und sei $\phi = f^{-1} : J \to \mathbb{R}$ die Umkehrfunktion, wobei $J = f(I)$. Ist f im Punkt $y \in I$ differenzierbar und gilt $f'(y) \neq 0$, so ist ϕ im Punkt $x = f(y)$ differenzierbar und es gilt*
>
> $$\phi'(x) = \frac{1}{f'(y)} = \frac{1}{f'\big(\phi(x)\big)}.$$

Beweis. Betrachte eine Folge $x_n \to x$ in der Menge $J \setminus \{x\}$ und setze $y_n = \phi(x_n)$. Da ϕ stetig ist, konvergiert y_n gegen y. Außerdem ist $y_n \neq y$, da ϕ injektiv ist. Also gilt

$$\frac{\phi(x_n) - \phi(x)}{x_n - x} = \frac{y_n - y}{f(y_n) - f(y)} = \frac{1}{\frac{f(y_n) - f(y)}{y_n - y}} \xrightarrow{n \to \infty} \frac{1}{f'(y)}. \qquad \square$$

Beispiele 5.1.7. • Die Funktion $\log x$ ist in jedem Punkt $x > 0$ differenzierbar und es gilt $\log' x = \frac{1}{x}$.

- Die Funktion $\sqrt{x}$ ist in jedem Punkt $x > 0$ differenzierbar und es gilt $(\sqrt{x})' = \frac{1}{2\sqrt{x}}$.

- Der Arcus-Sinus ist in jedem Punkt des Intervalls $(-1, 1)$ differenzierbar mit $\arcsin'(x) = \frac{1}{\sqrt{1-x^2}}$.

Beweis. Nach dem Satz erhält man

$$\arcsin'(x) = (\sin'(\arcsin(x)))^{-1} = 1/\cos(\arcsin(x)).$$

Nun ist $y = \arcsin(x)$ im Intervall $(-\frac{\pi}{2}, \frac{\pi}{2})$ und dort gilt $\cos(y) = \sqrt{1 - \sin^2(y)}$, was die Behauptung liefert. $\qquad \square$

- Der Arcus-Tangens ist in jedem Punkt von $\mathbb{R}$ differenzierbar und es gilt $\arctan'(y) = \frac{1}{1+y^2}$.

Beweis. Nach dem Satz ist für $x = \tan(y)$

$$\arctan'(x) = (\tan'(y))^{-1} = \left(\frac{\cos^2(y) + \sin^2(y)}{\cos^2(y)}\right)^{-1} = \cos^2(\arctan(x)).$$

Nun ist

$$\cos^2(y) = \frac{\sin^2(y)}{\tan^2(y)} = \frac{1 - \cos^2(y)}{x^2},$$

was man nach $\cos^2(y)$ auflöst

$$\cos(\arctan(x)) = \cos^2(y) = \frac{1}{1 + x^2}. \qquad \qquad \square$$

Satz 5.1.8 (Kettenregel). *Seien $f : D \to \mathbb{R}$ und $g : E \to \mathbb{R}$ Funktionen mit $f(D) \subset E$. Die Funktion f sei im Punkt $x \in D$ differenzierbar und g sei in $f(x) \in E$ differenzierbar. Dann ist $g \circ f$ in x differenzierbar und es gilt*

$$(g \circ f)'(x) = g'(f(x)) f'(x).$$

Beweis. Sei $y = f(x) \in E$. Definiere eine Hilfsfunktion $g^* : E \to \mathbb{R}$ durch

$$g^*(\eta) = \begin{cases} \frac{g(\eta) - g(y)}{\eta - y} & \text{falls } \eta \neq y, \\ g'(y) & \text{falls } \eta = y. \end{cases}$$

Da g in y differenzierbar ist, gilt $\lim_{\eta \to y} g^*(\eta) = g'(y)$. Außerdem gilt für alle $\eta \in E$ die Gleichung $g(\eta) - g(y) = g^*(\eta)(\eta - y)$. Für $\xi \in D \setminus \{x\}$ ist dann

$$\frac{g \circ f(\xi) - g \circ f(x)}{\xi - x} = \frac{g(f(\xi)) - g(f(x))}{\xi - x} = g^*(f(\xi)) \frac{f(\xi) - f(x)}{\xi - x},$$

was für $\xi \to x$ gegen $g'(f(x)) f'(x)$ konvergiert. $\qquad \square$

Beispiele 5.1.9.

- Sei $a \in \mathbb{R}$ und sei $f(x) = x^a$ für $x > 0$. Dann ist f differenzierbar und es gilt

$$f'(x) = ax^{a-1}.$$

  Dies erhält man aus der Kettenregel, denn $f(x) = \exp(a \log x)$ und also $f'(x) = \exp(a \log x) a \frac{1}{x}$.

- Die Funktion $f(x) = \sin(\frac{1}{x})$ ist für jedes $x > 0$ differenzierbar und es gilt

$$f'(x) = -\cos\left(\frac{1}{x}\right) \frac{1}{x^2}.$$

Definition 5.1.10. (Ableitungen höherer Ordnung) Ist $f : D \to \mathbb{R}$ überall differenzierbar, und ist die Funktion $f' : D \to \mathbb{R}$ auch wieder differenzierbar, so sagt man, dass f *zweimal differenzierbar* ist und schreibt die Ableitung von f' als f''. Durch Wiederholung definiert man den Begriff der n-fachen Differenzierbarkeit. Die n-te Ableitung von f schreibt man dann als $f^{(n)}$.

Beispiele 5.1.11.

- Die Funktion $f(x) = e^x$ ist unendlich oft differenzierbar und es gilt $f^{(n)} = f$ für jedes $n \in \mathbb{N}$.

- Die Funktion $f(x) = x^a$ ist unendlich oft differenzierbar in $\{x > 0\}$.

5.2 Lokale Extrema, Mittelwertsatz

Eine wichtige Anwendung der Differentialrechnung ist das Auffinden von Maximum- oder Minimumstellen einer gegebenen Funktion. Diese sind stets Nullstellen der Ableitung, wie in diesem Abschnitt gezeigt wird. Ferner wird der Mittelwertsatz der Differentialrechnung bewiesen.

Definition 5.2.1. Sei $f : (a, b) \to \mathbb{R}$ eine Funktion. Man sagt, f hat in einem gegebenen $x \in (a, b)$ ein *lokales Maximum*, wenn es ein $\varepsilon > 0$ gibt, so dass

$$|x - y| < \varepsilon \quad \Rightarrow \quad f(y) \le f(x).$$

Analog definiert man ein *lokales Minimum*. Der Sammelbegriff für lokales Minimum oder Maximum ist *lokales Extremum*.

Ein lokales Maximum x heißt *globales Maximum*, wenn $f(y) \le f(x)$ für jedes y aus dem Definitionsbereich von f gilt. Analog definiert man den Begriff *globales Minimum*.

Satz 5.2.2. *Falls die Funktion $f : (a, b) \to \mathbb{R}$ in einem Punkt $x \in (a, b)$ ein lokales Extremum besitzt und in x differenzierbar ist, dann ist $f'(x) = 0$.*

Beweis. Die Funktion f habe in x ein lokales Maximum. Sei $h \ne 0$ so klein, dass $f(x + h) \le f(x)$ ist, also $f(x + h) - f(x) \le 0$. Dann folgt

$$\frac{f(x + h) - f(x)}{h} \quad \text{ist} \quad \begin{cases} \le 0 & h > 0, \\ \ge 0 & h < 0. \end{cases}$$

Lässt man h gegen Null gehen, erhält man $f'(x) = 0$. Der Fall eines Minimums wird analog bewiesen. □

Beispiele 5.2.3.

- Die Funktion $f(x) = x^2$ hat in $x = 0$ ein lokales (und sogar globales) Minimum.

- Die differenzierbare Funktion $f(x) = xe^{-x}$ ist positiv für $x > 0$, hat bei $x = 0$ den Funktionswert 0 und erfüllt $\lim_{x \to \infty} f(x) = 0$ nach Lemma 4.4.5. Daher muss sie ein Maximum in dem Intervall $(0, \infty)$ haben. Die Ableitung $e^{-x}(1 - x)$ hat genau eine Nullstelle, $x = 1$, also ist dies das Maximum und gleichzeitig das einzige Extremum dieser Funktion.

Satz 5.2.4 (Satz von Rolle). *Seien $a < b$ in $\mathbb{R}$. Sei $f : [a, b] \to \mathbb{R}$ stetig und in (a, b) differenzierbar und es gelte $f(a) = f(b)$. Dann gibt es ein $\theta \in (a, b)$ mit $f'(\theta) = 0$.*

Beweis. Die Funktion f nimmt ihren Maximalwert oder ihren Minimalwert in einem Punkt $\theta \in (a, b)$ an. In diesem x hat f dann auch ein lokales Extremum, also folgt $f'(\theta) = 0$. □

Satz 5.2.5 (Mittelwertsatz der Differentialrechnung). *Sei $a < b$ und $f : [a, b] \to \mathbb{R}$ eine stetige, in (a, b) differenzierbare Funktion.*

(a) *Dann gibt es ein $\theta \in (a, b)$, so dass*

$$f'(\theta) = \frac{f(b) - f(a)}{b - a}.$$

(b) *Ist $g : a, b \to \mathbb{R}$ eine weitere stetige, in (a, b) differenzierbare Funktion, dann gibt es ein $\theta \in (a, b)$ mit*

$$f'(\theta)(g(b) - g(a)) = g'(\theta)(f(b) - f(a)).$$

Beweis. Die Aussage (a) folgt aus (b) wenn man $g(x) = x$ einsetzt. Zum Beweis von (b) sei

$$h(x) = \big(f(x) - f(a)\big)\big(g(b) - g(a)\big) - \big(g(x) - g(a)\big)\big(f(b) - f(a)\big).$$

Dann ist h stetig auf $[a, b]$ und im inneren differenzierbar und es gilt $h(a) = 0 = h(b)$. Nach dem Satz von Rolle gibt es ein $\theta \in (a, b)$ mit

$$0 = h'(\theta) = f'(\theta)(g(b) - g(a)) - g'(\theta)(f(b) - f(a)).$$ □

Korollar 5.2.6. *Sei $f : [a, b] \to \mathbb{R}$ eine stetige, in (a, b) differenzierbare Funktion mit $f'(x) = 0$ für jedes $x \in (a, b)$. Dann ist f konstant.*

Beweis. Für $x \in (a, b]$ mit gibt es nach dem Mittelwertsatz ein $\theta \in (a, x)$ mit $f'(\theta) = \frac{f(x) - f(a)}{x - a}$. Nach Voraussetzung ist $f'(\theta) = 0$, also folgt $f(x) = f(a)$. □

Satz 5.2.7 (Monotonie)*. Sei $a < b$ und $f : [a, b] \to \mathbb{R}$ stetig und in (a, b) differenzierbar. Gilt für alle $x \in (a, b)$, dass*

$$\left.\begin{cases} f'(x) > 0 \\ f'(x) \geq 0 \\ f'(x) \leq 0 \\ f'(x) < 0 \end{cases}\right\}, \quad \text{dann ist } f \quad \left\{\begin{array}{c} \text{streng monoton wachsend} \\ \text{monoton wachsend} \\ \text{monoton fallend} \\ \text{streng monoton fallend} \end{array}\right\}.$$

Beweis. Es wird nur der Fall $f'(x) > 0$ für alle $x \in (a, b)$ behandelt, da die anderen Fälle analog sind. Angenommen, f ist nicht streng monoton wachsend. Dann gibt es $\alpha < \beta$ in $[a, b]$ mit $f(\alpha) \geq f(\beta)$, also $f(\beta) - f(\alpha) \leq 0$. Nach dem Mittelwertsatz existiert dann ein $x \in (a, b)$ mit $f'(x) = \frac{f(\beta) - f(\alpha)}{\beta - \alpha} \leq 0$, was im Widerspruch zur Voraussetzung steht. Die anderen Fälle gehen analog. □

Beispiel 5.2.8. Ist f streng monoton wachsend, so folgt nicht notwendig $f'(x) > 0$ für alle x, wie man am Beispiel $f(x) = x^3$ im Punkt $x = 0$ sieht.

Definition 5.2.9. Seien $a < b$ in $\mathbb{R}$ und sei $f : (a, b) \to \mathbb{R}$ eine Funktion. Ein lokales Maximum von f in x_0 heißt *strenges lokales Maximum*, falls es ein $\varepsilon > 0$ gibt, so dass aus $|x_0 - x| < \varepsilon$ und $x \neq x_0$ folgt, dass $f(x) < f(x_0)$ ist. (Ohne den Zusatz "streng" wird bei einem lokalen Maximum nur "≤" verlangt.) Analog definiert man ein strenges lokales Minimum.

Satz 5.2.10. *Sei $f : (a, b) \to \mathbb{R}$ differenzierbar. Im Punkt $x \in (a, b)$ sei auch die Ableitung f' differenzierbar und es gelte*

$$f'(x) = 0 \quad \text{und} \quad f''(x) > 0.$$

Dann besitzt f in x ein strenges lokales Minimum. Im Falle $f'(x) = 0$ und $f''(x) < 0$ hat f in x ein strenges lokales Maximum.

Der Satz gibt nur ein hinreichendes Kriterium für ein strenges lokales Minimum. Die Funktion $f(x) = x^4$ besitzt etwa in $x = 0$ ein strenges lokales

Minimum, erfüllt aber $f'(x) = 0$ und $f''(x) = 0$. Es gilt also

$$f'(x) = 0, \ f''(x) > 0 \Rightarrow x \text{ ist strenges lokales Minimum}$$
$$\Rightarrow x \text{ ist lokales Minimum}$$
$$\Rightarrow f'(x) = 0,$$

wobei bei keinem Pfeil die Umkehrung gilt.

Beweis des Satzes. Sei $f''(x) > 0$. Da $0 < f''(x) = \lim_{\xi \to x} \frac{f'(\xi) - f'(x)}{\xi - x}$, existiert ein $\varepsilon > 0$ mit $\frac{f'(\xi) - f'(x)}{\xi - x} > 0$ für jedes ξ mit $|\xi - x| < \varepsilon$. Da $f'(x) = 0$, folgt daraus

$$f'(\xi) < 0 \quad \text{für} \quad x - \varepsilon < \xi < x,$$
$$f'(\xi) > 0 \quad \text{für} \quad x < \xi < x + \varepsilon.$$

Also ist f im Intervall $[x - \varepsilon, x]$ streng monoton fallend und im Intervall $[x, x + \varepsilon]$ streng monoton wachsend, so dass x ein strenges lokales Minimum darstellt. Der Fall $f''(x) < 0$ wird analog behandelt. ☐

Konvexität

Definition 5.2.11. Sei $I \subset \mathbb{R}$ ein Intervall. Eine Funktion $f : I \to \mathbb{R}$ heißt *konvex*, falls für alle $x < y$ in I und jedes $t \in [0, 1]$ gilt

$$f\big(tx + (1 - t)y\big) \leq tf(x) + (1 - t)f(y).$$

Die Funktion f heißt *konkav*, falls $-f$ konvex ist. Geometrisch heißt Konvexität, dass der Funktionswert $f(w)$ in jedem Punkt $x < w < y$ unterhalb oder auf der Geraden liegt, die $f(x)$ und $f(y)$ verbindet, wie im nachfolgenden Bild zu sehen ist.

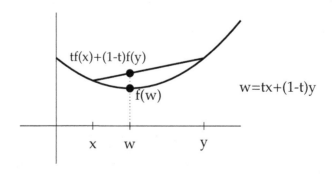

Lemma 5.2.12. *Eine konvexe Funktion auf einem offenen Intervall hat kein strenges lokales Maximum. Funktionen der Form $x \mapsto ax + b$ mit $a, b \in \mathbb{R}$ sind konvex und die Summe zweier konvexer Funktionen ist konvex.*

Beweis. Diese Aussagen sind leicht einzusehen. $\square$

> **Satz 5.2.13.** *Sei I ein offenes Intervall und $f : I \to \mathbb{R}$ zweimal differenzierbar. Dann ist f genau dann konvex, wenn $f''(x) \geq 0$ für jedes $x \in I$ gilt.*

Beweis. Sei f konvex. Angenommen, es gibt ein $x_0 \in I$ mit $f''(x_0) < 0$. Sei $c = f'(x_0)$ und sei

$$\phi(x) = f(x) - c(x - x_0).$$

Dann ist ϕ nach Lemma 5.2.12 konvex. Ferner ist ϕ zweimal differenzierbar und es gilt $\phi'(x_0) = 0$, sowie $\phi''(x_0) = f''(x_0) < 0$. Nach Satz 5.2.10 hat ϕ in x_0 ein strenges lokales Maximum, was der Konvexität von ϕ widerspricht!

Sei nun umgekehrt $f''(x) \geq 0$ für jedes $x \in I$. Dann ist die Ableitung f' monoton wachsend. Seien $x < y$ in I und sei $0 < t < 1$, sowie $w = tx + (1-t)y$. Nach dem Mittelwertsatz existieren $\theta_1 \in (x, w)$ und $\theta_2 \in (w, y)$, mit

$$\frac{f(w) - f(x)}{(1-t)(y-x)} = \frac{f(w) - f(x)}{w - x} = f'(\theta_1) \leq f'(\theta_2) = \frac{f(y) - f(w)}{y - w} = \frac{f(y) - f(w)}{t(y - x)},$$

woraus sich $f(w) \leq tf(x) + (1-t)f(y)$ ergibt. $\square$

Beispiele 5.2.14.

- Die Funktion $f(x) = x^2$ ist konvex, denn $f''(x) = 2$.

- Die Exponentialfunktion ist konvex, denn $\exp''(x) = \exp(x) > 0$.

- die Logarithmus-Funktion ist konkav, denn $\log''(x) = -\frac{1}{x^2}$.

Definition 5.2.15. Bislang wurde 0^a für reelles $a \geq 0$ nicht definiert. Damit das folgende Lemma Allgemeingültigkeit hat wird festgelegt, dass

$$0^a = \begin{cases} 1 & a = 0, \\ 0 & a > 0 \end{cases}$$

gelten soll.

Lemma 5.2.16. *Seien $1 \leq p, q \leq \infty$ mit $\frac{1}{p} + \frac{1}{q} = 1$. Dann gilt für alle $x, y \geq 0$ die Ungleichung*

$$x^{1/p} y^{1/q} \leq \frac{x}{p} + \frac{y}{q}.$$

Beweis. Ist eine der beiden Zahlen x, y gleich Null, so ist die Behauptung offensichtlich. Sei also $x, y > 0$. Da der Logarithmus konkav ist, gilt

$$\log\left(\frac{1}{p}x + \frac{1}{q}y\right) \geq \frac{1}{p}\log x + \frac{1}{q}\log y.$$

Wendet man auf beiden Seiten die Exponentialfunktion an, so erhält man die Behauptung. □

Definition 5.2.17 (*p*-Norm)**.** Sei $p \geq 1$ eine reelle Zahl. Für einen Vektor $x = (x_1, \ldots, x_n) \in \mathbb{C}^n$ ist die *p*-Norm $\|x\|_p$ gleich

$$\|x\|_p = \left(\sum_{j=1}^n |x_j|^p\right)^{1/p}.$$

Satz 5.2.18 (Höldersche Ungleichung)**.** *Seien* $p, q \in (1, \infty)$ *mit* $\frac{1}{p} + \frac{1}{q} = 1$. *Dann gilt für* $x, y \in \mathbb{C}^n$ *die Ungleichung*

$$\sum_{j=1}^n |x_j y_j| \leq \|x\|_p \|y\|_q.$$

Beweis. Man kann annehmen, dass beide Normen ungleich Null sind, da sonst die Aussage trivialerweise gilt. Setze

$$z_j = \frac{|x_j|^p}{\|x\|_p^p}, \qquad w_j = \frac{|y_j|^q}{\|y\|_q^q}.$$

Dann ist $\sum_{j=1}^n z_j = \sum_{j=1}^n w_j = 1$. Das Lemma liefert

$$\frac{|x_j y_j|}{\|x\|_p \|y\|_q} = z_j^{1/p} w_j^{1/q} \leq \frac{z_j}{p} + \frac{w_j}{q}.$$

Durch Summation über j erhält man $\frac{1}{\|x\|_p \|y\|_q} \sum_{j=1}^n |x_j y_j| \leq \frac{1}{p} + \frac{1}{q} = 1$. □

Satz 5.2.19 (Dreiecksungleichung für die p-Norm)**.** *Sei* $1 \leq p < \infty$, *dann gilt für* $x, y \in \mathbb{C}^n$,

$$\|x + y\|_p \leq \|x\|_p + \|y\|_p.$$

Diese Aussage ist auch als *Minkowski-Ungleichung* bekannt.

Beweis. Für $p = 1$ folgt der Satz aus der Dreiecksungleichung für komplexe Zahlen. Sei also $p > 1$ und sei dann $q > 1$ die eindeutig bestimmte Zahl mit $\frac{1}{p} + \frac{1}{q} = 1$ oder $q(p - 1) = p$. Sei $z \in \mathbb{C}^n$ der Vektor mit den Komponenten $z_j = |x_j + y_j|^{p-1}$, dann ist $z_j^q = |x_j + y_j|^{q(p-1)} = |x_j + y_j|^p$, also

$$\|z\|_q = \left(\sum_j |x_j + y_j|^p \right)^{\frac{1}{q}} = \|x + y\|_p^{p/q}.$$

Nach der Hölderschen Ungleichung gilt

$$\sum_j |x_j + y_j| |z_j| \leq \sum_j |x_j z_j| + \sum_j |y_j z_j| \leq \left(\|x\|_p + \|y\|_p \right) \|z\|_q.$$

Die Definition von z liefert daher $\|x + y\|_p^p \leq \left(\|x\|_p + \|y\|_p \right) \|x + y\|_p^{p/q}$. Da schließlich $p - \frac{p}{q} = 1$ ist, folgt die Behauptung. $\qquad\square$

5.3 Die Regeln von de l'Hospital

Um Grenzwerte von Quotienten zu bestimmen, kann man unter bestimmten Umständen Zähler und Nenner durch ihre Ableitungen ersetzen. Diese Regeln sind nach Guillaume Francois Antoine Marquis de L'Hospital benannt, der sie zwar nicht entdeckte, sondern von Johann Bernoulli übernahm, sie aber als erster in einem Lehrbuch veröffentlichte.

Satz 5.3.1. *Seien $f, g : (a, b) \to \mathbb{R}$ mit $-\infty \leq a < b \leq \infty$ differenzierbare Funktionen. Es gelte $g'(x) \neq 0$ für alle $a < x < b$ und es existiere der Limes*

$$\lim_{x \nearrow b} \frac{f'(x)}{g'(x)} = c \in \mathbb{R}.$$

Dann gilt:

a) *Falls $\lim_{x \nearrow b} g(x) = \lim_{x \nearrow b} f(x) = 0$, so ist*

$$\lim_{x \nearrow b} \frac{f(x)}{g(x)} = c.$$

b) *Falls $\lim_{x \nearrow b} g(x) = \pm\infty$, so gilt ebenfalls*

$$\lim_{x \nearrow b} \frac{f(x)}{g(x)} = c.$$

Beweis. Da g' keine Nullstelle hat, muss g injektiv sein, denn $g(x) = g(y)$ führt nach dem Satz von Rolle zu einer Nullstelle zwischen x und y. Aus dem gleichen Grund muss die Funktion g dann streng monoton sein. Indem man g durch $-g$ ersetzt, kann man annehmen, dass g streng monoton wachsend ist. Im Fall (a) führt dies zu $g(x) \neq 0$ für alle $x \in (a, b)$ und im Fall (b) dazu, dass $g(x) \neq 0$ für $x \geq x_0$ für ein x_0. Indem man a durch x_0 ersetzt, kann man in beiden Fällen $g(x) \neq 0$ für alle x annehmen.

Sei $\varepsilon > 0$. Dann gibt es ein $a < x_0 < b$ so dass $\left| \frac{f'(\theta)}{g'(\theta)} - c \right| < \varepsilon$ für jedes $x_0 < \theta < b$ gilt. Für alle $x_0 < x < y < b$ gibt es nach Teil (b) des Mittelwertsatzes 5.2.5 ein $\theta = \theta_{x,y}$ so dass $\frac{f(y)-f(x)}{g(y)-g(x)} = \frac{f'(\theta)}{g'(\theta)}$. Also gilt dann

$$\left| \frac{f(y) - f(x)}{g(y) - g(x)} - c \right| < \varepsilon.$$

Im Fall (a) lässt man nun y gegen b gehen und erhält im Limes $\left| \frac{f(x)}{g(x)} - c \right| \leq \varepsilon$ für jedes $x > x_0$. Da $\varepsilon > 0$ beliebig ist, folgt die Aussage (a).

Für Teil (b) wird nun *angenommen*, dass der Quotient $f(x)/g(x)$ nicht gegen c konvergiert. Dann gibt es eine Folge (x_n) in (a, b), die streng monoton gegen b geht, so dass $f(x_n)/g(x_n)$ nicht gegen c konvergiert. Nach Übergang zu einer Teilfolge kann man annehmen, dass es ein $\varepsilon > 0$ gibt, so dass

$$\left| \frac{f(x_n)}{g(x_n)} - c \right| \geq \varepsilon$$

für alle $n \in \mathbb{N}$ gilt. Da $g(x_n)$ gegen $+\infty$ geht, kann man wieder nach Übergang zu einer Teilfolge annehmen, dass $g(x_{n+1}) \geq n g(x_n)$ und $g(x_{n+1}) \geq n|f(x_n)|$ für jedes n gilt. Nach den obigen Vorbemerkungen konvergiert dann

$$\frac{\frac{f(x_{n+1})}{g(x_{n+1})} - \frac{f(x_n)}{g(x_{n+1})}}{1 - \frac{g(x_n)}{g(x_{n+1})}} = \frac{f(x_{n+1}) - f(x_n)}{g(x_{n+1}) - g(x_n)}$$

gegen c. Nun gehen aber $\frac{f(x_n)}{g(x_{n+1})}$ und $\frac{g(x_n)}{g(x_{n+1})}$ gegen Null, so dass $\frac{f(x_{n+1})}{g(x_{n+1})}$ gegen c konvergiert, was der oben gemachten Aussage $\left| \frac{f(x_n)}{g(x_n)} - c \right| \geq \varepsilon$ *widerspricht!*
$\square$

Beispiele 5.3.2.

    a) Für jedes $\alpha > 0$ gilt $\lim_{x \to \infty} \frac{\log x}{x^{\alpha}} = 0$.

    b) Es gilt $\lim_{x \to 0} \left(\frac{1}{\sin x} - \frac{1}{x} \right) = 0$.

Beweis. (a) Für $x > 0$ sei $f(x) = \log x$ und $g(x) = x^\alpha$, dann ist $f'(x) = \frac{1}{x}$ und $g'(x) = \alpha x^{\alpha-1}$, so dass $\frac{f'(x)}{g'(x)} = \frac{1}{\alpha x^\alpha} \to 0$ für $x \to \infty$. Hieraus folgt die Behauptung nach Teil (b) des Satzes.

(b) Es ist $\frac{1}{\sin x} - \frac{1}{x} = \frac{x - \sin x}{x \sin x}$. Diese Funktion ist ungerade, also reicht es zu zeigen, dass der Limes für $x \searrow 0$ gleich Null ist.

Sei also $f(x) = x - \sin x$ und $g(x) = x \sin x$ für $x > 0$. Es gilt $\frac{f'(x)}{g'(x)} = \frac{1 - \cos x}{\sin x + x \cos x}$. Hier gehen Zähler und Nenner immer noch beide gegen Null für $x \to 0$, also führt nochmaliges Differenzieren zu

$$\frac{f''(x)}{g''(x)} = \frac{\sin x}{\cos x + \cos x - x \sin x} \to 0, \qquad x \searrow 0.$$

Daraus folgt die Behauptung nach zweimaliger Anwendung des Satzes. $\quad\square$

5.4 Aufgaben

Aufgabe 5.1. Beweise die Differenzierbarkeit und berechne die Ableitungen der folgenden Funktionen

(a) $\cosh(x) = \frac{1}{2}(e^x + e^{-x})$, $\sinh(x) = \frac{1}{2}(e^x - e^{-x})$, $x \in \mathbb{R}$,

(b) $f(x) = x^{(x^x)}$, $x > 0$,

(c) $g(x) = (x^x)^x$, $x > 0$.

Aufgabe 5.2. *Zeige,* dass die Funktion $f(x) = x^2 \sin\left(\frac{1}{x}\right)$ für $x \neq 0$ und $f(0) = 0$ auf ganz $\mathbb{R}$ differenzierbar ist.

Aufgabe 5.3. Eine Funktion f auf einem Intervall I heißt *glatt*, falls sie unendlich oft differenzierbar ist. *Zeige,* dass die Komposition zweier glatter Funktionen glatt ist. (Hinweis: Benutze Induktion nach n, um die n-fache Differenzierbarkeit von $f \circ g$ zu zeigen.)

Aufgabe 5.4. Seien $a < b$ in $\mathbb{R}$ und sei $f : [a, b] \to [a, b]$ differenzierbar mit stetiger Ableitung f'. Es gelte $|f'(x)| < 1$ für jedes $x \in [a, b]$. *Zeige,* dass f genau einen Fixpunkt hat.

Aufgabe 5.5. Es sei $f : (0, \infty) \to \mathbb{R}$ beschränkt und differenzierbar. *Zeige,* dass es eine Folge $(x_n)_{n \in \mathbb{N}}$ gibt, so dass $x_n \to \infty$ und dass $f'(x_n)$ gegen Null geht.

Aufgabe 5.6. *Zeige:* Eine auf einem offenen Intervall konvexe Funktion (Definition 5.2.11) ist stetig.

Aufgabe 5.7. Seien $a < b$ reelle Zahlen und $f : [a, b] \to [a, b]$ eine stetige Funktion. Sei $x_1 \in [a, b]$ und $x_{n+1} = f(x_n)$.

(a) Sei H die Menge der Häufungspunkte der Folge (x_n), siehe Aufgabe 3.3 oder Definition 8.5.9.

Man zeige, dass $f(H) \subset H$ gilt.

(b) Sei $a < \alpha < b$ und es gelte für jedes $x \in [a, b]$:

$$|f(x) - \alpha| < |x - \alpha|.$$

Zeige, dass die Folge (x_n) gegen α konvergiert.

Die Voraussetzung in (b) besagt, dass der Graph der Funktion f in dem grauen Bereich liegt.

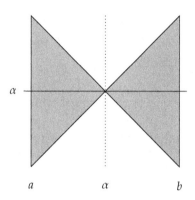

Aufgabe 5.8. Seien $a_1, \ldots, a_n > 0$. *Zeige:*

$$(a_1 + \cdots + a_n)\left(\frac{1}{a_1} + \cdots + \frac{1}{a_n}\right) \geq n^2.$$

Aufgabe 5.9. Sei $f : \mathbb{R} \to \mathbb{R}$ stetig differenzierbar und die Ableitung f' sei beschränkt. *Zeige,* dass f gleichmäßig stetig ist.

Aufgabe 5.10. Bestimme die folgenden Grenzwerte, falls sie existieren.

(a) $\displaystyle\lim_{x \to 1} \frac{3x^2 - 2x - 1}{x^6 + 9x^5 - 10x^4}$,

(b) $\displaystyle\lim_{x \to 0} \frac{e^x - e^{-x}}{x^2}$

(c) $\displaystyle\lim_{x \searrow 0} \frac{x}{\log x}$

(d) $\displaystyle\lim_{x \to 0} \frac{x^2}{\sin(x)}$.

Mehr Aufgaben und Lösungen finden Sie in dem Begleitbuch *Übungsbuch zur Analysis*, *Springer-Verlag 2020.*

Kapitel 6

Integralrechnung

Das Integral einer Funktion gibt den Flächeninhalt unter dem Graphen der Funktion an. Bei beliebigen Funktionen muss hier allerdings geklärt werden, was man unter einem solchen Flächeninhalt verstehen will. Das wird im Allgemeinen so gemacht, dass man den Flächeninhalt durch bekannte Flächeninhalte annähert. In diesem Abschnitt wird die Riemannsche Integrationstheorie eingeführt, in der ein Flächeninhalt durch die Fläche endlich vieler Rechtecke angenähert wird. Der erste Abschnitt dieses Kapitels beschäftigt sich mit der Fragestellung, welche Funktionen überhaupt sinnvoll integriert werden können. In den folgenden Abschnitten wird die Integralrechnung weiter untersucht und angewendet. Höhepunkt ist der Abschnitt über den Hauptsatz der Differential- und Integralrechnung, der besagt, dass Differentialrechnung und Integralrechnung zueinander inverse Operationen darstellen.

6.1 Treppenfunktionen und Integrierbarkeit

Definition 6.1.1. Seien $a < b$ reelle Zahlen. Eine *Treppenfunktion* auf dem Intervall $[a, b]$ ist eine Funktion $\phi : [a, b] \to \mathbb{R}$, für die es Zahlen $a = t_0 < t_1 < \cdots < t_k = b$ gibt so dass ϕ auf jedem der offenen Intervalle (t_i, t_{i+1}) konstant ist.

Eine Menge der Form $Z = \{a = t_0, t_1, \ldots, t_k = b\}$ mit $t_0 < t_1 < \cdots < t_k$, nennt man auch *Zerlegung* des Intervalls $[a, b]$. Seien Z und ϕ wie oben. Man sagt dann, dass ϕ eine Treppenfunktion *zur Zerlegung Z* ist.

Eine zweite Zerlegung $V = \{a = s_0, \ldots, s_l = b\}$ heißt *Verfeinerung* der Zerlegung Z, falls Z eine Teilmenge von V ist. Ist ϕ eine Treppenfunktion zur

© Springer-Verlag GmbH Deutschland, ein Teil von Springer Nature 2021
A. Deitmar, *Analysis*, https://doi.org/10.1007/978-3-662-62858-4_6

Zerlegung Z, so ist ϕ auch schon Treppenfunktion zu jeder Verfeinerung.

Je zwei gegebene Zerlegungen besitzen eine gemeinsame Verfeinerung, nämlich ihre Vereinigung.

Beispiele 6.1.2.

- Ist die Funktion $\phi : [a, b] \to \mathbb{R}$ überall gleich Null mit der Ausnahme von endlich vielen Punkten, so ist sie eine Treppenfunktion.

- Im folgenden Bild ist der Graph einer Treppenfunktion zu sehen. Die Werte an den Zerlegungsstellen wurden nicht eingezeichnet. Sie spielen für das Integral keine Rolle.

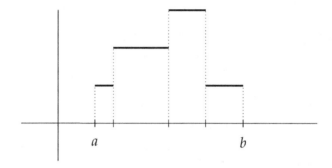

Definition 6.1.3. Ist ϕ eine Treppenfunktion auf $[a, b]$ zur Zerlegung $a = t_0 < \cdots < t_k = b$ und ist $c_j \in \mathbb{R}$ der Funktionswert von ϕ auf dem Intervall (t_j, t_{j+1}), so definiert man das *Integral* von ϕ durch

$$\int_a^b \phi(x)\, dx = \sum_{j=0}^{k-1} c_j(t_{j+1} - t_j).$$

Beweis der Wohldefiniertheit. Es ist zu zeigen, dass das Integral nicht von der Wahl der Zerlegung abhängt. Seien dazu zwei Zerlegungen gegeben:

$$Z_1 = \{t_0, \ldots, t_k\}, \qquad Z_2 = \{s_0, \ldots, s_l\}.$$

Dann ist $V = Z_1 \cup Z_2$ eine gemeinsame Verfeinerung. Schreibt man das Integral zunächst in Abhängigkeit von der Zerlegung als $\int_{Z_1}$ bzw. $\int_{Z_2}$, so ist zu zeigen, dass $\int_Z = \int_V$ gilt, falls V eine Verfeinerung der Zerlegung Z ist. Man kann nun eine gegebene Verfeinerung durch sukzessives Hinzufügen jeweils eines Punktes erreichen, d.h., es gibt Zerlegungen $T_1, \ldots, T_n$, so dass $T_1 = Z$, $T_n = V$ und T_{j+1} enthält genau einen Zerlegungspunkt mehr als T_j. Wenn man sukzessiv zeigt, dass $\int_{T_j} \phi(x)\, dx = \int_{T_{j+1}} \phi(x)\, dx$ für jedes j gilt, dann folgt $\int_Z = \int_V$. Sei also V aus Z durch Hinzunahme eines Punktes entstanden, d.h., $Z = t_0, \ldots, t_k$ und $V = Z \cup \{t\}$ wobei $t_v < t < t_{v+1}$ für ein v. Es ist dann

$$\int_Z \phi(x)\, dx = \sum_{j=0}^{k-1} c_j(t_{j+1} - t_j)$$

$$= \sum_{j=0}^{v-1} c_j(t_{j+1} - t_j) + c_v \underbrace{(t_{v+1} - t_v)}_{=(t-t_v)+(t_{v+1}-t)} + \sum_{j=v+1}^{k-1} c_j(t_{j+1} - t_j)$$

$$= \int_V \phi(x)\, dx. \qquad \square$$

Schreibweise. Wenn es nicht zu Verwirrung führt, lässt man das Argument der Funktionen auch mal weg, d.h., man schreibt dann einfach

$$\int_a^b \phi \quad \text{statt} \quad \int_a^b \phi(x)\, dx.$$

Lemma 6.1.4. *Sind ϕ, ψ Treppenfunktionen auf dem Intervall $[a, b]$, so ist für gegebene $\lambda, \mu \in \mathbb{R}$ auch $\lambda\phi + \mu\psi$ eine Treppenfunktion.*

In der Sprache der Linearen Algebra heißt das, die Menge $T[a, b]$ aller Treppenfunktionen auf dem Intervall $[a, b]$ ist ein Untervektorraum des reellen Vektorraums $\mathrm{Abb}(\mathbb{R}, \mathbb{R})$ aller Abbildungen von $\mathbb{R}$ nach $\mathbb{R}$.

Beweis. Es ist möglich, für ϕ und ψ dieselbe Zerlegung zu nehmen. In diesem Fall sind die Aussagen klar. $\qquad \square$

Definition 6.1.5. Für zwei Funktionen $\phi, \psi : D \to \mathbb{R}$ schreibt man $\phi \leq \psi$, falls $\phi(x) \leq \psi(x)$ für jedes $x \in D$ gilt.

Satz 6.1.6. *Seien ϕ, ψ Treppenfunktionen auf dem Intervall $[a, b]$ und sei $\lambda \in \mathbb{R}$. Dann gilt*

a) $\int_a^b (\phi + \psi) = \int_a^b \phi + \int_a^b \psi.$

b) $\int_a^b \lambda\phi = \lambda \int_a^b \phi.$

c) *Aus $\phi \leq \psi$ folgt $\int_a^b \phi \leq \int_a^b \psi$.*

Die Aussagen (a) und (b) bedeuten, dass $\phi \mapsto \int_a^b \phi$ eine lineare Abbildung von $T[a, b]$ nach $\mathbb{R}$ ist.

Beweis. Man kann wieder annehmen, dass ϕ und ψ Treppenfunktionen zu derselben Zerlegung sind. In diesem Fall sind die Aussagen klar.   □

Definition 6.1.7. Eine Funktion $f : D \to \mathbb{R}$ heißt eine *beschränkte Funktion*, falls es $S, T \in \mathbb{R}$ gibt, so dass $S \le f(x) \le T$ für jedes $x \in D$ gilt.

Definition 6.1.8 (Ober- und Unterintegral). Seien a, b in $\mathbb{R}$ und $f : [a, b] \to \mathbb{R}$ eine beschränkte Funktion. *Unterintegral* und *Oberintegral* von f sind die Zahlen

$$\int_* f(x)\,dx = \sup\left\{ \int_a^b \phi(x)\,dx : \phi \in T[a,b],\ \phi \le f \right\},$$

$$\int^* f(x)\,dx = \inf\left\{ \int_a^b \phi(x)\,dx : \phi \in T[a,b],\ \phi \ge f \right\}.$$

Nach Satz 6.1.6 gilt $\int_* f \le \int^* f$. Ist f beschränkt, dann sind Unter- und Oberintegral endlich, d.h., liegen in $\mathbb{R}$. Eine beschränkte Funktion f auf $[a, b]$ heißt *Riemann-integrierbar*, falls Ober- und Unterintegral übereinstimmen, wenn also gilt

$$\int^* f(x)\,dx = \int_* f(x)\,dx.$$

In diesem Fall bezeichnet $\int_a^b f(x)\,dx$ diesen gemeinsamen Wert.

Definition 6.1.9. (Schreibweise) Seien $f : D \to \mathbb{R}$ eine Funktion und $E \subset D$ eine Teilmenge. Dann bezeichnet

$$f\big|_E$$

die *Einschränkung* von f auf die Teilmenge E. Ferner schreibt man für gegebene $a, b \in D$,

$$f(t)\big|_{t=a} := f(a),$$

sowie

$$f\big|_a^b := f(a) - f(b).$$

Beispiele 6.1.10.

- Jede Treppenfunktion ϕ ist integrierbar und die beiden Definitionen des Integrals stimmen überein.

- Die charakteristische Funktion der rationalen Zahlen im Intervall $[0, 1]$, also die Funktion

$$f = \mathbf{1}_\mathbb{Q}\big|_{[0,1]}$$

ist nicht integrierbar, denn, da es in jedem nichtleeren offenen Intervall sowohl rationale, als auch nichtrationale Punkte gibt, ist

$$\int_* f(x)\,dx = 0, \quad \text{aber} \quad \int^* f(x)\,dx = 1.$$

Satz 6.1.11.

(a) *Eine beschränkte Funktion $f : [a,b] \to \mathbb{R}$ ist genau dann integrierbar, wenn es zu jedem $\varepsilon > 0$ zwei Treppenfunktionen $\phi \le f \le \psi$ gibt, so dass*

$$\int_a^b \psi - \int_a^b \phi < \varepsilon.$$

(b) *Das Integral ist monoton in dem Sinne, dass aus $f \le g$ folgt $\int_a^b f \le \int_a^b g$ falls beide Funktionen integrierbar sind.*

(c) *Sind ϕ_n, ψ_n Folgen von Treppenfunktionen so dass $\phi_n \le f \le \psi_n$ und so, dass die Folge der Integrale $\int_a^b (\psi_n - \phi_n)$ gegen Null geht, dann ist f integrierbar und es gilt*

$$\lim_n \int_a^b \phi_n = \int_a^b f = \lim_n \int_a^b \psi_n.$$

Beweis. Teil (a) folgt aus der Definition des Integrals. Für Teil (b) gilt $\int_* f \le \int^* g$. In Teil (c) folgt die Integrierbarkeit von f aus Teil (a). Die Monotonie liefert $\int_a^b \phi_n \le \int_a^b f \le \int_a^b \psi_n$ und da $0 \le \int_a^b (\psi_n - \phi_n)$ gegen Null geht, konvergieren $\int_a^b \phi_n$ und $\int_a^b \psi_n$ beide gegen $\int_a^b f$. $\qquad\square$

Satz 6.1.12. *Jede stetige Funktion $f : [a,b] \to \mathbb{R}$ ist integrierbar.*

Beweis. Sei $\varepsilon > 0$. Nach Satz 6.1.11 sind zwei Treppenfunktionen ϕ, ψ mit $\phi \le f \le \psi$ und $\int_a^b \psi - \int_a^b \phi < \varepsilon$ zu konstruieren. Da f auf dem kompakten Intervall $[a,b]$ stetig ist, ist f dort gleichmäßig stetig. Es existiert also ein $\delta > 0$, so dass

$$|x - y| < \delta \quad \Rightarrow \quad |f(x) - f(y)| < \varepsilon/(b-a).$$

Sei $n \in \mathbb{N}$ so dass $(b - a)/n < \delta$ und für $j = 0, \ldots, n$ sei $t_j = a + j(b - a)/n$. Dann ist $\{t_0, \ldots, t_n\}$ eine Zerlegung des Intervalls $[a, b]$.

Für $j = 1, \ldots, n$ sei M_j das Maximum von f auf dem kompakten Intervall $[t_{j-1}, t_j]$ und sei $\alpha_j \in [t_{j-1}, t_j]$ ein Punkt in dem es angenommen wird. Ferner sei m_j das Minimum von f auf $[t_{j-1}, t_j]$ und $\beta_j \in [t_{j-1}, t_j]$ ein Punkt in dem es angenommen wird.

Sei

$$\phi(x) = \begin{cases} m_j & \text{falls } t_{j-1} \leq x < t_j \text{ und } j \leq n - 1, \\ m_n & \text{falls } t_{n-1} \leq x \leq t_n = b. \end{cases}$$

Dann ist ϕ eine Treppenfunktion mit $\phi \leq f$. Analog sei

$$\psi(x) = \begin{cases} M_j & \text{falls } t_{j-1} \leq x < t_j \text{ und } j \leq n - 1, \\ M_n & \text{falls } t_{n-1} \leq x \leq t_n = b. \end{cases}$$

Dann folgt $f \leq \psi$. Man beachte nun, dass die Länge des Intervalls $[t_{j-1}, t_j]$ kleiner ist als δ und dass daher für jedes j gilt $|\alpha_j - \beta_j| < \delta$ und also

$$0 \leq M_j - m_j = f(\alpha_j) - f(\beta_j) < \varepsilon/(b - a).$$

Nun ist

$$\int_a^b \psi - \int_a^b \phi = \sum_{j=1}^n (M_j - m_j)(t_j - t_{j-1})$$

$$< \underbrace{\left(\sum_{j=1}^n (t_j - t_{j-1}) \right)}_{=b-a} \varepsilon/(b - a) = \varepsilon. \qquad \square$$

Satz 6.1.13. *Jede monotone Funktion $f : [a, b] \to \mathbb{R}$ ist integrierbar.*

Beweis. Sei f monoton wachsend. Sei $n \in \mathbb{N}$ und $t_j = a + j(b - a)/n$ für $j = 0, \ldots, n$. Setze $\phi(x) = f(t_{j-1})$, wenn $t_{j-1} \leq x < t_j$ und $\phi(b) = f(b)$. Ebenso setze $\psi(x) = f(t_j)$, wenn $t_{j-1} \leq x < t_j$ und $\psi(b) = f(b)$. Dann sind ϕ und ψ

Treppenfunktionen und es gilt $\phi \le f \le \psi$. Es gilt

$$
\int_a^b \psi(x)\,dx - \int_a^b \phi(x)\,dx = \sum_{j=1}^n \underbrace{(t_j - t_{j-1})}_{=(b-a)/n} f(t_j) - \sum_{j=1}^n (t_j - t_{j-1}) f(t_{j-1})
$$

$$
= \frac{b-a}{n} \sum_{j=1}^n f(t_j) - f(t_{j-1})
$$

$$
= \frac{b-a}{n} \left(f(t_n) - f(t_0) \right) = \frac{b-a}{n} \left(f(b) - f(a) \right) \longrightarrow 0
$$

mit $n \to \infty$. Nach Satz 6.1.11 ist f integrierbar. $\hfill\square$

Satz 6.1.14. *Sind $f, g : [a, b] \to \mathbb{R}$ integrierbar, so ist für $\lambda, \mu \in \mathbb{R}$ auch die Funktion $\lambda f + \mu g$ integrierbar und es gilt*

$$
\int_a^b (\lambda f + \mu g) = \lambda \int_a^b f + \mu \int_a^b g.
$$

Mit anderen Worten: die Menge $R[a, b]$ der auf $[a, b]$ Riemann-integrierbaren Funktionen bildet einen Unterraum des reellen Vektorraums Abb$(\mathbb{R}, \mathbb{R})$ und das Integral ist eine lineare Abbildung nach $\mathbb{R}$.

Beweis. Es seien f, g integrierbar. Nach der Definition des Integrals gibt es Folgen von Treppenfunktionen $\phi_{f,n} \le f \le \psi_{f,n}$, so dass die Integrale $\int_a^b \phi_{f,n}$ und $\int_a^b \psi_{f,n}$ gegen das Integral von f konvergieren und ebenso für g. Dann ist $\phi_{f,n} + \phi_{g,n} \le f + g \le \psi_{f,n} + \psi_{g,n}$ und das Integral $\int_a^b (\psi_{f,n} + \psi_{g,n}) - (\phi_{f,n} + \phi_{g,n})$ geht gegen Null, so dass nach Satz 6.1.11 die Funktion $f + g$ integrierbar ist. Ferner gilt nach demselben Satz

$$
\int_a^b f + \int_a^b g = \lim_n \int_a^b \phi_{f,n} + \int_a^b \phi_{g,n} = \lim_n \int_a^b \left(\phi_{f,n} + \phi_{g,n} \right) = \int_a^b (f + g).
$$

Um zu zeigen, dass für $\lambda \in \mathbb{R}$ die Funktion λf integrierbar ist, ersetzt man entsprechend ϕ durch $\lambda\phi$, wobei man nur beachten muss, dass sich bei negativem λ die Vorzeichen umdrehen. Die Linearität des Integrals folgt dann aus der Linearität auf Treppenfunktionen. $\hfill\square$

Definition 6.1.15. Für eine Funktion $f : D \to \mathbb{R}$ sind *Positivteil* und *Negativteil* durch $f_+(x) = \max\left(f(x), 0 \right)$ und $f_- = f_+ - f$ definiert. Damit gilt $f_\pm \ge 0$, sowie $f_+ f_- = 0$ und

$$f = f_+ - f_-, \quad \text{sowie} \quad |f| = f_+ + f_-.$$

Satz 6.1.16. *Seien $f, g : [a, b] \to \mathbb{R}$ integrierbar. Dann gilt*

a) *Die Positiv- und Negativteile f_+ und f_- sind integrierbar.*

b) *Es gilt die* Dreiecksungleichung für Integrale:

$$\left| \int_a^b f(x)\,dx \right| \le \int_a^b |f(x)|\,dx.$$

c) *Für jedes $p \in [1, \infty)$ ist $|f|^p$ integrierbar.*

d) *Die Funktion $fg : [a, b] \to \mathbb{R}$ ist integrierbar.*

Beweis. (a) Sei $\varepsilon > 0$ und seien $\phi \le f \le \psi$ Treppenfunktionen mit $\int_a^b \psi - \int_a^b \phi < \varepsilon$. Dann sind auch $\phi_\pm$ und $\psi_\pm$ Treppenfunktionen mit $\psi - \phi = (\psi_+ - \phi_+) + (\phi_- - \psi_-)$, wobei beide Summanden semi-positiv sind. Weiter gilt $\phi_+ \le f_+ \le \psi_+$ und

$$\int_a^b (\psi_+ - \phi_+)(x)\,dx \le \int_a^b (\psi - \phi)(x)\,dx < \varepsilon.$$

Damit ist auch f_+ integrierbar. Wegen $f_- = f_+ - f$ ist auch f_- integrierbar und auch $|f| = f_+ + f_-$.

(b) Es ist

$$\left| \int_a^b f(x)\,dx \right| = \left| \int_a^b f_+(x)\,dx - \int_a^b f_-(x)\,dx \right|$$

$$\le \int_a^b f_+(x)\,dx + \int_a^b f_-(x)\,dx = \int_a^b |f(x)|\,dx.$$

(c) Nach Teil (a), sowie gegebenenfalls der Multiplikation von f mit einer Konstanten genügt es, die Integrierbarkeit von $|f|^p$ für den Fall $0 \le f \le 1$ zu beweisen. Zu $\varepsilon > 0$ gibt es Treppenfunktionen $0 \le \phi \le f \le \psi \le 1$ mit

$$\int_a^b (\psi - \phi)(x)\,dx < \frac{\varepsilon}{p(b - a)}.$$

Dann sind auch ϕ^p und ψ^p Treppenfunktionen mit $\phi^p \leq f^p \leq \psi^p$. Wegen $(x^p)' = px^{p-1}$ folgt aus dem Mittelwertsatz für $0 \leq v \leq u \leq 1$,

$$\frac{u^p - v^p}{u - v} = p\theta^{p-1} \leq p,$$

wobei $\theta \in [v, u]$ ist. Das bedeutet $\psi^p - \phi^p \leq p(\psi - \phi)$. Daher ist

$$\int_a^b (\psi^p - \phi^p)(x)\, dx \ \leq \ p \int_a^b (\psi - \phi)(x)\, dx \ < \ \varepsilon.$$

Also ist $|f|^p$ integrierbar.

(d) Wegen $fg = \frac{1}{4}\left((f+g)^2 - (f-g)^2\right)$ folgt die Behauptung aus Teil (c). $\quad\square$

Satz 6.1.17 (Mittelwertsatz der Integralrechnung). *Es seien $f, \phi : [a, b] \rightarrow \mathbb{R}$, wobei f stetig und $\phi \geq 0$ und integrierbar ist. Dann existiert ein $\theta \in [a, b]$, so dass*

$$\int_a^b f(x)\phi(x)\, dx = f(\theta) \int_a^b \phi(x)\, dx.$$

Ist ϕ die konstante Funktion 1, so existiert insbesondere ein $\theta \in [a, b]$ mit

$$\int_a^b f(x)\, dx = f(\theta)(b - a).$$

Beweis des Satzes. Sei $m = \min f([a, b])$ und $M = \max f([a, b])$. Dann gilt $m \leq f \leq M$ und da $\phi \geq 0$ gilt, folgt $m\phi \leq f\phi \leq M\phi$. Durch Integration folgt hieraus

$$m \int_a^b \phi(x)\, dx \leq \int_a^b f(x)\phi(x)\, dx \leq M \int_a^b \phi(x)\, dx.$$

Ist $\int_a^b \phi(x)\, dx = 0$, so gilt überall Gleichheit und θ kann beliebig gewählt werden. Ist $\int_a^b \phi(x)\, dx \neq 0$, so folgt

$$m \leq \frac{\int_a^b f(x)\phi(x)\, dx}{\int_a^b \phi(x)\, dx} \leq M.$$

Nach dem Zwischenwertsatz existiert ein $\theta \in [a, b]$ mit $f(\theta) = \frac{\int_a^b f(x)\phi(x)\, dx}{\int_a^b \phi(x)\, dx}$ was die Behauptung impliziert. $\quad\square$

6.2   Riemannsche Summen

Sei $f : [a, b] \to \mathbb{R}$ eine Funktion und $Z = \{a = t_0, \ldots, t_k = b\}$ eine Zerlegung. Für jedes $j = 1, \ldots, k$ sei $\xi_j \in [t_{j-1}, t_j]$ ein beliebiger Punkt. Dann heißt

$$R(f, Z, \xi) := \sum_{j=1}^{n} f(\xi_j)(t_j - t_{j-1})$$

die *Riemannsche Summe* von f zur Zerlegung Z mit den Stützstellen (ξ_j).

Die *Feinheit* einer Zerlegung $Z = \{t_0, \ldots, t_k\}$ von $[a, b]$ ist die Zahl

$$F(Z) = \max_{1 \le j \le k} |t_j - t_{j-1}|.$$

Satz 6.2.1. *Sei $f : [a, b] \to \mathbb{R}$ integrierbar und sei $\varepsilon > 0$. Dann gibt es ein $\delta > 0$, so dass für jede Zerlegung $Z = \{t_0, \ldots, t_k\}$ der Feinheit $< \delta$ und für jede Wahl von Stützstellen $\xi_j \in [t_{j-1}, t_j]$ gilt*

$$\left| R(f, Z, \xi) - \int_a^b f(x)\, dx \right| < \varepsilon.$$

Mit anderen Worten: geht die Feinheit gegen Null, so konvergieren die Riemannschen Summen gegen das Integral.

Beweis. Zunächst sei f eine Treppenfunktion bezüglich der Zerlegung $Z = \{t_0, \ldots, t_k\}$ und sei $|f(x)| \le M$ für alle x. Sei nun $X = \{s_0, \ldots, s_m\}$ irgendeine Zerlegung und seien $\xi_j \in [s_{j-1}, s_j]$ irgendwelche Stützstellen. Sei $\phi = \phi_{X, \xi}$ die Treppenfunktion

$$\phi(x) = f(\xi_j), \quad \text{falls} \quad s_{j-1} \le x < s_j$$

und $\phi(b) = f(\xi_m)$. Es gilt dann $|\phi(x)| \le M$ für jedes x und $R(f, X, \xi) = \int_a^b \phi(x)\, dx$. Ist $\delta > 0$ die Feinheit der Zerlegung X, so stimmen die Treppenfunktionen f und ϕ außerhalb der Intervalle $[t_j - \delta, t_j + \delta]$ für $j = 0, \ldots, k$ überein. Es ist dann also

$$\left| \int_a^b f(x)\, dx - R(f, X, \xi) \right| = \left| \int_a^b f(x) - \phi(x)\, dx \right| \le \sum_{j=0}^{k} 2\delta 2M = \delta\, 4M\, (k + 1).$$

Für gegebenes $\varepsilon > 0$ wähle $\delta = \varepsilon/4M(k+1)$, dann gilt für jede Zerlegung X der Feinheit $< \delta$ und jede Wahl von Stützstellen

$$\left| \int_a^b f(x)\,dx - R(f, X, \xi) \right| < \varepsilon$$

und damit gilt die Behauptung für Treppenfunktionen.

Sei nun f beliebig und sei $\varepsilon > 0$. Dann gibt es Treppenfunktionen $\phi \leq f \leq \psi$ mit $\int_a^b (\psi - \phi)(x)\,dx < \varepsilon/2$. Dann gibt es ein $\delta > 0$, so dass für jede Zerlegung Z der Feinheit $< \delta$ und für jede Wahl von Stützstellen gilt $\left| \int_a^b \phi(x)\,dx - R(\phi, Z, \xi) \right| < \varepsilon/2$ und ebenso für ψ. Offensichtlich gilt

$$R(\phi, Z, \xi) \leq R(f, Z, \xi) \leq R(\psi, Z, \xi).$$

Es folgt

$$\int_a^b f(x)\,dx \leq \int_a^b \psi(x)\,dx < \int_a^b \phi(x)\,dx + \frac{\varepsilon}{2} < R(\phi, Z, \xi) + \varepsilon \leq R(f, Z, \xi) + \varepsilon.$$

Analog ergibt sich $R(f, Z, \xi) - \varepsilon < \int_a^b f(x)\,dx$ und damit die Behauptung. $\square$

Beispiel 6.2.2. Für $a > 0$ gilt

$$\int_0^a x\,dx = \frac{1}{2}a^2.$$

Beweis. Wähle die äquidistante Zerlegung $t_j = ja/n$ und die Stützstellen $\xi_j = t_j$ für $j = 1, \ldots, n$. Dann gilt

$$\int_0^a x\,dx = \lim_n \frac{a}{n} \sum_{j=1}^n \frac{ja}{n} = a^2 \lim_n \frac{1}{n^2} \sum_{j=1}^n j = a^2 \lim_n \frac{1}{n^2} \frac{n(n+1)}{2} = \frac{a^2}{2}. \qquad \square$$

6.3 Der Hauptsatz

Der Hauptsatz der Differential- und Integralrechnung, der auch Fundamentalsatz der Analysis genannt wird, besagt, dass Integrieren und Differenzieren entgegengesetzte Operationen sind.

Definition 6.3.1. (Vorzeichenkonvention) Seien $a < b$ reelle Zahlen. Bislang wurde das Integral immer in der Form $\int_a^b$ geschrieben. Die umgekehrte Reihenfolge, also $\int_b^a$ ist bislang nicht definiert. Es wird nun *vereinbart*, dass

das Integral in umgekehrter Richtung das Vorzeichen ändern soll, es wird
also festgelegt:

$$\int_b^a f(x)\,dx := -\int_a^b f(x)\,dx,$$

falls f auf dem Intervall $[a, b]$ Riemann-integrierbar ist. Der Grund für diese
Konvention wird im nächsten Lemma klar.

Lemma 6.3.2. *Sei I ein abgeschlossenes Intervall und f eine Riemann-integrierbare
Funktion auf I. Für alle Wahlen von $a, b, c \in I$ gilt dann*

$$\int_a^b f(x)\,dx + \int_b^c f(x)\,dx = \int_a^c f(x)\,dx.$$

Beweis. Sei zunächst $a < b < c$. Die Aussage ist für Treppenfunktionen klar,
weil man stets voraussetzen kann, dass c ein Zerlegungspunkt ist. Für eine
beliebige Riemann-integrierbare Funktion folgt die Behauptung dann durch
Approximation durch Treppenfunktionen. Sind schließlich a, b, c anders angeordnet, so ergibt sich die Aussage jeweils aus unserer Vorzeichenkonvention.   □

Definition 6.3.3. Sei I ein Intervall und $f : I \to \mathbb{R}$ eine Funktion. Eine
Stammfunktion zu f ist eine differenzierbare Funktion

$$F : I \to \mathbb{R},$$

so dass auf dem ganzen Intervall die Gleichung

$$F' = f$$

gilt. Man schreibt dann auch $F = \int f$, was man als "F ist *eine* Stammfunktion
zu f" lesen muss, da eine Stammfunktion nicht eindeutig bestimmt ist, wie
der folgende Satz zeigt.

Satz 6.3.4. *Sei $I \subset \mathbb{R}$ ein Intervall und sei $f : I \to \mathbb{R}$ eine Funktion, sowie F
eine Stammfunktion zu f. Eine weitere Funktion $G : I \to \mathbb{R}$ ist genau dann
eine Stammfunktion zu f, wenn F − G eine Konstante ist.*

Beweis. Sei G eine Stammfunktion, dann ist die Funktion $F - G$ differenzierbar und es gilt

$$(F - G)' = F' - G' = f - f = 0.$$

Nach Korollar 5.2.6 ist $F - G$ konstant. Sei umgekehrt $G = F + c$ für ein
$c \in \mathbb{R}$, dann ist G differenzierbar und es gilt $G' = F' = f$, also ist G eine
Stammfunktion.   □

Satz 6.3.5 (Hauptsatz der Differential- und Integralrechnung). *Sei I ein Intervall in $\mathbb{R}$.*

a) *Sei $f : I \to \mathbb{R}$ eine stetige Funktion und sei $a \in I$. Für jedes $x \in I$ existiert das Integral*

$$F(x) := \int_a^x f(t)\, dt$$

und die so definierte Funktion F ist eine Stammfunktion zu f.

Jede auf einem Intervall stetige Funktion besitzt also eine Stammfunktion.

b) *Ist G eine Stammfunktion der stetigen Funktion f auf dem Intervall I, dann gilt für alle $a, b \in I$*

$$\int_a^b f(x)\, dx = G(b) - G(a).$$

Beweis. (a) Sei $h \neq 0$, so dass $x + h \in I$. Dann gilt nach dem Mittelwertsatz der Integralrechnung,

$$\frac{F(x+h) - F(x)}{h} = \frac{1}{h}\left(\int_a^{x+h} f(t)\, dt - \int_a^x f(t)\, dt\right)$$

$$= \frac{1}{h}\int_x^{x+h} f(t)\, dt = \frac{1}{h}f(\theta_h)h = f(\theta_h),$$

für ein $\theta_h \in [x, x+h]$ falls $h > 0$ und $\theta_h \in [x+h, x]$ falls $h < 0$. Da nun in jedem Fall $|x - \theta_h| \leq h$ gilt und f stetig ist, so folgt

$$\lim_{h \to 0} \frac{F(x+h) - F(x)}{h} = f(x).$$

(b) Sei $f : I \to \mathbb{R}$ stetig und sei $\alpha \in I$. Sei $F(x) = \int_\alpha^x f(t)\, dt$, so folgt für $a, b \in I$

$$\int_a^b f(x)\, dx = \int_\alpha^b f(x)\, dx - \int_\alpha^a f(x)\, dx = F(b) - F(a).$$

Ist nun G irgendeine Stammfunktion, dann existiert ein $c \in \mathbb{R}$ mit $G = F + c$ und also folgt $G(b) - G(a) = F(b) - F(a)$. □

Schreibweise. Für eine Funktion F auf dem Intervall $[a, b]$ schreibt man

$$F(x)\Big|_a^b = F(b) - F(a).$$

Beispiele 6.3.6.

- Seien $s \in \mathbb{R} \setminus \{-1\}$ und $a, b > 0$, dann gilt

$$\int_a^b x^s \, dx = \frac{x^{s+1}}{s+1}\bigg|_a^b = \frac{b^{s+1} - a^{s+1}}{s+1}.$$

- Für $a, b > 0$ gilt

$$\int_a^b \frac{1}{x} \, dx = \log x\bigg|_a^b = \log b - \log a.$$

- $\int \sin = -\cos$ und $\int \cos = \sin$.

- $\int e^x \, dx = e^x$.

Definition 6.3.7. Eine Funktion f auf einem Intervall I heißt *stetig differen-zierbar*, wenn f differenzierbar und die Ableitung f' eine stetige Funktion ist.

Satz 6.3.8 (Substitutionsregel). *Seien I ein Intervall, $f : I \to \mathbb{R}$ eine ste-tige Funktion und $\phi : [a, b] \to \mathbb{R}$ eine stetig differenzierbare Funktion mit $\phi\big([a, b]\big) \subset I$. Dann gilt*

$$\int_a^b f\big(\phi(t)\big) \phi'(t) \, dt = \int_{\phi(a)}^{\phi(b)} f(x) \, dx.$$

Beweis. Sei $F : I \to \mathbb{R}$ eine Stammfunktion von f. Für die Funktion $F \circ \phi$ gilt nach der Kettenregel $(F \circ \phi)'(t) = f\big(\phi(t)\big) \phi'(t)$. Daraus folgt nach dem Hauptsatz der Differential- und Integralrechnung

$$\int_a^b f\big(\phi(t)\big) \phi'(t) \, dt = (F \circ \phi)(t)\bigg|_a^b = F\big(\phi(b)\big) - F\big(\phi(a)\big) = \int_{\phi(a)}^{\phi(b)} f(x) \, dx. \qquad \square$$

Beispiele 6.3.9.

- Es gilt

$$\int_a^b f(t + c) \, dt = \int_{a+c}^{b+c} f(x) \, dx,$$

wobei die Substitution $\phi(t) = t + c$ verwendet wurde.

- Für $c \neq 0$ gilt

$$\int_a^b f(ct)\,dt = \frac{1}{c} \int_{ac}^{bc} f(x)\,dx.$$

- Mit $0 \leq a < b$ gilt

$$\int_a^b t f(t^2)\,dt = \frac{1}{2} \int_{a^2}^{b^2} f(x)\,dx.$$

- Die Substitutionsregel soll nun benutzt werden, um zu zeigen, dass

$$\int_0^1 \sqrt{1 - x^2}\,dx = \pi/4$$

gilt. Zunächst substituiert man $\phi : [0, \pi/2] \to [0, 1]$, $\phi(t) = \sin(t)$. Es ist dann $\sqrt{1 - \phi(t)^2} = \cos(t)$ und $\phi'(t) = \cos(t)$, so dass sich

$$\int_0^1 \sqrt{1 - x^2}\,dx = \int_0^{\pi/2} \cos^2(t)\,dt$$

ergibt. Andererseits kann man auch $\psi : [0, \pi/2] \to [0, 1]$, $\psi(t) = \cos(t)$ substituieren, was zu

$$\int_0^1 \sqrt{1 - x^2}\,dx = \int_0^{\pi/2} \sin^2(t)\,dt$$

führt. Addiert man die beiden Ausdrücke und benutzt $\sin^2 + \cos^2 = 1$, so folgt $\int_0^1 \sqrt{1 - x^2}\,dx = \pi/4$ wie behauptet.

Satz 6.3.10 (Partielle Integration). *Seien $f, g : [a, b] \to \mathbb{R}$ stetig differenzierbar. Dann gilt*

$$\int_a^b f(x)g'(x)\,dx = f(x)g(x)\Big|_a^b - \int_a^b g(x)f'(x)\,dx,$$

oder in Kurzschreibweise

$$\int f\,dg = fg - \int g\,df,$$

wobei dg als $g'(x)dx$ zu lesen ist.

Beweis. Da f und g stetig differenzierbar sind, gilt nach der Produktregel die Identität stetiger Funktionen $(fg)' = f'g + g'f$. Integrieren beider Seiten dieser Gleichung über das Intervall $[a, b]$ liefert

$$f(x)g(x)\Big|_a^b = \int_a^b (fg)'(x)\,dx = \int_a^b f'(x)g(x)\,dx + \int_a^b g'(x)f(x)\,dx. \qquad \square$$

Beispiele 6.3.11.

- Für $0 < a < b$ gilt $\int_a^b \log(x)\,dx = x\,(\log(x) - 1)\Big|_a^b$. Um dies zu zeigen, setzt man $f(x) = \log x$ und $g(x) = x$.

- Die Integrale $A_m = \int_0^{\pi/2} \sin^m x\,dx$, $m = 0, 1, 2, \ldots$ können mit Hilfe partieller Integration rekursiv berechnet werden. Zunächst ist $A_0 = \pi/2$ und $A_1 = 1$. Für $m \geq 2$ ergibt partielle Integration

$$\begin{aligned}
A_m &= \int_0^{\pi/2} \sin^m x\,dx = \int_0^{\pi/2} \sin^{m-1} x \, \sin x\,dx \\
&= \underbrace{-\cos x \sin^{m-1} x\Big|_0^{\pi/2}}_{=0} + \int_0^{\pi/2} \cos^2 x (m - 1) \sin^{m-2} x\,dx \\
&= (m - 1) \int_0^{\pi/2} (1 - \sin^2 x) \sin^{m-2} x\,dx \\
&= (m - 1)A_{m-2} - (m - 1)A_m.
\end{aligned}$$

Hieraus folgt die Rekursionsformel

$$A_m = \frac{m - 1}{m} A_{m-2},$$

die im Beweis des nächsten Korollars Verwendung findet.

Definition 6.3.12. Wie bei einer konvergenten Summe schreibt man für ein unendliches Produkt

$$\prod_{j=1}^{\infty} a_j = \lim_{n \to \infty} \prod_{j=1}^{n} a_j,$$

falls dieser Limes existiert und nicht Null ist.

Die Forderung, dass der Limes nicht Null sein soll, ist eine Besonderheit hier. Es soll dadurch insbesondere der Fall ausgeschlossen werden, dass eines der a_j gleich Null ist, denn dann existiert der Limes und ist Null, egal, welche Werte die anderen a_j haben.

Korollar 6.3.13 (Wallissches Produkt). *Es gilt*

$$\prod_{n=1}^{\infty} \frac{4n^2}{4n^2 - 1} = \frac{\pi}{2}.$$

Beweis. Sei $A_m = \int_0^{\pi/2} \sin^m x \, dx$ wie im obigen Beispiel. Dann ist $A_0 = \pi/2$, $A_1 = 1$ und $A_m = \frac{m-1}{m} A_{m-2}$ für $m \geq 2$, damit also

$$A_{2n} = \frac{(2n-1)(2n-3)\cdots 3 \cdot 1}{2n \cdot (2n-2)\cdots 4 \cdot 2} \frac{\pi}{2}, \qquad A_{2n+1} = \frac{2n(2n-2)\cdots 2}{(2n+1)(2n-1)\cdots 3}.$$

Wegen $\sin^{2n+2} x \leq \sin^{2n+1} x \leq \sin^{2n} x$ für $x \in [0, \frac{\pi}{2}]$ gilt $A_{2n+2} \leq A_{2n+1} \leq A_{2n}$. Es ist

$$\lim_n \frac{A_{2n+2}}{A_{2n}} = \lim_n \frac{2n+1}{2n+2} = 1.$$

Nach der Abschätzung gilt dann auch $\lim_n \frac{A_{2n+1}}{A_{2n}} = 1$. Es ist aber

$$\frac{A_{2n+1}}{A_{2n}} = \frac{(2n)^2 \cdots 4^2 \cdot 2^2}{(2n+1)(2n-1)^2 \cdots 3^2} \frac{2}{\pi}$$

und die Behauptung folgt. $\qquad\qquad\qquad\qquad\qquad\qquad\qquad\qquad\qquad\qquad$ □

6.4 Uneigentliche Integrale

Uneigentliche Integrale sind Integrale, bei denen mindestens eine Grenze kritisch ist. Das kann bedeuten, dass eine Grenze gleich $\pm\infty$ ist oder dass der Integrand an der Grenze nicht definiert ist. Zunächst wird der Fall der Grenze $+\infty$ betrachtet.

Definition 6.4.1. Sei $f : [a, \infty) \to \mathbb{R}$ eine Funktion, die über jedem endlichen Intervall $[a, T]$ integrierbar ist. Existiert der Grenzwert $\lim_{T \to \infty} \int_a^T f(x) \, dx$, so sagt man, das Integral $\int_a^\infty f(x) \, dx$ ist konvergent und man setzt

$$\int_a^\infty f(x) \, dx := \lim_{T \to \infty} \int_a^T f(x) \, dx.$$

Analog ist das Integral $\int_{-\infty}^a f(x) \, dx$ für eine Funktion $f : (-\infty, a] \to \mathbb{R}$ definiert.

Beispiel 6.4.2. Das Integral $\int_1^\infty \frac{1}{x^s} \, dx$ konvergiert genau dann, wenn $s > 1$. Es ist dann

$$\int_1^\infty \frac{1}{x^s} \, dx = \frac{1}{s-1}.$$

Beweis. Es gilt für $s \neq 1$ und $T > 1$,

$$\int_1^T \frac{1}{x^s}\,dx = \int_1^T x^{-s}\,dx = \left.\frac{x^{1-s}}{1-s}\right|_1^T = \frac{T^{1-s}-1}{1-s}.$$

Ist $s > 1$, so ist $1 - s < 0$ und daher geht T^{1-s} gegen Null für $T \to \infty$, das Integral konvergiert also. Ist $s < 1$, so geht T^{1-s} gegen unendlich, das Integral konvergiert also nicht.

Bleibt noch der Fall $s = 1$. Es ist $\int_1^T \frac{1}{x}\,dx = \log x\big|_1^T = \log T$ und diese Zahl geht gegen ∞ für $T \to \infty$, das Integral konvergiert also ebenfalls nicht. □

Definition 6.4.3. Seien $a < b$ in $\mathbb{R}$ und $f : [a,b) \to \mathbb{R}$ eine Funktion, die über jedem abgeschlossenen Teilintervall $[a,\theta]$ mit $a < \theta < b$ integrierbar ist. Existiert der Limes $\lim_{\theta \nearrow b} \int_a^\theta f(x)\,dx$, so sagt man, das Integral $\int_a^b f(x)\,dx$ konvergiert und man setzt

$$\int_a^b f(x)\,dx := \lim_{\theta \nearrow b} \int_a^\theta f(x)\,dx.$$

Analog an der unteren Grenze.

Beispiel 6.4.4. Das Integral

$$\int_0^1 \frac{1}{x^s}\,dx$$

konvergiert genau dann, wenn $s < 1$. In diesem Fall gilt

$$\int_0^1 \frac{1}{x^s}\,dx = \frac{-1}{s-1}.$$

Beweis. Die Substitutionsregel mit der Funktion $\phi(x) = \frac{1}{x}$ liefert

$$\int_\varepsilon^1 \frac{1}{x^s}\,dx = \int_1^{1/\varepsilon} \frac{1}{y^{2-s}}\,dy.$$

Damit folgt dieses Beispiel aus dem vorherigen. □

Bemerkung 6.4.5. Ist die Funktion f auf dem Intervall $[a,b]$ integrierbar, so gibt es jetzt formal zwei Definitionen von $\int_a^b f(x)\,dx$. Man mache sich klar, dass die beiden übereinstimmen, dass also für das Integral $\int_a^b f(x)\,dx$ gilt

$$\int_a^b f(x)\,dx = \lim_{\theta \nearrow b} \int_a^\theta f(x)\,dx.$$

Definition 6.4.6. Seien $\infty \leq a < b \leq \infty$ und sei $f : (a, b) \to \mathbb{R}$ eine Funktion, die über jedem kompakten Teilintervall $[a', b'] \subset (a, b)$ integrierbar ist. Sei $c \in (a, b)$ und konvergieren die Integrale $\int_a^c f(x)\, dx$ und $\int_c^b f(x)\, dx$ so sagt man, dass das Integral $\int_a^b f(x)\, dx$ konvergiert und man setzt

$$\int_a^b f(x)\, dx = \int_a^c f(x)\, dx + \int_c^b f(x)\, dx.$$

Ist dies der Fall, so konvergieren die Integrale für jedes $c \in (a, b)$ und der Wert des Integrals $\int_a^b f(x)\, dx$ hängt nicht von c ab.

Satz 6.4.7 (Integralvergleichskriterium). *Sei $f : [1, \infty) \to \mathbb{R}$ eine monoton fallende Funktion mit $f \geq 0$. Dann gilt*

$$\sum_{n=1}^{\infty} f(n) \text{ konvergiert} \quad \Leftrightarrow \quad \int_1^{\infty} f(x)\, dx \text{ konvergiert.}$$

Beweis. Seien $\phi, \psi : [1, \infty) \to \mathbb{R}$ die Funktionen

$$\left. \begin{array}{l} \phi(x) = f(n+1) \\ \psi(x) = f(n) \end{array} \right\} \text{ für } n \leq x < n + 1.$$

Dann sind ϕ und ψ monoton fallende Funktionen mit $\phi \leq f \leq \psi$. Für $N \in \mathbb{N}$ gilt

$$\int_1^N \phi(x)\, dx = \sum_{n=1}^{N-1} f(n+1), \qquad \int_1^N \psi(x)\, dx = \sum_{n=1}^{N-1} f(n).$$

Konvergiert nun die Summe $\sum_n f(n)$, dann konvergiert das Integral über $\psi(x)$. Die Funktion $F(T) = \int_1^T f(x)\, dx$ für $T \geq 1$ ist monoton wachsend, da $f \geq 0$. Ist $N \leq T < N + 1$ mit $N \in \mathbb{N}$, so folgt also $F(T) \leq F(N + 1) \leq \int_1^{N+1} \psi(x)\, dx = \sum_{n=1}^N f(n) \leq \sum_{n=1}^{\infty} f(n)$. Damit ist F beschränkt, also konvergiert $F(T)$ für $T \to \infty$, was zu beweisen war.

Konvergiert umgekehrt das Integral über f, so konvergiert das Integral über ϕ und damit die Summe über f. $\qquad \square$

Beispiel 6.4.8. (Riemannsche Zetafunktion). Die Reihe

$$\zeta(s) = \sum_{n=1}^{\infty} \frac{1}{n^s}$$

konvergiert für $s > 1$ und divergiert für $s \leq 1$. Dies sieht man mit dem Integralvergleichskriterium und Beispiel 6.4.2.

Diese Funktion ist bekannt als die *Riemannsche Zeta-Funktion*. Man kann in die Reihe auch komplexe Argumente s einsetzen. Wegen

$$\left| \frac{1}{n^s} \right| = |e^{-s \log n}| = e^{-\operatorname{Re}(s) \log n} = \frac{1}{n^{\operatorname{Re}(s)}}$$

konvergiert die Reihe absolut in der Halbebene $\operatorname{Re}(s) > 1$. Man kann zeigen, dass sie sich zu einer komplex-differenzierbaren Funktion nach $\mathbb{C} \setminus \{1\}$ fortsetzen lässt, wobei komplexe Differenzierbarkeit genau wie reelle Differenzierbarkeit definiert wird, nur dass komplexe Zahlen benutzt werden. Diese Fortsetzung ist eindeutig. Sie hat Nullstellen bei $s = -2, -4, \ldots$, diese heißen die trivialen Nullstellen. Sie hat weitere, nichttriviale Nullstellen im sogenannten *kritischen Streifen*: $\{s \in \mathbb{C} : 0 < \operatorname{Re}(s) < 1\}$. Die *Riemann Hypothese* besagt, dass alle nichttrivialen Nullstellen auf der Geraden $\{\operatorname{Re}(s) = \frac{1}{2}\}$ liegen sollen. Diese Vermutung ist 1859 von Riemann veröffentlicht worden und bis heute unbewiesen. Sie gilt als das härteste Problem der Mathematik überhaupt.

Die Gamma-Funktion

Der Reigen der speziellen Funktionen wird hier durch die Gamma-Funktion vervollständigt. Die Gamma-Funktion hat unter anderem die Eigenschaft, dass sie die Fakultät interpoliert, das heißt, es ist eine natürlich gegebene differenzierbare Funktion $\Gamma(x)$ mit der Eigenschaft, dass $\Gamma(n + 1) = n!$ falls $n \in \mathbb{N}$.

Definition 6.4.9. Für $x > 0$ sei

$$\Gamma(x) = \int_0^\infty t^{x-1} e^{-t}\, dt.$$

Das Integral konvergiert, denn erstens ist $t^{x-1} e^{-t} \leq t^{x-1}$ für alle $0 < t$, was für $x > 0$ die Existenz des Integrals $\int_0^1$ sichert. Zweitens fällt e^{-t} bei ∞ schneller als jede Potenz von t, so dass es zu gegebenem $x \in \mathbb{R}$ eine Konstante $C > 0$ gibt, so dass $t^{x-1} e^{-t} \leq C/t^2$ für alle $t \geq 1$, was für jedes $x \in \mathbb{R}$ zur Existenz des Integrals $\int_1^\infty$ führt.

Satz 6.4.10. *Für jedes $x > 0$ gilt*

$$\Gamma(x + 1) = x\Gamma(x).$$

Es gilt $\Gamma(1) = 1$ und $\Gamma(n + 1) = n!$ für jedes $n \in \mathbb{N}$.

Beweis. Seien $0 < \varepsilon < R < \infty$. Partielle Integration liefert

$$\int_\varepsilon^R t^x e^{-t}\, dt = -t^x e^{-t}\Big|_\varepsilon^R + x \int_\varepsilon^R t^{x-1} e^{-t}\, dt$$

Die Grenzübergänge $\varepsilon \to 0$ und $R \to \infty$ geben $\Gamma(x + 1) = x\Gamma(x)$. Es gilt

$$\int_\varepsilon^R e^{-t}\, dt = -e^{-t}\big|_\varepsilon^R = e^{-\varepsilon} - e^{-R}.$$

Mit $\varepsilon \to 0$ und $R \to \infty$ folgt $\Gamma(1) = 1$. Zusammen folgt schließlich:

$$\Gamma(n + 1) = n\Gamma(n) = n(n - 1)\Gamma(n - 1) = \cdots = n!\Gamma(1) = n! \qquad \square$$

Definition 6.4.11. Sei $I \subset \mathbb{R}$ ein Intervall. Eine Funktion $F : I \to (0, \infty)$ heißt *logarithmisch konvex*, falls die Funktion $\log \circ F$ konvex ist. Eine Funktion F ist genau dann logarithmisch konvex, wenn für alle $x, y \in I$ und jedes $\lambda \in (0, 1)$ gilt

$$F\big(\lambda x + (1 - \lambda)y\big) \leq F(x)^\lambda F(y)^{1-\lambda}.$$

Lemma 6.4.12. *Die Gamma-Funktion ist logarithmisch konvex.*

Beweis. Seien $x, y > 0$ und $\lambda \in (0, 1)$. Setze $p = \frac{1}{\lambda}$ und $q = \frac{1}{1-\lambda}$. Dann gilt $\frac{1}{p} + \frac{1}{q} = 1$. Anwendung der Hölderschen Ungleichung auf die Funktionen

$$f(t) = t^{(x-1)/p} e^{-t/p} \quad \text{und} \quad g(t) = t^{(y-1)/q} e^{-t/q}$$

ergibt

$$\int_\varepsilon^R f(t)g(t)\, dt \leq \left(\int_\varepsilon^R f(t)^p\, dt \right)^{1/p} \left(\int_\varepsilon^R g(t)^q\, dt \right)^{1/q}.$$

Im Limesübergang $\varepsilon \to 0$ und $R \to \infty$ folgt die Behauptung. $\qquad \square$

Satz 6.4.13. *Für $x > 0$ ist*

$$\Gamma(x) = \lim_n \frac{n!\, n^x}{x(x + 1)\cdots(x + n)}.$$

Beweis. Sei zunächst $0 < x < 1$. Wegen $n + x = (1 - x)n + x(n + 1)$ folgt aus der logarithmischen Konvexität

$$\Gamma(x + n) \le \Gamma(n)^{1-x}\Gamma(n + 1)^x = \Gamma(n)^{1-x}\Gamma(n)^x n^x = (n - 1)!\, n^x.$$

Aus $n + 1 = x(n + x) + (1 - x)(n + 1 + x)$ folgt ebenso

$$n! = \Gamma(n + 1) \le \Gamma(n + x)^x \Gamma(n + 1 + x)^{1-x} = \Gamma(n + x)(n + x)^{1-x}.$$

Die Kombination beider Ungleichungen ergibt $n!\,(n + x)^{x-1} \le \Gamma(n + x) \le (n - 1)!\, n^x$. Wegen $\Gamma(n + x) = (x + n - 1)(x + n - 2) \cdots x\Gamma(x)$ folgt daraus

$$a_n(x) = \frac{n!\,(n + x)^{x-1}}{x(x + 1) \cdots (x + n - 1)} \le \Gamma(x)$$

$$\le \frac{(n - 1)!\, n^x}{x(x + 1) \cdots (x + n - 1)} = b_n(x).$$

Nun konvergiert aber $\frac{a_n(x)}{b_n(x)} = \frac{n(n+x)^{x-1}}{n^x} = \frac{n}{n+x}\left(\frac{n+x}{n}\right)^x$ gegen 1, damit haben $a_n(x)$ und $b_n(x)$ denselben Limes, nämlich $\Gamma(x)$.

Für den allgemeinen Fall beachte, dass beide Seiten der behaupteten Gleichung die Funktionalgleichung $\Gamma(x + 1) = x\Gamma(x)$ erfüllen. Damit folgt die Behauptung für $x > 0$ und $x \notin \mathbb{N}$. Für $x = k \in \mathbb{N}$ rechnet man die Behauptung wie folgt nach:

$$\frac{n!\, n^k}{k \cdot (k + 1) \cdots (n + n)} = (k - 1)!\frac{n!\, n^k}{k + n)!}$$

$$= (k - 1)!\frac{n^k}{(n + 1)(n + 2) \cdots (n + k)}$$

$$= (k - 1)!\frac{1}{\left(1 + \frac{1}{n}\right)\left(1 + \frac{2}{n}\right) \cdots \left(1 + \frac{k}{n}\right)}.$$

Dieser letzte Ausdruck konvergiert für $n \to \infty$ gegen $(k - 1)! = \Gamma(k)$. $\square$

Lemma 6.4.14. *Es gilt*

$$\int_0^\infty e^{-t}\frac{dt}{\sqrt{t}} = \Gamma\left(\frac{1}{2}\right) = \sqrt{\pi}.$$

Hieraus folgt insbesondere

$$\int_{-\infty}^\infty e^{-\pi x^2}\, dx = 1.$$

Beweis. Es ist

$$\Gamma\left(\frac{1}{2}\right) = \lim_{n} \frac{n!\ \sqrt{n}}{\frac{1}{2}(1+\frac{1}{2})(2+\frac{1}{2})\cdots(n+\frac{1}{2})} = \lim_{n} \frac{n!\ \sqrt{n}}{(1-\frac{1}{2})(2-\frac{1}{2})\cdots(n-\frac{1}{2})(n+\frac{1}{2})}.$$

Multiplikation dieser beiden Darstellungsweisen ergibt

$$\Gamma\left(\frac{1}{2}\right)^2 = \lim_{n} \frac{2n}{n+\frac{1}{2}} \frac{(n!)^2}{(1-\frac{1}{4})(4-\frac{1}{4})\cdots(n^2-\frac{1}{4})} = 2\prod_{k=1}^{\infty} \frac{k^2}{k^2-\frac{1}{4}} = \pi$$

nach dem Wallisschen Produkt 6.3.13. Mit der Substitution $t = \pi x^2$ folgt

$$1 = \frac{1}{\sqrt{\pi}} \int_0^{\infty} e^{-t} \frac{dt}{\sqrt{t}} = 2 \int_0^{\infty} e^{-\pi x^2}\, dx = \int_{-\infty}^{\infty} e^{-\pi x^2}\, dx. \qquad \square$$

Die Stirlingsche Formel

Mit Hilfe der Gamma-Funktion kann man sehr genau bestimmen, wie schnell die Fakultätsfunktion wächst. Die sich ergebende Asymptotische Formel ist als Stirlingsche Formel bekannt.

Definition 6.4.15. Seien (a_n) und (b_n) zwei Folgen reeller Zahlen mit $a_n \neq 0 \neq b_n$ für alle n. Die Folgen heißen *asymptotisch gleich*, geschrieben $a_n \sim b_n$, falls

$$\lim_{n\to\infty} \frac{a_n}{b_n} = 1.$$

Man macht sich klar, dass asymptotische Gleichheit eine Äquivalenzrelation auf der Menge der $\mathbb{R}^{\times}$-wertigen Folgen ist, hierbei bezeichnet $\mathbb{R}^{\times} = \mathbb{R} \setminus \{0\}$ die multiplikative Gruppe des Körpers $\mathbb{R}$.

Satz 6.4.16 (Stirling). *Die Fakultät hat das asymptotische Verhalten*

$$n! \ \sim \ \sqrt{2\pi n}\left(\frac{n}{e}\right)^n.$$

Beweis. Sei $\phi : \mathbb{R} \to \mathbb{R}$ die Funktion

$$\begin{aligned} \phi(x) &= \tfrac{1}{2}x(1-x) & \text{für } x \in [0,1)\\ \phi(x+n) &= \phi(x) & \text{für } n \in \mathbb{Z} \text{ und } x \in [0,1). \end{aligned}$$

Für $k \in \mathbb{N}$ liefert wiederholte Anwendung partieller Integration

$$
\int_k^{k+1} \frac{\phi(x)}{x^2}\,dx = \int_0^1 \frac{\phi(x)}{(x+k)^2}\,dx = \frac{1}{2}\int_0^1 \frac{x(1-x)}{(x+k)^2}\,dx
$$

$$
= \underbrace{-\frac{1}{2}\left.\frac{x(1-x)}{x+k}\right|_0^1}_{=0} + \frac{1}{2}\int_0^1 \frac{1-2x}{x+k}\,dx
$$

$$
= \frac{1}{2}(1-2x)\log(x+k)\Big|_0^1 + \int_0^1 \log(x+k)\,dx
$$

$$
= -\frac{1}{2}(\log(k+1)+\log k) + \int_k^{k+1}\log x\,dx.
$$

Summation über $k = 1, \ldots n-1$ ergibt

$$
\int_1^n \log x\,dx = \sum_{k=1}^n \log k - \frac{1}{2}\log n + \int_1^n \frac{\phi(x)}{x^2}\,dx.
$$

Da $\int_1^n \log x\,dx = n\log n - n + 1$ nach Beispiel 6.3.11, folgt daraus

$$
\sum_{k=1}^n \log k = \left(n + \frac{1}{2}\right)\log n - n + \gamma_n,
$$

wobei $\gamma_n = 1 - \int_1^n \frac{\phi(x)}{x^2}\,dx$. Anwendung der Exponentialfunktion auf beide Seiten liefert mit $c_n = e^{\gamma_n}$, dass $n! = n^{n+\frac{1}{2}}e^{-n}c_n$, also $c_n = \frac{n!e^n}{\sqrt{n}n^n}$. Da ϕ beschränkt ist, existiert der Grenzwert

$$
\gamma = \lim_n \gamma_n = 1 - \int_1^\infty \frac{\phi(x)}{x^2}\,dx,
$$

also auch der Grenzwert $c = \lim_n c_n = e^\gamma$. Es ist

$$
\frac{c_n^2}{c_{2n}} = \frac{(n!)^2 \sqrt{2n}(2n)^{2n}}{n^{2n+1}(2n)!} = \sqrt{2}\frac{2^{2n}(n!)^2}{\sqrt{n}(2n)!}
$$

und $\lim_n \frac{c_n^2}{c_{2n}} = \frac{c^2}{c} = c$. Die Berechnung von c wird durch das Wallissche Produkt

$$
\pi = 2\prod_{k=1}^\infty \frac{4k^2}{4k^2-1} = 2\lim_{n\to\infty} \frac{2\cdot 2\cdot 4\cdot 4\cdots 2n\cdot 2n}{1\cdot 3\cdot 3\cdot 5\cdot 5\cdots (2n-1)\cdot(2n+1)}
$$

ermöglicht, denn es gilt

$$\left(2\prod_{k=1}^{n}\frac{4k^2}{4k^2-1}\right)^{1/2} = \sqrt{2}\,\frac{2\cdot 4\cdots 2n}{3\cdot 5\cdots(2n-1)\,\sqrt{2n+1}}$$

$$= \frac{1}{\sqrt{n+\frac{1}{2}}}\,\frac{2^2\cdot 4^2\cdots(2n)^2}{2\cdot 3\cdot 4\cdots 2n} = \frac{1}{\sqrt{n+\frac{1}{2}}}\,\frac{2^{2n}(n!)^2}{(2n)!},$$

also $\sqrt{\pi} = \lim_{n}\frac{2^{2n}(n!)^2}{\sqrt{n}(2n)!}$. Daraus folgt $c = \sqrt{2\pi}$, also $\lim_{n\to\infty}\frac{n!}{\sqrt{2\pi n}n^n e^{-n}} = 1$. $\quad\square$

6.5   Aufgaben

Aufgabe 6.1. Seien $a < b$ reelle Zahlen und $f : [a, b] \to \mathbb{R}$ Riemann-integrierbar. Es gebe ein $\delta > 0$ so dass $f(x) \geq \delta$ für jedes $x \in [a, b]$. *Zeige*, dass die Funktion $\frac{1}{f}$ Riemann-integrierbar ist.

Aufgabe 6.2. Für $m, n \in \mathbb{Z}$ berechne das Integral

$$\int_0^{2\pi} \sin(mx)\sin(nx)\,dx.$$

Aufgabe 6.3. Seien $a < b$ reelle Zahlen und $f : [a, b] \to \mathbb{R}$ sei stetig differenzierbar. Für $y \in \mathbb{R}$ sei

$$F(y) = \int_a^b f(x)\sin(xy)\,dx.$$

Zeige, dass $F(y)$ für $|y| \to \infty$ gegen Null geht.
(Hinweis: Partielle Integration)

Aufgabe 6.4. Berechne die Integrale

$$\text{(a)} \int_1^e \frac{\log(x^2)}{x}\,dx, \quad \text{(b)} \int_0^{2\pi} |\sin x|\,dx, \quad \text{(c)} \int_0^1 \exp(x + e^x)\,dx.$$

Aufgabe 6.5. Bestimme jeweils eine Stammfunktion zu folgenden Funktionen auf $(1, \infty)$:

$$\text{(a)}\ \log x \quad \text{(b)}\ \frac{1}{x\log x} \quad \text{(c)}\ xe^{x^2} \quad \text{(d)}\ \frac{1}{x\sqrt{x}} \quad \text{(e)}\ \frac{x}{1+x^2} \quad \text{(f)}\ \frac{x-\sqrt{x}}{x+\sqrt{x}}$$

Aufgabe 6.6. Untersuche die folgenden uneigentlichen Integrale auf Existenz und bestimme gegebenenfalls ihren Wert:

$$\text{(a)} \int_1^{\infty} \frac{x\sqrt{x}}{(2x-1)^2}\,dx, \qquad\qquad \text{(b)} \int_2^{\infty} \frac{1}{x(\log x)^2}\,dx$$

$$\text{(c)} \int_0^{\infty} e^{sx}\cos(tx)\,dx, \quad s, t \in \mathbb{R}.$$

Aufgabe 6.7. Überprüfe die folgenden uneigentlichen Integrale auf Konvergenz und bestimme gegebenenfalls ihren Wert:

a) $\int_0^1 x^\alpha \, dx, \quad \alpha \in \mathbb{R},$ b) $\int_1^\infty x^\alpha \, dx, \quad \alpha \in \mathbb{R},$ c) $\int_0^1 \log(x) \, dx.$

Aufgabe 6.8. (a) Sei $f : \mathbb{R} \to \mathbb{R}$ stetig so dass

$$f(x + 1) = f(x)$$

für jedes $x \in \mathbb{R}$ gilt. *Zeige*, dass $\int_0^\infty f(x) \, dx$ nur existieren kann, wenn $f = 0$ ist.

(b) Entscheide, ob die folgenden uneigentlichen Integrale existieren:

(i) $\int_0^1 \sin\left(\frac{1}{x}\right) dx,$ (ii) $\int_0^\infty e^{2\pi i t} \, dt.$

Mehr Aufgaben und Lösungen finden Sie in dem Begleitbuch *Übungsbuch zur Analysis,* *Springer-Verlag 2020.*

Kapitel 7

Funktionenfolgen

In diesem Kapitel werden Folgen von Funktionen f_n untersucht, die einen gemeinsamen Definitionsbereich haben. Die Begriffe von punktweiser und gleichmäßiger Konvergenz werden eingeführt und es wird der Frage nachgegangen, unter welchen Umständen die Konvergenz einer Funktionenfolge zur Konvergenz der Ableitungen oder der Integrale führt. Ab diesem Kapitel treten verstärkt Funktionen auf, die komplexe Werte haben, also Funktionen $f : D \to \mathbb{C}$, wie schon im Abschnitt 4.5 über die komplexe Exponentialfunktion. Funktionen mit Werten in $\mathbb{R}$ bilden dann einen Spezialfall.

7.1 Gleichmäßige Konvergenz

Gleichmäßige Konvergenz einer Funktionenfolge zieht Konvergenz der Integrale nach sich. Dies soll im Folgenden bewiesen werden. In der Lebesgueschen Integrationstheorie, die in Kapitel 14 vorgestellt wird, werden weitere Resultate dieser Art bewiesen.

Definition 7.1.1. Sei D eine Menge und $f_n : D \to \mathbb{R}$ eine Folge von Funktionen.

a) Die Folge f_n konvergiert *punktweise* gegen eine Funktion $f : D \to \mathbb{C}$, falls für jedes $x \in D$ die Folge $f_n(x)$ gegen $f(x)$ konvergiert, d.h., wenn es zu jedem $x \in D$ und jedem $\varepsilon > 0$ eine natürliche Zahl $n_0(\varepsilon, x) \in \mathbb{N}$ gibt, so dass für jedes $n \geq n_0(\varepsilon, x)$ gilt

$$|f_n(x) - f(x)| < \varepsilon.$$

137

© Springer-Verlag GmbH Deutschland, ein Teil von Springer Nature 2021
A. Deitmar, *Analysis*, https://doi.org/10.1007/978-3-662-62858-4_7

b) Die Folge f_n von Funktionen konvergiert *gleichmäßig* gegen f, falls
   das jeweilige $n_0(\varepsilon, x)$ nicht von x abhängt, also wenn es zu gegebenem
   $\varepsilon > 0$ ein $n_0(\varepsilon)$ gibt, so dass für jedes $n \geq n_0(\varepsilon)$ und jedes $x \in D$ die
   Ungleichung

$$|f_n(x) - f(x)| < \varepsilon$$

erfüllt ist.

Man kann das so ausdrücken: Eine Funktionenfolge konvergiert punktweise, wenn alle Folgen $f_n(x)$ konvergieren. Eine Funktionenfolge konvergiert
gleichmäßig, wenn alle Folgen $f_n(x)$ *gleich schnell* konvergieren.

Man kann sich gleichmäßige Konvergenz einer Folge $f_n \to f$ so vorstellen,
dass man um die Zielfunktion f einen ε-Schlauch zieht und erwartet, dass
die Graphen der Funktionen f_n ab einem n_0 in diesem Schlauch liegen.

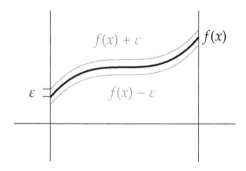

Aus gleichmäßiger Konvergenz folgt punktweise Konvergenz, aber nicht
umgekehrt.

Beispiel 7.1.2. Für $n \in \mathbb{N}$ und $x \in [0, 1]$ sei

$$f_n(x) = \begin{cases} 2nx & 0 \leq x \leq \frac{1}{2n}, \\ 2 - 2nx & \frac{1}{2n} < x \leq \frac{1}{n}, \\ 0 & x > \frac{1}{n}. \end{cases}$$

Dann geht f_n punktweise gegen die Funktion $f = 0$, nicht aber gleichmäßig,
denn es gilt ja für jedes $n \in \mathbb{N}$, dass der Wert $f_n(1/2n)$ gleich 1 ist. Das
folgende Bild gibt den Graphen von f_n wieder.

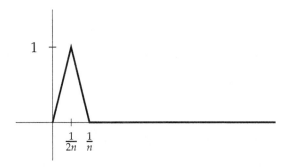

Satz 7.1.3. *Sei $D \subset \mathbb{R}$ und $f_n : D \to \mathbb{R}$ eine Folge stetiger Funktionen, die gleichmäßig gegen $f : D \to \mathbb{R}$ konvergiert. Dann ist f ebenfalls stetig.*

Beweis. Sei $x \in D$ und sei $\varepsilon > 0$. Es ist zu zeigen, dass es ein $\delta > 0$ gibt, so dass für $y \in D$ gilt

$$|y - x| < \delta \quad \Rightarrow \quad |f(y) - f(x)| < \varepsilon.$$

Es existiert ein n, so dass $|f_n(y) - f(y)| < \varepsilon/3$ für jedes $y \in D$ gilt. Da die Funktion f_n stetig ist, existiert ein $\delta > 0$ so dass für $y \in D$ gilt

$$|x - y| < \delta \quad \Rightarrow \quad |f_n(x) - f_n(y)| < \varepsilon/3.$$

Sei nun also $y \in D$ mit $|x - y| < \delta$. Dann gilt

$$|f(x) - f(y)| \leq |f(x) - f_n(x)| + |f_n(x) - f_n(y)| + |f_n(y) - f(y)|$$
$$< \frac{\varepsilon}{3} + \frac{\varepsilon}{3} + \frac{\varepsilon}{3} = \varepsilon. \qquad \square$$

Ein punktweiser Limes stetiger Funktionen braucht hingegen nicht stetig zu sein.

Beispiel 7.1.4. Sei $f_n : [0, 1] \to \mathbb{R}$ die Funktion $f_n(x) = x^n$, dann konvergiert f_n punktweise gegen

$$f(x) = \begin{cases} 0 & 0 \leq x < 1, \\ 1 & x = 1. \end{cases}$$

Hier ist die Zielfunktion nicht stetig, die Konvergenz also nicht gleichmäßig. Das nächste Bild stellt diese Folge dar.

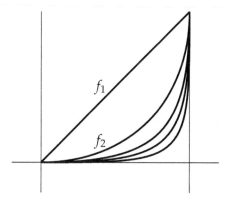

Die Bedingung der gleichmäßigen Konvergenz lässt sich wunderbar einfach durch die Supremumsnorm ausdrücken:

Definition 7.1.5. Sei D eine Menge und $f : D \to \mathbb{R}$ eine Funktion. Die *Supremumsnorm* der Funktion f ist

$$\|f\|_D = \sup\big\{\,|f(x)| : x \in D\,\big\}.$$

Es gilt $0 \le \|f\|_D \le \infty$. Die Funktion f ist genau dann beschränkt, wenn $\|f\|_D < \infty$.

Für eine Folge (f_n) von Funktionen auf der Menge D und eine Funktion f auf D sind äquivalent:

- f_n konvergiert gleichmäßig gegen f,

- $\big\|f_n - f\big\|_D \to 0$.

Definition 7.1.6. Man sagt, dass eine Reihe $\sum_{n=1}^{\infty} f_n$ von Funktionen punktweise oder gleichmäßig konvergiert, wenn das jeweilige auf die Folge $s_n = \sum_{j=1}^{n} f_j$ der Partialsummen zutrifft. Die Reihe $\sum_{n=1}^{\infty} f_n$ heißt *absolut gleichmäßig* konvergent, falls die Reihe der Absolutbeträge $\sum_{n=1}^{\infty} |f_n|$ gleichmäßig konvergiert. Konvergiert eine Reihe absolut gleichmäßig, so konvergiert sie gleichmäßig.

Satz 7.1.7. *Sei $f_n : D \to \mathbb{R}$, $n \in \mathbb{N}_0$. Ist die Summe der Supremumsnormen endlich, gilt also $\sum_{n=0}^{\infty} \|f_n\|_D < \infty$, dann konvergiert die Reihe $\sum_{n=0}^{\infty} f_n$ absolut gleichmäßig gegen eine Funktion $F : D \to \mathbb{R}$.*

Beweis. Für jedes $x \in D$ gilt $\sum_{n=0}^{\infty} |f_n(x)| \leq \sum_{n=0}^{\infty} \|f_n\|_D < \infty$, also konvergiert die Summe $F(x) = \sum_{n=0}^{\infty} f_n(x)$ absolut. Seien $\varepsilon > 0$ und $F_n(x) = \sum_{k=0}^{n} f_k(x)$, so gibt es wegen der Konvergenz von $\sum_n \|f_n\|_D$ ein n_0 so dass für jedes $n \geq n_0$ gilt $\sum_{k=n}^{\infty} \|f\|_D < \varepsilon$. Für $n \geq n_0$ und $x \in D$ gilt also

$$|F_n(x) - F(x)| = \left| \sum_{k=n+1}^{\infty} f_n(x) \right| \leq \sum_{k=n+1}^{\infty} |f_n(x)| \leq \sum_{k=n+1}^{\infty} \|f_n\|_D < \varepsilon. \qquad \square$$

Beispiel 7.1.8. Die Reihe $\sum_{n=1}^{\infty} \frac{\cos(nx)}{n^2}$ konvergiert gleichmäßig auf $\mathbb{R}$, denn es gilt $|\cos(nx)| \leq 1$ und daher $\sum_n |\frac{\cos(nx)}{n^2}| \leq \sum_n \frac{1}{n^2} < \infty$.

Satz 7.1.9. *Seien $a < b$ in $\mathbb{R}$ und sei $f_n : [a, b] \to \mathbb{R}$ eine Folge integrierbarer Funktionen, die gleichmäßig gegen $f : [a, b] \to \mathbb{R}$ konvergiert. Dann ist auch die Zielfunktion f integrierbar und es gilt*

$$\lim_n \int_a^b f_n(x)\, dx = \int_a^b f(x)\, dx.$$

Beweis. Für gegebenes $\varepsilon > 0$ existiert ein n_0 so dass für $n \geq n_0$ und jedes $x \in [a, b]$ die Abschätzung $|f_n(x) - f(x)| < \varepsilon$, oder $f_n - \varepsilon < f < f_n + \varepsilon$ gilt. Es existieren Treppenfunktionen $\phi_n \leq f_n \leq \psi_n$ so dass $\int_a^b \psi_n - \phi_n < \varepsilon$. Dann sind $\phi_n - \varepsilon$ und $\psi_n + \varepsilon$ ebenfalls Treppenfunktionen und es gilt

$$\phi_n - \varepsilon \leq f \leq \psi_n + \varepsilon,$$

sowie

$$\int_a^b (\psi_n + \varepsilon) - (\phi_n - \varepsilon) < \varepsilon + 2(b - a)\varepsilon.$$

Da ε beliebig klein gewählt werden kann, folgt die Integrierbarkeit von f. Außerdem folgt aus $|f - f_n| < \varepsilon$ auch $\left| \int_a^b f - \int_a^b f_n \right| \leq \int_a^b |f_n - f| < \varepsilon(b - a)$, so dass auch die zweite Aussage des Satzes bewiesen ist. $\qquad \square$

Dieser Satz wird falsch, wenn man nur punktweise Konvergenz voraussetzt, wie das Beispiel

$$f_n(x) = \begin{cases} 0 & x = 0, \\ n & 0 < x < \frac{1}{n}, \\ 0 & \frac{1}{n} \leq x \leq 1 \end{cases}$$

zeigt. Die Folge f_n konvergiert auf dem Intervall $[0, 1]$ punktweise gegen Null, aber das Integral $\int_a^b f_n(x)\, dx$ ist für jedes n gleich 1.

7.2 Potenzreihen

Eine Reihe der Form $\sum_{n=0}^{\infty} c_n z^n$ für komplexe Koeffizienten c_n und mit einem $z \in \mathbb{C}$ wird *Potenzreihe* genannt. Hierbei gilt wieder die Konvention, dass eine Reihe mit der Folge ihrer Partialsummen identifiziert wird. Beispiele sind die Exponentialreihe im Komplexen oder die geometrische Reihe

$$\sum_{n=0}^{\infty} z^n = \frac{1}{1-z},$$

deren Konvergenz für $|z| < 1$ wie im Reellen (Satz 3.4.2) gezeigt wird.

Satz 7.2.1. *Sei $(c_n)_{n\geq 0}$ eine Folge komplexer Zahlen und sei $z_0 \in \mathbb{C} \setminus \{0\}$. Die Folge $c_n z_0^n$ sei beschränkt, d.h., es gebe ein $M > 0$ so dass $|c_n z_0^n| \leq M$ für jedes $n \in \mathbb{N}$ gilt. Dann konvergiert die Reihe*

$$f(z) = \sum_{n=0}^{\infty} c_n z^n$$

für jedes gegebene $0 < r < |z_0|$ absolut gleichmäßig auf der abgeschlossenen Kreisscheibe $\overline{B}_r(0) = \{z \in \mathbb{C} : |z| \leq r\}$. Die Koeffizienten c_n sind durch die Funktion eindeutig festgelegt.

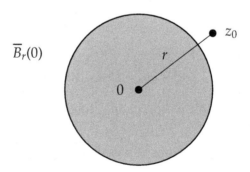

Beweis. Sei $0 < r < |z_0|$. Dann ist $\theta := \frac{r}{|z_0|} < 1$. Für $z \in \mathbb{C}$ mit $|z| \leq r$ gilt

$$|c_n z^n| = \left| c_n z_0^n \left(\frac{z}{z_0} \right)^n \right| \leq M \left(\frac{r}{|z_0|} \right)^n = M\theta^n.$$

Also folgt $\sum_{n=0}^{\infty} \|c_n z^n\|_{B_r} \leq M \sum_{n=0}^{\infty} \theta^n = \frac{M}{1-\theta} < \infty$. Zum Beweis der Eindeutigkeit der Koeffizienten sei $f(z) = \sum_{n=0}^{\infty} d_n z^n$ eine weitere Darstellung derselben Funktion, konvergent für $|z| < |z_0|$. Dann ist $c_0 = f(0) = d_0$, also stimmen die ersten Koeffizienten überein. Man erhält also $\sum_{n=1}^{\infty} c_n z^n = \sum_{n=1}^{\infty} d_n z^n$. Wenn man nun durch z dividiert und dann $z = 0$ einsetzt, folgt $c_1 = d_1$. Durch Wiederholen dieser Vorgehensweise erhält man $c_n = d_n$ für jedes $n \in \mathbb{N}$. □

Aus dem Satz folgt, dass es zu einer gegebenen Potenzreihe $\sum_{n=0}^{\infty} d_n z^n$ eine eindeutig bestimmte Zahl $0 \leq R \leq \infty$ gibt, so dass gilt

- Die Reihe $\sum_{n=0}^{\infty} d_n z^n$ konvergiert absolut für jedes $|z| < R$.

- Die Reihe divergiert für jedes $z \in \mathbb{C}$ mit $|z| > R$.

Diese Zahl R nennt man den *Konvergenzradius* der Potenzreihe $\sum_{n=0}^{\infty} d_n z^n$.

Beispiele 7.2.2.

- Der Konvergenzradius der Exponentialreihe ist $R = \infty$.

- Der Konvergenzradius der Reihe $\sum_{n=0}^{\infty} n! z^n$ ist $R = 0$, denn, wäre die Reihe für ein $z \neq 0$ konvergent, dann wäre die Folge $n! z^n$ beschränkt, was jedoch nicht der Fall ist.

- Der Konvergenzradius der geometrischen Reihe $\sum_{n=0}^{\infty} z^n$ ist 1, denn für $|z| < 1$ konvergiert sie, aber für $|z| > 1$ ist die Folge z^n nicht einmal beschränkt.

Lemma 7.2.3. *Der Konvergenzradius der Reihe $\sum_{n=0}^{\infty} a_n z^n$ ist gleich dem Konvergenzradius der Potenzreihe $\sum_{n=0}^{\infty} |a_n| z^n$.*

Beweis. Nach der Definition kann man den Konvergenzradius auch als das Supremum aller Zahlen $r > 0$ beschreiben, so dass für jedes $|z| < r$ die Reihe $\sum_{n=0}^{\infty} |a_n z^n| = \sum_{n=0}^{\infty} |a_n| |z|^n$ konvergiert. Damit folgt die Behauptung. □

Satz 7.2.4 (Potenzreihen dürfen gliedweise differenziert werden). *Die Potenzreihe $f(z) = \sum_{n=0}^{\infty} a_n z^n$ sei für $|z| < r$ konvergent. Dann definiert die Potenzreihe insbesondere eine Funktion f auf dem reellen Intervall $(-r, r)$. Diese ist differenzierbar und es gilt*

$$f'(x) = \sum_{n=1}^{\infty} a_n n x^{n-1},$$

wobei diese Potenzreihe wieder für $|x| < r$ konvergiert.

Bemerkung 7.2.5. Im Beweis wird eine stärkere Aussage gezeigt, die in der komplexen Analysis in Kapitel 19 eine Rolle spielen wird. Es wird gezeigt, dass für jede komplexe Zahl z mit $|z| < r$ der Grenzwert $f'(z) = \lim_{\substack{h \to 0 \\ h \neq 0}} \frac{f(z+h)-f(z)}{h}$ existiert und durch die angegebene Potenzreihe, beschrieben wird.

Beweis. Zunächst wird die Konvergenz der Reihe $\tilde{f}(z) = \sum_{n=1}^{\infty} a_n n z^{n-1}$ für jede komplexe Zahl z mit $|z| < r$ gezeigt. Das Quotientenkriterium liefert, dass für $|t| < 1$ die Reihe $\sum_{n=0}^{\infty} n t^n$ absolut konvergiert. Es sei $\delta > 0$ so klein, dass $|z| + \delta < r$. Dann konvergiert die Reihe $\tilde{f}(z)$ noch an der Stelle $|z| + \delta$, also gibt es ein $M > 0$ mit $|a_n|(|z| + \delta)^n \leq M$ für jedes n. Daher gilt

$$|a_n n z^{n-1}| = |a_n|(|z| + \delta)^n \frac{n|z|^{n-1}}{(|z| + \delta)^n} \leq \frac{M}{|z|} n \left(\frac{|z|}{|z| + \delta}\right)^n = \frac{M}{|z|} n t^n$$

mit $t = \frac{|z|}{|z| + \delta}$. Damit folgt die verlangte Konvergenz nach dem Majorantenkriterium.

Sei $|z| < r$. Für $|h| \leq \delta$ gilt dann

$$\left|\frac{f(z + h) - f(z)}{h} - \tilde{f}(z)\right| = \left|\sum_{n=1}^{\infty} a_n \left(\frac{1}{h}\big((z + h)^n - z^n\big) - nz^{n-1}\right)\right|$$

$$= \left|\sum_{n=2}^{\infty} a_n \left(\frac{1}{h}\left(\sum_{k=0}^{n-1} \binom{n}{k} z^k h^{n-k}\right) - nz^{n-1}\right)\right|$$

$$= \left|\sum_{n=2}^{\infty} a_n \left(\sum_{k=0}^{n-2} \binom{n}{k} z^k h^{n-k-1}\right)\right|.$$

Zieht man die Betragstriche in die Summe, schätzt man dies ab zu

$$\leq |h| \sum_{n=2}^{\infty} |a_n| \left(\sum_{k=0}^{n-2} \binom{n}{k} |z|^k |h|^{n-2-k}\right)$$

$$\leq |h| \sum_{n=2}^{\infty} |a_n| \left(\sum_{k=0}^{n-2} \binom{n}{k} |z|^k \delta^{n-2-k}\right)$$

$$\leq |h| \delta^{-2} \sum_{n=1}^{\infty} |a_n| \left(\sum_{k=0}^{n-2} \binom{n}{k} |z|^k \delta^{n-k}\right) = |h| \delta^{-2} \underbrace{\sum_{n=1}^{\infty} |a_n|(|z| + \delta)^n}_{<\infty}$$

und dieser Ausdruck geht gegen Null für $h \to 0$.   □

Korollar 7.2.6. *Die Potenzreihe* $f(x) = \sum_{n=0}^{\infty} a_n x^n$ *konvergiere für* $|x| < r$. *Dann ist* f *unendlich oft differenzierbar und es gilt für jedes* $n \in \mathbb{N}_0$,

$$a_n = \frac{f^{(n)}(0)}{n!}.$$

Beweis. Wiederholte Anwendung von Satz 7.2.4 liefert die Differenzierbarkeit und

$$f^{(k)}(x) = \sum_{n=k}^{\infty} n(n-1)\cdots(n-k+1)c_n x^{n-k}$$

woraus $f^{(k)}(0) = k!c_k$ folgt.   □

Statt bei Null kann man eine Potenzreihe auch an einer beliebigen komplexen Zahl $a \in \mathbb{C}$ zentrieren, d.h., statt $f(z) = \sum_{n=0}^{\infty} c_n z^n$ betrachtet man die Reihe

$$h(z) = \sum_{n=0}^{\infty} c_n (z-a)^n.$$

Offensichtlich gilt $h(z) = f(z - a)$ oder $f(z) = h(z + a)$, so dass man alle in diesem Abschnitt bewiesenen Aussagen sinngemäß auf h übertragen kann. Das heißt zum Beispiel, dass die Reihe immer in einem Kreis um den Punkt a konvergiert. Ferner gilt, falls für reelles a die Reihe $h(x) = \sum_{n=0}^{\infty} c_n(x-a)^n$ einen positiven Konvergenzradius hat, dass h in einem offenen Intervall um a unendlich oft differenzierbar ist und dass für jedes $n \in \mathbb{N}_0$ die Formel

$$c_n = \frac{h^{(n)}(a)}{n!}$$

gilt.

7.3   Taylor-Reihen

In diesem Abschnitt wird gezeigt, dass sich jede hinreichend oft differenzierbare Funktion durch den Anfang einer Potenzreihe annähern lässt, wobei die Koeffizienten sich wie in Korollar 7.2.6 berechnen lassen.

Satz 7.3.1 (Taylorsche Formel). *Sei I ein Intervall, $a \in I$ ein Punkt und $f : I \to \mathbb{R}$ eine $(n+1)$-mal stetig differenzierbare Funktion. Dann gilt für jedes $x \in I$,*

$$f(x) = f(a) + \frac{f'(a)}{1!}(x - a) + \cdots + \frac{f^{(n)}(a)}{n!}(x - a)^n + R_{n+1}(x),$$

wobei das Restglied $R_{n+1}(x)$ durch

$$R_{n+1}(x) = \frac{1}{n!} \int_a^x (x - t)^n f^{(n+1)}(t)\, dt$$

beschrieben werden kann. Es existiert ein θ zwischen a und x, so dass

$$R_{n+1}(x) = \frac{f^{(n+1)}(\theta)}{(n + 1)!}(x - a)^{n+1}.$$

Diese zweite Darstellung des Restglieds nennt man die **Lagrange-Form**.

Beweis. Induktion nach n. Der Fall $n = 0$ ist der Hauptsatz der Differential- und Integralrechnung. Der Induktionsschritt $(n - 1) \to n$ ergibt sich durch partielle Integration wie folgt

$$\begin{aligned}
R_n(x) &= \frac{1}{(n - 1)!} \int_a^x (x - t)^{n-1} f^{(n)}(t)\, dt \\
&= -\frac{1}{n!}(x - t)^n f^{(n)}(t) \Big|_a^x + \frac{1}{n!} \int_a^x (x - t)^n f^{(n+1)}(t)\, dt \\
&= \frac{1}{n!}(x - a)^n f^{(n)}(a) + \frac{1}{n!} \int_a^x (x - t)^n f^{(n+1)}(t)\, dt.
\end{aligned}$$

Nun zur Lagrange-Form: Nach dem Mittelwertsatz der Integralrechnung existiert ein θ mit

$$\begin{aligned}
R_{n+1}(x) &= \frac{1}{n!} \int_a^x (x - t)^n f^{(n+1)}(t)\, dt \\
&= \frac{f^{(n+1)}(\theta)}{n!} \int_a^x (x - t)^n\, dt \\
&= \frac{f^{(n+1)}(\theta)}{n!} \left(-\frac{1}{n + 1}(x - t)^{n+1} \Big|_a^x \right) = \frac{f^{(n+1)}(\theta)}{(n + 1)!}(x - a)^{n+1}. \qquad \square
\end{aligned}$$

Korollar 7.3.2. *Sei $f : I \to \mathbb{R}$ eine n-mal stetig differenzierbare Funktion und*

$a \in I$. *Dann gilt für $x \in I$:*

$$f(x) = \sum_{k=0}^{n} \frac{f^{(k)}(a)}{k!}(x-a)^k + \eta(x)(x-a)^n,$$

wobei die Funktion η die Gleichung $\lim_{x \to a} \eta(x) = 0$ erfüllt. Man schreibt dies auch als

$$f(x) = \sum_{k=0}^{n} \frac{f^{(k)}(a)}{k!}(x-a)^k + o\left(|x-a|^n\right).$$

Hier steht $o(|x-a|^n)$ für eine Funktion $\phi(x-a)$, die schneller gegen Null geht als $|x-a|^n$ wenn $x \to a$, für die also

$$\lim_{x \to a} \frac{\phi(x-a)}{|x-a|^n} = 0$$

gilt.

Aus der Formel ist klar, das die Funktion η auf $I \setminus \{a\}$ selbst n-mal stetig differenzierbar ist und auf ganz I stetig.

Beweis. Nach der Lagrangeschen Form des Restglieds gibt es zu jedem x ein $\theta(x)$ zwischen a und x mit

$$f(x) = \sum_{k=0}^{n-1} \frac{f^{(k)}(a)}{k!}(x-a)^k + \frac{f^{(n)}(\theta(x))}{n!}(x-a)^n$$

$$= \sum_{k=0}^{n} \frac{f^{(k)}(a)}{k!}(x-a)^k + \underbrace{\frac{f^{(n)}(\theta(x)) - f^{(n)}(a)}{n!}}_{=\eta(x)}(x-a)^n.$$

Da $\theta(x)$ zwischen a und x liegt und f stetig ist, gilt mit dieser Definition $\lim_{x \to a} \eta(x) = 0$. $\qquad \square$

Definition 7.3.3. Sei $f : I \to \mathbb{R}$ eine unendlich oft differenzierbare Funktion. und $a \in I$. Dann heißt die Potenzreihe

$$T_f(x) = \sum_{n=0}^{\infty} \frac{f^{(n)}(a)}{n!}(x-a)^n$$

die *Taylor-Reihe* im Punkt a zur Funktion f.

Der Konvergenzradius einer Taylor-Reihe kann Null sein. Ferner braucht die Taylor-Reihe, auch wenn sie konvergiert, nicht die Funktion darzustellen, wie die folgende Proposition lehrt.

Definition 7.3.4. Eine Funktion heißt *glatt*, wenn sie unendlich oft differenzierbar ist.

Proposition 7.3.5.

(a) *Sei $I \subset \mathbb{R}$ ein offenes Intervall. Die Funktion $f : I \to \mathbb{R}$ sei in $a \in I$ stetig, auf $I \setminus \{a\}$ differenzierbar und es gelte*

$$\lim_{x \to x_0} f'(x) = c.$$

Dann ist die Funktion f in a differenzierbar und es gilt $f'(a) = c$.

(b) *Die Funktion $h : \mathbb{R} \to \mathbb{R}$,*

$$h(x) = \begin{cases} e^{-1/x} & x > 0, \\ 0 & x \leq 0, \end{cases}$$

ist glatt.

Für diese Funktion gilt $h^{(n)}(0) = 0$ für jedes $n \in \mathbb{N}_0$. Daher verschwindet die Taylor-Reihe um den Punkt $a = 0$ identisch. Die Funktion h ist aber nicht Null, also stellt die Taylor-Reihe die Funktion nicht dar.

Beweis. (a) Sei $x \in I$, $x < a$. nach dem Mittelwertsatz gibt es ein $x < \xi_x < a$ mit

$$\frac{f(x) - f(a)}{x - a} = f'(\xi_x).$$

Mit x geht auch ξ_x gegen a und daher existiert der Limes

$$\lim_{x \nearrow a} \frac{f(x) - f(a)}{x - a} = \lim_{x \nearrow a} f'(\xi_x) = c.$$

Analog existiert auch der Limes $x \searrow x_0$ und damit der Limes insgesamt.

(b) In dem Intervall $(-\infty, 0)$ ist h konstant Null und damit glatt. Auf $(0, \infty)$ ist die Funktion h eine Komposition der glatten Funktionen $-1/x$ und e^x daher glatt.

Induktiv zeigt man nun, dass für $x > 0$ gilt $h^{(k)}(x) = p_k(1/x)e^{-1/x}$ für ein Polynom p_k und hieraus folgend, die k-fache Differenzierbarkeit im Punkt $x = 0$. Der Induktionsanfang $k = 0$ ist klar, da $e^{-1/x}$ für $x \searrow 0$ gegen Null geht. Für den Induktionsschritt sei $x > 0$ und $h^{(k)}(x) = p_k(1/x)e^{-1/x}$. Dann gilt

$$h^{(k+1)}(x) = \left(p_k(1/x)e^{-1/x} \right)' = p_k'(1/x)\frac{-1}{x^2}e^{-1/x} + p_k(1/x)\frac{1}{x^2}e^{-1/x}$$

$$= \underbrace{\left(p_k'(1/x)\frac{-1}{x^2} + p_k(1/x)\frac{1}{x^2} \right)}_{=p_{k+1}(1/x)} e^{-1/x}.$$

Hierdurch wird p_{k+1} definiert. Da $e^{-1/x}$ für $x \searrow 0$ schneller gegen Null geht als jedes Polynom in $1/x$, hat $h^{k+1)}$ eine stetige Fortsetzung in $x = 0$ und nach Teil (a) ist h damit $(k + 1)$-mal stetig differenzierbar. $\qquad\square$

Korollar 7.3.6. *Sei $f : I \to \mathbb{R}$ eine glatte Funktion auf dem offenen Intervall I. Ist $a \in I$ und $f(a) = 0$, so kann die Funktion $g(x) = \frac{f(x)}{x-a}$, die auf $I \setminus \{a\}$ definiert ist, stetig nach I fortgesetzt werden und die so definierte Funktion $g : I \to \mathbb{R}$ ist wieder glatt.*

Beweis. Zum Beweis kann zur Vereinfachung $a = 0$ angenommen werden. In $x \neq 0$ ist g ohnehin unendlich oft differenzierbar. Es bleibt also $x = 0$ zu betrachten. Sei $n \in \mathbb{N}$, $n \geq 2$. Die Taylor-Formel für f kann geschrieben werden als

$$f(x) = f'(0)x + \frac{f''(0)}{2}x^2 + \cdots + \frac{f^{(n)}(0)}{n!}x^n + R_{f,n+1}(x),$$

wobei $\frac{R_{f,n+1}(x)}{x^n}$ gegen Null geht, wenn $x \to 0$. Insbesondere ist $R_{f,n+1}(x)$ die Differenz von $f(x)$ und einem Polynom, also ist $R_{f,n+1}(x)$ unendlich oft differenzierbar. Nach Ableiten folgt

$$f'(x) = f'(0) + f''(0)x + \cdots + \frac{f^{(n+1)}(0)}{(n-1)!}x^{n-1} + R'_{f,n+1}(f,x).$$

Ein Vergleich mit der Taylor-Formel für die Funktion f' liefert $R'_{f,n+1}(x) = R_{f',n}(x)$ und daher geht $\frac{R'_{f,n+1}(x)}{x^{n-1}}$ gegen Null für $x \to 0$. Für $x \neq 0$ gilt

$$g(x) = \frac{f(x)}{x} = \frac{f'(0)}{1!} + \cdots + \frac{f^{(n)}(0)}{n!}x^{n-1} + \frac{R_{f,n+1}(x)}{x}.$$

Da $\frac{R_{f,n+1}(x)}{x}$ für $x \to 0$ gegen Null geht, setzt g stetig nach $x = 0$ fort mit dem Wert $g(0) = f'(0)$. Leitet man $k + 1$-mal ab, wobei $k + 1 < n$ ist, erhält man für $x \neq 0$

$$g^{(k+1)}(x) = P_k(x) + \sum_{j=1}^{k} \binom{k+1}{j}(-1)^j j! \frac{R^{(k+1-j)}_{f,n+1}(x)}{x^{j+1}},$$

wobei $P_k(x)$ ein Polynom ist. Daher ist $g^{(k+1)}(x)$ stetig nach $x = 0$ fortsetzbar und wegen $g^k(x) = g^k(0) + \int_0^x g^{(k+1)}(t)\,dt$ folgt induktiv, dass $g^{(k)}$ stetig differenzierbar ist, insgesamt ist g also glatt. $\qquad\square$

Satz 7.3.7. *Ist eine Funktion durch eine Potenzreihe gegeben, dann ist diese Potenzreihe gleich ihrer Taylor-Reihe. Das heißt, sei $a \in \mathbb{R}$ und sei*

$$f(x) = \sum_{n=0}^{\infty} a_n (x - a)^n$$

eine Potenzreihe mit einem positiven Konvergenzradius $r > 0$. Dann ist die Taylor-Reihe der Funktion $f : (a - r, a + r) \to \mathbb{R}$ gleich dieser Reihe, d.h., es gilt

$$a_n = \frac{f^{(n)}(a)}{n!}.$$

Beweis. Klar nach Korollar 7.2.6. □

Satz 7.3.8 (Logarithmus-Reihe). *Für $|x| < 1$ gilt*

$$\log(1 - x) = - \sum_{n=1}^{\infty} \frac{x^n}{n}.$$

Beweis. Die rechte Seite $f(x)$ der Gleichung konvergiert für $|x| < 1$ und definiert dort eine glatte Funktion, was man zum Beispiel mit dem Quotienten-Kriterium einsieht. Es gilt

$$f'(x) = - \sum_{n=1}^{\infty} x^{n-1} = \frac{-1}{1 - x}.$$

Damit hat f dieselbe Ableitung wie $\log(1 - x)$, also existiert $c \in \mathbb{R}$ mit $\log(1 - x) = f(x) + c$. Setzt man $x = 0$ ein, so sieht man, dass $c = 0$ ist. □

Satz 7.3.9 (Abelscher Grenzwertsatz). *Sei $\sum_{n=0}^{\infty} a_n$ eine konvergente Reihe reeller Zahlen. Dann konvergiert die Potenzreihe*

$$f(x) = \sum_{n=0}^{\infty} a_n x^n$$

gleichmäßig auf dem Intervall $[0, 1]$, stellt dort also eine stetige Funktion dar.

Insbesondere gilt dann

$$\sum_{n=0}^{\infty} a_n = \lim_{x \nearrow 1} \sum_{n=0}^{\infty} a_n x^n,$$

was den Namen Grenzwertsatz erklärt.

Beweis. Die Reihe konvergiert auf $[0, 1]$, also ist nur noch zu zeigen, dass der Reihenrest $R_k(x) = \sum_{j=k}^{\infty} a_j x^j$ gleichmäßig gegen Null geht für $k \to \infty$. Setze $s_n = \sum_{k=n+1}^{\infty} a_k$. Dann gilt $s_n - s_{n-1} = -a_n$ für alle $n \in \mathbb{N}$ und $\lim_n s_n = 0$. Da die Folge der s_n beschränkt ist, konvergiert nach Satz 7.2.1 die Reihe $\sum_{n=0}^{\infty} s_n x^n$ für $|x| < 1$. Für natürliche Zahlen $k \le l$ gilt nun

$$\sum_{j=k}^{l} a_j x^j = -\sum_{j=k}^{l} s_j x^j + \sum_{j=k}^{l} s_{j-1} x^j$$

$$= -s_l x^l - \sum_{j=k}^{l-1} s_j x^j + s_{k-1} x^k + \sum_{j=k}^{l-1} s_j x^{j+1}$$

$$= -s_l x^l + s_{k-1} x^k - \sum_{j=k}^{l-1} s_j x^j (1 - x).$$

Für $l \to \infty$ folgt für $x \in [0, 1]$, dass $R_k(x) = s_{k-1} x^k - \sum_{j=k}^{\infty} s_j x^j (1 - x)$. Sei $\varepsilon > 0$ und $N \in \mathbb{N}$ so dass $|s_n| < \varepsilon/2$ für alle $n \ge N$. Dann gilt für jedes $k > N$ und $x \in [0, 1)$,

$$|R_k(x)| < \frac{\varepsilon}{2} + \frac{\varepsilon}{2}(1 - x) \sum_{j=k}^{\infty} x^j \le \frac{\varepsilon}{2} + \frac{\varepsilon}{2} = \varepsilon.$$

Für $x = 1$ gilt schliesslich $|R_k(x)| = |s_{k-1}| < \frac{\varepsilon}{2} < \varepsilon$, so dass insgesamt die gleichmäßige Konvergenz folgt. $\qquad\square$

Beispiel 7.3.10. Es gilt

$$\log 2 = \sum_{n=1}^{\infty} \frac{(-1)^{n+1}}{n}.$$

Beweis. Nach Satz 7.3.8 ist der Logarithmus für $|x| < 1$ in der Form $\log(1 - x) = -\sum_{n=1}^{\infty} \frac{x^n}{n}$ darstellbar. Da die angegebene Reihe konvergiert, folgt nach dem Abelschen Grenzwertsatz

$$\log 2 = \lim_{x \searrow -1} -\sum_{n=1}^{\infty} \frac{x^n}{n} = \sum_{n=1}^{\infty} \frac{(-1)^{n+1}}{n}. \qquad\square$$

Bemerkung 7.3.11. Im Beweis des Grenzwertsatzes wurde implizit eine Variante der *Abelschen Partiellen Summation* verwendet. In der zumeist verwendeten Version besagt dieses Rechenprinzip folgendes: Seien $(a_k)_{k\in\mathbb{N}}$ und $(b_k)_{k\in\mathbb{N}}$ reelle Folgen und sei $B_n = \sum_{k=1}^{n} b_k$. Dann folgt $b_n = B_n - B_{n-1}$ und für natürliche Zahlen $m \le n$ gilt

$$\sum_{k=m}^{n} a_k b_k = a_n B_n - a_m B_{m-1} - \sum_{k=m+1}^{n} (a_k - a_{k-1}) B_{k-1}.$$

Der Name *partielle Summation* rührt daher, dass diese Gleichung eine formale Ähnlichkeit zur Partiellen Integration aus Satz 6.3.10 besitzt. Hierbei fasst man die Summe als ein Integral auf, die Ableitung einer Folge ist gegeben durch $a'_n = a_n - a_{n-1}$, wobei $a_0 = 0$ gesetzt wird. Die "Stammfunktion" ist dann die Folge $A_n = \sum_{k=1}^{n} a_k$.

7.4 Fourier-Reihen

Eine Funktion $f : \mathbb{R} \to \mathbb{C}$ heißt *periodisch* mit *Periode* $L > 0$, falls für jedes $x \in \mathbb{R}$ gilt

$$f(x + L) = f(x).$$

Ist f periodisch mit Periode L, dann ist die Funktion $F(x) = f(Lx)$ periodisch mit Periode 1. Da andererseits $f(x) = F(x/L)$, reicht es, Funktionen mit Periode 1 zu betrachten. Diese werden dann einfach nur *periodisch* genannt.

Beispiel 7.4.1. Die Funktionen $\sin(2\pi x)$, $\cos(2\pi x)$, und $e^{2\pi i x}$ sind periodisch. Des Weiteren kann jede Funktion auf dem halboffenen Intervall $[0, 1)$ auf eindeutige Weise zu einer periodischen Funktion fortgesetzt werden.

Definition 7.4.2. Der Raum der stetigen periodischen Funktionen $\mathbb{R} \to \mathbb{C}$ wird mit $C(\mathbb{R}/\mathbb{Z}, \mathbb{C})$ oder einfach nur $C(\mathbb{R}/\mathbb{Z})$ bezeichnet und der Raum der unendlich oft differenzierbaren periodischen Funktionen mit $C^\infty(\mathbb{R}/\mathbb{Z})$. Dies ist konsistent mit der Bezeichnung von $\mathbb{R}/\mathbb{Z}$ als der Menge der Äquivalenzklassen von $\mathbb{R}$ modulo $\mathbb{Z}$ in Beispiel 1.4.8. Mit Hilfe der Abbildung $t \mapsto e^{2\pi i t}$ identifiziert man die Menge $\mathbb{R}/\mathbb{Z}$ mit dem Einheitskreis $\mathbb{T} = \{z \in \mathbb{C} : |z| = 1\}$.

Definition 7.4.3. Seien $a < b$ in $\mathbb{R}$. Eine Funktion $f : [a, b] \to \mathbb{C}$ heisst *Riemann-integrierbar*, wenn Real- und Imaginärteil Riemann-integrierbar sind. Ist also $f = u + iv$ mit reellwertigen integrierbaren Funktionen u, v, so definiert man

$$\int_a^b f(x)\, dx = \int_a^b u(x)\, dx + i \int_a^b v(x)\, dx.$$

Definition 7.4.4. Sei $f : \mathbb{R} \to \mathbb{C}$ periodisch und auf dem Intervall $[0,1]$ Riemann-integrierbar. Nach Satz 6.1.16 ist dann auch $t \mapsto f(t)e^{2\pi i k t}$, $k \in \mathbb{Z}$, integrierbar. Für $k \in \mathbb{Z}$ sei der k-te *Fourier-Koeffizienten* von f

$$c_k = c_k(f) = \int_0^1 f(t)e^{-2\pi i k t}\, dt.$$

Die *Fourier-Reihe* von f ist die Reihe

$$\sum_{k \in \mathbb{Z}} c_k e^{2\pi i k x}.$$

Die Fourier-Reihe braucht nicht zu konvergieren. In Satz 7.4.7 und später in Satz 15.1.13 werden Kriterien angegeben, unter denen die Fourier-Reihe absolut konvergiert.

Definition 7.4.5. Sei $D \subset \mathbb{R}$ eine nicht beschränkte Teilmenge. Eine Funktion $f : D \to \mathbb{C}$ heißt *schnell fallend*, falls für jedes gegebene $n \in \mathbb{N}_0$ die Funktion $x^n f(x)$ auf D beschränkt ist.

Für $D = \mathbb{N}$ erhält man den Spezialfall einer schnell fallenden Folge.

Beispiele 7.4.6.

- Für $D = \mathbb{N}$ ist die Folge $a_k = \frac{1}{k!}$ schnell fallend.

- Für $D = [0, \infty)$ ist die Funktion $f(x) = e^{-x}$ schnell fallend.

- Für $D = \mathbb{R}$ ist die Funktion $f(x) = e^{-x^2}$ schnell fallend.

Satz 7.4.7 (Fourier-Reihen). *Ist g in $C^\infty(\mathbb{R}/\mathbb{Z})$, dann gilt für jedes $x \in \mathbb{R}$,*

$$g(x) = \sum_{k \in \mathbb{Z}} c_k e^{2\pi i k x},$$

wobei $c_k = c_k(g) = \int_0^1 g(t)e^{-2\pi i k t}\, dt$. Die Summe konvergiert gleichmäßig absolut. Die Fourier-Koeffizienten c_k bilden eine schnell fallende Funktion in $k \in \mathbb{Z}$.

Die Fourier-Koeffizienten c_k sind eindeutig bestimmt, d.h., ist $(a_k)_{k \in \mathbb{Z}}$ eine Familie komplexer Zahlen so dass die Reihe $\sum_{k=-\infty}^{\infty} a_k e^{2\pi i k x}$ gleichmäßig auf $\mathbb{R}$ konvergiert und die Funktion $g(x)$ darstellt. Dann folgt $a_k = c_k(g)$ für jedes $k \in \mathbb{Z}$.

Beweis. Durch wiederholte partielle Integration erhält man für $k \neq 0$,

$$|c_k(g)| = \left| \int_0^1 g(t)e^{-2\pi itk} \, dt \right| = \left| \frac{1}{-2\pi ik} \int_0^1 g'(t)e^{-2\pi ikt} \, dt \right|$$

$$= \left| \frac{1}{-4\pi^2 k^2} \int_0^1 g''(t)e^{-2\pi ikt} \, dt \right| = \dots$$

$$= \left| \frac{1}{(-4\pi^2 k^2)^n} \int_0^1 g^{(2n)}(t)e^{-2\pi ikt} \, dt \right| \leq \frac{1}{k^{2n}} \left(\frac{1}{(4\pi^2)^n} \int_0^1 \left| g^{(2n)}(t) \right| \, dt \right).$$

Daher ist die Folge $(c_k(g))$ schnell fallend. Also gibt es insbesondere ein $M > 0$ so dass $|c_k(g)| \leq \frac{M}{1+k^2}$ und damit konvergiert die Summe $\sum_{k\in\mathbb{Z}} |c_k(g)|$ und da $\left| e^{2\pi ikx} \right| = 1$ ist, konvergiert die Summe $\sum_{k\in\mathbb{Z}} c_k(g)e^{2\pi ikx}$ gleichmäßig absolut. Es ist nur zu zeigen, dass sie gegen $g(x)$ konvergiert. Es reicht, dies am Punkte $x = 0$ zu tun, denn ist die Konvergenz für jedes g im Punkte $x = 0$ gezeigt, dann kann man für gegebenes $x_0 \in \mathbb{R}$ die Funktion $g_{x_0}(x) = g(x+x_0)$ betrachten, die wieder in $C^\infty(\mathbb{R}/\mathbb{Z})$ liegt und man erhält $g(x_0) = g_{x_0}(0) = \sum_k c_k(g_{x_0})$. Wegen $c_k(g_{x_0}) = \int_0^1 g(x + x_0)e^{-2\pi ikx} \, dx = e^{2\pi ikx_0}c_k(g)$ folgt dann die Behauptung. Es reicht also, $g(0) = \sum_k c_k(g)$ zu zeigen. Diese Behauptung gilt für konstante Funktionen, da dann alle Fourier-Koeffizienten bis auf c_0 gleich Null sind. Daher kann man $g(x)$ durch $g(x) - g(0)$ ersetzen und so annehmen, dass $g(0) = 0$ ist, so dass in diesem Fall $\sum_k c_k(g) = 0$ zu zeigen ist. Sei

$$h(x) = \frac{g(x)}{e^{2\pi ix} - 1}.$$

Außerhalb der Nullstellen des Nenners ist diese Funktion glatt. Um zu sehen, dass sie überall glatt ist, reicht es zu zeigen, dass h in einem offenen Intervall um Null glatt ist, denn die Funktion h ist periodisch. Da $g(0) = 0$, ist die Funktion $\frac{g(x)}{x}$ nach Korollar 7.3.6 glatt in einem offenen Intervall, das die Null enthält. Ebenso ist die Funktion $\phi(x) = \frac{e^{2\pi ix}-1}{x}$ ist in einem offenen Intervall um die Null glatt und $\neq 0$, also ist $1/\phi(x)$ glatt. Zusammengenommen ist h eine glatte Funktion, also in $C^\infty(\mathbb{R}/\mathbb{Z})$. Weiter gilt

$$c_k(g) = \int_0^1 h(x)(e^{2\pi ix} - 1)e^{-2\pi ikx} \, dx = c_{k-1}(h) - c_k(h).$$

Da h in $C^\infty(\mathbb{R}/\mathbb{Z})$ liegt, konvergiert die Reihe $\sum_k c_k(h)$ absolut und es ist $\sum_k c_k(g) = \sum_k (c_{k-1}(h) - c_k(h)) = 0$ wie verlangt.

Nun zur Eindeutigkeit der Fourier-Koeffizienten. Sei $(a_k)_{k\in\mathbb{Z}}$ wie in dem Satz. Die nun folgende Vertauschung von Integration und Summation ist wegen gleichmäßiger Konvergenz gerechtfertigt. Für $l \in \mathbb{Z}$ gilt

$$c_l(g) = \int_0^1 g(t)e^{-2\pi ilt} \, dt = \int_0^1 \sum_{k=-\infty}^{\infty} a_k e^{2\pi ikt} e^{-2\pi ilt} \, dt = \sum_{k=-\infty}^{\infty} a_k \int_0^1 e^{2\pi i(k-l)t} \, dt.$$

Nun ist $\int_0^1 e^{2\pi i(k-l)t}\, dt = 1$ falls $k = l$ ist. Andernfalls gilt

$$\int_0^1 e^{2\pi i(k-l)t}\, dt = \frac{1}{2\pi i(k-l)} e^{2\pi i(k-l)t}\Big|_0^1 = 0.$$

Damit folgt $c_l(g) = a_l$.   □

Die Poissonsche Summenformel

Definition 7.4.8. Eine Funktion f auf $\mathbb{R}$ heißt *Schwartz-Funktion*, falls sie glatt ist und jede Ableitung $f^{(m)}$ mit $m \in \mathbb{N}_0$ schnell fallend ist. Sei S die Menge der Schwartz-Funktionen. Für eine Schwartz-Funktion f sei die *Fourier-Transformierte $\hat{f}$* die Funktion

$$\hat{f}(y) = \int_{-\infty}^{\infty} f(x)\, e^{-2\pi i x y}\, dx.$$

Da f stetig ist und schnell fällt, existiert das Integral für jedes $y \in \mathbb{R}$. Ferner ist $\hat{f}$ eine beschränkte Funktion, denn es gilt $|\hat{f}(y)| \leq \int_{\mathbb{R}} |f(x)|\, dx$.

Proposition 7.4.9. *Für jedes $f \in S$ gelten die folgenden Aussagen.*

(a) *Ist $g(x) = f(x)e^{2\pi i a x}$ für ein $a \in \mathbb{R}$, dann ist $g \in S$ und es gilt $\hat{g}(y) = \hat{f}(y - a)$.*

(b) *Ist $g(x) = f(x - a)$, dann ist $g \in S$ und es gilt $\hat{g}(y) = \hat{f}(y)e^{-2\pi i a y}$.*

(c) *Ist $g(x) = f(\frac{x}{\lambda})$ für $\lambda > 0$, dann ist $g \in S$ und es gilt $\hat{g}(y) = \lambda \hat{f}(\lambda y)$.*

(d) *Ist $g(x) = f'(x)$, dann ist $\hat{g}(y) = 2\pi i y \hat{f}(y)$. Es folgt, dass $\hat{f}$ schnell fallend ist.*

Es ist auch richtig, dass die Fourier-Transformierte von $f \in S$ wieder in S liegt, ja die Fourier-Transformation liefert eine Bijektion $S \to S$. Ein Beweis dieser Aussage findet sich etwa in [Rud87] oder auch in [Deit05].

Beweis der Proposition. Die Aussagen (a)-(c) folgen durch ein paar einfache Substitutionen. Für Teil (d) liefert partielle Integration

$$\widehat{f'}(y) = \int_{-\infty}^{\infty} f'(x)e^{-2\pi i x y}\, dx$$

$$= \underbrace{f(x)e^{-2\pi i x y}\Big|_{-\infty}^{+\infty}}_{=0} - \int_{-\infty}^{\infty} f(x)(-2\pi i y)e^{-2\pi i x y}\, dx = 2\pi i y \hat{f}(y)$$

Sei $n \in \mathbb{N}$. Man kann diesen Schluss wiederholen und erhält für die n-te Ableitung $h = f^{(n)}$, dass $\hat{h}(y) = (2\pi i y)^n \hat{f}(y)$. Da $h \in S$, ist die Funktion $\hat{h}$ beschränkt, also ist f schnell fallend.   □

Satz 7.4.10 (Poissonsche Summenformel). *Sei $f \in S$. Dann gilt*

$$\sum_{k \in \mathbb{Z}} f(k) = \sum_{k \in \mathbb{Z}} \hat{f}(k).$$

Beweis. Sei $g(x) = \sum_{k \in \mathbb{Z}} f(x + k)$. Da f schnell fallend ist, konvergiert die Reihe absolut gleichmäßig und definiert eine stetige periodische Funktion g. Dasselbe gilt für die Ableitung f'. Definiere $h(x) = \sum_{k \in \mathbb{Z}} f'(x + k)$. Da auch $f' \in S$ ist, konvergiert auch diese Reihe gleichmäßig und definiert eine stetige periodische Funktion h. Wegen der gleichmäßigen Konvergenz kann man in der folgenden Rechnung Integration und Summation vertauschen und gilt für $x \in \mathbb{R}$,

$$\int_0^x h(t)\,dt = \sum_{k \in \mathbb{Z}} \int_0^x f'(t + k)\,dt = \sum_{k \in \mathbb{Z}} f(x + k) - f(k) = g(x) - g(0).$$

Daher ist g stetig differenzierbar mit Ableitung h. Dieses Argument kann man mit f' statt f wiederholen und findet, dass g zweimal stetig differenzierbar ist. Dann wiederholt man es mit f'' und so weiter und sieht, dass g unendlich oft differenzierbar, also in $C^\infty(\mathbb{R}/\mathbb{Z})$ ist. Es folgt, dass die Fourier-Reihe von g gleichmäßig konvergiert und die Funktion überall darstellt. Schreibt man $e_k(x) = e^{2\pi i k x}$, so gilt also insbesondere:

$$\sum_k f(k) = g(0) = \sum_{k \in \mathbb{Z}} c_k e_k(0),$$

wobei $c_k = \int_0^1 g(x) e^{-2\pi i k x}\,dx$. In der folgenden Rechnung wird $e_k(0) = 1$ benutzt, sowie die Tatsache dass Integration und Summation wegen gleichmäßiger Konvergenz vertauscht werden dürfen. Es ist

$$\sum_{k \in \mathbb{Z}} f(k) = \sum_{k \in \mathbb{Z}} \int_0^1 g(x) e^{-2\pi i k x}\,dx = \sum_{k \in \mathbb{Z}} \int_0^1 \sum_{l \in \mathbb{Z}} f(x + l) e^{-2\pi i k x}\,dx$$

$$= \sum_{k \in \mathbb{Z}} \sum_{l \in \mathbb{Z}} \int_0^1 f(x + l) e^{-2\pi i k x}\,dx = \sum_{k \in \mathbb{Z}} \sum_{l \in \mathbb{Z}} \int_l^{l+1} f(x) e^{-2\pi i k x}\,dx$$

$$= \sum_{k \in \mathbb{Z}} \int_{-\infty}^{\infty} f(x) e^{-2\pi i k x}\,dx = \sum_{k \in \mathbb{Z}} \hat{f}(k). \qquad \square$$

7.5 Aufgaben und Bemerkungen

Aufgaben

Aufgabe 7.1. Seien $a < b$ reelle Zahlen. Eine Funktion $f : [a, b] \to \mathbb{R}$ heißt *Regelfunktion* falls f gleichmäßiger Limes von Riemannschen Treppenfunktionen ist. *Zeige:* Eine Funktion f ist genau dann eine Regelfunktion, wenn für jedes $x_0 \in [a, b]$ die einseitigen Limiten $\lim_{x \nearrow x_0} f(x)$ und $\lim_{x \searrow x_0} f(x)$ existieren. Zeige ferner, dass jede Regelfunktion Riemann-integrierbar ist. (Hinweis: Betrachte die Menge A_n aller $c \in [a, b]$ so dass es eine Treppenfunktion $t : [a, c] \to \mathbb{R}$ gibt mit $|t(x) - f(x)| < \frac{1}{n}$ für alle $x \in [a, c]$.)

Aufgabe 7.2. Entscheide für jeder dieser Funktionenfolgen auf $\mathbb{R}$, ob sie punktweise und ob sie gleichmäßig konvergiert.

$$(a)\ f_n(x) = \sqrt[n]{x^2 + 1}, \qquad (b)\ g_n(x) = \sum_{k=1}^{n} \frac{\sin(kx)}{2^k}, \qquad (c)\ h_n(x) = \sin(nx).$$

Aufgabe 7.3. Sei $f_n : I \to \mathbb{R}$ eine Folge von Funktionen auf dem kompakten Intervall I, die gleichmäßig konvergiert. Sei $x_0 \in I$ ein Punkt in dem jedes f_n stetig ist. *Zeige,* dass

$$\lim_{x \to x_0} \lim_{n \to \infty} f_n(x) = \lim_{n \to \infty} \lim_{x \to x_0} f_n(x).$$

(Man orientiere sich am Beweis von Satz 7.1.3.)

Aufgabe 7.4. Untersuche die Funktionenfolgen $g_n, f_n : \mathbb{R} \to \mathbb{R}$ mit

$$(a)\ g_n(x) = \sqrt{x^2 + \frac{1}{n}}, \qquad (b)\ f_n(x) = \arctan(nx)$$

auf gleichmäßige Konvergenz.

Aufgabe 7.5. Bestimme die Taylor-Reihe der Funktion $\log x$ um einen Entwicklungspunkt $a > 0$. Wo konvergiert die Reihe? Stellt sie die Funktion dar?

Aufgabe 7.6. Schreibe die folgenden Funktionen als Potenzreihen um den angegebenen Entwicklungspunkt und bestimme jeweils den Konvergenzradius:

$$(a) \qquad f(x) = \frac{1}{x}, \qquad\qquad a = 1,$$

$$(b) \qquad g(x) = \frac{1}{x^2 + 2x + 1}, \qquad\qquad b = 0,$$

$$(c) \qquad h(x) = x^2 e^{x+1}, \qquad\qquad c = 0.$$

Aufgabe 7.7. Berechne die Fourier-Reihe der periodischen Funktion f, die für $0 \le x < 1$ den Wert $f(x) = x$ hat.

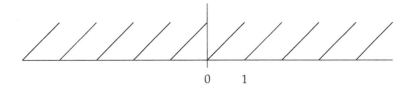

Aufgabe 7.8. Berechne die Fourier-Reihe der Funktion $f(x) = |\sin(2\pi x)|$.

Aufgabe 7.9. Sei $f : \mathbb{R} \to \mathbb{C}$ periodisch und stetig und sei

$$\omega(y) = \int_0^1 |f(t+y) - f(t)|\, dt.$$

Zeige, dass die Fourier-Koeffizienten c_k von f für $k \neq 0$ der Abschätzung $|c_k| \leq \frac{1}{2}\omega\left(\frac{1}{2k}\right)$ genügen.

Aufgabe 7.10. *Zeige:*

(a) Die Funktion $f(x) = e^{-\pi x^2}$ liegt im Schwartz-Raum und ist ihre eigene Fourier-Transformierte, d.h., es gilt $\hat{f} = f$.
(Hinweis: Zeige, $f'(x) = -2\pi x f(x)$ und dass die Fourier-Transformierte $\hat{f}$ dieselbe Gleichung erfüllt. Betrachte dann den Quotienten $\hat{f}/f$.)

(b) Für $t > 0$ sei $\Theta(t) = \sum_{k \in \mathbb{Z}} e^{-t\pi k^2}$. Zeige, dass für jedes $t > 0$

$$\Theta(t) = \frac{1}{\sqrt{t}}\Theta\left(\frac{1}{t}\right).$$

Mehr Aufgaben und Lösungen finden Sie in dem Begleitbuch *Übungsbuch zur Analysis,* *Springer-Verlag* 2020.

Bemerkungen

Fourier-Reihen bilden zusammen mit der Fourier-Transformation das kanonische Werkzeug der Fourier-Analysis. Beide sind aber nur Inkarnationen einer allgemeineren Theorie, der sogenannten Harmonischen Analyse. Eine Einführung findet sich zum Beispiel in [Deit05].

Kapitel 8

Metrische Räume

In der Mathematik führt die Auseinandersetzung mit dem Raumbegriff zum Gebiet der *Topologie*. Eine Inkarnation ist die metrische Topologie, benannt nach dem zentralen Begriff der *Metrik*, einer Verallgemeinerung des Abstands im dreidimensionalen Raum.

8.1 Metrik und Vollständigkeit

Sei X eine Menge. Eine *Abstandsfunktion* oder *Metrik* auf X ist eine Abbildung

$$d : X \times X \to [0, \infty),$$

die für alle $x, y, z \in X$ die folgenden drei Axiome erfüllt:

- $d(x, y) = d(y, x),$ Symmetrie

- $d(x, y) = 0 \Leftrightarrow x = y,$ Definitheit

- $d(x, y) \leq d(x, z) + d(z, y).$ Dreiecksungleichung

Beispiele 8.1.1.

- Auf jeder Menge X lässt sich die *diskrete Metrik* installieren:

$$d(x, y) = \begin{cases} 0 & x = y, \\ 1 & x \neq y. \end{cases}$$

159

A. Deitmar, *Analysis*, https://doi.org/10.1007/978-3-662-62858-4_8

- Auf $X = \mathbb{R}$ ist die Abbildung $d(x, y) = |x - y|$ eine Metrik. Ebenso ist auf $X = \mathbb{C}$ die Abbildung $d(z, w) = |z - w|$ eine Metrik.

- Auf dem *Einheitskreis* $X = \mathbb{T} = \{z \in \mathbb{C} : |z| = 1\}$ bieten sich zwei verschiedene Metriken an:

    - die komplexe Metrik: $d(z, w) = |z - w|$ und
    - die Bogenlängenmetrik: $d(e^{i\alpha}, e^{i\beta}) = \min_{k \in \mathbb{Z}}(|\alpha - \beta + 2\pi k|)$.

Lemma 8.1.2 (Umgekehrte Dreiecksungleichung). *Seien $x, y, z \in X$ und d eine Metrik auf X, dann gilt*

$$|d(x, y) - d(y, z)| \leq d(x, z).$$

Beweis. Aus $d(x, y) \leq d(x, z) + d(z, y)$ folgt $d(x, y) - d(y, z) \leq d(x, z)$. Vertauschen von x und z liefert $d(z, y) - d(y, x) \leq d(x, z)$. Zusammen folgt die Behauptung.   □

Definition 8.1.3. Ein *metrischer Raum* ist ein Paar (X, d) bestehend aus einer Menge X und einer Metrik d auf X. Ist (X, d) ein metrischer Raum und ist $Y \subset X$ eine Teilmenge, so ist die Einschränkung $d|_{Y \times Y}$ eine Metrik auf Y.

Definition 8.1.4. Sei (X, d) ein metrischer Raum. Eine Folge (x_n) mit Werten in X *konvergiert in der Metrik gegen* $x \in X$, falls die Folge der Abstände $d(x_n, x)$ gegen Null geht. In diesem Fall ist x durch die Folge (x_n) eindeutig bestimmt, was man analog zu Satz 3.1.5 beweist. Daher nennt man x die *Limes* der Folge (x_n).

Eine Folge (x_n) heißt *Cauchy-Folge*, falls es zu jedem $\varepsilon > 0$ ein $n_0 \in \mathbb{N}$ gibt, so dass

$$d(x_n, x_m) < \varepsilon \quad \text{für alle} \quad n, m \geq n_0.$$

Lemma 8.1.5. *Jede konvergente Folge ist eine Cauchy-Folge.*

Beweis. Sei $x_n \to x$ konvergent und sei $\varepsilon > 0$. Dann existiert ein $n_0 \in \mathbb{N}$ so dass für jedes $n \geq n_0$ die Abschätzung $d(x_n, x) < \varepsilon/2$ gilt. Für $n, m \geq n_0$ gilt dann nach der Dreiecksungleichung

$$d(x_n, x_m) \leq d(x_n, x) + d(x_m, x) < \frac{\varepsilon}{2} + \frac{\varepsilon}{2} = \varepsilon. \qquad \square$$

Lemma 8.1.6.

(a) *Konvergiert eine Folge (x_n) in einem metrischen Raum X gegen $a \in X$, dann konvergiert jede Teilfolge auch gegen a.*

(b) *Falls eine Cauchy Folge in einem metrischen Raum eine konvergente Teilfolge hat, ist sie selbst konvergent. Ihr Limes ist der der Teilfolge.*

Beweis. Man beweist (a) wie den analogen Satz in $\mathbb{R}$, also Satz 3.3.3.

(b) Sei (x_n) eine Cauchy-Folge in dem metrischen Raum (X, d) und sei $(x_{n_k})_{k \in \mathbb{N}}$ eine Teilfolge, die gegen $a \in X$ konvergiert. Sei $\varepsilon > 0$. Dann gibt es ein k_0 so dass für jedes $k \geq k_0$ gilt $d(x_{n_k}, a) < \varepsilon/2$. Ferner gibt es ein $n_0 \in \mathbb{N}$, so dass für alle $m, n \geq n)$ gilt $d(x_m, x_n) < \varepsilon/2$. Sei nun $n \geq n_0$ und sei $k \geq k_0$ so gross, dass $n_k \geq n_0$ gilt. Dann ist $d(x_n, a) \leq d(x_n, x_{n_k}) + d(x_{n_k}, a) < \frac{\varepsilon}{2} + \frac{\varepsilon}{2} = \varepsilon$ □

Definition 8.1.7. Seien X, Y metrische Räume. Eine *Isometrie* von X nach Y ist eine Abbildung $\phi : X \to Y$ so dass

$$d\big(\phi(x), \phi(x')\big) = d(x, x')$$

für alle $x, x' \in X$ gilt. Eine Isometrie ist also eine Abbildung, die die Abstände zwischen Punkten erhält. Eine Isometrie ist stets injektiv. Ist die Isometrie ϕ auch surjektiv, dann ist sie bijektiv und ihre Umkehrabbildung ist ebenfalls eine Isometrie. Eine bijektive Isometrie nennt man einen *Isomorphismus metrischer Räume.*

Eine Teilmenge $A \subset X$ eines metrischen Raumes ist eine *dichte Teilmenge,* falls jeder Punkt in X Grenzwert einer Folge in A ist.

Definition 8.1.8. Ein metrischer Raum (X, d) heißt *vollständig,* falls jede Cauchy-Folge konvergiert.

Beispiel 8.1.9. Nach Satz 3.1.30 ist $\mathbb{R}$ vollständig, der Teilraum $\mathbb{Q}$ aber nicht.

Satz 8.1.10 (Vervollständigung). *Sei X ein metrischer Raum. Dann gibt es eine Isometrie $\phi \colon X \to \widehat{X}$, wobei $\widehat{X}$ ein vollständiger metrischer Raum ist, so dass das Bild $\phi(X)$ dicht in $\widehat{X}$ liegt. Das Paar $(\widehat{X}, \phi)$ nennt man eine* Vervollständigung *von X.*
Eine Vervollständigung ist eindeutig bestimmt in folgendem Sinne. Ist $\psi : X \to Z$ eine weitere Isometrie mit dichtem Bild in einem vollständigen metrischen Raum Z, dann gibt es genau einen Isomorphismus metrischer Räume $\alpha : \widehat{X} \to Z$ so dass $\psi = \alpha \circ \phi$, das heißt, das Diagramm

ist kommutativ.

Beweis. Sei (X, d) ein metrischer Raum. Eine Vervollständigung Y von X kann wie folgt konstruiert werden. Zunächst sei $CF(X)$ die Menge aller Cauchy-Folgen in X. Es gibt eine kanonische Abbildung $\tilde\phi\colon X \to CF(X)$, die jedes $x \in X$ auf die konstante Folge $x_n = x$ abbildet. Auf der Menge $CF(X)$ gibt es die natürliche Äquivalenzrelation

$$(x_n) \sim (y_n) \quad :\Leftrightarrow \quad d(x_n, y_n) \text{ ist eine Nullfolge.}$$

Insbesondere ist eine Cauchy-Folge (x_n) zu jeder ihrer Teilfolgen äquivalent. Setze

$$\widehat{X} = \tilde{X}/\sim,$$

also ist $\widehat{X}$ die Menge der Äquivalenzklassen in $\tilde{X}$. Sei (x_n) eine Cauchy-Folge in X. Man nennt die Folge eine *starke Cauchy-Folge*, falls

$$d(x_m, x_n) < \frac{1}{\min(m, n)}$$

für alle $m, n \in \mathbb{N}$ gilt. Jede Cauchy-Folge hat eine starke Teilfolge, insbesondere ist also jede Cauchy-Folge zu einer starken Cauchy-Folge äquivalent.

Lemma 8.1.11.

(a) *Seien (x_n) und (y_n) in $\tilde{X}$. Dann konvergiert die Folge $d(x_n, y_n)$ in $\mathbb{R}$ und der Limes bleibt derselbe, wenn (x_n) und (y_n) durch äquivalente Folgen ersetzt werden.*

(b) *Sind (x_n) und (y_n) starke Cauchy-Folgen, dann gilt für jedes $k \in \mathbb{N}$,*

$$d(x_k, y_k) \leq \frac{2}{k} + \lim_n d(x_n, y_n).$$

Beweis des Lemmas. Für $m, n \in \mathbb{N}$ gilt nach der umgekehrten Dreiecksungleichung

$$|d(x_n, y_n) - d(x_m, y_m)| \leq |d(x_n, y_n) - d(x_n, y_m)| + |d(x_n, y_m) - d(x_m, y_m)|$$
$$\leq d(y_n, y_m) + d(x_n, x_m).$$

Sind also (x_n) und (y_n) Cauchy-Folgen, dann ist $d(x_n, y_n)$ eine Cauchy-Folge in $\mathbb{R}$, konvergiert also. Dass man (x_n) oder (y_n) durch äquivalente Folgen ersetzen kann, ist eine einfache Konsequenz der Dreiecksungleichung. Sind (x_n) und (y_n) starke Cauchy-Folgen, so folgt aus dieser Abschätzung für $k \leq n$ in $\mathbb{N}$,

$$d(x_k, y_k) \leq d(x_k, x_n) + d(y_k, y_n) + d(x_n, y_n)$$
$$\leq \frac{1}{k} + \frac{1}{k} + d(x_n, y_n),$$

woraus sich durch Limesübergang $n \to \infty$ die letzte Aussage ergibt. $\square$

Auf der Menge $\widehat{X}$ definiert man eine Metrik $\widehat{d}$ durch

$$\widehat{d}\big([x_n], [y_n]\big) := \lim_{n\to\infty} d(x_n, y_n).$$

Der Beweis, dass $\widehat{d}$ eine Metrik ist, ist bis auf die Dreiecksungleichung offensichtlich. Letztere zeigt man wie folgt

$$\widehat{d}\big([x_n], [y_n]\big) = \lim_n d(x_n, y_n) \leq \lim_n d(x_n, z_n) + d(z_n, y_n)$$
$$= \widehat{d}\big([x_n], [z_n]\big) + \widehat{d}\big([z_n], [y_n]\big).$$

Definiere $\phi: X \to \widehat{X}$ durch $\phi(x) := [\tilde\phi(x)]$, also $\phi(x) = [x_n]$ mit $x_n = x$ für jedes $n \in \mathbb{N}$. Es folgt

$$\widehat{d}\big(\phi(x), \phi(y)\big) = \lim_n d(x, y) = d(x, y),$$

also ist ϕ eine Isometrie. Um zu zeigen, dass das Bild dicht liegt, wähle $[x_n] \in \widehat{X}$ und $\varepsilon > 0$. Dann gibt es ein $n_0 \in \mathbb{N}$ so dass $d(x_n, x_m) < \varepsilon/2$ für $m, n \geq n_0$ gilt. Mit $x = x_{n_0}$ ist

$$\widehat{d}(\phi(x), [x_n]) = \lim_n d(x_{n_0}, x_n) \leq \varepsilon/2 < \varepsilon.$$

Da $\varepsilon > 0$ beliebig war, ist $\phi(X)$ dicht in $\widehat{X}$.

Um zu sehen, dass $\widehat{X}$ vollständig ist, sei $\big([x^{(k)}]\big)_{k\in\mathbb{N}} = \big([x_n^{(k)}]\big)_{k\in\mathbb{N}}$ eine Cauchy-Folge in $\widehat{X}$. Das bedeutet, dass für jedes $k \in \mathbb{N}$ eine Cauchy-Folge $(x_n^{(k)})_{n\in\mathbb{N}}$ in X gegeben ist. Indem man $(x_n^{(k)})_{n\in\mathbb{N}}$ gegebenenfalls durch eine Teilfolge ersetzt, kann angenommen werden, dass $(x_n^{(k)})_n$ eine starke Cauchy-Folge ist. Nach Lemma 8.1.6 reicht es zu zeigen, dass eine starke Teilfolge von $\big([x^{(k)}]\big)_{k\in\mathbb{N}}$ konvergiert, also kann die Cauchy-Folge $\big([x^{(k)}]\big)$ im Folgenden als stark angenommen werden. Sei $y_j = x_j^{(j)}$ die Diagonalfolge. Dann gilt nach Lemma 8.1.11 (b)

$$d(y_i, y_j) = d\left(x_i^{(i)}, x_j^{(j)}\right) \leq d\left(x_i^{(i)}, x_i^{(j)}\right) + d\left(x_i^{(j)}, x_j^{(j)}\right)$$
$$< \frac{2}{i} + \widehat{d}\big([x^{(i)}], [x^{(j)}]\big) + \frac{1}{\min(i, j)} < \frac{2}{i} + \frac{2}{\min(i, j)}.$$

Also ist (y_j) eine Cauchy-Folge in X, definiert demnach ein Element $[y]$ von

$\widehat{X}$. Die Tatsache, dass die Folge $[x^{(k)}]$ gegen $[y]$ konvergiert, folgt aus

$$\widehat{d}\big([x^{(k)}], [y]\big) = \lim_j d\left(x_j^{(k)}, x_j^{(j)}\right)$$

$$\leq \lim_j \left[\lim_n d\left(x_j^{(k)}, x_n^{(k)}\right) + d\left(x_n^{(k)}, x_n^{(j)}\right) + d\left(x_n^{(j)}, x_j^{(j)}\right)\right]$$

$$\leq \lim_j \left[\lim_n d\left(x_n^{(k)}, x_n^{(j)}\right) + \frac{2}{j}\right] \leq \lim_j \left[\frac{1}{\min(j,k)} + \frac{2}{j}\right] = \frac{1}{k}.$$

Für die letzte Aussage von Satz 8.1.10, sei nun eine zweite Vervollständigung $\psi: X \to Y$ gegeben. Für $\widehat{x} \in \widehat{X}$ wählt man eine Folge (x_n) in X, so dass $\phi(x_n)$ gegen $\widehat{x}$ konvergiert. Sei dann

$$\alpha\big(\widehat{x}\big) = \lim_n \psi(x_n).$$

Dies muss erklärt werden. Zunächst, da ϕ eine Isometrie ist, ist die Folge x_n eine Cauchy-Folge und daher ist $\psi(x_n)$ eine Cauchy-Folge, also konvergent, so dass der Limes existiert. Man sieht leicht, dass dieser Limes nicht von der Wahl der Folge (x_n) abhängt, also ist α wohldefiniert. Es ist ebenfalls leicht zu sehen, dass α eine Isometrie ist. Umgekehrt definiert man eine Abbildung $\beta : Y \to \widehat{X}$ durch

$$\beta(y) = \lim_n \big(\phi(x_n)\big),$$

wobei x_n eine beliebige Folge in X ist, mit der Eigenschaft, dass $\psi(x_n)$ gegen y konvergiert. Es folgt $\beta\alpha = \mathrm{Id}$ und $\beta\alpha = \mathrm{Id}$. Da X dicht in $\widehat{X}$ liegt, ist α eindeutig bestimmt. $\qquad\square$

8.2 Metrische Topologie

Sei (X, d) ein metrischer Raum. Für $x \in X$ und $r > 0$ sei $B_r(x)$ der *Ball* mit Radius r um x, also

$$B_r(x) := \big\{y \in X : d(x, y) < r\big\}.$$

Definition 8.2.1. Eine Teilmenge $A \subset X$ heißt *offene Teilmenge*, falls A mit jedem Element $x \in A$ auch einen Ball um x enthält. Also heißt A offen, wenn es zu jedem $x \in A$ ein $r > 0$ gibt, so dass

$$B_r(x) \subset A.$$

Beispiel 8.2.2. Seien $a < b$ reelle Zahlen. Dann ist das offene Intervall (a, b) eine offene Teilmenge von $\mathbb{R}$ im Sinne dieser Definition. Dasselbe gilt auch wenn $a = -\infty$ oder $b = +\infty$ zugelassen sind.

Beweis. Sei $x \in (a, b)$. Dann sind die Abstände $d(a, x), d(b, x)$ beide > 0 und es gibt ein $r > 0$, das kleiner als diese beiden Abstände ist. Das Intervall $(x - r, x + r) = B_r(x)$ ist dann ein offener Ball um x, der ganz im Intervall (a, b) enthalten ist. □

Satz 8.2.3. *Sei (X, d) ein metrischer Raum.*

a) *Die Mengen $\emptyset$ und X sind offen.*

b) *Sind $A, B \subset X$ offen, so ist auch $A \cap B$ offen.*

c) *Ist I eine beliebige Indexmenge und zu jedem $i \in I$ eine offene Teilmenge $A_i \subset X$ gegeben, so ist die Vereinigung $\bigcup_{i \in I} A_i$ offen.*

Man fasst den Satz auch so zusammen: *Endliche Schnitte und beliebige Vereinigungen offener Mengen sind offen.*

Beweis. (a) ist klar. Für (b) sei $x \in A \cap B$. Dann existieren $\varepsilon_A, \varepsilon_B > 0$ so dass $B_{\varepsilon_A}(x) \subset A$ und $B_{\varepsilon_B}(x) \subset B$ gilt. Ist $\varepsilon = \min(\varepsilon_A, \varepsilon_B)$, so folgt $B_\varepsilon(x) \subset A \cap B$, also ist $A \cap B$ offen.

Schließlich zu (c). Seien $A_i \subset X$ offen und $x \in A = \bigcup_{i \in I} A_i$. Dann existiert ein $i \in I$ so dass $x \in A_i$. Da A_i offen ist, gibt es ein $\varepsilon > 0$ mit $B_\varepsilon(x) \subset A_i \subset A$, also ist A offen. □

Lemma 8.2.4. *Für $x \in X$ und $R > 0$ ist der Ball $B_R(x)$ eine offene Menge. Ein Ball der Form $B_R(x)$ wird auch ein* **offener Ball** *genannt. Es folgt, dass die offenen Mengen genau die Vereinigungen offener Bälle sind.*

Beweis. Sei X ein metrischer Raum, $x \in X$ und $R > 0$. Es ist zu zeigen, dass $B = B_R(x)$ eine offene Menge ist. Das nachfolgende Bild erläutert den Beweis.

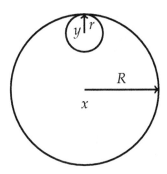

Sei $y \in B_R(x)$, also $d(x, y) < R$. Dann liegt der Ball mit dem Radius $r = R - d(x, y) > 0$ um y ganz in $B_R(x)$, was man wie folgt einsieht: Für ein gegebenes $z \in B_r(y)$, d.h. $d(z, y) < r$, gilt

$$d(z, x) \leq d(z, y) + d(x, y) < r + d(x, y) = R,$$

also folgt $z \in B_R(x)$. $\square$

Definition 8.2.5. Sei x ein Punkt eines metrischen Raumes X. Eine *offene Umgebung* von x ist eine offene Menge $U \subset X$, die x enthält. Eine *Umgebung* von x ist eine beliebige Menge, die eine offene Umgebung enthält.

Als Beispiel sei (a, b) ein offenes Intervall in $\mathbb{R}$ und $x \in (a, b)$. Dann ist das Intervall $[a, b)$ eine Umgebung von x und das Intervall (a, b) eine offene Umgebung von x.

Proposition 8.2.6. *Eine Folge (x_n) konvergiert genau dann gegen ein $x \in X$, wenn es zu jeder offenen Umgebung U von x einen Index $n_0 \in \mathbb{N}$ gibt, so dass $x_n \in U$ für alle $n \geq n_0$.*

Beweis. Die Folge (x_n) konvergiere gegen x und U sei eine offene Umgebung von x. Dann gilt $x \in U$ und daher gibt es ein $\varepsilon > 0$ so dass der ε-Ball $B_\varepsilon(x)$ ganz in U liegt. Zu diesem $\varepsilon > 0$ gibt es ein n_0 so dass $d(x_n, x) < \varepsilon$ für jedes $n \geq n_0$ gilt. Dies heißt aber gerade $n \geq n_0 \Rightarrow x_n \in B_\varepsilon(x) \subset U$.

Für die Umkehrung sei $\varepsilon > 0$. Dann ist $B_\varepsilon(x)$ eine offene Umgebung von x, also existiert ein n_0 so dass $n \geq n_0 \Rightarrow x_n \in B_\varepsilon(x)$, was nichts anderes heißt als $d(x_n, x) < \varepsilon$. $\square$

Definition 8.2.7. Eine Teilmenge $A \subset X$ eines metrischen Raumes heißt *abgeschlossen*, falls das Komplement $X \setminus A$ offen ist.

Beispiel 8.2.8. In $X = \mathbb{R}$ ist ein Intervall der Form $[a, b]$ abgeschlossen, denn sein Komplement ist $(-\infty, a) \cup (b, \infty)$ und damit offen. Ebenso ist jedes Intervall der Form $(-\infty, b]$ oder $[a, +\infty)$ abgeschlossen.

Lemma 8.2.9. *Sei X ein metrischer Raum und sei $x \in X$. Für $R \geq 0$ ist die Teilmenge*

$$B_{\leq R}(x) = \{y \in X : d(x, y) \leq R\}$$

eine abgeschlossene Menge. Man nennt $B_{\leq R}(x)$ den abgeschlossenen Ball um x vom Radius R.

Beweis. Es ist zu zeigen, dass das Komplement $U = X \setminus B_{\leq R}(x)$ offen ist. Sei $u \in U$, das heißt also $d(x, u) > R$. Sei dann $r = d(x, u) - R > 0$. Es ist zu zeigen, dass der Ball $B_r(u)$ ganz in U liegt. Sei hierzu $y \in B_r(u)$, dann gilt

$$d(x, y) \geq d(x, u) - d(u, y) > d(x, u) - r = R,$$

also liegt $B_r(u)$ ganz in U. $\qquad \square$

Proposition 8.2.10. *Sei (X, d) ein metrischer Raum.*

a) *$\emptyset$ und X sind abgeschlossen.*

b) *Sind $A, B \subset X$ abgeschlossen, so ist auch $A \cup B$ abgeschlossen.*

c) *Ist I eine beliebige Indexmenge und ist zu jedem $i \in I$ eine abgeschlossene Teilmenge $A_i \subset X$ gegeben, so ist der Schnitt $\bigcap_{i \in I} A_i$ abgeschlossen.*

Beweis. Die Aussage folgt aus Satz 8.2.3 durch Komplementbildung. $\qquad \square$

Definition 8.2.11. Ist $A \subset X$ eine beliebige Teilmenge eines metrischen Raumes, so folgt insbesondere, dass die Menge

$$\overline{A} = \bigcap_{\substack{C \subset X \text{ abgeschlossen} \\ C \supset A}} C$$

eine abgeschlossene Teilmenge von X ist. Es gilt $A \subset \overline{A}$. Ist A selbst abgeschlossen, so folgt $A = \overline{A}$. Die Menge $\overline{A}$ heißt der *Abschluss* von A. Der Abschluss von A ist die kleinste abgeschlossene Menge, die A enthält.

Satz 8.2.12. *Sei (X, d) ein metrischer Raum und sei $A \subset X$. Der Abschluss $\overline{A}$ besteht aus den Grenzwerten von konvergenten Folgen in A. Das heißt, x liegt genau dann in $\overline{A}$, wenn es eine Folge $x_n \in A$ gibt, die gegen x konvergiert.*

Beweis. Sei $x \in \overline{A}$. Für gegebenes $n \in \mathbb{N}$ gilt $B_{1/n}(x) \cap A \neq \emptyset$, denn, wäre dem nicht so, so wäre $A \subset X \setminus B_{1/n}(x)$ und da $X \setminus B_{1/n}(x)$ abgeschlossen ist, folgte dann $\overline{A} \subset X \setminus B_{1/n}(x)$ was im Widerspruch zu $x \in \overline{A}$ steht.
Sei dann x_n ein beliebiges Element von $B_{1/n}(x) \cap A$. Dann gilt einerseits $x_n \in A$ und andererseits $d(x_n, x) < \frac{1}{n}$, also konvergiert die Folge (x_n) gegen x. Damit ist gezeigt, dass jedes Element von $\overline{A}$ ein Grenzwert einer Folge in A ist.

Sei umgekehrt x ein Grenzwert einer Folge in A, also etwa $x = \lim_n x_n$ mit $x_n \in A$. Es ist zu zeigen, dass x in $\overline{A}$ liegt. *Angenommen, dies ist nicht der Fall,* dann gibt es, da $X \setminus \overline{A}$ offen ist, einen ε-Ball um x, der ganz in $X \setminus \overline{A}$ liegt. Zu diesem $\varepsilon > 0$ wähle ein $n \in \mathbb{N}$ mit $d(x_n, x) < \varepsilon$, so folgt $x_n \in A \cap B_\varepsilon(x)$, was ein *Widerspruch* ist! Damit liegt x also in $\overline{A}$ und der Satz ist gezeigt.   □

Korollar 8.2.13. *In einem metrischen Raum ist eine Teilmenge genau dann abgeschlossen, wenn sie mit jeder konvergenten Folge auch deren Limes enthält.*

Beweis. Klar, denn A ist genau dann abgeschlossen, wenn $A = \overline{A}$ gilt.   □

Bemerkung 8.2.14. Der abgeschlossene Ball $B_{\leq R}(x)$ ist zwar abgeschlossen und enthält x, er ist aber nicht immer gleich dem Abschluss des offenen Balls $B_R(x)$. Als Beispiel sei X irgendeine Menge mit mindestens 2 Elementen, sei d die diskrete Metrik aus 8.1.1 und sei $R = 1$. Dann ist der Abschluss von $B_R(x)$ gleich $\{x\}$, aber $B_{\leq R}(x) = X$.

Definition 8.2.15. (Allgemeine Topologie) Sei X eine Menge. Ein System O von Teilmengen von X heißt *Topologie*, falls es die folgenden Axiome erfüllt:

- $\emptyset, X \in O$,

- $A, B \in O \Rightarrow A \cap B \in O$,

- $A_i \in O \ \forall_{i \in I} \Rightarrow \bigcup_{i \in I} A_i \in O$.

Beispiel 8.2.16. Das System der offenen Mengen eines metrischen Raumes ist eine Topologie.

Man nennt die Elemente von O auch die *offenen Mengen* der Topologie. Ein Tupel (X, O) bestehend aus einer Menge X und einer Topologie auf X heißt *topologischer Raum*.

Beispiele 8.2.17.

- Die *triviale Topologie* kann man auf jeder Menge X installieren, in ihr sind $\emptyset$ und X die einzigen offenen Mengen.

- Die *diskrete Topologie*. Hier sind alle Teilmengen von X offen.

- Die *Co-endlich-Topologie*. Hier ist X eine unendliche Menge und $A \subset X$ ist offen, falls entweder $A = \emptyset$ oder falls das Komplement $X \setminus A$ endlich ist. Diese Topologie ist nicht durch eine Metrik gegeben.

Definition 8.2.18. Sei (X, d) ein metrischer Raum und $A \subset X$ eine Teilmenge. Ein Punkt $a \in A$ heisst *innerer Punkt*, wenn A einen offenen Ball um a enthält, wenn es also ein $r > 0$ gibt, so dass

$$B_r(a) \subset A$$

gilt. Man schreibt $\mathring{A} \subset A$ für die Menge aller inneren Punkte von A.

Der *Rand* von A ist die Menge

$$\partial A = \overline{A} \smallsetminus \mathring{A}.$$

Für eine Teilmenge $B \subset X$ schreibt man

$$B^c = X \smallsetminus B$$

und nennt diese Menge das *Komplement* von B in X.

Lemma 8.2.19. *Sei A eine Teilmenge des metrischen Raums X.*

(a) *Die Menge $\mathring{A}$ ist die größte offene Menge, die in A enthalten ist.*

(b) *Es gilt*

$$\left(\mathring{A}\right)^c = \overline{A^c}, \qquad \partial A = \overline{A} \cap \overline{A^c},$$

sowie

$$\mathring{A} = A \smallsetminus \partial A.$$

(c) *Ein Punkt $x \in X$ liegt genau dann im Rand von A, wenn es eine Folge (a_n) in A und eine Folge (b_n) in A^c gibt, so dass*

$$\lim_n a_n = x = \lim_n b_n.$$

Beweis. (a) Die Menge $\mathring{A}$ ist offen, denn sie ist eine Vereinigung offener Bälle. Sei M eine offene Menge, die in A enthalten ist und sei $m \in M$. Dann ist $B_r(m) \subset M \subset A$ für ein $r > 0$ und daher ist $m \in \mathring{A}$ und da m beliebig war, ist $M \subset \mathring{A}$. Zusammen folgt die Behauptung (a).

(b) Da $\mathring{A}$ die größte offene Menge in A ist, ist ihr Komplement die kleinste abgeschlossene Menge, die A^c enthält, also folgt $\left(\mathring{A}\right)^c = \overline{A^c}$. Schliesslich ist $\partial A = \overline{A} \smallsetminus \mathring{A} = \overline{A} \cap \left(\mathring{A}\right)^c = \overline{A} \cap \overline{A^c}$. Zur dritten Aussage: Aus der Definition von ∂A folgt durch Komplementbildung an $\overline{A}$, dass $\mathring{A} = \overline{A} \smallsetminus \partial A$. Da aber $\mathring{A} \subset A$ gilt, folgt die Behauptung.

(c) folgt aus (b) und Satz 8.2.12. $\qquad \square$

8.3 Stetigkeit

Eine Abbildung $f : X \to Y$ zwischen metrischen Räumen heißt *stetig in*
$a \in X$, falls für jede konvergente Folge $x_n \to a$ in X gilt

$$\lim_n f(x_n) = f(a).$$

Die Abbildung heißt *stetige Abbildung*, falls sie in jedem $a \in X$ stetig ist.

Beispiel 8.3.1. Gibt es ein $C > 0$ so dass für die Funktion f die Ungleichung $d(f(x), f(y)) \le Cd(x, y)$ für alle $x, y \in X$ gilt, dann ist f stetig, denn konvergiert die Folge x_n gegen x, so konvergiert $f(x_n)$ wegen
$d(f(x_n), f(x)) \le Cd(x_n, x)$ gegen $f(x)$. Man sagt in diesem Fall, die Funktion
f ist *Lipschitz-stetig* und hat die *Lipschitz-Konstante C*.

Satz 8.3.2 (ε-δ-Kriterium der Stetigkeit). *Eine Abbildung zwischen metri-*
schen Räumen $f : X \to Y$ ist genau dann stetig in $a \in X$, wenn es zu jedem
$\varepsilon > 0$ ein $\delta > 0$ gibt, so dass $d(a, x) < \delta \Rightarrow d(f(a), f(x)) < \varepsilon$.
Mit anderen Worten: Zu jedem $\varepsilon > 0$ gibt es ein $\delta > 0$ so dass $f(B_\delta(a)) \subset$
$B_\varepsilon(f(a))$.

Beweis. Der Beweis läuft genauso wie im Falle $\mathbb{R}$, siehe Satz 4.3.9. Man muss
nur $|a - x|$ durch $d(a, x)$ ersetzen.   □

Satz 8.3.3. *Kompositionen stetiger Abbildungen sind stetig. Genauer gilt: sind*
$f : X \to Y$ und $g : Y \to Z$ Abbildungen zwischen metrischen Räumen, ist f
stetig in $a \in X$ und g stetig in $f(a)$, so ist $g \circ f$ stetig in a.

Beweis. Sei x_n eine gegen a konvergente Folge in X, dann gilt

$$g \circ f(a) = g\left(f(\lim_n x_n)\right) = g\left(\lim_n f(x_n)\right) = \lim_n g(f(x_n)) = \lim_n g \circ f(x_n),$$

wobei nacheinander die Stetigkeit von f und g benutzt wurde.   □

Definition 8.3.4. Sei $f : X \to Y$ eine Abbildung und $B \subset Y$. Das *Urbild* von
B unter f ist die Menge

$$f^{-1}(B) = \left\{ x \in X : f(x) \in B \right\}.$$

Man beachte, dass im Falle einer bijektiven Abbildung f, das Urbild von B auch mit dem Bild von B unter der Umkehrabbildung f^{-1} identisch ist, so dass die Notation widerspruchsfrei ist.

Satz 8.3.5. *Eine Abbildung* $f : X \to Y$ *zwischen metrischen Räumen ist genau dann stetig, wenn Urbilder offener Mengen offene Mengen sind.*

Beweis. Sei f stetig. Es ist zu zeigen, dass für jede offene Menge $V \subset Y$ das Urbild $f^{-1}(V)$ eine offene Teilmenge von X ist. Sei hierzu $x \in f^{-1}(V)$. Da V offen ist, existiert ein $\varepsilon > 0$, so dass der Ball $B_\varepsilon(f(x))$ ganz in V liegt. Da f in x stetig ist, existiert nach dem ε-δ-Kriterium ein $\delta > 0$ so dass $f(B_\delta(x)) \subset B_\varepsilon(f(x)) \subset V$, also $B_\delta(x) \subset f^{-1}(V)$, so dass diese Menge offen ist.

Sei umgekehrt $f : X \to Y$ eine Abbildung gegeben mit der Eigenschaft, dass Urbilder offener Mengen offen sind. Es ist zu zeigen, dass f stetig ist. Sei hierzu $a \in X$ und sei $\varepsilon > 0$. Sei $V = B_\varepsilon(f(a))$ der ε-Ball um den Punkt $f(a) \in Y$. Die Menge $U = f^{-1}(V)$ ist offen in X, sie enthält den Punkt a, also gibt es ein $\delta > 0$ so dass $B_\delta(a) \subset U$. Also ist f stetig nach dem ε-δ-Kriterium. $\square$

Definition 8.3.6. Eine Abbildung $f : X \to Y$ zwischen beliebigen topologischen Räumen heißt *stetige Abbildung*, falls die Urbilder offener Mengen offene Mengen sind.

Proposition 8.3.7. *Die Metrik selbst ist eine stetige Abbildung in folgendem Sinne: Sei* $a \in X$ *und d eine Metrik auf X, so ist die Abbildung* $f : x \mapsto d(x, a)$ *eine stetige Abbildung nach* $\mathbb{R}$.

Beweis. Für $x, y \in X$ gilt nach der umgekehrten Dreiecksungleichung $|f(x) - f(y)| \le d(x, y)$, woraus nach Beispiel 8.3.1 die Stetigkeit folgt. $\square$

Beispiel 8.3.8. Sei $A : \mathbb{C}^n \to \mathbb{C}^m$ eine *lineare Abbildung*, d.h., für alle $v, w \in \mathbb{C}^n$ und alle $\lambda \in \mathbb{C}$ gilt

$$A(v + w) = A(v) + A(w) \quad \text{und} \quad A(\lambda v) = \lambda A(v).$$

Dann ist A stetig, denn in der Linearen Algebra lernt man, dass A die Multiplikation mit einer Matrix ist.

Definition 8.3.9. Seien $f, f_n : X \to Y$ Abbildungen metrischer Räume. Die Folge f_n konvergiert *gleichmäßig* gegen f, wenn es zu jedem $\varepsilon > 0$ ein $n_0 \in \mathbb{N}$ gibt, so dass

$$d_Y\big(f_n(x), f(x)\big) < \varepsilon$$

für alle $x \in X$ und alle $n \ge n_0$ gilt.

Satz 8.3.10. *Seien $f, f_n : X \to Y, n \in \mathbb{N}$ Abbildungen metrischer Räume. Die Funktionen f_n seien alle stetig und die Folge f_n konvergiere gleichmäßig gegen f. Dann ist auch f stetig.*

Beweis. Sei $\varepsilon > 0$. Dann existiert ein $N \in \mathbb{N}$ so dass $d_Y\left(f_N(x), f(x)\right) < \varepsilon/3$ für jedes $x \in X$. Sei $x_0 \in X$ und sei $\varepsilon > 0$. Da f_N stetig ist, existiert ein $\delta > 0$ so dass $d(x, x_0) < \delta \Rightarrow d\left(f_N(x), f_N(x_0)\right) < \varepsilon/3$. Es gelte $d(x, x_0) < \delta$. Dann folgt

$$d_Y\left(f(x), f(x_0)\right) \leq d\left(f(x), f_N(x)\right) + d\left(f_N(x), f_N(x_0)\right) + d\left(f_N(x_0), f(x_0)\right)$$
$$< \frac{\varepsilon}{3} + \frac{\varepsilon}{3} + \frac{\varepsilon}{3} = \varepsilon. \qquad \square$$

Definition 8.3.11. Für metrische Räume X, Y schreibt man

$$C(X, Y)$$

für die Menge aller stetigen Abbildungen $f : X \to Y$. Insbesondere ist also $C(X, \mathbb{R})$ die Menge aller stetigen reellwertigen Funktionen. Schliesslich schreibt man

$$C(X) \quad \text{statt} \quad C(X, \mathbb{C})$$

für die Menge der komplexwertigen stetigen Funktionen

8.4 Zusammenhang

Definition 8.4.1. Ein metrischer Raum X heisst *zusammenhängend*, wenn es nicht als disjunkte Vereinigung offener Mengen geschrieben werden kann. Genauer heisst X zusammenhängend, wenn für jede offene Teilmenge $U \neq \emptyset$ von X gilt: Ist $X \smallsetminus U$ ebenfalls offen, dann folgt $U = X$.

Ist $T \subset X$ eine Teilmenge des metrischen Raums X, dann ist T genau dann offen, wenn gilt: Für je zwei offene Mengen $U, V \subset X$ mit

$$T \subset U \cup V \quad \text{und} \quad T \cap U \cap V = \emptyset$$

gilt $T \cap U = \emptyset$ oder $T \cap V = \emptyset$.

Beispiel 8.4.2. Jedes Intervall I in $\mathbb{R}$ ist zusammenhängend.

Beweis. Angenommen, dies ist nicht der Fall. Dann gibt es eine offene Teilmenge $U \subset I$ und es gibt ein $a \in U$ und ein $b \in I \smallsetminus U$. Nach Umbenennung kann man $a < b$ annehmen. Sei $s \in [a, b]$ das Supremum der Menge M aller $x \in [a, b]$ so dass $[a, x]$ ganz in U enthalten ist.

1. *Fall:* $s \in U$. Da U offen ist, gibt es ein $\varepsilon > 0$, so dass $(s, s + 2\varepsilon) \subset U$ ist. Dann ist aber $s + \varepsilon$ in M, was der Definition von s widerspricht.

2. *Fall:* $s \in V = X \smallsetminus U$. Da auch V offen ist, gibt es ein $\varepsilon > 0$, so dass $(s - \varepsilon, s)$ in V liegt, was ebenfalls der Definition von s widerspricht.

In jedem Fall folgt ein Widerspruch, also ist die Annahme falsch und die Behauptung richtig. $\qquad\square$

Satz 8.4.3. *Stetige Bilder zusammenhängender Mengen sind zusammenhängend. Ist $f : X \to Y$ eine stetige Abbildung topologischer Räume und ist $Z \subset X$ zusammenhängend, dann ist auch das Bild $f(Z) \subset Y$ zusammenhängend.*

Beweis. Sei $f(Z) \subset U \cup V$ eine relative disjunkte Zerlegung in offene Teilmengen. Dann ist $Z \subset f^{-1}(U) \cup f^{-1}(V)$ eine relativ Z disjunkte Zerlegung in offene Teilmengen. Da Z zusammenhängend ist, liegt Z in einer der beiden, etwa $Z \subset f^{-1}(U)$, was soviel bedeutet wie $f(Z) \subset U$. $\qquad\square$

Proposition 8.4.4. *Sei M ein metrischer Raum und für $x \in M$ sei $C(x)$ die Vereinigung aller zusammenhängenden Teilmengen $Z \subset M$, die x enthalten. Dann gilt:*

(a) *Die Menge $C(x)$ ist zusammenhängend.*

(b) *Für $y \in M$ gilt entweder $C(x) = C(y)$, oder $C(x) \cap C(y) = \emptyset$.*

Die Menge $C(x)$ wird die **Zusammenhangskomponente** *des Punktes x genannt.*

Beweis. (a) Seien $U, V \subset M$ offene Mengen mit $C(x) \subset U \cup V$ und $U \cap V \cap C(x) = \emptyset$. Es gelte $x \in U$. Zu zeigen ist dann, dass dann $C(x) \subset U$ ist. Sei also $y \in C(x)$, dann gibt es eine zusammenhängende Menge $Z \subset M$ mit $x, y \in Z$. Da Z zusammenhängend und $x \in U$, folgt $Z \subset U$. Daher ist $C(x) \subset U$ und folglich ist $C(x)$ zusammenhängend.

(b) Seien $x, y \in M$ mit $C(x) \cap C(y) \neq \emptyset$. Sei $z \in C(x) \cap C(y)$. Dann sind $C(x)$ und $C(y)$ zusammenhängende Menge, die z enthalten, also folgt nach Definition von $C(z)$, dass $C(x), C(y) \subset C(z)$. Andererseits ist dann $C(z)$ eine zusammenhängende Menge, die x enthält, also folgt $C(z) \subset C(x)$ und daher $C(x) = C(z)$ und ebenso $C(z) = C(y)$. $\qquad\square$

Beispiele 8.4.5.

- Der Raum $\mathbb{R} \setminus \{0\}$ mit der üblichen Metrik zerfällt in zwei Zusammenhangskomponenten: die Intervalle $(-\infty, 0)$ und $(0, \infty)$.

- Es sei X der Buchstabe x als Teilmenge von $\mathbb{R}^2$, wie im Bild

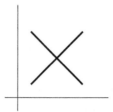

Sei dann X^* die Menge X ohne den Schnittpunkt der beiden Geradensegmente. Dann zerfällt X^* in vier Zusammenhangskomponenten. Bei der Menge U hingegen

gibt es keinen Punkt, den man herausnehmen könnte, so dass U in vier Komponenten zerfällt.

Definition 8.4.6. Eine Teilmenge $W \subset X$ eines metrischen Raums X heißt *wegzusammenhängend*, falls es zu je zwei Elementen $x, y \in W$ eine stetige Abbildung $\gamma : [0, 1] \to X$ gibt, so dass $\gamma(0) = x$ und $\gamma(1) = y$ und $\gamma([0, 1]) \subset W$ gilt. Eine solche Abbildung γ nennt man einen *Weg*, der x und y in W verbindet. Hierbei ist $[0, 1]$ mit der Topologie der Standard-Metrik $d(x, y) = |x - y|$ ausgestattet.

Satz 8.4.7. *Sei X ein metrischer Raum. Ist $T \subset X$ wegzusammenhängend, so ist T zusammenhängend. Die Umkehrung gilt i.A. nicht.*

Beweis. Sei $T \subset X$ wegzusammenhängend, sei $T \subset U \cup V$ eine relativ disjunkte Zerlegung in offene Teilmengen und sei $T \cap U \neq \emptyset$. Es ist zu zeigen, dass T schon ganz in U liegt. Seien also $x \in T \cap U$ und $y \in T$ beliebig. Dann existiert ein Weg γ von x nach y, der innerhalb von T verläuft. Das Bild $\gamma\big([0,1]\big)$ ist nach Satz 8.4.3 zusammenhängend und da $x = \gamma(0) \in U$ liegt und $\gamma([0,1]) \cap U \cap V = \emptyset$ ist, liegt das ganze Bild in U, also auch $y \in U$.

Ein Gegenbeispiel für die Umkehrung ist die folgende Teilmenge T von $X = \mathbb{R}^2$: Es sei

$$T = \big\{(0,y) : |y| \le 1\big\} \cup \big\{(x, \sin(1/x) : 0 < x \le 1\big\}.$$

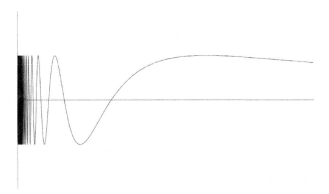

Diese Menge ist zusammenhängend, aber nicht wegzusammenhängend. Der Beweis wird dem Leser überlassen. □

8.5 Kompaktheit

Sei A eine Teilmenge eines metrischen Raumes X. Eine *offene Überdeckung* von A ist eine Familie $(U_i)_{i \in I}$ offener Mengen, so dass $A \subset \bigcup_{i \in I} U_i$ gilt.

Beispiele 8.5.1.

- Die Familie der Intervalle $(n - \varepsilon, n + 1 + \varepsilon)$ mit $n \in \mathbb{Z}$ ist für festes $\varepsilon > 0$ eine offene Überdeckung von $\mathbb{R}$.

- Die Familie $\left(\frac{1}{n} - \frac{1}{n2^n}, \frac{1}{n} + \frac{1}{n2^n}\right)_{n \in \mathbb{N}}$ ist eine offene Überdeckung der Menge $\left\{\frac{1}{n} : n \in \mathbb{N}\right\} \subset \mathbb{R}$.

Definition 8.5.2. Eine Teilmenge $K \subset X$ eines metrischen Raumes heißt *kompakt*, falls es zu jeder offenen Überdeckung $K \subset \bigcup_{i \in I} U_i$ endlich viele Indizes $i_1, \dots, i_k \in I$ gibt, so dass $K \subset \bigcup_{\nu=1}^{k} U_{i_\nu}$. Man sagt auch: K ist kompakt, wenn es zu jeder offenen Überdeckung eine *endliche Teilüberdeckung* gibt.

Definition 8.5.3. Ein metrischer Raum heißt *kompakter metrischer Raum*, falls X als Teilmenge von sich selbst kompakt ist, also wenn jede offene Überdeckung $X = \bigcup_{i \in I} U_i$ eine endliche Teilüberdeckung hat.

Proposition 8.5.4. *Sei $x_n \to x$ eine in dem metrischen Raum X konvergente Folge. Dann ist die Menge $K = \{x_n : n \in \mathbb{N}\} \cup \{x\}$ kompakt.*

Beweis. Sei $(U_i)_{i \in I}$ eine offene Überdeckung von K. Dann existiert ein Index $i_0 \in I$ mit $x \in U_{i_0}$. Dann ist U_{i_0} eine offene Umgebung des Punktes x, also existiert nach Proposition 8.2.6 ein Index $n_0 \in \mathbb{N}$ so dass $x_n \in U_{i_0}$ für jedes $n \geq n_0$ gilt. Für jedes $1 \leq \nu \leq n_0 - 1$ wähle einen Index $i_\nu \in I$ mit $x_\nu \in U_{i_\nu}$, dann folgt

$$K \subset U_{i_0} \cup U_{i_1} \cup \cdots \cup U_{i_{n_0-1}}. \qquad \qquad \square$$

Satz 8.5.5. *Stetige Bilder kompakter Mengen sind kompakt. Genauer, sei $f : X \to Y$ eine stetige Abbildung metrischer Räume und sei $K \subset X$ kompakt. Dann ist auch das Bild $f(K) \subset Y$ kompakt.*

Beweis. Sei $f(K) \subset \bigcup_{i \in I} U_i$ eine offene Überdeckung, dann ist $\bigcup_{i \in I} f^{-1}(U_i)$ eine offene Überdeckung von K. Da K kompakt ist, gibt es eine endliche Teilüberdeckung

$$K \subset f^{-1}(U_{i_1}) \cup \cdots \cup f^{-1}(U_{i_k}).$$

Es folgt $f(K) \subset U_{i_1} \cup \cdots \cup U_{i_k}$. Also ist $f(K)$ kompakt. $\qquad \square$

Definition 8.5.6. Sei $A \neq \emptyset$ eine Teilmenge eines metrischen Raumes (X, d). Die Zahl

$$\mathrm{diam}(A) = \sup \left\{ d(a, b) : a, b \in A \right\} \in [0, \infty]$$

heißt der *Durchmesser* von A. Eine Teilmenge A heißt *beschränkt*, falls sie leer oder ihr Durchmesser endlich ist.

Satz 8.5.7. *Jede kompakte Teilmenge $K \subset X$ eines metrischen Raumes ist beschränkt und abgeschlossen.*

Beweis. Sei $K \subset X$ kompakt, wobei $K \neq \emptyset$ angenommen werden kann. Sei $a \in X$ und für $n \in \mathbb{N}$ betrachte den Ball $B_n(a)$ um a mit Radius n. Dann ist $B_n(a)$ eine offene Menge und es gilt $K \subset \bigcup_{n \in \mathbb{N}} B_n(a) = X$, d.h., die $B_n(a)$ bilden eine offene Überdeckung von K. Es gibt also eine endliche Teilüberdeckung. Da die Folge der $B_n(a)$ aber wachsend ist, gibt es einen Index n, so dass $K \subset B_n(a)$. Sind nun $x, y \in K$, so folgt

$$d(x, y) \leq d(x, a) + d(y, a) \leq n + n = 2n,$$

also ist diam$(K) \leq 2n$, die Menge K also beschränkt.

Für die Abgeschlossenheit sei $a \in X \smallsetminus K$ und sei $U_n = \left\{ x \in X : d(x,a) > \frac{1}{n} \right\}$
Nach Proposition 8.3.7 ist U_n offen und da $a \notin K$, bilden die U_n eine offene Überdeckung von K, ferner ist $U_n \subset U_{n+1}$, also gibt es ein n so dass $K \subset U_n$.
Damit ist der offene $1/n$-Ball um a ganz im Komplement $X \smallsetminus K$ enthalten, also ist $X \smallsetminus K$ offen und K demzufolge abgeschlossen. □

> **Satz 8.5.8.** *Sei K eine kompakte Teilmenge eines metrischen Raumes X und sei $A \subset K$ eine abgeschlossene Teilmenge. Dann ist A ebenfalls kompakt.*

Beweis. Sei $A \subset \bigcup_{i \in I} U_i$ eine offene Überdeckung. Dann ist

$$K \subset \bigcup_{i \in I} U_i \ \cup \ (X \smallsetminus A)$$

eine offene Überdeckung der kompakten Menge K. Es gibt also endlich viele Indizes $i_1, \ldots i_m$ mit $K \subset U_{i_1} \cup \cdots \cup U_{i_m} \cup (X \smallsetminus A)$. Hieraus folgt $A \subset U_{i_1} \cup \cdots \cup U_{i_m}$.
Also ist A kompakt. □

Definition 8.5.9. Sei $(x_n)_{n \in \mathbb{N}}$ eine Folge in dem metrischen Raum (X, d). Ein Punkt $p \in X$ heisst *Häufungspunkt* der Folge, falls es zu jeder Umgebung $U \subset X$ von p unendlich viele Indizes $n \in \mathbb{N}$ gibt, so dass $x_n \in U$ gilt.

Lemma 8.5.10. *Sei (x_n) eine Folge in dem metrischen Raum X und sei $p \in X$. Dann sind äquivalent:*

(a) *Der Punkt p ist Häufungspunkt der Folge (x_n).*

(b) *Es gibt eine Teilfolge, die gegen p konvergiert.*

Beweis. (a)⇒(b): Sei p ein Häufungspunkt. Dann definiert man eine Teilfolge x_{n_k} mit der Eigenschaft, dass $x_{n_k} \in B_{1/k}(p)$ für jedes $k \in \mathbb{N}$ gilt. Diese Folge x_{n_k} muss dann gegen p konvergieren. Die Folge $(n_k)_{k \in \mathbb{N}}$ wird induktiv konstruiert. Sei zunächst $n_1 \in \mathbb{N}$ so gewählt, dass $x_{n_1} \in B_1(p)$. Seien nun $n_1, \ldots, n_k$ bereits konstruiert. Es gibt unendlich viele n mit $x_n \in B_{1/(k+1)}(p)$. Also kann man ein $n_{k+1} > n_k$ mit dieser Eigenschaft wählen. Das war der Induktionsschritt und die Folge x_{n_k} ist damit gefunden.

(b)⇒(a): Es gebe eine Teilfolge $x_{n_k} \to p$. Ist dann U eine offene Umgebung von p, so existiert ein k_0 so dass für alle $k \geq k_0$ gilt $x_{n_k} \in U$, damit liegt also x_n für unendlich viele Indizes in U, nämlich die $n = n_k$ mit $k \geq k_0$. □

Satz 8.5.11 (Bolzano-Weierstraß). *Eine Teilmenge K eines metrischen Raumes X ist genau dann kompakt, wenn jede Folge (x_n) in K eine konvergente Teilfolge mit Limes in K hat.*

Beweis. Sei (x_n) eine Folge in dem Kompaktum K. *Angenommen*, es gibt keine konvergente Teilfolge, dann hat nach dem vorigen Lemma jeder Punkt $k \in K$ eine offene Umgebung $U(k)$, so dass es nur endlich viele n gibt, für die x_n in U liegt. Die $U(k)$ mit $k \in K$ bilden eine offene Überdeckung von K, also genügt eine endliche Teilüberdeckung, $K \subset U(k_1) \cup \cdots \cup U(k_m)$. Dann liegt aber x_n nur für endlich viele Indizes n in K, da jedes $U(k_j)$ nur für endlich viele n das Glied x_n enthalten kann. Da K aber x_n für jedes $n \in \mathbb{N}$ enthält, folgt ein *Widerspruch!* Daher hat also (x_n) eine konvergente Teilfolge.

Sei umgekehrt K eine Teilmenge von X in der jede Folge eine konvergente Teilfolge hat. Sei $K \subset \bigcup_{i \in I} U_i$ eine offene Überdeckung. Für $x \in K$ sei

$$\delta(x) = \sup \left\{ r > 0 : \exists_{i \in I} B_r(x) \subset U_i \right\}.$$

Zunächst wird gezeigt, dass es ein $\delta > 0$ gibt, so dass $\delta(x) \geq \delta$ für jedes $x \in K$. *Angenommen*, dies ist nicht der Fall. Dann gibt es eine Folge $x_n \in K$ so dass $\delta(x_n) \to 0$ für $n \to \infty$. Indem man (x_n) durch eine Teilfolge ersetzt, kann man die Folge als in K konvergent annehmen. Sei $x \in K$ der Limes und sei $i \in I$ so dass $B_{\delta(x)}(x) \subset U_i$. Dann gibt es ein $n_0 \in \mathbb{N}$ so dass für jedes $n \geq n_0$ gilt $d(x_n, x) < \delta(x)/2$. Dann folgt $B_{\delta(x)/2}(x_n) \subset B_{\delta(x)}(x) \subset U_i$ und damit $\delta(x_n) \geq \delta(x)/2$ für jedes $n \geq n_0$, *Widerspruch!*

Für jedes $x \in K$ sei dann $i(x) \in I$ ein Index, so dass $B_\delta(x) \subset U_{i(x)}$ gilt. *Angenommen*, $(U_i)_{i \in I}$ hat keine endliche Teilüberdeckung. Sei $x_1 \in K$ beliebig. Seien $x_1, \ldots, x_n \in K$ bereits konstruiert. Dann ist $K \not\subset U_{i(x_1)} \cup \cdots \cup U_{i(x_n)}$, also gibt es ein $x_{n+1} \in K$ das nicht in dieser endlichen Vereinigung liegt. Es folgt $d(x_{n+1}, x_j) > \delta$ für jedes $j = 1, \ldots, n$. Induktiv liefert diese Konstruktion eine Folge (x_n) in K mit der Eigenschaft, dass $d(x_n, x_m) > \delta$ für alle $n \neq m$ in $\mathbb{N}$. Diese Folge enthält daher keine konvergente Teilfolge, *Widerspruch!* $\square$

Beispiel 8.5.12. Ein Intervall I in $\mathbb{R}$ ist genau dann eine kompakte Teilmenge des metrischen Raums $\mathbb{R}$, wenn es beschränkt und abgeschlossen ist, wenn es also ein kompaktes Intervall im Sinne von Definition 4.3.7 ist.

Satz 8.5.13. *Ist* $f : X \to \mathbb{R}$ *eine stetige Funktion auf einem kompakten metrischen Raum* $X \neq \emptyset$, *so nimmt* f *Maximum und Minimum an, d.h. es gibt* $x_{min}, x_{max} \in X$ *mit*

$$f(x_{min}) \leq f(x) \leq f(x_{max})$$

für jedes $x \in X$.

Beweis. Sei $a = \inf_{x \in X} f(x) \in [-\infty, \infty)$. Dann existiert eine Folge x_n mit $a = \lim_n f(x_n)$. Da X kompakt ist, hat die Folge x_n eine konvergente Teilfolge. Man kann die Folge (x_n) durch eine solche konvergente Teilfolge ersetzen und somit annehmen, dass (x_n) konvergiert. Sei $x_{min} \in X$ ihr Grenzwert. Es folgt $a = f(x_{min}) \in \mathbb{R}$. Mit dem Maximum verfährt man ebenso. $\square$

Definition 8.5.14. Eine Abbildung $f : X \to Y$ zwischen metrischen Räumen heißt *gleichmäßig stetig*, falls es zu jedem $\varepsilon > 0$ ein $\delta > 0$ gibt, so dass für alle $x, x' \in X$ gilt

$$d(x, x') < \delta \quad \Rightarrow \quad d(f(x), f(x')) < \varepsilon.$$

Beispiel 8.5.15. Jede Lipschitz-stetige Funktion (Beispiel 8.3.1) ist gleichmäßig stetig.

Satz 8.5.16. *Sei* $f : X \to Y$ *eine Abbildung zwischen metrischen Räumen, wobei* X *kompakt ist. Ist* f *stetig, dann ist* f *bereits gleichmäßig stetig.*

Beweis. Sei $\varepsilon > 0$. Zu jedem $x \in X$ gibt es ein $\delta(x) > 0$, so dass aus $d(x, y) < \delta(x)$ folgt $d(f(x), f(y)) < \varepsilon/2$. Die Familie der Bälle $\left(B_{\delta(x)/2}(x)\right)_{x \in X}$ ist eine offene Überdeckung von X. Da X kompakt ist, gibt es eine endliche Teilüberdeckung $X \subset B_{\delta_1/2}(x_1) \cup \cdots \cup B_{\delta_n/2}(x_n)$, mit $\delta_j = \delta(x_j)$. Sei nun $\delta > 0$ das Minimum der $\delta(x_j)/2$ und seien $x, y \in X$ mit $d(x, y) < \delta$. Dann liegt x in einem der Bälle $B_{\delta_j/2}$. Es folgt $d(x, x_j) < \delta_j/2$ und $d(y, x_j) \leq d(x, y) + d(x, x_j) < \delta + \delta_j/2 \leq \delta_j$, also

$$d(f(x), f(y)) \leq d(f(x), f(x_j)) + d(f(x_j), f(y)) < \varepsilon/2 + \varepsilon/2 = \varepsilon. \qquad \square$$

8.6 Der Satz von Arzela-Ascoli

Der Satz von Arzela-Ascoli beschreibt Bedingungen, unter denen eine Funktionenfolge bereits eine gleichmäßig konvergente Teilfolge enthält. Dieser Satz findet in vielen Teilen der Analysis Anwendung.

Definition 8.6.1. Eine Folge (f_n) von Funktionen $f_n : X \to \mathbb{C}$ heißt *kompakt-gleichmäßig* konvergent gegen eine Funktion f, falls für jedes kompakte Teilmenge $K \subset X$ die Folge $f_n|_K$ gleichmäßig gegen $f|_K$ konvergiert.

Proposition 8.6.2. *Sei X ein metrischer Raum und $f_n \to f$ eine kompakt-gleichmäßig konvergente Folge stetiger Funktionen. Dann ist die Funktion f ebenfalls stetig.*

Beweis. Sei $x_j \to x$ eine in X konvergente Folge. Dann ist nach Proposition 8.5.4 die Menge $K = \{x_j : j \in \mathbb{N}\} \cup \{x\}$ kompakt. Daher konvergiert f_n auf K gleichmäßig, also existiert zu gegebenem $\varepsilon > 0$ ein $n \in \mathbb{N}$ so dass für alle $y \in K$ gilt $|f_n(y) - f(y)| < \varepsilon/3$. Da f_n stetig ist, gibt es ein j_0, so dass für alle $j \geq j_0$ gilt $|f_n(x) - f_n(x_j)| < \varepsilon/3$. Sei $j \geq j_0$, dann folgt

$$|f(x_j) - f(x)| \leq |f(x) - f_n(x)| + |f_n(x) - f_n(x_j)| + |f_n(x_j) - f(x_j)|$$
$$< \frac{\varepsilon}{3} + \frac{\varepsilon}{3} + \frac{\varepsilon}{3} = \varepsilon.$$

Da $\varepsilon > 0$ beliebig ist, folgt $\lim_j f(x_j) = f(x)$ und damit ist f stetig. $\qquad\square$

Definition 8.6.3. Eine Folge f_n von Funktionen auf einem metrischen Raum X heißt *gleichgradig stetig* im Punkt $x \in X$, falls es zu jedem $\varepsilon > 0$ ein $\delta > 0$ gibt, so dass

$$d(x, y) < \delta \quad \Rightarrow \quad |f_n(x) - f_n(y)| < \varepsilon$$

für alle $n \in \mathbb{N}$ und alle $y \in X$ richtig ist.

Satz 8.6.4 (Arzela-Ascoli). *Sei X ein metrischer Raum, der eine abzählbare dichte Teilmenge besitzt. Sei (f_n) eine Folge stetiger Funktionen auf X. Falls*

- *die Folge in jedem Punkt gleichgradig stetig ist und*

- *für jedes $x \in X$ die Folge der Werte $f_n(x) \in \mathbb{C}$ beschränkt ist,*

dann besitzt (f_n) eine kompakt-gleichmäßig konvergente Teilfolge.

Beweis. Sei (x_j) eine Aufzählung einer dichten Teilmenge von X. Da die Wertefolge $f_n(x_1)$ beschränkt ist, existiert eine Teilfolge (f_n^1) so dass die Folge $\left(f_n^1(x_1)\right)$ konvergiert. Als nächstes sei (f_n^2) eine Teilfolge von (f_n^1), so dass auch $f_n^2(x_2)$ konvergiert. Wiederholt man diesen Prozess, so erhält man zu jedem $j \in \mathbb{N}$ eine Teilfolge $(f_n^{j+1})_{n \in \mathbb{N}}$ von $(f_n^j)_{n \in \mathbb{N}}$, so dass $\left(f_n^{j+1}(x_{j+1})\right)_{n \in \mathbb{N}}$ konvergiert. Sei

$$g_n = f_n^n$$

die Diagonalfolge. Dann konvergiert $\left(g_n(x_j)\right)_{n\in\mathbb{N}}$ für jedes $j \in \mathbb{N}$. Der Grenzwert sei mit $g(x_j)$ bezeichnet.

Zuerst wird gezeigt, dass $g_j(x)$ für jedes $x \in X$ konvergiert. Hierzu sei $x \in X$ und sei ein $\varepsilon > 0$ gewählt. Für $\delta > 0$ sei $B_\delta(x)$ der offene δ-Ball um x, also

$$B_\delta(x) = \left\{y \in X : d(x, y) < \delta\right\}.$$

Wegen der gleichgradigen Stetigkeit existiert ein $\delta > 0$, so dass für alle $y \in B_\delta(x)$ und alle $n \in \mathbb{N}$ gilt $|g_n(x) - g_n(y)| < \varepsilon/3$. Da die Folge (x_j) dicht ist in X, gibt es ein $j \in \mathbb{N}$ so dass $x_j \in B_\delta(x)$. Die Folge $g_n(x_j)$ konvergiert, also gibt es ein $n_0 \in \mathbb{N}$ so dass für alle $m, n \geq n_0$ gilt $|g_n(x_j) - g_m(x_j)| < \varepsilon/3$. Für $m, n \geq n_0$ gilt daher

$$|g_m(x) - g_n(x)| \leq |g_m(x) - g_m(x_j)| + |g_m(x_j) - g_n(x_j)| + |g_n(x_j) - g_n(x)|$$
$$< \frac{\varepsilon}{3} + \frac{\varepsilon}{3} + \frac{\varepsilon}{3} = \varepsilon.$$

Damit ist $(g_n(x))$ eine Cauchy-Folge, konvergiert also gegen ein $g(x) \in \mathbb{C}$.

Im nächsten Schritt wird gezeigt, dass die Funktion $g(x) = \lim_n g_n(x)$ stetig ist. Sei $\varepsilon > 0$ und $x \in X$ gegeben. Wegen der gleichgradigen Stetigkeit existiert ein $\delta > 0$ so dass für $y \in B_\delta(x)$ gilt $|g_n(x) - g_n(y)| < \varepsilon/3$. Für solches y existiert dann ein n_0, so dass für $n \geq n_0$ gilt $|g(x) - g_n(x)|, |g_n(y) - g(y)| < \varepsilon/3$ und damit

$$|g(x) - g(y)| \leq |g(x) - g_n(x)| + |g_n(x) - g_n(y)| + |g_n(y) - g(y)|$$
$$< \frac{\varepsilon}{3} + \frac{\varepsilon}{3} + \frac{\varepsilon}{3} = \varepsilon.$$

Daher ist g stetig.

Im finalen Schritt wird nun kompakt-gleichmäßige Konvergenz gezeigt. Da g stetig ist, ist auch die Folge $(g, g_1, g_2, g_3, \dots)$ gleichgradig stetig. Sei $K \subset X$ eine kompakte Teilmenge und sei $\varepsilon > 0$. Für jedes $z \in K$ gibt es ein $\delta_z > 0$, so dass für alle $y \in K$ gilt

$$d(z, y) < \delta_z \quad \Rightarrow \quad \begin{cases} |g_n(z) - g_n(y)| < \varepsilon/3 \text{ für alle } n \in \mathbb{N} \\ |g(z) - g(y)| < \varepsilon/3. \end{cases}$$

Da $g_n(z)$ gegen $g(z)$ konvergiert, existiert ein $N_z \in \mathbb{N}$ so dass für alle $n \geq N_z$ gilt $|g_n(z) = g(z)| < \varepsilon/3$. Also gilt für jedes $y \in K$ mit $|z - y| < \delta_z$ und jedes $n \geq N_z$, dass

$$|g_n(y) - g(y)| \leq |g_n(y) - g_n(z)| + |g_n(z) - g(z)| + |g(z) - g(y)|$$
$$< \frac{\varepsilon}{3} + \frac{\varepsilon}{3} + \frac{\varepsilon}{3} = \varepsilon.$$

Die Mengen $B_{\delta_z}(z)$, $z \in K$ bilden eine offene Überdeckung von K, also gibt es $z_1, \dots, z_m$, so dass $K \subset \bigcup_{j=1}^{m} B_{\delta_j}(z_j)$, wobei $\delta_j = \delta_{z_j}$ geschrieben wurde. Sei $N = \max(N_{z_1}, \dots, N_{z_m})$. Dann gilt

$$n \geq N \quad \Rightarrow \quad |g_n(y) - g(y)| < \varepsilon$$

für alle $y \in K$ und damit ist die kompakt-gleichmäßige Konvergenz bewiesen. □

Definition 8.6.5. Eine Folge von Funktionen $f_n : D \to \mathbb{C}$ heißt *gleichmäßig beschränkt*, wenn es ein $M > 0$ gibt, so dass $|f_n(x)| \leq M$ für jedes $n \in \mathbb{N}$ und jedes $x \in D$ gilt.

Korollar 8.6.6. *Sei (f_n) eine gleichmäßig beschränkte Folge stetig differenzierbarer Funktionen auf einem kompakten Intervall $[a, b]$, so dass die Folge der Ableitungen (f_n') ebenfalls gleichmäßig beschränkt ist. Dann existiert eine gleichmäßig konvergente Teilfolge (f_{n_k}).*

Beweis. Es ist nur zu zeigen, dass aus der gleichmäßigen Beschränktheit der Ableitung die gleichgradige Stetigkeit folgt. Ist aber $|f'(x)| \leq M$, dann folgt nach dem Hauptsatz der Differential- und Integralrechnung für $x, y \in [a, b]$,

$$|f_n(x) - f_n(y)| = \left| \int_x^y f_n'(t)\, dt \right| \leq M|x - y|$$

und damit die gleichgradige Stetigkeit. □

Beispiel 8.6.7. Sei $I = [0, 1]$ das Einheitsintervall, $k : I \to \mathbb{C}$ stetig und für eine stetige Funktion $f : I \to \mathbb{C}$ sei die Funktion Tf gleich

$$Tf(x) = \int_0^x f(t)k(t)\, dt.$$

Sei nun $f_n : I \to \mathbb{C}$ eine Folge stetiger Funktionen, die in der Supremumsnorm beschränkt ist, d.h., es gebe ein $M > 0$ so dass

$$\left\| f_n \right\|_I \leq M$$

für jedes $n \in \mathbb{N}$ gilt. Dann erfüllt die Folge Tf_n die Voraussetzungen des Satzes von Arzela-Ascoli, denn jede Funktion Tf_n ist stetig differenzierbar und die Ableitungen $(Tf_n)'(x) = f_n(x)k(x)$ sind nach Voraussetzung gleichmäßig beschränkt. Damit sind die Voraussetzungen des Korollars erfüllt und es existiert eine Teilfolge (f_{n_k}) so dass die Folge (Tf_{n_k}) gleichmäßig konvergent ist.

8.7 Normierte Vektorräume

Wichtige Beispiele von metrischen Räumen sind normierte Vektorräume, denn eine Norm $\|.\|$ induziert eine Metrik d durch $d(x, y) = \|x - y\|$, wie im Satz 8.7.3 gezeigt wird. Der Begriff des Vektorraums wird hier als aus der Linearen Algebra bekannt vorausgesetzt.

Definition 8.7.1. Sei V ein reeller Vektorraum. Beachte hier, dass jeder komplexe Vektorraum auch ein reeller Vektorraum wird, wenn man die Skalarmultiplikation auf $\mathbb{R}$ einschränkt. Eine *Norm* auf V ist eine Abbildung:

$$\|.\| : V \to \mathbb{R}_{\geq 0}$$
$$x \mapsto \|x\|$$

so dass für $x, y \in V$ und $\lambda \in \mathbb{R}$ gilt:

- $\|x\| = 0 \Leftrightarrow x = 0$ (Definitheit)

- $\|\lambda x\| = |\lambda| \|x\|$ (Multiplikativität)

- $\|x + y\| \leq \|x\| + \|y\|$ (Dreiecksungleichung).

Ein *normierter Vektorraum* ist ein Paar $(V, \|.\|)$ bestehend aus einem reellen Vektorraum V und einer Norm $\|.\|$ auf V.

Diese Definition wird für komplexe Vektorräume genauso getroffen, wobei man durchweg $\mathbb{R}$ durch $\mathbb{C}$ ersetzt. Alle folgenden Sätze gelten dann sinngemäß auch für komplexe Vektorräume.

Beispiele 8.7.2.

- Die *euklidische Norm* eines Vektors x in dem Vektorraum $\mathbb{R}^n$ ist die Zahl

$$\|x\| = \sqrt{|x_1|^2 + \cdots + |x_n|^2}.$$

Die entsprechende Metrik $d(x, y) = \|x - y\|$ heißt der *euklidische Abstand*. Wenn nichts anderes gesagt wird, soll der Raum $\mathbb{R}^n$ immer mit der euklidischen Norm und dem euklidischen Abstand versehen sein.

- Für $1 \leq p < \infty$ definiert man auf dem Raum $\mathbb{R}^n$ die *p-Norm* durch

$$\|x\|_p = (|x_1|^p + \cdots + |x_n|^p)^{\frac{1}{p}}.$$

Die Normeigenschaften sind offensichtlich bis auf die Dreiecksungleichung, die in Satz 5.2.19 gezeigt wurde.

- Ebenfalls auf dem $\mathbb{R}^n$ ist die Norm

$$\|x\|_\infty = \max\left\{|x_j| : j = 1, \ldots, n\right\}$$

definiert. Gegenüber der euklidischen Norm gilt die Abschätzung

$$\|x\|_\infty \leq \|x\| \leq \sqrt{n}\|x\|_\infty.$$

Beweis. Die erste Ungleichung ist trivial. Die zweite folgt durch Wurzelziehen aus der Ungleichung

$$\|x\|^2 = |x_1|^2 + \cdots + |x_n|^2 \leq n\max(|x_1|^2, \ldots, |x_n|^2) = n\|x\|_\infty^2. \qquad \Box$$

- Auf dem Vektorraum aller stetigen Funktionen auf $[0, 1]$ ist eine mögliche Norm durch $\|f\| = \int_0^1 |f(x)|\,dx$ gegeben.

- Sei $X \neq \emptyset$ eine beliebige Menge und sei $B(X)$ der Vektorraum aller beschränkten Funktionen auf X, d.h. aller Funktionen $f : X \to \mathbb{C}$ mit

$$\|f\|_X = \sup_{x \in X} |f(x)| < \infty.$$

Die *Supremumsnorm* $\|.\|_X$ ist eine Norm im Sinne der Definition. Definitheit und Multiplikativität sind leicht einzusehen. Die Dreiecksungleichung wird wie folgt bewiesen:

$$\begin{aligned}
\|f + g\|_X &= \sup_{x \in X} |f(x) + g(x)| \leq \sup_{x \in X} |f(x)| + |g(x)| \\
&\leq \sup_{x,y \in X} |f(x)| + |g(y)| = \sup_{x \in X} |f(x)| + \sup_{x \in X} |g(x)| = \|f\|_X + \|g\|_X.
\end{aligned}$$

Satz 8.7.3. *Ist $(V, \|.\|)$ ein normierter Vektorraum, so ist*

$$d(x, y) = \|x - y\|$$

eine Metrik auf V.

Beweis. Die Definitheit der Norm impliziert die Definitheit der Metrik. Die Multiplikativität der Norm liefert die Symmetrie der Metrik indem man mit (-1) multipliziert. Die Dreiecksungleichung der Metrik schließlich folgt aus der Dreiecksungleichung der Norm durch

$$d(x, y) = \|x - y\| = \|x - z + z - y\| \leq \|x - z\| + \|z - y\| = d(x, z) + d(z, y). \qquad \Box$$

> **Satz 8.7.4.** *Der $\mathbb{R}^n$ sei mit der euklidischen Norm versehen. Eine Folge* $\left(x^{(j)}\right)_{j \in \mathbb{N}}$ *in $\mathbb{R}^n$ konvergiert genau dann in der euklidischen Norm gegen $x \in \mathbb{R}^n$, wenn jede Koordinatenfolge* $\left(x_k^{(j)}\right)_{j \in \mathbb{N}}$ *gegen die entsprechende Koordinate x_k von x konvergiert. Hierbei läuft k von 1 bis n.*

Beweis. Es gelte $x^{(j)} \to x$ in $\mathbb{R}^n$. Für $k \in \{1, \dots, n\}$ gilt dann

$$|x_k^{(j)} - x_k| \leq \sqrt{|x_1^{(j)} - x_1|^2 + \cdots + |x_n^{(j)} - x_n|^2} = \|x^{(j)} - x\| \to 0.$$

daher geht auch $|x_k^{(j)} - x_k|$ gegen Null, die Koordinatenfolgen konvergieren also wie gewünscht.

Umgekehrt seien alle Koordinatenfolgen konvergent. Dann gehen die Folgen $|x_1^{(j)} - x|, \dots, |x_n^{(j)} - x_n|$ alle gegen Null, damit geht auch die Folge

$$\sqrt{|x_1^{(j)} - x_1|^2 + \cdots + |x_n^{(j)} - x_n|^2} = \|x^{(j)} - x\|$$

gegen Null. $\qquad\square$

Definition 8.7.5. Ein normierter Vektorraum $(V, \|\cdot\|)$, der in der induzierten Metrik vollständig ist, wird *Banach-Raum* genannt.

Beispiele 8.7.6.

- Der $\mathbb{R}^n$ ist mit der euklidischen Norm ein reeller Banach-Raum, der Raum $\mathbb{C}^n$ ist ein komplexer Banach-Raum.

  Beweis. Sei $x^{(j)}$ eine Cauchy-Folge. Dann ist jede Koordinatenfolge $\left(x_k^{(j)}\right)_j$ wegen

$$\left|x_k^{(i)} - x_k^{(j)}\right| \leq \sqrt{\left|x_1^{(i)} - x_1^{(j)}\right|^2 + \cdots + \left|x_n^{(i)} - x_n^{(j)}\right|^2} = \left\|x^{(i)} - x^{(j)}\right\|$$

  ebenfalls eine Cauchy-Folge. Da $\mathbb{R}$, bzw. $\mathbb{C}$ vollständig ist, konvergiert jede Koordinatenfolge und nach Satz 8.7.4 konvergiert die Folge $(x^{(j)})$. $\qquad\square$

- Ist X ein metrischer Raum, dann ist die Menge $C_b(X)$ aller beschränkten stetigen Funktionen $f : X \to \mathbb{C}$ ein Untervektorraum des komplexen Vektorraums $\mathrm{Abb}(X, \mathbb{C})$ und dieser ist ein Banach-Raum mit der Norm

$$\|f\|_X = \sup_{x \in X} |f(x)|.$$

Beweis. Die Normeigenschaften sind trivial. Es ist Vollständigkeit zu zeigen. Sei also (f_n) eine Cauchy-Folge. Dann gilt für jedes $x \in X$,

$$|f_n(x) - f_m(x)| \leq \sup_{y \in X} |f_n(y) - f_m(y)| = \left\| f_n - f_m \right\|_X.$$

Also ist $(f_n(x))_{n \in \mathbb{N}}$ eine Cauchy-Folge in $\mathbb{C}$, konvergiert also. Sei $f(x)$ der Limes. Sei $\varepsilon > 0$, dann gibt es n_0 so dass für alle $n, m \geq n_0$ und alle $x \in X$ die Abschätzung $|f_n(x) - f_m(x)| < \varepsilon$ gilt. Mit $m \to \infty$ folgt $|f_n(x) - f(x)| \leq \varepsilon$. Das bedeutet aber, dass f_n gleichmäßig gegen f konvergiert. Damit ist f stetig. Es ist leicht einzusehen, dass f auch beschränkt ist, also $f \in C_b(X)$, womit die Vollständigkeit gezeigt wäre.   □

- Hier ein Beispiel für einen normierte Raum, der nicht vollständig ist: Sei $V = \mathbb{C}^{(\mathbb{N})}$ der Raum aller Funktionen $f : \mathbb{N} \to \mathbb{C}$ mit der Eigenschaft, dass es ein $N = N(f) \in \mathbb{N}$ gibt, so dass $f(j) = 0$ für jedes $j \geq N$. Dies ist ein komplexer Untervektorraum von $\mathrm{Abb}(\mathbb{N}, \mathbb{C})$ und

$$\|f\|_1 = \sum_{j \in \mathbb{N}} |f(j)|$$

definiert eine Norm auf V. Die Folge $(f^{(n)})_{n \in \mathbb{N}}$ gegeben durch

$$f^{(n)}(j) = \begin{cases} \frac{1}{2^j} & j \leq n, \\ 0 & j > n, \end{cases}$$

ist eine Cauchy-Folge, denn für $m < n$ gilt

$$\left\| f^{(n)} - f^{(m)} \right\| = \sum_{j=m+1}^{n} \frac{1}{2^j} \leq \frac{1}{2^m} \sum_{j=1}^{\infty} \frac{1}{2^j} = \frac{1}{2^m}.$$

Satz 8.7.7 (Heine-Borel). *Eine Teilmenge des $\mathbb{R}^n$ ist genau dann kompakt, wenn sie abgeschlossen und beschränkt ist.*

Beweis. Sei $K \subset \mathbb{R}^n$ kompakt. Dann ist K nach Satz 8.5.7 abgeschlossen und beschränkt. Für die umgekehrte Richtung sei $K \subset \mathbb{R}^n$ abgeschlossen und beschränkt. Sei (x_n) eine Folge in K, dann ist jede Koordinatenfolge $(x_{n,j})_{n \in \mathbb{N}}$ beschränkt, also besitzt die erste Koordinatenfolge eine konvergente Teilfolge $(x_{n_k,1})$. Die Folge $(x_{n_k,2})$ besitzt dann wieder eine konvergente Teilfolge und so weiter, so dass am Ende eine Teilfolge (x_{m_k}) entsteht, deren sämtliche Koordinatenfolgen konvergieren, so dass nach Satz 8.7.4 die Folge selbst konvergiert. Da K abgeschlossen ist, liegt der Limes in K, so dass nach dem Satz von Bolzano-Weierstraß 8.5.11 die Menge K kompakt ist.   □

8.8 Aufgaben

Aufgabe 8.1. Sei S eine Menge, $n \in \mathbb{N}$ und sei $X = S^n$ das n-fache kartesische Produkt von S mit sich selbst. *Zeige, dass*

$$d(x, y) = \#\{i : x_i \neq y_i\}$$

eine Metrik auf X definiert.

Aufgabe 8.2. Sei (X, d) ein metrischer Raum und $a \in X$, sowie $r > 0$. Nach Lemma 8.2.4 ist der Ball $B_r(a)$ offen. Ist die Menge $\{x \in X : d(x, a) \leq r\}$ abgeschlossen? Ist sie gleich dem Abschluss von $B_r(a)$?

Aufgabe 8.3. Zwei Metriken d_1, d_2 auf X heißen *äquivalent*, falls sie dieselbe Topologie induzieren, d.h., falls eine Menge genau dann in der einen Metrik offen ist, wenn sie es in der anderen ist. *Zeige:*

(a) Zwei Metriken d_1, d_2 sind genau dann äquivalent sind, wenn dieselben Folgen in ihnen konvergieren, d.h., wenn für jede Folge (x_n) in X gilt

$$(x_n) \text{ konvergiert in } d_1 \quad \Leftrightarrow \quad (x_n) \text{ konvergiert in } d_2.$$

In diesem Fall stimmen auch die Limiten überein.

(b) Haben zwei äquivalente Metriken auch dieselben Cauchy-Folgen?

Aufgabe 8.4. *Zeige,* dass eine Abbildung $f : X \to Y$ zwischen metrischen Räumen genau dann stetig ist, wenn es zu jeder in X konvergenten Folge $x_n \to x$ eine Teilfolge $(x_{n_k})_{k \in \mathbb{N}}$ gibt, so dass $f(x_{n_k})$ gegen $f(x)$ konvergiert.

Aufgabe 8.5. Seien X, Y metrische Räume und $f, g : X \to Y$ stetig. *Zeige,* dass die Menge $A = \{x \in X : f(x) \neq g(x)\}$ offen ist.

Aufgabe 8.6. Seien X, Y, Z metrische Räume und $f_1, f_2, \ldots$ eine Folge von Abbildungen $X \to Y$, die gleichmäßig gegen ein $f : X \to Y$ konvergiert. Sei $g : Y \to Z$ gleichmäßig stetig. *Zeige,* dass die Folge $g \circ f_n$ gleichmäßig gegen $g \circ f$ konvergiert.

Aufgabe 8.7. *Zeige,* dass die Menge

$$X = \left\{ \begin{pmatrix} x \\ \sin(1/x) \end{pmatrix} : 0 < x \leq 1 \right\} \cup \left\{ \begin{pmatrix} 0 \\ t \end{pmatrix} : |t| \leq 1 \right\} \quad \subset \quad \mathbb{R}^2$$

zusammenhängend, aber nicht wegzusammenhängend ist. (Siehe Definitionen 8.4.1 und 8.4.6). Hier ein Bild der Menge X.

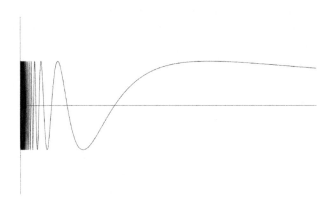

Aufgabe 8.8. Sei (X, d) ein metrischer Raum und sei $K \subset X$ nichtleer und kompakt. Für $x \in X$ sei

$$d_K(x) = \inf \left\{ d(x, k) : k \in K \right\}$$

der Abstand von x zu K. *Zeige,* dass d_K eine stetige Funktion auf X ist.

Aufgabe 8.9. Sei $X = \mathbb{R}^{\mathbb{N}}$ die Menge aller Folgen $(a_j)_{j \in \mathbb{N}}$ reeller Zahlen. *Zeige:*

(a) Die Vorschrift

$$d\big((a_j), (b_j)\big) = \sum_{j=1}^{\infty} \frac{1}{2^j} \frac{|a_j - b_j|}{1 + |a_j - b_j|}$$

definiert eine Metrik auf X.

(b) Eine Folge $a_n \in X$ konvergiert genau dann gegen $b \in X$ in dieser Metrik, wenn $a_{n,j} \to b_j$ für $n \to \infty$ für jedes j gilt.

(c) Der Raum (X, d) ist vollständig.

(d) Der Raum (X, d) ist nicht kompakt.

Aufgabe 8.10. Sei (X, d) ein kompakter metrischer Raum und sei $\varepsilon > 0$.

(a) Eine Teilmenge $F \subset X$ heißt ε-*separiert*, falls $d(e, f) \geq \varepsilon$ für alle $e \neq f$ in F gilt. *Zeige,* dass es ein $N = N(\varepsilon) \in \mathbb{N}$ gibt, so dass für jede ε-separierte Teilmenge $F \subset X$ gilt

$$|F| \leq N.$$

(b) Sei $u(\varepsilon)$ die minimale Anzahl von offenen Bällen $B_\varepsilon(x)$, die nötig sind, um X zu überdecken, also

$$u(\varepsilon) = \min \left\{ n \in \mathbb{N} : \exists_{x_1, \dots, x_n \in X}, \ X = \bigcup_{j=1}^{n} B_\varepsilon(x_j) \right\}.$$

Zeige, dass zwischen $N(\varepsilon)$ und $u(\varepsilon)$ die Relation

$$N(2\varepsilon) \leq u(\varepsilon) \leq N(\varepsilon)$$

gilt.

Aufgabe 8.11. Für eine $n \times n$ Matrix $A \in M_n(\mathbb{R})$ sei $\|A\| = \sqrt{\sum_{1 \leq i, j \leq n} |A_{i,j}|^2}$ die *euklidische Matrixnorm.*

(a) *Zeige,* dass diese Norm *submultiplikativ* ist, d.h. dass gilt

$$\|AB\| \leq \|A\| \, \|B\|.$$

(b) Man sagt, dass eine Folge $\left(A^{(\nu)} \right)_{\nu \in \mathbb{N}}$ von Matrizen gegen eine Matrix A konvergiert, wenn die Folge $\|A^{(\nu)} - A\|$ gegen Null geht.

Zeige, dass dies genau dann der Fall ist, wenn für jedes Indexpaar (i, j) mit $1 \leq i, j \leq n$ gilt

$$\lim_{\nu \to \infty} A_{i,j}^{(\nu)} = A_{i,j}.$$

(c) Man sagt: eine Reihe $\sum_{\nu=0}^{\infty} A^\nu$ von $n \times n$ Matrizen *konvergiert absolut,* falls $\sum_{\nu=0}^{\infty} \|A^\nu\| < \infty$ gilt.

Beweise, dass jede absolut konvergente Reihe konvergiert.

(d) *Zeige,* dass für eine gegebene Matrix $A \in M_n(\mathbb{C})$ die Reihe

$$\exp(A) = \sum_{\nu=0}^{\infty} \frac{1}{\nu!} A^\nu$$

absolut konvergiert und dass für zwei Matrizen A, B mit $AB = BA$ gilt

$$\exp(A + B) = \exp(A)\exp(B).$$

Gib ein Beispiel, dass diese Aussage falsch wird, wenn man auf die Bedingung $AB = BA$ verzichtet.

Mehr Aufgaben und Lösungen finden Sie in dem Begleitbuch *Übungsbuch zur Analysis,* *Springer-Verlag 2020.*

Teil II

Mehrdimensionale Reelle Analysis

Kapitel 9

Mehrdimensionale Differentialrechnung

Man kann die Differentialrechnung einer Variablen aus Kapitel 5 so auffassen, dass man eine Funktion $f(x)$ durch eine affine Funktion der Form $ax + b$ approximiert. Dasselbe lässt sich auch in mehreren Variablen machen, indem man eine Funktion f auf dem $\mathbb{R}^n$ durch Funktionen der Art $Ax + b$ approximiert, wobei hier A eine Matrix ist. Die Einträge der Matrix A lassen sich dann als partielle Ableitungen von f berechnen.

9.1 Partielle Ableitungen

Sei $n \in \mathbb{N}$ eine natürliche Zahl. Ein Element x des n-dimensionalen Raums $\mathbb{R}^n$ wird im Sinne der Linearen Algebra als Spaltenvektor verstanden. Daher kann man x mit einer $n \times n$ Matrix A multiplizieren und erhält $Ax \in \mathbb{R}^n$. Diese Schreibweise wird allerdings nicht konsequent durchgehalten, so schreibt man für eine Funktion $f : \mathbb{R}^n \to \mathbb{R}$ auch $f(x) = f(x_1, x_2, \ldots, x_n)$.

Definition 9.1.1. Sei $U \subset \mathbb{R}^n$ eine offene Menge. Eine reelle Funktion $f : U \to \mathbb{R}$ heißt im Punkte $x \in U$ *partiell differenzierbar* in der j-ten Koordinatenrichtung, falls der Limes

$$D_j f(x) = \lim_{t \to 0} \frac{f(x + te_j) - f(x)}{t}$$

existiert. Hier ist $e_j = (0, \ldots, 0, 1, 0, \ldots, 0)$ der j-te Standard Basisvektor.

Die partielle Differenzierbarkeit in der j-ten Koordinatenrichtung ist äqui-

193

© Springer-Verlag GmbH Deutschland, ein Teil von Springer Nature 2021
A. Deitmar, *Analysis*, https://doi.org/10.1007/978-3-662-62858-4_9

valent dazu, dass die Funktion

$$s \mapsto f(x_1, \ldots, x_{j-1}, s, x_{j+1}, \ldots, x_n),$$

an der Stelle $s = x_j$ differenzierbar ist. Die Zahl $D_j f(x)$ heißt die j-te *partielle Ableitung* von f.

Die Funktion f heißt *partiell differenzierbar*, falls $D_j f(x)$ für jedes $x \in U$ und jedes $j = 1, \ldots, n$ existiert. Sie heißt *stetig partiell differenzierbar*, falls die partiellen Ableitungen $x \mapsto D_j f(x)$ überdies als Funktionen auf U stetig sind.

Schreibweise: Statt $D_j f$ schreibt man auch $\frac{\partial}{\partial x_j} f$ oder $\frac{d}{d x_j} f$.

Beispiele 9.1.2.

- Die Funktion $f : \mathbb{R}^n \to \mathbb{R}, x \mapsto x_1 + \cdots + x_n$ ist stetig partiell differenzierbar mit $\frac{\partial f}{\partial x_j}(x) = 1$ für jedes j. Denn: hält man $x_1, \ldots, x_{j-1}, x_{j+1}, \ldots, x_n$ fest, so ist die Funktion $t \mapsto f(x_1, \ldots, x_{j-1}, t, x_{j+1}, \ldots, x_n) = t + a$, wobei $a = \sum_{i \neq j} x_i$ nicht von t abhängt.

- Die Funktion $f : \mathbb{R}^n \to \mathbb{R}, x \mapsto x_1 \cdots x_n = \prod_i x_i$ ist stetig partiell differenzierbar mit partiellen Ableitungen $\frac{\partial f}{\partial x_j}(x) = \prod_{i \neq j} x_i$.

- Die Funktion $f(x) = \|x\| = \sqrt{x_1^2 + \cdots + x_n^2}$ ist in $U = \{x \neq 0\}$ stetig partiell differenzierbar, denn es gilt

$$f(x_1, \ldots, x_{j-1}, t, x_{j+1}, \ldots, x_n) = \sqrt{t^2 + a},$$

  wobei $a = \sum_{i \neq j} x_i^2$. Daher ist $D_j f(x) = \frac{x_j}{\|x\|}$ und diese Funktion ist stetig für $x \neq 0$.

- Ist $f : U \to \mathbb{R}$ stetig partiell differenzierbar mit Bild in der offenen Menge $V \subset \mathbb{R}$, ist ferner $\phi : V \to \mathbb{R}$ stetig differenzierbar, so ist die Komposition $\phi \circ f$ stetig partiell differenzierbar in U.

- Sind $f, g : U \to \mathbb{R}$ stetig partiell differenzierbar, so auch $f + g$ und fg.

- Sei $f : \mathbb{R}^2 \to \mathbb{R}$, die Funktion

$$f(x) = \begin{cases} \frac{x_1 x_2}{(x_1^2 + x_2^2)^2} & x \neq 0, \\ 0 & x = 0. \end{cases}$$

Dann ist f in $\{x \neq 0\}$ stetig partiell differenzierbar, denn es ist ein Produkt von Kompositionen stetig partiell differenzierbarer Funktionen.

Allerdings ist diese Funktion auch in $x = 0$ noch partiell differenzierbar, die partiellen Ableitungen sind dort aber nicht mehr stetig!

Dies sieht man wie folgt: Es ist $f(0, t) = 0 = f(t, 0)$ für alle t, also existieren die partiellen Ableitungen und sind gleich Null. Andererseits gilt

$$D_1 f(x) = \frac{\partial}{\partial x_1} \frac{x_1 x_2}{(x_1^2 + x_2^2)^2} = \frac{x_2(x_1^2 + x_2^2)^2 - 2(x_1^2 + x_2^2)2x_1 x_1 x_2}{(x_1^2 + x_2^2)^4}.$$

Insbesondere ist auf der Diagonale: $D_1 f(t, t) = \frac{-4t^5}{2^4 t^8}$. Also geht $D_1 f(t, t)$ gegen unendlich für $t \to 0$. Dasselbe gilt für $D_2 f$.

Höhere Ableitungen

Sei $U \subset \mathbb{R}^n$ offen und $f : U \to \mathbb{R}$ partiell differenzierbar. Sind alle partiellen Ableitungen $D_j f$ wieder partiell differenzierbar, so nennt man f *zweimal partiell differenzierbar*. In diesem Fall kann man die partiellen Ableitungen 2. Ordnung $D_i D_j f$ bilden. Die Funktion f heißt *k-mal partiell differenzierbar*, wenn alle partiellen Ableitungen $D_{i_1} \dots D_{i_l} f$ für $1 \leq l \leq k$ und alle l-Tupel von Indizes $1 \leq i_\nu \leq n$ existieren. Die Funktion heißt *k-mal stetig partiell differenzierbar*, wenn überdies alle partiellen Ableitungen $D_{i_1} \dots D_{i_l} f$ stetig sind.

Satz 9.1.3 (Satz von Schwarz). *Die partiellen Ableitungen vertauschen miteinander. Genauer sei $U \subset \mathbb{R}^n$ offen und $f : U \to \mathbb{R}$ zweimal stetig partiell differenzierbar. Dann gilt für alle $1 \leq i, j \leq n$ und alle $a \in U$*

$$D_i D_j f(a) = D_j D_i f(a).$$

Beweis. Man kann ohne Beschränkung der Allgemeinheit $n = 2$, $i = 1$, $j = 2$ und $a = 0$ annehmen und schreibt dann (x, y) statt (x_1, x_2). Unter Benutzung der Abkürzung $h(x) = \frac{f(x,y) - f(x,0)}{y}$ liefert eine zweifache Anwendung des Mittelwertsatzes, zunächst im Argument x, dann in y,

$$\frac{\overbrace{\frac{f(x, y) - f(x, 0)}{y}}^{=h(x)} - \overbrace{\frac{f(0, y) - f(0, 0)}{y}}^{=h(0)}}{x} = h'(\alpha) = \frac{D_1 f(\alpha, y) - D_1 f(\alpha, 0)}{y}$$

$$= D_2 D_1 f(\alpha, \beta)$$

für geeignete $\alpha, \beta \in \mathbb{R}$ mit $|\alpha| \leq |x|$, $|\beta| \leq |y|$. Derselbe Ausdruck, anders geklammert, ist

$$\frac{\frac{f(x,y)-f(0,y)}{x} - \frac{f(x,0)-f(0,0)}{x}}{y} = \frac{D_2 f(x,\delta) - D_2 f(0,\delta)}{x}$$

$$= D_1 D_2 f(\gamma, \delta)$$

für geeignete $\gamma, \delta \in \mathbb{R}$ mit $|\gamma| \leq |x|$ und $|\delta| \leq |y|$. Zusammen liefert dies

$$D_2 D_1 f(\alpha, \beta) = D_1 D_2 f(\gamma, \delta).$$

Gehen x, y gegen Null, so auch $\alpha, \beta, \gamma, \delta$. Wegen der Stetigkeit von $D_1 D_2 f$ und $D_2 D_1 f$ folgt dann $D_2 D_1 f(0,0) = D_1 D_2 f(0,0)$. □

Schreibweise: Man schreibt auch $\frac{\partial^2}{\partial x_i \partial x_j} f$ für $D_i D_j f$ und $\frac{\partial^2}{\partial x_j^2} f$ für $D_j D_j f$.

9.2   Totale Differenzierbarkeit

Erinnerung: Sei $U \subset \mathbb{R}$ offen. Eine Funktion $f : U \to \mathbb{R}$ heißt differenzierbar im Punkt $x \in U$, falls der Limes $\lim_{h \to 0} \frac{1}{h} [f(x + h) - f(x)]$ existiert. In diesem Fall bezeichnet man diesen Limes mit $f'(x)$.

Lemma 9.2.1 (Umformulierung der Differenzierbarkeit im eindimensionalen Fall). *Eine Funktion f ist genau dann im Punkt $x \in \mathbb{R}$ differenzierbar mit Ableitung $A = f'(x)$, wenn*

$$\lim_{h \to 0} \frac{|f(x + h) - f(x) - Ah|}{|h|} = 0.$$

Beweis. Dies folgt leicht aus

$$\frac{|f(x + h) - f(x) - Ah|}{|h|} = \left| \frac{f(x + h) - f(x)}{h} - A \right|.$$ □

Dieses Lemma wird nun zum Anlass genommen, Differenzierbarkeit in mehreren Variablen in der folgenden Weise zu definieren.

Definition 9.2.2. Sei $U \subset \mathbb{R}^n$ offen, $x \in U$ und sei $A \in M_{m \times n}(\mathbb{R})$ eine Matrix. Eine Funktion $f : U \to \mathbb{R}^m$ heißt *differenzierbar* im Punkt x mit *Differential A*, falls

$$\lim_{h \to 0} \frac{\|f(x + h) - f(x) - Ah\|}{\|h\|} = 0,$$

wobei $\|x\| = \sqrt{x_1^2 + \cdots + x_n^2}$ die *euklidische Norm* auf $\mathbb{R}^n$ (und ebenso $\mathbb{R}^m$) bezeichnet.

Für $m = n = 1$ liefert dies die übliche Differenzierbarkeit einer Funktion einer Variablen. Alternativ kann man auch sagen: f ist in x genau dann total differenzierbar mit Differential A, wenn für jedes hinreichend kleine $h \in \mathbb{R}^n$ gilt

$$f(x + h) = f(x) + Ah + \phi(h),$$

wobei ϕ eine in einer Umgebung der Null definierte Funktion mit der Eigenschaft

$$\lim_{h \to 0} \frac{\phi(h)}{\|h\|} = 0$$

ist. Das heißt, die Restfunktion ϕ *geht schneller gegen Null als die Norm.*

Lemma 9.2.3. *Die Differentialmatrix A ist eindeutig bestimmt. Mit anderen Worten, sei $f : U \to \mathbb{R}^m$ in $x \in U$ differenzierbar mit Differentialmatrix $A \in \mathrm{M}_{m \times n}(\mathbb{R})$ und gleichzeitig differenzierbar mit Matrix $B \in \mathrm{M}_{m \times n}(\mathbb{R})$, dann folgt $A = B$.*

Beweis. Es ist $f(x+h) - f(x) = Ah + \phi(h) = Bh + \psi(h)$ wobei die Restfunktionen ϕ und ψ schneller gegen Null gehen als die Norm. Es folgt $Ah - Bh = \psi(h) - \phi(h)$. Für $v \in \mathbb{R}^n$ gilt damit wegen der Linearität für $t > 0$,

$$\|(A - B)v\| = \frac{\|A(tv) - B(tv)\|}{t} \xrightarrow{t \to 0} 0.$$

Also ist $A = B$. $\qquad\qquad\qquad\qquad\qquad\qquad\qquad\qquad\qquad\qquad\quad$ $\square$

Satz 9.2.4. *Sei $U \subset \mathbb{R}^n$ offen und $f : U \to \mathbb{R}^m$ eine Abbildung, die im Punkt $x \in U$ total differenzierbar ist mit Differentialmatrix $A = (a_{i,j})$. Dann gilt:*

  a) *f ist im Punkte x stetig und*

  b) *f ist im Punkte x partiell differenzierbar mit*

$$\frac{\partial f_i}{\partial x_j} = a_{i,j}.$$

Der Satz gibt an, wie man die Differentialmatrix A explizit berechnen kann. Man nennt sie auch die *Funktional-Matrix* oder *Jacobi-Matrix* von f und schreibt

$$A = Df(x) = \left(\frac{\partial f_i}{\partial x_j} \right)_{\substack{1 \le i \le m \\ 1 \le j \le n}}.$$

Beweis. Der Zähler des Bruches $\frac{\|f(x+h)-f(x)-Ah\|}{\|h\|}$ geht gegen Null, wenn $h \to 0$. Dasselbe gilt für Ah, da A linear ist. Also geht $f(x+h) - f(x)$ gegen Null wenn $h \to 0$, d.h., f ist stetig in x.

Zum Beweis von Teil (b) sei $f = (f_1, \ldots, f_m)$, dann gilt

$$\left| \frac{f_i(x + te_j) - f_i(x) - a_{i,j}t}{t} \right| \leq \frac{\|f(x + te_j) - f(x) - A(te_j)\|}{\|te_j\|} \xrightarrow{t \to 0} 0. \qquad \square$$

Satz 9.2.5. *Sei $U \subset \mathbb{R}^n$ offen und $f : U \to \mathbb{R}^m$ eine in U partiell differenzierbare Funktion. Alle partiellen Ableitungen $D_i f$ seien in $x \in U$ stetig. Dann ist f in x total differenzierbar.*

Es gilt also die Implikationskette:

---

f stetig partiell differenzierbar $\Rightarrow$ f total differenzierbar

$\Rightarrow$ f partiell differenzierbar

Die Rückrichtungen sind jeweils falsch. Die erste ist schon im Eindimensionalen falsch, ein Beispiel ist

$$f(x) = \begin{cases} x^2 \sin(1/x) & x \neq 0, \\ 0 & x = 0. \end{cases}$$

Als Gegenbeispiel für die Rückrichtung der zweiten Implikation dient das letzte Beispiel aus 9.1.2, die Funktion $f : \mathbb{R}^2 \to \mathbb{R}$,

$$f(x) = \begin{cases} \frac{x_1 x_2}{(x_1^2 + x_2^2)^2} & x \neq 0, \\ 0 & x = 0. \end{cases}$$

Denn wäre f in $(0,0)$ total differenzierbar, so wäre sie dort auch stetig, was sie wegen $f(t,t) = \frac{1}{4t^2}$, $t \neq 0$ aber nicht ist.

Beweis des Satzes. Da U offen ist, gibt es ein $\delta > 0$. so dass die Kugel mit Radius δ um x ganz in U liegt. Sei $h = (h_1, \ldots, h_n)$ ein Vektor mit $\|h\| < \delta$. Für $i = 0, \ldots, n$ sei

$$z^{(i)} = x + \sum_{\nu=1}^{i} h_\nu e_\nu.$$

Es folgt $z^{(0)} = x$ und $z^{(n)} = x + h$. Die Punkte $z^{(i-1)}$ und $z^{(i)}$ unterscheiden sich nur in der i-ten Koordinate. Nach dem Mittelwertsatz gibt es also $\theta_i \in [0, 1]$ mit

$$f(z^{(i)}) - f(z^{(i-1)}) = D_i f(y^{(i)}) h_i,$$

wobei $y^{(i)} = z^{(i-1)} + \theta_i h_i e_i$. Es folgt $f(x + h) - f(x) = \sum_{i=1}^{n} D_i f(y^{(i)}) h_i$. Setzt man $a_i = D_i f(x)$, so folgt

$$f(x + h) - f(x) = \sum_{i=1}^{n} a_i h_i + \phi(h)$$

mit $\phi(h) = \sum_{i=1}^{n} (D_i f(y^{(i)}) - a_i) h_i$. Wegen der Stetigkeit von $D_i f$ in x gilt $\lim_{h \to 0} (D_i f(y^{(i)}) - a_i) = 0$, woraus sich $\lim_{h \to 0} \frac{\phi(h)}{\|h\|} = 0$ ergibt. □

Satz 9.2.6. *Sei $U \subset \mathbb{R}^n$ offen und $f : U \to \mathbb{R}^m$ in jedem Punkt partiell differenzierbar. Die Funktion f ist genau dann stetig partiell differenzierbar, wenn die matrixwertige Abbildung $U \to M_{m \times n}(\mathbb{R}) \cong \mathbb{R}^{mn}$, $x \mapsto Df(x)$ stetig ist. In diesem Fall sagt man auch: f ist* stetig differenzierbar.

Beweis. Die matrixwertige Abbildung $x \mapsto Df(x)$ ist nach Satz 8.7.4 genau dann stetig, wenn alle ihre Koordinatenfunktionen $Df(x)_{i,j} = \frac{\partial f_i}{\partial x_j}(x)$ stetig sind. □

Lemma 9.2.7. *Für jede lineare Abbildung $B : \mathbb{R}^n \to \mathbb{R}^m$ gibt es ein $c > 0$ so dass $\|Bv\| \leq c \|v\|$ für jeden Vektor $v \in \mathbb{R}^n$ gilt.*

Beweis. Es reicht, $v \neq 0$ zu betrachten. Schreibe dann $v = \frac{\|v\|}{\|v\|} v$ und also $\|Bv\| = \|v\| \|B \frac{v}{\|v\|}\|$. Nun liegt $\frac{v}{\|v\|}$ in der kompakten Menge $S^{n-1} = \{u \in \mathbb{R}^n : \|u\| = 1\}$ und damit ist das Bild unter der stetigen Abbildung B beschränkt. Es gibt also ein $c > 0$ mit $\|B \frac{v}{\|v\|}\| \leq c$. Zusammen folgt $\|Bv\| \leq c \|v\|$ wie gewünscht. □

Satz 9.2.8 (Kettenregel). *Seien $U \subset \mathbb{R}^n$ und $V \subset \mathbb{R}^m$ offene Mengen und $g : U \to V$ sowie $f : V \to \mathbb{R}^k$ Abbildungen. Die Abbildung g sei in $x \in U$ differenzierbar und die Abbildung f im Punkt $y = g(x)$ differenzierbar. Dann ist $f \circ g$ im Punkte x differenzierbar und es gilt*

$$D(f \circ g)(x) = Df(g(x)) \cdot Dg(x).$$

Beweis. Sei $A = Df(x)$ und $B = Dg(y)$. Für kleine h, h' gilt

$$f(x + h) = f(x) + Ah + \phi(h), \qquad g(f(x) + h') = g(f(x)) + Bh' + \psi(h'),$$

wobei $\phi(h)$ und $\psi(h')$ schneller gegen Null gehen, als die Norm. Es folgt

$$g \circ f(x + h) = g(f(x + h)) = g\left(f(x) + \underbrace{Ah + \phi(h)}_{=h'} \right)$$

$$= g(f(x)) + BAh + \underbrace{B\phi(h) + \psi\left(Ah + \phi(h)\right)}_{=\tilde{\phi}(h)}.$$

Nach Lemma 9.2.7 gibt es ein $c > 0$, so dass

$$\frac{\|\tilde{\phi}(h)\|}{\|h\|} = \frac{\|B\phi(h) + \psi(h')\|}{\|h\|} \leq \frac{\|B\phi(h)\|}{\|h\|} + \frac{\|\psi(h')\|}{\|h\|}$$

$$\leq c\frac{\|\phi(h)\|}{\|h\|} + \frac{\|\psi(h')\|}{\|h\|} = c\frac{\|\phi(h)\|}{\|h\|} + \frac{\|\psi(h')\|}{\|h\|'} \frac{\|h'\|}{\|h\|} \xrightarrow{h \to 0} 0.$$

Hierbei wird benutzt, dass

$$\frac{\|h'\|}{\|h\|} = \frac{\|Ah + \phi(h)\|}{\|h\|} \leq \frac{\|Ah\|}{\|h\|} + \frac{\|\phi(h)\|}{\|h\|}$$

beschränkt ist, was ebenfalls aus Lemma 9.2.7 folgt. □

Definition 9.2.9. Sei $U \subset \mathbb{R}^n$ offen und $f : U \to \mathbb{R}$ partiell differenzierbar. Dann heißt der Vektor

$$\text{grad } f(x) = \nabla f = \left(\frac{\partial f}{\partial x_1}, \dots, \frac{\partial f}{\partial x_n} \right)^t \in \mathbb{R}^n$$

der *Gradient* von f. Natürlich ist das nichts anderes, als die transponierte Differentialmatrix, also

$$\nabla f(x) = (Df(x))^t.$$

Beispiel 9.2.10. Sei $f(x, y) = x^2 + y$. Dann ist $\nabla f(x) = (2x, 1)^t$.

Definition 9.2.11. Sei $U \subset \mathbb{R}^n$ offen und $f : U \to \mathbb{R}$ eine Funktion. Sei $v \in \mathbb{R}^n$. Die *Richtungsableitung* von f in Richtung v ist

$$D_v f(x) = \frac{d}{dt} f(x + tv)|_{t=0} = \lim_{h \to 0} \frac{f(x + hv) - f(x)}{h}.$$

Es gilt also insbesondere $D_{e_j} = D_j$.

Satz 9.2.12. *Sei $U \subset \mathbb{R}^n$ offen und $f : U \to \mathbb{R}$ eine Funktion. Ist f im Punkte $x \in U$ differenzierbar, dann existieren alle Richtungsableitungen und es gilt für jedes $v \in \mathbb{R}^n$*

$$D_v f(x) = \langle v, \nabla f(x) \rangle$$

wobei $\langle v, w \rangle = v_1 w_1 + \cdots + v_n w_n$ das standard-Skalarprodukt auf $\mathbb{R}^n$ ist.

Beweis. Mit $A = Df(x)$ gilt $\langle v, \nabla f(x) \rangle = Av$ für $v \in \mathbb{R}^n$. Es ist $f(x + h) = f(x) + Ah + \phi(h)$ mit $\phi(h) = o(\|h\|)$ und daher folgt

$$\frac{f(x + tv) - f(x)}{t} = \frac{tAv + \phi(tv)}{t} = Av + \frac{\phi(tv)}{t} \xrightarrow{t \to 0} Av. \qquad \square$$

Satz 9.2.13. *Sei $U \subset \mathbb{R}^n$ offen und $f : U \to \mathbb{R}^m$ eine stetig differenzierbare Funktion. Sei $x \in U$ und $h \in \mathbb{R}^n$ so dass die gesamte Strecke $\{x + th : 0 \leq t \leq 1\}$ in U liegt. Dann gilt*

$$f(x + h) - f(x) = \int_0^1 Df(x + th)\, h \, dt.$$

Beweis. Sei $g : [0, 1] \to \mathbb{R}^m$, $g(t) = f(x + th)$. Nach dem Hauptsatz der Differential- und Integralrechnung gilt für jede Koordinate von g, dass $g_j(1) - g_j(0) = \int_0^1 g_j'(t)\, dt$. Dies kann zu der Gleichung $g(1) - g(0) = \int_0^1 Dg(t)\, dt$ zusammengefasst werden. Nun ist einerseits $g(1) - g(0) = f(x + h) - f(x)$ und andererseits nach der Kettenregel $Dg(t) = Df(x + th)h$, woraus die Behauptung folgt. $\qquad \square$

Korollar 9.2.14. *Mit den Bezeichnungen des Satzes sei $M = \sup_{t \in [0,1]} \|Df(x + th)\|$. Es gilt dann*

$$\|f(x + h) - f(x)\| \leq M\|h\|.$$

Beweis. Nach dem Satz und den beiden Lemmata ist

$$\|f(x + h) - f(x)\| = \left\| \left(\int_0^1 Df(x + th)\, dt \right) h \right\| \leq \int_0^1 \|Df(x + th)h\|\, dt$$

$$\leq \int_0^1 \|Df(x + th)\|\, \|h\|\, dt \leq M\|h\|. \qquad \square$$

9.3 Taylor-Formel und lokale Extrema

Für ein $\alpha = (\alpha_1, \ldots, \alpha_n) \in \mathbb{N}_0^n$ schreibt man

$$|\alpha| = \alpha_1 + \cdots + \alpha_n, \qquad \alpha! = \alpha_1! \cdots \alpha_n!,$$

wobei $0!$ auf den Wert 1 gesetzt wird. Für $h \in \mathbb{R}^n$ sei

$$h^\alpha = h_1^{\alpha_1} \cdots h_n^{\alpha_n}.$$

Für eine $|\alpha|$-mal stetig differenzierbare Funktion f schreibt man auch

$$D^\alpha f = D_1^{\alpha_1} \cdots D_n^{\alpha_n} f = \frac{\partial^{|\alpha|}}{\partial x_1^{\alpha_1} \cdots \partial x_n^{\alpha_n}}.$$

Lemma 9.3.1. *Sei $U \subset \mathbb{R}^n$ offen und $f : U \to \mathbb{R}$ eine k-mal stetig partiell differenzierbare Funktion. Sei $x \in U$ und $h \in \mathbb{R}^n$ so dass die Strecke $x + [0,1]h$ ganz in U liegt. Dann ist die Funktion*

$$g : [0,1] \to \mathbb{R}, \qquad g(t) = f(x + th)$$

k-mal stetig differenzierbar und es gilt

$$\frac{\partial^k g}{\partial t^k}(t) = \sum_{|\alpha|=k} \frac{k!}{\alpha!} D^\alpha f(x + th) h^\alpha.$$

Die Summe läuft über alle $\alpha \in \mathbb{N}_0^n$ mit $|\alpha| = k$.

Beweis. Induktion nach k. Für $k = 0$ ist nichts zu zeigen. Für den Induktionsschritt wird vorausgesetzt, dass die Aussage für k bewiesen ist. Ist f schon $(k + 1)$-mal stetig differenzierbar, so folgt aus der Formel, dass $\frac{\partial^k g}{\partial t^k}(t)$ stetig differenzierbar ist, also ist g ebenfalls $(k + 1)$-mal stetig differenzierbar. Es folgt nach Induktionshypothese,

$$\frac{\partial^{k+1} g}{\partial t^{k+1}}(t) = \frac{\partial}{\partial t} \frac{\partial^k g}{\partial t^k}(t) = \frac{\partial}{\partial t} \sum_{|\alpha|=k} \frac{k!}{\alpha!} D^\alpha f(x + th) h^\alpha.$$

Sei $h = D^\alpha f$, so folgt nach der Kettenregel

$$\frac{\partial}{\partial t} h(x + th) = Dh(x + th)h = \sum_{j=1}^n D_j h(x + th) h_j.$$

Es ist $D_j D^\alpha = D^\beta$, wobei $|\beta| = k + 1$ und durchläuft α alle Multiindizes vom Betrag k und läuft j von 1 bis n, so durchläuft β alle Multiindizes vom

Betrag $k + 1$, allerdings sogar mehrfach. Man schreibt $(\alpha, j) \to \beta$, wenn der Multiindex β sich auf diese Weise aus α und j ergibt. Dies ist genau dann der Fall, wenn $\beta_i = \alpha_i$ für $i \neq j$ und $\beta_j = \alpha_j + 1$. Es folgt

$$\frac{\partial^{k+1} g}{\partial t^{k+1}}(t) = \sum_\beta \left(\sum_{(\alpha,j)\to\beta} \frac{k!}{\alpha!} \right) D^\beta f(x + th) h^\beta.$$

Es ist aber

$$\sum_{(\alpha,j)\to\beta} \frac{k!}{\alpha!} = \sum_{j:\beta_j>0} \frac{k!\beta_j}{\beta!} = \frac{k!}{\beta!} \underbrace{\sum_{j:\beta_j>0} \beta_j}_{=|\beta|=k+1} = \frac{(k+1)!}{\beta!}. \qquad \square$$

Satz 9.3.2 (Taylor Formel). *Sei $U \subset \mathbb{R}^n$ offen, $a \in U$ ein Punkt und $h \in \mathbb{R}^n$ ein Vektor, so dass die Strecke $a + [0,1]h$ ganz in U liegt. Sei $f : U \to \mathbb{R}$ eine k-mal stetig partiell differenzierbare Funktion. Dann existiert ein $\theta = \theta_{a,h} \in [0,1]$ so dass*

$$f(a+h) = \sum_{|\alpha|<k} \frac{D^\alpha f(a)}{\alpha!} h^\alpha + \overbrace{\sum_{|\alpha|=k} \frac{D^\alpha f(a+\theta h)}{\alpha!} h^\alpha}^{\text{Restglied}}.$$

Beweis. Sei $g(t) = f(a + th)$. Nach der Taylor-Formel in einer Variablen gibt es ein $\theta \in [0,1]$ mit

$$g(1) = \sum_{m=0}^{k-1} \frac{g^{(m)}(0)}{m!} + \frac{g^{(k)}(\theta)}{(k)!}.$$

Mit Lemma 9.3.1 folgt die Behauptung. $\qquad \square$

Korollar 9.3.3. *Sei $U \subset \mathbb{R}^n$ offen und $f : U \to \mathbb{R}$ eine k-mal stetig differenzierbare Funktion. Sei $a \in U$ und $\delta > 0$ so dass $B_\delta(a) \subset U$ ist. Dann gilt für $h \in \mathbb{R}^n$ mit $\|h\| < \delta$,*

$$f(a+h) = \sum_{|\alpha|\leq k} \frac{D^\alpha f(a)}{\alpha!} h^\alpha + o\left(\|h\|^k\right).$$

Wobei $o(\|h\|^k)$ für einen Restterm $\phi(h)$ mit $\lim_{h\to 0} \frac{\phi(h)}{\|h\|^k} = 0$ steht.

Beweis. Nach dem letzten Satz gibt es ein von h abhängiges $\theta \in [0,1]$ mit

$$f(a+h) = \sum_{|\alpha| \le k-1} \frac{D^\alpha f(a)}{\alpha!} h^\alpha + \sum_{|\alpha|=k} \frac{D^\alpha f(a+\theta h)}{\alpha!} h^\alpha$$

$$= \sum_{|\alpha| \le k} \frac{D^\alpha f(a)}{\alpha!} h^\alpha + \underbrace{\sum_{|\alpha|=k} r_\alpha(h) h^\alpha}_{=\phi(h)},$$

wobei $r_\alpha(h) = \frac{D^\alpha f(x+\theta h) - D^\alpha f(x)}{\alpha!}$. Wegen der Stetigkeit der Abbildung $D^\alpha f$ gilt $\lim_{h\to 0} r_\alpha(h) = 0$. Es folgt $\lim_{h\to 0} \frac{\phi(h)}{\|h\|^k} = 0$, denn für $|\alpha| = k$ gilt $\frac{|h^\alpha|}{\|h\|^k} = \frac{|h_1|^{\alpha_1} \cdots |h_n|^{\alpha_n}}{\|h\|^{\alpha_1} \cdots \|h\|^{\alpha_n}} \le 1$. $\square$

Beispiele 9.3.4.

- Sei $f : U \to \mathbb{R}$ in einer Umgebung U des Nullpunkts definiert. Es gelte

$$\lim_{x\to 0} \frac{|f(x)|}{\|x\|^\alpha} = 1,$$

für ein $0 < \alpha < 1$. Es folgt dann, dass f nicht stetig differenzierbar ist.

- Sei $f : \mathbb{R}^2 \to \mathbb{R}$, $f(x,y) = \cos(xy)$. Dann ist die Taylorreihe von f um Null gleich

$$f(x,y) = \sum_{n=0}^{\infty} \frac{(-1)^n}{(2n)!} x^{2n} y^{2n}.$$

Definition 9.3.5. Sei $x \in \mathbb{R}^n$ und f sei eine in einer Umgebung von x zweimal stetig differenzierbare Funktion. Die *Hesse-Matrix* von f in x ist die $n \times n$-Matrix

$$\operatorname{Hess} f(x) = \big(D_i D_j f(x) \big)_{1 \le i,j \le n}.$$

Nach Satz 9.1.3 ist die Hesse-Matrix symmetrisch, also

$$\operatorname{Hess} f(x) = \operatorname{Hess} f(x)^t.$$

Damit ist die Bilinearform $(v,w) \mapsto \langle v, Hw \rangle$ symmetrisch, wobei H die Matrix $\operatorname{Hess} f(x)$ ist.

Beispiel 9.3.6. Sei $f : \mathbb{R}^2 \to \mathbb{R}$, $f(x,y) = \cos(xy)$. Dann ist

$$D_1 f(x,y) = -y\sin(xy), \qquad D_2 f(x,y) = -x\sin(xy).$$

Es folgt

$$\operatorname{Hess} f(x,y) = \begin{pmatrix} -y^2 \cos(xy) & -\sin(xy) - y^2 \cos(xy) \\ -\sin(xy) - y^2 \cos(xy) & -x^2 \cos(xy) \end{pmatrix}.$$

Proposition 9.3.7. *Sei $U \subset \mathbb{R}^n$ offen, $x \in U$ und $f : U \to \mathbb{R}$ zweimal stetig differenzierbar. Dann gilt*

$$f(x+h) = f(x) + \langle h, \nabla f(x)\rangle + \frac{1}{2}\langle h, Hh\rangle + o(\|h\|^2),$$

wobei $H = \operatorname{Hess} f(x)$ die Hesse-Matrix von f ist.

Korollar 9.3.8. *Wenn der Gradient $\nabla f(x)$ nicht Null ist, gibt er die Richtung des stärksten Anstiegs von f an.*

Beweis des Korollars. Nach der Proposition ist $h \mapsto \langle h, \nabla f(x)\rangle$ der lineare Teil der Taylor-Entwicklung. Alle weiteren Terme fallen quadratisch oder schneller, wenn $h \to 0$ geht. Das bedeutet, dass die Richtung des stärksten Anstiegs von f durch den linearen Term bestimmt wird. Wähle $\delta > 0$ so dass der abgeschlossene Ball $B_{\leq r}(x)$ noch ganz in U liegt. Sei $S = \{h \in \mathbb{R}^n : \|h\| = \delta\}$. Ist dann $h \in S$, so ist $\langle h, \nabla f(x)\rangle$ dann am größten, wenn h ein positives Vielfaches von $\nabla f(x)$ ist, dies ist damit die Richtung des stärksten Anstiegs. □

Beweis der Proposition. Nach Korollar 9.3.3 gilt

$$f(x+h) = \sum_{|\alpha|\leq 2} \frac{D^\alpha f(x)}{\alpha!} h^\alpha + o(\|h\|^2) = \sum_{m=0}^{2} P_m(h) + o\left(\|h\|^2\right),$$

wobei $P_m(h) = \sum_{|\alpha|=m} \frac{D^\alpha f(x)}{\alpha!} h^\alpha$. Offensichtlich ist $P_0(h) = f(x)$. Ebenso ist $P_1(h) = \langle h, \nabla f(x)\rangle$. Schließlich gilt

$$
\begin{aligned}
P_2(h) &= \sum_{|\alpha|=2} \frac{D^\alpha f(x)}{\alpha!} h^\alpha = \sum_{j=1}^{n} \frac{D_j^2 f(x)}{2} h_j^2 + \sum_{1\leq i<j\leq n} D_i D_j f(x) h_i h_j \\
&= \frac{1}{2}\left(\sum_{j=1}^{n} D_j^2 f(x) h_j^2 + \sum_{1\leq i\neq j\leq n} D_i D_j f(x) h_i h_j \right) \\
&= \frac{1}{2} \sum_{1\leq i,j\leq n} D_i D_j f(x) h_i h_j = \frac{1}{2}\langle h, Hh\rangle. \qquad \square
\end{aligned}
$$

Lokale Extrema

Definition 9.3.9. Sei $U \subset \mathbb{R}^n$ offen und $f : U \to \mathbb{R}$ eine Funktion. Ein Punkt $x \in U$ heißt *lokales Maximum*, falls es eine Umgebung $V \subset U$ von x gibt, so dass

$$f(x) \geq f(y) \quad \text{für alle} \quad y \in V.$$

Analog ist x ein *lokales Minimum*, falls ein V existiert mit

$$f(x) \le f(y) \quad \text{für alle} \quad y \in V.$$

Ein lokales Maximum x heißt *isoliertes lokales Maximum*, falls $f(x) > f(y)$ für alle $y \in V$, $y \ne x$. Analog für Minimum. Ein *lokales Extremum* ist ein lokales Minimum oder Maximum.

Satz 9.3.10. *Ist $f : U \to \mathbb{R}$ partiell differenzierbar und hat f in $x \in U$ ein lokales Extremum, so ist $\nabla f(x) = 0$.*

Beweis. Die Stelle $t = 0$ ist ein lokales Extremum der Funktion $t \mapsto f(x + te_j)$. Daher folgt $D_j f(x) = 0$ aus Satz 5.2.2. $\qquad\square$

Definition 9.3.11. Sei H eine symmetrische $n \times n$ Matrix mit reellen Einträgen. Die Matrix H heißt *positiv definit*, falls

$$\langle h, Hh \rangle > 0 \quad \text{für alle } h \in \mathbb{R}^n \setminus \{0\}.$$

Die Matrix heißt *positiv semidefinit*, falls

$$\langle h, Hh \rangle \ge 0 \quad \text{für alle } h \in \mathbb{R}^n.$$

Die Matrix heißt *negativ definit*, bzw. *negativ semidefinit*, wenn $-H$ positiv definit bzw. positiv semidefinit ist.

Schließlich heißt die Matrix H *indefinit*, falls es Vektoren $h, h' \in \mathbb{R}^n$ gibt, so dass

$$\langle h, Hh \rangle < 0 < \langle h', Hh' \rangle.$$

Satz 9.3.12. *Jede symmetrische reelle Matrix S ist diagonalisierbar. Die Matrix S ist genau dann positiv (semi-)definit, wenn alle ihre Eigenwerte > 0 (≥ 0) sind. Sie ist genau dann indefinit, wenn sie sowohl positive wie negative Eigenwerte besitzt.*
Sei $A = (a_{i,j})$ eine symmetrische reelle $n \times n$-Matrix. Die Matrix A ist genau dann positiv definit, wenn für jedes $k = 1, \ldots, n$ gilt

$$\det \begin{pmatrix} a_{1,1} & \cdots & a_{1,k} \\ \vdots & & \vdots \\ a_{k,1} & \cdots & a_{k,k} \end{pmatrix} > 0.$$

Beweis. Lineare Algebra, siehe etwa [Fis10]. □

Für $a, b \in \mathbb{R}$ ist demnach die Matrix $\begin{pmatrix} a & b \\ b & a \end{pmatrix}$ genau dann positiv definit, wenn $a > 0$ und $a^2 - b^2 > 0$ ist, also wenn $a > |b| > 0$ ist oder wenn $a \pm b > 0$ ist. Die Eigenwerte dieser Matrix sind die Lösungen der Gleichung

$$(x - a)^2 - b^2 = 0 \Leftrightarrow (x - a)^2 = b^2 \Leftrightarrow x - a = \pm b \Leftrightarrow x = a \pm b.$$

Womit das Kriterium im Fall $n = 2$ verifiziert ist.

Satz 9.3.13. *Sei $U \subset \mathbb{R}^n$ offen, $f : U \to \mathbb{R}$ zweimal stetig differenzierbar und $x \in U$ ein Punkt mit $\nabla f(x) = 0$.*

    a) *Ist Hess $f(x)$ positiv definit, so hat f in x ein isoliertes Minimum.*

    b) *Ist Hess $f(x)$ negativ definit, so hat f in x ein isoliertes Maximum.*

    c) *Ist Hess $f(x)$ indefinit, so besitzt f in x kein lokales Extremum. In diesem Fall nennt man x einen* Sattelpunkt *von f.*

Beweis. In einer Umgebung von x gilt

$$f(x + h) = f(x) + \frac{1}{2} \langle h, Hh \rangle + \phi(h),$$

wobei $H = \text{Hess } f(x)$ und $\phi(h) = o\left(\|h\|^2\right)$. Es gibt also zu jedem $\varepsilon > 0$ ein $\delta > 0$ mit

$$|\phi(h)| \leq \varepsilon \|h\|^2 \qquad \text{für } \|h\| < \delta.$$

(a) Sei H positiv definit und sei $S = \{h \in \mathbb{R}^n : \|h\| = 1\}$ die Sphäre vom Radius 1. Da S kompakt ist, nimmt die stetige Funktion $h \mapsto \langle h, Hh \rangle > 0$ auf S ihr Minimum an. Sei $\alpha > 0$ dieses Minimum. Es ist zu zeigen, dass $\langle h, Hh \rangle \geq \alpha \|h\|^2$ für alle $h \in \mathbb{R}^n$ gilt. Dies ist trivial für $h = 0$. Für $h \neq 0$ ist $\frac{1}{\|h\|} h \in S$, also

$$\langle h, Hh \rangle = \frac{1}{\|h\|^2} \langle h, Hh \rangle \|h\|^2 = \left\langle \frac{1}{\|h\|} h, H \frac{1}{\|h\|} h \right\rangle \|h\|^2 \geq \alpha \|h\|^2.$$

Wähle $\delta > 0$ so klein, dass $|\phi(h)| \leq \frac{\alpha}{4} \|h\|^2$ für $\|h\| < \delta$. Damit folgt

$$f(x + h) = f(x) + \frac{1}{2} \langle h, Hh \rangle + \phi(h) \geq f(x) + \frac{\alpha}{2} \|h\|^2 - \frac{\alpha}{4} \|h\|^2 = f(x) + \frac{\alpha}{4} \|h\|^2,$$

also $f(x + h) > f(x)$ für $0 < \|h\| < \delta$. Damit hat f in x ein isoliertes Minimum. Den Fall (b) führt man auf (a) zurück, indem man $-f$ statt f betrachtet.

(c) Sei H indefinit. Es ist zu zeigen, dass in jeder Umgebung von x Punkte y und y' existieren mit

$$f(y) < f(x) < f(y').$$

Da H indefinit ist, gibt es ein $h \in \mathbb{R}^n \setminus \{0\}$ mit $\alpha = \langle h, Hh \rangle > 0$. Für kleine t ist dann

$$f(x + th) = f(x) + \frac{1}{2} \langle th, Hth \rangle + \phi(th) = f(x) + \frac{\alpha}{2}t^2 + \phi(th).$$

Ist t hinreichend klein, so gilt $|\phi(th)| \le \frac{\alpha}{4}t^2$, also $f(x + th) > f(x)$ für $t \ne 0$ hinreichend klein. Analog zeigt man die Existenz eines $\eta \in \mathbb{R}^n \setminus \{0\}$ so dass $f(x + t\eta) < f(x)$ für hinreichend kleine $t \ne 0$.   □

Beispiele 9.3.14.

- Die Funktion $f(x, y) = x^2 + y^2$ hat in $(x, y) = 0$ ein isoliertes Minimum, wie man mit bloßem Auge sieht. Die Hesse-Matrix $\text{Hess } f(0) = \begin{pmatrix} 2 \\ & 2 \end{pmatrix}$ ist positiv definit, also sieht man's nochmal.

- Die Funktion $f(x, y) = x^2 - y^2$ hat in 0 kein Extremum, da die Hesse-Matrix $\text{Hess } f(0) = \begin{pmatrix} 2 \\ & -2 \end{pmatrix}$ indefinit ist.

- Für die Funktion $f(x, y) = \cos(x)\cos(y)$ gilt

$$\nabla f(x, y) = (-\sin(x)\cos(y), -\cos(x)\sin(y))$$

  also $\nabla f(0, 0) = 0$. Die Hesse-Matrix ist

$$\text{Hess } f(x, y) = \begin{pmatrix} -\cos(x)\cos(y) & \sin(x)\sin(y) \\ \sin(x)\sin(y) & -\cos(x)\cos(y) \end{pmatrix},$$

  also folgt $\text{Hess } f(0, 0) = -\text{Id}$ und damit hat f in Null ein isoliertes lokales Maximum.

9.4   Lokale Umkehrfunktionen

Erinnerung: Ist $f : \mathbb{R} \to \mathbb{R}$ stetig differenzierbar mit $f'(x_0) \ne 0$, dann existiert ein Intervall $I = (x_0 - \varepsilon, x_0 + \varepsilon)$ so dass f auf I monoton ist. Insbesondere ist $f : I \to f(I)$ bijektiv, die Umkehrfunktion ist in $f(x_0)$ differenzierbar und es gilt

$$(f^{-1})'(f(x_0)) = \frac{1}{f'(x_0)}.$$

> **Satz 9.4.1** (Satz über lokale Umkehrfunktionen). *Sei $U \subset \mathbb{R}^n$ offen und sei $f : U \to \mathbb{R}^n$ stetig differenzierbar. Sei $a \in U$ und sei die Matrix $Df(a)$ invertierbar. Dann existiert eine offene Menge $V \subset U$ mit $a \in V$ und eine offene Menge $W \subset \mathbb{R}^n$ mit $b = f(a) \in W$ so dass f eine Bijektion von V nach W ist. Die Umkehrfunktion $g = f^{-1}$ ist differenzierbar in b und es gilt*
>
> $$Dg\,(f(a)) = Df(a)^{-1}.$$
>
> *Es folgt insbesondere: ist $k \in \mathbb{N}$ und ist f eine k-mal stetig differenzierbare Abbildung, so auch g.*

Beweis. Die Formel für die Differentiale ist klar, wenn man weiß, dass $g = f^{-1}$ differenzierbar ist, denn die Kettenregel sagt wegen Id $= g \circ f$, dass $I = D(g \circ f)(a) = Dg\,(f(a))\,Df(a)$. Nach Ersetzen von $f(x)$ durch $\tilde{f}(x) = f(x) - b$ kann man, unter Beachtung von $Df(x) = D\tilde{f}(x)$, annehmen, dass $b = 0$ gilt. Sei nun $\tilde{g}$ die lokale Umkehrfunktion von $\tilde{f}$, dann ist $g(x) = \tilde{g}(x - b)$ eine lokale Umkehrfunktion von f und es gilt $Dg = D\tilde{g}$. Ebenso kann $f(x)$ durch $\tilde{f}(x) = f(x + a)$ ersetzt werden, so dass $a = 0$ ist.

Dann ist also $f(0) = 0$ und die Matrix $Df(0)$ ist invertierbar. Ersetzt man $f(x)$ durch $\tilde{f}(x) = Df(0)^{-1} f(x)$, kann man annehmen, dass $Df(0)$ die Einheitsmatrix ist. Es sei also $f(0) = 0$ und $Df(0) = I$, ferner sei $h(x) = f(x) - x$. Dann ist $h(0) = 0$ und $Dh(0) = 0$. Also insbesondere $\frac{\partial h}{\partial x_j}(0) = 0$ für $j = 1, \ldots, n$. Da h stetig differenzierbar ist, existiert ein abgeschlossener Ball $B_{\leq r}(0)$ in D so dass $\|\frac{\partial h}{\partial x_j}(x)\| \leq \frac{1}{2n^2}$ für jedes $x \in B_{\leq r}(0)$. Insbesondere folgt für $x \in B_{\leq r}(0)$ und $v \in \mathbb{R}^n$, dass

$$\|D_v h(x)\| = \left\| \sum_{j=1}^n v_j \frac{\partial h}{\partial x_j}(x) \right\| \leq \sum_{j=1}^n |v_j| \| \frac{\partial h}{\partial x_j}(x) \|$$

$$\leq \sum_{j=1}^n \|v\| \frac{1}{2n^2} \leq \frac{1}{2n} \|v\|.$$

Andererseits gilt für $x, y \in B_{\leq r}(0)$,

$$h(y) - h(x) = \int_0^1 \frac{d}{dt} h\,(x + t(y - x))\,dt = \int_0^1 D_{y-x} h\,(x + t(y - x))\,dt.$$

Hier soll das Integral einer stetigen Funktion $\phi : [0, 1] \to \mathbb{R}^n$ komponentenweise verstanden werden, also

$$\int_0^1 \phi(t)\,dt = \left(\int_0^1 \phi_1(t)\,dt, \ldots, \int_0^1 \phi_n(t)\,dt \right) = \sum_{j=1}^n \int_0^1 \phi_j(t)\,dt\,e_j,$$

wobei $e_1, \ldots, e_n$ die Standard-Basis des $\mathbb{R}^n$ ist. Es gilt dann

$$\left\| \int_0^1 \phi(t) \, dt \right\| = \left\| \sum_{j=1}^n \int_0^1 \phi_j(t) \, dt \, e_j \right\| \leq \sum_{j=1}^n \left| \int_0^1 \phi_j(t) \, dt \right|$$

$$\leq \sum_{j=1}^n \int_0^1 \underbrace{|\phi_j(t)| \, dt}_{\leq \|\phi(t)\|} \leq n \int_0^1 \|\phi(t)\| \, dt.$$

Anwendung dieser Abschätzung auf die stetige Funktion

$$t \mapsto D_{y-x} h \left(x + t(y - x) \right)$$

liefert

$$\|h(x) - h(y)\| \leq n \int_0^1 \|D_{y-x} h \left(x + t(y - x) \right)\| \, dt \leq n \frac{1}{2n} \|y - x\| = \frac{1}{2} \|x - y\|.$$

Diese Abschätzung impliziert, dass

a) $f(x) = h(x) + x$ injektiv auf $B_{\leq r}(0)$ ist und dass

b) das Bild $f\left(B_{\leq r}(0)\right)$ die Menge $B_{r/2}(0)$ enthält.

Für (a) seien $x, y \in B_{\leq r}(0)$ mit $f(x) = f(y)$ gegeben. Dann ist wegen der umgekehrten Dreiecksungleichung,

$$0 = \|f(x) - f(y)\| = \|x - y + h(x) - h(y)\|$$

$$\geq \|x - y\| - \|h(y) - h(x)\| \geq \frac{1}{2} \|x - y\|,$$

also folgt $x = y$.

Für (b) sei $z \in B_{r/2}(0)$. Dann bildet $\phi(x) = z - h(x)$ den Ball $B_{\leq r}(0)$ nach $B_{\leq r/2}(z) \subset B_{\leq r}(0)$ ab, ist also eine Selbstabbildung des vollständigen metrischen Raumes $X = B_{\leq r}(0)$. Ferner gilt $\|\phi(x) - \phi(y)\| \leq \frac{1}{2} \|x - y\|$. Im nächsten Lemma wird hieraus gefolgert, dass ϕ einen *Fixpunkt* haben muss, d.h., ein $a \in B_{\leq r}(0)$ mit $\phi(a) = a$. Mit diesem Fixpunkt folgt dann $a = \phi(a) = z - h(a)$, also $z = h(a) + a = f(a)$, so dass (b) bewiesen ist.

Lemma 9.4.2 (Fixpunktsatz von Banach). *Sei $X \neq \emptyset$ ein vollständiger metrischer Raum und sei $\phi : X \to X$ eine Kontraktion, d.h. es existiert ein $0 < \alpha < 1$ mit*

$$d\left(\phi(x), \phi(y)\right) \leq \alpha d(x, y).$$

Dann existiert genau ein Fixpunkt für ϕ, d.h. genau ein $x \in X$ mit $\phi(x) = x$.

Beweis des Lemmas. Sei $x_0 \in X$ irgendein Punkt. Definiere eine Folge durch $x_{n+1} = \phi(x_n)$. Für $n, k \in \mathbb{N}$ gilt

$$d(x_n, x_{n+k}) = d\left(\phi(x_{n-1}), \phi(x_{n-k+k})\right) \leq \alpha d(x_{n-1}, x_{n-1+k}).$$

Iteration liefert $d(x_n, x_{n+k}) \leq \alpha^n d(x_0, x_k)$ und damit

$$d(x_n, x_{n+k}) \leq \alpha^n d(x_0, x_k) \leq \alpha^n \sum_{j=0}^{k-1} d(x_j, x_{j+1})$$

$$\leq \alpha^n \sum_{j=0}^{k-1} \alpha^j d(x_0, x_1) \leq \alpha^n \sum_{j=0}^{\infty} \alpha^j d(x_0, x_1) = \frac{\alpha^n}{1-\alpha} d(x_0, x_1).$$

Also ist (x_n) eine Cauchy-Folge. Sei a ihr Limes. Es folgt

$$\phi(a) = \phi\left(\lim_n x_n\right) = \lim_n \phi(x_n) = \lim_n x_{n+1} = a.$$

Also ist a der verlangte Fixpunkt. Für die Eindeutigkeit seien a, b Fixpunkte. Dann gilt $d(a, b) = d\left(\phi(a), \phi(b)\right) \leq \alpha d(a, b)$, also $0 \leq (\alpha - 1)d(a, b)$, woraus sich $d(a, b) = 0$, also $a = b$ ergibt. Das Lemma ist bewiesen. □

Weiter im Beweis des Satzes: Es ist nun die lokale Bijektivität gezeigt worden, da es auf dem offenen Ball $B_{r/2}(0)$ eine Umkehrfunktion gibt. Man kann also $W = B_{r/2}(0)$ und $V = f^{-1}\left(B_{r/2}(0)\right)$ setzen.

Da $h(0) = 0$, gilt insbesondere $\|h(x)\| \leq \frac{1}{2}\|x\|$ für jedes $x \in B_r(0)$ und nach der Dreiecksungleichung folgt $\frac{1}{2}\|x\| \leq \|f(x)\| \leq \frac{3}{2}\|x\|$ für jedes $x \in B_r(x)$. Es ist zu zeigen, dass $g = f^{-1} : V \to U$ im Punkt $x = 0$ differenzierbar ist mit $Dg(0) = E$, also dass

$$\lim_{h \to 0} \frac{\|f^{-1}(h) - \overbrace{f^{-1}(0)}^{=0} - h\|}{\|h\|} = \lim_{h \to 0} \frac{\|f^{-1}(h) - h\|}{\|h\|} = 0$$

gilt. Sei (x_n) irgendeine Folge in $W \setminus \{0\}$, die gegen Null konvergiert. Es ist zu zeigen, dass $\frac{\|f^{-1}(x_n) - x_n\|}{\|x_n\|} = 0$ gegen Null geht. Sei $y_n = f^{-1}(x_n)$. Dann ist $y_n \in B_r(0)$ und $x_n = f(y_n)$. Insbesondere gilt $\frac{1}{2}\|y_n\| \leq \|x_n\| \leq \frac{3}{2}\|y_n\|$. Da (x_n) gegen Null geht, geht auch (y_n) gegen Null. Es ist

$$\frac{\|f^{-1}(x_n) - x_n\|}{\|x_n\|} = \frac{\|y_n - f(y_n)\|}{\|x_n\|} = \frac{\|y_n - f(y_n)\|}{\|y_n\|} \frac{\|y_n\|}{\|x_n\|} \leq 2 \frac{\|y_n - f(y_n)\|}{\|y_n\|} \to 0,$$

da $f(0) = 0$ und f in Null differenzierbar ist mit $Df(0) = I$. □

Beispiel 9.4.3. Polarkoordinaten: Sei $P : \{(x, y) \in \mathbb{R}^2 : x > 0\} \to \mathbb{R}^2$,

$$P(x, y) = \left(\sqrt{x^2 + y^2}, \arctan(y/x) \right).$$

Dann ist

$$DP(x, y) = \begin{pmatrix} \frac{x}{\sqrt{x^2+y^2}} & \frac{y}{\sqrt{x^2+y^2}} \\ \frac{-y}{x^2+y^2} & \frac{x}{x^2+y^2} \end{pmatrix}$$

und damit $\det (DP(x, y)) = \frac{1}{\sqrt{x^2+y^2}} \neq 0$.

9.5   Implizite Funktionen

Ist U eine offene Umgebung des Punktes $(a, b) \in \mathbb{R}^{k+m}$ und ist $F : U \to \mathbb{R}^m$ im Punkt (a, b) differenzierbar, so ist die Jacobi-Matrix $DF(a, b)$ eine $m \times (k + m)$-Matrix, sie zerfällt also in einen $m \times k$ und einen $m \times m$-Block, geschrieben $DF(a, b) = (D_1F(a, b), D_2F(a, b))$. Man könnte auch $D_1F(a, b) = \frac{\partial F}{\partial a}(a, b)$ und $D_2F(a, b) = \frac{\partial F}{\partial b}(a, b)$ schreiben.

Beispiel 9.5.1. Sei $k = m = 2$ und $F(x, y) = (x_1y_1 + x_2y_2, x_1^2 + x_2^2 + y_1^2 + y_2^1)$. Dann ist

$$DF(x, y) = \begin{pmatrix} y_1 & y_2 & x_1 & x_2 \\ 2x_1 & 2x_2 & 2y_1 & 2y_2 \end{pmatrix}.$$

Als folgt

$$D_1F(x, y) = \begin{pmatrix} y_1 & y_2 \\ 2x_1 & 2x_2 \end{pmatrix}, \qquad D_2F(x, y) = \begin{pmatrix} x_1 & x_2 \\ 2y_1 & 2y_2 \end{pmatrix}.$$

Satz 9.5.2 (Satz über implizite Funktionen). *Sei $U \subset \mathbb{R}^k \times \mathbb{R}^m$ eine offene Menge und $F : U \to \mathbb{R}^m$ sei stetig differenzierbar. Sei $(a, b) \in U$ ein Punkt so dass $F(a, b) = 0$ und dass die Matrix $D_2F(a, b)$ invertierbar ist. Dann gibt es offene Umgebungen V_1 von a und V_2 von b mit $V_1 \times V_2 \subset U$ und eine stetig differenzierbare Abbildung $g : V_1 \to V_2$ mit*

$$F(x, g(x)) = 0 \qquad \text{für alle } x \in V_1.$$

Ist $(x, y) \in V_1 \times V_2$ ein Punkt mit $F(x, y) = 0$, so folgt $y = g(x)$. Für die Jacobi-Matrix in $a \in V_1$ gilt

$$Dg(a) = -D_2F(a, b)^{-1}D_1F(a, b), \qquad b = g(a).$$

Ist $v \in \mathbb{N}$ und ist F eine v-mal stetig differenzierbare Abbildung, so auch g.

Beweis. Definiere $f : U \to \mathbb{R}^k \times \mathbb{R}^m$ durch $f(x, y) = (x, F(x, y))$. Dann ist

$$Df = \begin{pmatrix} I & 0 \\ D_1 F & D_2 F \end{pmatrix}.$$

Also ist $Df(a, b)$ invertierbar. Nach dem Satz über lokale Umkehrfunktionen existiert eine offene Umgebung von (a, b) in der f invertierbar ist, diese enthält eine offene Umgebung der Form $V_1 \times V_2$. Sei $W = f(V_1 \times V_2)$ und $h : W \to V_1 \times V_2$ die Umkehrabbildung. Seien $h_1 : W \to \mathbb{R}^k$ und $h_2 : W \to \mathbb{R}^m$ die Komponenten von h, dann gilt für $(x, y) \in W$,

$$(x, y) = f(h_1(x, y), h_2(x, y)) = (h_1(x, y), F(h_1(x, y), h_2(x, y))),$$

also $y = F(x, h_2(x, y))$. Die Funktion $g(x) = h_2(x, 0)$ erfüllt die Behauptung.
$\square$

Beispiele 9.5.3.

- Ein Beispiel, das zeigt, dass die Bedingung des Nichtverschwindens der Ableitung notwendig ist, zeigt das Beispiel $f : \mathbb{R}^2 \to \mathbb{R}$, $f(x, y) = 0$.

- Es sei $f : \mathbb{R}^3 \to \mathbb{R}$ gegeben durch

$$f(x, y, z) = x^3 + 4y^2 + 8xz^2 - 3z^3 y - 1.$$

Dann ist in der Nähe des Punktes

$$\begin{pmatrix} x_0 \\ y_0 \\ z_0 \end{pmatrix} = \begin{pmatrix} 0 \\ 1 \\ 1 \end{pmatrix}$$

durch die Gleichung $f(x, y, z) = 0$ eine implizite Funktion $z = g(x, y)$ erklärt. Um dies zu zeigen, ist nachzuprüfen, dass

$$\frac{\partial f}{\partial z}(x_0, y_0, z_0) \neq 0.$$

Es gilt

$$\frac{\partial f}{\partial z}(x_0, y_0, z_0) = 16 x_0 z_0 - 9 z_0^2 y_0 = -p \neq 0.$$

Damit ist die Existenz einer Funktion $g(x, y)$ mit $f(x, y, g(x, y)) = 0$ in einer Umgebung des angegebenen Punktes gewährleistet. Für die partiellen Ableitungen von g gilt

$$\frac{\partial g}{\partial x}(x, y, z) = -\frac{3x^2 + 8z^2}{16xz - 9z^2 y},$$

$$\frac{\partial g}{\partial y}(x, y, z) = -\frac{8y - 3z^2}{16xz - 9z^2 y}.$$

9.6   Aufgaben

Aufgabe 9.1. Bestimme die partiellen Ableitungen folgender Funktionen $\mathbb{R}^2 \to \mathbb{R}$.

   a) $f(x, y) = x^3 + y^3 - 3xy$,
   b) $g(x, y) = \sin x + \sin y + \sin(x + y)$,
   c) $h(x, y) = (1 + x^2)^y$.

Aufgabe 9.2. Sei $F : \mathbb{R}^2 \to \mathbb{R}^2$ gegeben durch $F(x, y) = (x^2 - y^2, 2xy)$. Berechne die Funktionalmatrix von F. Ist F surjektiv? Wieviele Urbildpunkte hat ein gegebener Punkt $(x, y) \neq (0, 0)$?

Aufgabe 9.3. Sei $U \subset \mathbb{R}^n$ ein beschränkter offener Ball und $f : U \to \mathbb{R}$ stetig differenzierbar. Es gebe eine Konstante $K > 0$ mit

$$\|Df(x)\| \leq K \qquad \text{für alle } x \in U.$$

Zeige, dass f beschränkt und gleichmäßig stetig ist.

Aufgabe 9.4. Für welches $a > 0$ ist die Länge der Kurve

$$\gamma_a : [0, 1] \to \mathbb{R}^3, \qquad\qquad t \mapsto \left(\cos(at), \sin(at), \frac{t}{a} \right)$$

am kleinsten und welchen Wert nimmt sie dann an?

Aufgabe 9.5. *Zeige*, dass die Helix

$$\gamma : [-\pi, \pi] \to \mathbb{R}^3, \qquad\qquad t \mapsto (\cos(t), \sin(t), t)$$

rektifizierbar ist und berechne ihre Länge.

Aufgabe 9.6. Bestimme die Taylor-Entwicklung der Funktion $f : (0, \infty) \times (0, \infty) \to \mathbb{R}$,

$$f(x, y) = \frac{x - y}{x + y}.$$

im Punkt $(1, 1)$ bis zu den Gliedern 2. Ordnung.

Aufgabe 9.7. Bestimme die lokalen Extrema der folgenden Funktionen $\mathbb{R}^2 \to \mathbb{R}$.

(a) $f(x, y) = (x^2 + y^2)e^{-x^2}$.
(b) $g(x, y) = \sin(x)\sin(y)$.

Aufgabe 9.8. Es sei $\Omega = \left\{ x \in \mathbb{R}^3 : x_1 + x_2 + x_3 \neq -1 \right\}$ und die Abbildung $f : \Omega \to \mathbb{R}^3$ sei gegeben durch

$$x \mapsto \frac{1}{1 + x_1 + x_2 + x_3} x.$$

(a) Berechne $Df(x_1, x_2, x_3)$.
(b) Bestimme das Bild $f(\Omega)$, zeige Injektivität und gib die Umkehrabbildung $f^{-1} : f(\Omega) \to \Omega$ explizit an.
(c) Bestimme die Differentialmatrix von f^{-1}.

Mehr Aufgaben und Lösungen finden Sie in dem Begleitbuch *Übungsbuch zur Analysis*, *Springer-Verlag 2020*.

Kapitel 10

Mehrdimensionale Integralrechnung

In diesem Kapitel wird die einfachste Form der mehrdimensionalen Integration eingeführt, die lediglich auf der Iteration der eindimensionalen Integration beruht. Man kann sie als Pendant der partiellen Differentialrechnung betrachten.

10.1 Parameterabhängige Integrale

Sei $[a, b]$ ein Intervall und $U \subset \mathbb{R}^m$ eine beliebige Teilmenge. Mit der euklidischen Metrik des $\mathbb{R}^{m+1}$ wird $[a, b] \times U$ ein metrischer Raum, so dass man von stetigen Funktionen sprechen kann.

Lemma 10.1.1. *Sei $[a, b] \subset \mathbb{R}$ ein kompaktes Intervall und $U \subset \mathbb{R}^m$ eine beliebige Teilmenge. Die Funktion $f : [a, b] \times U \to \mathbb{R}$ sei stetig. Weiter sei $(y_k)_{k \in \mathbb{N}}$ eine konvergente Folge in U und sei*

$$c = \lim_{k \to \infty} y_k \in U.$$

Dann konvergiert die Funktionenfolge $F_k(x) = f(x, y_k)$ für $k \to \infty$ gleichmäßig gegen die Funktion $F(x) = f(x, c)$.

Beweis. Die Menge

$$Q = \left\{ y_k : k \in \mathbb{N} \right\} \cup \{c\} \subset \mathbb{R}^m$$

ist kompakt, also nach dem Satz von Heine-Borel abgeschlossen und beschränkt. Damit ist auch ist auch $[a, b] \times Q \subset \mathbb{R}^{1+m}$ abgeschlossen und be-

© Springer-Verlag GmbH Deutschland, ein Teil von Springer Nature 2021
A. Deitmar, *Analysis*, https://doi.org/10.1007/978-3-662-62858-4_10

schränkt, also kompakt. Dann ist die Funktion f eingeschränkt auf $[a,b] \times Q$ gleichmäßig stetig.

Zu gegebenem $\varepsilon > 0$ existiert ein $\delta > 0$ so dass für $(x,y), (x',y') \in [a,b] \times Q$ gilt

$$\|(x,y) - (x',y')\| < \delta \quad \Rightarrow \quad |f(x,y) - f(x',y')| < \varepsilon.$$

Da $y_k \to c$, existiert ein k_0 so dass $\|c - y_k\| < \delta$ für $k \geq k_0$. Für $k \geq k_0$ gilt daher $|f(x,c) - f(x,y_k)| < \varepsilon$ für jedes $x \in [a,b]$, das heißt, die Folge konvergiert gleichmäßig. $\qquad \square$

Satz 10.1.2. *Sei $[a,b] \subset \mathbb{R}$ ein kompaktes Intervall, $U \subset \mathbb{R}^m$ eine beliebige Teilmenge und $f : [a,b] \times U \to \mathbb{R}$ eine stetige Funktion. Für $y \in U$ sei*

$$\phi(y) = \int_a^b f(x,y)\, dx.$$

Dann ist die so definierte Funktion $\phi : U \to \mathbb{R}$ stetig.

Beweis. Ist $y_k \to c$ in U konvergent, so konvergiert $F_k(x) = f(x, y_k)$ gleichmäßig gegen $F(x)$, also konvergiert $\phi(y_k) = \int_a^b F_k(x)\, dx$ gegen $\phi(c)$. $\qquad \square$

Lemma 10.1.3. *Seien $I, J \subset \mathbb{R}$ kompakte Intervalle und*

$$f : I \times J \to \mathbb{R}$$

eine stetige Funktion, die in der zweiten Variablen differenzierbar ist, so dass die Funktion $D_2 f(x,y)$ stetig ist. Weiter sei $c \in J$ ein Punkt und y_k eine Folge in J mit $y_k \to c$ und $y_k \neq c$ für alle k. Seien die Funktionen $F_k, F : I \to \mathbb{R}$ durch

$$F_k(x) = \frac{f(x, y_k) - f(x,c)}{y_k - c}, \qquad F(x) = D_2 f(x,c)$$

gegeben. Dann konvergiert die Folge (F_k) auf I gleichmäßig gegen F.

Beweis. Sei $\varepsilon > 0$. Die stetige Funktion $D_2 f : I \times J \to \mathbb{R}$ ist wegen der Kompaktheit der Intervalle gleichmäßig stetig, es gibt also ein $\delta > 0$ so dass für $y, y' \in J$ gilt

$$|y - y'| < \delta \quad \Rightarrow \quad |D_2 f(x,y) - D_2 f(x,y')| < \varepsilon.$$

Nach dem Mittelwertsatz der Differentialrechnung 5.2.5 gibt es zu jedem $k \in \mathbb{N}$ ein $\eta_k(x)$ zwischen c und y_k mit $F_k(x) = D_2 f(x, \eta_k(x))$. Sei k_0 so groß, dass $|c - y_k| < \delta$ für jedes $k \geq k_0$. Dann gilt auch $|c - \eta_k(x)| < \delta$ und es folgt

$$|F(x) - F_k(x)| = |D_2 f(x, c) - D_2 f(x, \eta_k(x))| < \varepsilon$$

für alle $x \in I$ und $k \geq k_0$.   □

Satz 10.1.4. *Seien $I, J \subset \mathbb{R}$ kompakte Intervalle und $f : I \times J \to \mathbb{R}$ eine stetige Funktion, die in der zweiten Variablen partiell differenzierbar ist, so dass die Ableitung $D_2 f(x, y)$ eine stetige Funktion auf $I \times J$ ist. Für $y \in J$ sei*

$$\phi(y) = \int_I f(x, y)\, dx.$$

Dann ist die Funktion $\phi : J \to \mathbb{R}$ stetig differenzierbar und es gilt

$$\frac{\partial \phi}{\partial y}(y) = \int_I \frac{\partial f(x, y)}{\partial y}\, dx.$$

Das heißt, man darf unter dem Integral differenzieren.

Beweis. Sei $c \in J$ und y_k eine Folge in in J mit $y_k \to c$ und $y_k \neq c$ für jedes k. Die Funktionen F_k seien wie in Lemma 10.1.3 definiert. Wegen der gleichmäßigen Konvergenz von F_k gegen F gilt

$$\lim_{k \to \infty} \frac{\phi(y_k) - \phi(c)}{y_k - c} = \lim_{k \to \infty} \int_I \frac{f(x, y_k) - f(x, c)}{y_k - c}\, dx = \int_I D_2 f(x, c)\, dx. \qquad \square$$

Beispiel 10.1.5. In dem Beispiel

$$\int_0^1 \left(\int_0^1 (x^2 + xy^2 + y^3)\, dy \right) dx = \int_0^1 x^2 + \frac{1}{3}x + \frac{1}{4}\, dx = \frac{1}{3} + \frac{1}{6} + \frac{1}{4} = \frac{9}{12} = \frac{3}{4}$$

liefert eine Änderung der Integrationsreihenfolge:

$$\int_0^1 \left(\int_0^1 (x^2 + xy^2 + y^3)\, dx \right) dy = \int_0^1 \frac{1}{3} + \frac{1}{2}y^2 + y^3\, dy = \frac{1}{3} + \frac{1}{6} + \frac{1}{4} = \frac{3}{4}.$$

Satz 10.1.6 (Integrationsreihenfolge). *Seien* $[a,b], [c,d] \subset \mathbb{R}$ *kompakte Intervalle und sei* $f : [a,b] \times [c,d] \to \mathbb{R}$ *eine stetige Funktion. Dann gilt*

$$\int_a^b \left(\int_c^d f(x,y) \, dy \right) dx = \int_c^d \left(\int_a^b f(x,y) \, dx \right) dy.$$

Beweis. Sei $\phi : [c,d] \to \mathbb{R}$ die Funktion

$$\phi(y) = \int_a^b \left(\int_c^y f(x,t) \, dt \right) dx.$$

Es gilt $\phi(c) = 0$ und nach Satz 10.1.4 ist ϕ differenzierbar mit

$$\phi'(y) = \int_a^b \frac{\partial}{\partial y} \left(\int_c^y f(x,t) \, dt \right) dx = \int_a^b f(x,y) \, dx.$$

Daher ist

$$\int_c^d \left(\int_a^b f(x,y) \, dx \right) dy = \int_c^d \phi'(y) \, dy = \phi(d) = \int_a^b \left(\int_c^d f(x,y) \, dy \right) dx. \qquad \square$$

10.2 Stetige Funktionen mit kompakten Trägern

Damit Integrierbarkeit stets sichergestellt ist, werden in diesem Kapitel vorwiegend stetige Funktionen integriert, die außerhalb einer kompakten Menge verschwinden.

Definition 10.2.1. Ist für $j = 1, \ldots, n$ ein kompaktes Intervall $I_j = [a_j, b_j] \subset \mathbb{R}$ gegeben und ist $Q = I_1 \times \cdots \times I_n \subset \mathbb{R}^n$ der Quader mit den I_j als Kanten, ist ferner $f : Q \to \mathbb{R}$ stetig, so setze

$$\int_Q f(x) \, dx = \int_{a_1}^{b_1} \cdots \int_{a_n}^{b_n} f(x_1, \ldots, x_n) \, dx_n \ldots dx_1.$$

Lemma 10.2.2. *In der Berechnung von* $\int_Q f(x) \, dx$ *kann man die Integrationsreihenfolge ändern, es gilt also für eine beliebige Permutation* $\sigma : \{1, \ldots, n\} \to \{1, \ldots, n\}$:

$$\int_Q f(x) \, dx = \int_{a_{\sigma(1)}}^{b_{\sigma(1)}} \cdots \int_{a_{\sigma(n)}}^{b_{\sigma(n)}} f(x_1, \ldots, x_n) \, dx_{\sigma(n)} \ldots dx_{\sigma(1)}.$$

Beweis. Für die Vertauschung zweier benachbarter Koordinaten wurde die Behauptung in Satz 10.1.6 gezeigt. Da jede Permutation sich aus solchen Vertauschungen zusammensetzen lässt, folgt die Behauptung allgemein.

□

Definition 10.2.3. Der *Träger* (engl.: support) einer Funktion $f : \mathbb{R}^n \to \mathbb{R}$ ist definiert als

$$\operatorname{supp} f = \overline{\{x \in \mathbb{R}^n : f(x) \neq 0\}},$$

also der Abschluss der Nichtnullstellenmenge. Es bezeichne $C(\mathbb{R}^n, \mathbb{R})$ den reellen Vektorraum aller stetigen Funktionen $f : \mathbb{R}^n \to \mathbb{R}$ und $C_c(\mathbb{R}^n, \mathbb{R})$ sei der Unterraum aller Funktionen $f \in C(\mathbb{R}^n, \mathbb{R})$ mit kompaktem Träger, also

$$C_c(\mathbb{R}^n, \mathbb{R}) = \left\{ f \in C(\mathbb{R}^n, \mathbb{R}) : \operatorname{supp} f \text{ ist kompakt} \right\}.$$

Sei nun $f \in C_c(\mathbb{R}^n, \mathbb{R})$, dann gibt es einen kompakten Quader, der den Träger von f enthält und die Zahl

$$\int_{\mathbb{R}^n} f(x)\, dx = \int_Q f(x)\, dx$$

hängt nicht von der Wahl eines solchen Quaders Q ab.

Satz 10.2.4 (Linearität und Positivität). *Für $f, g \in C_c(\mathbb{R}^n, \mathbb{R})$ und $\lambda \in \mathbb{R}$ gilt*

a) $\displaystyle \int_{\mathbb{R}^n} f(x) + g(x)\, dx = \int_{\mathbb{R}^n} f(x)\, dx + \int_{\mathbb{R}^n} g(x)\, dx,$

b) $\displaystyle \int_{\mathbb{R}^n} \lambda f(x)\, dx = \lambda \int_{\mathbb{R}^n} f(x)\, dx.$

c) *Gilt $f \geq 0$, so folgt $\int_{\mathbb{R}^n} f(x)\, dx \geq 0$.*

Beweis. Alle drei Aussagen gelten für Integrale in einer Dimension und folgen damit allgemein.

□

Definition 10.2.5. Sei $f : \mathbb{R}^n \to \mathbb{R}$ und $a \in \mathbb{R}^n$, so definiert man die um a *translatierte Funktion* $\tau_a f$ durch

$$\tau_a f(x) = f(x - a).$$

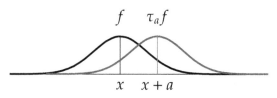

Satz 10.2.6 (Translationsinvarianz). *Für jedes* $f \in C_c(\mathbb{R}^n, \mathbb{R})$ *gilt*

$$\int_{\mathbb{R}^n} f(x)\, dx = \int_{\mathbb{R}^n} \tau_a f(x)\, dx.$$

Außerdem gilt

$$\int_{\mathbb{R}^n} f(x)\, dx = \int_{\mathbb{R}^n} f(-x)\, dx.$$

Beweis. Für $n = 1$ folgt dies aus der Substitutionsregel. Allgemein durch Anwenden der Substitutionsregel in jeder Koordinate.   □

Axiomatische Charakterisierung des Integrals

Im Folgenden wird gezeigt, dass das Integral bis auf skalare Vielfache eindeutig festgelegt durch die Eigenschaften der Linearität, Positivität und Translationsinvarianz. Alle weiteren Eigenschaften folgen daher aus diesen.

Definition 10.2.7. Eine lineare Abbildung $I : C_c(\mathbb{R}^n, \mathbb{R}) \to \mathbb{R}$ nennt man auch ein *Funktional*. Man nennt die Abbildung ein *positives Funktional*, falls gilt

$$f \geq 0 \quad \Rightarrow \quad I(f) \geq 0.$$

Das Funktional heißt *translationsinvariant*, falls

$$I(\tau_a f) = I(f)$$

für jedes $a \in \mathbb{R}^n$ gilt.

Lemma 10.2.8. *Ist I ein positives Funktional, so gilt für $f, g \in C_c(\mathbb{R}^n, \mathbb{R})$:*

$$f \leq g \quad \Rightarrow \quad I(f) \leq I(g).$$

Ein positives Funktional ist also monoton.

Beweis. Beweis, es gelte $f \leq g$, also $0 \leq g - f$. Dann ist $0 \leq I(g-f) = I(g) - I(f)$ also $I(f) \leq I(g)$. □

Satz 10.2.9. *Sei $I : C_c(\mathbb{R}^n, \mathbb{R}) \to \mathbb{R}$ ein positives translationsinvariantes Funktional. Dann gibt es ein $c \geq 0$ mit*

$$I(f) = c \int_{\mathbb{R}^n} f(x) \, dx$$

für jedes $f \in C_c(\mathbb{R}^n, \mathbb{R})$. Das heißt, dass das Integral bis auf Skalierung das einzige positive Funktional auf $C_c(\mathbb{R}^n, \mathbb{R})$ ist.

Beweis. Zunächst ein Lemma zur Stetigkeit positiver Funktionale.

Lemma 10.2.10. *Sei $I : C_c(\mathbb{R}^n, \mathbb{R}) \to \mathbb{R}$ ein positives Funktional. Es sei $f_k \in C_c(\mathbb{R}^n, \mathbb{R})$ eine Folge, deren Träger alle in einem gemeinsamen Kompaktum $K \subset \mathbb{R}^n$ liegen. Die Folge f_k konvergiere gleichmäßig gegen die Funktion $f \in C_c(\mathbb{R}^n, \mathbb{R})$. Dann gilt*

$$\lim_{k \to \infty} I(f_k) = I(f).$$

Beweis. Zunächst wird eine Funktion $\chi \in C_c(\mathbb{R}^n, \mathbb{R})$ mit der Eigenschaft $\chi|_K \equiv 1$ konstruiert. Da K kompakt ist, gibt es ein $R > 0$ mit $K \subset B_R(0)$. Sei $\eta_R : [0, \infty) \to [0, 1]$ die stückweise lineare Funktion gegeben durch den Graphen:

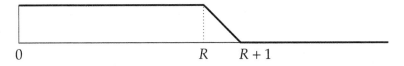

$$\begin{array}{ccc} & & \\ 0 & R & R+1 \end{array}$$

Dann sei $\chi(x) = \eta_R(\|x\|)$. Für $g \in C_c(\mathbb{R}^m, \mathbb{R})$ sei nun $\|g\|_{\mathbb{R}^n} = \sup_{x \in \mathbb{R}^n} |g(x)|$ die Supremumsnorm, dann ist gleichmäßige Konvergenz gleichbedeutend mit Konvergenz in der Supremumsnorm. Es gilt also $\|f_k - f\|_{\mathbb{R}^n} \overset{k \to \infty}{\longrightarrow} 0$. Offensichtlich ist

$$-\|f_k - f\|_{\mathbb{R}^n} \leq f_k - f \leq \|f_k - f\|_{\mathbb{R}^n},$$

und da χ auf K konstant eins ist, folgt

$$-\left\|f_k - f\right\|_{\mathbb{R}^n} \chi \le f_k - f \le \left\|f_k - f\right\|_{\mathbb{R}^n} \chi.$$

Wegen der Monotonie also

$$I\left(-\left\|f_k - f\right\|_{\mathbb{R}^n} \chi\right) \le I\left(f_k - f\right) \le I\left(\left\|f_k - f\right\|_{\mathbb{R}^n} \chi\right).$$

Nun geht $I\left(\left\|f_k - f\right\|_{\mathbb{R}^n} \chi\right) = \left\|f_k - f\right\|_{\mathbb{R}^n} I(\chi)$ für $k \to \infty$ gegen Null und die linke Seite ebenso, also geht $I(f_k) - I(k) = I(f_k - f)$ ebenfalls gegen Null.   □

Sei $I : C_c(\mathbb{R}^n, \mathbb{R}) \to \mathbb{R}$ ein positives Funktional und sei $F \in C_c(\mathbb{R}^n \times \mathbb{R}^n, \mathbb{R})$. Für jedes $y \in \mathbb{R}^n$ kann man I auf die Funktion $x \mapsto F(x, y)$ anwenden und schreibt dies als $I_x F(x, y)$. Es entsteht eine Funktion in y. Beispiel: Ist I das Integral, so ist $I_x F(x, y) = \int_{\mathbb{R}^n} F(x, y)\, dx$.

Lemma 10.2.11. *In der obigen Situation ist $I_x F(x, y)$ wieder ein Element von $C_c(\mathbb{R}^n, \mathbb{R})$ und es gilt*

$$\int_{\mathbb{R}^n} I_x F(x, y)\, dy = I_x\left(\int_{\mathbb{R}^n} F(x, y)\, dy\right).$$

Beweis. Die Funktion F hat kompakten Träger, dieser liegt also in einem Quader der Form $[-T, T]^{2n}$ für ein hinreichend großes $T > 0$. Das Integral $\int_{\mathbb{R}^n} F(x, y)\, dy$ wird durch Riemann-Summen angenähert, genauer sei für $k \in \mathbb{N}$

$$R_k\left(F(x, .)\right) = \left(\frac{1}{2kT}\right)^n \sum_{j_1=1}^{k} \cdots \sum_{j_n=1}^{k} F\left(x, 2\frac{j_1}{k}T - T, \ldots, 2\frac{j_n}{k}T - T\right).$$

Nach der Theorie der Riemann-Summen folgt

$$\lim_{k \to \infty} R_k\left(F(x, .)\right) = \int_{[-T,T]^n} F(x, y)\, dy = \int_{\mathbb{R}^n} F(x, y)\, dy.$$

Aus der Tatsache, dass die stetige Funktion F auf dem Kompaktum $[-T, T]^{2n}$ gleichmäßig stetig ist, folgt nun nach Lemma 10.1.1 die gleichmäßige Konvergenz, das heißt, dass die Funktionenfolge $f_k(x) = R_k\left(F(x, .)\right)$ gleichmäßig gegen $f(x) = \int_{\mathbb{R}^n} F(x, y)\, dy$ konvergiert. Die Träger der f_k liegen alle in dem Kompaktum $[-T, T]^n$, also folgt nach Lemma 10.2.10,

$$I_x\left(R_k\left(F(x, .)\right)\right) \overset{k \to \infty}{\longrightarrow} I_x\left(\int_{\mathbb{R}^n} F(x, y)\, dy\right).$$

Wegen der Linearität ist

$$I_x\big(R_k\,(F(x,.))\big) = \Big(\frac{1}{2kT}\Big)^n \sum_{j_1=1}^k \cdots \sum_{j_n=1}^k I_x F\Big(x, 2\frac{j_1}{k}T - T, \ldots, 2\frac{j_n}{k}T - T\Big).$$

Dies ist allerdings wieder eine Riemannsche Summe, und zwar zur Funktion $I_x F(x, y)$. Ist $y_k \to y$ eine konvergente Folge, so konvergiert die Folge $f_k(x) = F(x, y_k)$ gleichmäßig in x gegen $F(x, y)$, also folgt wieder nach Lemma 10.2.10, dass $I_x F(x, y)$ eine stetige Funktion ist. Ihr Träger liegt wieder in $[-T, T]^n$ also folgt nach der Theorie der Riemann-Summen, dass $I_x\,(R_k\,(F(x,.)))$ für $k \to \infty$ gegen $\int_{\mathbb{R}^n} I_x F(x, y)\,dy$ konvergiert. Damit ist das Lemma bewiesen. $\qquad\square$

Der Beweis von Satz 10.2.9 wird nun abgeschlossen.

Definition 10.2.12. Die *Faltung* zweier Funktionen $f, g \in C_c(\mathbb{R}^n, \mathbb{R})$ ist die Funktion

$$f * g(x) = \int_{\mathbb{R}^n} f(y)g(x - y)\,dy.$$

Diese Funktion liegt wieder in $C_c(\mathbb{R}^n, \mathbb{R})$ und es gilt wegen der Translationsinvarianz und der Invarianz unter $y \mapsto -y$,

$$f * g(x) = \int_{\mathbb{R}^n} f(y)g(x - y)\,dy = \int_{\mathbb{R}^n} f(x + y)g(-y)\,dy$$

$$= \int_{\mathbb{R}^n} f(x - y)g(y)\,dy = g * f(x).$$

Das Faltungsprodukt ist also kommutativ! Mit Hilfe von Lemma 10.2.11 rechnet man dann

$$\int_{\mathbb{R}^n} f(y)\,dy\,I(g) = \int_{\mathbb{R}^n} f(y)I(g)\,dy = \int_{\mathbb{R}^n} f(y)I(\tau_y g)\,dy$$

$$= \int_{\mathbb{R}^n} f(y)I_x(g(x - y))\,dy$$

$$= I_x\Big(\int_{\mathbb{R}^n} f(y)g(x - y)\,dy\Big) = I(f * g).$$

Wegen $f * g = g * f$ können f und g vertauscht werden und es folgt

$$\int_{\mathbb{R}^n} f(y)\,dy\,I(g) = \int_{\mathbb{R}^n} g(y)\,dy\,I(f).$$

Wähle ein festes f mit $\int_{\mathbb{R}^n} f(y)\,dy \neq 0$ und setze $c = \frac{I(f)}{\int_{\mathbb{R}^n} f(y)\,dy}$, so folgt

$$I(g) = c \int_{\mathbb{R}^n} g(y)\,dy$$

für jedes $g \in C_c(\mathbb{R}^n, \mathbb{R})$. Damit ist Satz 10.2.9 bewiesen. $\qquad\square$

Das Faltungsprodukt ist ein nützliches Werkzeug. Dieses wird nun verwendet, um zu zeigen, dass die Menge der glatten Funktionen dicht in $C_c(\mathbb{R}^n, \mathbb{R})$ liegt.

Definition 10.2.13. Für eine offene Teilmenge $U \subset \mathbb{R}^n$ sei $C_c(U, \mathbb{R})$ die Menge aller stetigen Funktionen $f : U \to \mathbb{R}$, die kompakten Träger in U besitzen. Man kann jedes $f \in C_c(U, \mathbb{R})$ nach ganz $\mathbb{R}^n$ fortsetzen, indem man es außerhalb von U als Null definiert. Also kann man $C_c(U, \mathbb{R})$ als die Menge aller $f \in C_c(\mathbb{R}^n, \mathbb{R})$ auffassen, deren Träger in U liegt.

Definition 10.2.14. Sei $U \subset \mathbb{R}^n$ offen. Für $k \in \mathbb{N}$ sei sei $C_c^k(U, \mathbb{R})$ die Menge der k-mal stetig partiell differenzierbaren Funktionen $U \to \mathbb{R}$ mit kompakten Trägern in U und $C_c^\infty(U, \mathbb{R})$ die der unendlich oft differenzierbaren Funktionen mit kompakten Trägern. Statt 'unendlich oft differenzierbar' sagt man auch 'glatt'. Dann ist also $C_c^\infty(U, \mathbb{R})$ die Menge aller glatten Funktionen mit kompakten Trägern.

Satz 10.2.15. *Sei $U \subset \mathbb{R}^n$ eine offene Menge und $f \in C_c(U, \mathbb{R})$. Dann gibt es eine Folge $f_j \in C_c^\infty(U, \mathbb{R})$, die gleichmäßig gegen f konvergiert.*

Beweis. Für ein Kompaktum $K \subset \mathbb{R}^n$ sei

$$m(K) = \max_{x \in K} \|x\|$$

der maximale Abstand zu Null. Ist $m(K) < \delta$, so gilt $K \subset B_\delta(0)$.

Definition 10.2.16. Eine *Dirac-Folge* auf $\mathbb{R}^n$ ist eine Folge $\phi_j \in C_c^\infty(\mathbb{R}^n, \mathbb{R})$ so dass

- $m\left(\operatorname{supp}(\phi_j)\right)$ geht gegen Null,

- $\phi_j \geq 0$ und $\int_{\mathbb{R}^n} \phi_j(x)\, dx = 1$.

Im folgenden Lemma wird die Existenz von Dirac-Folgen sichergestellt.

Lemma 10.2.17.

a) *Es gibt eine Dirac-Folge auf $\mathbb{R}^n$.*

b) *Ist ϕ_j eine Dirac-Folge und f eine in einer Umgebung $U \subset \mathbb{R}^n$ der Null definierte und im Nullpunkt stetige Funktion, dann gilt*

$$\int_{\mathbb{R}^n} \phi_j(x) f(x)\, dx \overset{j \to \infty}{\longrightarrow} f(0),$$

wobei das Integral nur definiert ist, wenn $\operatorname{supp} \phi_j \subset U$ gilt, was aber für alle hinreichend großen Indizes j der Fall ist.

Beweis. Die Funktion

$$\eta_1(x) = \begin{cases} e^{-1/x} & x > 0, \\ 0 & x \leq 0, \end{cases}$$

ist nach Proposition 7.3.5 glatt auf $\mathbb{R}$, hat aber keinen kompakten Träger. Die Funktion $\eta(x) = \eta_1(1+x)\eta_1(1-x)$ ist glatt auf $\mathbb{R}$, ist ≥ 0 und hat Träger $[-1, 1]$. Sei $c = \int_{\mathbb{R}} \eta(x)\,dx$, so hat die Funktion $\psi = \frac{\eta}{c}$ Integral 1 und $\psi_j(x) = \psi(jx)j$ ist eine Dirac-Folge auf $\mathbb{R}$. Schließlich ist

$$\phi_j(x_1, \ldots, x_n) = \psi_j(x_1) \cdots \psi_j(x_n)$$

eine Dirac-Folge auf $\mathbb{R}^n$. Zu Teil (b) sei (ϕ_j) eine Dirac-Folge. Ist $\mathrm{supp}\,\phi_j \subset U$, so gilt

$$\left| \int_{\mathbb{R}^n} \phi_j(x)f(x)\,dx - f(0) \right| = \left| \int_{\mathbb{R}^n} \phi_j(x)\,(f(x) - f(0))\,dx \right|$$

$$\leq \int_{\mathbb{R}^n} \phi_j(x) \left| f(x) - f(0) \right| dx.$$

Sei $\varepsilon > 0$, so existiert nach der Stetigkeit von f ein $\delta > 0$ so dass für $\|x\| < \delta$ gilt $|f(x) - f(0)| < \varepsilon$. Es gibt ferner ein j_0 so dass für $j \geq j_0$ gilt $m(\mathrm{supp}\,\phi_j) < \delta$. Für jedes $j \geq j_0$ und jedes $x \in \mathbb{R}^n$ folgt dann $\phi_j(x) \left| f(x) - f(0) \right| \leq \varepsilon \phi_j(x)$, so dass man $\left| \int_{\mathbb{R}^n} \phi_j(x)f(x)\,dx - f(0) \right| \leq \varepsilon$ erhält.   □

Für zwei Teilmengen $A, B \subset \mathbb{R}^n$ sei

$$A + B = \left\{ a + b : a \in A,\ b \in B \right\}.$$

Lemma 10.2.18. *Seien $f, g \in C_c(\mathbb{R}^n, \mathbb{R})$, dann gilt*

  a) $\mathrm{supp}(f * g) \subset \mathrm{supp}\,f + \mathrm{supp}\,g$,

  b) *ist g glatt, so ist $f * g$ glatt,*

  c) *ist ϕ_j eine Dirac-Folge, so konvergiert $\phi_j * f$ gleichmäßig gegen f.*

Beweis. (a) Sei $x \in \mathrm{supp}(f * g)$, also $\int_{\mathbb{R}^n} f(y)g(x - y)\,dy \neq 0$. Dann existiert ein $y \in \mathrm{supp}\,f$ so dass $z = x - y \in \mathrm{supp}\,g$, also $x = y + z \in \mathrm{supp}\,f + \mathrm{supp}\,g$.

(b) Ist g glatt, so ist nach einer iterierten Anwendung von Satz 10.1.4 die Funktion $f * g$ stetig partiell differenzierbar und man darf unter dem Integral differenzieren. Auf die differenzierten Funktionen wendet man den Satz dann wieder an und sieht iterativ, dass $f * g$ unendlich oft stetig differenzierbar ist.

(c) Man rechnet

$$|\phi_j * f(x) - f(x)| = \left| \int_{\mathbb{R}^n} \phi_j(y)\,(f(x-y) - f(x))\, dy \right|$$

$$\leq \int_{\mathbb{R}^n} \phi_j(y)|f(x-y) - f(x)|\, dy.$$

Sei $\varepsilon > 0$. Da f gleichmäßig stetig ist, gibt es ein $\delta > 0$, so dass für jedes y mit $\|y\| < \delta$ gilt $|f(x-y) - f(x)| < \varepsilon$. Für $j \geq 1/\varepsilon$ gilt daher

$$|\phi_j * f(x) - f(x)| < \varepsilon \int_{\mathbb{R}^n} \phi_j(x)\, dx = \varepsilon. \qquad \square$$

Nun zum Beweis von Satz 10.2.15. Sei $f \in C_c(U, \mathbb{R})$ und sei K der Träger von f. Da K kompakt ist, hat K einen positiven Abstand zu ∂U, also gibt es ein $\delta > 0$ so dass aus $\|y\| < \delta$ und $x \in \operatorname{supp} f$ folgt $x - y \in U$.

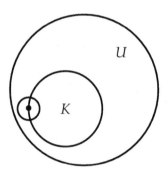

Daher ist $\phi_{j_0} * f \in C_c^\infty(U, \mathbb{R})$ für $j_0 > 1/\delta$ und die Folge $f_j = \phi_{j+j_0} * f$ erfüllt den Satz. $\qquad \square$

10.3 Die Transformationsformel

Die Menge aller invertierbaren $n \times n$-Matrizen mit reellen Einträgen wird mit $GL_n(\mathbb{R})$ bezeichnet. Jede Matrix $A \in GL_n(\mathbb{R})$ definiert eine bijektive lineare Abbildung $A : \mathbb{R}^n \to \mathbb{R}^n$, $x \mapsto Ax$. Für eine stetige Funktion $f : \mathbb{R}^n \to \mathbb{R}$ ist $f \circ A(x) = f(Ax)$ wieder eine stetige Funktion. Hat f kompakten Träger, so auch $f \circ A$, denn es gilt

$$\operatorname{supp}(f \circ A) = A^{-1} \operatorname{supp} f$$

und das Kompaktum $\operatorname{supp} f$ hat unter der stetigen Abbildung A^{-1} ein kompaktes Bild.

Lemma 10.3.1. *Sei* $I : C_c(\mathbb{R}^n, \mathbb{R}) \to \mathbb{R}$ *ein lineares, positives, translationsinvariantes Funktional und* $A \in \mathrm{GL}_n(\mathbb{R})$. *Dann ist* $J : C_c(\mathbb{R}^n, \mathbb{R}) \to \mathbb{R}$, *definiert durch* $J(f) = I(f \circ A)$ *ebenfalls ein lineares, positives, translationsinvariantes Funktional.*

Beweis. Linearität und Positivität sind klar. Für die Translationsinvarianz beachte

$$((\tau_a f) \circ A)(x) = \tau_a f(Ax) = f(Ax - a) = f\left(A(x - A^{-1}a)\right) = \tau_{A^{-1}a}(f \circ A)(x),$$

daraus folgt wegen der Translationsinvarianz von I:

$$J(\tau_a f) = I\left(\tau_{A^{-1}a}(f \circ A)\right) = I(f \circ A) = J(f). \qquad \square$$

Erinnerung: eine Matrix $A \in M_n(\mathbb{R})$ heißt *orthogonal*, falls eines, und damit alle, der folgenden äquivalenten Kriterien erfüllt ist:

- für jedes $x \in \mathbb{R}$ gilt $\|Ax\| = \|x\|$,

- für alle $v, w \in \mathbb{R}^n$ gilt $\langle Av, Aw \rangle = \langle v, w \rangle$,

- es gilt $A^t A = E$, wobei E die $n \times n$ Einheitsmatrix bezeichnet.

Sei $O(n) \subset \mathrm{GL}_n(\mathbb{R})$ die Menge der orthogonalen $n \times n$ Matrizen.

Satz 10.3.2 (Bewegungsinvarianz des Integrals). *Sei* $A \in O(n)$ *und* $f \in C_c(\mathbb{R}^n, \mathbb{R})$. *Dann gilt*

$$\int_{\mathbb{R}^n} f(Ax)\, dx = \int_{\mathbb{R}^n} f(x)\, dx.$$

Beweis. Sei $I(f) = \int_{\mathbb{R}^n} f(Ax)\, dx$, so ist nach Lemma 10.3.1 das Funktional I positiv und translationsinvariant, also existiert nach Satz 10.2.9 ein $c \geq 0$ so dass $I(f) = c \int_{\mathbb{R}^n} f(x)\, dx$ für jedes $f \in C_c(\mathbb{R}^n, \mathbb{R})$ gilt. Um dieses c zu bestimmen, muss nur ein bestimmtes f in die Formel eingesetzt werden. Sei

$$f(x) = \max(1 - \|x\|, 0).$$

Diese Funktion ist stetig und hat kompakten Träger, das Integral $\int_{\mathbb{R}^n} f(x)\, dx$ verschwindet nicht. Da $f(x)$ nur von der Norm $\|x\|$ abhängt, ist f invariant unter $A \in O(n)$, das heißt, es gilt $f(Ax) = f(x)$. Also erhält man durch Einsetzen von f schon $c = 1$. $\qquad \square$

Lemma 10.3.3. *Seien $a_1, \ldots, a_n > 0$. Dann gilt für jedes $f \in C_c(\mathbb{R}^n, \mathbb{R})$,*

$$\int_{\mathbb{R}^n} f(x_1, \ldots, x_n) \, dx = a_1 \cdots a_n \int_{\mathbb{R}^n} f(a_1 y_1, \ldots, a_n y_n) \, dy.$$

Beweis. Für $n = 1$ folgt das Lemma durch Substitution. Allgemein durch n-faches Wiederholen. □

Lemma 10.3.4. *Jede Matrix $A \in \mathrm{GL}_n(\mathbb{R})$ lässt sich schreiben als $A = SDT$, wobei S und T orthogonal sind und D eine Diagonalmatrix mit positiven Einträgen ist.*

Beweis. Die Matrix $A^t A$ ist selbstadjungiert und positiv definit, es existiert also eine Diagonalmatrix D mit positiven Einträgen und eine orthogonale Matrix T, so dass

$$A^t A = T^t D^2 T.$$

Also

$$\underbrace{D^{-1} T A^t}_{=S^t} \underbrace{A T^t D^{-1}}_{=S} = E.$$

Die so definierte Matrix S ist also orthogonal und es gilt $A = SDT$. □

Satz 10.3.5. *Für $A \in \mathrm{GL}_n(\mathbb{R})$ und $f \in C_c(\mathbb{R}^n, \mathbb{R})$ gilt*

$$\int_{\mathbb{R}^n} f(Ax) \, |\det A| \, dx = \int_{\mathbb{R}^n} f(y) \, dy.$$

Man merkt sich diese Aussage am besten durch die symbolische Formel

$$y = Ax \quad \Rightarrow \quad dy = |\det A| \, dx.$$

Beweis. Ist A eine orthogonale Matrix, so folgt die Behauptung aus Satz 10.3.2. Ist A eine Diagonalmatrix mit positiven Einträgen, so folgt der Satz aus Lemma 10.3.3. Allgemein folgt er aus der Zerlegung $A = SDT$ und der Tatsache $|\det A| = \det D$. □

Sei $U \subset \mathbb{R}^n$ offen, sei $f \in C_c(U, \mathbb{R})$ und sei $\tilde f$ die Fortsetzung durch Null. Das Integral $\int_{\mathbb{R}^n} \tilde f(x) \, dx$ wird auch in der Form $\int_U f(x) \, dx$ geschrieben.

Definition 10.3.6. Seien $U, V \subset \mathbb{R}^n$ offene Teilmengen und sei $\phi : U \to V$ eine bijektive stetige Abbildung so dass auch ϕ^{-1} stetig ist. Ist dann $f \in C_c(V, \mathbb{R})$, so ist $f \circ \phi \in C_c(U, \mathbb{R})$.

Die Funktion ϕ heißt C^1-*invertierbar*, falls sowohl ϕ als auch ϕ^{-1} stetig differenzierbar sind.

Definition 10.3.7. Sei (X, d) ein metrischer Raum. Eine Funktionenfolge $f_n : X \to \mathbb{C}$ konvergiert *lokal-gleichmäßig* gegen eine Funktion $f : X \to \mathbb{C}$, falls es zu jedem Punkt $x \in X$ eine Umgebung $U \subset X$ gibt, so dass $f_n|_U$ gleichmäßig gegen $f|_U$ konvergiert.

Satz 10.3.8 (Transformationsformel). *Seien $U, V \subset \mathbb{R}^n$ offen und $\eta : U \to V$ sei C^1-invertierbar. Dann gilt für $f \in C_c(V, \mathbb{R})$,*

$$\int_U f(\eta(x)) \left|\det D\eta(x)\right| dx = \int_V f(y)\, dy.$$

Vor dem Beweis des Satzes wird hier eine Anwendung vorweggenommen:

Proposition 10.3.9 (Polarkoordinaten). Polarkoordinaten *Für $f \in C_c(\mathbb{R}^2, \mathbb{R})$ gilt*

$$\int_{\mathbb{R}^2} f(x)\, dx = \int_{-\pi}^{\pi} \int_0^{\infty} f(r\cos\theta, r\sin\theta)\, r\, dr\, d\theta.$$

Beweis. Modulo einer einfachen Approximation reicht es, anzunehmen, dass $f \in C_c(V, \mathbb{R})$ liegt, wobei

$$V = \mathbb{R}^2 \setminus (-\infty, 0] \times \{0\}.$$

Sei $U = (0, \infty) \times (-\pi, \pi)$ und sei $\eta : U \to V$ die Abbildung $\eta(r, \theta) = (r\cos\theta, r\sin\theta)$. Dann folgt

$$D\eta(r, \theta) = \begin{pmatrix} \cos\theta & -r\sin\theta \\ \sin\theta & r\cos\theta \end{pmatrix}.$$

Damit also $\det D\eta = r\cos^2\theta + r\sin^2\theta = r$ und die Proposition folgt aus dem Satz.   □

Beweis des Satzes. Sei $f \in C_c(V, \mathbb{R})$ und sei ϕ_j eine Dirac-Folge, von der man annehmen kann, dass sie von der Form $\phi_j(x) = j^n \phi(jx)$ für ein $\phi \in C_c^{\infty}(\mathbb{R}^n, \mathbb{R})$ mit Träger in $B_1(0)$ ist. Dann liegt der Träger von ϕ_j in $B_{1/j}(0)$. Aus Satz 9.2.13 folgt, dass es ein $C > 0$ gibt, so dass $|\phi(x) - \phi(x')| \leq C \|x - x'\|$, also

$$|\phi_j(x) - \phi_j(x')| = j^n |\phi(jx) - \phi(jx')| \leq C j^{n+1} \|x - x'\|$$

für alle $x, x' \in \mathbb{R}^n$. Sei $f \in C_c(V, \mathbb{R})$ und j so groß, dass $f * \phi_j$ Träger in V hat. Dann ist

$$
\int_U f * \phi_j \, (\eta(x)) \, |\det D\eta(x)| \, dx = \int_{\mathbb{R}^n} \int_{\mathbb{R}^n} f(y) \phi_j \, (\eta(x) - y) \, |\det D\eta(x)| \, dy \, dx
$$
$$
= \int_V f(y) \alpha_j(y) \, dy,
$$

wobei $\alpha_j(y) = \int_{\mathbb{R}^n} \tau_y \phi_j \, (\eta(x)) \, |\det D\eta(x)| \, dx$. Da $f * \phi_j$ gleichmäßig gegen f konvergiert, reicht es zu zeigen, dass α_j gleichmäßig auf jedem Kompaktum $K \subset V$ gegen Eins geht. Für ein gegebenes Kompaktum K setze $L = \eta^{-1}(K)$, dann ist $L \subset U$ ebenfalls kompakt. Für $y \in V$ sei $z = \eta^{-1}(y)$, also $y = \eta(z)$. Sei $A = D\eta(z)$. Schreibt man $x = z + h$, so folgt $\eta(x) = \eta(z + h) = \eta(z) + Ah + r_z(h)$, wobei $r_z(h)$ schneller gegen Null geht also $\|h\|$. Es wird nun gezeigt, dass diese Konvergenz lokal-gleichmäßig in z ist. Es soll also gezeigt werden, dass für jedes Kompaktum $L \subset U$ und jedes $T > 0$ die Norm $\left\| jr_z \left(\frac{h}{j} \right) \right\|$ gegen Null konvergiert, und zwar gleichmäßig in $z \in L$ und $h \in B_T(0)$. *Angenommen*, dies ist nicht der Fall. Dann gibt es ein $\varepsilon > 0$ so dass zu jedem $\nu \in \mathbb{N}$ ein $j \geq \nu$ existiert und ein $z_\nu \in L$, sowie ein $h_\nu \in B_T(0)$, so dass $\left\| jr_{z_\nu} \left(\frac{h_\nu}{j} \right) \right\| \geq \varepsilon$. Ohne Beschränkung der Allgemeinheit kann angenommen werden, dass z_ν gegen ein $z \in L$ und h_ν gegen ein $h \in \overline{B_T(0)}$ konvergiert. Aus der stetigen Differenzierbarkeit von η folgt, dass $r_z(h)$ stetig in z und h ist, also folgt für jedes j, dass $\left\| jr_z \left(\frac{h}{j} \right) \right\| \geq \varepsilon$. Dies steht im *Widerspruch* zur Differenzierbarkeit in z, so dass die gleichmäßige Konvergenz folgt. Es gilt

$$
|\alpha_j(y) - 1| = \left| \int_{\mathbb{R}^n} \phi_j(\eta(x) - y) \, |\det D\eta(x)| \, dx - 1 \right|
$$
$$
= \left| \int_{\mathbb{R}^n} \phi_j \, (\eta(z + h) - \eta(z)) \, |\det D\eta(z + h)| \, dh - 1 \right|
$$
$$
= \left| \int_{\mathbb{R}^n} \phi_j \, (Ah + r(h)) \, |\det D\eta(z + h)| \, dh - 1 \right|
$$
$$
= \left| \int_{\mathbb{R}^n} \phi_j \left(h + r(A^{-1}h) \right) \frac{|\det D\eta(z + A^{-1}h)|}{|\det A|} \, dh - 1 \right|
$$
$$
\leq \int_{\mathbb{R}^n} |\underbrace{\phi_j \left(h + r(A^{-1}h) \right)}_{=a} \underbrace{\frac{|\det D\eta(z + A^{-1}h)|}{|\det A|}}_{=b} - \underbrace{\phi_j(h)}_{=c} | \, dh.
$$

Mit der Dreiecksungleichung schätzt man ab:

$$
|ab - c| = |ab - cb + cb - c| \leq |a - c| |b| + |c| |b - 1|.
$$

Daher ist $|\alpha_j(y) - 1|$ kleiner gleich

$$\int_{\mathbb{R}^n} |\phi_j\left(h + r(A^{-1}h)\right) - \phi_j(h)| \frac{|\det D\eta(z + A^{-1}h)|}{|\det A|}\, dh$$

$$+ \int_{\mathbb{R}^n} \phi_j(h) \left| \frac{|\det D\eta(z + A^{-1}h)|}{|\det A|} - 1 \right| dh.$$

Der zweite Summand geht für $j \to \infty$ gegen Null. Schätzt man $\frac{|\det D\eta(z+A^{-1}h)|}{|\det A|}$ lokal durch eine Konstante M ab, so ist der erste Summand kleiner gleich

$$M \int_{\mathbb{R}^n} |\phi_j\left(h + r(A^{-1}h)\right) - \phi_j(h)|\, dh = Mj^n \int_{\mathbb{R}^n} |\phi(jh + jr\left(A^{-1}h\right)) - \phi(jh)|\, dh$$

$$= M \int_{\mathbb{R}^n} \left| \phi\left(h + \underbrace{jr\left(A^{-1}\frac{h}{j}\right)}_{\to 0} \right) - \phi(h) \right| dh.$$

Diese Konvergenz ist gleichmäßig auf jedem Kompaktum, also konvergiert der Integrand gleichmäßig gegen Null mit Trägern in einem festen Kompaktum, so dass in der Tat $\alpha_j(y) - 1$ lokal-gleichmäßig gegen Null geht. Der Satz ist bewiesen. □

Durch Approximation kann man sehen, dass der Satz nicht nur für stetige Funktionen f gilt. Am Beispiel von Indikatorfunktionen kompakter Mengen wird dies nun vorgeführt.

Definition 10.3.10. Sei $K \subset \mathbb{R}^n$ eine kompakte Teilmenge. Man bezeichnet die Zahl

$$\mathrm{vol}(K) = \inf_{\substack{f \in C_c(\mathbb{R}^n, \mathbb{R}) \\ f \geq \mathbf{1}_K}} \int_{\mathbb{R}^n} f(x)\, dx$$

als das *Volumen* der Menge K. Für eine stetige Funktion $h \geq 0$, die auf einer Umgebung V von K erklärt ist, sei das *Integral über K* gleich der Zahl

$$\int_K h(x)\, dx = \inf_{\substack{f \in C_c(V, \mathbb{R}) \\ f \geq \mathbf{1}_K}} \int_{\mathbb{R}^n} f(x)h(x)\, dx,$$

wobei $f(x)h(x) = 0$ gesetzt wird, wenn $x \notin V$ ist.

Korollar 10.3.11. *Seien $U, V \subset \mathbb{R}^n$ offen und $\eta : U \to V$ sei C^1-invertierbar. Dann gilt für jede kompakte Teilmenge $K \subset V$,*

$$\int_{\eta^{-1}(K)} |\det D\eta(x)|\, dx = \mathrm{vol}(K).$$

Beweis. Sei $f \in C_c(V, \mathbb{R})$ und $f \geq \mathbf{1}_K$. Dann ist $f \circ \eta \in C_c(U, \mathbb{R})$ und $f \circ \eta \geq \mathbf{1}_{\eta^{-1}(K)}$. Die Abbildung $f \mapsto f \circ \eta$ ist eine Bijektion zwischen der Menge $\{f \in C_c(V, \mathbb{R}) : f \geq \mathbf{1}_K\}$ und der Menge $\{g \in C_c(U, \mathbb{R}) : g \geq \mathbf{1}_{\eta^{-1}(K)}\}$. Also ist nach der Transformationsformel

$$
\mathrm{vol}(K) = \inf_{\substack{f \in C_c(V) \\ f \geq \mathbf{1}_K}} \int_{\mathbb{R}^n} f(y)\, dy = \inf_{\substack{f \in C_c(V) \\ f \geq \mathbf{1}_K}} \int_{\mathbb{R}^n} f(\eta(x)) \, |\det D\eta(x)|\, dx
$$

$$
= \inf_{\substack{g \in C_c(U) \\ g \geq \mathbf{1}_{\eta^{-1}(K)}}} \int_U g(x) |\det D\eta(x)|\, dx = \int_{\eta^{-1}(K)} |\det D\eta(x)|\, dx. \qquad \square
$$

10.4   Der Igelsatz

Der Igelsatz besagt, dass jedes stetige Vektorfeld (siehe unten) auf der zweidimensionalen Sphäre eine Nullstelle besitzt. Man merkt sich den Satz durch den Spruch *Man kann keinen Igel stetig striegeln.* Es ist bemerkenswert, dass dieser tiefe Satz schon mit unseren momentanen Hilfsmitteln bewiesen werden kann.

Definition 10.4.1. Die n-dimensionale *Sphäre*

$$
S^n = \left\{ x \in \mathbb{R}^{n+1} : \|x\| = 1 \right\}
$$

ist eine kompakte Teilmenge von $\mathbb{R}^{n+1}$.

Ein *Vektorfeld* auf S^n ist eine stetige Abbildung $\phi : S^n \to \mathbb{R}^{n+1}$, so dass $\phi(p)$ tangential zu S^n im Punkte p ist. Das bedeutet aber, dass $\phi(p)$ senkrecht auf dem Vektor p steht, also dass $\phi(p) \perp p$ gilt, was gleichbedeutend mit $\langle \phi(p), p \rangle = 0$ ist, wobei $\langle .,. \rangle$ das standard-Skalarprodukt auf $\mathbb{R}^{n+1}$ ist, also $\langle v, w \rangle = v_1 w_1 + \cdots + v_{n+1} w_{n+1}$.

Satz 10.4.2. *(Igelsatz) Ist n gerade, so hat jedes Vektorfeld auf der Sphäre S^n eine Nullstelle.*

Bemerkung 10.4.3.

(a) Konsequenz: Irgendwo auf der Erde gibt es immer einen Wirbelsturm!

(b) Für ungerades n gilt die Aussage nicht, wie das Beispiel $n = 1$ zeigt:

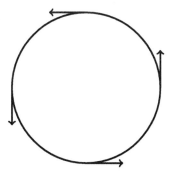

(c) Merksatz: *Man kann keinen Igel stetig striegeln.*

Beweis des Igelsatzes. Sei $n \in \mathbb{N}$ gerade. *Angenommen*, es gibt ein Vektorfeld ϕ ohne Nullstelle auf S^n.

Definition 10.4.4. Ein Vektorfeld ϕ heißt *stetig differenzierbar*, falls es sich zu einer stetig differenzierbaren Abbildung in einer Umgebung fortsetzen lässt, genauer, wenn es eine Umgebung $U \subset \mathbb{R}^{n+1}$ von $S = S^n$ gibt und eine stetig differenzierbare Funktion $f : U \to \mathbb{R}^{n+1}$ mit $f|_S = \phi$.

1. Schritt im Beweis des Igelsatzes: Reduktion auf den differenzierbaren Fall. Es gebe ein Vektorfeld ϕ auf S^n ohne Nullstelle. Man setzt ϕ durch $g(x) = \phi\left(\frac{x}{\|x\|}\right)$ stetig in eine kompakte Umgebung von S fort. Durch Faltung mit einer Dirac-Folge kann g gleichmäßig durch stetig differenzierbare Funktionen g_j approximiert werden. Für $x \in \mathbb{R}^{n+1} \setminus \{0\}$ sei $P_x : \mathbb{R}^{n+1} \to \mathbb{R}^{n+1}$ die Orthogonalprojektion auf den Orthogonalraum $x^\perp = (\mathbb{R}x)^\perp$, also

$$P_x(v) = v - \frac{\langle v, x \rangle}{\|x\|^2} x.$$

Dann approximiert die Folge stetig differenzierbarer Funktionen $P_x g_j(x)$ die Funktion g immer noch gleichmäßig auf S. Daher gibt es ein j_0, so dass für $j \geq j_0$ die Vektorfelder $x \mapsto P_x g_j(x)$ keine Nullstelle auf S haben. Es gibt damit also ein stetig differenzierbares Vektorfeld ohne Nullstelle.

2. Schritt: Vorüberlegungen. Sei V eine offene Teilmenge von $\mathbb{R}^{n+1}$, $K \subset V$ eine kompakte Teilmenge und $f : V \to \mathbb{R}^{n+1}$ eine stetig differenzierbare Abbildung. Für $t \geq 0$ sei die Abbildung $\phi_t : V \to \mathbb{R}^n$ durch $\phi_t(x) = x + tf(x)$ definiert. Beachte, dass für die Jacobi-Matrix von ϕ_t gilt $D\phi_t(x) = E + tDf(x)$, wobei E die Einheitsmatrix ist. Daher ist

$$\det\left(D\phi_t(x)\right) = p_0(x) + p_1(x)t + \cdots + p_n(x)t^n$$

ein Polynom vom Grade n in t, welches für hinreichend kleine t positive Werte annimmt.

Lemma 10.4.5. *Es existiert ein $\delta > 0$ so dass für $0 \leq t < \delta$*

a) *die Abbildung $\phi_t : K \to \phi_t(K)$ bijektiv mit stetig differenzierbarer Umkehr-abbildung ist,*

b) *die Abbildung $t \mapsto \mathrm{vol}\left(\phi_t(K)\right)$ ein Polynom in t ist.*

Beweis. Das Differential Df ist auf dem Kompaktum K beschränkt, also folgt nach Satz 9.2.13, dass ein $L > 0$ existiert, so dass die Abschätzung $\|f(x) - f(y)\| \leq L\|x - y\|$ für alle $x, y \in K$ gilt. Es folgt für $x, y \in K$,

$$
\begin{aligned}
\|\phi_t(x) - \phi_t(y)\| &= \|x - y + t\left(f(x) - f(y)\right)\| \\
&\geq \|x - y\| - t\|f(x) - f(y)\| \\
&\geq \|x - y\| - tL\|x - y\| \\
&= (1 - tL)\|x - y\|.
\end{aligned}
$$

Ist also $t < \frac{1}{L}$, so ist ϕ_t injektiv. Die Differenzierbarkeit der Umkehrabbildung folgt aus dem Satz von der lokalen Umkehrabbildung, da für t hinreichend klein das Differential $D\phi_t = E_t Df(x)$ in jedem Punkt von K invertierbar ist.

(b) Da das Polynom $t \mapsto \det D\phi_t(x)$ für hinreichend kleines t positive Werte annimmt, gilt dann $|\det D\phi_t(x)| = \det D\phi_t(x)$ so dass nach der Transforma-tionsformel folgt

$$
\mathrm{vol}\left(\phi_t(K)\right) = \int_K |\det D\phi_t(x)|\, dx = \sum_{j=0}^{n} t^j \int_K p_j(x)\, dx \qquad \square
$$

Lemma 10.4.6. *Sei $\phi : S^n \to \mathbb{R}^{n+1}$ ein stetig differenzierbares Vektorfeld mit $\|\phi(x)\| = 1$ für jedes $x \in S^n$. Seien $0 < a < 1 < b$. Die Vorschrift $w(x) = \|x\|\phi\left(\frac{x}{\|x\|}\right)$ setzt v zu einem Vektorfeld w auf*

$$
S(a, b) = \left\{x \in \mathbb{R}^{n+1} : a < \|x\| < b\right\}
$$

fort. Dann bildet $\phi_t(x) = x + tw(x)$ für kleines t die Sphäre rS^n, $a < r < b$ bijektiv auf die Sphäre mit dem Radius $r\sqrt{1 + t^2}$ ab.

Beweis. Die Funktion $x \mapsto \phi\left(\frac{x}{\|x\|}\right)$ ist stetig differenzierbar, da sie aus sol-chen Funktionen komponiert ist. Die Funktion w ist gleich dieser Funktion multipliziert mit der stetig differenzierbaren Funktion $\|x\|$, also stetig diffe-renzierbar. Für $x \in S(a, b)$ steht $w(x)$ senkrecht auf x. Daher gilt

$$
\|\phi_t(x)\| = \|x + tw(x)\| = \sqrt{\|x\|^2 + \|x\|^2 t^2} = \|x\|\sqrt{1 + t^2}.
$$

Damit folgt $\phi_t(rS^n) \subset r\sqrt{1+t^2}S^n$. Es ist zu zeigen, dass die Abbildung $\phi_t :$ $rS^n \to r\sqrt{1+t^2}S^n$ surjektiv ist. Ist t klein, so ist das Differential $D\phi_t$ überall auf $S(a,b)$ invertierbar. Nach dem Satz über lokale Umkehrfunktionen ist das Bild $\phi_t(S(a,b))$ eine offene Teilmenge des $\mathbb{R}^{n+1}$. Damit ist auch $\phi_t(rS^n)$ eine offene Teilmenge von $r\sqrt{1+t^2}S^n$, denn es gilt

$$\phi_t(rS^n) = \phi_t(S(a,b)) \cap r\sqrt{1+t^2}S^n,$$

da ja $\phi_t(S(a,b) \smallsetminus rS^n)$ zur Menge $r\sqrt{1+t^2}S^n$ disjunkt ist. Die Menge $\phi_t(rS^n)$ ist andererseits kompakt, also abgeschlossen, also ist $\phi_t(rS^n)$ eine sowohl offene also auch abgeschlossene, nichtleere Teilmenge von $r\sqrt{1+t^2}S^n$. Die Sphäre ist allerdings zusammenhängend, also ist $\phi_t(rS^n) = r\sqrt{1+t^2}S^n$. $\quad\square$

3. Schritt: Finale. Sei ϕ ein stetig differenzierbares Vektorfeld auf S^n, das nirgends verschwindet. Dann ist $\|\phi(x)\|$ eine stetig differenzierbare Funktion auf S^n und $\frac{1}{\|\phi(x)\|}\phi(x)$ ein stetig differenzierbares Vektorfeld der Norm Eins. Nach Ersetzung von ϕ durch dieses Vektorfeld, kann $\|\phi(x)\| = 1$ für jedes $x \in S^n$ angenommen werden. Seien $0 < a < 1 < b$ und $K = K(a,b) = \{x \in \mathbb{R}^{n+1} : a \leq \|x\| \leq b\}$. Sei $t > 0$ so klein, dass Lemma 10.4.5 und Lemma 10.4.6 für die Funktion $f(x) = \|x\|\phi\left(\frac{x}{\|x\|}\right)$ gelten. Dann bildet $\phi_t(x) = x + tf(x)$ die Menge K auf die Menge $\sqrt{1+t^2}K$ ab, also ist

$$\mathrm{vol}\left(\phi_t(K)\right) = \left(\sqrt{1+t^2}\right)^{n+1}\mathrm{vol}(K).$$

Da n gerade ist, ist $\left(\sqrt{1+t^2}\right)^{n+1}$ kein Polynom, da keine Ableitung der Funktion verschwindet. *Widerspruch!* $\quad\square$

10.5 Aufgaben

Aufgabe 10.1. Sei $f : \mathbb{R} \to \mathbb{R}$, $f(t) = \int_0^1 \frac{e^{-(1+x^2)t^2}}{x^2+1}\,dx$. Zeige:

(a) Die Funktion f ist differenzierbar und hat die Ableitung

$$f'(t) = -2e^{-t^2}\int_0^t e^{-u^2}\,du.$$

(b) Es gilt $\left(\int_0^t e^{-u^2}\,du\right)^2 = \frac{\pi}{4} - f(t)$ und damit

$$\int_0^\infty e^{-u^2}\,du = \frac{\sqrt{\pi}}{2}.$$

Aufgabe 10.2. Sei $f \in C_c(\mathbb{R})$ und sein $p(x)$ eine Polynomfunktion vom Grad n. *Beweise,* dass das Faltungs-Integral $f * p(x)$ für jedes $x \in \mathbb{R}$ existiert (Definition 10.2.12) und $f * p$ ebenfalls eine Polynomfunktion vom Grad $\leq n$ ist.

Aufgabe 10.3. Sei $K \subset \mathbb{R}^n$ kompakt mit $\mathrm{vol}(K) > 0$, siehe Definition 10.3.10. Sei weiter $v \in \mathbb{R}^n$ ein Vektor mit $\|v\| = 1$. Für $s \in \mathbb{R}$ sei

$$H_{s,v} = \left\{ x \in \mathbb{R}^n : \langle x, v \rangle \geq s \right\}$$

der *Halbraum* zu s und v, wobei $\langle v, w \rangle = v_1 w_1 + \cdots + v_n w_n$ das kanonische Skalarprodukt auf dem Vektorraum $\mathbb{R}^n$ bezeichnet. *Man beweise,* dass für einen gegebenen Vektor v die Abbildung

$$\mathbb{R} \quad \to \quad [0, \infty)$$
$$s \quad \mapsto \quad \mathrm{vol}(K \cap H_{s,v})$$

stetig und monoton fallend ist. Man folgere, dass es ein $s_0 \in \mathbb{R}$ gibt, so dass

$$\mathrm{vol}(K \cap H_{s_0,v}) = \mathrm{vol}(K \cap H_{-s_0,-v}).$$

In diesem Fall sagt man, dass der affine Unterraum $A_{s_0,v} = H_{s_0,v} \cap H_{-s_0,-v}$ eine *gerechte Teilung* von K definiert. Ist s_0 eindeutig bestimmt?

Aufgabe 10.4. Sei D die Menge aller $(x, y) \in \mathbb{R}^2$ mit $x, y > 0$ und $x + y < 1$. Sei R die Menge aller $(x, y) \in \mathbb{R}^2$ mit $0 < x + y < 2$ und $0 < x - y < 2$.

Berechne

$$\int_D e^{y/(x+y)} \, dx \, dy \quad \text{und} \quad \int_R (x^2 - y^2) \, dx \, dy.$$

Aufgabe 10.5. Für zwei Punkte $x, y \in \mathbb{R}^n$ sei

$$[x, y] := \left\{ (1 - t)x + ty : 0 \leq t \leq 1 \right\}$$

die Verbindungslinie zwischen x und y. Eine Teilmenge $K \subset \mathbb{R}^n$ heißt *konvex*, falls für je zwei $x, y \in K$ gilt $[x, y] \subset K$.

Für gegebene $v_1, v_2, \ldots, v_k \in \mathbb{R}^n$ sei die *konvexe Hülle* definiert durch

$$\mathrm{conv}(v_1, \ldots, v_k) = \left\{ \sum_{j=1}^{k} t_j v_j : t_1, \ldots, t_k \geq 0, \ \sum_{j=1}^{n} t_j = 1 \right\}.$$

Zeige:

(a) Die Menge conv($v_1, \ldots, v_k$) ist die kleinste konvexe Menge, die die Punkte $v_1, \ldots, v_k$ enthält.

(b) Es gilt

$$\mathrm{conv}(0, v_1, \ldots, v_k) = \left\{ \sum_{j=1}^{k} t_j v_j : t_1, \ldots, t_k \geq 0, \sum_{j=1}^{n} t_j \leq 1 \right\}$$

(c) Die Menge $D = \mathrm{conv}(0, v_1, \ldots, v_k)$ enthält genau dann eine nichtleere offene Menge, wenn $v_1, \ldots, v_k$ den Vektorraum $\mathbb{R}^n$ aufspannen.

Aufgabe 10.6. (a) Sei $K \subset \mathbb{R}^n$ ein Kompaktum mit $K \subset U \subset \mathbb{R}^n$ für einen Untervektorraum $U \neq \mathbb{R}^n$. *Zeige*, dass $\mathrm{vol}(K) = 0$.

(b) Sei $K \subset \mathbb{R}^n$ kompakt und konvex (siehe Aufgabe 10.5) und es gelte $0 \in K$.

Zeige, dass $\mathrm{vol}(K) > 0$ genau dann gilt, wenn K eine Basis des Vektorraums $\mathbb{R}^n$ enthält.

Aufgabe 10.7. Sei $L = \int_{-\infty}^{\infty} e^{-x^2}\, dx$. Schreibe $L^2 = \int_{-\infty}^{\infty} \int_{-\infty}^{\infty} e^{-(x^2 + y^2)}\, dx\, dy$ und benutze Polarkoordinaten, um einen neuen Beweis von $L = \sqrt{\pi}$ zu liefern.

Mehr Aufgaben und Lösungen finden Sie in dem Begleitbuch *Übungsbuch zur Analysis*, *Springer-Verlag 2020*.

Kapitel 11

Gewöhnliche Differentialgleichungen

Differentialgleichungen sind Gleichungen, in denen eine Funktion und ihre Ableitungen vorkommen, wie zum Beispiel die Gleichung $f' = f$, die von der Exponentialfunktion erfüllt wird. Lösungen von Differentialgleichungen beschreiben oft Naturphänomene wie Wellen oder Wärmeleitung. Differentialgleichungen mit Ableitungen in mehreren Variablen werden, da in ihnen partielle Ableitungen auftreten, *partielle Differentialgleichungen* genannt. Ihre Theorie ist weitaus aufwändiger als die Theorie der *gewöhnlichen Differentialgleichungen*, in denen nach nur einer Variablen abgeleitet wird. Bei den letzteren gibt es eine befriedigende Lösungstheorie, unter sehr allgemeinen Bedingungen ist stets Existenz und Eindeutigkeit einer Lösung garantiert.

11.1 Existenz und Eindeutigkeit

Als erstes wird nun eine allgemeine Definition angegeben, was unter einer gewöhnlichen Differentialgleichung verstanden werden soll.

Definition 11.1.1. Seien $I, U \subset \mathbb{R}$ offene Intervalle und $f : I \times U \to \mathbb{R}$ eine stetige Funktion. Eine Gleichung der Art

$$y' = f(t, y),$$

nennt man eine *gewöhnliche Differentialgleichung erster Ordnung*. Eine Lösung dieser Gleichung auf einem Intervall $J \subset I$ ist eine differenzierbare Funktion

© Springer-Verlag GmbH Deutschland, ein Teil von Springer Nature 2021
A. Deitmar, *Analysis*, https://doi.org/10.1007/978-3-662-62858-4_11

$\phi : J \to U$ so dass

$$\phi'(t) = f\left(t, \phi(t)\right) \qquad \text{für alle } t \in J.$$

In der Theorie der gewöhnlichen Differentialgleichungen verwendet man den Buchstaben t für das Argument, da Anwendungen in der Physik oft zeitliche Veränderungen beschreiben.

Beispiele 11.1.2.   • Die Funktion $\phi(t) = e^t$ ist eine Lösung der Differentialgleichung $\phi' = \phi$ auf $J = \mathbb{R}$. In diesem Fall ist also $f(t, y) = y$.

 • Die Funktion $\phi(t) = e^{t^2}$ ist eine Lösung der Differentialgleichung $\phi'(t) = 2t\phi(t)$ ebenfalls auf $J = \mathbb{R}$. In diesem Fall ist $f(t, y) = 2ty$.

Definition 11.1.3. Sei $I \subset \mathbb{R}$ ein offenes Intervall und $U \subset \mathbb{R}^n$ eine offene Teilmenge. Ferner sei $f : I \times U \to \mathbb{R}^n$ eine stetige Abbildung. Eine Gleichung der Art

$$y' = f(t, y)$$

nennt man ein *System gewöhnlicher Differentialgleichungen erster Ordnung*. Eine Lösung dieses Systems auf einem Intervall $J \subset I$ ist eine differenzierbare Abbildung $\phi : J \to U$ so dass

$$\phi'(t) = f\left(t, \phi(t)\right) \qquad \text{für alle } t \in J.$$

Definition 11.1.4. Sei $I \subset \mathbb{R}$ ein offenes Intervall und $U \subset \mathbb{R}^n$ eine offene Teilmenge. Sei $g : I \times U \to \mathbb{R}$ eine stetige Funktion. Eine Gleichung der Art

$$y^{(n)} = g\left(t, y, y', y'', \ldots, y^{(n-1)}\right)$$

nennt man eine *gewöhnliche Differentialgleichung n-ter Ordnung*. Eine Lösung dieser Gleichung auf einem Intervall $J \subset I$ ist eine n-mal differenzierbare Funktion $\phi : J \to \mathbb{R}$ so dass

a) die Menge

$$\left\{\left(\phi(t), \phi'(t), \ldots, \phi^{(n-1)}(t)\right) : t \in I\right\}$$

in U enthalten ist und

b) es gilt

$$\phi^{(n)}(t) = g\left(t, \phi(t), \phi'(t), \ldots, \phi^{(n-1)}(t)\right) \qquad \text{für alle } t \in I.$$

Es gibt einen Trick, der eine Gleichung n-ter Ordnung auf ein System erster Ordnung reduziert, so dass es reicht, wenn man Gleichungssysteme erster Ordnung lösen kann. Genauer sei

$$y^{(n)} = g(t, y, y', y'', \ldots, y^{(n-1)}) \tag{I}$$

eine Gleichung n-ter Ordnung. Man betrachtet dann das System

$$\left\{ \begin{array}{rcl} y'_0 & = & y_1 \\ y'_1 & = & y_2 \\ & \vdots & \\ y'_{n-2} & = & y_{n-1} \\ y'_{n-1} & = & g(t, y_0, y_1, \ldots, y_{n-1}). \end{array} \right\} \tag{II}$$

Jede Lösung der Gleichung (I) liefert eine Lösung des Systems (II) und umgekehrt. Hierzu schreibe

$$Y = \begin{pmatrix} y_0 \\ \vdots \\ y_{n-1} \end{pmatrix} \quad \text{und} \quad f(t, Y) = \begin{pmatrix} y_1 \\ \vdots \\ y_{n-1} \\ g(t, Y) \end{pmatrix}.$$

Sei nun $\phi : J \to \mathbb{R}$ eine Lösung der Differentialgleichung (I), d.h., es gelte

$$\phi^{(n)}(t) = g\left(t, \phi(t), \ldots, \phi^{(n-1)}(t)\right).$$

Definiere dann $\psi : J \to \mathbb{R}^n$ durch die Koordinaten

$$\psi_0(t) = \phi(t), \; \psi_1(t) = \phi'(t), \; \ldots, \psi_{n-1}(t) = \phi^{(n-1)}(t).$$

Dann erfüllt die Funktion ψ die Gleichung

$$\psi'(t) = f(t, \psi(t))$$

Also ist ψ eine Lösung des Systems (II). Ist andererseits ψ eine beliebige Lösung des Systems (II), dann ist $\phi = \psi_0$ eine Lösung der Gleichung (I).

Zusammengefasst reicht es also, wenn man weiss, wie man Systeme erster Ordnung löst. Ein hinreichendes Kriterium für die Lösbarkeit eines Systems erster Ordnung ist die Lipschitz-Bedingung, diese entspricht der bereits bekannten Lipschitz-Stetigkeit, aber nicht in allen Variablen.

Definition 11.1.5. Sei $I \subset \mathbb{R}$, $U \subset \mathbb{R}^n$ und $f : I \times U \to \mathbb{R}^n$ eine Abbildung. Man sagt, f genügt der *Lipschitz-Bedingung* mit der *Lipschitz-Konstanten* $L \geq 0$, falls für alle $(t, y_1), (t, y_2) \in I \times U$ gilt

$$\|f(t, y_1) - f(t, y_2)\| \leq L\|y_1 - y_2\|.$$

Die Norm ist hier stets die euklidische Norm. Man sagt, f genügt einer *lokalen Lipschitz-Bedingung*, falle es zu jedem $z \in I \times U$ eine offene Umgebung $J \times W \subset I \times U$ von z gibt, so dass f innerhalb der Menge $J \times W$ einer Lipschitz Bedingung (mit von $J \times W$ abhängiger Lipschitz-Konstanten) genügt.

Satz 11.1.6. *Sei $I \subset \mathbb{R}$ ein offenes Intervall, $U \subset \mathbb{R}^n$ offen und $f : I \times U \to \mathbb{R}^n$ eine bezüglich den Variablen $y = (y_1, \ldots, y_n)$ stetig partiell differenzierbare Funktion. Dann genügt f in U lokal einer Lipschitz Bedingung.*

Beweis. Sei $(a, b) \in I \times U$. Es gibt ein $r > 0$ so dass

$$V = \left\{ (t, y) \in \mathbb{R} \times \mathbb{R}^n : |t - a| \leq r, \ \|y - b\| \leq r \right\}$$

ganz in $I \times U$ liegt. Dann ist V eine kompakte Umgebung von (a, b). Da alle Komponenten der $n \times n$ Matrix $D_2 f(t, y)$ stetige Funktionen sind, gilt

$$L = \sup \left\{ \|D_2 f(t, y)\| : (t, y) \in V \right\} < \infty.$$

Aus Satz 9.2.13 folgt nun für alle $(t, y), (t, y') \in V$

$$\|f(t, y) - f(t, y')\| \leq L\|y - y'\|. \qquad \square$$

Satz 11.1.7 (Eindeutigkeitssatz von Picard-Lindelöf). *Sei $I \subset \mathbb{R}$ ein Intervall, $U \subset \mathbb{R}^n$ offen und $f : I \times U \to \mathbb{R}^n$ eine stetige Funktion, die lokal einer Lipschitz-Bedingung genügt. Seien $\phi, \psi : J \to \mathbb{R}^n$ zwei Lösungen der Differentialgleichung $y' = f(t, y)$ in einem Intervall $J \subset I$. Gilt dann $\phi(a) = \psi(a)$ für ein $a \in J$, so folgt*

$$\phi(t) = \psi(t)$$

für alle $t \in J$.

Beweis. Es wird gezeigt: Ist $\phi(a) = \psi(a)$ für ein $a \in J$, so gibt es ein $\alpha > 0$ so dass $\phi(t) = \psi(t)$ für alle $t \in J$ mit $|t - a| < \alpha$. Aus dieser Aussage folgt dann, dass die Menge

$$M = \{x \in J : \phi(x) = \psi(x)\}$$

eine offene Teilmenge des Intervalls J ist. Andererseits ist M aber eine abgeschlossene Teilmenge des Intervalls J, da ϕ und ψ stetig sind. Da J aber zusammenhängend ist, folgt dann $M = J$.

Zur Existenz von $\alpha > 0$: Wegen $\phi(a) = \psi(a)$ ist

$$\phi(t) - \psi(t) = \int_a^t \phi'(s) - \psi'(s)\, ds$$

$$= \int_a^t \left(f\big(s, \phi(s)\big) - f(s, \psi(s)) \right) ds.$$

Da f lokal einer Lipschitz Bedingung genügt, gibt es $L \geq 0$ und $\varepsilon > 0$ mit

$$\| f\big(t, \phi(t)\big) - f(t, \psi(t)) \| \leq L \|\phi(t) - \psi(t)\|$$

für jedes $t \in J$ mit $\|\phi(t) - \psi(t)\| < \varepsilon$. Da die Funktion $\phi - \psi$ stetig ist im Punkt a, gibt es ein $\delta > 0$, so dass $\|\phi(t) - \psi(t)\| < \varepsilon$ für jedes $t \in J$ mit $|t - a| < \delta$. Damit folgt für $|t - a| < \delta$,

$$\|\phi(t) - \psi(t)\| \leq L \left| \int_a^t \|\phi(s) - \psi(s)\|\, ds \right|.$$

Sei $M(t) = \sup \left\{ \|\phi(s) - \psi(s)\| : |s - a| \leq |t - a| \right\}$. Das Supremum $M(t)$ werde im Punkt t_0 angenommen. Dann folgt

$$M(t) = \|\phi(t_0) - \psi(t_0)\| \leq L \left| \int_a^{t_0} \|\phi(s) - \psi(s)\|\, ds \right|$$

$$\leq L \left| \int_a^{t_0} M(s)\, ds \right| \leq LM(t_0)|t_0 - a| \leq LM(t)|t - a|.$$

Sei nun $\alpha = 1/L$. Ist dann $|t - a| < \delta$, also $\theta = L|t - a| < 1$, so folgt wegen $0 \leq M(t) \leq \theta M(t)$, dass $M(t) = 0$ sein muss. Daher gilt $\phi(t) = \psi(t)$ für jedes $t \in J$ mit $|t - a| < \alpha$. $\qquad\square$

Satz 11.1.8 (Anwendung: Binomische Reihe). *Sei $\alpha \in \mathbb{R}$. Dann gilt für* $|x| < 1$,

$$(1 + x)^\alpha = \sum_{k=0}^\infty \binom{\alpha}{k} x^k,$$

wobei $\binom{\alpha}{0} = 1$ und

$$\binom{\alpha}{k} = \frac{\alpha(\alpha - 1) \cdots (\alpha - k + 1)}{k!}$$

für $k \in \mathbb{N}$.

Beweis. Ist $\alpha \in \mathbb{N}_0$, dann ist die Reihe endlich und die Aussage folgt aus dem binomischen Lehrsatz. Sei also $\alpha \notin \mathbb{N}_0$, dann sind die Koeffizienten $\binom{\alpha}{k}$ stets ungleich Null. Für $|t| < 1$ sei $y(t) = (1 + t)^\alpha$. Dann erfüllt y die Differentialgleichung

$$y'(t) = \frac{\alpha}{1 + t} y(t) = f(t, y)$$

mit der stetig differenzierbaren Funktion $f(t, y) = \frac{\alpha}{1+t} y$ auf $U = (-1, 1) \times \mathbb{R}$. Auf diese Differentialgleichung kann der Eindeutigkeitssatz angewendet werden. Sei $u(x)$ die Potenzreihe aus dem Satz. Zunächst wird mit dem Quotientenkriterium gezeigt, dass die Reihe für $|x| < 1$ konvergiert. Sei dazu $0 < |x| < 1$ und $a_k = \binom{\alpha}{k} x^k$. Dann ist

$$\frac{|a_{k+1}|}{|a_k|} = \left| x \frac{\alpha(\alpha - 1) \cdots (\alpha - k)}{(k + 1)!} \frac{k!}{\alpha(\alpha - 1) \cdots (\alpha - (k - 1))} \right| = \left| x \frac{\alpha - k}{k + 1} \right|.$$

Diese Folge konvergiert gegen $|x| < 1$, so dass die Konvergenz aus dem Quotientenkriterium folgt. Dann darf die Potenzreihe für $|x| < 1$ gliedweise differenziert werden und man erhält

$$u'(x) = \sum_{k=1}^{\infty} \frac{\alpha(\alpha - 1) \cdots (\alpha - (k - 1))}{k!} k x^{k-1}$$

$$= \sum_{k=0}^{\infty} \frac{\alpha(\alpha - 1) \cdots (\alpha - (k - 1))}{k!} (\alpha - k) x^k$$

$$= \alpha u(x) - x u'(x).$$

Dies ist gleichbedeutend mit $u'(x) = \frac{\alpha}{1+x} u(x)$, also erfüllt auch u die Differentialgleichung. Da $y(0) = 1 = u(0)$ sind u und y gleich nach dem Eindeutigkeitssatz. $\square$

Beispiel 11.1.9. Hier noch ein Beispiel, das die Notwendigkeit der Lipschitz-Bedingung für die Eindeutigkeitsaussage in Satz 11.1.7 belegt. Die Differentialgleichung

$$y' = y^{2/3} = \sqrt[3]{y^2}$$

auf $\mathbb{R} \times \mathbb{R}$ ist ein Beispiel, in dem die Eindeutigkeit nicht gilt, also auch keine Lipschitz-Bedingung gelten kann. Zur Nichteindeutigkeit betrachte die folgenden zwei Lösungen:

$$\phi(t) = 0, \qquad \psi(t) = \frac{t^3}{27},$$

die in $a = 0$ übereinstimmen, sonst aber nicht.

Satz 11.1.10 (Existenzsatz von Picard-Lindelöf). *Sei* $I \subset \mathbb{R}$ *ein offenes Intervall,* $U \subset \mathbb{R}^n$ *offen und* $f : I \times U \to \mathbb{R}^n$ *eine stetige Funktion, die lokal einer Lipschitz-Bedingung genügt. Dann gibt es zu jedem* $(a, v) \in I \times U$ *ein* $\varepsilon > 0$ *und eine Lösung*

$$\phi : (a - \varepsilon, a + \varepsilon) \to \mathbb{R}^n$$

der Differentialgleichung $y' = f(t, y)$ *mit der Anfangsbedingung* $\phi(a) = v$.

Korollar 11.1.11. *Es gibt ein* $0 < r < 1$ *und ein* $L > \frac{1}{2}$, *so dass die Menge*

$$V = \left\{ (t, y) \in \mathbb{R} \times \mathbb{R}^n : |t - a| \leq r, \ \|y - v\| \leq r \right\}$$

ganz in $I \times U$ *enthalten ist und* f *in* V *einer Lipschitz-Bedingung mit der Lipschitz-Konstanten* L *genügt. Ferner kann man* L *so groß wählen, dass* $\|f(t, y)\| \leq L$ *für jedes* $(t, y) \in V$ *gilt. Dann gilt der Satz mit* $\varepsilon = \frac{r}{2L}$.

Beweis. Seien V, L, ε wie im Korollar und sei $I = (a - \varepsilon, a + \varepsilon)$. Eine stetige Funktion $\phi : I \to \mathbb{R}^n$ genügt genau dann der Differentialgleichung $y' = f(t, y)$ mit der Anfangsbedingung $\phi(a) = v$, wenn

$$\phi(t) = v + \int_a^t f\big(s, \phi(s)\big) \, ds \qquad \text{für jedes } t \in I \text{ gilt.}$$

Das bedeutet, ϕ muss Fixpunkt der Abbildung

$$\phi \mapsto \left(t \mapsto v + \int_a^t f\big(s, \phi(s)\big) \, ds \right)$$

sein. Das folgende Iterationsverfahren ist als *Picard-Lindelöf-Methode* bekannt. Setze $\phi_0(t) = v$ und $\phi_{k+1}(t) = v + \int_a^t f\big(s, \phi_k(s)\big) \, ds$. Ein Induktionsbeweis zeigt, dass $\|\phi_k(t) - v\| \leq r$ ist falls $|t - a| \leq \varepsilon$ ist. Für $k = 0$ ist dies trivial. Für den Induktionsschritt rechne

$$\|\phi_{k+1}(t) - v\| = \left\| \int_a^t f\big(s, \phi_k(s)\big) \, ds \right\| \leq \int_a^t \|f\big(s, \phi_k(s)\big)\| \, ds$$
$$\leq L|t - a| \leq L\varepsilon = r/2 \leq r.$$

Daher gilt für jedes $t \in I$ die Abschätzung

$$\left\| f\big(t, \phi_k(t)\big) - f\big(t, \phi_{k-1}(t)\big) \right\| \leq L \left\| \phi_k(t) - \phi_{k-1}(t) \right\|.$$

Jedes ϕ_k ist eine stetige Funktion auf I. Durch Induktion sieht man, dass für jedes $t \in I$ die Abschätzung $\|\phi_{k+1}(t) - \phi_k(t)\| \le r^{k+1}$ gilt. Für $k = 0$ folgt dies aus

$$\|\phi_1(t) - \phi_0(t)\| = \|\phi_1(t) - v\| \le r.$$

Sei die Behauptung für $k - 1$ gezeigt, dann gilt für $t \in I$

$$\|\phi_{k+1}(t) - \phi_k(t)\| = \left\| \int_a^t f\left(s, \phi_k(s)\right) - f\left(s, \phi_{k-1}(s)\right) ds \right\|$$

$$\le \int_a^t \left\| f\left(s, \phi_k(s)\right) - f\left(s, \phi_{k-1}(s)\right) \right\| ds$$

$$\le L \int_a^t \|\phi_k(s) - \phi_{k-1}(s)\| ds \le L r^k |t - a| \le r^{k+1}.$$

Daher folgt, dass die Folge ϕ_k auf I gleichmäßig gegen eine Funktion ϕ konvergiert. Diese erfüllt dann

$$\phi(t) = v + \int_a^t f\left(s, \phi(s)\right) ds \qquad \text{für jedes } t \in I. \qquad \square$$

Beispiel 11.1.12. Betrachte die Differentialgleichung

$$y' = y^2$$

auf $\mathbb{R} \times \mathbb{R}$, also $f(t, y) = y^2$. Diese Funktion erfüllt überall eine lokale Lipschitz-Bedingung, also gibt es überall lokale Lösungen. Sei ϕ die Lösung um den Punkt $a = 0$ mit der Anfangswertbedingung $\phi(0) = c$. Aus der Differentialgleichung folgt, dass ϕ unendlich oft differenzierbar ist. Mit einer einfachen Induktion sieht man, dass für jedes $n \in \mathbb{N}$ die Gleichung $\phi^{(n)} = n! \phi^{n+1}$, $\quad n \in \mathbb{N}$ gilt. Damit ist die Taylor-Reihe gleich

$$\sum_{n=0}^{\infty} \frac{\phi^{(n)}(0)}{n!} t^n = \sum_{n=0}^{\infty} c^{n+1} t^n = c \frac{1}{1 - ct}.$$

Diese Reihe konvergiert für $|t| < \frac{1}{|c|}$ und stellt in diesem Intervall eine Lösung der Differentialgleichung dar, somit folgt wegen der Eindeutigkeit: $\phi(t) = \frac{c}{1-ct}$. Man beachte, dass diese Lösung sich nicht auf das ganze Intervall ($= \mathbb{R}$) ausdehnen lässt!

11.2 Maximale Existenzintervalle

Lemma 11.2.1. *Sei $I \subset \mathbb{R}$ ein offenes Intervall, $U \subset \mathbb{R}^n$ offen und $f : I \times U \to \mathbb{R}^n$ eine stetige Funktion, die lokal einer Lipschitz Bedingung genügt. Ferner sei $(a, v) \in I \times U$. Dann gilt für Lösungen des Anfangswertproblems $u' = f(t, u)$, $u(a) = v$*

(a) *Jede Lösung besitzt eine Fortsetzung (die ebenfalls eine Lösung ist) auf ein maximales Existenzintervall $J \subset I$.*

(b) *Maximale Existenzintervalle sind offen.*

(c) *Für das Verhalten am Rand eines maximalen Existenzintervalls $J = (t_1, t_2)$ gibt es folgende Alternativen: Sei T einer der Randpunkte. Entweder ist T schon ein Randpunkt von I oder $u(t)$ "geht gegen Unendlich" für $t \to T$. Genauer heisst dies: Zu jedem Kompaktum $K \subset U$ gibt es ein $\delta > 0$ so dass für jedes $t \in J$ gilt*

$$|t - T| < \delta \quad \Rightarrow \quad u(t) \notin K.$$

Beweis. (a) Sei J die Vereinigung aller Intervalle, in denen eine Lösung existiert. Da diese Intervalle alle den Punkt a enthalten, ist J ein Intervall.

(b) Sei u eine Lösung mit einem Existenzintervall J, das nicht offen ist und sei $T \in J$ ein Randpunkt. Dann existiert eine Lösung v des Randwertproblems $v' = f(t, v)$, $v(T) = u(T)$ in einem offenen Intervall J_1 um T. Dann stimmen u und v auf $J \cap J_1$ überein, damit setzt v die Lösung u über den Randpunkt T hinaus fort.

(c) **Angenommen,** es gibt ein Kompaktum $K \subset U$ und eine Folge (t_j) in J mit $\lim_j t_j = T$ und $w_j = u(t_j) \in K$. Dann hat die Folge w_j einen Häufungspunkt w_0 in K. Durch Übergang zu einer Teilfolge kann man $w_j \to w_0$ annehmen. Sei nun $r > 0$ so dass die Menge

$$V = \bigcup_{j=1}^{\infty} V_j = \bigcup_{j=1}^{\infty} \left\{ (t, y) \in \mathbb{R} \times \mathbb{R}^n : |t - t_j| \le r,\ \|y - w_j\| \le r \right\}$$

ganz in $I \times U$ enthalten ist und f in V einer Lipschitz-Bedingung mit der Lipschitz-Konstanten L genügt. Ferner sei L so groß gewählt, dass $\|f(t, y)\| \le L$ für jedes $(t, y) \in V$ gilt. Nach Korollar 11.1.11 setzt die Lösung u in jedes Intervall $(t_j - \varepsilon, t_j + \varepsilon)$ mit $\varepsilon = \frac{r}{2L}$ fort. Da $t_j \to T$ gibt es ein j so dass das offene Intervall $(t_j - \varepsilon, t_j + \varepsilon)$ den Punkt T enthält. **Widerspruch!** $\qquad \square$

Man kann den Existenz- und Eindeutigkeitssatz auf Differentialgleichungen n-ter Ordnung $y^{(n)} = f(t, y, y', \dots, y^{(n-1)})$ übertragen, wobei $f : U \to \mathbb{R}$ stetig und $U \subset \mathbb{R} \times \mathbb{R}^n$ eine offene Teilmenge ist.

Satz 11.2.2. *Seien $I \subset \mathbb{R}$ ein offenes Intervall, $U \subset \mathbb{R}^n$ eine offene Menge und $f : I \times U \to \mathbb{R}$ genüge lokal einer Lipschitz-Bedingung. Seien $\phi, \psi : I \to \mathbb{R}$ zwei Lösungen der Differentialgleichung*

$$y^{(n)} = f(t, y, y', \ldots, y^{(n-1)}).$$

Für einen Punkt $a \in I$ gelte

$$\phi(a) = \psi(a), \ \phi'(a) = \psi'(a), \ \ldots, \phi^{(n-1)}(a) = \psi^{(n-1)}(a).$$

Dann gilt $\phi = \psi$.
Ist umgekehrt ein Punkt $(a, c_0, \ldots, c_{n-1}) \in I \times U$ vorgegeben, so gibt es ein $\varepsilon > 0$ und eine Lösung

$$\phi : (a - \varepsilon, a + \varepsilon) \to \mathbb{R}$$

der obigen Differentialgleichung, die der Anfangswertbedingung

$$\phi(a) = c_0, \ \phi'(a) = c_1, \ \ldots, \phi^{(n-1)}(a) = c_{n-1}$$

genügt.

Beweis. Dieser Satz folgt leicht durch iterierte Anwendung des Satzes 11.1.7. $\qquad \square$

Beispiel 11.2.3. Als Beispiel dient die Differentialgleichung

$$y'' = -y$$

auf ganz $\mathbb{R}$. Die beiden Funktionen

$$\phi(t) = \sin t \quad \text{und} \quad \psi(t) = \cos t$$

sind Lösungen. Da die Differentialgleichung den Grad 2 hat, ist jede Lösung von der Form $a \sin t + b \cos t$ mit eindeutig bestimmten $a, b \in \mathbb{R}$.

11.3 Lineare Differentialgleichungen

Sei $I \subset \mathbb{R}$ ein Intervall und $A : I \to M_n(\mathbb{R})$ eine stetige matrixwertige Abbildung, d.h.

$$A(t) = \begin{pmatrix} a_{1,1}(t) & \cdots & a_{1,n}(t) \\ \vdots & & \vdots \\ a_{n,1}(t) & \cdots & a_{n,n}(t) \end{pmatrix},$$

wobei alle $a_{i,j}$ stetige Abbildungen sind. Dann heißt

$$y' = A(t)y$$

ein *homogenes lineares Differentialgleichungssystem*. Weiter sei $b : I \to \mathbb{R}^n$ stetig, dann heißt

$$y' = A(t)y + b(t)$$

ein *inhomogenes lineares Differentialgleichungssystem*.

Satz 11.3.1. *Sei $I \subset \mathbb{R}$ ein offenes Intervall und seien $A : I \to M_n(\mathbb{R})$ und $b : I \to \mathbb{R}^n$ stetige Abbildungen. Dann gibt es zu jedem $a \in I$ und $c \in \mathbb{R}^n$ genau eine Lösung $\phi : I \to \mathbb{R}^n$ der Differentialgleichung $y' = A(t)y + b(t)$ mit dem Anfangswert $\phi(a) = c$.*

Im Gegensatz zur allgemeinen Theorie existiert im linearen Fall die Lösung ϕ gleich auf dem ganzen Intervall.

Beweis. Sei $f(t, y) = A(t)y + b(t)$. Sei $J \subset I$ ein kompaktes Teilintervall, dann genügt f auf $J \times \mathbb{R}^n$ einer globalen Lipschitz Bedingung, denn wegen der Kompaktheit und der Stetigkeit von A gibt es ein $L > 0$ so dass $\|A(t)\| \le L$ für $t \in J$ gilt. Daher ist für $y, \tilde{y} \in J$ und $t \in \mathbb{R}$ schon

$$\|f(t, y) - f(t, \tilde{y})\| = \|A(t)(y - \tilde{y})\| \le L\|y - \tilde{y}\|.$$

Damit ist die Lösung eindeutig. Um die Existenz zu zeigen, benutzen wird das Picard-Lindelöf-Iterationsverfahren. Setze $\phi_0(t) = c$ und

$$\phi_{k+1}(t) = c + \int_a^t f\left(s, \phi_k(s)\right) ds.$$

Behauptung: Die Funktionenfolge (ϕ_k) konvergiert auf jedem kompakten Teilintervall $J \subset I$ gleichmäßig gegen eine Lösung ϕ der Differentialgleichung mit $\phi(a) = c$.

Zum Beweis sei $K = \sup\{\|\phi_1(t) - \phi_0(t)\| : t \in J\}$. Man erhält durch vollständige Induktion

$$\|\phi_{k+1}(t) - \phi_k(t)\| \le K\frac{L^k|t - a|^k}{k!}$$

für jedes $t \in J$. Hieraus folgt die verlangte Konvergenz. $\qquad\square$

Satz 11.3.2. *Sei $I \subset \mathbb{R}$ ein Intervall und $A : I \to M_n(\mathbb{R})$ eine stetige Abbildung. Sei L die Menge aller Lösungen der Differentialgleichung*

$$y' = A(t)y$$

auf dem Intervall I. Dann ist L ein n-dimensionaler Vektorraum über $\mathbb{R}$. Für jedes $a \in I$ ist die lineare Abbildung

$$L \to \mathbb{R}^n, \qquad\qquad \phi \mapsto \phi(a)$$

ein Isomorphismus von $\mathbb{R}$-Vektorräumen.

Beweis. Die konstante Funktion mit dem Wert Null liegt in L und mit ϕ, ψ liegt auch $\phi + \psi$ in L, sowie $\lambda\phi$ für $\lambda \in \mathbb{R}$, also ist L ein Vektorraum. Für gegebenes $a \in I$ ist die genannte Abbildung nach dem Existenz- und Eindeutigkeitssatz ein Isomorphismus. $\qquad\square$

Beispiel 11.3.3. Als Beispiel betrachte die Differentialgleichung

$$y' = t^\alpha y$$

mit $\alpha \in \mathbb{R}$ auf dem Intervall $(0, \infty)$. Für $\alpha = -1$ wird der Lösungsraum aufgespannt von $\phi(t) = t$. Für $\alpha \neq -1$ wird er aufgespannt von $\phi(t) = e^{t^{\alpha+1}/\alpha+1}$.

Satz 11.3.4 (Variation der Konstanten). *Im eindimensionalen Fall gibt es eine einfache Lösungsformel für eine lineare Differentialgleichung. Sei also $I \subset \mathbb{R}$ ein Intervall, $t_0 \in I$ und $a \in \mathbb{R}$. Seien $A, b : I \to \mathbb{R}$ stetige Funktionen und sei $F(t) = \int_{t_0}^t A(s)\,ds$, sowie $c(t) = \int_{t_0}^t e^{-F(s)}b(s)\,ds$. Dann ist*

$$y(t) = e^{F(t)}(c(t) + a)$$

die eindeutig bestimmte Lösung des Anfangswertproblems

$$y' = A(t)y + b(t), \qquad y(t_0) = a.$$

Beweis. Da $c(t_0) = F(t_0) = 0$, folgt $y(t_0) = a$. Wegen $F'(t) = A(t)$ und $c'(t) = e^{-F(t)}b(t)$ gilt

$$y'(t) = \left(e^{F(t)}\left(c(t) + a\right)\right)'$$
$$= A(t)e^{F(t)}\left(c(t) + a\right) + e^{F(t)}c'(t) = A(t)y(t) + b(t). \qquad\square$$

Bemerkung 11.3.5. Dies Verfahren funktioniert auch im Mehrdimensionalen, also für eine Differentialgleichung der Art

$$y' = A(t)y + b(t),$$

mit $A : I \to M_n(\mathbb{R})$ und $b : I \to \mathbb{R}^n$, allerdings nur, wenn für alle $s, t \in I$ die Gleichung

$$A(s)A(t) = A(t)A(s)$$

gilt. Der Beweis ist derselbe, wobei die matrixwertige Exponentialfunktion $A \mapsto \exp(A) = \sum_{n=0}^{\infty} \frac{1}{n!} A^n$ benutzt wird.

11.4 Trennung der Variablen

Für Differentialgleichungen der besonderen Form

$$y' = g(t)h(y)$$

mit stetigen Funktionen g, h gibt es ein einfaches Lösungsverfahren. Es sei ein Anfangswert $y(a) = c$ gegeben. Ist $h(c) = 0$, dann ist die Konstante $y(t) = c$ eine Lösung. Es sei im Folgenden also $h(c) \neq 0$ vorausgesetzt.

Satz 11.4.1. *Seien $I, U \subset \mathbb{R}$ offene Intervalle und $(a, c) \in I \times U$. Seien $g : I \to \mathbb{R}$ und $h : U \to \mathbb{R}$ stetige Funktionen mit $h(c) \neq 0$. Dann existiert ein offenes Teilintervall $W \subset U$ mit $c \in W$, so dass $h(y) \neq 0$ für jedes $y \in W$. Die Funktion*

$$\phi(y) = \int_c^y \frac{1}{h(s)} \, ds$$

ist stetig und streng monoton auf W, so dass das Bild $\phi(W)$ wieder ein offenes Intervall ist, welches die Null enthält. Es existiert ein offenes Teilintervall $J \subset I$ mit $a \in J$, so dass die Funktion $x \mapsto \int_a^x g(s) \, ds$ für $x \in J$ Werte in $\phi(W)$ hat. Dann ist

$$y(t) = \phi^{-1}\left(\int_a^t g(s) \, ds \right)$$

die eindeutig bestimmte Lösung des Anfangswertproblems

$$y' = g(t)h(y), \qquad y(a) = c$$

auf J.

Beweis. Die Existenz von J und W ist aus Stetigkeitsgründen klar. Sei dann ϕ wie im Satz definiert. Dann ist ϕ differenzierbar mit

$$\phi'(y) = \frac{1}{h(y)}.$$

Sei weiter die Funktion $y(t)$ wie im Satz definiert. Dann gilt

$$y'(t) = \left(\phi^{-1}\right)'\left(\int_a^t g(s)\,ds\right)g(t) = \frac{g(t)}{\phi'\left(\phi^{-1}\left(\int_a^t g(s)\,ds\right)\right)}$$

$$= h\Bigg(\underbrace{\phi^{-1}\left(\int_a^t g(s)\,ds\right)}_{=y(t)}\Bigg)g(t) = h(y)g(t).$$

Damit ist y eine Lösung. Für die Eindeutigkeit sei $\tilde{y}$ eine weitere Lösung des Anfangswertproblems auf J. Dann gilt

$$\phi(\tilde{y}(t))' = \phi'(\tilde{y}(t))\,\tilde{y}'(t)$$

$$= \frac{1}{h(\tilde{y}(t))}\,g(t)h(\tilde{y}(t)) = g(t) = \phi(y(t))'.$$

Damit folgt, dass auf dem Intervall J die Identität $\phi(\tilde{y}(t)) = \phi(y(t)) + d$ mit einer Konstante d gilt. Mit dem speziellen Wert $t = a$ ergibt sich, dass $d = 0$ ist und da ϕ injektiv ist, folgt $\tilde{y} = y$. $\square$

Beispiel 11.4.2. Man betrachte das Anfangswertproblem

$$y' = ty^2 + t, \qquad y(0) = 1$$

auf $\mathbb{R}$. In diesem Fall ist $h(y) = y^2 + 1$ und $g(s) = s$. Sei

$$\phi(y) = \int_1^y \frac{1}{s^2 + 1}\,ds = \arctan y - \arctan 1 = \arctan y - \frac{\pi}{4}.$$

Dann ist die Umkehrfunktion

$$\phi^{-1}(y) = \tan\left(y + \frac{\pi}{4}\right).$$

Also ist die Lösung des Anfangswertproblems

$$y(t) = \phi^{-1}\left(\int_0^t g(s)\,ds\right) = \phi^{-1}\left(\frac{1}{2}t^2\right) = \tan\left(\frac{t^2}{2} + \frac{\pi}{4}\right).$$

11.5 Stetige Abhängigkeit

Lemma 11.5.1 (Gronwall). *Sei $I \subset \mathbb{R}$ ein Intervall, $u : I \to \mathbb{R}_{\geq 0}$ eine stetige Funktion, welche für alle $t \in I$ die Abschätzung*

$$u(t) \leq \alpha + \beta \int_{t_0}^{t} u(s)\, ds$$

für gegebene $\alpha, \beta > 0$ und ein $t_0 \in I$ erfüllt. Dann gilt für jedes $t \in I$,

$$u(t) \leq \alpha e^{\beta |t - t_0|}.$$

Setzt man in der ersten Ungleichung die strikte Ungleichung voraus, so gilt diese auch in der zweiten.

Beweis. Sei

$$v(t) = \int_{t_0}^{t} u(s)\, ds.$$

Die Voraussetzung kann dann in der Form

$$u = v' \leq \alpha + \beta v$$

geschrieben werden. Setze $w(t) = v(t) e^{-\beta t}$. Differenzieren von w ergibt

$$\begin{aligned}
w'(t) &= v'(t) e^{-\beta t} - \beta v(t) e^{-\beta t} \\
&\leq (\alpha + \beta v(t)) e^{-\beta t} - \beta e^{-\beta t} \\
&= \alpha e^{-\beta t}.
\end{aligned}$$

Integrieren von t_0 nach t ergibt (wegen $w(t_0) = 0$)

$$w(t) \leq \left| \int_{t_0}^{t} w'(s)\, ds \right| = \left| \int_{t_0}^{t} \alpha e^{-\beta s}\, ds \right| = \frac{\alpha}{\beta} \left| e^{-\beta t_0} - e^{-\beta t} \right|.$$

Für v folgt

$$v(t) \leq \frac{\alpha}{\beta} \left| e^{\beta (t - t_0)} - 1 \right|$$

oder auch

$$v(t) \leq \frac{\alpha}{\beta} e^{\beta |t - t_0|} - \frac{\alpha}{\beta}.$$

Für u ergibt sich

$$u(t) \leq \alpha + \beta v(t) \leq \alpha + \alpha e^{\beta |t - t_0|} - \alpha = \alpha e^{\beta |t - t_0|}.$$

Derselbe Beweis liefert die strikte Ungleichung bei der entsprechenden Voraussetzung. □

Definition 11.5.2. Sei $D \subset \mathbb{R}^N$ eine offene Menge. Sei $n \in \mathbb{N}$ und sei $C(D, \mathbb{R}^n)$ die Menge aller stetigen Funktionen $f : D \to \mathbb{R}^n$. Auf der Menge $C(D, \mathbb{R}^n)$ soll nun eine Metrik d_{lok} konstruiert werden, mit der Eigenschaft, dass eine Folge von Funktionen (f_j) genau dann in d_{lok} gegen ein f konvergiert, wenn die Folge lokal-gleichmäßig gegen f konvergiert.

Für gegebenes $w \in D$ sei der *Randabstand* als

$$d\left(w, \mathbb{R}^N \setminus D\right) = \inf_{x \in \mathbb{R}^N \setminus D} \|w - x\|$$

definiert. Ist $D = \mathbb{R}^N$, dann ist der Randabstand immer gleich $+\infty$. Andernfalls gibt es ein $x \in \mathbb{R}^N \setminus D$, in dem der Randabstand angenommen wird. Hieraus ersieht man, dass die Menge

$$W_j = \left\{w \in D : d(w, \mathbb{R}^N \setminus D) > \frac{1}{j},\ \|w\| < j\right\}$$

eine offene Teilmenge von D ist und dass

(a) $\overline{W}_j$ kompakt ist für jedes $j \in \mathbb{N}$,

(b) $\overline{W}_j \subset W_{j+1}$ gilt und

(c) $\bigcup_{j \in \mathbb{N}} W_j = U \times I$.

Für $j \in \mathbb{N}$ und $f, g \in C(D, \mathbb{R}^n)$ sei

$$d_j(f, g) = \sup_{w \in W_j} \|f(w) - g(w)\|,$$

sowie

$$d_{\mathrm{lok}}(f, g) = \sum_{j=1}^{\infty} \frac{1}{2^j} \frac{d_j(f, g)}{1 + d_j(f, g)}.$$

Lemma 11.5.3.

(a) d_{lok} *ist eine vollständige Metrik auf* $C(D, \mathbb{R}^n)$.

(b) *Eine Folge konvergiert genau dann in* d_{lok} *wenn sie lokal-gleichmäßig konvergiert.*

(c) *Die induzierte Topologie auf* $C(D, \mathbb{R}^n)$ *hängt nicht von der Auswahl der Folge* (W_j) *ab.*

Beweis. Der Beweis von (a) und (b) wird zusammen geführt: Die Symmetrie $d_{\text{lok}}(f, g) = d_{\text{lok}}(g, f)$ ist klar. Ist $d_{\text{lok}}(f, g) = 0$, dann ist $d_j(f, g) = 0$ für jedes j und daher folgt $f = g$. Jedes der d_j erfüllt die Dreiecksungleichung. Die Funktion $f(t) = \frac{t}{1+t}$ hat die Eigenschaft, dass

$$0 \le t \le r + s \quad \Rightarrow \quad f(t) \le f(r) + f(s),$$

wie eine leichte Rechnung zeigt. Daher erfüllt auch $\frac{d_j(f,g)}{1+d_j(f,g)}$ die Dreiecksungleichung und damit schliesslich auch d_{lok}.

Zur Vollständigkeit: Sei (f_k) eine Cauchy-Folge. Dann ist $f_k(x)$ für jedes x eine Cauchy-Folge. Da $\mathbb{R}$ vollständig ist, existiert $f(x) = \lim_{k \to \infty} f_k(x)$. Es wird nun gezeigt, dass die Folge (f_j) lokal-gleichmäßig gegen f konvergiert. Hieraus folgt dann auch, dass die Funktion f stetig ist. Sei $\varepsilon > 0$. Die Umkehrabbildung von $x \mapsto \frac{x}{1+x}$ ist $[0, 1) \to [0, \infty)$, $y \mapsto \frac{y}{1-y}$. Diese Abbildung ist stetig in $y = 0$, also existiert ein $\delta > 0$ so dass aus $x \ge 0$ und $0 \le \frac{x}{1+x} < \delta$ folgt $0 \le x < \varepsilon$. Sei $k_0 \in \mathbb{N}$ so gross, dass für alle $k, l \ge k_0$ gilt $d_{\text{lok}}(f_k, f_l) < \delta$. Für gegebenes $j_0 \in \mathbb{N}$ gilt dann

$$\sup_{w \in W_{j_0}} \|f_k(w) - f_l(w)\| = d_{j_0}(f_k, f_l) < \varepsilon$$

für alle $k, l \ge k_0$. Also ist für jedes $w \in W_j$,

$$\|f(w) - f_k(w)\| = \lim_{l \to \infty} \|f_l(w) - f_k(w)\| \le \varepsilon$$

und daher auch $\sup_{w \in W_{j_0}} \|f(w) - f_k(w)\| \le \varepsilon$ für jedes $k \ge k_0$. Da ε beliebig gewählt war, konvergiert f_k auf W_{j_0} gleichmäßig gegen f. Damit ist f auf der offenen Menge W_{j_0} stetig und da j_0 beliebig war, ist f insgesamt stetig. Da für jedes $\omega \in D$ ein j existiert, so dass W_j eine offene Umgebung von ω ist, konvergiert $f_k \to f$ lokal-gleichmäßig, so dass eine Richtung von (b) folgt. Um die Vollständigkeit zu zeigen, muss noch gezeigt werden, dass f_k in der Metrik d_{lok} gegen f konvergiert. Dies folgt aber auch aus der Rückrichtung von (b), falls jede lokal-gleichmäßig konvergente Folge $f_k \to f$ bereits in der Metrik d_{lok} gegen f konvergiert. Dies soll nun gezeigt werden.

Sei nun also $f_k \to f$ lokal-gleichmäßig konvergent. Sei $\varepsilon > 0$ und sei $j_0 \in \mathbb{N}$ so gross, dass $\frac{1}{2^{j_0}} < \varepsilon/2$. Da die Folge f_k auf dem Kompaktum $\overline{W}_{j_0}$ gleichmäßig konvergiert, existiert ein k_0 so dass für jedes $k \ge k_0$ gilt $d_{j_0}(f_k, f) < \varepsilon/2$.

Damit folgt für $k \geq k_0$,

$$
d_{\text{lok}}(f_k, f) = \sum_{j=1}^{\infty} \frac{1}{2^j} \frac{d_j(f_k, f)}{1 + d_j(f_k, f)} < \sum_{j=1}^{j_0} \frac{1}{2^j} d_j(f_k, f) + \sum_{j=j_0+1}^{\infty} \frac{1}{2^j}
$$

$$
\leq \left(\sum_{j=1}^{j_0} \frac{1}{2^j} \right) d_{j_0}(f_k, f) + \frac{1}{2^{j_0}} < \varepsilon/2 + \varepsilon/2 = \varepsilon.
$$

Teil (c) folgt sofort aus (b), da eine metrikunabhängige Charakterisierung der Konvergenz gegeben wird.   □

Definition 11.5.4. Sei $U \subset \mathbb{R}^n$ eine offene Teilmenge, $I \subset \mathbb{R}$ ein offenes Intervall, $f : I \times U \to \mathbb{R}^n$ eine stetige Funktion, die einer lokalen Lipschitz Bedingung genügt und sei $t_0 \in I$. Die Lösung $u : I \to U$ des Anfangswertproblems $u' = f(t, u)$, $u(t_0) = u_0$ sei mit $u(t, t_0, u_0)$ bezeichnet. Diese existiert natürlich nur, wenn t im maximalen Existenzintervall $J_{t_0, u_0, f} \subset I$ liegt. Um die Abhängigkeit von f auszudrücken, schreibt man sie auch in der Form $u(t, t_0, u_0, f)$.

Satz 11.5.5. *(Stetige Abhängigkeit von den Anfangswerten) Sei $U \subset \mathbb{R}^n$ eine offene Teilmenge, $I \subset \mathbb{R}$ ein offenes Intervall und sei $C_L(I \times U, \mathbb{R}^n)$ die Menge aller stetigen Funktionen $f : I \times U \to \mathbb{R}^n$, die lokalen Lipschitz Bedingungen genügen. Sei $Y = I \times I \times U \times C_L(I \times U, \mathbb{R}^N)$ sei $J_{t_0, u_0, f} \subset I$ das maximale Existenzintervall der Lösung $u(t, t_0, u_0, f)$. Sei D die Menge aller $(t, t_0, u_0, f) \in Y$, so dass $t \in J_{t_0, u_0, f}$.*
Dann gilt: Die Vorschrift

$$
d(y_1, y_2) = |s_1 - s_2| + |t_1 - t_2| + \|u_1 - u_2\| + d_{\text{lok}}(f_1, f_2),
$$

wobei $y_i = (s_i, t_i, u_i, f_i)$ für $i = 1, 2$, definiert eine Metrik auf Y. Die Menge D ist eine offene Teilmenge von Y und die Abbildung

$$
u : D \to U,
$$
$$
(t, t_0, u_0, f) \mapsto u(t, t_0, u_0, f)
$$

ist stetig.

Beweis. Ist $u : J \to U$ die Lösung von $u'(t) = f(t, u)$, $u(t_0) = u_0$, so hat u die Form

$$
u(t) = u_0 + \int_{t_0}^{t} f(s, u(s)) \, ds.
$$

Ist v die Lösung von $v'(t) = g(t, v)$, $v(\tau_0) = v_0$, so hat man entsprechend

$$v(t) = v_0 + \int_{\tau_0}^t g(s, v(s))\, ds.$$

Es wird nun gezeigt, dass wenn zu jedem $t \in J_{t_0, u_0, f}$ und zu jedem $\varepsilon > 0$ eine Zahl $\delta' > 0$ existiert, so dass

$$d\big((t_0, u_0, f), (\tau_0, u_0, g)\big) < \delta'$$

gilt, dann liegen t und t_0 im maximalen Existenzintervall $J_{\tau_0, v_0, g}$ und für alle $s \in \mathbb{R}$ mit $|s - t_0| \le |t - t_0|$ gilt $|u(s) - v(s)| < \varepsilon$.

Seien also $t \in J_{t_0, u_0, f}$ und $\varepsilon > 0$ gegeben. Da der andere Fall analog bewiesen wird, kann $t > t_0$ angenommen werden. Sei $W \subset I \times U$ eine Umgebung von $G = \big\{(s, u(s)) : s \in [t_0, t]\big\}$ so dass $\overline{W}$ kompakt ist in $I \times U$ und so dass f auf W eine Lipschitz-Konstante L_W besitzt. Es seien

$$S = \sup\big\{\|f(t, u)\| : (t, u) \in W\big\} + 1,$$

$$L = \max(1, L_W),$$

$$\Delta = \mathrm{dist}(G, \partial W),$$

$$\tilde{\varepsilon} = \varepsilon e^{-L|t - t_0|}.$$

Indem man ε durch $\min(\varepsilon, \Delta)$ ersetzt, kann man $\varepsilon \le \Delta$ annehmen. Es gibt ein $\varepsilon' > 0$ so dass aus $d_{\mathrm{lok}}(f, g) < \varepsilon'$ folgt $\|g(t, u)\| < S$ für alle $(t, u) \in W$. Da $\overline{W}$ kompakt ist, gibt es ein $j_0 \in \mathbb{N}$ so dass $\overline{W} \subset W_{j_0}$ ist. Sei $\delta = \frac{\Delta}{3S}$.

Zwischenbehauptung: Ist $d_{\mathrm{lok}}(f, g) < \varepsilon'$ und $\mathrm{dist}((v_0, \tau_0), G) < \delta$, so existiert die Lösung v des Anfangswertproblems $v' = g(t, v)$, $v(t_0) = v_0$ zumindest auf dem Intervall $[\tau_0 - \delta, \tau_0 + \delta]$.

Beweis der Zwischenbehauptung. Dies folgt aus Lemma 11.2.1 (c) wenn gezeigt wird, dass für jedes $\tau \in [\tau_0 - \delta, \tau_0 + \delta]$ die Lösung $(\tau, v(\tau))$, wenn sie in τ existiert, ganz in W verläuft. Dazu berechnet man den Abstand von $(\tau, v(\tau))$ und G

$$\mathrm{dist}(G, (\tau, v(\tau))) \le \mathrm{dist}(G, (\tau_0, v_0)) + \|(\tau_0, v_0) - (\tau, v(\tau))\|$$

$$< \delta + \int_{\tau_0}^\tau |g(s, v(s))|\, ds + |\tau - \tau_0|$$

$$\le \delta + \delta S + \delta \le 3 S \delta \le \Delta.$$

Damit verläuft die Lösung in W und die Zwischenbehauptung ist bewiesen.

$\square$

Sei

$$\delta' = \min\left(\frac{1}{2^{j_0+1}}, \frac{\tilde{\varepsilon}}{2^{j_0+2}|t-t_0|}, \frac{\tilde{\varepsilon}}{4S}, \varepsilon', \delta\right).$$

Es wird dann gezeigt: ist $d((t_0, u_0, f), (\tau_0, v_0, g)) < \delta'$, so existiert die Lösung $v(s)$ für $s \in [t_0, t]$ und es gilt $|u(s) - v(s)| < \varepsilon$. Damit folgt dann der Satz.

Es sei also

$$d((t_0, u_0, f), (\tau_0, v_0, g)) < \delta'$$

vorausgesetzt. Zunächst folgert man aus der Zwischenbehauptung, dass die Lösung v auch in t_0 definiert ist, da $d_L(f, g) < \varepsilon'$ und $|t_0 - \tau_0| < \delta$ ist. Für die Differenz $|u_0 - v(t_0)|$ ergibt sich

$$|u_0 - v(t_0)| \le |u_0 - v_0| + \int_{\tau_0}^{t_0} |g(s, v(s))|\, ds < \delta' + S\delta' \le 2S\delta' \le \frac{\tilde{\varepsilon}}{2}.$$

Da sowohl u als auch v stetig sind, ist das maximale Intervall $I_{\max} \subset [t_0, t]$ mit den Eigenschaften

- $t_0 \in I_{\max}$,

- $|u(s) - v(s)| < \varepsilon \quad \forall_{s \in I_{\max}}$

offen in $[t_0, t]$. Im nächsten Schritt wird die Implikation

$$[t_0, \tau) \subset I_{\max} \quad \Rightarrow \quad [t_0, \tau] \subset I_{\max}$$

bewiesen. Ist $[t_0, \tau) \subset I_{\max}$, so kann man schreiben

$$u(\tau) - v(\tau) = u_0 - v(t_0) + \int_{t_0}^{\tau} f(s, u(s)) - g(s, v(s))\, ds.$$

Für die Normen ergibt sich

$$\|u(\tau) - v(\tau)\| \le \|u_0 - v(t_0)\| + \left\|\int_{t_0}^{\tau} f(s, u(s)) - g(s, v(s))\, ds\right\|.$$

Nach der obigen Abschätzung folgt

$$\|u(\tau) - v(\tau)\| < \frac{\tilde{\varepsilon}}{2} + \left\|\int_{t_0}^{\tau} f(s, u(s)) - g(s, v(s))\, ds\right\|.$$

Eine Anwendung der Dreiecksungleichung liefert

$$\|u(\tau) - v(\tau)\| < \frac{\tilde{\varepsilon}}{2} + \left\|\int_{t_0}^{\tau} f(s, u(s)) - f(s, v(s))\, ds\right\| + \left\|\int_{t_0}^{\tau} f(s, v(s)) - g(s, v(s))\, ds\right\|.$$

Da $(s, v(s)) \in W$ für jedes $s \in [t_0, \tau)$, folgt

$$\|u(\tau - v(\tau))\| < \frac{\tilde{\varepsilon}}{2} + \int_{t_0}^{\tau} L \|u(s) - v(s)\| \, ds + \int_{t_0}^{\tau} d_{j_0}(f, g) \, ds$$

$$\leq \frac{\tilde{\varepsilon}}{2} + \int_{t_0}^{\tau} L \|u(s) - v(s)\| \, ds + |t - t_0| d_{j_0}(f, g).$$

Wegen

$$\frac{1}{2^{j_0}} \frac{d_{j_0}(f, g)}{1 + d_{j_0}(f, g)} \leq d_{\mathrm{lok}}(f, g)$$

folgt

$$d_{j_0}(f, g) \left(1 - 2^{j_0} d_{\mathrm{lok}}(f, g) \right) \leq 2^{j_0} d_{\mathrm{lok}}(f, g).$$

Wegen $d_{\mathrm{lok}}(f, g) < \delta' \leq \frac{1}{2^{j_0+1}}$ ist $\frac{1}{2} \leq 1 - 2^{j_0} d_{\mathrm{lok}}(f, g) \leq 1$ und damit folgt

$$d_{j_0}(f, g) \leq 2^{j_0+1} d_{\mathrm{lok}}(f, g) \leq 2^{j_0+1} \delta' \leq \frac{\tilde{\varepsilon}}{2|t_0 - t|}.$$

Setzt man dies ein, erhält man

$$|u(\tau) - v(\tau)| < \tilde{\varepsilon} + \int_{t_0}^{\tau} L |u(s) - v(s)| \, ds.$$

Gronwalls Lemma liefert

$$|u(\tau) - v(\tau)| < \tilde{\varepsilon} \, e^{L(\tau - t_0)} \leq \varepsilon. \qquad \square$$

11.6 Aufgaben

Aufgabe 11.1. Sei $f : \mathbb{R} \times \mathbb{R} \to \mathbb{R}$ eine stetige Funktion, die einer lokalen Lipschitz-Bedingung genügt. Es gelte

$$f(-x, y) = -f(x, y)$$

für alle $x, y \in \mathbb{R}$. *Zeige*, dass jede Lösung $y : [-r, r] \to \mathbb{R}$ mit $r > 0$ der Differentialgleichung $y' = f(x, y)$ eine gerade Funktion ist.

Aufgabe 11.2. Seien $I, J \subset \mathbb{R}$ offene Intervalle, $h : I \to \mathbb{R}$ sei stetig und $g : J \to \mathbb{R}$ sei stetig differenzierbar. *Man beweise,* dass für die Differentialgleichung

$$y' = h(x)g(y), \qquad (x, y) \in I \times J,$$

die folgenden Aussagen gelten:

(a) Ist $x_0 \in I$ und $y_0 \in J$ mit $g(y_0) = 0$, dann ist $\phi : I \to \mathbb{R}$ mit $\phi(x) = y_0$ die eindeutig bestimmte Lösung der Differentialgleichung mit $\phi(x_0) = y_0$.

(b) Sei $\psi : I_1 \to \mathbb{R}$ eine Lösung auf einem Intervall $I_1 \subset I$. Gilt $g(\psi(x_1)) \neq 0$ für ein $x_1 \in I_1$, dann ist $g(\psi(x)) \neq 0$ für alle $x \in I_1$.

Aufgabe 11.3. Bestimme die Lösungen der Differentialgleichung

$$y' = (2x - 1)y^2$$

in einer Umgebung der Null.

Aufgabe 11.4. Ein Seil soll einen schweren Kronleuchter in einer Kirche halten. Die Reiß-festigkeit des Seils ist proportional zu seiner Querschnittsfläche. Das Gewicht des Seils ist proportional zu seinem Volumen. Gesucht ist ein Seil, das den Kronleuchter und sein eigenes Gewicht tragen kann. Sei $Q(x)$ die minimale Querschnittsfläche eines Seils in der Höhe $x \geq 0$ über dem Kronleuchter, das diese Aufgabe erfüllt. Hierbei wird $Q(x)$ als stetig vorausgesetzt. *Zeige*, dass die Querschnittsfläche $Q(x)$ von der Form $Q(x) = q_0 e^{cx}$ sein muss. Hierbei ist q_0 die Grundquerschnittsfläche, die gebraucht wird um den Kronleuchter zu tragen, $c > 0$ ist der Proportionalitätsfaktor zwischen Gewicht und Volumen des Seils.

Aufgabe 11.5. Bestimme alle Lösungen von

$$y' = y^2 - (2t + 1)y + 1 + t + t^2,$$

in einer Umgebung von $t_0 = 0$. (Ansatz: $y = t + u(t)^{-1}$)

Aufgabe 11.6. Löse das Anfangswertproblem

$$f' = g + h,$$
$$g' = f + h,$$
$$h' = f + g$$

auf $\mathbb{R}$ mit den Anfangswerten $f(0) = 1$, $g(0) = 2$ und $h(0) = 3$.

Aufgabe 11.7. Sei $A : \mathbb{R} \to M_n(\mathbb{R})$ eine differenzierbare Abbildung. *Zeige:* Gilt $A(t)A(s) = A(s)A(t)$ für alle $s, t \in \mathbb{R}$, dann folgt $A'(t)A(s) = A(s)A'(t)$ für alle $s, t \in \mathbb{R}$ und

$$(\exp(A(t)))' = A'(t) \exp(A(t)).$$

Gib ein Beispiel, das zeigt, dass die Voraussetzung $A(t)A(s) = A(s)A(t)$ notwendig ist.

Aufgabe 11.8. Bestimme die Lösungen und die maximalen Existenzintervalle der Anfangs-wertprobleme

(a) $y' = \frac{y}{t} + t$, $t > 0$, $y(1) = 0$,

(b) $y' = \sqrt{1 - y^2}$, $t \in \mathbb{R}$ $y(0) = 0$,

(c) $y' = \sqrt{1 - y^2}$, $t \in \mathbb{R}$ $y(0) = 1$.

Mehr Aufgaben und Lösungen finden Sie in dem Begleitbuch *Übungsbuch zur Analysis, Springer-Verlag 2020.*

Kapitel 12

Topologie

In Kapitel 8 wurde gezeigt, dass eine Metrik eine Topologie induziert. In der Analysis treten aber auch Topologien auf, die nicht durch Metriken induziert sind. Deshalb wird hier dem Thema der abstrakten Topologie ein eigenes Kapitel gewidmet.

12.1 Abstrakte Topologie

Zur Erinnerung: Ein System O von Teilmengen einer gegebenen Menge X heißt *Topologie*, falls es unter endlichen Schnitten und beliebigen Vereinigungen abgeschlossen ist, genauer wenn

- $\emptyset, X \in O$,

- $A, B \in O \;\Rightarrow\; A \cap B \in O$,

- $A_i \in O \;\forall_{i \in I} \;\Rightarrow\; \bigcup_{i \in I} A_i \in O$.

In Anlehnung an den Fall eines metrischen Raums nennt die Elemente von O auch die *offenen Mengen* der Topologie. Ein Tupel (X, O) bestehend aus einer Menge X und einer Topologie auf X heißt *topologischer Raum*.

Beispiele 12.1.1.

- Das System der offenen Mengen eines metrischen Raumes ist eine Topologie (Siehe Kapitel 8).

- Die *triviale Topologie* kann man auf jeder Menge X installieren, in ihr sind $\emptyset$ und X die einzigen offenen Mengen.

261

© Springer-Verlag GmbH Deutschland, ein Teil von Springer Nature 2021
A. Deitmar, *Analysis*, https://doi.org/10.1007/978-3-662-62858-4_12

- Die *diskrete Topologie* auf einer Menge X besteht aus allen Teilmengen, also $O = \mathcal{P}(X)$, d.h., jede Menge ist offen.

- Die *Co-endlich-Topologie*. Hier ist X eine unendliche Menge und $A \subset X$ ist offen falls entweder $A = \emptyset$ oder falls das Komplement $X \smallsetminus A$ endlich ist.

Definition 12.1.2. Sei X ein topologischer Raum und sei $x \in X$. Eine *offene Umgebung* von x ist eine offene Menge $U \subset X$, die x enthält. Eine *Umgebung* ist eine Menge $V \subset X$, die eine offene Umgebung umfasst. Ein topologischer Raum X heißt *Hausdorff-Raum*, falls es zu je zwei Punkten $x \neq y$ in X Umgebungen U von x und V von y gibt, so dass

$$U \cap V = \emptyset.$$

Das Bild illustriert diesen Sachverhalt.

Proposition 12.1.3.

a) *Jeder metrische Raum ist ein Hausdorff-Raum.*

b) *Die Co-endlich-Topologie auf einer unendlichen Menge ist nicht hausdorffsch.*

c) *Die Co-endlich-Topologie ist nicht von einer Metrik induziert.*

Beweis. Für (a) sei X ein metrischer Raum und $x \neq y$ zwei Punkte darin. Sei $\varepsilon = \frac{d(x,y)}{2} > 0$, so sind die beiden offenen Umgebungen $U = B_\varepsilon(x)$ und $V = B_\varepsilon(y)$ disjunkt, denn ist $z \in B_\varepsilon(x)$, dann ist $d(x,z) < \varepsilon$ also ist

$$d(y,z) \geq d(x,y) - d(x,z) > 2\varepsilon - \varepsilon = \varepsilon$$

also ist z nicht in $B_\varepsilon(y)$ und X ist damit hausdorffsch.

(b) Sei X eine unendliche Menge und O die Co-endlich-Topologie auf X. Seien $x, y \in X$ und U eine Umgebung von x und V eine Umgebung von y. Dann sind U und V beide co-endlich, also ist auch ihr Schnitt $V \cap V$ co-endlich, denn es gilt

$$(U \cap V)^c = U^c \cup V^c,$$

wobei $U^c = X \smallsetminus U$ das Komplement von U ist. Insbesondere ist also $U \cap V$ nicht die leere Menge, damit X also nicht hausdorffsch. Der Teil (c) folgt aus (a) und (b).   □

Definition 12.1.4. Ist $Y \subset X$ und ist X ein topologischer Raum, so wird Y zu einem topologischen Raum, indem man eine Teilmenge $A \subset Y$ genau dann offen nennt, wenn es eine offene Teilmenge $B \subset X$ gibt mir $A = Y \cap B$. Diese Topologie auf Y nennt man die *Teilraumtopologie* von Y in X.

Beispiel 12.1.5. Ist (X, d) ein metrischer Raum und ist $A \subset X$ eine Teilmenge, dann ist d auf A ebenfalls eine Metrik und induziert dort eine Topologie. Andererseits erhält A die Teilraumtopologie von X. Diese beiden Topologien auf A stimmen überein.

Beweis. Sei $U \subset A$ offen in der Metrik. Zu jedem $x \in U$ gibt es einen Radius $r(x) > 0$, so dass der offene Ball $\{a \in A : d(a, x) < r(x)\}$ in U enthalten ist. Für $x \in X$ sei $B_r(x)$ der offene Ball um x mit Radius r als Teilmenge von X. Die Menge

$$V = \bigcup_{x \in U} B_{r(x)}(x)$$

ist offen in X, denn sie ist eine Vereinigung von offenen Bällen. Es folgt dann $U = A \cap V$, also ist U offen in der Teilraumtopologie.

Sei umgekehrt $U \subset A$ offen in der Teilraumtopologie, also existiert eine offene Menge $V \subset X$ so dass $U = A \cap V$. Ist dann $x \in U$, so existiert ein $r > 0$ so dass $B_r(x) \subset V$ gilt und damit $B_r(x) \cap A \subset U$. Die Menge $B_r(x) \cap A$ ist aber gerade der offene Ball mit Radius r um x in dem metrischen Raum (A, d), so dass U auch in der Metrik auf A eine offene Menge ist. □

Ist X ein topologischer Raum, I eine Indexmenge und ist für jedes $i \in I$ eine abgeschlossene Menge $A_i \subset X$ gegeben, so ist der Schnitt $A = \bigcap_{i \in I} A_i$ wieder eine abgeschlossene Menge, denn das Komplement

$$A^c = \left(\bigcap_{i \in I} A_i \right)^c = \bigcup_{i \in I} A_i^c$$

ist als Vereinigung offener Mengen wieder offen. Zu jeder Menge $A \subset X$ gibt es daher eine kleinste abgeschlossene Menge $\overline{A}$, die A enthält, genauer ist

$$\overline{A} = \bigcap_{\substack{C \supset A \\ C \subset X \text{ abgeschlossen}}} C.$$

Diese Menge $\overline{A}$ wird der *Abschluss* von A in X genannt. Nach Definition liegt $\overline{A}$ in jeder abgeschlossenen Menge, die A umfasst.

Lemma 12.1.6.

(a) *Sei A eine Teilmenge des topologischen Raums X. Ein Punkt $x \in X$ gehört genau dann zum Abschluss $\overline{A}$ von A, wenn $A \cap U \neq \emptyset$ für jede Umgebung U von x gilt.*

(b) *Sind $A_1, \ldots, A_n \subset X$ endlich viele Teilmengen eines topologischen Raums, so gilt*

$$\overline{A_1 \cup \cdots \cup A_n} = \overline{A_1} \cup \cdots \cup \overline{A_n}.$$

Beweis. (a) Sei $x \in X$. Gibt es eine Umgebung U, die disjunkt zu A ist, dann kann man U als offen annehmen und dann ist $A \subset U^c$ und U^c ist abgeschlossen, also folgt $\overline{A} \subset U^c$ und damit ist $x \notin \overline{A}$. Ist umgekehrt $x \notin \overline{A}$, dann muss es eine abgeschlossene Teilmenge $C \subset X$ geben, die A umfasst und x nicht enthält. Dann ist aber $U = X \smallsetminus C$ eine offene Umgebung von x, die disjunkt zu A ist.

(b) Zu der Inklusion "$\subset$": Die rechte Seite der Gleichung ist eine abgeschlossene Menge, die $A_1 \cup \cdots \cup A_n$ umfasst, daher umfasst sie auch den Abschluss.

Für die andere Richtung, "$\supset$": Sei $1 \leq j \leq n$. Die linke Seite der Gleichung ist eine abgeschlossene Menge, die A_j umfasst, damit umfasst sie auch den Abschluss $\overline{A_j}$. Da das für jedes j gilt, folgt die Behauptung.   □

12.2   Stetigkeit

In Satz 8.3.5 wurde gezeigt, dass eine Abbildung zwischen metrischen Räumen genau dann stetig ist, wenn Urbilder offener Mengen offen sind. Da in dieser Definition die Metrik nicht benutzt wird, sondern nur offene Mengen vorkommen, kann man sie als Definition im Falle abstrakter Topologien verwenden.

Definition 12.2.1. Eine Abbildung $f : X \to Y$ zwischen topologischen Räumen heißt *stetig*, wenn für jede offene Menge $U \subset Y$ das Urbild $f^{-1}(U) \subset X$ offen ist.

Indem man zu Komplementen übergeht, sieht man, dass eine Abbildung genau dann stetig ist, wenn für jede abgeschlossenen Menge $C \subset Y$ das Urbild $f^{-1}(C) \subset X$ abgeschlossen ist.

Lemma 12.2.2. *Seien f, g komponierbare Abbildungen zwischen topologischen Räumen. Sind f und g stetig, dann ist auch die Komposition $f \circ g$ stetig.*

Beweis. Seien $g : X \to Y$ und $f : Y \to Z$ und sei $U \subset Z$ eine offene Menge, dann ist $f^{-1}(U)$ offen, da f stetig ist. Da überdies g stetig ist, ist dann auch $(f \circ g)^{-1} = g^{-1}\left(f^{-1}(U)\right)$ offen. $\qquad \square$

Definition 12.2.3. Eine Abbildung $f : X \to Y$ heißt ein *Homöomorphismus*, falls f bijektiv ist und sowohl f als auch f^{-1} stetig sind.

Zwei topologische Räume X, Y heißen *homöomorph*, wenn es einen Homöomorphismus $X \to Y$ zwischen ihnen gibt.

Beispiele 12.2.4.

- Jedes nichtleere offene Intervall $(a, b) \subset \mathbb{R}$ ist homöomorph zur reellen Geraden $\mathbb{R}$, denn die Abbildung

$$x \mapsto \frac{1}{a - x} + \frac{1}{b - x}$$

  ist ein Homöomorphismus von (a, b) nach $\mathbb{R}$.

- Ein Rechteck $[a, b] \times [c, d] \subset \mathbb{R}^2$ mit $a < b, c < d$ ist homöomorph zur abgeschlossenen Kreisscheibe $\overline{B}_1(0) = \{(x, y) \in \mathbb{R}^2 : x^2 + y^2 \leq 1\}$. Die Konstruktion eines Homöomorphismus sei dem Leser zur Übung gelassen.

- (Stereographische Projektion) Sei $n \in \mathbb{N}$, sei

$$S^n = \left\{ x \in \mathbb{R}^{n+1} : \|x\| = 1 \right\}$$

  die n-dimensionale Sphäre und sei $p \in S^n$ ein Punkt. Dann ist $S^n \setminus \{p\}$ homöomorph zu $\mathbb{R}^n$.

Beweis. Man kann die Sphäre im $\mathbb{R}^{n+1}$ drehen, d.h., eine Matrix aus $SO(n)$ anwenden, so dass p in den *Nordpol* $N = (1, 0)^t$ verschoben wird, wobei die Null für den Vektor $(0, \ldots, 0) \in \mathbb{R}^n$ steht. Im Folgenden betrachten wird $\mathbb{R}^n$ als eine Teilmenge von $\mathbb{R}^{n+1}$ via $x \mapsto (0, x)$ betrachtet.

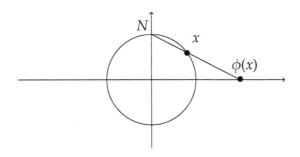

Verbindet man ein gegebenes $x \in S^n \setminus \{N\}$ mit dem Nordpol N, so schneidet diese Gerade die Menge $\mathbb{R}^n$ in genau einem Punkt, den man $\phi(x)$ nennt. Ist $x = (\lambda, x_1)$ mit $\lambda \in \mathbb{R}$ und $x_1 \in \mathbb{R}^n$, so ergibt sich $\lambda^2 + \|x_1\|^2 = 1$ und

$$\phi(x) = \frac{1}{1 - \lambda} x_1.$$

Für die Umkehrabbildung ψ muss gelten $\psi(z) = (a, \mu z)$ für ein $\mu > 0$ so, dass $a^2 + \mu^2\|z\|^2 = 1$. Setzt man dies in ϕ ein, sieht man, dass

$$\psi(z) = \frac{1}{|z|^2 + 1}\left(2z, |z|^2 - 1\right)$$

ist. Diese Abbildungen $\phi : S^n \setminus \{N\} \to \mathbb{R}^n$ und $\psi : \mathbb{R}^n \to S^n$ sind beide stetig und invers zueinander, wie man nachrechnet. Damit folgt die Behauptung.   □

Definition 12.2.5. (Punktweise Stetigkeit) Sei $f : X \to Y$ eine Abbildung zwischen topologischen Räumen und sei $x \in X$. Die Abbildung f heißt *stetig im Punkt x*, falls es zu jeder offenen Umgebung V von $f(x)$ eine offene Umgebung U von x gibt, die nach V abgebildet wird, d.h. dass $f(U) \subset V$ gilt.

Lemma 12.2.6. *Eine Abbildung $f : X \to Y$ zwischen topologischen Räumen ist genau dann stetig, wenn sie in jedem Punkt stetig ist.*

Beweis. Sei f stetig und V eine offene Umgebung von $f(x)$, dann ist $U = f^{-1}(V)$ eine offene Umgebung von x, die nach V abgebildet wird. Sei umgekehrt f in jedem Punkt stetig und sei $V \subset Y$ eine offene Menge sowie $U = f^{-1}(V)$ das Urbild. Es ist zu zeigen, dass U offen ist. Dazu sei $x \in U$, so existiert, da f in x stetig ist und V eine offene Umgebung von $f(x)$ ist, eine offene Umgebung U_x von x, mit $f(U_x) \subset V$ oder $U_x \subset f^{-1}(V) = U$. Es folgt, dass $U = \bigcup_{x \in U} U_x$ eine Vereinigung von offenen Mengen, also offen ist.   □

12.3   Kompaktheit und das Lemma von Urysohn

Ist X eine beliebige Menge ausgestattet mit der trivialen Topologie, dann gibt es keine stetigen Funktionen $X \to \mathbb{R}$ außer den Konstanten. Dies ist ein Beispiel für einen Raum, der nur wenige stetige Funktionen besitzt. Das Lemma von Urysohn gibt nun eine Klasse von Räumen an, auf denen es hinreichend viele stetige Funktionen gibt, um zum Beispiel Punkte zu trennen, d.h. dass es zu je zwei Punkten $x \neq y$ eine stetige Funktion f mit $f(x) \neq f(y)$ gibt. Die folgende Definition verallgemeinert die Definition von Kompaktheit in metrischen Räumen, wie in Abschnitt 8.5.

Definition 12.3.1. Eine Teilmenge K eines topologischen Raums X heißt *kompakt*, falls jede offene Überdeckung eine endliche Teilüberdeckung besitzt.

Das heißt, K ist genau dann kompakt, wenn es zu jeder Familie $(U_i)_{i \in I}$ von offenen Mengen in X mit $K \subset \bigcup_{i \in I} U_i$ eine endliche Teilmenge $E \subset I$ gibt, so dass bereits $K \subset \bigcup_{i \in E} U_i$ gilt.

Insbesondere ist der Raum X selbst kompakt, wenn es zu jeder Familie $(U_i)_{i \in I}$ von offenen Mengen mit $X = \bigcup_{i \in I} U_i$ eine endliche Teilmenge $E \subset I$ gibt, so dass bereits $X = \bigcup_{i \in E} U_i$ gilt.

Definition 12.3.2. Man sagt: eine Familie abgeschlossener Teilmengen des topologischen Raums X hat die *endliche Schnitteigenschaft*, falls $\bigcap_{i \in E} A_i \neq \emptyset$ für jede endliche Teilmenge $E \subset I$ gilt.

In dem man von offenen Mengen zu deren Komplementen übergeht, erhält man:

Lemma 12.3.3. *Ein topologischer Raum X ist genau dann kompakt, wenn für jede Familie $(A_i)_{i \in I}$ abgeschlossener Mengen mit der endlichen Schnitteigenschaft der Gesamtschnitt nichtleer ist, also $\bigcap_{i \in I} A_i \neq \emptyset$ gilt.*

Beweis. Ist $\bigcap_{i \in I} A_i = \emptyset$, dann bilden die Komplemente $U_i = X \setminus A_i$ eine offene Überdeckung von X. Zu dieser gibt es eine endliche Teilüberdeckung, also eine endliche Teilmenge $E \subset I$ mit $\bigcap_{i \in E} A_i = \emptyset$. $\qquad\square$

Lemma 12.3.4. *Sei X ein topologischer Raum, dann gilt*

(a) *Ist $K \subset X$ kompakt und ist $L \subset X$ eine abgeschlossene Teilmenge mit $L \subset K$, dann ist L kompakt.*

(b) *Ist X ein Hausdorff-Raum und ist $K \subset X$ kompakt, dann ist K abgeschlossen.*

(c) *Endliche Vereinigungen von kompakten Teilmengen sind kompakt.*

(d) *Ist X ein Hausdorff-Raum, ist $A \neq \emptyset$ eine Indexmenge und für jedes $\alpha \in A$ eine kompakte Menge $L_\alpha \subset X$ gegeben, dann ist die Menge $L = \bigcap_{\alpha \in A} L_\alpha$ kompakt.*

(e) *Stetige Bilder kompakter Mengen sind kompakt. Das heißt, ist $f : X \to Y$ stetig und ist $K \subset X$ kompakt, dann ist $f(K) \subset Y$ kompakt.*

Beweis. (a) Sei $(U_i)_{i \in I}$ eine Überdeckung von L, wobei jedes U_i eine offene Teilmenge von X ist. Dann ist $(U_i)_{i \in I} \cup \{X \setminus L\}$ eine offene Überdeckung von

K. Da K kompakt ist, existieren Indizes $i_1, \ldots, i_l$ so dass $K \subset (X \setminus L) \cup \bigcup_{j=1}^{l} U_{i_j}$, also $L \subset \bigcup_{j=1}^{l} U_{i_j}$.

(b) Sei $x \in X \setminus K$. Es ist zu zeigen, dass es eine offene Umgebung U von x gibt, so dass $U \cap K$ die leere Menge ist. Da X ein Hausdorff-Raum ist, gibt es zu jedem $y \in K$ offene Umgebungen V_y von y und U_y von x mit $V_y \cap U_y = \emptyset$. Dann ist $(V_y)_{y \in K}$ eine offene Überdeckung von K, also gibt es $y_1, \ldots, y_l \in K$ mit $K \subseteq \bigcup_{j=1}^{l} V_{y_j}$. Dann ist $U = \bigcap_{j=1}^{l} U_{y_j}$ eine offene Umgebung von x mit $U \cap K = \emptyset$.

(c) Seien $K_1, \ldots, K_n \subset X$ kompakte Teilmengen und sei $K = K_1 \cup \cdots \cup K_n$. Sei $K \subset \bigcup_{i \in I} U_i$ eine offene Überdeckung von K. Da jedes K_ν für $\nu = 1, \ldots, n$ kompakt ist, existieren endliche Teilmengen $E_1, \ldots, E_n \subset I$ so dass $K_\nu \subset \bigcup_{i \in E_\nu} U_i$ gilt. Sei $E = E_1 \cup \cdots \cup E_n$, dann ist E endlich und es gilt

$$K = \bigcup_{\nu=1}^{n} K_\nu \subset \bigcup_{\nu \in E} U_\nu.$$

Damit hat jede Überdeckung von K eine endliche Teilüberdeckung, K ist also kompakt.

(d) Da X ein Hausdorff-Raum ist, ist jedes L_α, $\alpha \in A$ nach Teil (b) abgeschlossen. Daher ist auch L abgeschlossen. Da $A \neq \emptyset$, gibt es ein $\alpha_0 \in A$ und daher ist die abgeschlossene Menge L eine Teilmenge des Kompaktums L_{α_0} und damit nacht Teil (a) kompakt.

Die Aussage (e) wurde in Satz 8.5.5 für metrische Räume bewiesen. Der Beweis geht auch für beliebige topologische Räume durch.   □

Definition 12.3.5. Ein Hausdorff-Raum X heißt *lokalkompakt*, falls jeder Punkt $x \in X$ eine kompakte Umgebung besitzt.

Beispiele 12.3.6.

- Die Menge $\mathbb{R}^n$ ist lokalkompakt, da jeder Punkt x eine kompakte Umgebung, etwa $[x_1 - 1, x_1 + 1] \times \cdots \times [x_n - 1, x_n + 1]$ besitzt.

- Hier ein Beispiel für einen nicht lokalkompakten metrischen Raum. Der Raum $C([0,1])$ aller stetigen Funktionen von $[0,1]$ nach $\mathbb{C}$ ist mit der Supremumsnorm ein normierter Vektorraum, also ein metrischer Raum. Dieser Raum ist nicht lokalkompakt.

  Beweis. Es reicht zu zeigen, dass die konstante Funktion $0 \in C([0,1])$ keine kompakte Umgebung besitzt. *Angenommen*, es gebe eine kompakte Umgebung K der Null. Dann enthält K einen offenen Ball $B_{2r}(0)$

um Null, dieser enthält den abgeschlossenen Ball $B_{\leq r}(0)$, der als abgeschlossene Teilmenge des Kompaktums K selbst wieder kompakt ist. Man konstruiert nun eine Folge f_j in $B_{\leq r}(0)$, die keine konvergente Teilfolge besitzt, was nach dem Satz von Bolzano-Weierstraß zu einem *Widerspruch* führt. Für $n \in \mathbb{N}$ sei $f_n : [0,1] \to [0,r]$ die stetige Funktion, die außerhalb des Intervalls $\left[\frac{1}{2^n}, \frac{1}{2^{n-1}}\right]$ gleich Null ist und in diesem Intervall den Graphen

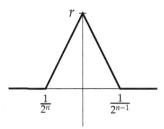

hat. In der Supremumsnorm ist einerseits $\left\|f_n\right\|_{[0,1]} = r$ für jedes $n \in \mathbb{N}$, also $f_n \in K$, und andererseits gilt

$$\lim_{n \to \infty} \left\|f_m - f_n\right\|_{[0,1]} = r$$

für jedes $m \in \mathbb{N}$, so dass es zu jedem m ein n_0 gibt, so dass $\|f_m - f_n\| \geq r/2$ für jedes $n \geq n_0$ gilt. Damit besitzt die Folge (f_n) keine Teilfolge, die eine Cauchy-Folge ist, also keine konvergente Teilfolge. $\qquad \square$

Definition 12.3.7. Sei X ein topologischer Raum. Sei $f : X \to \mathbb{R}$ eine stetige Funktion. Der *Träger* $\mathrm{supp}(f)$ von f ist der Abschluss der Nicht-Nullstellen, also

$$\mathrm{supp}(f) = \overline{\left\{x \in X : f(x) \neq 0\right\}}.$$

Im Fall $X = \mathbb{R}^n$ wurde der Träger einer stetigen Funktion bereits in Definition 10.2.3 betrachtet.

Lemma 12.3.8 (Lemma von Urysohn). *Sei X ein lokalkompakter Hausdorff-Raum. Sei $K \subset X$ kompakt und $A \subset X$ abgeschlossen, so dass $K \cap A = \emptyset$.*

(a) *Es existiert eine offene Umgebung U von K mit kompaktem Abschluss $\overline{U}$, so dass*

$$K \subset U \subset \overline{U} \subset X \smallsetminus A.$$

(b) *Es gibt eine stetige Abbildung mit kompaktem Träger $f : X \to [0,1]$ mit $f \equiv 1$ auf K und $f \equiv 0$ auf A.*

Beweis. Sei $B \subset X$ eine Teilmenge, die eine endliche Vereinigung $B = B_1 \cup \cdots \cup B_n$ ist, so dass jedes B_j einen kompakten Abschluss $\overline{B_j}$ besitzt. Dann ist der Abschluss von B

$$\overline{B} = \overline{B_1 \cup \cdots \cup B_m} = \overline{B_1} \cup \cdots \cup \overline{B_n}$$

ebenfalls kompakt.

(a) Sei $a \in A$. Für jedes $k \in K$ gibt es eine offene Umgebung $U_{k,a}$ von k mit kompaktem Abschluss $\overline{U_{k,a}}$ und eine Umgebung $V_{k,a}$ von a mit $U_{k,a} \cap V_{k,a} = \emptyset$. Die Familie $(U_{k,a})_{k \in K}$ ist eine offene Überdeckung von K. Da K kompakt ist, reichen endlich viele, es gibt also $k_1, \ldots, k_n \in K$ so dass

$$K \subset \underbrace{U_{k_1,a} \cup \cdots \cup U_{k_n,a}}_{=U_a}.$$

Sei U_a die Vereinigung dieser endlich vielen offenen Mengen und sei V_a der Schnitt der entsprechenden endlich vielen $V_{k,a}$, also $V_a = V_{k_1,a} \cap \cdots \cap V_{k_n,a}$. Dann ist U_a eine offene Umgebung von K und V_a eine offene Umgebung von a so dass $U_a \cap V_a = \emptyset$. Ferner ist U_a eine endliche Vereinigung Mengen mit kompaktem Abschluss und hat damit selbst kompakten Abschluss, also ist $L = \overline{U_a} \cap A \subset A$ kompakt.

Da für jedes $a \in A$ die Menge V_a eine offene Umgebung von a ist, ist also $(V_a)_{a \in L}$ eine offene Überdeckung der kompakten Menge L, also gibt es $a_1, \ldots, a_m \in L$ so dass $L \subset V := V_{a_1} \cup \cdots \cup V_{a_m}$. Dann ist $U = U_a \cap U_{a_1} \cap \cdots \cap U_{a_m}$ eine offene Umgebung von K und es gilt

$$K \subset U \subset \overline{U} \subset A^c.$$

Ferner ist U ein endlicher Schnitt von Mengen mit kompaktem Abschluss und hat daher selbst kompakten Abschluss. Teil (a) ist bewiesen.

(b) Wähle ein U das (a) erfüllt und ersetze A durch $X \smallsetminus U$. Dann ist $\overline{A^c}$ kompakt. Ist $f : X \to [0,1]$ mit $f \equiv 0$ auf A, dann ist der Träger supp(f) eine Teilmenge von $\overline{A^c}$ also automatisch kompakt. Hierdurch sieht man, dass es reicht, (b) zu beweisen ohne die Forderung nach kompaktem Träger.

Wähle also wieder ein U, das Teil (a) erfüllt und benenne dieses U mit $U_{\frac{1}{2}}$. Wiederrum nach (a) existiert eine offene Umgebung $U_{\frac{1}{4}}$ von $\overline{U_{\frac{1}{2}}}$ mit kompaktem Abschluss $\overline{U_{\frac{1}{4}}}$, so dass $\overline{U_{\frac{1}{2}}} \subset U_{\frac{1}{4}} \subset \overline{U_{\frac{1}{4}}} \subset A^c$. Sei R die Menge aller Zahlen der Gestalt $\frac{k}{2^n}$ im Intervall $[0,1)$. Formal setze $U_0 = A^c$. Durch Iteration der obigen Konstruktion erhält man offene Mengen $U_r, r \in R$, mit $K \subset U_r \subset \overline{U_r} \subset U_s \subset A^c$ für alle $r > s$ in R. Für $x \in A$ setze $f(x) = 0$ und für

$x \notin A$ sei $f(x) = \sup\{r \in R : x \in \overline{U_r}\}$. Dann gilt $f \equiv 1$ auf K. Für $r > s$ in R gilt

$$f^{-1}(s,r) = \bigcup_{s<s'<s''<r} U_{s'} \setminus \overline{U_{s''}},$$

dies ist eine offene Menge. ähnlich sieht man, dass $f^{-1}\big([0,s)\big)$ und $f^{-1}\big((r,1]\big)$ offen sind. Da die Intervalle der Form (r,s), $[0,s)$ und $(r,1]$ die Topologie auf $[0,1]$ erzeugen, ist f stetig. □

Korollar 12.3.9. *Sei X ein lokalkompakter Hausdorff-Raum. Dann gibt es zu jedem $x \in X$ und jeder offenen Umgebung V von x eine kompakte Umgebung C von X, die ganz in V liegt.*

Beweis. Sei $A = X \setminus V$ und $K = \{x\}$. Nach dem Lemma von Urysohn gibt es eine offene Umgebung U mit kompaktem Abschluss $\overline{U}$ von x so dass $x \in U \subset \overline{U} \subset A^c = V$. Daher ist $K = \overline{U}$ eine kompakte Umgebung von x, die ganz in V liegt. □

Definition 12.3.10. Sei X ein Hausdorff-Raum. Man sagt, eine Funktion $f : X \to \mathbb{C}$ *verschwindet im Unendlichen,* wenn es zu jedem $\varepsilon > 0$ eine kompakte Teilmenge $K \subset X$ gibt, so dass $|f(x)| < \varepsilon$ für jedes $x \in X \setminus K$.

Man schreibt $C(X)$ für die Menge aller stetigen Funktionen $f : X \to \mathbb{C}$ und $C_0(X)$ für die Menge aller $f \in C(X)$, die im Unendlichen verschwinden.

Man beachte: Ist X kompakt, so gilt $C_0(X) = C(X)$.

Definition 12.3.11. Sei X ein Hausdorff-Raum. Die *Einpunktkompaktifizierung* von X ist die Menge

$$\widehat{X} = X \cup \{\infty\},$$

wobei ∞ für einen neuen Punkt steht, zusammen mit der folgenden Topologie: Eine Teilmenge $U \subset \widehat{X}$ heisst offen, falls

(a) $\infty \notin U$ und U ist eine offene Teilmenge von X, oder

(b) $\infty \in U$ und $X \setminus U$ ist kompakt.

In der folgenden Proposition wird gezeigt, dass diese offenen Mengen in der Tat eine Topologie definieren. Man beachte, dass X eine offene Teilmenge von $\widehat{X}$ ist. Ferner gilt im zweiten Fall $\infty \in U$, dass $U \setminus X$ abgeschlossen ist, da X ein Hausdorff-Raum ist. Daher ist in beiden Fällen $U \cap X$ eine offene Teilmenge von X. In der folgenden Proposition wird nachgewiesen, dass dies tatsächlich eine Topologie auf X definiert.

Proposition 12.3.12. *Sei X ein Hausdorff-Raum und $\widehat{X}$ seine Einpunktkompakti-fizierung.*

(a) *Die oben definierten offenen Mengen von $\widehat{X}$ bilden eine Topologie auf $\widehat{X}$.*

(b) *Der Raum $\widehat{X}$ ist kompakt.*

(c) *Eine stetige Funktion $f : X \to \mathbb{C}$ verschwindet genau dann im Unendli-chen, wenn durch die Vorschrift $f(\infty) = 0$ zu einer stetigen Funktion auf $\widehat{X}$ fortgesetzt wird.*

(d) *Eine stetige Funktion $f : \widehat{X} \to \mathbb{C}$ erfüllt genau dann $f(\infty) = 0$, wenn sie Fortsetzung einer Funktion aus $C_0(X)$ ist.*

(e) *Die Menge $C_0(X)$ ist ein Vektorraum unter der punktweisen Addition und Skalarmultiplikation. Die Vorschrift*

$$\|f\|_X := \sup_{x \in X} |f(x)|$$

definiert eine Norm auf $C_0(X)$. In dieser Norm ist $C_0(X)$ vollständig, also ein Banach-Raum.

Beweis. (a) Sei O das System aller offenen Teilmengen von $\widehat{X}$. Es gilt $\emptyset, X \in O$. Sind $U_1, \ldots U_n \in O$, so ist $U = U_1 \cap \cdots \cap U_n \cap X$ offen in X. Liegt ∞ in U, dann liegt es in jedem der U_j und damit ist $X \setminus U = \bigcup_{j=1}^n (X \setminus U_j)$ kompakt in X. Insgesamt folgt $U \in O$. Ist I eine Indexmenge und sind $V_i, i \in I$ offen in $\widehat{X}$, so ist $V = (\bigcup_{i \in I} V_i) \cap X = \bigcup_{i \in I} (V_i \cap X)$ offen in X. Ist $\infty \in V$, dann gibt es ein i_0 mit $\infty \in V_{i_0}$, also ist $K = X \setminus V_{i_0}$ kompakt. Die abgeschlossene Menge $X \setminus V$ liegt dann in K, ist also selbst wieder kompakt. Zusammen folgt, dass O eine Topologie ist.

(b) Ist $(U_i)_{i \in I}$ eine offene Überdeckung von $\widehat{X}$, so gibt es ein $i_0 \in I$ so dass $\infty \in U_{i_0}$. Dann ist $K = X \setminus U_{i_0}$ kompakt und wegen $K \subset X = \bigcup_{i \in I} (U_i \cap X)$ gibt es eine endliche Teilmenge $E \subset I$ so dass $K \subset \bigcup_{i \in E} U_i$. Insgesamt folgt $X = \bigcup_{i \in E \cup \{i_0\}} U_i$ und daher ist $\widehat{X}$ kompakt.

(c) Die stetige Funktion $f : X \to \mathbb{C}$ verschwinde im Unendlichen. Sei f^+ ihre Fortsetzung nach $\widehat{X}$ mit $f^+(\infty) = 0$. Da die Topologie O, auf X eingeschränkt die ursprüngliche Topologie auf X liefert, ist f^+ stetig in jedem Punkt von X. Um zu sehen, dass f^+ auch in ∞ stetig ist, sei V eine offene Umgebung der Null in $\mathbb{C}$. Dann gibt es ein $\varepsilon > 0$ so dass V den offenen Ball $B_\varepsilon(0)$ enthält. Zu diesem ε gibt es ein Kompaktum $K \subset X$ so dass $|f| < \varepsilon$ ausserhalb von K, oder $f(X \setminus K) \subset B_\varepsilon(0) \subset V$. Daher ist $U = \{\infty\} \cup X \setminus K$ eine offene Umgebung von ∞, die von f^+ nach V abgebildet wird. Also ist f^+ stetig.

(d) Ist $f \in C_0(X)$, so hat ihre Fortsetzung f^+ die Eigenschaft $f^+(\infty) = 0$. Sei umgekehrt $h \in C(\widehat{X})$ mit $h(\infty) = 0$ und sei f ihre Einschränkung auf X. Es ist zu zeigen, dass f in $C_0(X)$ liegt. Sei hierzu $\varepsilon > 0$. Dann existiert eine offene Umgebung $U \subset \widehat{X}$ von ∞ so dass $|h(x)| < \varepsilon$ für jedes $x \in U$ gilt. Dann ist $K = X \smallsetminus U$ kompakt in X und es gilt $|f| < \varepsilon$ ausserhalb von K. Daher ist $f \in C_0(X)$.

(e) Die Normeigenschaften sind schnell nachgewiesen. Zur Vollständigkeit: Sei $(f_n)_{n \in \mathbb{N}}$ eine Cauchy-Folge, dann gilt für jedes $x \in X$, dass $|f_n(x) - f_m(x)| \le \|f_n - f_m\|_X$. Daher ist $(f_n(x))$ eine Cauchy-Folge in $\mathbb{C}$, also konvergent. Bezeichne den Limes mit $f(x)$. Es soll nun gezeigt werden, dass $f(x)$ eine stetige Funktion auf X ist. Der Beweis ist eine Neuauflage des Beweises von Satz 7.1.3. Sei also $x \in X$ und $\varepsilon > 0$. Dann gibt es ein $n \in \mathbb{N}$ so dass $\|f_n - f\| < \varepsilon/3$. Ist $z = f(x)$ und $z_n = f_n(x)$, dann ist der offene Ball $B_\varepsilon(z)$ in $\mathbb{C}$ eine offene Umgebung von $f(x)$. Da $|f_n(x) - f(x)| < \varepsilon/3$, liegt auch $B_{\varepsilon/3}(z_n)$ in $B_\varepsilon(z)$ und daher gibt es eine offene Umgebung $U \subset X$ von x so dass $f_n(U) \subset B_{\varepsilon/3}(z_n)$. Für jedes $u \in U$ ist

$$|f(u) - f(x)| \le |f(u) - f_n(u)| + |f_n(u) - f_n(x)| + |f_n(x) - f(x)|$$
$$< \frac{\varepsilon}{3} + \frac{\varepsilon}{3} + \frac{\varepsilon}{3} = \varepsilon.$$

Das heisst also $f(U) \subset B_\varepsilon(z)$ und damit ist f stetig in x und da $x \in X$ beliebig war, ist f stetig. Die Folge (f_n) konvergiert in der Norm $\|.\|_X$ gegen f. Es bleibt zu zeigen, dass f im Unendlichen verschwindet. Sei hierzu $\varepsilon > 0$ und $n \in \mathbb{N}$ so dass $\|f_n - f\| < \varepsilon/2$. Dann gibt es ein Kompaktum $K \subset X$ so dass ausserhalb von K gilt $f_n(x) < \varepsilon/2$. Damit gilt für jedes $x \in X \smallsetminus K$ dass $|f(x)| \le f(x) - f_n(x) + |f_n(x)| < \frac{\varepsilon}{2} + \frac{\varepsilon}{2} = \varepsilon$. □

12.4 Erzeuger

Für ein gegebenes System von Teilmengen $\mathcal{E} \subset \mathcal{P}(X)$ existiert eine kleinste Topologie, die $\mathcal{E}$ enthält, nämlich den Schnitt über alle Topologien, die $\mathcal{E}$ enthalten,

$$O_\mathcal{E} := \bigcap_{\substack{O \supset \mathcal{E} \\ O \text{ Topologie}}} O.$$

Man nennt $O_\mathcal{E}$ die von $\mathcal{E}$ erzeugte Topologie. Die Tatsache, dass $O_\mathcal{E}$ in der Tat eine Topologie ist, ist leicht einzusehen, so gilt etwa $\emptyset, X \in O_\mathcal{E}$, weil diese Mengen in allen Topologien liegen. Weiter seien etwa $A, B \in O_\mathcal{E}$, dann liegen A und B in allen Topologien, die $\mathcal{E}$ enthalten. Diese Topologien enthalten dann auch alle den Schnitt $A \cap B$, der demzufolge in $O_\mathcal{E}$ liegt. Vereinigungen werden ebenso behandelt.

Lemma 12.4.1. *Sei $\mathcal{E} \subset \mathcal{P}(X)$ beliebig. Sei dann $\mathcal{S} \subset \mathcal{P}(X)$ das System aller Mengen der Form*

$$A_1 \cap \cdots \cap A_n,$$

wobei $A_1, \ldots, A_n \in \mathcal{E}$. Als nächstes sei $\mathcal{T}'$ das System aller Mengen der Form

$$\bigcup_{i \in I} S_i,$$

mit $S_i \in \mathcal{S}$ für jedes $i \in I$. Schließlich setze $\mathcal{T} = \mathcal{T}' \cup \{\emptyset, X\}$. Dann gilt $\mathcal{O}_{\mathcal{E}} = \mathcal{T}$.

Beweis. Jede Topologie, die $\mathcal{E}$ enthält, enthält auch $\mathcal{S}$ und $\mathcal{T}$, also $\mathcal{T} \subset \mathcal{O}_{\mathcal{E}}$. Wenn man andererseits zeigt, dass $\mathcal{T}$ selbst eine Topologie ist, folgt, da $\mathcal{T}$ den Erzeuger $\mathcal{E}$ enthält, schon $\mathcal{T} \supset \mathcal{O}_{\mathcal{E}}$. Es bleibt also zu zeigen, dass $\mathcal{T}$ eine Topologie ist.

- $\emptyset, X \in \mathcal{T}$ gilt nach Definition.

- Beliebige Vereinigungen von Elementen von $\mathcal{T}$ sind nach Konstruktion wieder Elemente von $\mathcal{T}$.

- Man zeigt $A, B \in \mathcal{T} \Rightarrow A \cap B \in \mathcal{T}$. Ist eine der beiden Mengen gleich $\emptyset$ oder X, so ist die Behauptung klar. Seien also

$$A = \bigcup_{i \in I} S_i, \qquad B = \bigcup_{j \in J} T_j$$

  mit $S_i, T_j \in \mathcal{S}$. Dann ist $A \cap B = \bigcup_{\substack{I \in I \\ j \in J}} S_i \cap T_j$. Mit $S_i, T_j \in \mathcal{S}$ folgt aber $S_i \cap T_j \in \mathcal{S}$, also ist $A \cap B \in \mathcal{T}$.

Damit ist der Beweis abgeschlossen. $\square$

Definition 12.4.2. Eine Topologie $\mathcal{O}$ auf X heisst *abzählbar erzeugt*, falls sie einen abzählbaren Erzeuger $\mathcal{E}$ hat. Ist dies der Fall, so ist dass Mengensystem $\mathcal{S}$ wie in Lemma 12.4.1 ebenfalls abzählbar.

Definition 12.4.3. Sei $(X_i)_{i \in I}$ eine Familie topologischer Räume. Sei $X = \prod_{i \in I} X_i$ das kartesische Produkt der Räume X_i. Die *Produkttopologie* auf X ist die Topologie, die von allen Mengen der Form

$$U_i \times \prod_{i \neq j} X_j$$

erzeugt wird, wobei $U_i \subset X_i$ jeweils eine beliebige offene Menge ist. Nach Lemma 12.4.1 ist jede offene Menge in X eine Vereinigung von sogenannten *offenen Quadern*, d.h., Mengen der Gestalt

$$\left(\prod_{i \in E} U_i \right) \times \left(\prod_{i \notin E} X_i \right),$$

wobei $E \subset I$ eine endliche Teilmenge der Indexmenge I ist.

Lemma 12.4.4. *Die Topologie auf $\mathbb{R}^n$, die durch die euklidische Metrik definiert wird, stimmt mit der Produkttopologie von $\mathbb{R}^n = \prod_{j=1}^n \mathbb{R}$ überein.*

Beweis. Eine Menge $U \subset \mathbb{R}^n$ ist genau dann offen in der euklidischen Metrik, wenn sie eine Vereinigung von offenen Bällen ist. Sie ist genau dann offen in der Produkt-Topologie, wenn sie eine Vereinigung von offenen Quadern $(a_1, b_1) \times \cdots \times (a_n, b_n)$ ist. Um also zu zeigen, dass diese Topologien übereinstimmen, reicht es, zu zeigen, dass jeder offene Quader eine Vereinigung offener Bälle und jeder offene Ball Vereinigung offener Quader ist. Sei also $Q = (a_1, b_1) \times \cdots \times (a_n, b_n)$ ein offener Quader und sei $x \in Q$. Dann liegt der Ball $B_r(x)$ mit Radius

$$r = \min\left(|a_1 - x_1|, \ldots, |a_n - x_n|, |b_n - x_n|, \ldots, |b_n - x_n| \right)$$

ganz in Q. Also gibt es zu jedem $x \in Q$ einen offenen Ball B_x mit $x \in B_x \subset Q$, so dass $Q = \bigcup_{x \in Q} B_x$ gilt. Sei umgekehrt ein offener Ball B gegeben und sei $x \in B$. Dann enthält B einen offenen Ball $B_r(x)$ mit Zentrum x. Dieser wiederum enthält einen offenen Quader, der x enthält. $\qquad\square$

Lemma 12.4.5. *Ein topologischer Raum X ist genau dann hausdorffsch, wenn die Diagonale*

$$\Delta = \left\{ (x, x) : x \in X \right\}$$

eine abgeschlossene Teilmenge von $X \times X$ ist.

Beweis. Der Raum $X \times X$ trägt die Produkttopologie, das heißt die Familie aller *offenen Quader*: $U \times V$, wobei $U, V \subset X$ offene Mengen sind, ist eine Topologie-Basis. (Bei nur zwei Faktoren sind die Quader in der Tat Rechtecke, doch man bleibt besser bei der allgemeineren Notation.) Daher ist die Abgeschlossenheit von Δ äquivalent dazu, dass $\Delta^c = X \times X \setminus \Delta$ eine Vereinigung von offenen Quadern ist, was wiederum bedeutet, dass es zu $x \neq y$ in X, also $(x, y) \in \Delta^c$ offene Mengen U, V gibt, so dass $(x, y) \in U \times V \subset \Delta^c$, mit anderen Worten: $x \in U, y \in V$ und $U \cap V = \emptyset$. $\qquad\square$

Lemma 12.4.6. *Sei $(X_i)_{i \in I}$ eine Familie topologischer Räume und sei $X = \prod_{i \in I} X_i$ mit der Produkttopologie versehen.*

(a) *Jede Koordinaten-Projektion $p_i : X \to X_i$, $i \in I$ ist eine stetige Abbildung.*

(b) *Sei Y ein weiterer topologischer Raum. Ein Abbildung $g : Y \to X$ ist genau dann stetig, wenn für jedes $i \in I$ die Koordinatenabbildung $p_i \circ g : Y \to X_i$ stetig ist.*

Beweis. (a) Sei $i \in I$ und sei $U_i \subset X_i$ offen. Dann ist das Urbild

$$p_i^{-1}(U_i) = U_i \times \prod_{j \neq i} X_j$$

nach Definition der Produkttopologie eine offene Menge. Daher ist p_i stetig.

(b) Sei $g : Y \to X$ stetig. Dann ist für jedes $i \in I$ die Komposition $p_i \circ g$ stetig.

Sei umgekehrt $g : Y \to X$ eine Abbildung mit der Eigenschaft, dass $p_i \circ g$ für jedes $i \in I$ stetig ist. Sei dann $U \subset X$ eine offene Menge. Dann ist $U = \bigcup_{\alpha \in A} R_\alpha$, wobei jedes R_α ein offener Quader

$$R_\alpha = \prod_{i \in E_\alpha} U_{\alpha,i} \times \prod_{i \notin E_\alpha} X_i$$

ist. Hier ist $E_\alpha \subset I$ eine endliche Menge und jedes $U_{\alpha,i}$ ist eine offene Teilmenge von X_i. Beachte, dass

$$R_\alpha = \bigcap_{i \in E_\alpha} \left(U_{\alpha,i} \times \prod_{j \neq i} X_j \right) = \bigcap_{i \in E_\alpha} p_i^{-1}(U_{\alpha,i}).$$

Dann ist für jedes $\alpha \in A$ die Menge

$$g^{-1}(R_\alpha) = \bigcap_{i \in E_\alpha} (p_i \circ p_i)^{-1}(U_{\alpha,i}$$

ein endlicher Schnitt offener Mengen, also offen in Y. Damit ist g stetig. $\square$

12.5   Der Satz von Tychonov

Der Satz von Tychonov besagt, dass das Produkt kompakter Räume ein kompakter Raum ist. Sei Beweis benutzt ein wichtiges Hilfsmittel, das *Lemma von Zorn*. Dieses grundlegende Prinzip wird in der Mathematik für verschiedenste Existenzbeweise benutzt. Es ist allerdings nichtkonstruktiv, d.h. man erhält lediglich Existenzaussagen ohne dass eine Konstruktion für das Objekt angegeben werden kann, dessen Existenz man zeigt. Die Wirkungsweise des Zornschen Lemmas wird nun vorgeführt, indem es benutzt wird um zu zeigen, dass jeder Vektorraum eine Basis besitzt.

Sei $(S, \leq)$ eine partiell geordnete Menge. Eine Teilmenge $L \subset S$, in der alle Elemente vergleichbar sind, für die also gilt:

$$x, y \in L \quad \Rightarrow \quad x \leq y \text{ oder } y \leq x,$$

heißt *linear geordnet*. Sei $L \subset S$ eine linear geordnete Teilmenge. Ein Element $z \in S$ heißt *obere Schranke* zu L, wenn gilt

$$x \in L \quad \Rightarrow \quad x \leq z.$$

Man schreibt in diesem Fall auch $L \leq z$.

Ein Element $m \in S$ heißt *maximales Element*, falls gilt

$$m \leq y \quad \Rightarrow \quad y = m.$$

Das heißt also, m ist maximal, wenn es keine größeren Elemente gibt.

Lemma 12.5.1 (Zorn). *Sei S eine partiell geordnete Menge, in der jede linear geordnete Teilmenge eine obere Schranke besitzt. Dann hat S ein maximales Element.*

Das Lemma von Zorn ist, auf Grundlage der anderen Axiome der Mengenlehre, äquivalent zum Auswahlaxiom, welches man am sinnfälligsten wie folgt ausdrückt:

Auswahlaxiom: (AC) *Ist I eine nichtleere Indexmenge und ist für jedes $i \in I$ eine nichtleere Menge M_i gegeben, dann ist $\prod_{i \in I} M_i$ eine nichtleere Menge.*

In diesem Buch wird das Auswahlaxiom oder das Lemma von Zorn vorausgesetzt und kann damit angewendet werden. Der Beweis der Äquivalenz der beiden soll hier nicht geführt werden. Er ist zum Beispiel in dem Buch von Jech [Jec03] zu finden.

Satz 12.5.2. *Jeder Vektorraum hat eine Basis.*

Beweis. Dieser Satz wird mit dem Lemma von Zorn bewiesen. Zunächst ist die Notation zu klären: Eine Teilmenge $L \subset V$ eines Vektorraums heißt *linear unabhängig*, wenn für verschiedene Elemente $v_1, \ldots, v_n$ von L gilt

$$\sum_{j=1}^{n} \lambda_j v_j = 0 \quad \Rightarrow \quad \lambda_1 = \cdots = \lambda_n = 0.$$

Mit anderen Worten, L heißt linear unabhängig, wenn jede endliche Teilmenge linear unabhängig ist.

Eine *Basis* eines Vektorraums V ist eine linear unabhängige Teilmenge L so dass es zu jedem $v \in V$ Elemente $v_1, \ldots, v_n$ von L und Koeffizienten $\lambda_1, \ldots, \lambda_n$ gibt so dass

$$\sum_{j=1}^{n} \lambda_j v_j = v.$$

Lemma 12.5.3. *Eine maximale linear unabhängige Teilmenge $L \subset V$ ist eine Basis.*

Beweis. Sei L eine maximale linear unabhängige Teilmenge von V, d.h., es gelte für jede linear unabhängige Teilmenge $L' \subset V$, dass

$$L' \supset L \quad \Rightarrow \quad L' = L.$$

Es wird nun gezeigt, dass L eine Basis ist. Sei dazu $v \in V$. *Angenommen, v* lässt sich nicht als Linearkombination von Elementen von L darstellen. Sei $L' = L \cup \{v\}$. Es ist zu zeigen, dass L' linear unabhängig ist. Es seien dazu $v_1, \ldots, v_n \in L$ und $\lambda, \lambda_1, \ldots, \lambda_n$ Koeffizienten mit

$$\lambda v + \lambda_1 v_1 + \cdots + \lambda_n v_n = 0.$$

Erster Fall: $\lambda = 0$, dann folgt $\lambda_1 v_1 + \cdots + \lambda_n v_n = 0$ und da L linear unabhängig ist, ist $\lambda_1 = \cdots = \lambda_n = 0$.

Zweiter Fall: $\lambda \neq 0$, dann ist

$$v = (-\lambda_1/\lambda)v_1 + \cdots + (-\lambda_n/\lambda)v_n,$$

was im *Widerspruch* zur Annahme steht. Damit lässt sich v also doch als Linearkombination von Elementen aus L darstellen und L ist eine Basis. □

Nun folgt der Beweis des Satzes unter Verwendung des Zornschen Lemmas. Nach Lemma 12.5.3 braucht nur gezeigt zu werden, dass es eine maximale linear unabhängige Menge in V gibt. Sei also $S \subset \mathcal{P}(V)$ die Menge aller linear unabhängigen Teilmengen L von V. Die Menge S ist durch die Mengeninklusion geordnet. Sei $K \subset S$ eine linear geordnete Teilmenge und sei

$$Z = \bigcup_{L \in K} L$$

Dann ist sicherlich $Z \geq L$ für jedes $L \in K$, es bleibt also zu zeigen, dass $Z \in S$ gilt, also mit anderen Worten, dass Z linear unabhängig ist. Seien dazu $v_1, \ldots v_n \in Z$ und $\lambda_1, \ldots, \lambda_n$ Koeffizienten so dass

$$\lambda_1 v_1 + \cdots + \lambda_n v_n = 0$$

Da K eine linear geordnete Teilmenge ist, gibt es ein $L \in K$ so dass die endlich vielen $v_1, \ldots, v_n$ alle in L liegen. Da L linear unabhängig ist, folgt $\lambda_1 = \cdots = \lambda_n = 0$. □

Sei I eine Indexmenge und für jedes $i \in I$ sei ein topologischer Raum $X_i \neq \emptyset$ gegeben. Die Produkttopologie auf $X = \prod_{i \in I} X_i$ ist die Initialtopologie der Projektionen $p_i : X \to X_i$. Sie wird erzeugt von allen Mengen der Form

$$p_i^{-1}(U_i) = U_i \times \prod_{j \neq i} X_j,$$

wobei U_i eine offene Teilmenge von X_i ist. Damit ist jede offene Menge eine Vereinigung von Mengen der Form

$$U_{i_1} \times \cdots \times U_{i_n} \times \prod_{i \neq i_1, \ldots, i_n} X_i,$$

die ja endliche Schnitte von den oben genannten sind.

Satz 12.5.4 (Tychonov). *Der Produktraum $X = \prod_{i \in I} X_i$ ist genau dann kompakt ist, wenn alle Faktoren X_i kompakt sind.*

Beweis. Da die Projektion $p_i : X \to X_i$ stetig ist, so ist jedes X_i kompakt, falls X kompakt ist. Die schwierige Richtung ist die Umkehrung. Seien also alle X_i kompakt. Sei $\mathcal{F} = (F_\alpha)_{\alpha \in A}$ eine Familie abgeschlossener Mengen mit der endlichen Schnitteigenschaft (jeweils endlich viele haben nichtleeren Schnitt). Es gibt dann eine maximale Familie $\widetilde{\mathcal{F}} = (F_\alpha)_{\alpha \in \tilde{A}}$ mit $\tilde{A} \supset A$, die die endliche Schnitteigenschaft hat. Dies folgt leicht aus dem Lemma von Zorn, da man aus einer linear geordnete Mengen von Familien mit endlicher Schnitteigenschaft durch Vereinigung eine obere Schranke gewinnt, die wieder die endliche Schnitteigenschaft hat. Man schreibt auch $F \in \widetilde{\mathcal{F}}$ anstatt $F = F_\alpha$ für ein $\alpha \in \tilde{A}$.

(A) Sind $F_1, \ldots, F_n \in \widetilde{\mathcal{F}}$, so ist auch $F_1 \cap \cdots \cap F_n$ in $\widetilde{\mathcal{F}}$ wie aus der Maximalität von $\widetilde{\mathcal{F}}$ folgt.

(B) Ist $S \subset X$ irgendeine Teilmenge mit der Eigenschaft $S \cap F_\alpha \neq \emptyset$ für jedes $F_\alpha \in \widetilde{\mathcal{F}}$, dann ist $S \in \widetilde{\mathcal{F}}$, wie aus der Maximalität folgt.

Sei $i \in I$. Die Familie abgeschlossener Mengen $\left(\overline{p_i(F_\alpha)}\right)_{\alpha \in \tilde{A}}$ hat die endliche Schnitteigenschaft, also gibt es wegen der Kompaktheit von X_i ein z_i in deren Schnitt. Sei

$$U = U_{i_1} \times \cdots \times U_{i_n} \times \prod_{i \neq i_1, \ldots, i_n} X_i$$

eine offene Umgebung von $z = (z_i)_{i \in I}$, genauer ist U ein offener Quader. Sei $k \in \{1, \ldots, n\}$. So gibt es zu jedem $F_\alpha \in \widetilde{\mathcal{F}}$ ein $f \in F_\alpha$ mit $p_{i_k}(f) \in U_{i_k}$, also gilt mit $S_k = p_{i_k}^{-1}(U_{i_k})$, dass $S_k \cap F_\alpha \neq \emptyset$ ist. Nach (B) ist $S_k \in \widetilde{\mathcal{F}}$. Nach (A) ist dann $U = S_1 \cap \cdots \cap S_n \in \widetilde{\mathcal{F}}$. Insbesondere hat U also nichtleeren Schnitt mit jedem $F \in \widetilde{\mathcal{F}}$, also auch mit jedem $F \in \mathcal{F}$. Da jede Umgebung von z einen offenen Quader U mit $z \in U$ enthält, hat jede Umgebung von z einen nichtleeren Schnitt mit F_α, also liegt z im Abschluss von F_α also in F_α für jedes $\alpha \in A$. Damit ist $\bigcap_{\alpha \in A} F_\alpha$ nichtleer und X ist kompakt. $\qquad\square$

12.6 Der Satz von Stone-Weierstraß

Definition 12.6.1. Sei X ein topologischer Raum und sei $C(X)$ die Menge aller stetigen Funktion von X nach $\mathbb{C}$. Ferner sei $C_0(X)$ der Teilraum aller Funktionen, die im Unendlichen verschwinden, siehe Definition 12.3.10.

Lemma 12.6.2. *Sei X ein topologischer Raum. Sind $f, g \in C(X)$ stetige Funktionen auf X, dann sind auch ihre punktweise Summe und ihr Produkt*

$$(f + g)(x) = f(x) + g(x), \qquad (f \cdot g)(x) = f(x)g(x)$$

stetige Funktionen.

Da konstante Funktionen immer stetig sind, folgt insbesondere, dass mit $f \in C(X)$ auch λf in $C(X)$ liegt, wenn $\lambda \in \mathbb{C}$ ein Skalar ist. Damit bildet $C(X)$ insbesondere einen Untervektorraum des Raums aller Abbildungen $X \to \mathbb{C}$.

Beweis. Die *Diagonalabbildung* $\Delta : X \to X \times X, x \mapsto (x, x)$ ist nach Lemma 12.4.6 stetig. Weiter ist die Abbildung

$$((f, g) : X \times X \to \mathbb{R} \times \mathbb{R},$$
$$(x, y) \mapsto (f(x), g(y))$$

stetig, da beide Projektionen stetig sind. Schließlich sind die Abbildung

$$+ : \mathbb{R} \times \mathbb{R} \to \mathbb{R}, \qquad\qquad \times : \mathbb{R} \times \mathbb{R} \to \mathbb{R},$$
$$(x, y) \mapsto x + y \qquad\qquad (x, y) \mapsto xy$$

stetig, wie in Satz 3.1.16 gezeigt wurde. Daher sind $(f + g)$ und $(f \cdot g)$ Kompositionen stetiger Funktionen und damit stetig. $\qquad\square$

Definition 12.6.3. Sei X ein kompakter Hausdorff-Raum und sei $A \subset C(X)$ eine Teilmenge. Man sagt: die Teilmenge A *trennt Punkte*, wenn es zu je zwei $x \neq y$ in X eine Funktion $f \in A$ gibt, so dass $f(x) \neq 0 \neq f(y)$.

Man sagt: A ist *multiplikativ abgeschlossen*, falls

$$f, g \in A \quad \Rightarrow \quad f \cdot g \in A.$$

Satz 12.6.4 (Satz von Stone-Weierstraß).
Sei X ein kompakter Hausdorff-Raum und sei $A \subset C(X)$ ein multiplikativ abgeschlossener Untervektorraum so dass

(a) *A trennt Punkte,*

(b) *für jedes $x \in X$ gibt es ein $f \in A$ so dass $f(x) \neq 0$ und*

(c) *ist $f \in A$, dann liegt auch die komplex konjugierte Funktion $\overline{f}$ in A.*

Dann ist A dicht in $C(X)$.
Ist X nichtkompakt, so gilt dieselbe Aussage, wobei $C(X)$ durch den Banach-Raum $C_0(X)$ ersetzt wird.

Diese Version des Satzes von Stone-Weierstraß ist eine Konsequenz der reellen Version, für deren Formulierung an den reellen Vektorraum $C(X, \mathbb{R})$ aller stetigen Funktionen $f : X \to \mathbb{R}$ erinnert wird.

Satz 12.6.5 (Satz von Stone-Weierstraß über $\mathbb{R}$).
Sei X ein kompakter Hausdorff-Raum und sei $A \subset C(X, \mathbb{R})$ ein multiplikativ abgeschlossener Untervektorraum so dass

(a) *A trennt Punkte,*

(b) *für jedes $x \in X$ gibt es ein $f \in A$ so dass $f(x) \neq 0$.*

Dann ist A dicht in $C(X, \mathbb{R})$.
Ist X nichtkompakt, so gilt dieselbe Aussage, wobei $C(X, \mathbb{R})$ durch $C_0(X, \mathbb{R}) = C(X, \mathbb{R}) \cap C_0(X)$ ersetzt wird.

Zunächst wird gezeigt, wie die komplexe Version aus der reellen folgt. Sei also $A \subset C(X)$ ein Unterraum, die den Bedingungen des komplexen Stone-Weierstraß Satzes genügt. Aus der Zerlegung in Real- und Imaginärteil, $f = \frac{1}{2}(f + \overline{f}) + i\frac{1}{2i}(f - \overline{f})$ sieht man, dass $A = A_{\mathbb{R}} + iA_{\mathbb{R}}$, wobei $A_{\mathbb{R}}$ den reellen Unterraum aller reellwertigen Funktionen in A bezeichnet. Da A die Bedingungen des komplexen Stone-Weierstraß erfüllt, genügt $A_\mathbb{R}$ denen des reellen. Daher ist $\overline{A_\mathbb{R}} = C(X, \mathbb{R})$ und damit $\overline{A} = \overline{A_\mathbb{R}} + i\overline{A_\mathbb{R}} = C(X, \mathbb{R}) + iC(X, \mathbb{R}) = C(X)$. Im nichtkompakten Fall schliesst man ebenso.

Es genügt also, die reelle Version zu zeigen. Hierbei reicht es, X als kompakt anzunehmen, was man wie folgt einsieht: Sei X nichtkompakt und sei $\widehat{X} = X \sqcup \{\infty\}$ die Einpunktkompaktifizierung 12.3.11. Sei dann $A^+ = A \oplus \mathbb{C}1$, wobei 1 für die konstante Funktion mit Wert 1 auf $\widehat{X}$ steht. Indem man jede Funktion $f \in C_0(X)$ durch $f(\infty) = 0$ fortsetzt, bettet man $C_0(X)$ in $C(\widehat{X})$ ein. Die so entstehenden Funktionen sind genau die $f \in C(\widehat{X})$ mit $f(\infty) = 0$, siehe Proposition 12.3.12. Die Menge $A^+ \subset C(\widehat{X})$ erfüllt die Voraussetzungen des Satzes im kompakten Fall, also ist A^+ dicht in $C(\widehat{X}) = C_0(X) \oplus \mathbb{C}1$. Sei nun $h \in C_0(X)$ und sei $(\tilde{f}_n)$ eine Folge in A^+, die in $C(\widehat{X})$ gegen h konvergiert. Es gibt eine eindeutig bestimmte Darstellung $\tilde{f}_n = f_n + c_n 1$ mit $f_n \in A$ und $c_n \in \mathbb{C}$. Die Folge $c_n = \tilde{f}_n(\infty)$ geht gegen Null und daher folgt

$$\|f_n - h\|_X = \|\tilde{f}_n - c_n - h\|_{X_+} \leq \|\tilde{f} - h\|_{\widehat{X}} + |c_n|$$

und diese Folge geht gegen Null. Daher ist A dicht in $C_0(X)$. In Folgenden kann also X als kompakt angenommen werden.

Lemma 12.6.6 (Satz von Dini). *Sei X ein kompakter topologischer Raum und sei $(f_n)_{n \in \mathbb{N}}$ eine monoton wachsende Folge stetiger Funktionen $f_n : X \to \mathbb{R}$, die punktweise gegen eine stetige Funktion $f : X \to \mathbb{R}$ konvergiert. Dann konvergiert die Folge (f_n) gleichmäßig gegen f.*

Beweis. Sei $\varepsilon > 0$ gegeben. Für jedes $x \in X$ existiert ein $n_x \in \mathbb{N}$ mit $f(x) - \varepsilon < f_n(x) \leq f(x)$ für jedes $n \geq n_x$. Sei $U_x := \{y \in K : f(y) - \varepsilon < f_{n_x}(y)\}$. Dann ist $\{U_x : x \in X\}$ eine offene Überdeckung von X. Da X kompakt ist, gibt es $x_1, \dots, x_l \in X$ mit $X = \bigcup_{j=1}^l U_{x_j}$. Dann gilt $\|f - f_n\|_X < \varepsilon$ für jedes $n \geq N = \max\{n_{t_1}, \dots, n_{t_l}\}$. $\qquad\square$

Lemma 12.6.7. *Sei A ein multiplikativ abgeschlossener Untervektorraum von $C(X)$. Liegt f im topologischen Abschluss $\overline{A}$ von A, dann liegt auch $|f|$ in $\overline{A}$.*

Sind $f, g \in \overline{A}$, dann folgt $\max(f, g), \min(f, g) \in \overline{A}$.

Beweis. Zunächst wird der Beweis auf den Fall reduziert, dass f in A liegt. Ist $f \in \overline{A}$, so existiert eine Folge f_n in A mit $f = \lim_n f_n$. Also auch

$$|f| = |\lim_n f_n| = \lim_n |f_n|,$$

da die Betragsfunktion stetig ist. Sind also alle $|f_n|$ in $\overline{A}$, so auch $|f|$.

Es bleibt also der Fall $0 \neq f \in A$. Durch Übergang zu $\frac{1}{\|f\|_X} f$, kann $f(X) \subset [-1, 1]$, also $f(x)^2 \in [0, 1]$ für jedes $x \in X$ angenommen werden. Induktiv wird eine Folge (p_n) von Funktionen auf $[0, 1]$ definiert, so dass $p_1 \equiv 0$ und

$$p_{n+1}(t) = p_n(t) + \frac{1}{2}\left(t - p_n(t)^2\right), \quad t \in [0, 1].$$

Die Folge $(p_n(t))$ wächst monoton gegen die Wurzelfunktion $\sqrt{t}$. Um dies zu beweisen, wird per Induktion gezeigt, dass $0 \leq p_n(t) \leq \sqrt{t}$ und $p_n(0) = 0$ für jedes $n \in \mathbb{N}$. Dies ist klar für $n = 1$ und für $n + 1$ folgt es aus

$$p_{n+1}(t) \geq 0 + \frac{1}{2} \underbrace{\left(t - p_n(t)^2\right)}_{\geq 0} \geq 0,$$

sowie

$$\sqrt{t} - p_{n+1}(t) = \left(\sqrt{t} - p_n(t)\right) - \frac{1}{2}\left(\sqrt{t} - p_n(t)\right)\left(p_n(t) + \sqrt{t}\right)$$

$$= (\sqrt{t} - p_n(t))\left(1 - \frac{1}{2}\left(p_n(t) + \sqrt{t}\right)\right) \geq 0.$$

Da $p_{n+1}(t) - p_n(t) = \frac{1}{2}(t - p_n(t)^2) \geq 0$, ist die Folge $(p_n(t))$ monoton wachsend und beschränkt durch $\sqrt{t}$. Sie konvergiert also gegen eine Funktion $0 \leq g(t) \leq \sqrt{t}$. Dann gilt

$$g(t) = \lim_n p_{n+1}(t) = \lim_n p_n(t) + \frac{1}{2}\left(t - \lim_n p_n(t)^2\right) = g(t) + \frac{1}{2}\left(t - g(t)^2\right),$$

also $g(t) = \sqrt{t}$. Da g stetig ist, konvergiert die Folge (p_n) nach Satz 12.6.6 gleichmäßig auf $[0, 1]$ gegen g.

Sei $f_n(x) = p_n(f(x)^2)$ für $x \in X$. Dann konvergiert (f_n) gleichmäßig gegen $\sqrt{f^2} = |f|$ auf X. Da aber f_n eine Linearkombination von Potenzen von f ist, liegt es in A für jedes $n \in \mathbb{N}$. Damit also $|f| \in \overline{A}$.

Die letzte Aussage folgt, da $\overline{A}$ ebenfalls ein multiplikativ abgeschlossener Unterraum ist und

$$\max(f, g) = \frac{1}{2}(f + g + |f - g|) \quad \text{sowie} \quad \min(f, g) = \frac{1}{2}(f + g - |f - g|). \qquad \square$$

Beweis des Satzes von Stone-Weierstraß. Zunächst wird gezeigt, dass es zu jedem Paar $x, y \in X$ mit $x \neq y$ und gegebenen $\alpha, \beta \in \mathbb{R}$ ein $f \in A$ gibt mit

$f(x) = \alpha$, $f(x) = \beta$. Nach Voraussetzung gibt es $f_x, f_y, h \in A$ mit $f_x(x) \neq 0 \neq f_y(y)$ und $h(x) \neq h(y)$. Die Funktion $g = f_x^2 + f_y^2$ ist in beiden Punkten x, y ungleich Null. Indem man gegebenenfalls g durch $g + \mu h$ ersetzt, wobei $\mu \in \mathbb{R}$ sehr klein gewählt wird, kann man erreichen, dass $0 \neq g(x) \neq g(y) \neq 0$ gilt. Betrachte nun den Ansatz $f = \lambda g + \mu g^2$ mit $\lambda, \mu \in \mathbb{R}$. Dann ist $f(x) = \alpha$, $f(y) = \beta$ äquivalent zu

$$\begin{pmatrix} g(x) & g(x)^2 \\ g(y) & g(y)^2 \end{pmatrix} \begin{pmatrix} \lambda \\ \mu \end{pmatrix} = \begin{pmatrix} \alpha \\ \beta \end{pmatrix}.$$

Aber wegen $0 \neq g(x) \neq g(y) \neq 0$ gilt

$$\det \begin{pmatrix} g(x) & g(x)^2 \\ g(y) & g(y)^2 \end{pmatrix} = g(x)g(y)\,(g(y) - g(x)) \neq 0$$

und daher hat das Gleichungssystem eine eindeutig bestimmte Lösung.

Schließlich sei $h \in C(X)$ gegeben und sei $\varepsilon > 0$. Es ist zu zeigen, dass es ein $f \in \overline{A}$ gibt, so dass $\|h - f\|_X < \varepsilon$. Für jedes Paar $x, y \in X$ mit $x \neq y$ wähle $g_{x,y} \in A$ mit $h(x) = g_{x,y}(x)$ und $h(y) = g_{x,y}(y)$. Für ein festes y definiere

$$U_x := \{z \in X : h(z) < g_{x,y}(z) + \varepsilon\}.$$

Dann ist U_x eine offene Umgebung von x und $X \setminus U_x = \{z \in X : (h - g_{x,y})(z) \geq \varepsilon\}$ ist kompakt. Also, wenn $x_1 \in X$ festgehalten wird, gibt es $x_2, \ldots, x_l \in X \setminus U_{x_1}$ mit $X \setminus U_{x_1} \subset \bigcup_{j=2}^{l} U_{x_j}$, so dass $X \subset \bigcup_{j=1}^{l} U_{x_j}$. Setze

$$f_y = \max(g_{x_1,y}, \ldots, g_{x_l,y}).$$

Nach Lemma 12.6.7 liegt f_y in $\overline{A}$ und nach Konstruktion ist $h(z) - f_y(z) < \varepsilon$ für jedes $z \in X$, denn für $z \in U_{x_j}$ gilt $h(z) < g_{x_j,y}(z) + \varepsilon \leq f_y(z) + \varepsilon$.

Für $y \in X$ sei

$$V_y = \{z \in X : f_y(z) < h(z) + \varepsilon\}.$$

Da $f_y(y) = h(y)$, ist dies eine offene Umgebung von y, und wie oben zeigt man, dass es $y_1, \ldots, y_k \in X$ gibt, so dass $X \subset \bigcup_{j=1}^{k} V_{y_j}$. Sei

$$f = \min(f_{y_1}, \ldots, f_{y_k}).$$

Dann ist $f \in \overline{A}$ und man sieht leicht, dass $f(z) - \varepsilon < h(z) < f(z) + \varepsilon$ für jedes $z \in X$.   □

Im Folgenden wird noch eine typische Anwendung des Satzes von Stone-Weierstraß geliefert.

Definition 12.6.8. Eine *Polynomfunktion* auf $\mathbb{R}$ ist eine Funktion der Gestalt

$$p(x) = a_0 + a_1 x + \cdots + a_n x^n$$

mit $n \in \mathbb{N}$ und $a_j \in \mathbb{R}$.

Eine *trigonometrische Funktion* auf $\mathbb{R}$ ist eine Funktion der Gestalt

$$t(x) = \sum_{j=1}^{n} a_j \cos(\alpha_j x) + b_j \sin(\beta_j x)$$

mit $n \in \mathbb{N}$ und $a_j, b_j, \alpha_j, \beta_j \in \mathbb{R}$.

Proposition 12.6.9. *Sei $f : \mathbb{R} \to \mathbb{R}$ stetig. Dann gibt es eine Folge von Polynomfunktionen (p_n), die lokal-gleichmäßig gegen f konvergiert. Ebenso gibt es eine Folge von trigonometrischen Funktionen (t_n), die lokal-gleichmäßig gegen f konvergiert.*

Beweis. Für jedes $T > 0$ seien

$$A = \{p|_{[-T,T]} : p \text{ ist Polynomfunktion}\}$$

und

$$B = \{t|_{[-T,T]} : p \text{ ist trigonometrische Funktion}\}$$

die Räume von Polynomfunktionen und trigonometrischen Funktionen auf dem Intervall $[-T, T]$. Dann sind A und B Unterräume von $C([-T, T])$. Beide sind multiplikativ abgeschlossen. Im Fall A ist das klar, im Fall B folgt das aus den Formeln

$$\cos(ax)\cos(bx) = \frac{1}{4}\left(e^{iax} + e^{-iax}\right)\left(e^{ibx} + e^{-ibx}\right)$$

$$= \frac{1}{4}\left(e^{i(a+b)x} + e^{i(a-b)x} + e^{i(b-a)x} + e^{-i(a+b)x}\right)$$

$$= \frac{1}{2}\cos\left((a+b)x\right) + \frac{1}{2}\cos\left((a-b)x\right)$$

$$\cos(ax)\sin(bx) = \frac{1}{2}\sin\left((a+b)x\right) - \frac{1}{2}\sin\left((a-b)x\right)$$

$$\sin(ax)\sin(bx) = -\frac{1}{2}\cos\left((a+b)x\right) + \frac{1}{2}\cos\left((a-b)x\right)$$

Ferner trennen A und B Punkte. Dies ist wieder klar für A. Für B seien $x, y \in \mathbb{R}$ mit $\sin(ax) = \sin(ay)$ für jedes $a \in \mathbb{R}$. Ableiten nach a liefert $x\cos(ax) = y\cos(ay)$ für jedes $a \in \mathbb{R}$. Auswerten bei $a = 0$ liefert $x = y$. Schliesslich enthalten beide die Konstante 1, also sind die Voraussetzungen für den Satz von Stone-Weierstraß erfüllt.

Sei nun $f : \mathbb{R} \to \mathbb{R}$ stetig. Für jedes $n \in \mathbb{N}$ kann man f auf dem Intervall $[-n, n]$ gleichmäßig durch Polynomfunktionen oder trigonometrische Funktionen annähern. Es gibt also eine Polynomfunktion p_n und eine trigonometrische Funktion t_n so dass

$$|f(x) - p_n(x)| < \frac{1}{n} \quad \text{und} \quad |f(x) - t_n(x)| < \frac{1}{n}$$

für jedes $x \in [-n, n]$. Die Folgen (p_n) und (t_n) konvergieren also lokal-gleichmäßig gegen f. $\square$

Definition 12.6.10. Ein *Laurent-Polynom* ist eine Funktion $\mathbb{C}^\times \to \mathbb{C}$ der Form $z \mapsto \sum_{k=-N}^{M} a_k z^k$, $a_k \in \mathbb{C}$.

Beispiele 12.6.11.

(a) Die Menge der Laurent-Polynome liegt dicht in dem Raum $C(\mathbb{T}, \mathbb{C})$.

(b) Der Raum der Funktionen der Form $z \mapsto \sum_{k=0}^{N} \sum_{l=0}^{M} a_{k,l} z^k \bar{z}^l$ dicht liegt in $C(\overline{\mathbb{E}}, \mathbb{C})$, wobei $\overline{\mathbb{E}}$ die Menge aller komplexen Zahlen z mit $|z| \le 1$ ist.

(c) Sei X ein lokalkompakter Hausdorff-Raum. Dann liegt der Raum $C_c(X)$ der stetigen Funktionen mit kompakten Trägern dicht im Banach-Raum $C_0(X)$.

12.7 Die Sätze von Baire und Tietze

Erinnerung: Eine Teilmenge D eines topologischen Raums X heißt *dicht* in X, falls X der Abschluss $\overline{D}$ von D ist. Dies ist genau dann der Fall, wenn $U \cap D \ne \emptyset$ für jede offene Teilmenge $\emptyset \ne U \subset X$ gilt.

Definition 12.7.1. Ein topologischer Raum X heißt *Baire-Raum* oder *von zweiter Kategorie*, falls für jede abzählbare Familie $(U_n)_{n \in \mathbb{N}}$ offener dichter Teilmengen von X der Schnitt $D = \bigcap_{n \in \mathbb{N}} U_n$ wieder eine dichte Teilmenge ist.

Proposition 12.7.2.

a) *Ist X ein Baire-Raum, so ist jede offene Teilmenge U wieder ein Baire-Raum.*

b) *Ist X ein Baire-Raum, so existiert für jede abzählbare Familie $(A_n)_{n \in \mathbb{N}}$ abgeschlossener Mengen mit $X = \bigcup_{n \in \mathbb{N}} A_n$ schon ein Index n_0, so dass A_{n_0} eine nichtleere offene Menge enthält.*

Beweis. Teil (a) ist klar indem jede Menge mit U geschnitten wird.

Zum Beweis von (b) sei X ein Baire-Raum und $X = \bigcup_{n\in\mathbb{N}} A_n$ wie in der Proposition. *Angenommen*, keine der Mengen A_n enthält eine nicht-leere offene Menge. Sei $U_n = A_n^c$ das Komplement. Es folgt $U \cap U_n \neq \emptyset$ für jede offene Menge U, also ist U_n dicht in X. Da X ein Baire-Raum ist, ist $D = \bigcap_n U_n$ dicht in X. Es folgt

$$X \neq D^c = \bigcup_n U_n^c = \bigcup_n A_n = X.$$

Dies ist ein *Widerspruch!*   □

Satz 12.7.3 (Baire). *Jeder lokalkompakte Hausdorff-Raum ist ein Baire-Raum. Jeder vollständige metrische Raum ist ein Baire-Raum.*

Beweis. Sei X ein lokalkompakter Hausdorff-Raum oder ein vollständiger metrischer Raum. In beiden Fällen gibt es zu jeder offene Teilmenge $U \neq \emptyset$ eine offene Menge $V \neq \emptyset$ mit $\overline{V} \subset U$. Im Fall des lokalkompakten Hausdorff-Raums folgt dies aus dem Lemma von Urysohn, im anderen Fall kann man V als offenen Ball von hinreichend kleinem Radius wählen. Seien nun $V_1, V_2, \ldots$ dichte offene Teilmengen von X und sei $B_0 \neq \emptyset$ eine offene Teilmenge von X. Es ist zu zeigen, dass $B_0 \cap \bigcap_{n\in\mathbb{N}} V_n$ nichtleer ist. Man konstruiert eine Folge $B_0 \supset B_1 \supset \ldots$ offener Mengen wie folgt: $B_0 \neq \emptyset$ ist bereits gegeben. Sei $n \geq 1$ und eine offene Menge B_{n-1} gegeben. Da V_n dicht ist, ist $V_n \cap B_{n-1}$ eine nichtleere offene Menge. Daher existiert eine offene Menge $B_n \neq \emptyset$ mit

$$\overline{B_n} \subset V_n \cap B_{n-1}.$$

Ist X ein lokalkompakter Hausdorff-Raum, kann man $\overline{B_n}$ als kompakt voraussetzen. Ist X ein vollständiger metrischer Raum, kann man B_n als einen Ball vom Radius $< 1/n$ wählen. Sei $K = \bigcap_{n=1}^{\infty} \overline{B_n}$. Ist X ein lokalkompakter Hausdorff-Raum, folgt $K \neq \emptyset$ nach der endlichen Schnitteigenschaft. Ist X ein vollständiger metrischer Raum, dann bilden die Mittelpunkte der Bälle B_n eine Cauchy-Folge, die konvergiert gegen einen Punkt von K, also gilt $K \neq \emptyset$ in jedem Fall. Es ist $K \subset B_0$ und $K \subset V_n$ für jedes n, damit $B_0 \cap \bigcap_n V_n \neq \emptyset$.   □

Korollar 12.7.4. *Ein Banach-Raum, der eine abzählbare Basis besitzt, ist ein endlich-dimensionaler Raum.*

Beweis. Sei V ein Banach-Raum der von $v_1, v_2, \ldots$ aufgespannt wird. Sei A_n der von $v_1, \ldots v_n$ aufgespannte Unterraum. Dieser ist als endlich-dimensionaler normierter Raum selbst vollständig, also abgeschlossen in V. Ferner gilt $V = \bigcup_n A_n$, also enthält ein A_n eine offene Teilmenge von V. Jede offene Teilmenge von V enthält allerdings eine Basis, also ist $V = A_n$.   □

Satz 12.7.5 (Tietze). *Sei X ein lokalkompakter Hausdorff-Raum und sei $B \subset X$ eine abgeschlossene Teilmenge. Dann ist die Restriktionsabbildung $C_0(X) \to C_0(B)$ surjektiv, d.h., jede Funktion in $C_0(B)$ lässt sich stetig nach X fortsetzen.*

Beweis. Sei $h \in C_0(B)$. Indem man h in Real- und Imaginärteil zerlegt, sieht man, dass es reicht, h als reellwertig anzunehmen. Man kann h in der Form $h = h^+ - h^-$ mit semi-positiven Funktionen $h^\pm$ schreiben und so das Problem auf den Fall $h \geq 0$ reduzieren.

Sei $c \geq 0$ das Maximum von $h(b)$ für $b \in B$ und sei K die Menge aller $b \in B$ für die $h(b) \geq \frac{2}{3}c$ gilt. Ferner sei A die Menge aller $b \in B$, für die $h(b) \leq \frac{1}{3}c$ ist. Dann ist K kompakt und nach dem Lemma von Urysohn gibt es ein $g_0 \in C_c(X)$ mit $g_0 \equiv 1$ auf K, sowie $g_0 \equiv 0$ auf A und $0 \leq g_0 \leq 1$ überall. Dann ist $0 \leq h(b) - c\frac{1}{3}g_0(b) \leq \frac{2}{3}c$ für jedes $b \in B$. Man setzt $g_1 = c\frac{1}{3}g_0$ und $h_1 = h - g_0$. Man wiederholt diese Konstruktion mit h_1 statt h, sowie $c\frac{2}{3}$ statt c und erhält ein Funktionenpaar h_2, g_2. Weitere Iteration liefert eine Folge von Funktionen $0 \leq g_n \leq (2/3)^n$ so dass $\sum_n g_n$ auf B gleichmäßig gegen h konvergiert. Die stetige Funktion $f = \sum_n g_n$ ist die gesuchte Fortsetzung.   □

12.8 Netze

Ein Kapitel über allgemeine Topologie sollte nicht ohne einen Abschnitt über Konvergenz enden. Konvergenz, insbesondere in der Form von Netzen, ist ein wertvolles Werkzeug, das ausgesprochen intuitive Beweise liefert. Beweise ohne Konvergenzargumente sind zwar oft eleganter, aber schwerer zu finden.

In der Topologie metrischer Räume spielt Konvergenz von Folgen eine wichtige Rolle. In allgemeinen topologischen Räumen reichen Folgen nicht mehr aus, man verallgemeinert den Folgenbegriff zum Begriff des Netzes.

Definition 12.8.1. Sei I eine Menge. Eine *partielle Ordnung* auf I ist eine Relation, die als "≤" geschrieben wird, so dass für alle $x, y, z \in I$ gilt

- $x \leq x,$ ($\leq$ ist reflexiv)

- $\left(x \leq y \text{ und } y \leq x\right) \Rightarrow x = y,$ ($\leq$ ist anti-symmetrisch)

- $\left(x \leq y \text{ und } y \leq z\right) \Rightarrow x \leq z.$ ($\leq$ ist transitiv)

Beispiele 12.8.2.

- Die natürliche "kleiner-gleich"-Relation $\leq$ auf $\mathbb{R}$ ist eine partielle Ordnung.

- Sei X eine Menge. Auf der Menge $\mathcal{P}(X)$ aller Teilmengen von X gibt es eine natürliche Ordnung durch Inklusion, also für $A, B \subset X$,

$$A \leq B \iff A \subset B.$$

- Sei X ein topologischer Raum und sei $x \in X$ ein Punkt. Die Menge aller offenen Umgebungen von x ist partiell geordnet durch die umgekehrte Inklusion, also durch

$$U \geq V \quad \iff \quad U \subset V.$$

Definition 12.8.3. Eine partiell geordnete Menge $(I, \leq)$ heisst *gerichtet*, falls je zwei Elemente eine obere Schranke haben, falls es also zu je zwei $x, y \in I$ ein $z \in I$ gibt, so dass $x \leq z$ und $y \leq z$ gilt. Ist I gerichtet, so hat jede endliche Teilmenge eine obere Schranke, was man leicht durch eine Induktion einsieht.

Beispiele 12.8.4.

- Die natürlichen Zahlen sind mit der "kleiner-gleich"-Relation gerichtet.

- Ist X eine Menge, so ist die Menge $\mathcal{E}$ aller endlichen Teilmengen mit der Inklusion gerichtet, denn für zwei endliche Mengen $E, F \subset X$ ist $E \cup F$ eine obere Schranke in $\mathcal{E}$.

- Sei X ein topologischer Raum und sei $x \in X$ ein Punkt. Die Menge $\mathcal{U}_x$ aller Umgebungen von x ist mit der umgekehrten Inklusion gerichtet, denn für $U, V \in \mathcal{U}_x$ ist $U \cap V$ eine obere Schranke. Dies ist die für die Topologie wichtigste gerichtete Menge.

Definition 12.8.5. Ein *Netz* in einem topologischen Raum X ist eine Abbildung

$$\alpha : I \to X,$$

wobei I eine gerichtete Menge ist. Man schreibt die Bilder als α_i, $i \in I$.

Beispiel 12.8.6. Jede Folge ist ein Netz, wobei man $\mathbb{N}$ mit der natürlichen "kleiner-gleich"-Relation versieht.

Definition 12.8.7. Man sagt, ein Netz α *konvergiert* gegen einen Punkt $x \in X$, falls es zu jeder Umgebung U von x einen Index $i_0 \in I$ gibt so dass

$$i \geq i_0 \;\Rightarrow\; \alpha_i \in U.$$

In dem Fall einer Folge, also $I = \mathbb{N}$, stimmt dies mit der Definition der Konvergenz einer Folge überein.

A priori kann ein Netz gegen mehrere Punkte konvergieren. Den Extremfall stellt die triviale Topologie dar, in der jedes Netz gegen jeden Punkt konvergiert. Die Eindeutigkeit der Limiten ist äquivalent zur Hausdorff-Eigenschaft.

Satz 12.8.8. *Ein topologischer Raum X ist genau dann ein Hausdorff-Raum, wenn Limiten eindeutig sind, d.h., wenn jedes Netz höchstens einen Grenzwert hat.*

Beweis. Sei X ein Hausdorff-Raum und sei (x_i) ein Netz in X, das sowohl gegen $x \in X$ als auch gegen $y \in X$ konvergiert. Es ist zu zeigen, dass $x = y$ ist. *Angenommen*, sie sind verschieden. Wegen der Hausdorff-Eigenschaft gibt es offene Mengen $U \ni x$ und $V \ni y$ so dass $U \cap V = \emptyset$. Da (x_i) gegen x und y konvergiert, gibt es einen Index i so dass $x_i \in U$ und $x_i \in V$, ein Widerspruch! Also ist der Limes eines Netzes in der Tat eindeutig bestimmt.

Für die Rückrichtung sei ein topologischer Raum X gegeben, in dem alle Limiten eindeutig sind. Es ist zu zeigen, dass X ein Hausdorff-Raum ist. Seien also x, y in X mit der Eigenschaft, dass je zwei Umgebungen U von x und V von y einen nichtleeren Schnitt haben. Es ist zu zeigen, dass $x = y$ gilt. Sei S die Menge aller Paare (U, V) so dass U eine offene Umgebung von x ist und V eine von y. Die Menge S wird partiell geordnet durch umgekehrte Inklusion, d.h.,

$$(U, V) \leq (U', V') \quad \Leftrightarrow \quad U \supset U' \text{ und } V \supset V'.$$

Die Menge S ist gerichtet, da der Schnitt zweier Umgebungen wieder eine Umgebung ist. Für jedes $(U, V) \in S$ wähle ein Element z_{UV} in $U \cap V$. Dann ist z_{UV} ein Netz mit Indexmenge S. Da z_{UV} sowohl in U als auch in V liegt, konvergiert dieses Netz gegen x und gegen y. Wegen der Eindeutigkeit der Limiten ist $x = y$. □

Definition 12.8.9. Eine Abbildung $\phi : J \to I$ zwischen zwei gerichteten Mengen heisst *streng cofinal*, falls es zu jedem $i_0 \in I$ ein $j_0 \in J$ gibt, so dass für jedes $j \geq j_0$ gilt $\phi(j) \geq i_0$. Das bedeutet, dass die Abbildung ϕ nicht monoton zu sein braucht, sie kann vor und zurückspringen, aber sie soll ”im Wesentlichen” monoton sein.

Definition 12.8.10. Sei $\alpha : I \to X$ ein Netz. Ein *Teilnetz* ist ein Netz $\beta : J \to X$ zusammen mit einer Faktorisierung

so dass die Abbildung ϕ streng cofinal ist.

Mit anderen Worten, Teilnetze werden gegeben durch streng cofinale Abbildungen in die Indexmenge I.

Konvergiert ein Netz α gegen $x \in X$, dann konvergiert jedes Teilnetz ebenfalls gegen $x \in X$.

Satz 12.8.11. *Sei X ein topologischer Raum und sei $A \subset X$. Der Abschluss $\overline{A}$ ist gleich der Menge aller Limiten von Netzen in A.*
Mit anderen Worten, ein Punkt $x \in X$ liegt genau dann in $\overline{A}$, wenn es ein Netz $(\alpha_i)_{i \in I}$ gibt mit $\alpha_i \in A$, für alle $i \in I$, welches in X gegen x konvergiert.

Beweis. Der Abschluss $\overline{A}$ ist die Menge aller $x \in X$ so dass $A \cap U \neq \emptyset$ für jede Umgebung von x gilt. Sei also $x \in \overline{A}$ und U eine Umgebung von x. Dann ist $A \cap U$ nichtleer. Wähle ein Element α_U in $A \cap U$. Sei I die Menge aller Umgebungen U von x. Die Menge I sei versehen mit der partiellen Ordnung der umgekehrten Inklusion

$$U \leq U' \Leftrightarrow U \supset U'.$$

Dann ist der Schnitt zweier Umgebungen eine obere Schranke für beide, also ist die Menge I gerichtet. Das Netz $(\alpha_U)_{U \in I}$ konvergiert nach Konstruktion gegen x.

Für die andere Richtung sei $x \in X$ und $\alpha_i \in A$, $i \in I$ ein Netz, das gegen x konvergiert. Sei U eine Umgebung von x. Dann existiert ein $i \in I$ mit $\alpha_i \in U$, also ist $U \cap A \neq \emptyset$. Da U beliebig ist, folgt $x \in \overline{A}$. $\qquad\qquad$ □

Satz 12.8.12. *Eine Abbildung $f : X \to Y$ zwischen topologischen Räumen ist genau dann stetig, wenn für jedes Netz (x_j) in X, das konvergiert, das Bildnetz $f(x_j)$ ebenfalls konvergiert. In diesem Falle gilt: konvergiert x_j gegen x, so konvergiert $f(x_j)$ gegen $f(x)$.*

Beweis. Der folgende Beweis ist fast wörtlich derselbe wie für Folgen in $\mathbb{R}$. Sei f stetig und sei $(x_i)_{i \in I}$ ein gegen $x \in X$ konvergentes Netz. Es ist zu zeigen, dass $f(x_i) \to f(x)$. Sei hierzu U eine offene Umgebung von $f(x)$, dann ist $V = f^{-1}(U)$ eine offene Umgebung von x. Daher existiert ein i_0 so dass $x_i \in V$ für jedes $i \geq i_0$, also $f(x_i) \in U$ für jedes $i \geq i_0$, also konvergiert $f(x_i)$ gegen $f(x)$.

Für die umgekehrte Richtung nimm an, dass f die Limes-Bedingung erfüllt. Sei $A \subset Y$ abgeschlossen und sei $B \subset X$ das Urbild zu A. Es ist zu zeigen, dass B abgeschlossen ist. Sei hierzu b_i ein Netz in B, konvergent gegen $x \in X$. Dann konvergiert das Netz $f(x_i) \in A$ gegen $f(x)$. Da A abgeschlossen ist, folgt $f(x) \in A$, also $x \in f^{-1}(A) = B$, damit ist B abgeschlossen. $\qquad$ □

Satz 12.8.13. *Ein topologischer Raum X ist genau dann kompakt, wenn jedes Netz in X ein konvergentes Teilnetz hat.*

Beweis. Sei X kompakt und sei $(x_i)_{i \in I}$ ein Netz in X. Für jedes $i \in I$ sei A_i der Abschluss der Menge $\{x_j : j \geq i\}$. Jeder endliche Schnitt von Mengen der Form A_i, $i \in I$ ist nichtleer, also ist nach der endlichen Schnitteigenschaft

$$\bigcap_{i \in I} A_i \neq \emptyset.$$

Sei x ein Element dieses Schnittes. Das bedeutet, dass man zu jeder Umgebung U von x und jedem Index $i \in I$ einen Index $\phi(U, i) = i' \geq i$ findet, so dass $x_{i'} = x_{\phi(U,i)} \in U$. Sei J die Menge aller Paare (U, i), wobei U eine Umgebung von x ist und $i \in I$. Auf J ist

$$(U, i) \leq (U', i') \quad \Leftrightarrow \quad U \supset U' \text{ und } i \leq i'$$

eine partielle Ordnung. Es wird nun gezeigt, dass die Abbildung $\phi : J \to I$ streng cofinal ist. Hierzu sei $i \in I$ und $j = (U, i) \in J$ ein Element mit i als zweitem Argument. Nach Konstruktion ist $\phi(j') \geq i$ für jedes $j' \geq j$, also ist ϕ streng cofinal. Um einzusehen, dass das konstruierte Teilnetz $\phi : J \to X$ konvergiert, wählt man eine Umgebung U von x und ein Element $j_0 = (U, i) \in J$. Für jedes $j \geq j_0$ gilt dann $\phi(j) \in U$, also hat (x_i) ein konvergentes Teilnetz.

Für die Rückrichtung sei angenommen, dass jedes Netz ein konvergentes Teilnetz hat. Sei $\mathcal{A}$ ein System abgeschlossener Teilmengen so dass jeder endliche Schnitt nichtleer ist. Es ist zu zeigen, dass der Schnitt aller Elemente von $\mathcal{A}$ nichtleer ist. Hierzu sei $\mathcal{B}$ die Menge aller endlichen Schnitte von Elementen von $\mathcal{A}$. Mit der Ordnung $B_1 \geq B_2 \Leftrightarrow B_1 \subset B_2$ ist die Menge $\mathcal{B}$ gerichtet. Für jedes $B \in \mathcal{B}$ sei ein $x_B \in B$ ausgewählt. Dann ist $(x_B)_{B \in \mathcal{B}}$ ein Netz in X und nach der Annahme existiert ein Teilnetz $(x_{B_j})_{j \in J}$ das gegen ein $x \in X$ konvergiert. Aber dann gilt $x \in B$ für jedes $B \in \mathcal{B}$, denn für festes B kann man j_0 so wählen, dass $B_j \subset B$ für jedes $j \geq j_0$ gilt. Hieraus folgt $x_{B_j} \in B$ für alle $j \geq j_0$. Da B abgeschlossen ist, liegt der Limes x von (x_{B_j}) ebenfalls in B. $\qquad\square$

12.9 Aufgaben und Bemerkungen

Aufgaben

Aufgabe 12.1. Ein topologischer Raum X heißt T1-Raum, wenn alle einelementigen Teilmengen abgeschlossen sind. *Beweise*, dass ein topologischer Raum X genau dann T1 ist wenn es zu je zwei Punkten $x \neq y$ von X eine offene Umgebung U von x gibt, die y nicht enthält.

Aufgabe 12.2. Sei $f : X \to Y$ eine stetige Bijektion zwischen kompakten Hausdorff-Räumen. *Zeige*, dass f ein Homöomorphismus ist.

Aufgabe 12.3. Eine stetige Abbildung $f : X \to Y$ heißt *eigentlich*, wenn die Urbilder kompakter Mengen kompakte Mengen sind. Seien X und Y Hausdorff-Räume und seien $\widehat{X}$ bzw. $\widehat{Y}$ ihre Einpunkt-Kompaktifizierungen. Eine stetige Abbildung $f : X \to Y$ wird durch $\hat{f}(\infty_X) = \infty_Y$ zu einer Abbildung $\hat{f} : \widehat{X} \to \widehat{Y}$ fortgesetzt. *Zeige*, dass die Abbildung $\hat{f}$ genau dann stetig ist, wenn f eigentlich ist.

Aufgabe 12.4. Seien X, Y topologische Räume und sei $C(X, Y)$ die Menge aller stetigen Abbildungen von X nach Y. Die *Kompakt-Offen-Topologie* auf $C(X, Y)$ ist die Topologie, die von allen Mengen der Form

$$L(K, U) = \{ f \in C(X, Y) : f(K) \subset U \}$$

erzeugt wird, wobei $K \subset X$ kompakt und $U \subset Y$ offen ist. *Man zeige:* Ist Y ein metrischer Raum, dann konvergiert eine Folge $f_n \in C(X, Y)$ genau dann in der Kompakt-Offen-Topologie gegen ein $f \in C(X, Y)$, wenn die Folge auf jeder kompakten Menge gleichmäßig konvergiert.
(Man muss verlangen, dass Y ein metrischer Raum ist, damit überhaupt von gleichmäßiger Konvergenz gesprochen werden kann.)

Aufgabe 12.5. Sei $(X_i)_{i \in I}$ eine beliebige Familie topologischer Räume und sei $X = \prod_{i \in I} X_i$ der Produktraum. Sei $a \in X$ ein fester Punkt. *Zeige,* dass die Menge

$$D = \{ x \in X : x_j = a_j \text{ für fast alle } j \in I \}$$

dicht in X liegt.

Aufgabe 12.6. Sei $(X_i)_{i \in I}$ eine Familie von Hausdorff-Räumen. *Zeige,* dass das Produkt $\prod_{i \in I} X_i$ ebenfalls ein Hausdorff-Raum ist.

Aufgabe 12.7. Sei $f : [0, 1] \to \mathbb{R}$ stetig und es gelte $\int_0^1 f(t) t^n \, dt = 0$ für alle $n = 0, 1, 2 \dots$. *Folgere,* dass $f = 0$ ist.

Aufgabe 12.8. (a) Sei $(X_i)_{i \in I}$ eine Familie von topologischen Räumen und sei $X = \prod_{i \in I} X_i$ der Produktraum. *Zeige,* dass ein Netz $(x_\alpha)_{\alpha \in A}$ in X genau dann gegen $x \in X$ konvergiert, wenn jede Koordinate $(x_{\alpha, i})_{\alpha \in A}$ gegen x_i konvergiert.

(b) Sei Y ein Hausdorff-Raum, X ein beliebiger topologischer Raum und $f : X \to Y$ eine stetige Abbildung. *Zeige,* dass der Graph $G(f) = \{ (x, f(x)) : x \in X \}$ eine abgeschlossene Teilmenge von $X \times Y$ ist.

Aufgabe 12.9. Sei S eine unendliche Menge und sei I die Menge aller endlichen Teilmengen von S. Sei $f : X \to [0, \infty)$ eine beschränkte Abbildung und für jede endliche Teilmenge $E \subset S$ sei

$$f_E = \sup_{\substack{s \in S \\ s \notin E}} f(s).$$

Zeige:

(a) Die Menge I ist durch
$$E \leq F \quad E \subset F$$
gerichtet.

(b) Das Netz $(f_E)_{E \in I}$ konvergiert genau dann gegen Null, wenn für jede Folge $(s_j)_{j \in \mathbb{N}}$ mit paarweise verschiedenen Folgegliedern gilt
$$\lim_{j \to \infty} f(s_j) = 0.$$

(c) Der Ausdruck $\sum_{s \in S} f(s)$ sei definiert durch
$$\sum_{s \in S} f(s) = \sup_{E \in I} \sum_{s \in E} f(s).$$

Dann sind äquivalent:

(i) $\sum_{s \in S} f(s) < \infty$.

(ii) Die Menge $S_{>0} = \left\{ s \in S : f(s) \neq 0 \right\}$ ist abzählbar und für jede Abzählung $(r_j)_{j \in \mathbb{N}}$ dieser Menge konvergiert die Summe $\sum_{j=1}^{\infty} f(r_j)$.

Mehr Aufgaben und Lösungen finden Sie in dem Begleitbuch *Übungsbuch zur Analysis*, *Springer-Verlag 2020*.

Bemerkungen

Dieses Kapitel über Mengentheoretische Topologie ließe sich in vielen Richtungen fortsetzen. Die Trennungsaxiome sind zum Beispiel nicht vollständig dargestellt worden und zum Begriff der Konvergenz gibt es weitere Varianten. Für den interessierten Leser seien das Buch von Querenburg [vQ79], oder das von Kelley [Kel75] empfohlen, in denen diese Dinge und mehr diskutiert werden. Da die Mengentheoretische Topologie ein so sehr allgemeines Gebiet der Mathematik ist, gibt es in ihr auch sehr viele Pathologien, die in dem amüsanten und weltbildformenden Buch von Steen und Seebach [SS95] zu finden sind, das im Wesentlichen Gegenbeispiele zu vielen verschiedenen Aussagen der Mengentheoretischen Topologie präsentiert.

Teil III

Maß und Integration

Kapitel 13

Maßtheorie

Wie der Name des Kapitels andeutet, werden hier die Grundlagen des Messens entwickelt. Die Hauptfrage ist die, ob man beliebigen Teilmengen von $\mathbb{R}$ in konsistenter Weise ein Längenmaß zuordnen kann. Diese Zuordnung sollte gewissen natürlichen Forderungen genügen, sie sollte zum Beispiel translationsinvariant sein und Intervallen ihre natürliche Länge geben. Eine weitere natürliche Forderung ist die der Additivität: einer disjunkten Vereinigung, die auch aus abzählbar unendlich vielen Mengen bestehen darf, sollte als Maß die Summe ihrer Teillängen gegeben werden. Unter diesen Forderungen stellt man allerdings fest, dass eine solche Längenmessung nicht möglich ist. Zumindest dann nicht, wenn man alle Teilmengen von $\mathbb{R}$ zulassen will. Schränkt man sich in der Wahl der zulässigen Teilmengen ein, wird eine Längenmessung möglich. Die zulässigen Mengensysteme werden σ-Algebren genannt und im ersten Abschnitt eingeführt.

13.1 Sigma-Algebren

Eine σ-Algebra (sprich "sigma-Algebra") ist ein System von Teilmengen einer gegebenen Menge X, das abgeschlossen ist unter abzählbaren Vereinigungen und Komplementbildung. Dies sind die grundlegenden Mengensysteme, auf denen Maße definiert werden können.

Definition 13.1.1. Eine σ-*Algebra* $\mathcal{A}$ auf einer Menge X ist eine Teilmenge $\mathcal{A} \subset P(X)$ der Potenzmenge, so dass

- $\emptyset \in \mathcal{A}$,

- $A \in \mathcal{A} \Rightarrow A^c \in \mathcal{A}$,

299

© Springer-Verlag GmbH Deutschland, ein Teil von Springer Nature 2021
A. Deitmar, *Analysis*, https://doi.org/10.1007/978-3-662-62858-4_13

- $A_1, A_2, \cdots \in \mathcal{A} \quad \Rightarrow \quad \bigcup_{j=1}^{\infty} A_j \in \mathcal{A}.$

Hierbei wird wie üblich das Komplement einer Menge A als $A^c = X \smallsetminus A$ geschrieben. Ein Paar $(X, \mathcal{A})$ bestehend aus einer Menge X und einer σ-Algebra $\mathcal{A}$ auf X heißt *Messraum*. Die Mengen in $\mathcal{A}$ nennt man *messbare Mengen*.

Man beachte, dass nur abzählbare Vereinigungen wieder in der σ-Algebra liegen, nicht beliebige Vereinigungen wie bei einer Topologie.

Man spricht bei einer σ-Algebra von einem *Mengensystem* und nicht von einer Menge von Teilmengen, was Zungenbrecher vermeidet und der Orientierung dient.

Lemma 13.1.2. *Ist $\mathcal{A}$ eine σ-Algebra auf X und sind $A_1, A_2, \ldots$ Elemente von $\mathcal{A}$, dann ist auch der Schnitt $\bigcap_{j=1}^{\infty} A_j$ in $\mathcal{A}$.*

Sind $A, B \in \mathcal{A}$, so ist auch die mengentheoretische Differenz $A \smallsetminus B$ in $\mathcal{A}$.

Beweis. Jedes A_j^c liegt in $\mathcal{A}$ und damit auch

$$\bigcap_j A_j = \left(\bigcup_j A_j^c \right)^c \quad \text{und} \quad A \smallsetminus B = A \cap B^c. \qquad \square$$

Beispiel 13.1.3. Für jede Menge X sind $\{\emptyset, X\}$ und $\mathcal{P}(X)$ selbst schon σ-Algebren.

Definition 13.1.4. Man macht sich leicht klar, dass der Schnitt einer beliebigen Familie von σ-Algebren wieder eine σ-Algebra ist. Ist daher $\mathcal{E} \subset \mathcal{P}(X)$ irgendeine Teilmenge, so existiert eine kleinste σ-Algebra $\mathcal{A}(\mathcal{E})$, die $\mathcal{E}$ enthält, genannt die von $\mathcal{E}$ *erzeugte σ-Algebra*. Man erhält sie, indem man alle σ-Algebren, die $\mathcal{E}$ enthalten, schneidet:

$$\mathcal{A}(\mathcal{E}) = \bigcap_{\substack{\mathcal{B} \supset \mathcal{E} \\ \mathcal{B} \text{ ist } \sigma\text{-Algebra}}} \mathcal{B}.$$

Bemerkung 13.1.5. Anders als im Fall eines von einer Menge erzeugten Topologie (siehe Lemma 12.4.1), lassen sich die Elemente von $\mathcal{A}(\mathcal{E})$ nicht so einfach durch die Elemente von $\mathcal{E}$ darstellen. Deshalb benötigt man für Beweise, die alle Elemente von $\mathcal{A}(\mathcal{E})$ betreffen, das sogenannte *Prinzip der guten Mengen*. Man will etwa beweisen, dass alle Elemente von $\mathcal{A}(\mathcal{E})$ eine Eigenschaft P haben. Dann beweist man

(a) dass alle Elemente von $\mathcal{E}$ die Eigenschaft P haben und

(b) dass die Menge $\mathcal{P}$ aller Teilmengen $A \subset X$, die die Eigenschaft P haben, eine σ-Algebra ist.

Das folgende einfache Beispiel erläutert dieses Prinzip.

Beispiel 13.1.6. Sei X eine überabzählbare Menge und sei

$$\mathcal{E} = \big\{\{x\} : x \in X\big\}$$

die Menge aller einelementigen Teilmengen von X. Sei $\mathcal{A}(\mathcal{E})$ die von $\mathcal{E}$ erzeugte σ-Algebra. Dann gilt für jede Teilmenge $A \subset X$,

$$A \in \mathcal{A}(\mathcal{E}) \quad \Leftrightarrow \quad \left\{ \begin{array}{c} A \text{ ist abzählbar} \\ \text{oder} \\ A^c \text{ ist abzählbar.} \end{array} \right\}$$

Beweis. Sei $\mathcal{S}$ das System aller Teilmengen $A \subset X$ so dass A oder A^c abzählbar sind. Die zu zeigende Aussage ist $\mathcal{S} = \mathcal{A}(\mathcal{E})$.

Die Inklusion "$\subset$" ist leicht einzusehen, denn das Mengensystem $\mathcal{A}(\mathcal{E})$ enthält alle einelementigen Teilmengen von X, daher auch alle abzählbaren Teilmengen und damit auch deren Komplemente, also enthält es $\mathcal{S}$.

Um die Inklusion "$\supset$" zu zeigen, wird das Prinzip der guten Mengen eingesetzt. Da jedes Element von $\mathcal{E}$ abzählbar ist, folgt $\mathcal{E} \subset \mathcal{A}$. Nach dem Prinzip der guten Mengen muss jetzt gezeigt werden, dass $\mathcal{A}$ eine σ-Algebra ist.

(a) $\emptyset \in \mathcal{A}$, denn $\emptyset$ ist abzählbar,

(b) Ist $A \in \mathcal{A}$, dann ist A abzählbar oder co-abzählbar. je nachdem ist dann A^c co-abzählbar oder abzählbar, aber in jedem Fall gilt $A^c \in \mathcal{A}$.

(c) Seien schließlich $A_1, A_2, \ldots$ Elemente von $\mathcal{A}$. Sind alle abzählbar, dann auch die Vereinigung $\bigcup_{j=1}^{\infty} A_j$. Ist eine der Mengen überabzählbar, etwa A_1, dann ist A_1^c abzählbar und daher ist

$$\left(\bigcup_{j=1}^{\infty} A_j \right)^c = \bigcap_{j=1}^{\infty} A_j^c$$

abzählbar. Insgesamt folgt $\bigcup_{j=1}^{\infty} A_j \in \mathcal{A}$.

Daher ist $\mathcal{A}$ eine σ-Algebra. Nach dem Prinzip der guten Mengen folgt also $\mathcal{A}(\mathcal{E}) \subset \mathcal{A}$. $\qquad \square$

Definition 13.1.7. Ist (X,O) ein topologischer Raum, dann nennt man die von der Topologie O erzeugte σ-Algebra die *Borel-σ-Algebra*. Sie enthält alle offenen und alle abgeschlossenen Mengen. Die Elemente dieser σ-Algebra heißen *Borel-messbare Mengen*.

Proposition 13.1.8. *Die Borel-σ-Algebra auf $\mathbb{R}$ wird erzeugt von*

- *der Menge aller offenen Intervalle (a,b), oder der Menge aller abgeschlossenen Intervalle $[a,b]$,*

- *der Menge aller links halboffenen Intervalle $(a,b]$, oder der Menge aller rechts halboffenen Intervalle $[a,b)$,*

- *der Menge aller Intervalle der Form $(-\infty,a)$ mit $a \in \mathbb{R}$, oder der Menge aller Intervalle $(-\infty,a]$,*

- *der Menge aller Intervalle der Form (a,∞) mit $a \in \mathbb{R}$, oder der Menge aller Intervalle $[a,\infty)$.*

Die analogen Resultate gelten für die erweiterten reellen Zahlen $[-\infty,+\infty] = \mathbb{R} \cup \{-\infty,+\infty\}$.

Später in Satz 13.4.15 wird gezeigt, dass nicht jede Teilmenge von $\mathbb{R}$ zur Borel-σ-Algebra gehört.

Beweis. Sei O die Topologie auf $\mathbb{R}$ und sei $\mathcal{J}$ die Menge aller offenen Intervalle. Da $\mathcal{J} \subset O$, folgt $\mathcal{A}(\mathcal{J}) \subset \mathcal{A}(O)$. Andererseits ist jede offene Menge eine abzählbare Vereinigung von offenen Intervallen, also ist auch $\mathcal{A}(O) \subset \mathcal{A}(\mathcal{J})$.

Jedes abgeschlossene Intervall $[a,b]$ ist ein abzählbarer Schnitt von offenen Intervallen:

$$[a,b] = \bigcap_{n\in\mathbb{N}} \left(a - \frac{1}{n}, b + \frac{1}{n}\right).$$

Andererseits ist jedes offene Intervall (a,b) eine abzählbare Vereinigung abgeschlossener Intervalle:

$$(a,b) = \bigcup_{n\in\mathbb{N}} \left[a + \frac{1}{n}, b - \frac{1}{n}\right].$$

Damit erzeugen die abgeschlossenen Intervalle dieselbe σ-Algebra wie die offenen. Die anderen Fälle werden ähnlich behandelt. $\square$

13.2 Messbare Abbildungen

Definition 13.2.1. Sind $(X, \mathcal{A})$ und $(Y, \mathcal{B})$ Messräume, so heißt eine Abbildung $f : X \to Y$ eine *messbare Abbildung*, falls

$$f^{-1}(B) \in \mathcal{A} \quad \text{für jedes} \quad B \in \mathcal{B}.$$

Mit anderen Worten, eine Abbildung ist messbar, wenn Urbilder messbarer Mengen wieder messbare Mengen sind. Diese Definition steht in perfekter Analogie zur Definition der Stetigkeit von Abbildungen zwischen topologischen Räumen.

Eine Abbildung $f : X \to Y$ von einem Messraum in einen topologischen Raum Y nennt man *Borel-messbar*, wenn sie bezüglich der Borel-σ-Algebra messbar ist.

Proposition 13.2.2. *Seien $(X, \mathcal{A})$ und $(Y, \mathcal{B})$ Messräume. Ist $\mathcal{E}$ ein Erzeuger der σ-Algebra $\mathcal{B}$, so ist eine Abbildung $f : X \to Y$ genau dann messbar, wenn*

$$f^{-1}(E) \in \mathcal{A} \quad \text{für jedes} \quad E \in \mathcal{E}.$$

Insbesondere ist jede stetige Abbildung zwischen topologischen Räumen messbar, wenn man Definitionsbereich und Bildbereich mit der jeweiligen Borel-σ-Algebra versieht.

Beweis. Ist f messbar, so ist die Bedingung klar. Für die Umkehrung sei $f^{-1}(\mathcal{E}) \subset \mathcal{A}$. Setze

$$f_* \mathcal{A} = \left\{ B \subset Y : f^{-1}(B) \in \mathcal{A} \right\}.$$

Die Menge $f_* \mathcal{A}$ ist eine σ-Algebra auf Y, denn zunächst ist $\emptyset \in f_* \mathcal{A}$, denn $f^{-1}(\emptyset) = \emptyset \in \mathcal{A}$. Ist weiter $B \in f_* \mathcal{A}$, dann folgt $f^{-1}(B^c) = f^{-1}(B)^c \in \mathcal{A}$. Seien schließlich $B_1, B_2, \ldots$ in $f_* \mathcal{A}$, dann ist

$$f^{-1}\left(\bigcup_j B_j \right) = \bigcup_j f^{-1}(B_j) \in \mathcal{A},$$

also folgt $\bigcup_j B_j \in f_* \mathcal{A}$. Damit ist $f_* \mathcal{A}$ eine σ-Algebra, die den Erzeuger $\mathcal{E}$ enthält, damit enthält sie auch $\mathcal{B}$ und daher ist f messbar. $\qquad\square$

Insbesondere folgt, dass eine Abbildung f von einem Messraum in einen topologischen Raum genau dann Borel-messbar ist, wenn für jede offene Menge U das Urbild $f^{-1}(U)$ messbar ist.

Satz 13.2.3. *Seien X, Y, Z Messräume und seien $f : X \to Y$ und $g : Y \to Z$ messbare Abbildungen. Dann ist $g \circ f : X \to Z$ messbar.*

Beweis. Sei $C \subset Z$ messbar, dann ist $g^{-1}(C) \subset Y$ messbar, also ist $(g \circ f)^{-1}(C) = f^{-1}\big(g^{-1}(C)\big) \subset X$ messbar. $\qquad\square$

Definition 13.2.4. Eine messbare Abbildung $f : X \to \mathbb{R}$ oder $f : X \to \mathbb{C}$ von einem Messraum X heißt *messbare Funktion*. Hierbei werden $\mathbb{R}$ und $\mathbb{C}$ mit der jeweiligen Borel-σ-Algebra versehen.

Satz 13.2.5. *Seien $u, v : X \to \mathbb{R}$ messbare Funktionen und sei $\Phi : \mathbb{R}^2 \to Y$ eine stetige Abbildung in einen topologischen Raum Y. Definiere*

$$h(x) = \Phi\big(u(x), v(x)\big)$$

für $x \in X$. Dann ist $h : X \to Y$ messbar.

Beweis. Auch $\mathbb{R}^2$ wird mit der Borel-σ-Algebra versehen, also der σ-Algebra, die von den offenen Mengen in $\mathbb{R}^2$ erzeugt wird. Sei $f(x) = \big(u(x), v(x)\big)$, dann ist f eine Abbildung von X nach $\mathbb{R}^2$. Nach Proposition 13.2.2 und Satz 13.2.3 reicht es, zu zeigen, dass f messbar ist. Ist $R = I \times J$ ein offener Quader in $\mathbb{R}^2$, dann ist $f^{-1}(R) = u^{-1}(I) \cap v^{-1}(J)$, also ist $f^{-1}(R)$ messbar. Jede offene Menge V in $\mathbb{R}^2$ ist eine abzählbare Vereinigung von offenen Quadern R_i und da

$$f^{-1}(V) = f^{-1}\left(\bigcup_{i=1}^{\infty} R_i\right) = \bigcup_{i=1}^{\infty} f^{-1}(R_i)$$

messbar ist, ist die Abbildung f messbar. $\qquad\square$

Proposition 13.2.6.

a) *Ist $f = u + iv$, wobei u, v reellwertige messbare Funktionen sind, dann ist f eine komplexwertige messbare Funktion.*

b) *Ist $f = u + iv$ eine komplexwertige messbare Funktion, dann sind u, v und $|f|$ messbare Funktionen.*

c) *Sind f, g komplexwertige messbare Funktionen, $\alpha, \beta \in \mathbb{C}$, so sind $\alpha f + \beta g$ und fg messbar.*

d) *Ist $A \subset X$ eine messbare Menge, dann ist $\mathbf{1}_A$ eine messbare Funktion.*

e) *Ist f eine komplexe messbare Funktion, dann existiert eine komplexe messbare Funktion α mit $|\alpha| = 1$, so dass $f = \alpha|f|$.*

Beweis. (a) folgt aus Satz 13.2.5 mit $\Phi(x, y) = x + iy$. (b) und (c) folgen ebenfalls leicht aus diesem Satz. (d) ist offensichtlich.

Für (e) sei $A = f^{-1}(\{0\})$, dann ist A messbar und also $\mathbf{1}_A$ messbar. Sei $\phi(z) = z/|z|$ für $z \neq 0$ und setze $\alpha(x) = \phi\left(f(x) + \mathbf{1}_A(x)\right)$. Dann hat α die verlangten Eigenschaften. $\qquad\square$

Definition 13.2.7. Sei $a_1, a_2, \ldots$ eine Folge reeller Zahlen und sei

$$b_n = \sup\left\{a_n, a_{n+1}, \ldots\right\}$$

Dann ist die Folge $b_n \in \mathbb{R} \cup \{+\infty\}$ monoton fallend. Daher existiert der Limes $\lim_{n \to \infty} b_n$ in $[-\infty, +\infty]$. Er wird der *Limes superior* der Folge (a_k) genannt und in der Form $\limsup_{n \to \infty} a_n$ geschrieben. Das heißt, es gilt

$$\limsup_n a_n = \limsup_n \sup_{k \geq n} a_k.$$

Analog definiert man den *Limes inferior* als

$$\liminf_{n \to \infty} a_n = \liminf_n \inf_{k \geq n} a_k.$$

Es gilt stets $\liminf_n a_n \leq \limsup_n a_n$ und der Limes inferior ist der kleinste Häufungspunkt der Folge und der Limes superior der größte. ferner konvergiert die Folge (a_n) genau dann in $[-\infty, +\infty]$, wenn $\limsup_n a_n$ und $\liminf_n a_n$ gleich sind.

Sei (f_n) eine Folge von Funktionen auf X mit Werten in $[-\infty, \infty]$. Dann sind $\sup_n f_n$ und $\limsup_n f_n$ die Funktionen

$$(\sup_n f_n)(x) = \sup_n \left(f_n(x)\right),$$

$$(\limsup_n f_n)(x) = \limsup_n \left(f_n(x)\right).$$

Konvergiert die Folge $f_n(x)$ für jedes x, dann wird die Funktion

$$f(x) = \lim_n f_n(x)$$

der *punktweise Limes* der Folge f_n genannt.

Satz 13.2.8. *Ist* $f_n : X \to [-\infty, \infty]$ *messbar für jedes* $n \in \mathbb{N}$, *dann sind die Funktionen*

$$g = \limsup_n f_n \quad und \quad h = \liminf_n f_n$$

messbar.

Beweis. Es reicht völlig, den Beweis für die Funktion g zu führen, da das Argument für h analog verläuft. Zunächst ist

$$g^{-1}\big((a, \infty]\big) = \bigcap_{k=1}^{\infty} \bigcup_{n=k}^{\infty} f_n^{-1}\big((a, \infty]\big).$$

Um dies einzusehen betrachte $x \in X$, es gilt

$$x \in g^{-1}((a, \infty]) \Leftrightarrow g(x) > a$$
$$\Leftrightarrow \limsup_n f_n(x) > a$$
$$\Leftrightarrow f_n(x) > a \text{ für unendlich viele } n$$
$$\Leftrightarrow \text{ für jedes } n \text{ gibt es ein } k \geq n \text{ mit } f_k(x) > a$$
$$\Leftrightarrow \text{ für jedes } n \text{ gibt es ein } k \geq n \text{ mit } x \in f_k^{-1}((a, \infty])$$
$$\Leftrightarrow \text{ für jedes } n \text{ gilt } x \in \bigcup_{k \geq n} f_k^{-1}((a, \infty])$$
$$\Leftrightarrow x \in \bigcap_{n=1}^{\infty} \bigcup_{k \geq n} f_k^{-1}((a, \infty]).$$

Die Menge $f_k^{-1}((a, \infty])$ ist für jedes k messbar, daher ist für jedes n die Menge $\bigcup_{k \geq n} f_k^{-1}((a, \infty])$ messbar, also ist auch die Menge

$$\bigcap_{n=1}^{\infty} \bigcup_{k \geq n} f_k^{-1}((a, \infty]) = g^{-1}((a, \infty])$$

messbar. Die Intervalle der Form $(a, \infty]$ erzeugen nach Proposition 13.1.8 die σ-Algebra auf $[-\infty, \infty]$ und nach Proposition 13.2.2 ist g messbar. $\quad\square$

Korollar 13.2.9.

a) *Der punktweise Limes von messbaren komplexen Funktionen ist messbar.*

b) *Sind* $f, g : X \to [-\infty, \infty]$ *messbar, dann sind auch* $\max(f, g)$ *sowie* $\min(f, g)$ *messbar. Insbesondere sind*

$$f_+ = \max(f, 0) \quad und \quad f_- = -\min(f, 0)$$

messbar.

Beweis. (a) Sei $f = \lim_n f_n$. Man zerlegt f und die Funktionen f_n in Real- und Imaginärteil und kann so annehmen, dass alle Funktionen reellwertig sind. Dann ist aber $f = \limsup_n f_n$ und damit messbar nach dem Satz.

Die Aussage (b) folgt aus Satz 13.2.5, da die Funktion $\Phi(x, y) = \max(x, y)$ stetig ist. $\qquad\square$

Definition 13.2.10. Eine *einfache Funktion* auf einem Messraum X ist eine messbare Funktion $s : X \to \mathbb{C}$, die nur endlich viele Werte annimmt, für die es also disjunkte messbare Mengen $A_1, \dots, A_n \subset X$ gibt, so dass

$$s = \sum_{j=1}^{n} c_j \mathbf{1}_{A_j}$$

für eindeutig bestimmte $c_j \in \mathbb{C}$.

Satz 13.2.11. *Sei $f : X \to [0, \infty]$ eine messbare Funktion. Dann gibt es einfache Funktionen $s_n : X \to [0, \infty)$, so dass die Folge (s_n) punktweise gegen f konvergiert und stets $s_n \leq s_{n+1}$ gilt. Das heißt, jede nichtnegative messbare Funktion ist punktweise monotoner Limes von einfachen Funktionen.*

Beweis. Für $n \in \mathbb{N}$ und $1 \leq j \leq n2^n$ sei

$$E_{n,j} = f^{-1}\left(\left[\frac{j-1}{2^n}, \frac{j}{2^n}\right)\right) \quad \text{und} \quad F_n = f^{-1}\big([n, \infty]\big).$$

Setze

$$s_n = \sum_{j=1}^{n2^n} \frac{j-1}{2^n} \mathbf{1}_{E_{n,j}} + n\mathbf{1}_{F_n}.$$

Die Mengen $E_{n,j}$ und F_n sind messbar und die Folge (s_n) konvergiert monoton wachsend gegen f. $\qquad\square$

13.3 Maße

Ein Maß ist eine abzählbar additive Funktion auf einer σ-Algebra. Additivität auf beliebigen Familien wäre zu viel verlangt, denn dann wäre jedes Maß, das einelementige Mengen $\{x\}$ auf Null abbildet, schon identisch Null.

Definition 13.3.1. Ein *Maß* auf einer σ-Algebra $\mathcal{A}$ ist eine Abbildung

$$\mu : \mathcal{A} \rightarrow [0, \infty],$$

die *σ-additiv* ist, d.h., es gilt

$$\mu\left(\bigsqcup_{j=1}^{\infty} A_j\right) = \sum_{j=1}^{\infty} \mu(A_j),$$

falls die $A_j \in \mathcal{A}$ paarweise disjunkt sind. Um das triviale Beispiel der konstanten Funktion $\mu(A) = \infty$ auszuschließen, verlangt man noch, dass es ein $A \in \mathcal{A}$ gibt, mit $\mu(A) < \infty$.

Ein Maß μ heißt *endliches Maß*, wenn $\mu(X) < \infty$ gilt.

Beispiele 13.3.2.

- Das *Zählmaß* auf einer beliebigen Menge X ist erklärt durch

$$\mu(A) = \begin{cases} |A| & \text{falls } A \text{ endlich,} \\ \infty & \text{sonst.} \end{cases}$$

  Das Zählmaß ist auf der ganzen Potenzmenge $\mathcal{P}(X)$ erklärt.

- Ist X eine Menge und $x_0 \in X$ ein Punkt, dann ist die Abbildung $\delta_{x_0} : \mathcal{P}(X) \rightarrow \mathbb{R}$,

$$\delta_{x_0}(A) = \begin{cases} 1 & x_0 \in A, \\ 0 & x_0 \notin A, \end{cases}$$

  ein Maß, genannt das *Punktmaß* in x_0.

- Nun ein Beispiel eines Maßes, das nicht auf der ganzen Potenzmenge erklärt ist. Sei X eine überabzählbare Menge und $\mathcal{A}$ die (co-)abzählbar σ-Algebra. Definiere ein Maß μ auf $\mathcal{A}$ durch

$$\mu(A) = \begin{cases} 0 & \text{falls } A \text{ abzählbar,} \\ 1 & \text{falls } A^c \text{ abzählbar.} \end{cases}$$

- Ist $(X, \mathcal{O})$ ein topologischer Raum, so heißt ein Maß μ, das auf der Borel-σ-Algebra erklärt ist, ein *Borel-Maß* auf X.

- Später wird gezeigt werden, dass es ein Borel-Maß λ auf $\mathbb{R}$ gibt, so dass $\lambda\big([a, b]\big) = b - a$ für alle $a < b$ in $\mathbb{R}$ gilt. Das Maß λ ist eindeutig bestimmt, es wird das *Lebesgue-Maß* auf $\mathbb{R}$ genannt. Es folgt, dass $\lambda(\{x\}) = 0$ für jedes $x \in \mathbb{R}$ und folglich ist $\lambda(M) = 0$ für jede abzählbare Menge $M \subset \mathbb{R}$.

Definition 13.3.3. Ein Tripel $(X, \mathcal{A}, \mu)$ bestehend aus einer Menge X, einer σ-Algebra $\mathcal{A}$ auf X und einem Maß μ auf $\mathcal{A}$ nennt man einen *Maßraum*.

Satz 13.3.4. *Sei $(X, \mathcal{A}, \mu)$ ein Maßraum.*

a) *Es gilt $\mu(\emptyset) = 0$.*

b) *Das Maß μ ist* endlich additiv, *d.h. für paarweise disjunkte Mengen $A_1, \ldots, A_n \in \mathcal{A}$ gilt*

$$\mu(A_1 \cup \cdots \cup A_n) = \mu(A_1) + \cdots + \mu(A_n).$$

c) *Das Maß ist* monoton, *d.h. für $A, B \in \mathcal{A}$ mit $A \subset B$ gilt $\mu(A) \leq \mu(B)$.*

d) *Das Maß μ ist* stetig von unten, *d.h., ist $(A_n)_{n \in \mathbb{N}}$ eine aufsteigende Familie messbarer Mengen, also $A_n \subset A_{n+1}$ und gilt $A = \bigcup_{n=1}^{\infty} A_n$, so konvergiert $\mu(A_n)$ für $n \to \infty$ gegen $\mu(A)$.*

e) *Das Maß μ ist* bedingt stetig von oben, *d.h., ist $A = \bigcap_{n=1}^{\infty} A_n$ mit $A_n \in \mathcal{A}$ und $A_n \supset A_{n+1}$, und gilt außerdem $\mu(A_1) < \infty$, so konvergiert $\mu(A_n)$ für $n \to \infty$ gegen $\mu(A)$.*

Bemerkung 13.3.5. Die Bedingung $\mu(A_1) < \infty$ in (e) ist wirklich erforderlich, wie das Beispiel des Zählmaßes μ auf $\mathbb{N}$ zeigt. Man setze $A_n = \{n, n+1, \ldots\}$. Dann ist $\bigcup_{n=1}^{\infty} A_n = \emptyset$, aber jedes A_n hat unendliches Maß, also konvergiert $\mu(A_n) = \infty$ nicht gegen $\mu(A) = 0$.

Beweis des Satzes. (a) Nach Voraussetzung gibt es ein $A \in \mathcal{A}$ mit $\mu(A) < \infty$. Sei nun $A_1 = A$ und $A_2 = A_3 = \cdots = \emptyset$. Dann sind die A_j paarweise disjunkt und es folgt

$$\sum_{j=1}^{\infty} \mu(A_j) = \mu\left(\bigcup_j A_j\right) = \mu(A_1) = \mu(A) < \infty.$$

Daraus folgt $\mu(\emptyset) = \mu(A_2) = 0$. Die Aussage (b) ist klar, indem man $A_k = \emptyset$ für $k > n$ setzt und (a) ausnutzt. Teil (c) folgt aus (b), denn mit $C = B \setminus A$ ist $B = A \sqcup C$ und also $\mu(B) = \mu(A) + \mu(C) \geq \mu(A)$. Für (d) sei $B_n = A_n \setminus A_{n-1}$, falls $n \geq 2$ und $B_1 = A_1$. Dann ist A die disjunkte Vereinigung der B_j und also konvergiert $\mu(A_n) = \sum_{j=1}^{n} \mu(B_j)$ gegen $\mu(A)$. Für (e) sei $B_n = A_1 \setminus A_n$, dann ist $B_n \subset B_{n+1}$ und $\bigcup_n B_n = A_1 \setminus A$. Also konvergiert $\mu(B_n) = \mu(A_1) - \mu(A_n)$ gegen $\mu(A_1) - \mu(A)$, da $\mu(A_1) < \infty$, folgt $\mu(A_n) \to \mu(A)$. $\square$

13.4   Das Lebesgue-Maß

Das Ziel dieses Abschnitts ist es, ein Maß auf der Borel-σ-Algebra von $\mathbb{R}$ zu konstruieren, das den Intervallen ihre Länge zuordnet, sowie die Eindeutigkeit eines solchen Maßes zu zeigen. Ein vernünftiger Ansatz scheint zu sein, eine beliebige Menge durch Intervalle zu überdecken, deren Längen zu addieren und das Infimum über alle Überdeckungen zu nehmen.

Definition 13.4.1. Für $A \subset \mathbb{R}$ setze

$$\eta(A) = \inf\left\{\sum_{j=1}^{\infty} L(I_j) : I_j \text{ Intervalle, } A \subset \bigcup_{j=1}^{\infty} I_j\right\}.$$

Hierbei bezeichnet $L(I)$ die Länge eines Intervalls I.

Proposition 13.4.2. *Die Abbildung η hat folgende Eigenschaften:*

a) $\eta(\emptyset) = 0$,

b) *η ist monoton, d.h.:* $A \subset B \;\Rightarrow\; \eta(A) \le \eta(B)$,

c) *η ist* abzählbar subadditiv, *d.h.:* $\eta\left(\bigcup_{j=1}^{\infty} A_j\right) \le \sum_{j=1}^{\infty} \eta(A_j)$.

Beweis. (a) und (b) sind klar. Teil (c) folgt aus der Tatsache, dass man abzählbare Überdeckungen der A_j zu einer abzählbaren Überdeckung der Vereinigung zusammenfassen kann.   □

Die Abbildung η ist sogar auf der ganzen Potenzmenge definiert, allerdings ist sie nur subadditiv. Es wird sich allerdings zeigen, dass sie auf der Borel-σ-Algebra tatsächlich ein Maß ist. Dazu betrachtet man allgemeiner Abbildungen, die die oben genannten Eigenschaften von η haben und zeigt, dass sie auf geeigneten σ-Algebren schon Maße sind.

Definition 13.4.3. Sei X eine Menge. Ein *äußeres Maß* ist eine Abbildung $\eta : \mathcal{P}(X) \to [0, \infty]$ mit

- $\eta(\emptyset) = 0$,

- η ist monoton: gilt $A \subset B$, so ist $\eta(A) \le \eta(B)$,

- η ist σ-subadditiv: für jede Folge A_j von Teilmengen von X ist

$$\eta\left(\bigcup_{n=1}^{\infty} A_n\right) \le \sum_{n=1}^{\infty} \eta(A_n).$$

Der nun folgende Messbarkeitsbegriff stammt von dem griechischen Mathematiker Constantin Carathéodory und stellt einen ebenso geschickten, wie überraschenden Kunstgriff dar.

Definition 13.4.4. Sei η ein äußeres Maß auf X. Eine Menge $E \subset X$ heißt η-*messbar*, falls für jede Teilmenge $Q \subset X$ gilt

$$\eta(Q) = \eta(Q \cap E) + \eta(Q \cap E^c).$$

Da η subadditiv ist, ist diese Eigenschaft äquivalent zu

$$\eta(Q) \geq \eta(Q \cap E) + \eta(Q \cap E^c).$$

Sei $\mathcal{L}$ die Menge aller η-messbaren Teilmengen von X.

Proposition 13.4.5.

 a) $E \in \mathcal{L} \Leftrightarrow E^c \in \mathcal{L}$.

 b) $\emptyset \in \mathcal{L}$ und $X \in \mathcal{L}$.

 c) $\eta(E) = 0 \Rightarrow E \in \mathcal{L}$.

 d) $E, F \in \mathcal{L} \Rightarrow E \cup F \in \mathcal{L}$.

 e) $E, F \in \mathcal{L} \Rightarrow E \cap F \in \mathcal{L}, E \setminus F \in \mathcal{L}$.

Beweis. (a) ist klar, da die Definition symmetrisch ist. Aussage (b) ist klar. Für (c) sei $\eta(E) = 0$. Für eine beliebige Teilmenge $Q \subset X$ folgt wegen der Monotonie, dass

$$0 \leq \eta(Q \cap E) \leq \eta(E) = 0,$$

also $\eta(Q \cap E) = 0$ und damit, wieder wegen Monotonie

$$\eta(Q) \geq \eta(Q \cap E^c) = \eta(Q \cap E) + \eta(Q \cap E^c),$$

also ist E messbar.

Für (d) seien $E, F \in \mathcal{L}$ und sei $Q \subset X$ beliebig. Wegen der Messbarkeit von E und F ergibt sich

$$
\begin{aligned}
\eta(Q \cap (E \cup F)) &= \eta(Q \cap (E \cup F) \cap E) + \eta(Q \cap (E \cup F) \cap E^c) \\
&= \eta(Q \cap (E \cup F) \cap E \cap F) + \eta(Q \cap (E \cup F) \cap E^c \cap F) \\
&\quad + \eta(Q \cap (E \cup F) \cap E \cap F^c) + \eta(Q \cap (E \cup F) \cap E^c \cap F^c) \\
&= \eta(Q \cap E \cap F) + \eta(Q \cap F \cap E^c) \\
&\quad + \eta(Q \cap E \cap F^c) + \eta\bigg(\underbrace{Q \cap (E \cup F) \cap E^c \cap F^c}_{=\emptyset}\bigg).
\end{aligned}
$$

Also ist

$$\eta(Q \cap (E \cup F)) + \eta(Q \cap (E \cup F)^c)$$
$$= \eta(Q \cap E \cap F) + \eta(Q \cap F \cap E^c) + \eta(Q \cap E \cap F^c) + \eta(Q \cap E^c \cap F^c)$$
$$= \eta(Q \cap F) + \eta(Q \cap F^c) = \eta(Q).$$

Damit ist $E \cup F$ messbar, also ist (d) bewiesen. Schließlich folgt (e) aus $E \cap F = (E^c \cup F^c)^c$ und $E \smallsetminus F = E \cap F^c$. □

Satz 13.4.6. *Sei η ein äußeres Maß auf einer Menge X und sei $\mathcal{L}$ das System der η-messbaren Mengen. Dann ist $\mathcal{L}$ eine σ-Algebra und $\eta|_{\mathcal{L}}$ ist ein Maß.*

Beweis. Das System $\mathcal{L}$ enthält die leere Menge und ist stabil unter Komplementbildung. Es bleibt also zu zeigen, dass es stabil unter abzählbaren Vereinigungen ist. Seien $E_1, E_2, \cdots \in \mathcal{L}$. Es ist zu zeigen, dass $E = \bigcup_j E_j$ in $\mathcal{L}$ liegt. Die Mengen $F_n = E_n \smallsetminus \bigcup_{j<n} E_j$ liegen in $\mathcal{L}$ und ihre Vereinigung ist E, so dass angenommen werden kann, dass die Familie (E_j) disjunkt ist.

Lemma 13.4.7. *Für jedes $Q \subset X$ gilt*

$$\eta\left(Q \cap \left[\bigcup_{j=1}^{n} E_j\right]\right) = \sum_{j=1}^{n} \eta(Q \cap E_j)$$

und ebenso für $n \to \infty$,

$$\eta\left(Q \cap \left[\bigcup_{j=1}^{\infty} E_j\right]\right) = \sum_{j=1}^{\infty} \eta(Q \cap E_j).$$

Beweis. Da $E_n \in \mathcal{L}$, gilt

$$\eta\left(Q \cap \left[\bigcup_{j=1}^{n} E_j\right]\right) = \eta\left(Q \cap \left[\bigcup_{j=1}^{n} E_j\right] \cap E_n\right) + \eta\left(Q \cap \left[\bigcup_{j=1}^{n} E_j\right] \cap E_n^c\right)$$

$$= \eta(Q \cap E_n) + \eta\left(Q \cap \left[\bigcup_{j=1}^{n-1} E_j\right]\right).$$

Mit Induktion folgt die erste Aussage des Lemmas. Für die zweite beachte

$$\eta\left(Q \cap \bigcup_{j=1}^{\infty} E_j\right) \geq \eta\left(Q \cap \bigcup_{j=1}^{n} E_j\right) = \sum_{j=1}^{n} \eta(Q \cap E_j).$$

Mit $n \to \infty$ wird daraus $\eta\left(Q \cap \bigcup_{j=1}^{\infty} E_j\right) \geq \sum_{j=1}^{\infty} \eta(Q \cap E_j)$. Die andere Ungleichung folgt aus der σ-Subadditivität. □

Zum Beweis des Satzes sei $Q \subset X$. Dann gilt

$$\eta(Q) = \underbrace{\eta\left(Q \cap \bigcup_{j=1}^{n} E_j\right)}_{=} + \underbrace{\eta\left(Q \cap \left(\bigcup_{j=1}^{n} E_j\right)^c\right)}_{\geq}$$

$$\geq \overbrace{\left(\sum_{j=1}^{n} \eta(Q \cap E_j)\right)}^{} + \overbrace{\eta(Q \cap E^c)}^{}.$$

Für $n \to \infty$ folgt

$$\eta(Q) \geq \left(\sum_{j=1}^{\infty} \eta(Q \cap E_j)\right) + \eta(Q \cap E^c) = \eta(Q \cap E) + \eta(Q \cap E^c).$$

Damit ist E messbar und also ist $\mathcal{L}$ eine σ-Algebra. Schließlich folgt aus Lemma 13.4.7 mit $Q = X$, dass $\eta|_{\mathcal{L}}$ in Maß ist. □

Nun zurück zu $X = \mathbb{R}$ und dem äußeren Maß η, das durch Überdeckungen durch Intervalle definiert ist. Das äußere Maß η wird das *Lebesguesche äußere Maß* genannt.

Definition 13.4.8. Eine Menge $E \subset \mathbb{R}$ heißt *Lebesgue-messbar*, wenn sie messbar bezüglich des Lebesgueschen äußeren Maßes η ist.

Die Menge aller Lebesgue-messbaren Teilmengen von $\mathbb{R}$ wird auch die *Lebesgue-σ-Algebra* genannt. Ihre Elemente werden auch *Lebesgue-Mengen* genannt. Man schreibt $\mathcal{L}$ für die σ-Algebra der Lebesgue-Mengen.

Proposition 13.4.9. *Sei η das Lebesguesche äußere Maß auf $\mathbb{R}$. Jedes Intervall I ist η-messbar und es gilt $\eta(I) = L(I)$. Daher ist jede Borel-Menge η-messbar, also*

$$\mathcal{B} \subset \mathcal{L}.$$

Beweis. Man kann I durch sich selbst überdecken und erhält also $\eta(I) \leq L(I)$. Ist andererseits $I \subset \bigcup_j I_j$ mit Intervallen I_j, so folgt $\sum_j L(I_j) \geq L(I)$ und damit $\eta(I) \geq L(I)$. Für die nächste Aussage ist zu zeigen, dass für ein Intervall I und jede Teilmenge $Q \subset \mathbb{R}$ die Abschätzung

$$\eta(Q \cap I) + \eta(Q \cap I^c) \leq \eta(Q)$$

gilt. Sei nun $\varepsilon > 0$ und $Q \subset \bigcup_j I_j$ eine abzählbare Überdeckung durch Intervalle mit

$$\eta(Q) \leq \sum_j L(I_j) < \eta(Q) + \varepsilon.$$

Dann ist die Folge $(I_j \cap I)$ eine abzählbare Überdeckung von $Q \cap I$ durch Intervalle, also gilt $\eta(Q \cap I) \leq \sum_j L(I_j \cap I)$. Jedes $I_j \cap I^c$ ist die Vereinigung von höchstens zwei Intervallen. Die Summe der Längen dieser Intervalle wird mit $L(I_j \cap I^c)$ bezeichnet. Es folgt

$$L(I_j) = L(I_j \cap I) + L(I_j \cap I^c).$$

Die Folge $(I_j \cap I^c)$ ist eine abzählbare Überdeckung von $Q \cap I^c$ durch Intervalle, also folgt auch $\eta(Q \cap I^c) \leq \sum_j L(I_j \cap I^c)$. Zusammen gibt das

$$\eta(Q \cap I) + \eta(Q \cap I^c) \leq \sum_j L(I_j \cap I) + L(I_j \cap I^c) = \sum_j L(I_j) < \eta(Q) + \varepsilon.$$

Da ε beliebig ist, folgt $\eta(Q \cap I) + \eta(Q \cap I^c) \leq \eta(Q)$, also ist I messbar. Die letzte Aussage folgt wieder aus dem Prinzip der guten Mengen: $\mathcal{L}$ ist eine σ-Algebra, die $\mathcal{B}$ enthält, also enthält sie $\mathcal{B}$.   □

Satz 13.4.10. *$\mathcal{L}$ ist eine σ-Algebra, die die Borel-σ-Algebra umfasst und die translationsinvariant ist in dem Sinne, dass $A + x \in \mathcal{L}$ gilt für jedes $A \in \mathcal{L}$ und jedes $x \in \mathbb{R}$. Ferner ist $\lambda = \eta|_{\mathcal{L}}$ ein Maß, das translationsinvariant ist, d.h., $\lambda(A + x) = \lambda(A)$ für jedes $A \in \mathcal{L}$.*

Beweis. Das äußere Maß η ist translationsinvariant, da die Längenfunktion auf Intervallen translationsinvariant ist. Die Translationsinvarianz von $\mathcal{L}$ folgt aus der Translationsinvarianz von η.   □

Satz 13.4.11 (Eindeutigkeit des Lebesgue-Maßes). *Ist $\mathcal{B}$ die Borel-σ-Algebra auf $\mathbb{R}$ und ist μ ein Maß auf $\mathcal{B}$ mit $\mu(I) = L(I)$ für jedes Intervall, dann ist $\mu = \eta|_{\mathcal{B}}$.*

Beweis. Sei μ wie im Satz und sei $A \in \mathcal{B}$. Ist $A \subset \bigcup_j I_j$ eine abzählbare Überdeckung durch Intervalle, dann ist

$$\mu(A) \leq \mu\left(\bigcup_j I_j\right) \leq \sum_j \mu(I_j) = \sum_j L(I_j).$$

Nimmt man das Infimum der rechten Seite, erhält man für jede Borel-Menge $A \subset \mathbb{R}$ die Abschätzung $\mu(A) \leq \eta(A)$. Für $k \in \mathbb{Z}$ sei $A_k = A \cap [k, k+1)$. Dann gilt

$$1 - \mu(A_k) = \mu\big([k, k+1) \smallsetminus A_k\big) \leq \eta\big([k, k+1) \smallsetminus A_k\big) = 1 - \eta(A_k),$$

also $\mu(A_k) \geq \eta(A_k)$, mithin also $\mu(A_k) = \eta(A_k)$, woraus folgt

$$\mu(A) = \sum_k \mu(A_k) = \sum_k \eta(A_k) = \eta(A). \qquad \square$$

Bemerkung 13.4.12. Die Konstruktion des Lebesgue-Maßes lässt sich zu dem sogenannten *Maßfortsetzungssatz* verallgemeinern:

Satz 13.4.13 (Maßfortsetzungssatz). *Sei X eine Menge und $\mathcal{E} \subset \mathcal{P}(X)$ ein Mengensystem mit den Eigenschaften*

(a) $\emptyset \in \mathcal{E}$,

(b) $A, B \in \mathcal{E} \Rightarrow A \cap B \in \mathcal{E}$,

(c) *für je zwei $A, B \in \mathcal{E}$ gibt es paarweise disjunkte $E_1, E_2, \ldots, E_n \in \mathcal{E}$ so dass*

$$A \smallsetminus B = E_1 \sqcup \cdots \sqcup E_n.$$

Sei weiter $\ell : \mathcal{E} \to [0, \infty]$ eine Abbildung mit den Eigenschaften

(i) $\ell(\emptyset) = 0$,

(ii) *sind $E_1, E_2, \cdots \in \mathcal{E}$ paarweise disjunkt, so dass die Vereinigung $\bigsqcup_{j=1}^{\infty} E_j$ ebenfalls in $\mathcal{E}$ liegt, so gilt $\ell\big(\bigsqcup_{j=1}^{\infty} E_j\big) = \sum_{j=1}^{\infty} \ell(E_j)$.*

Dann existiert ein Maß μ auf der von $\mathcal{E}$ erzeugten σ-Algebra $\mathcal{A}(\mathcal{E})$, so dass $\mu|_{\mathcal{E}} = \ell$.

Beweis. Für $A \subset X$ sei

$$\eta(A) = \inf \left\{ \sum_{j=1}^{\infty} \ell(E_j) : A \subset \bigcup_{j=1}^{\infty} E_j \right\}.$$

Beachte, dass $\eta(A) = \infty$, wenn A sich nicht durch abzählbar viele Elemente von $\mathcal{E}$ überdecken lässt. Wie in Proposition 13.4.2 sieht man leicht ein, dass η ein äußeres Maß ist. Indem man im Beweis von Proposition 13.4.9 das Wort "Intervall" jedesmal durch "Element von $\mathcal{E}$" ersetzt, sieht man, dass jede Menge in $\mathcal{A}(\mathcal{E})$ messbar bezüglich η ist und dass η ein Fortsetzung von ℓ zu einem Maß auf $\mathcal{A}(\mathcal{E})$ ist. $\qquad \square$

Wie später in Satz 16.1.5 gezeigt wird, gilt unter einer Zusatzbedingung, dass das Maß μ auch eindeutig bestimmt ist.

Die Existenz nichtmessbarer Mengen

Hier soll gezeigt werden, dass die Lebesgue-σ-Algebra $\mathcal{L}$ nicht gleich der ganzen Potenzmenge von $\mathbb{R}$ ist. Das heißt also, dass es Mengen gibt, die nicht Lebesgue-messbar sind.

Definition 13.4.14. Sei $\sim$ eine Äquivalenzrelation auf einer Menge M. Ein *Vertretersystem* von $\sim$ ist eine Teilmenge $V \subset M$, so dass es zu jedem $m \in M$ genau ein $v \in V$ gibt mit $m \sim v$.

Das heißt also, dass V jede Äquivalenzklasse in genau einem Punkt schneidet. Die Existenz eines Vertretersystems für jede Äquivalenzrelation folgt aus dem Auswahlaxiom.

Satz 13.4.15. *Es gibt Teilmengen von $\mathbb{R}$, die nicht Lebesgue-messbar sind.*

Beweis. Auf dem Einheitsintervall $I = [0,1]$ betrachte die Äquivalenzrelation

$$x \sim y \quad \Leftrightarrow \quad y - x \in \mathbb{Q}.$$

Sei $V \subset I$ ein Vertretersystem. Dann ist V nicht Lebesgue-messbar, denn *angenommen*, V ist messbar, dann ist das Maß $\lambda(V)$ definiert. Da $V \subset [0,1]$, ist $0 \le \lambda(V) \le 1$. Sei

$$M = \bigcup_{q \in \mathbb{Q} \cap [-1,1]} (q + V).$$

Da $q + V$ und $q' + V$ disjunkt sind, falls $q \ne q'$, so folgt

$$\lambda(M) = \sum_{q \in \mathbb{Q} \cap [-1,1]} \lambda(q + V) = \sum_{q \in \mathbb{Q} \cap [-1,1]} \lambda(V),$$

wobei im letzten Schritt die Translationsinvarianz von λ benutzt wurde. Da diese Summe unendlich ist, folgt $\lambda(M) = 0$ oder $\lambda(M) = \infty$, je nachdem, ob $\lambda(V) = 0$ oder nicht. Es gilt aber

$$[0,1] \subset M \subset [-1,2],$$

was also $0 < \lambda(M) < \infty$ zur Folge hat, ein *Widerspruch!* $\qquad\qquad\square$

Definition 13.4.16. (*Disjunkte Vereinigung*) Ist I eine Indexmenge und sind $A_i \subset X$ für eine Menge X, so soll die Schreibweise

$$A = \bigsqcup_{i \in I} A_i$$

bedeuten, dass A die Vereinigung der A_i ist und dass die A_i paarweise disjunkt sind, also $A_i \cap A_j = \emptyset$ für $i \neq j$ gilt.

Satz 13.4.17.

a) *Jede offene Menge $U \subset \mathbb{R}$ ist eine disjunkte abzählbare Vereinigung offener Intervalle.*

b) *Ist $U = \bigsqcup_{j=1}^{\infty} I_j$ wie in (a), so folgt $\lambda(U) = \sum_{j=1}^{\infty} L(I_j)$.*

c) *Für jede Lebesgue-messbare Menge $A \subset \mathbb{R}$ gilt*

$$\lambda(A) = \inf_{\substack{U \supset A \\ U \text{ offen}}} \lambda(U).$$

Man sagt hierzu, das Lebesgue-Maß ist regulär von außen.

d) *Für jede Lebesgue-messbare Menge $A \subset \mathbb{R}$, gilt*

$$\lambda(A) = \sup_{\substack{K \subset A \\ K \text{ kompakt}}} \lambda(K).$$

Man sagt hierzu, das Lebesgue-Maß ist regulär von innen.

Beweis. Sei $\emptyset \neq U \subset \mathbb{R}$ offen. Für $x \in U$ sei U_x die Vereinigung aller offenen Intervalle $I \subset U$, die x enthalten. Dann ist U_x selbst ein offenes Intervall, dessen Randpunkte nicht zu U gehören. Also ist U_x das maximale offene Intervall in U ist, das x enthält. Für je zwei $x, y \in U$ gilt daher

$$U_x = U_y \quad \text{oder} \quad U_x \cap U_y = \emptyset.$$

Es gilt demnach $U = \bigsqcup_{\alpha \in M} U_\alpha$ mit offenen Intervallen U_α. Da die Vereinigung disjunkt ist, können nur abzählbar viele von diesen Intervallen eine Länge $> \frac{1}{n}$ haben für gegebenes $n \in \mathbb{N}$. Da dies für jedes n gilt, gibt es nur abzählbar viele solcher Intervalle $\neq \emptyset$.

(b) ist klar. Zum Beweis von (c) sei $E \subset \mathbb{R}$ Lebesgue-messbar. Ist $\lambda(E) = \infty$, so ist auch $\lambda(U) = \infty$ für jedes offene $U \supset E$ und die Behauptung folgt. Sei also $\lambda(E) < \infty$. Sei $\varepsilon > 0$ und sei (I_n) eine Folge von Intervallen mit $E \subset \bigcup_n I_n$ und

$$\lambda(E) \le \sum_{n=1}^{\infty} L(I_n) < \lambda(E) + \varepsilon/2.$$

Zu jedem n wähle ein offenes Intervall $U_n \supset I_n$ mit Länge $L(U_n) = L(I_n) + \varepsilon/2^{n+1}$. Dann ist

$$\lambda(E) \le \sum_{n=1}^{\infty} L(U_n) < \lambda(E) + \varepsilon.$$

Es existiert also eine offene Menge $U \supset E$ mit $\lambda(E) \le \lambda(U) < \lambda(E) + \varepsilon$, nämlich die offene Menge $U = \bigcup_n U_n$. Die Aussage (c) folgt.

Nun zu (d). Sei $A \subset \mathbb{R}$ Lebesgue-messbar und sei $A_n = [-n, n] \cap A$. Angenommen, es gilt (d) für die beschränken Mengen A_n, dann gibt es zu jedem n eine Folge von Kompakta K_j^n mit $K_j^n \subset K_{j+1}^n \subset A_n$ so dass $\lambda(A_n) = \lim_j \lambda(K_j^n)$. Dann ist

$$\lambda(A) = \lim_n \lambda(A_n) = \lim_n \lim_j \lambda(K_j^n),$$

woraus (d) folgt. Es reicht also, (d) für eine beschränkte Menge A zu zeigen. Sei also $A \subset (-T, T)$ für ein $T > 0$. Es ist dann

$$\lambda(A) = 2T - \lambda(\underbrace{(-T, T) \smallsetminus A}_{=B}) = 2T - \inf_{\substack{U \supset B \\ U \text{ offen}}} \lambda(U).$$

Es reicht, das Infimum über solche U zu erstrecken, die in $(-T, T)$ liegen. Für ein solches U ist die Menge $K_U = (-T, T) \smallsetminus U$ kompakt, zumindest nach eventueller Vergrößerung von T, und es gilt $K_U \subset A$. Ferner ist $\lambda(U) = 2T - \lambda(K_U)$, also

$$\lambda(A) = 2T - \inf_{\substack{U \supset B \\ U \text{ offen}}} (2T - \lambda(K_U))$$

$$= 2T - 2T + \sup_{\substack{U \supset B \\ U \text{ offen}}} \lambda(K_U) \le \sup_{\substack{K \subset A \\ K \text{ kompakt}}} \lambda(K) \le \lambda(A). \qquad \square$$

Definition 13.4.18. Sei $(X, \mathcal{A}, \mu)$ ein Maßraum. Eine Menge $N \in \mathcal{A}$ mit $\mu(N) = 0$ heißt μ-*Nullmenge* oder einfach nur *Nullmenge*. Eine Eigenschaft, die außerhalb einer Nullmenge gilt gilt *fast überall*, oder *μ-fast überall*. Sind zum Beispiel zwei Funktionen f, g gleich außerhalb einer Nullmenge, sagt man, dass $f = g$ fast überall gilt.

Eine messbare Funktion f, die fast überall gleich Null ist, nennt man auch *Nullfunktion*. Die Menge der $\mathbb{C}$-wertigen Nullfunktionen ist ein komplexer Vektorraum.

Eine Nullmenge bezüglich des Lebesgue-Maßes heißt *Lebesgue-Nullmenge*.

Beispiel 13.4.19. Das *Cantor-Diskontinuum* ist eine Lebesgue-Nullmenge, die besondere Bedeutung hat, da sie auf Grund ihrer Eigenschaften für viele Aussagen als Gegenbeispiel dient. Es sei $C_0 := [0, 1]$ und C_1 entstehe aus C_0 indem man das offene innere Drittel $(1/3, 2/3)$ entfernt. Als nächstes entsteht C_2 aus C_1 indem man aus jedem der beiden Teilintervalle das mittlere offene Drittel entfernt. Durch Wiederholung dieses Prozesses entsteht eine Folge C_n von Mengen, wobei C_n aus 2^n abgeschlossenen Intervallen besteht und C_{n+1} entsteht aus C_n, indem man bei jedem Teilintervall das mittlere offene Drittel entfernt.

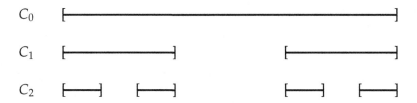

Man kann den Konstruktionsschritt auch durch $C_{n+1} := \left(\frac{C_n}{3}\right) \cup \left(\frac{2}{3} + \frac{C_n}{3}\right)$ ausdrücken. Die Menge $C := \bigcap_{n=1}^{\infty} C_n$ wird das *Cantor-Diskontinuum* genannt. Es gilt

- Für $x \in \mathbb{R}$ gilt $x \in C$ genau dann, wenn es Koeffizienten $x_n \in \{0, 2\}$ gibt, so dass
$$x = \sum_{n=1}^{\infty} x_n 3^{-n}.$$

- Die Menge C hat die gleiche Kardinalität wie $\mathbb{R}$,

- Es gilt $\lambda(C) = 0$.

Beweis. Das Cantor-Diskontinuum ist als Schnitt von abgeschlossenen Mengen wieder abgeschlossen, also messbar. Da C_{n+1} aus C_n durch Entnahme eines Drittels entsteht, gilt $\lambda(C_{n+1}) = \frac{2}{3}\lambda(C_n)$, also $\lambda(C_n) = (2/3)^n$ und diese Folge geht gegen Null, also ist C eine Nullmenge.

Nun zur triadischen Entwicklung. Ist $x \in C_0$, etwa $x = \sum_{n=1}^{\infty} x_n 3^{-n}$, dann beginnt die triadische Entwicklung von $\frac{x}{3}$ mit einer Null und die von $\frac{2}{3} + \frac{x}{3}$ mit einer 2. Also enthält C_1 genau die Zahlen mit einer triadischen Entwicklung, die mit einer 0 oder einer 2 beginnt. Dies setzt sich fort, so dass C_n genau die Zahlen mit einer triadischen Entwicklung enthält, deren erste n Ziffern nur aus Zweien und Nullen bestehen. Im Limes folgt die Behauptung. Schließlich folgt aus dem Vergleich der triadischen Entwicklung mit der dyadischen, dass die Abbildung $C \to [0,1]$,

$$\sum_{n=1}^{\infty} x_n 3^{-n} \mapsto \sum_{n=1}^{\infty} \frac{x_n}{2} 2^{-n}$$

eine Bijektion ist. Also ist C gleichmächtig zum Einheitsintervall und dies wiederum ist gleichmächtig zu $\mathbb{R}$. $\square$

Satz 13.4.20. *Die Lebesgue σ-Algebra $\mathcal{L} \subset \mathcal{P}(\mathbb{R})$ hat die gleiche Mächtigkeit wie $\mathcal{P}(\mathbb{R})$. Sei $A \subset \mathbb{R}$. Dann sind äquivalent:*

(a) *A ist Lebesgue-messbar.*

(b) *Zu jedem $\varepsilon > 0$ gibt es eine abgeschlossene Menge $C \subset \mathbb{R}$ und eine offene Menge $U \subset \mathbb{R}$ so dass $C \subset A \subset U$ und $\lambda(U \smallsetminus C) < \varepsilon$ gilt.*

(c) *Es gilt $A = B \cup L$, wobei B Borel-messbar ist und L ist eine Teilmenge einer Borel-Nullmenge.*

Man kann zeigen, dass die Borel-σ-Algebra $\mathcal{B}$ auf $\mathbb{R}$ die Mächtigkeit $|\mathbb{R}|$ hat. Die Algebra $\mathcal{L}$ ist also erheblich größer.

Beweis. Es werden zuerst die Äquivalenzen gezeigt.

(a)$\Rightarrow$(b): Sei A Lebesgue-messbar und sei $\varepsilon > 0$. Für $k \in \mathbb{Z}$ sei $A_k = A \cap [k, k+1)$. Nach Satz 13.4.17 existiert ein Kompaktum $K_k \subset A_k$ mit $\lambda(A_k \smallsetminus K_k) < \varepsilon/2^{|k|+2}$. Die Menge $C = \bigcup_k K_k$ ist abgeschlossen und es gilt

$$\lambda(A \smallsetminus C) < \sum_{k \in \mathbb{Z}} \varepsilon/2^{|k|+2} = \varepsilon/2.$$

Wieder nach Satz 13.4.17 existiert für jedes $k \in \mathbb{Z}$ eine offene Menge $U_k \supset A_k$ mit $\lambda(U_k \smallsetminus A_k) < \varepsilon/2^{|k|+2}$. Mit der Bezeichnung $U = \bigcup_{k \in \mathbb{Z}} U_k$ folgt

$$\lambda(U \smallsetminus A) \leq \sum_{k \in \mathbb{Z}} \lambda(U_k \smallsetminus A_k) < \varepsilon/2.$$

Zusammen folgt $\lambda(U \smallsetminus C) < \varepsilon$.

(b)$\Rightarrow$(c): Es existiert eine Folge (C_n) von abgeschlossenen und eine Folge (U_n) von offenen Mengen so dass $C_n \subset A \subset U_n$ und $\lambda(U_n \smallsetminus C_n) < \frac{1}{n}$. Sei dann $B = \bigcup_{n=1}^{\infty} C_n$ und sei $N = \left(\bigcap_{n=1}^{\infty} U_n \right) \smallsetminus B$, sowie $L = A \smallsetminus B$. Dann sind B und

N Borel-messbar und es gilt $A = B \cup L$ mit $L \subset N$. Es bleibt zu zeigen, dass N eine Nullmenge ist. Für jedes $k \in \mathbb{N}$ gilt

$$\lambda(N) = \lambda\left(\bigcap_{n=1}^{\infty} U_n \setminus \bigcup_{m=1}^{\infty} C_m\right) \leq \lambda\left(U_k \setminus C_k\right) < \frac{1}{k}$$

und daher ist N eine Nullmenge.

(c)$\Rightarrow$(a): Hier ist nur zu zeigen, dass jede Teilmenge einer Borel-Nullmenge schon Lebesgue-messbar ist. Sei also N eine Borel Nullmenge und sei $L \subset N$. Sei η das Lebesguesche äussere Maß. Dann gilt für jede Teilmenge $Q \subset \mathbb{R}$, dass $\eta(Q \cap L) \leq \eta(Q \cap N) \leq \eta(N) = 0$. Daher

$$\eta(Q) \geq \eta(Q \cap L^c) = \eta(Q \cap L^c) + \eta(Q \cap L)$$

und daher ist L Lebesgue-messbar.

Nun zur ersten Aussage: Sei C das Cantor-Diskontinuum. Dann folgt, dass $\mathcal{P}(C) \subset \mathcal{L}$ ist. Da $|C| = |\mathbb{R}|$ ist, folgt

$$|\mathcal{L}| \geq |\mathcal{P}(C)| = |\mathcal{P}(\mathbb{R})|.$$

Da $\mathcal{L} \subset \mathcal{P}(\mathbb{R})$, folgt auch $|\mathcal{L}| \leq |\mathcal{P}(\mathbb{R})|$ und damit Gleichheit. $\square$

Satz 13.4.21. *Sei $(X, \mathcal{A}, \mu)$ ein Maßraum. Sei $\widehat{\mathcal{A}}$ das System aller Teilmengen der Form $A \cup L$, wobei $A \in \mathcal{A}$ und L eine Teilmenge einer μ-Nullmenge ist. Dann ist $\widehat{\mathcal{A}}$ eine σ-Algebra und*

$$\widehat{\mu}(A \cup L) = \mu(A)$$

definiert ein Maß $\widehat{\mu}$ auf $\widehat{\mathcal{A}}$, das μ fortsetzt. Man nennt $(X, \widehat{\mathcal{A}}, \widehat{\mu})$ die Vervollständigung von $(X, \mathcal{A}, \mu)$.

Beweis. Sei $A \cup L \in \widehat{\mathcal{A}}$ und sei N eine Nullmenge, die L enthält. Dann ist

$$(A \cup L)^c = A^c \cap L^c = (A^c \cap N^c) \cup \underbrace{(A^c \cap (N \setminus L))}_{\subset N}.$$

Daher ist $(A \cup L)^c$ wieder in $\widehat{\mathcal{A}}$. Seien nun $A_j \in \widehat{\mathcal{A}}$ für $j \in \mathbb{N}$, etwa $A_j = B_j \cup L_j$ mit $L_j \subset N_j$ und $\mu(N_j) = 0$. Dann ist

$$\bigcup_j A_j = \left(\bigcup_j B_j\right) \cup \underbrace{\left(\bigcup_j L_l\right)}_{\subset \bigcup_j N_j}.$$

Da $\mu(\bigcup_j N_j) = 0$ ist auch $\bigcup_j A_j$ wieder in $\widehat{\mathcal{A}}$.

Für das Maß $\widehat{\mu}$ muss zunächst die Wohldefiniertheit bewiesen werden. Hierfür sei $A \cup L = A' \cup L'$ mit Nullmengen $N \supset L$ und $N' \supset L'$. Es ist zu zeigen, dass $\mu(A) = \mu(A')$ gilt. Hierzu beachte

$$A \smallsetminus A' \subset (A \cup L) \smallsetminus A' \subset \underbrace{[(A \cup L) \smallsetminus (A' \cup L')]}_{=\emptyset} \cup L' \subset N'.$$

Also ist $\mu(A \smallsetminus A') = 0$ und aus Symmetriegründen auch $\mu(A' \smallsetminus A) = 0$, was bedeutet, dass $\mu(A) = \mu(A')$ ist. Dass die so definierte Funktion $\widehat{\mu}$ ein Maß ist, ist sofort klar, dass sie μ fortsetzt auch.   □

Definition 13.4.22. Ein Massraum $(X, \mathcal{A}, \mu)$ heisst *vollständig*, wenn jede Teilmenge einer Nullmenge in $\mathcal{A}$ liegt, wenn also gilt

$$S \subset N \in \mathcal{A}, \ \mu(N) = 0 \quad \Rightarrow \quad S \in \mathcal{A}.$$

Dann ist die Vervollständigung die kleinste vollständige Erweiterung von $(X, \mathcal{A}, \mu)$.

Beispiele 13.4.23.

(a) Sei $X = \mathbb{R}$ und $\mathcal{A}$ die σ-Algebra $\mathcal{A} = \{\emptyset, \mathbb{R}, \{0\}, \mathbb{R} \smallsetminus \{0\}\}$. Sei schließlich μ das Punktmaß in 0, also

$$\mu(A) = \begin{cases} 1 & 0 \in A, \\ 0 & 0 \notin A. \end{cases}$$

Dann ist $\widehat{\mathcal{A}}$ die gesamte Potenzmenge von $\mathbb{R}$.

(b) Sei $X = \mathbb{R}$ und $\mathcal{A} \subset \mathcal{P}(\mathbb{R})$ irgendeine σ-Algebra und sei μ das Zählmaß. Dann ist $\widehat{\mathcal{A}} = \mathcal{A}$.

(c) Die Lebesgue-σ-Algebra mit dem Lebesgue-Maß λ ist die Vervollständigung der Borel σ-Algebra mit dem Lebesgue-Maß.

Beweis. Dies ist klar nach Satz 13.4.20.   □

13.5 Aufgaben

Aufgabe 13.1. Sei $(A_n)_{n \geq 1}$ eine Folge von Teilmengen von X. Man definiert den *Limes superior* der Folge (A_n) als die Menge

$$\limsup_{n \to \infty} A_n = \left\{ x \in X : x \in A_n \text{ für unendlich viele } n \in \mathbb{N} \right\} = \bigcap_{n=1}^{\infty} \bigcup_{k \geq n} A_k$$

und den *Limes inferior* als

$$\liminf_{n \to \infty} A_n = \left\{ x \in X : \text{ es gibt } n_0 \in \mathbb{N} \text{ mit } x \in A_n \text{ für alle } n \geq n_0 \right\} = \bigcup_{n=1}^{\infty} \bigcap_{k \geq n} A_k.$$

Zeige:

(a) $\left(\limsup_n A_n \right)^c = \liminf_n A_n^c$,

(b) $\mathbf{1}_{\liminf_n A_n} = \liminf_{n \to \infty} \mathbf{1}_{A_n}$ und $\mathbf{1}_{\limsup_n A_n} = \limsup_{n \to \infty} \mathbf{1}_{A_n}$,

(c) $\liminf_n A_n \cap \limsup_n B_n \subset \limsup_n (A_n \cap B_n)$,

(d) $\left(\limsup_n A_n \right) \setminus \left(\liminf_n A_n \right) = \limsup_n (A_n \setminus A_{n+1})$.

Aufgabe 13.2. Sei X eine Menge. Eine Folge $(A_n)_{n \geq 1}$ von Teilmengen von X heißt *konvergent*, falls

$$\limsup_{n \to \infty} A_n = \liminf_{n \to \infty} A_n.$$

In diesem Falle nennt man

$$\lim_{n \to \infty} A_n := \limsup_{n \to \infty} A_n = \liminf_{n \to \infty} A_n$$

den *Limes* der Folge $(A_n)_{n \geq 1}$ und sagt, die Folge $(A_n)_{n \geq 1}$ konvergiert gegen $\lim_{n \to \infty} A_n$. Weiterhin heißt die Folge von Mengen *monoton wachsend*, falls $A_n \subset A_{n+1}$ für alle $n \in \mathbb{N}$ und *monoton fallend*, falls $A_n \supset A_{n+1}$ für alle $n \in \mathbb{N}$.

Zeige:

(a) Jede monotone Folge von Teilmengen von X konvergiert.

(b) Eine Folge (A_n) konvergiert genau dann gegen $A \subset X$, wenn die Funktionenfolge $(\mathbf{1}_{A_n})$ punktweise gegen $\mathbf{1}_A$ konvergiert. (Die Definition von $\mathbf{1}_A$ wird in 1.2.11 gegeben.)

(c) Eine Folge $(A_n)_{n \geq 1}$ von Teilmengen von X konvergiert genau dann gegen die leere Menge, wenn zu jedem $x \in X$ nur endlich viele $n \in \mathbb{N}$ existieren mit $x \in A_n$.

(d) Für zwei konvergente Folgen $(A_n)_{n \in \mathbb{N}}$ und $(B_n)_{n \in \mathbb{N}}$ von Teilmengen einer Menge X konvergieren auch die Folgen

$$(A_n^c), \quad (A_n \cap B_n), \quad (A_n \cup B_n).$$

Aufgabe 13.3. *Zeige*, dass eine σ-Algebra entweder endlich oder überabzählbar ist. (Hinweis: Sei $(X, \mathcal{A})$ ein Messraum. Für $x \in X$ betrachte $\bigcap_{A \in \mathcal{A}, \, x \in A} A$.)

Aufgabe 13.4. (a) (Initial-σ-Algebra). Sei $f_i : X \to X_i$, $i \in I$ eine Familie von Abbildungen in Messräume $(X_i, \mathcal{A}_i)$. *Zeige*, dass es eine kleinste σ-Algebra $\mathcal{A}$ auf X gibt, so dass alle f_i messbar werden. Diese heißt *Initial-σ-Algebra*. Zeige ferner, dass Abbildung $g : Z \to X$ von einem Messraum Z genau dann messbar ist, wenn alle Kompositionen $f_i \circ g$ messbar sind.

(b) (Final-σ-Algebra). Sei $f_i : X_i \to X$, $i \in I$ eine Familie von Abbildungen von Messräumen $(X_i, \mathcal{A}_i)$. *Zeige*, dass es eine größte σ-Algebra $\mathcal{A}$ auf X gibt, so dass alle f_i messbar sind. Diese heißt *Final-σ-Algebra*. Zeige, dass eine Abbildung $g : X \to Z$ in einen Messraum Z genau dann messbar ist, wenn alle Kompositionen $g \circ f_i$ messbar sind.

Aufgabe 13.5. *Beweise oder widerlege:* Ist $f : X \to X$ eine messbare Bijektion auf dem Messraum $(X, \mathcal{A})$, dann ist die Umkehrabbildung f^{-1} ebenfalls messbar.

Aufgabe 13.6. Es sei $(X, \mathcal{A}, \mu)$ ein Maßraum mit $\mu(X) < \infty$ und sei $(A_n)_{n \geq 1}$ eine Folge messbarer Teilmengen von X. Der Limes superior von Mengen ist in Aufgabe 13.1 definiert. *Zeige:*

$$\mu\left(\liminf_{n \to \infty} A_n\right) \leq \liminf_{n \to \infty} \mu(A_n) \leq \limsup_{n \to \infty} \mu(A_n) \leq \mu\left(\limsup_{n \to \infty}(A_n)\right).$$

Aufgabe 13.7. Sei $\mu \neq 0$ ein Maß auf der Borel-σ-Algebra von $\mathbb{R}$, welches nur die Werte 0 und 1 annimmt. *Zeige,* dass es ein $x_0 \in \mathbb{R}$ gibt, so dass

$$\mu(A) = \begin{cases} 1 & x_0 \in A, \\ 0 & x_0 \notin A. \end{cases}$$

Aufgabe 13.8. Sei $(X, \mathcal{A}, \mu)$ ein Maßraum mit $\mu(X) < \infty$. Für $S \subset X$ sei

$$\mu^*(S) = \inf\left\{\mu(A) : S \subset A \in \mathcal{A}\right\}.$$

Man zeige:

(a) Die Abbildung μ^* ist ein äußeres Maß. Die σ-Algebra der μ^*-messbaren Mengen, $\mathcal{A}^*$, ist genau die μ-Vervollständigung $\widehat{\mathcal{A}}$ von $\mathcal{A}$.

(b) Die Aussage von Teil (a) bleibt richtig, wenn μ nur als σ-endlich vorausgesetzt wird und sie wird falsch, wenn man auf diese Voraussetzung verzichtet.

Aufgabe 13.9. Sei $(X, \mathcal{A}, \mu)$ ein Maßraum und seien $A_1, A_2, \ldots$ messbare Mengen. Es gelte $\sum_{k=1}^{\infty} \lambda(A_k) < \infty$. *Zeige,* dass es eine Nullmenge N gibt, so dass für jedes $x \in X \setminus N$ die Menge

$$\{k \in \mathbb{N} : x \in A_k\}$$

endlich ist.

Aufgabe 13.10. Sei $A \subset \mathbb{R}$ eine Teilmenge. Ein Punkt $x_0 \in \mathbb{R}$ heißt *Häufungspunkt* von A, falls jede Umgebung U von x_0 unendlich viele Punkte aus A enthält. (Warnung: dieser Begriff unterscheidet sich vom Begriff des Häufungspunktes einer Folge in Definition 8.5.9.) Sei $A \subset \mathbb{R}$ und sei $H(A)$ die Menge der Häufungspunkte von A. *Zeige:*

(a) Die Menge $H(A) \subset \mathbb{R}$ ist abgeschlossen.

(b) Die Menge $A \setminus H(A)$ ist abzählbar.

(c) Sei $A \subset \mathbb{R}$ Lebesgue-messbar. Ist $H(A)$ eine Nullmenge, dann ist A eine Nullmenge. Gilt auch die Umkehrung?

Aufgabe 13.11. Eine Teilmenge $T \subset \mathbb{R}$ heißt *total messbar*, wenn jede Teilmenge von T Lebesgue-messbar ist. *Zeige,* dass eine Menge T genau dann total messbar ist, wenn T eine Lebesgue-Nullmenge ist.
(Hinweis: Man orientiere sich an dem Beweis von Satz 13.4.15.)

Aufgabe 13.12. *Zeige,* dass es für jedes $0 \leq a < 1$ eine kompakte Menge $C \subset [0, 1]$ gibt, so dass

(a) $\lambda(C) = a$ und

(b) C enthält kein Intervall positiver Länge.

(Hinweis: Man orientiere sich an der Konstruktion des Cantorschen Diskontinuums. Man entferne nur bei jedem Schritt weniger als ein Drittel.)

Mehr Aufgaben und Lösungen finden Sie in dem Begleitbuch *Übungsbuch zur Analysis, Springer-Verlag 2020.*

Kapitel 14

Integration

In diesem Kapitel wird die Lebesguesche Integrationstheorie eingeführt, die es erlaubt, mehr Funktionen zu integrieren als in der Riemannschen Theorie möglich ist. Ferner gelten in dieser Integrationstheorie bessere Konvergenzsätze, wie der Satz der monotonen Konvergenz oder der Satz der dominierten Konvergenz.

Sei im Folgenden $(X, \mathcal{A}, \mu)$ ein Maßraum.

14.1 Integrale positiver Funktionen

Definition 14.1.1. Für eine einfache Funktion

$$s = \sum_{j=1}^{n} c_j \mathbf{1}_{A_j}, \quad c_j > 0,$$

mit paarweise verschiedenen c_j und paarweise disjunkten $A_j \in \mathcal{A}$ wird die Zahl

$$\int_X s(x)\, d\mu(x) := \sum_{j=1}^{n} c_j \mu(A_j) \in [0, \infty]$$

das *Integral* von s genannt. Hierbei ist die Darstellung von s in der Form $s = \sum_{j=1}^{n} c_j \mathbf{1}_{A_j}$ nicht eindeutig, da man zum Beispiel eines der A_j in zwei disjunkte Teile zerlegen kann, wegen der Additivität von μ ist das Integral aber eindeutig bestimmt.

Lemma 14.1.2. *Seien s, t einfache Funktionen mit Werten in $[0, \infty)$, dann gilt*

$$s \le t \quad \Rightarrow \quad \int_X s(x)\, d\mu(x) \le \int_X t(x)\, d\mu(x),$$

325

© Springer-Verlag GmbH Deutschland, ein Teil von Springer Nature 2021
A. Deitmar, *Analysis*, https://doi.org/10.1007/978-3-662-62858-4_14

sowie

$$\int_X s(x) + t(x)\, d\mu(x) = \int_X s(x)\, d\mu(x) + \int_X t(x)\, d\mu(x).$$

Ist $c \geq 0$, so gilt

$$\int_X cs(x)\, d\mu(x) = c \int_X s(x)\, d\mu(x).$$

Beweis. Indem man die Urbilder $s^{-1}(x)$ und $t^{-1}(x)$ schneidet, findet man eine disjunkte Familie $A_1, \ldots, A_n$ von messbaren Teilmengen $\neq \emptyset$, so dass sich s und t in der Form

$$s = \sum_{j=1}^{n} c_j \mathbf{1}_{A_j}, \qquad t = \sum_{j=1}^{n} d_j \mathbf{1}_{A_j}$$

schreiben lassen. Ist dann $s \leq t$, so folgt $c_j \leq d_j$ für jedes j, woraus die erste Aussage folgt. Wegen $s + t = \sum_{j=1}^{n}(c_j + d_j)\mathbf{1}_{A_j}$ folgt die zweite Aussage. Die dritte ist trivial.   □

Definition 14.1.3. Ist $f : X \to [0, \infty]$ eine messbare Funktion, so definiert man das *Integral* durch

$$\int_X f(x)\, d\mu(x) = \sup_{s \leq f} \int_X s(x)\, d\mu(x),$$

wobei das Supremum über alle einfachen Funktionen s mit $0 \leq s \leq f$ erstreckt wird. Ist $A \subset X$ messbar, so setze $\int_A f(x)\, d\mu(x) = \int_X \mathbf{1}_A(x) f(x)\, d\mu(x)$. Wenn Verwechslungen nicht zu befürchten sind, schreibt man auch einfacher

$$\int_A f\, d\mu$$

statt $\int_A f(x)\, d\mu(x)$. Der Funktionswert $+\infty$ wird hierbei aus beweistechnischen Gründen zugelassen.

Beispiele 14.1.4.

- Ist μ das Zählmaß und $f \geq 0$, so gilt

$$\int_X f\, d\mu = \sum_{x \in X} f(x) = \sup_{\substack{E \subset X \\ \text{endlich}}} \sum_{x \in E} f(x).$$

Proposition 14.1.5. *Seien $f, g : X \to [0, \infty]$ messbare Funktionen.*

a) *Ist $f \leq g$, so folgt $\int_A f\, d\mu \leq \int_A g\, d\mu$.*

b) *Ist $f : X \to [0, \infty]$ messbar, sind weiter $A, B \subset X$ messbar und disjunkt, so gilt*

$$\int_{A \sqcup B} f \, d\mu = \int_A f \, d\mu + \int_B f \, d\mu.$$

c) *Sind $C \subset D$ messbar, so gilt $\int_C f \, d\mu \leq \int_D f \, d\mu$*

d) *ist $0 \leq c < \infty$ eine Konstante, so gilt $\int_A c f \, d\mu = c \int_A f \, d\mu$.*

e) *Ist $\mu(A) = 0$, dann ist $\int_A f \, d\mu = 0$, sogar wenn $f(x) = \infty$ für jedes $x \in A$.*

f) *Ist $\int_X f \, d\mu < \infty$, dann ist die Menge $f^{-1}(\infty) = \{x \in X : f(x) = \infty\}$ eine Nullmenge und für jedes $c > 0$ hat die Menge $f^{-1}\big((c, \infty)\big)$ endliches Maß.*

Beweis. Die Aussage (a) ist klar, falls f und g einfache Funktionen sind. Sind f, g beliebige messbare Funktionen mit Werten in $[0, \infty]$, dann gilt für jede einfache Funktion $s \leq f$ schon $s \leq g$, daher folgt die Behauptung.

(b) Es gibt Folgen einfacher Funktionen $0 \leq s_n, t_n, p_n \leq f$, so dass

$$\int_A s_n \nearrow \int_A f, \quad \int_B t_n \nearrow \int_B f \text{ und } \int_{A \cup B} p_n \nearrow \int_{A \cup B} f.$$

Wobei verlangt werden kann, dass $s_n \equiv 0$ außerhalb von A und $t_n \equiv 0$ außerhalb von B und $p_n \equiv 0$ außerhalb von $A \cup B$ gilt. Ist dann etwa (s_n') eine weitere Folge einfacher Funktionen mit $s_n \leq s_n' \leq f$, so folgt wegen der Monotonie des Integrals $\int_A s_n \leq \int_A s_n' \leq \int_A f$, so dass auch $\int_A s_n'$ gegen $\int_A f$ konvergiert. Indem man also s_n und p_n auf A durch $\max(s_n, p_n)$ ersetzt, kann man annehmen, dass $p_n = s_n$ auf A gilt und ebenso $p_n = t_n$ auf B, zusammen also $p_n = s_n + t_n$. Damit folgt $\int_{A \cup B} p_n \, d\mu = \int_A p_n \, d\mu + \int_B p_n \, d\mu = \int_A s_n \, d\mu + \int_B t_n \, d\mu$. Durch Limesübergang folgt die Behauptung.

Die Aussage (c) folgt aus $\int_D = \int_C + \int_{D \setminus C}$ und dem letzten Teil. Aussage (d) ist klar, da sie für einfache Funktionen gilt. Für (e) sei g die Funktion, die nur den Wert ∞ annimmt. Dann gilt $0 \leq f \leq g$ und es reicht zu zeigen, dass $\int_A g \, d\mu = 0$ ist. Nun ist $s_n = n\mathbf{1}_A$ eine Folge einfacher Funktionen, die monoton wachsend gegen $g\mathbf{1}_A$ konvergiert, also ist

$$\int_A g \, d\mu = \int_X g\mathbf{1}_A \, d\mu = \lim_n \int_X s_n \, d\mu = 0,$$

da jedes einzelne Integral Null ist. Für (f) schließlich sei $A = f^{-1}(\infty)$, dann ist $c\mathbf{1}_A \leq f$ für jedes $c > 0$. also ist $c\mu(A) = \int_X c\mathbf{1}_A \, d\mu \leq \int_X f \, d\mu < \infty$ für jedes $c > 0$. Es folgt $\mu(A) = 0$. Schließlich sei $c > 0$ und $A = f^{-1}((c, \infty))$, so gilt $\mu(A) = \frac{1}{c} \int_X c\mathbf{1}_A(x) \, d\mu(x) \leq \frac{1}{c} \int_X f(x) \, dx < \infty.$ □

Satz 14.1.6 (Satz von der monotonen Konvergenz). *Es seien* $(X, \mathcal{A}, \mu)$ *ein Maßraum und* $f_n : X \to [0, \infty]$, $n \in \mathbb{N}$, *messbare Funktionen mit* $f_n \leq f_{n+1}$. *Sei* $f(x) = \lim_n f_n(x)$ *für jedes* $x \in X$, *dann ist* f *messbar und*

$$\lim_n \int_X f_n \, d\mu = \int_X f \, d\mu.$$

Beweis. Die Messbarkeit des punktweisen Limes f wurde in Satz 13.2.8 bewiesen. Da nun $\int_X f_n \leq \int_X f_{n+1}$, gibt es ein $\alpha \in [0, \infty]$ mit $\int_X f_n \, d\mu \to \alpha$. Da $f_n \leq f$ folgt $\alpha \leq \int_X f \, d\mu$. Sei s eine einfache Funktion mit $0 \leq s \leq f$ und sei c eine Konstante mit $0 < c < 1$. Für $n \in \mathbb{N}$ definiere

$$E_n = \{x \in X : f_n(x) \geq cs(x)\}.$$

Dann ist jedes E_n messbar und es gilt $E_1 \subset E_2 \subset E_3 \subset \ldots$, sowie $X = \bigcup_n E_n$. Weiter gilt

$$\int_X f_n \, d\mu \geq \int_{E_n} f_n \, d\mu \geq c \int_{E_n} s \, d\mu$$

Mit $n \to \infty$ wird daraus $\alpha \geq c \int_X s \, d\mu$. Da dies für jedes $0 < c < 1$ gilt, folgt $\alpha \geq \int_X s \, d\mu$. Da dies für jedes einfache s mit $0 \leq s \leq f$ gilt, folgt schließlich $\alpha \geq \int_X f \, d\mu$. □

Proposition 14.1.7. *Seien* $f, g : X \to [0, \infty]$ *messbar.*

a) *Es gilt* $\int_X f \, d\mu = \lim_n \int_X s_n \, d\mu$ *für jede Folge von einfachen Funktionen* s_n *die monoton wachsend gegen* f *konvergiert.*

b) *Es ist* $\int_X (f + g) \, d\mu = \int_X f \, d\mu + \int_X g \, d\mu..$

Beweis. Teil (a) ist ein Spezialfall des Satzes von der monotonen Konvergenz. Für Teil (b) gilt nach Lemma 14.1.2 für einfache Funktionen. Seien dann $s_n \nearrow f$ und $t_n \nearrow g$ Folgen einfacher Funktionen, die nach Satz 13.2.11 existieren. Dann konvergiert $s_n + t_n$ monoton wachsend gegen $f + g$ und also gilt

$$\int_X (f + g) \, d\mu = \lim_n \int_X (s_n + t_n) \, d\mu = \lim_n \left(\int_X s_n \, d\mu + \int_X t_n \, d\mu \right)$$

$$= \lim_n \int_X s_n \, d\mu + \lim_n \int_X t_n \, d\mu = \int_X f \, d\mu + \int_X g \, d\mu. \qquad \square$$

Korollar 14.1.8. *Seien* $f_n : X \to [0, \infty]$ *messbare Funktionen. Dann gilt*

$$\int_X \sum_{n=1}^\infty f_n \, d\mu = \sum_{n=1}^\infty \int_X f_n \, d\mu.$$

Insbesondere gilt für alle Doppelfolgen $a_{i,j} \geq 0$, $i, j \in \mathbb{N}$,

$$\sum_{i=1}^\infty \sum_{j=1}^\infty a_{i,j} = \sum_{j=1}^\infty \sum_{i=1}^\infty a_{i,j}.$$

Beweis. Die erste Aussage folgt durch Anwendung des Satzes der monotonen Konvergenz auf die Folge $g_n = \sum_{j=1}^n f_j$. Das Beispiel der Doppelfolgen ergibt sich, wenn man $X = \mathbb{N}$ und als μ das Zählmaß wählt. $\qquad\square$

Satz 14.1.9. *Sei* $f : X \to [0, \infty]$ *messbar und für* $A \in \mathcal{A}$ *sei*

$$\tau(A) = \int_A f \, d\mu.$$

Dann ist τ *ein Maß auf* $\mathcal{A}$ *und es gilt* $\int_X g \, d\tau = \int_X g f \, d\mu$ *für jede messbare Funktion* $g : X \to [0, \infty]$.

Man schreibt die zweite Aussage auch sinnfällig als $d\tau = f \, d\mu$.

Beweis. Es gilt $\tau(\emptyset) = 0$. Seien $A_1, A_2, \dots$ paarweise disjunkte Elemente von $\mathcal{A}$ und sei $A = \bigcup_j A_j$. Dann gilt $\mathbf{1}_A f = \sum_j \mathbf{1}_{A_j} f$. Es folgt

$$\tau(A) = \int_X \sum_j \mathbf{1}_{A_j} f \, d\mu = \sum_j \int_{A_j} f \, d\mu = \sum_j \tau(A_j)$$

nach dem Satz der monotonen Konvergenz. Damit ist τ also ein Maß. Schließlich gilt $\int_X g \, d\tau = \int_X g f \, d\mu$, falls $g = \mathbf{1}_A$ für eine messbare Menge A. Wegen Linearität gilt es dann für einfache Funktionen und nach dem Satz der monotonen Konvergenz gilt die Formel allgemein. $\qquad\square$

14.2 Integrale komplexer Funktionen

Definition 14.2.1. Sei $\mathcal{L}^1(\mu)$ die Menge aller messbaren Funktionen $f : X \to \mathbb{C}$ für die gilt

$$\int_X |f| \, d\mu < \infty,$$

wobei $|f|$ die Funktion $x \mapsto |f(x)|$ ist. Man nennt die Funktionen in $\mathcal{L}^1(\mu)$ *Lebesgue-integrierbar* oder einfach nur *integrierbar*.

Definition 14.2.2. Ist h eine reellwertige Funktion, so setze

$$h_+(x) = \max(h(x), 0), \qquad h_-(x) = \max(-h(x), 0).$$

Dann sind h_+ und h_- semi-positiv und es gilt

$$h = h_+ - h_- \quad \text{sowie} \quad h_+ h_- = 0.$$

Lemma 14.2.3. *Ist $f \in \mathcal{L}^1(\mu)$ eine $\mathbb{R}$-wertige Funktion, dann sind auch f_+ und f_- in $\mathcal{L}^1(\mu)$. Man kann daher das Integral von f als*

$$\int_X f \, d\mu = \int_X f_+ \, d\mu - \int_X f_- \, d\mu$$

definieren.

Ist $f = u + iv$ eine $\mathbb{C}$-wertige messbare Funktion, wobei u, v reellwertig sind und ist $f \in \mathcal{L}^1(\mu)$, dann sind auch u und v in $\mathcal{L}^1(X)$. In diesem Fall definiert man

$$\int_X f \, d\mu = \int_X u \, d\mu + i \int_X v \, d\mu \in \mathbb{C}.$$

Beweis. Sei f reellwertig. Die Messbarkeit von $f_\pm$ ergibt sich aus Satz 13.2.5. Wegen $f_\pm \leq |f|$ ist $f_\pm \in \mathcal{L}^1(\mu)$. Sei nun f komplexwertig. Die Messbarkeit der Funktionen u und v ist in Proposition 13.2.6 bewiesen worden. Schließlich gilt $|u|, |v| \leq |f(x)|$, was die Integrierbarkeit von u und v beweist. $\square$

Satz 14.2.4. *Seien $f, g \in \mathcal{L}^1(\mu)$ und $\alpha, \beta \in \mathbb{C}$. Dann ist $\alpha f + \beta g \in \mathcal{L}^1(\mu)$ und es gilt*

$$\int_X \alpha f + \beta g \, d\mu = \alpha \int_X f \, d\mu + \beta \int_X g \, d\mu.$$

Beweis. Die Messbarkeit von $\alpha f + \beta g$ folgt aus Proposition 13.2.6. Es gilt

$$\int_X |\alpha f + \beta g| \, d\mu \leq \int_X |\alpha||f| + |\beta||g| \, d\mu$$

$$= |\alpha| \int_X |f| \, d\mu + |\beta| \int_X |g| \, d\mu < \infty.$$

Also ist $\alpha f + \beta g \in \mathcal{L}^1(\mu)$. Für die Dauer dieses Beweises schreibe $I(f) = \int_X f \, d\mu$. Zum Beweis der Linearität der Abbildung I seien $f, g, h_\pm \in \mathcal{L}^1(\mu)$.

Im Fall dass $f, g \geq 0$ und $c \in [0, \infty)$ wurde gezeigt $I(f + g) = I(f) + I(g)$ und $I(cf) = cI(f)$. Seien nun f und g wieder beliebig, aber reellwertig.

1. *Schritt.* Es gelte $h_\pm \geq 0$ und $f = h_+ - h_-$. Dann gilt $I(f) = I(h_+) - I(h_-)$.

Beweis des ersten Schritts. Es ist $f_+ - f_- = f = h_+ - h_-$, also $f_+ + h_- = h_+ + f_-$. Daher

$$I(f_+) + I(h_-) = I(f_+ + h_-) = I(h_+ + f_-) = I(h_+) + I(f_-)$$

oder $I(f) = I(f_+) - I(f_-) = I(h_+) - I(h_-)$.

2. *Schritt.* Es gilt $I(f + g) = I(f) + I(g)$.

Beweis des zweiten Schritts. Indem man f und g jeweils in Positiv- und Negativteile zerlegt und den ersten Schritt benutzt, sieht man

$$I(f + g) = I\big((f_+ + g_+)\big) - I\big((f_- + g_-)\big)$$
$$= I(f_+) + I(g_+) - I(f_-) - I(g_-) = I(f) + I(g).$$

3. *Schritt.* Für $c < 0$ ändern f und das Integral beide das Vorzeichen und damit folgt die $\mathbb{R}$-Linearität. Durch Zerlegung in Real- und Imaginärteil erhält man dann auch die komplexe Linearität. $\qquad\square$

Satz 14.2.5. *Ist $f \in \mathcal{L}^1(\mu)$, dann gilt $\left|\int_X f \, d\mu\right| \leq \int_X |f| \, d\mu$.*

Beweis. Sei $z = \int_X f \, d\mu \in \mathbb{C}$. Dann existiert $\alpha \in \mathbb{C}$ mit $|\alpha| = 1$ und $\alpha z = |z|$. Sei u der Realteil von αf. Dann ist $u \leq |\alpha f| = |f|$. Also

$$\left|\int_X f \, d\mu\right| = \alpha \int_X f \, d\mu = \int_X \alpha f \, d\mu = \int_X u \, d\mu \leq \int_X |f| \, d\mu. \qquad\square$$

Lemma 14.2.6 (Lemma von Fatou). *Sei $f_n : X \to [0, \infty]$ eine Folge messbarer Funktionen, dann gilt*

$$\int_X (\liminf_n f_n) \, d\mu \leq \liminf_n \int_X f_n \, d\mu.$$

Beweis. Sei $g_k(x) = \inf_{j \geq k} f_j(x)$. Dann gilt $g_k \leq f_k$, also $\int_X g_k \, d\mu \leq \int_X f_k \, d\mu$ und damit $\lim_k \int_X g_k \, d\mu \leq \liminf_k \int_X f_k \, d\mu$. Ferner ist die Folge g_k monoton wachsend, also folgt nach dem Satz der monotonen Konvergenz,

$$\int_X (\liminf_n f_n) \, d\mu = \int_X \lim_k g_k \, d\mu = \lim_k \int_X g_k \, d\mu \leq \liminf_k \int_X f_k \, d\mu. \qquad\square$$

Satz 14.2.7 (Satz von der dominierten Konvergenz). *Sei f_n eine Folge von messbaren komplexwertigen Funktionen auf X so dass der Limes $f(x) = \lim_{n \to \infty} f_n(x)$ für jedes $x \in X$ existiert. Es existiere eine Funktion $g \in \mathcal{L}^1(\mu)$ so dass $|f_n| \le g$ für jedes $n \in \mathbb{N}$. Dann gilt $f \in \mathcal{L}^1(\mu)$ und*

$$\lim_n \int_X f_n \, d\mu = \int_X f \, d\mu.$$

Dieser Satz ist auch unter dem Namen *Satz von Lebesgue* bekannt.

Beweis. Da $|f| \le g$ und g integrierbar ist, ist $f \in \mathcal{L}^1(\mu)$. Da $|f_n - f| \le 2g$, kann man das Lemma 14.2.6 auf die Funktionen $2g - |f_n - f|$ anwenden und erhält

$$\int_X 2g \, d\mu = \int_X \liminf_n \left(2g - |f_n - f|\right) d\mu \le \liminf_n \int_X \left(2g - |f_n - f|\right) d\mu$$

$$= \int_X 2g \, d\mu - \limsup_n \int_X |f_n - f| \, d\mu.$$

Nach Subtraktion von $\int_X 2g \, d\mu$ erhält man $\limsup_n \int_X |f_n - f| \, d\mu \le 0$. Also folgt $\lim_n \int_X |f_n - f| \, d\mu = 0$. Wegen

$$\left| \int_X f_n \, d\mu - \int_X f \, d\mu \right| \le \int_X |f_n - f| \, d\mu \to 0$$

folgt die Behauptung.   □

Satz 14.2.8. *Sei f_n eine Folge messbarer Funktionen mit $\sum_{n=1}^{\infty} \int_X |f_n| \, d\mu < \infty$. Dann konvergiert die Reihe $f(x) = \sum_{n=1}^{\infty} f_n(x)$ absolut außerhalb einer Nullmenge. Sei $f(x) = 0$ falls die Reihe in x nicht absolut konvergiert. Die so definierte Funktion f liegt in $\mathcal{L}^1(\mu)$ und es gilt*

$$\int_X f \, d\mu = \sum_{n=1}^{\infty} \int_X f_n \, d\mu.$$

Beweis. Sei $\phi(x) = \sum_{n=1}^{\infty} |f_n(x)|$. Nach dem Satz der monotonen Konvergenz und der Voraussetzung gilt $\int_X \phi(x) \, d\mu < \infty$. Sei $N = \{x \in X : \phi(x) = \infty\}$. Nach Proposition 14.1.5 ist N eine Nullmenge, also konvergiert die Reihe $f(x)$ außerhalb einer Nullmenge absolut. Da $|f(x)| \le \phi(x)$, ist $f \in \mathcal{L}^1(\mu)$ und wegen $|\sum_{n=1}^{N} f_n(x)| \le \sum_{n=1}^{N} |f_n(x)| \le \phi(x)$ folgt die letzte Aussage aus dem Satz der dominierten Konvergenz. □

Satz 14.2.9.

a) *Sei $f : X \to [0, \infty]$ messbar mit $\int_X f \, d\mu = 0$. Dann ist f eine Nullfunktion, d.h., die Menge $\{x \in X : f(x) \ne 0\}$ hat das Maß Null.*

b) *Sei $f \in \mathcal{L}^1(\mu)$ und $\int_E f \, d\mu = 0$ für alle messbaren $E \subset X$. Dann ist f eine Nullfunktion.*

c) *Ist $f \in \mathcal{L}^1(\mu)$ mit $\left|\int_X f \, d\mu\right| = \int_X |f| \, d\mu$. Dann existiert eine Konstante $\alpha \in \mathbb{C}$ mit $|\alpha| = 1$, so dass $\alpha f = |f|$ fast überall in X gilt.*

Beweis. (a) Für $n \in \mathbb{N}$ sei $E_n = \{x \in X : f(x) \ge \frac{1}{n}\}$. Dann ist E_n messbar und es gilt

$$\mu(E_n) = \int_{E_n} 1 \, d\mu \le n \int_{E_n} f \, d\mu = 0.$$

Daher ist auch $E = \bigcup_n E_n$ eine Nullmenge. Außerhalb von E verschwindet f, ist also eine Nullfunktion.

(b) Setze $f = u + iv$ und $E = \{x \in X : u(x) \ge 0\}$. Der Realteil von $\int_E f \, d\mu$ ist dann $\int_E u_+ \, d\mu$ und aus (a) folgt, dass u_+ eine Nullfunktion ist. Analog sieht man, dass u_-, v_+, v_- und schließlich f Nullfunktionen sind.

(c) Es existiert α so dass $\alpha \int_X f \, d\mu = \int_X |f| \, d\mu$. Aus der Voraussetzung folgt, dass α mit $|\alpha| = 1$ gewählt werden kann. Seien u, v Real- und Imaginärteil von αf, also $\alpha f = u + iv$. Es muss gezeigt werden, dass fast überall $\alpha f = u_+$ gilt, dass also v und u_- Nullfunktionen sind. Es ist $\int_X |f| \, d\mu = \alpha \int_X f \, d\mu = \int_X u \, d\mu + i \int_X v \, d\mu$, also $\int_X v \, d\mu = 0$ und $\int_X u \, d\mu = \int_X \sqrt{u^2 + v^2} \, d\mu$. Daher hat die positive Funktion $\sqrt{u^2 + v^2} - u$ das Integral Null, ist nach Teil (a) also eine Nullfunktion. Nun ist $\sqrt{u^2 + v^2} - u$ in einem $x \in X$ genau dann ungleich Null, wenn $u_-(x) \ne 0$ oder wenn $v(x) \ne 0$ ist, woraus sich ergibt, dass u_- und v Nullfunktionen sind. □

14.3 Parameter und Riemann-Integrale

In diesem Abschnitt werden nützliche Kriterien hergeleitet, die sicherstellen, dass Integrale über Funktionen, die von einem Parameter abhängen, stetige oder differenzierbare Funktionen liefern und dass Limiten und Differentiale mit dem Integral vertauscht werden dürfen. Ferner wird gezeigt, dass Riemann-Integrale auch als Lebesgue-Integrale verstanden werden können, die Lebesguesche Theorie also in der Tat allgemeiner ist.

Satz 14.3.1 (Stetige Abhängigkeit von einem Parameter). *Seien $(X, \mathcal{A}, \mu)$ ein Maßraum und T ein metrischer Raum. Die Funktion $f : T \times X \to \mathbb{C}$ habe folgende Eigenschaften:*

a) *Für jedes $t \in T$ ist $f(t, \cdot) \in \mathcal{L}^1(\mu)$,*

b) *Es gibt eine Nullmenge $N \subset X$ so dass für jedes $x \in X \setminus N$ die Funktion $f(\cdot, x) : T \to \mathbb{C}$ im Punkt $t_0 \in T$ stetig ist.*

c) *Es gibt eine integrierbare Funktion g auf X, so dass für jedes $t \in T$ gilt*

$$|f(t, \cdot)| \le g \qquad \mu - \text{fast überall.}$$

Hierbei darf die Ausnahmemenge N_t von t abhängen. Die Vereinigung aller N_t braucht keine Nullmenge mehr zu sein.

Dann ist die Funktion $F : T \to \mathbb{C}$,

$$F(t) = \int_X f(t, x) \, d\mu(x)$$

stetig im Punkt t_0.

Beweis. Sei t_n eine Folge in T mit Limes t_0. Eine Anwendung des Satzes der dominierten Konvergenz auf die Folge $f_n(x) = f(t_n, x)$ liefert die Behauptung. Hierbei wird der Satz außerhalb der Nullmenge

$$N = N_0 \cup \bigcup_{n \in \mathbb{N}} N_{t_n}$$

angewendet, wobei N_0 die Ausnahmemenge von Bedingung (b) ist, d.h., für jedes $x \in X$, das nicht in der Nullmenge N liegt, ist $f(\cdot, x)$ in t_0 stetig. □

Definition 14.3.2. Sei $(X, \mathcal{A}, \mu)$ ein Maßraum und $I \subset \mathbb{R}$ ein Intervall, sowie $t_0 \in I$. Eine Funktion $f : I \times X \to \mathbb{C}$ heißt *in t_0 fast überall $\mathcal{L}^1$ differenzierbar*, wenn

a) Für jedes $t \in I$ gilt $f(t, \cdot) \in \mathcal{L}^1$.

b) Es gibt eine Nullmenge $N \subset X$, so dass die partielle Ableitung $D_1 f(t_0, x)$ für jedes $x \in N^c$ existiert.

c) Es gibt $g \in \mathcal{L}^1$ so dass für jedes $t_0 \neq t \in I$ gilt

$$\left| \frac{f(t,x) - f(t_0,x)}{t - t_0} \right| \leq g(x)$$

für jedes $x \in N_t^c$ mit einer Nullmenge N_t. Hierbei darf die Ausnahmemenge N_t von t abhängen und die Vereinigung aller N_t braucht keine Nullmenge mehr zu sein.

Satz 14.3.3 (Differentiation unter dem Integralzeichen). *Seien $I \subset \mathbb{R}$ ein Intervall, $t_0 \in I$ und $f : I \times X \to \mathbb{C}$ sei in t_0 fast überall $\mathcal{L}^1$-differenzierbar. Dann ist die Funktion $F : I \to \mathbb{C}$,*

$$F(t) = \int_X f(t,x) \, d\mu(x)$$

im Punkt t_0 differenzierbar, $D_1 f(t_0, \cdot)$ ist integrierbar und es gilt

$$F'(t_0) = \int_X D_1 f(t_0, x) \, d\mu(x).$$

Zusatz. Die Bedingung (c) kann durch folgende Bedingung ersetzt werden:

(c*) Für jedes t existiert $\frac{\partial f}{\partial t}(t, x)$ fast überall in X und es gibt $g \in \mathcal{L}^1$ mit

$$\left| \frac{\partial f}{\partial t}(t, x) \right| \leq g(x) \quad \text{fast überall in } x \in X.$$

Hierbei darf die Ausnahmemenge von t abhängen.

Beweis. Sei $t_n \to t_0$ eine Folge in I. Die Aussage folgt mit dem Satz über majorisierte Konvergenz. Der Zusatz folgt mit dem Mittelwertsatz der Differentialrechnung. $\qquad\qquad\square$

Satz 14.3.4. *Sei f auf dem kompakten Intervall $[a, b] \subset \mathbb{R}$ Riemann-integrierbar. Dann ist f messbar und Lebesgue-integrierbar und es gilt*

$$\int_a^b f(x) \, dx = \int_{[a,b]} f(x) \, d\lambda(x).$$

Beweis. Die Gleichheit der Integrale ist klar für Riemannsche Treppenfunktionen. Seien s_n und t_n Riemannsche Treppenfunktionen mit $s_n \leq s_{n+1} \leq f \leq t_{n+1} \leq t_n$ für jedes n und $\int_{[a,b]} t_n - s_n \, d\lambda = \int_a^b t_n - s_n \to 0$. Die Folge $t_n - s_n$ ist ≥ 0 und monoton fallend. Sei $g \geq 0$ ihr punktweiser Limes. Nach dem Satz der dominierten Konvergenz ist $\int_{[a,b]} g \, d\lambda = \lim_n \int_{[a,b]} t_n - s_n \, d\lambda = 0$. nach Satz 14.2.9 ist g eine Nullfunktion, also gibt es eine Nullmenge N mit $g \equiv 0$ außerhalb von N, d.h., außerhalb von N konvergiert die Folge $t_n - s_n$ punktweise gegen Null, also konvergiert s_n auf N^c gegen f. Insgesamt ist die Folge s_n monoton wachsend und beschränkt, konvergiert also punktweise gegen eine messbare Funktion $\tilde{f}$. Es gilt $\tilde{f} = f$ außerhalb einer Nullmenge, also ist auch f Lebesgue-messbar und es gilt

$$\int_{[a,b]} f \, d\lambda = \int_{[a,b]} \tilde{f} \, d\lambda = \lim_n \int_a^b s_n = \int_a^b f(x) \, dx. \qquad \square$$

Satz 14.3.5 (Uneigentliche Integrale). *Sei I ein Intervall und $f : I \to \mathbb{C}$ sei Riemann-integrierbar auf jedem kompakten Teilintervall von I. Es gilt: f ist genau dann über I in Lebesgueschem Sinne integrierbar, wenn $|f|$ uneigentlich Riemann-integrierbar über I ist. In diesem Fall stimmt das uneigentliche Riemann-Integral von f über I mit dem Lebesgue-Integral überein.*

Da in diesem Satz die uneigentliche Integrierbarkeit von $|f|$ und nicht die von f verlangt wird, kann es uneigentliche Riemann Integrale geben, die keine Lebesgue-Integrale sind. Ein Beispiel ist $\int_1^\infty \frac{\sin x}{x} \, dx$.

Beweis. Es reicht, den Fall eines offenen Intervalls zu betrachten, da der Fall eines halboffenen Intervalls ähnlich behandelt wird. Es es seien also $I = (a, b)$ mit $-\infty \leq a < b \leq \infty$ und $a < a_n < b_n < b$ Folgen mit $a_n \searrow a$ und $b_n \nearrow b$. Dann ist $f = \lim_n f \mathbf{1}_{[a_n,b_n]}$ ein punktweiser Limes messbarer Funktionen also messbar. Weiter gilt nach dem Satz der monotonen Konvergenz

$$\lim_n \int_{a_n}^{b_n} |f(x)| \, dx = \lim_n \int_I |f| \mathbf{1}_{[a_n,b_n]} \, d\lambda = \int_I |f| \, d\lambda.$$

Ist $|f|$ uneigentlich Riemann-integrierbar, dann ist die linke Seite endlich, also auch die rechte und f ist Lebesgue-integrierbar. Ist umgekehrt die Funktion f Lebesgue-integrierbar, so ist die rechte Seite endlich, also auch die linke und f ist uneigentlich Riemann-integrierbar. Ist dies der Fall, so liefert der Satz über die majorisierten Konvergenz mit Majorante $|f|$,

$$\lim_n \int_{a_n}^{b_n} f(x)\, dx = \lim_n \int_I f\mathbf{1}_{[a_n,b_n]}\, d\lambda = \int_I f\, d\lambda. \qquad \square$$

14.4 Der Rieszsche Darstellungssatz

Der Rieszsche Darstellungssatz besagt, dass ein positives Funktional stets ein Integral über ein Maß ist. Dieser Satz wird zur Konstruktion von Maßen mit vorgegebenen Eigenschaften verwendet.

Sei im Folgenden X ein lokalkompakter Hausdorff-Raum und sei $C_c(X)$ die Menge der komplexwertigen stetigen Funktionen mit kompakten Trägern.

Definition 14.4.1. Ein *positives Funktional* auf $C_c(X)$ ist eine lineare Abbildung $\alpha : C_c(X) \to \mathbb{C}$ mit der Eigenschaft

$$f \geq 0 \quad \Rightarrow \quad \alpha(f) \geq 0.$$

Sei μ ein Borel-Maß auf X mit der Eigenschaft, dass jedes $f \in C_c(X)$ integrierbar ist. Dann ist die Abbildung

$$I_\mu : f \mapsto \int_X f\, d\mu$$

ein Funktional $C_c(X) \to \mathbb{C}$. Ist $f \geq 0$, so ist $\int_X f_c(x)\, d\mu \geq 0$, das Integral ist also ein positives Funktional.

Beispiel 14.4.2. Sei $X = \mathbb{R}$ mit dem Zählmaß. Dann ist $f \in C_c(X)$ nur dann integrierbar, wenn $f = 0$.

Das Beispiel zeigt, dass man eine Bedingung an das Maß μ braucht, damit das Funktional I_μ existiert.

Definition 14.4.3. Ein Borel-Maß μ auf einem lokalkompaktem Hausdorff-Raum X heißt *lokal-endlich*, falls jeder Punkt $x \in X$ eine Umgebung U besitzt mit $\mu(U) < \infty$.

Beispiele 14.4.4.

- Auf $X = \mathbb{R}$ ist das Lebesgue-Maß lokal-endlich.

- Auf $X = \mathbb{R}$ ist das Dirac-Maß δ_0 sogar endlich, also lokal-endlich.

- Auf $X = \mathbb{R}$ ist der *Dirac-Kamm* $\delta_{\mathbb{Z}}$ lokal-endlich, wobei $\delta_{\mathbb{Z}}(A) = |A \cap \mathbb{Z}|$.

Proposition 14.4.5. *Sei X ein lokalkompakter Hausdorff-Raum. Für ein Borel-Maß μ sind äquivalent:*

(a) μ *ist lokal-endlich,*

(b) $\mu(K) < \infty$ *für jede kompakte Menge $K \subset X$,*

(c) *jedes $f \in C_c(X)$ ist integrierbar.*

Beweis. (a)$\Leftrightarrow$(b): Sei μ lokal-endlich und $K \subset X$ kompakt. Dann besitzt jedes $x \in K$ eine offene Umgebung U_x endlichen Maßes. Diese U_x bilden eine offene Überdeckung von K, es reichen also endlich viele $U_1, \dots, U_n$. Damit ist $\mu(K) \leq \mu(U_1) + \cdots + \mu(U_n) < \infty$. Die Rückrichtung gilt, da jeder Punkt eine kompakte Umgebung besitzt.

(b)$\Leftrightarrow$(c): Sei nun (b) erfüllt und $f \in C_c(X)$. Sei C der Träger von f und sei $M = \max_{x \in X} |f(x)|$, dann ist $|f| \leq M\mathbf{1}_C$, daher ist $\int_X |f| \, d\mu \leq M\mu(C) < \infty$. Also ist f integrierbar. Für die Rückrichtung sei $K \subset X$ kompakt. Nach dem Lemma von Urysohn existiert ein $f \in C_c(X)$ mit $f \geq \mathbf{1}_K$. Daher ist $\mu(K) = \int_X \mathbf{1}_K \, d\mu \leq \int_X f \, d\mu < \infty$. $\square$

Beispiel 14.4.6. Sei X eine überabzählbare Menge mit der diskreten Topologie. Sei $\mathcal{A}$ die (co-)abzählbar σ-Algebra und sei $\mu(E) = 0$ falls E abzählbar und $\mu(E) = 1$ falls E^c abzählbar. Dann ist $C_c(X)$ die Menge der Funktionen $f : X \to \mathbb{C}$ mit endlichen Trägern, also ist jedes solche f integrierbar mit $\int_X f \, d\mu = 0$.

Das Beispiel zeigt, dass die Abbildung $\mu \mapsto I_\mu$ nicht injektiv ist. Sie wird injektiv, sogar bijektiv, wenn man sie auf sogenannte Radon-Maße einschränkt.

Definition 14.4.7. Ein *Radon-Maß* auf einem lokalkompakten Hausdorff-Raum X ist ein lokal-endliches Borel-Maß μ mit den folgenden Eigenschaften:

a) das Maß μ ist *regulär von außen* , d.h., für jede messbare Menge E ist

$$\mu(E) = \inf_{\substack{U \supset E \\ U \text{ offen}}} \mu(U).$$

b) Das Maß μ ist *schwach regulär von innen* , d.h., für jede offene Menge U, gilt

$$\mu(U) = \sup_{\substack{K \subset U \\ K \text{ kompakt}}} \mu(K).$$

Beispiel 14.4.8. Das Lebesgue-Maß auf $\mathbb{R}$ ist ein Radon-Maß. Ebenso das Dirac Maß δ_0 und der Dirac-Kamm $\delta_{\mathbb{Z}}$.

Lemma 14.4.9. *Für jedes Radon Maß μ auf X und jede messbare Menge $A \subset X$ endlichen Maßes gilt*

$$\mu(A) = \sup_{\substack{K \subset A \\ K \text{ kompakt}}} \mu(K).$$

Das heißt, nicht nur die offenen Mengen, sondern auch die Mengen endlichen Maßes sind von innen regulär.

Beweis. Sei zunächst A eine Teilmenge eines Kompaktums L und sei $T = L \smallsetminus A$. Zu gegebenem $\varepsilon > 0$ existiert eine offene Menge $W \supset T$ mit $\mu(W \smallsetminus T) < \varepsilon$. Die Menge $K = L \smallsetminus W$ ist abgeschlossen in L, also kompakt, und es gilt

$$K = L \smallsetminus W \subset L \smallsetminus T = L \smallsetminus (L \smallsetminus A) = A.$$

Ferner ist

$$\mu(A \smallsetminus K) = \mu(A \smallsetminus (L \smallsetminus W)) \leq \mu(W \smallsetminus (L \smallsetminus A)) = \mu(W \smallsetminus T) < \varepsilon.$$

Sei nun A eine beliebig mit $\mu(A) < \infty$. Wegen der äusseren Regularität existiert eine offene Menge $U \supset A$ endlichen Maßes. Da U von innen regulär ist, existiert ein Kompaktum $L \subset U$ so dass $\mu(U \smallsetminus L) < \varepsilon/2$. Es ist dann $\mu(A) = \mu(A \cap L) + \mu(A \smallsetminus L)$ und $\mu(A \smallsetminus L) \leq \mu(U \smallsetminus L) < \varepsilon/2$. Sei $B = A \cap L$. Nach dem ersten Teil existiert ein Kompaktum $K \subset B$ mit $\mu(B \smallsetminus K) < \varepsilon/2$ und es folgt

$$\mu(A \smallsetminus K) = \mu(B \smallsetminus K) + \mu(A \smallsetminus L) < \varepsilon/2 + \varepsilon/2 = \varepsilon. \qquad \square$$

Satz 14.4.10 (Darstellungssatz von Riesz). *Sei X ein lokalkompakter Hausdorff-Raum. Zu jedem positiven Funktional $P : C_c(X) \to \mathbb{C}$ gibt es genau ein Radon-Maß μ mit*

$$P(f) = \int_X f \, d\mu.$$

Beweis. Die Eindeutigkeit wird zuerst gezeigt. Wegen der äusseren Regularität ist ein Radon-Maß μ durch seine Werte auf den offenen Mengen bestimmt. Wegen der inneren Regularität ist es durch seine Werte auf den kompakten Mengen festgelegt. Seien nun also μ und τ zwei Radon-Maße mit $I_\mu = I_\tau$. Es ist zu zeigen, dass $\mu(K) = \tau(K)$ für jedes Kompaktum $K \subset X$

gilt. Sei also K ein solches Kompaktum und sei $\varepsilon > 0$. Nach der äusseren Regularität existiert eine offene Menge $U \supset K$ mit $\mu(U) \le \mu(K) + \varepsilon$. Nach dem Lemma von Urysohn gibt es $f \in C_c(U)$ mit $\mathbf{1}_K \le f \le 1$. Also ist

$$\tau(K) \le \int_X f \, d\tau = \int_X f \, d\mu \le \mu(U) \le \mu(K) + \varepsilon.$$

Da ε beliebig ist, folgt $\tau(K) \le \mu(K)$, aus Symmetriegründen folgt Gleichheit.

Nun zur Existenz: Sei P ein positives Funktional auf $C_c(X)$. Für jede offene Menge $U \subset X$ definiere

$$\mu(U) = \sup_{\substack{f \in C_c(U) \\ 0 \le f \le 1}} P(f),$$

wobei wie üblich jedes $f \in C_c(U)$ nach Fortsetzung durch Null als Element von $C_c(X)$ aufgefasst wird. Für eine beliebige Teilmenge $A \subset X$ sei dann

$$\mu(A) = \inf_{\substack{U \supset A \\ U \text{ offen}}} \mu(U).$$

Die Abbildung μ ist ein äußeres Maß, denn

- Es gilt $\mu(\emptyset) = 0$.

- μ ist monoton, d.h., $A \subset B \quad \Rightarrow \quad \mu(A) \le \mu(B)$.

- μ ist σ-subadditiv, also für $A_1, A_2, \ldots$ messbare Mengen und ihre Vereinigung A gilt

$$\mu(A) \le \sum_n \mu(A_n).$$

Nur die σ-Subadditivität ist nicht sofort einsehbar. Der Beweis benötigt folgendes Lemma.

Lemma 14.4.11. *Sei X ein lokalkompakter Hausdorff-Raum und seien U, V beliebige offene Teilmengen von X. Für jedes $f \in C_c(U \cup V)$ existieren dann $f_U \in C_c(U)$, $f_V \in C_c(V)$, so dass*

$$f = f_U + f_V.$$

Gilt zusätzlich $0 \le f \le 1$, so kann man auch $0 \le f_U, f_V \le 1$ verlangen.

Beweis. Sei $K \subset U$ das Kompaktum supp $f \smallsetminus V$. Nach dem Lemma von Urysohn gibt es eine offene Menge W so dass $\overline{W}$ kompakt ist und dass gilt

$$K \subset W \subset \overline{W} \subset U.$$

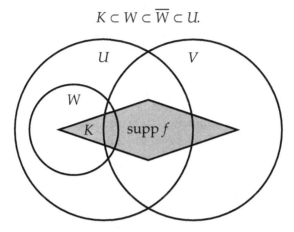

Ferner existiert ein $\phi \in C_c(U)$ mit $0 \le \phi \le 1$ und $\phi \equiv 1$ auf $\overline{W}$. Setze

$$f_U = \phi f, \qquad f_V = f - f_U.$$

Diese Funktionen erfüllen das Lemma. $\qquad\qquad\qquad\qquad\qquad\square$

Das Lemma hat die unmittelbare Konsequenz: $\mu(U \cup V) \le \mu(U) + \mu(V)$. Durch Induktion folgt für offene Mengen U_j,

$$\mu\left(\bigcup_{j=1}^{n} U_j\right) \le \sum_{j=1}^{n} \mu(U_j).$$

Hieraus wird nun die σ-Subadditivität für offene Mengen gefolgert. Seien $U_1, U_2, \cdots \subset X$ offen und sei $U = \bigcup_j U_j$ ihre Vereinigung. Sei $f \in C_c(U)$ mit $0 \le f \le 1$. Da der Träger von f kompakt ist, existiert ein $n \in \mathbb{N}$ so dass supp $f \subset \bigcup_{j=1}^{n} U_j$. Daher gilt

$$P(f) \le \mu\left(\bigcup_{j=1}^{n} U_j\right) \le \sum_{j=1}^{n} \mu(U_j) \le \sum_{j=1}^{\infty} \mu(U_j).$$

Da $\mu(U)$ das Supremum über alle solchen $P(f)$ ist, folgt $\mu(U) \le \sum_{j=1}^{\infty} \mu(U_j)$. Schließlich folgt die σ-Subadditivität für beliebige Mengen: Sei $A_1, A_2, \cdots \subset X$ beliebig und sei $\varepsilon > 0$. Zu jedem $n \in \mathbb{N}$ fixiere eine offene Menge $U_n \supset A_n$ mit $\mu(U_n) \le \mu(A_n) + \frac{\varepsilon}{2^n}$. Dann ist $U = \bigcup_n U_n$ eine offene Umgebung von A mit der Eigenschaft

$$\mu(A) \le \mu(U) \le \sum_n \mu(U_n) \le \sum_n \mu(A_n) + \varepsilon.$$

Da ε beliebig war, ist die Subadditivität gezeigt. Es folgt, dass μ auf den μ-messbaren Mengen ein Maß ist. Es reicht also zu zeigen, dass die Borel-Mengen μ-messbar sind. Da die Borel-σ-Algebra von den offenen Mengen erzeugt wird, reicht es zu zeigen, dass jede offene Menge μ-messbar ist. Sei also $U \subset X$ offen. Es ist zu zeigen, dass für eine beliebige Menge $Q \subset X$ gilt

$$\mu(Q) \geq \mu(Q \cap U) + \mu(Q \cap U^c).$$

Betrachte zunächst den Fall, dass $Q = V$ eine offene Menge ist. Dann kann $\mu(V) < \infty$ angenommen werden. Sei $\varepsilon > 0$ und sei $f \in C_c(V \cap U)$ mit $0 \leq f \leq 1$ und $P(f) > \mu(V \cap U) - \varepsilon/2$. Sei $W = V \setminus \operatorname{supp} f$. Dann ist W offen, es gilt $W \supset V \cap U^c$ und es gibt ein $g \in C_c(W)$ mit $0 \leq g \leq 1$ und $P(g) > \mu(W) - \varepsilon/2$. Da die Träger von f und g disjunkt sind, gilt $0 \leq f + g \leq 1$, sowie $\operatorname{supp}(f + g) \subset V$, also folgt

$$\begin{aligned}
\mu(V) &\geq P(f + g) = P(f) + P(g) \\
&\geq \mu(V \cap U) - \varepsilon/2 + \mu(W) - \varepsilon/2 \\
&\geq \mu(V \cap U) + \mu(V \cap U^c) - \varepsilon.
\end{aligned}$$

da ε beliebig ist, folgt

$$\mu(V) \ \geq \ \mu(V \cap U) + \mu(V \cap U^c).$$

Sei nun $Q \subset X$ beliebig und $\delta > 0$, dann existiert eine offene Menge $V \supset Q$ mit $\mu(V) < \mu(Q) + \delta$. Es folgt

$$\begin{aligned}
\mu(Q) &\geq \mu(V) - \delta \\
&\geq \mu(V \cap U) + \mu(V \cap U^c) - \delta \\
&\geq \mu(Q \cap U) + \mu(Q \cap U^c) - \delta.
\end{aligned}$$

da δ beliebig klein gewählt werden kann, folgt

$$\mu(Q) \ \geq \ \mu(Q \cap U) + \mu(Q \cap U^c).$$

Es ist also jede offene Menge U schon μ-messbar und damit definiert μ ein lokal-endliches Borel-Maß. Es bleibt zu zeigen, dass dieses Maß das Funktional P darstellt, dass also für jedes $f \in C_c(X)$ gilt $P(f) = \int_X f \, d\mu$. Wegen Linearität reicht es, dies für $f \geq 0$ zu zeigen. Aus der Stetigkeit von f schließt man, dass es eine Folge von einfachen Funktionen der Form $s = \sum_{j=1}^n c_j \mathbf{1}_{U_j}$ mit offenen U_j gibt, die monoton gegen f wächst. Dann ist

$$\int_X f \, d\mu = \sup_s \sum_{j=1}^n c_j \mu(U_j).$$

Da $\mu(U_j) = \sup_{0 \le g \le \mathbf{1}_{U_j}} P(g)$ mit $g \in C_c(X)$ gilt, folgt

$$\int_X f \, d\mu = \sup_{s \le f} \sup_{g \le s} P(g) \le P(f).$$

Ebenso gibt es eine Folge von Funktionen der Form $\sum_{j=1}^n c_j \mathbf{1}_{K_j}$ mit kompakten K_j, die monoton von oben gegen f konvergiert. Nach dem Satz der dominierten Konvergenz ist das Integral also der Limes der Ausdrücke $\sum_{j=1}^n c_j \mu(K_j)$, die wiederum Limiten von Ausdrücken der Form $\sum_{j=1}^n c_j \mu(U_j)$ sind mit offenen $U_j \supset K_j$. Diese $\mu(U_j)$ lassen sich annähern durch $P(g_j)$ mit $\mathbf{1}_{K_j} \le g_j \le \mathbf{1}_{U_j}$. Es gibt daher eine Folge $g_k \in C_c(X)$ mit $g_k \ge f$ und

$$\int_X f \, d\mu = \lim_k P(g_k) \ge P(f).$$

Zu guter Letzt zur Regularität von μ: Die äussere Regularität ist nach Definition von μ klar. Die innere Regularität folgt so: Sei $U \subset X$ offen, so ist $\mu(U) = \sup_{\substack{0 \le g \le 1 \\ g \in C_c(U)}} P(g)$. für ein solches g sei $K = \operatorname{supp} g \subset U$, dann gilt $P(g) = \int_X g \, d\mu \le \mu(K) \le \mu(U)$, also folgt auch

$$\mu(U) = \sup_{\substack{K \subset U \\ K \text{ kompakt}}} \mu(K). \qquad \square$$

Beispiel 14.4.12. Die Abbildung $f \mapsto f(0)$ stellt das Dirac-Maß dar, die Abbildung $f \mapsto \sum_{k \in \mathbb{Z}} f(k)$ den Dirac-Kamm.

14.5 Signierte Maße

Definition 14.5.1. Sei $(X, \mathcal{A})$ ein Messraum. Ein *signiertes Maß* auf $\mathcal{A}$ ist eine Abbildung $\mu : \mathcal{A} \to [-\infty, \infty]$, die höchstens einen der beiden Werte $\pm\infty$ annimmt und σ-additiv ist, die also

$$\mu\left(\bigcup_{j=1}^\infty E_j\right) = \sum_{j=1}^\infty \mu(E_j)$$

für jede Folge $E_j \in \mathcal{A}$ paarweise disjunkter Mengen erfüllt, wobei die Summe absolut konvergiert. Ferner verlangt man, dass es eine messbare Menge A gibt, so dass $\mu(A) \in \mathbb{R}$ gilt. Wie in Satz 13.3.4 folgt dann, dass $\mu(\emptyset) = 0$ gilt.

Zur Unterscheidung werden Maße mit Werten in $[0, \infty]$ in diesem Abschnitt *positive Maße* genannt.

Beispiel 14.5.2. Beispiel: Sei μ ein positives Maß und sei $f \in L^1(\mu)$ reellwertig. Dann ist

$$\tau(E) = \int_E f \, d\mu$$

ein signiertes Maß, wie aus dem Satz der dominierten Konvergenz folgt.

Es soll nun gezeigt werden, dass jedes signierte Maß von dieser Form ist, also als Integral einer Funktion über ein positives Maß geschrieben werden kann.

Definition 14.5.3. Eine messbare Teilmenge $N \subset X$ heißt μ-*Nullmenge* für ein signiertes Maß μ, falls

$$\mu(S) = 0 \quad \text{für jede messbare Teilmenge } S \subset N.$$

Man sagt: Zwei Teilmengen $A, B \subset X$ eines (signierten) Maßraums *unterscheiden sich um eine Nullmenge*, falls

$$A \triangle B := (A \smallsetminus B) \cup (B \smallsetminus A)$$

eine Nullmenge ist. Man nennt die Menge $A \triangle B$ die *symmetrische Differenz* von A und B.

Satz 14.5.4 (Hahns Zerlegungssatz). *Sei $\tau : \mathcal{A} \to \mathbb{R}$ ein signiertes Maß. Dann gibt es disjunkte messbare Mengen $X_-, X_+ \subset X$ mit*

$$X = X_- \cup X_+,$$

so dass $\tau(A \cap X_+) \geq 0$ und $\tau(A \cap X_-) \leq 0$ für jedes messbare $A \subset X$ gilt. Man definiert

$$\tau_+(A) = \tau(A \cap X_+) \quad \text{und} \quad \tau_-(A) = -\tau(A \cap X_-)$$

Dann sind τ_+ und τ_- positive Maße und $\tau = \tau_+ - \tau_-$. Sei $f = \mathbf{1}_{X_+} - \mathbf{1}_{X_-}$ dann folgt

$$\tau(A) = \int_A f \, d|\tau|,$$

wobei $|\tau|$ das positive Maß $\tau_+ + \tau_-$ ist. Die Mengen X_+ und X_- sind bis auf Nullmengen eindeutig bestimmt.

Definition 14.5.5. Man nennt das positive Maß $|\tau|$ auch die *Totalvariation* von τ.

Eine messbare Menge $P \subset X$ heißt τ-*positive Menge*, falls $\tau(T) \geq 0$ für jede messbare Teilmenge T von P gilt.

Lemma 14.5.6. *Sei τ ein signiertes Maß auf X, welches den Wert $-\infty$ nicht annimmt. Jede messbare Teilmenge $A \subset X$ enthält eine τ-positive Teilmenge $P \subset A$ mit $\tau(P) \geq \tau(A)$.*

Beweis des Lemmas. Ist $\tau(A) \leq 0$, so kann man $P = \emptyset$ wählen. Sei also $\tau(A) > 0$ angenommen. Zunächst wird gezeigt: Zu jedem $\varepsilon > 0$ gibt es eine Teilmenge $A[\varepsilon]$ mit $\tau(A[\varepsilon]) \geq \tau(A)$ und $\tau(T) > -\varepsilon$ für jede messbare Teilmenge $T \subset A[\varepsilon]$. *Angenommen*, dies ist nicht der Fall. Dann gibt es ein $\varepsilon > 0$ so dass jede messbare Teilmenge $C_1 \subset A$ mit $\tau(C_1) \geq \tau(A)$ eine messbare Teilmenge $B_1 \subset C_1$ mit $\tau(B_1) \leq -\varepsilon$ enthält. Setze dann $C_2 = C_1 \smallsetminus B_1$, dann ist $C_2 \subset A$ und

$$\tau(C_2) = \tau(C_1) - \tau(B_1) \geq \tau(A) + \varepsilon \geq \tau(A).$$

Also enthält auch C_2 eine messbare Teilmenge B_2 mit $\tau(B_2) \leq -\varepsilon$. Man wiederholt diesen Schluss und erhält eine disjunkte Folge messbarer Mengen $B_1 \subset A$, $B_k \subset A \smallsetminus (B_1 \cup \cdots \cup B_{k-1})$ so dass $\tau(B_k) \leq -\varepsilon$. Da die B_k paarweise disjunkt sind, folgt $\tau(\bigcup_k B_k) = -\infty$, *Widerspruch!*

Sei nun $A_1 = A[1]$ und induktiv sei $A_{n+1} = A_n[1/n]$ gesetzt. Dann ist (A_n) eine fallende Folge von Mengen mit $\tau(A_n) \geq \tau(A)$ so dass $P = \bigcap_n A_n$ positiv ist und $\tau(P) \geq \tau(A)$ gilt. $\qquad \square$

Beweis des Satzes. Indem man τ gegebenenfalls durch $-\tau$ ersetzt, kann man annehmen, dass τ den Wert $-\infty$ nicht annimmt. Sei $\alpha = \sup\{\tau(A) : A \in \mathcal{A}\} \in [0, \infty]$. Dann existiert eine Folge positiver Mengen P_n mit $\tau(P_n) \to \alpha$. Die Menge $X_+ = \bigcup_n P_n$ ist positiv und $X_- = X \smallsetminus X_+$ muss strikt negativ sein, denn sobald sie eine Teilmenge A positiven Maßes enthält, folgt $\tau(X_+ \cup A) > \alpha$, was ein Widerspruch ist.

Nun zum Schluss die Eindeutigkeit der Zerlegung. Sei $X'_+ \cup X'_-$ eine zweite Zerlegung, es ist dann zu zeigen, dass $X_+ \Delta X'_+$ und $X_- \Delta X'_-$ Nullmengen sind. Beide sind Teilmengen von $X_+ \cap X'_-$ vereinigt mit $X_- \cap X'_+$. Die Menge $X_+ \cap X'_-$ ist positiv als Teilmenge von X_+, aber auch negativ als Teilmenge von X'_-, also ist sie eine Nullmenge. Ebenso ist $X_- \cap X'_+$ eine Nullmenge. $\qquad \square$

14.6 Aufgaben und Bemerkungen

Aufgaben

Aufgabe 14.1. Sei X eine Menge und sei $\mu : \mathcal{P}(X) \to [0, \infty]$ das Zählmaß. *Zeige*, dass für jede Funktion $f : X \to [0, \infty)$ gilt

$$\sup_{\substack{E \subset X \\ E \text{ endlich}}} \sum_{x \in E} f(x) = \int_X f \, d\mu.$$

Man schreibt in diesem Fall auch $\sum_{x \in X} f(x)$ für dieses Integral.

Aufgabe 14.2. (a) Seien $I \subset \mathbb{R}$ ein offenes Intervall und $\emptyset \neq K \subset I$ kompakt.
Zeige, dass es eine Folge stetiger Funktionen g_n mit kompakten Trägern in I gibt, die monoton von oben gegen $\mathbf{1}_K$ konvergiert.

(b) Seien A, B Lebesgue-messbare Teilmengen von $\mathbb{R}$ mit endlichem Maß. *Zeige,* dass die Funktion

$$f_{A,B} : x \mapsto \lambda(A \cap (x + B))$$

stetig ist, wobei λ das Lebesgue-Maß bezeichnet.

(Hinweis: Stelle $f_{A,B}$ als Integral dar und benutze die Regularität des Lebesgue-Maßes.)

Aufgabe 14.3. Sei λ das Lebesgue-Maß auf $\mathbb{R}$ und sei $f : \mathbb{R} \to \mathbb{R}$ Lebesgue-integrierbar. *Zeige:*

$$\lim_{n \to \infty} f(x + n) = 0 = \lim_{n \to \infty} f(x - n)$$

für λ-fast alle $x \in \mathbb{R}$.

Aufgabe 14.4. Sei $(X, \mathcal{A}, \mu)$ ein Maßraum und $(X, \widehat{\mathcal{A}}, \widehat{\mu})$ seine Vervollständigung wie in Satz 13.4.21. *Zeige,* dass es zu jedem $f \in \mathcal{L}^1(\widehat{\mu})$ ein $g \in \mathcal{L}^1(\mu)$ gibt, so dass $f = g$ außerhalb einer μ-Nullmenge. Für jedes $B \in \mathcal{A}$ gilt:

$$\int_B f \, d\widehat{\mu} = \int_B g \, d\mu.$$

Aufgabe 14.5. Sei $(X, \mathcal{A}, \mu)$ ein Maßraum mit $\mu(X) < \infty$ und sei (f_j) eine Folge messbarer Funktionen $f_j : X \to \mathbb{R}$, die punktweise gegen $f : X \to \mathbb{R}$ konvergiert. *Zeige,* dass für jedes $\varepsilon > 0$ ein $\Omega_\varepsilon \in \mathcal{A}$ existiert, so dass $\mu(\Omega_\varepsilon^c) < \varepsilon$ und die Folge f_j gleichmäßig auf Ω_ε gegen f konvergiert.

Aufgabe 14.6. Sei $f : X \to [0, \infty)$ eine messbare Funktion. *Zeige:*

$$\lim_{n \to \infty} n \int_X \log\left(1 + \frac{f}{n}\right) d\mu = \int_X f \, d\mu.$$

Aufgabe 14.7. Sei $(X, \mathcal{A})$ ein Messraum. Seien $\mu, \mu_1, \mu_2, \dots$ endliche Maße auf X, so dass für jedes messbare $A \subset X$ die Folge $(\mu_j(A))$ gegen $\mu(A)$ konvergiert. *Zeige,* dass für jede beschränkte messbare Funktion f gilt

$$\lim_{j \to \infty} \int_X f \, d\mu_j = \int_X f \, d\mu.$$

Aufgabe 14.8. Sei λ das Lebesgue-Maß auf $\mathbb{R}$ und $f \in \mathcal{L}^1(\lambda)$. *Zeige,* dass die Funktion $F : [0, \infty) \to \mathbb{C}$

$$F(x) := \int_{[0,x]} f \, d\lambda$$

gleichmäßig stetig ist.

Aufgabe 14.9. *Zeige,* dass die Gamma-Funktion (Definition 6.4.9) auf dem Intervall $(0, \infty)$ differenzierbar ist.

Aufgabe 14.10. Seien $a < b$ reelle Zahlen und sei $f : [a, b] \to \mathbb{R}$ eine beschränkte Funktion. *Zeige,* dass die folgenden Punkte (a) und (b) äquivalent sind.

(a) f ist Riemann-integrierbar,

(b) f ist stetig ausserhalb einer Nullmenge.

Mehr Aufgaben und Lösungen finden Sie in dem Begleitbuch *Übungsbuch zur Analysis, Springer-Verlag 2020.*

Bemerkungen

In der Literatur findet man auch einen etwas anderen Begriff des Radon-Maßes, es wird wird dann als von innen regulär vorausgesetzt. Ist der Grundraum σ-endlich, stimmen die beiden Begriffe überein und der Satz von Riesz gilt in beiden Varianten. In diesem Buch wurde die Definition präsentiert, die in dem Buch von Walter Rudin [Rud87] benutzt wird. Diese Definition hat den weiteren Vorteil, dass es mit dieser Definition etwa einen Fubini-Satz für nicht σ-endliche Radon-Maße gibt, siehe [DE09].

Kapitel 15

Räume integrierbarer Funktionen

Zu einem gegebenen Maß μ und $p \geq 1$ ist $L^p(\mu)$ der Raum der Funktionen f, für die $|f|^p$ integrierbar ist, wobei der Raum der Nullfunktionen herausdividiert wird. Der Satz von Riesz-Fischer besagt, dass $L^p(\mu)$ vollständig, also ein Banach-Raum ist. Ein wichtiger Spezialfall ist der Fall $p = 2$, in welchem man einen Hilbert-Raum erhält.

15.1 Hilbert-Räume

15.1.1 Orthonormalbasen

Als Anwendung der Satzes von Stone-Weierstraß soll nun eine verbesserte Konvergenzaussage für Fourier-Reihen bewiesen werden. Hierzu werden die Begriffe Hilbert-Raum und Orthonormalbasis benötigt.

Definition 15.1.1. Ein *Skalarprodukt* auf einem komplexen Vektorraum V ist eine Abbildung $\langle \cdot, \cdot \rangle : V \times V \to \mathbb{C}$ mit folgenden Eigenschaften:

- Für jedes gegebene $w \in V$ ist die Abbildung $V \to \mathbb{C}$, $v \mapsto \langle v, w \rangle$ linear.

- Es gilt $\langle w, v \rangle = \overline{\langle v, w \rangle}$ für alle $v, w \in V$.

- Für $v \in V$ ist $\langle v, v \rangle \geq 0$ und $\langle v, v \rangle = 0 \Leftrightarrow v = 0$.

Ein komplexer Vektorraum V mit einem Skalarprodukt $\langle ., . \rangle$ heißt *Prä-Hilbert-Raum*.

349

© Springer-Verlag GmbH Deutschland, ein Teil von Springer Nature 2021
A. Deitmar, *Analysis*, https://doi.org/10.1007/978-3-662-62858-4_15

Ein Beispiel ist $V = \mathbb{C}$ mit $\langle \alpha, \beta \rangle = \alpha\bar{\beta}$, oder allgemeiner $V = \mathbb{C}^k$ mit $k \in \mathbb{N}$ und $\langle v, w \rangle = v^t \bar{w} = v_1 \overline{w_1} + \cdots + v_k \overline{w_k}$. Die *Norm* auf einem Prä-Hilbert-Raum V ist

$$\|v\| = \sqrt{\langle v, v \rangle}, \qquad v \in V.$$

In der linearen Algebra wird bewiesen, dass dies in der Tat eine Norm ist. Das Wesentliche Hilfsmittel hierzu ist die *Cauchy-Schwarz-Ungleichung*

$$|\langle v, w \rangle| \leq \|v\|\|w\| \qquad v, w \in V.$$

Definition 15.1.2. Ein *Hilbert-Raum* ist ein Prä-Hilbert-Raum, der in der induzierten Norm vollständig ist.

Proposition 15.1.3. *Jeder endlich-dimensionale Prä-Hilbert-Raum ist vollständig.*

Beweis. In der Linearen Algebra wird gezeigt, dass jeder n-dimensionale Prä-Hilbert-Raum zu $\mathbb{C}^n$ isomorph ist. Dieser Raum ist vollständig. $\square$

Lemma 15.1.4. *Sei $(V, \langle ., . \rangle)$ ein Prä-Hilbert-Raum und sei $\widehat{V}$ die Vervollständigung von V als metrischer Raum. Dann kann die Vektorraumstruktur und das Skalarprodukt auf genau eine Weise nach $\widehat{V}$ fortgesetzt werden, so dass $\widehat{V}$ zu einem Hilbert-Raum wird.*

Beweis. Seien $w, w' \in \widehat{V}$, dann gibt es konvergente Folgen $v_j \to w$ und $v'_j \to w'$ in V. Wegen

$$\|(v_i + v'_i) - (v_j + v'_j)\| \leq \|v_i - v_j\| + \|v'_i - v'_j\|$$

ist dann auch $(v_j + v'_j)$ eine Cauchy-Folge, also in $\widehat{V}$ konvergent, sei der Limes mit $w + w'$ bezeichnet. Man rechnet leicht nach, dass $\widehat{V}$ hierdurch zu einer abelschen Gruppe wird. Ist $\lambda \in \mathbb{C}$, dann ist auch λv_j eine Cauchy-Folge also konvergent und man nennt den Limes λv und erhält so einen komplexen Vektorraum. Ebenso ist $\langle v_j, v'_j \rangle$ eine Cauchy-Folge in $\mathbb{C}$ also konvergent, man nennt den Limes $\langle w, w' \rangle$ und erhält einen Prä-Hilbert-Raum, der allerdings nach Konstruktion vollständig, also ein Hilbert-Raum ist. $\square$

Definition 15.1.5. Sei S eine Menge. Sei dann $\ell^2(S)$ die Menge aller Funktionen $f : S \to \mathbb{C}$ so dass

$$\|f\|_2^2 = \sum_{s \in S} |f(s)|^2 < \infty$$

gilt. Hierbei wird die Summe verstanden als

$$\sup_{\substack{E \subset S \\ \text{endlich}}} \sum_{s \in E} |f(s)|^2.$$

Proposition 15.1.6.

(a) *Sei S eine Menge und $f \in \ell^2(S)$. Dann ist $f(s) = 0$ außerhalb einer abzählbaren Teilmenge von S.*

(b) *Für je zwei $f, g \in \ell^2(S)$ konvergiert die Summe*

$$\langle f, g \rangle := \sum_{\substack{s \in S \\ f(s)g(s) \neq 0}} f(x)\overline{g(x)}$$

in jeder beliebigen Reihenfolge absolut und definiert ein Skalarprodukt auf $\ell^2(S)$. Mit punktweiser Addition und punktweiser Skalarmultiplikation und diesem Skalarprodukt wird $\ell^2(S)$ zu einem Hilbert-Raum.

Beweis. (a) Sei $f \in \ell^2(S)$ und sei $C = \sum_{s \in S} |f(s)|^2$. Für $n \in \mathbb{N}$ sei S_n die Menge aller $s \in S$ so dass $|f(s)|^2 > \frac{1}{n}$ gilt. Dann ist

$$\sum_{s \in S_n} 1 \leq n \sum_{s \in S_n} |f(s)|^2 \leq \sum_{s \in S} |f(s)|^2 = C < \infty.$$

Daher ist S_n endlich. Die Menge aller $s \in S$ mit $f(s) \neq 0$ ist die Vereinigung $\bigcup_{n=1}^{\infty} S_n$ und damit abzählbar.

(b) Als erstes ist zu zeigen, dass die Summe konvergiert. Aus der Cauchy-Schwarz-Ungleichung folgt

$$\sum_{s \in S} |f(s)g(s)| = \sup_{\substack{E \subset S \\ \text{endlich}}} \sum_{s \in E} |f(s)g(s)|$$

$$\leq \sup_{\substack{E \subset S \\ \text{endlich}}} \left(\sum_{s \in E} |f(s)|^2 \right)^{\frac{1}{2}} \left(\sum_{s \in E} |g(s)|^2 \right)^{\frac{1}{2}}$$

$$\leq \sup_{\substack{E \subset S \\ \text{endlich}}} \left(\sum_{s \in E} |f(s)|^2 \right)^{\frac{1}{2}} \sup_{\substack{F \subset S \\ \text{endlich}}} \left(\sum_{t \in F} |g(t)|^2 \right)^{\frac{1}{2}} = \|f\|_2 \|g\|_2 < \infty$$

Mit $\|f\| = \|f\|_2$ und ebenso für g. Damit konvergiert die Summe absolut. Die Axiome eines Prä-Hilbert-Raums sind leicht nachgewiesen. Nun zur Vollständigkeit: Sei $(f_n)_{n \in \mathbb{N}}$ eine Cauchy-Folge in $\ell^2(S)$. Für jedes $t \in S$, sowie $m, n \in \mathbb{N}$ gilt dann

$$|f_m(t) - f_n(t)| = \left(|f_m(t) - f_n(t)|^2 \right)^{\frac{1}{2}} \leq \left(\sum_{s \in S} |f_m(s) - f_n(s)|^2 \right)^{\frac{1}{2}} = \|f_m - f_n\|.$$

Daher ist $(f_n(t))_{n\in\mathbb{N}}$ eine Cauchy-Folge in $\mathbb{C}$ und damit konvergent. Sei $f(t) = \lim_n f_n(t)$ der Limes. Es ist zu zeigen, dass f in $\ell^2(S)$ liegt und dass die Folge $\|f_n - f\|$ gegen Null geht. Zum ersten sei $\varepsilon > 0$. Dann existiert ein n_0 so dass für alle $m, n \geq n_0$ gilt $\|f_m - f_n\| < \varepsilon$. Für $n \geq n_0$ gilt daher

$$\|f_n\| \leq \|f_n - f_{n_0}\| + \underbrace{\|f_{n_0}\|}_{=M} < \varepsilon + M.$$

Daher ist die Folge der Normen $\|f_n\|$ beschränkt. Für jede endliche Teilmenge $E \subset S$ gilt daher

$$\sum_{s\in E} |f(s)|^2 = \lim_n \sum_{s\in E} |f_n(s)|^2 \leq \lim_n \|f_n\|^2 \leq (\varepsilon + M)^2 < \infty.$$

Also liegt f in $\ell^2(S)$. Schließlich sei $n \geq n_0$. Dann gilt

$$\|f_n - f\|^2 = \sup_{\substack{E\subset S \\ \text{endlich}}} \sum_{s\in E} |f_n(s) - f(s)|^2$$

$$= \sup_{\substack{E\subset S \\ \text{endlich}}} \lim_m \sum_{s\in E} |f_n(s) - f_m(s)|^2 \leq \sup_{\substack{E\subset S \\ \text{endlich}}} \lim_m \|f_n - f_m\|^2 \leq \varepsilon^2. \qquad \square$$

Beispiel 15.1.7. Die Menge $\mathbb{R}/\mathbb{Z}$ wird durch der Abbildung $t \mapsto e^{2\pi i t}$ bijektiv und in beiden Richtungen stetig auf den Einheitskreis $\mathbb{T}$ abgebildet. Der Raum aller stetigen periodischen Funktionen $C(\mathbb{R}/\mathbb{Z})$ wird dadurch mit dem Raum $C(\mathbb{T})$ aller stetigen Funktionen auf dem kompaktem metrischen Raum $\mathbb{T}$ identifiziert. Dieser Raum ist ein Prä-Hilbert-Raum mit dem Skalarprodukt

$$\langle f, g \rangle = \int_0^1 f(x)\overline{g(x)}\, dx.$$

Die Vervollständigung wird mit $L^2(\mathbb{R}/\mathbb{Z})$ bezeichnet. In Kapitel 15 wird noch eine andere Beschreibung dieses Hilbert-Raums geliefert.

Definition 15.1.8. Ein *Orthonormalsystem* oder *ONS* in einem Hilbert-Raum V ist eine Familie von Vektoren $(e_i)_{i\in I}$ für die gilt

$$\langle e_i, e_j \rangle = \begin{cases} 1 & \text{falls } i = j, \\ 0 & \text{sonst.} \end{cases}$$

Ein Orthonormalsystem $(e_i)_{i\in I}$ heißt *vollständiges ONS*, oder *Orthonormalbasis ONB*, falls der von den e_i aufgespannte Untervektorraum dicht in V liegt.

Satz 15.1.9. *Jeder Hilbert-Raum hat eine Orthonormalbasis. Für jede ONB $(e_i)_{i \in I}$ und jeden Vektor $v \in V$ gilt: Ist $c_i(v) = \langle v, e_i \rangle$, so sind nur abzählbar viele dieser Koeffizienten ungleich Null und die Reihe $\sum_{i \in I} c_i(v) e_i$ konvergiert in jeder Reihenfolge gegen v. Es gilt*

$$\sum_{i \in I} |c_i(v)|^2 = \|v\|^2.$$

Beweis. Mit dem Lemma von Zorn beschafft man sich ein maximales ONS $(e_i)_{i \in I}$. Dessen Orthogonalraum

$$(e_i)_{i \in I}^\perp = \left\{ v \in V : \langle v, e_i \rangle = 0 \; \mathbf{\forall}_{i \in I} \right\}$$

muss Null sein, denn ist $u \neq 0$ im Orthogonalraum, dann ist $f = u/\|u\|$ ein neuer Vektor, um den man das ONS erweitern kann, was der Maximalität widerspricht. Sei also $(e_i)_{i \in I}$ ein ONS mit trivialem Orthogonalraum und sei $v \in V$. Für eine endliche Teilmenge $E \subset I$ setze $v_E = \sum_{i \in E} c_i(v) e_i$. Dann gilt

$$\langle v_E, v \rangle = \langle v_E, v_E \rangle = \sum_{i \in E} |c_i(v)|^2,$$

wie man leicht sieht. Also ist

$$\|v - v_E\|^2 = \langle v - v_E, v - v_E \rangle$$
$$= \|v\|^2 - \langle v, v_E \rangle - \langle v_E, v \rangle + \langle v_E, v_E \rangle = \|v\|^2 - \sum_{i \in E} |c_i(v)|^2.$$

Da dies ≥ 0 ist, folgt $\sum_{i \in E} |c_i(v)|^2 \leq \|v\|^2$. Also $\sum_{i \in I} |c_i(v)|^2 \leq \|v\|^2$. Damit folgt, dass nur abzählbar viele $c_i(v)$ ungleich Null sind und dass die Reihe der $|c_i(v)|^2$ konvergiert. Es ist zu zeigen, dass die Reihe $\sum_{i \in I} c_i(v) e_i$ in jeder Reihenfolge konvergiert. Sei also $c_1, c_2, \dots$ eine Nummerierung der Koeffizienten $\neq 0$, so gilt für $n \leq m$ in $\mathbb{N}$,

$$\left\| \sum_{i=n}^{m} c_i(v) e_i \right\|^2 = \sum_{i=n}^{m} |c_i(v)|^2,$$

woraus folgt, dass $\sum_{i=1}^{n} c_i(v) e_i$ eine Cauchy-Folge in V ist, also konvergiert. Um zu zeigen, dass der Limes gleich v ist, rechnet man

$$\left\langle e_j, v - \sum_{i \in I} c_i(v) e_i \right\rangle = \langle e_j, v \rangle - c_j(v) = 0.$$

Also ist der Vektor $v - \sum_{i \in I} c_i(v) e_i$ im Orthogonalraum des ONS und damit gleich Null, die Summe konvergiert also in der Tat gegen v. Insbesondere ist der von (e_i) aufgespannte Unterraum dicht. Es folgt

$$\|v\|^2 = \left\langle \sum_{i \in I} c_i(v) e_i, \sum_{i \in I} c_i(v) e_i \right\rangle = \sum_{i \in I} |c_i(v)|^2. \qquad \square$$

Satz 15.1.10.

a) *Sei V ein Hilbert-Raum und U ein abgeschlossener Unterraum. Dann gilt $V = U \oplus U^\perp$, wobei*

$$U^\perp = \{v \in V : \langle v, U \rangle = 0\}$$

der Orthogonalraum zu U ist.

b) *Sei V ein Hilbert-Raum und sei $L : V \to \mathbb{C}$ ein stetiges lineares Funktional. Dann existiert ein eindeutig bestimmter Vektor $w \in V$ mit*

$$L(v) = \langle v, w \rangle$$

für jeden Vektor $v \in V$.

Beweis. (a) Wie in der Linearen Algebra sieht man $U \cap U^\perp = 0$. Da U ein abgeschlossener Unterraum ist, ist U selbst wieder ein Hilbert-Raum. Sei (e_i) eine ONB von U und setze für $v \in V$:

$$P(v) = \sum_{i \in I} \langle v, e_i \rangle e_i.$$

Dann ist $P : V \to U$ eine lineare Abbildung mit $P(u) = u$ falls $u \in U$, also $P^2 = P$. Der Kern von P ist $U^\perp$. Sei $v \in V$, dann ist $v - P(v) \in \ker P = U^\perp$, also folgt $V = U \oplus U^\perp$.

(b) Sei $L : V \to \mathbb{C}$ ein stetiges Funktional. Ist $L = 0$, so folgt $w = 0$. Ist $L \neq 0$, dann ist $U = \ker(L)$ ein abgeschlossener Unterraum von V. Daher ist $V = U \oplus U^\perp$ und da $U \neq V$, ist $U^\perp \neq 0$. Sei also $w_0 \in U^\perp$ mit $\|w_0\| = 1$. Dann ist $L(w_0) = c \neq 0$. Setze $w = \bar{c} w_0$. Dann ist

$$L(w_0) = c = \langle w_0, w \rangle.$$

Da L einen Isomorphismus $U^\perp \to \mathbb{C}$ induziert, ist $U^\perp = \mathbb{C} w_0$, also insbesondere ist jedes $v \in V$ von der Form $v = \alpha w_0 + u$ mit $u \in U$. Daher ist

$$L(v) = \alpha c = \alpha \langle w_0, w \rangle = \langle v, w \rangle.$$

Dies zeigt die Existenz. Für die Eindeutigkeit nimm an, es gebe einen weiteren Vektor w' mit $L(v) = \langle v, w' \rangle$. Dann gilt für jedes $v \in V$, dass $0 = \langle v, w - w' \rangle$. Insbesondere für $v = w - w'$ folgt $w - w' = 0$. □

15.1.2 Konvergenz von Fourier-Reihen

Als Anwendung wird gezeigt, dass die Exponentialfunktionen

$$e_k(x) = e^{2\pi i k x}$$

eine *Orthonormalbasis* des Hilbert-Raums $L^2(\mathbb{R}/\mathbb{Z})$ bilden. Dann wird gefolgert, dass Fourier-Reihen nicht nur für glatte Funktionen, sondern schon für stückweise stetig differenzierbare Funktionen konvergieren.

Satz 15.1.11. *Die Familie* $(e_k)_{k \in \mathbb{Z}}$ *mit* $e_k(x) = e^{2\pi i k x}$ *ist eine Orthonormalbasis des Hilbert-Raums* $L^2(\mathbb{R}/\mathbb{Z})$.

Beweis. Die Orthogonalitätsrelationen $\langle e_k, e_j \rangle = \delta_{k,j}$ rechnet man leicht nach:

$$\langle e_k, e_j \rangle = \int_0^1 e_i(x)\overline{e_j(x)} \, dx = \int_0^1 e^{2\pi i k x} e^{-2\pi i j x} \, dx = \int_0^1 e^{2\pi i (k-j) x} \, dx.$$

Ist $k = j$, so ist dies $\int_0^1 1 \, dx = 1$. Andernfalls ist es

$$\frac{1}{2\pi i (k-j)} e^{2\pi i (k-j) x} \Big|_{x=0}^1 = \frac{1-1}{2\pi i (k-j)} = 0.$$

Es bleibt, die Vollständigkeit zu zeigen. Der Vektorraum $\mathcal{A}$, der von allen e_k aufgespannt wird, ist wegen $e_k e_j = e_{k+j}$ eine Algebra, die die Voraussetzungen des komplexen Stone-Weierstraß erfüllt, also in $C(\mathbb{R}/\mathbb{Z})$ dicht liegt. Ist also $f \in L^2(\mathbb{R}/\mathbb{Z})$ senkrecht auf allen e_k, dann ist f senkrecht zu allen stetigen Funktionen. Für jede abgeschlossene Teilmenge $A \subset \mathbb{R}/\mathbb{Z}$ ist $\mathbf{1}_A$ monotoner Limes einer fallenden Folge von stetigen Funktionen f_n, von denen $0 \leq f_n \leq 1$ angenommen werden kann. Mit dem Satz ueber dominierte Konvergenz folgt $\int_A f(x) \, dx = \lim_n \int_{\mathbb{R}/\mathbb{Z}} f(x) f_n(x) \, dx = 0$. Jede messbare Menge $A \subset \mathbb{R}/\mathbb{Z}$ lässt sich wegen der Regularität des Lebesgue-Maßes bis auf eine Nullmenge als abzählbare Vereinigung abgeschlossener Mangen schreiben. Daher folgt $\int_A f(x) \, dx = 0$ und damit ist f eine Nullfunktion. Also ist das Orthonormalsystem (e_k) vollständig. □

Definition 15.1.12. Sei $f : \mathbb{R} \to \mathbb{C}$ stetig und periodisch. Die Funktion f heißt *stückweise stetig differenzierbar*, wenn es Zahlen $0 = t_0 < t_1 < \cdots < t_r = 1$ gibt, so dass für jedes j die Funktion $f|_{[t_{j-1}, t_j]}$ stetig differenzierbar ist.

Satz 15.1.13. *Sei $f : \mathbb{R} \to \mathbb{C}$ periodisch und stückweise stetig differenzierbar. Dann konvergiert die Fourier-Reihe gleichmäßig gegen f.*

Beweis. Sei f wie im Satz und sei c_k der k-te Fourier-Koeffizient von f. Sei $\phi_j : [t_{j-1}, t_j] \to \mathbb{C}$ die stetige Ableitung von f und sei $\phi : \mathbb{R} \to \mathbb{C}$ die periodische Funktion, die in jedem halboffenen Intervall $[t_{j-1}, t_j)$ jeweils mit ϕ_j übereinstimmt. Sei γ_k der k-te Fourier-Koeffizient von ϕ. Dann gilt

$$\sum_{k=-\infty}^{\infty} |\gamma_k|^2 \leq \|\phi\|_2^2 < \infty.$$

Mit partieller Integration rechnet man

$$\int_{t_{j-1}}^{t_j} f(x) e^{-2\pi i k x} dx = \frac{1}{-2\pi i k} f(x) e^{-2\pi i k x} \Big|_{t_{j-1}}^{t_j} - \frac{1}{-2\pi i k} \int_{t_{j-1}}^{t_j} \phi(x) e^{-2\pi i k x} dx,$$

so dass man für $k \neq 0$ die Gleichung

$$c_k = \int_0^1 f(x) e^{-2\pi i k x} dx = \frac{1}{2\pi i k} \int_0^1 \phi(x) e^{-2\pi i k x} dx = \frac{1}{2\pi i k} \gamma_k$$

erhält. Für $\alpha, \beta \in \mathbb{C}$ gilt $0 \leq (|\alpha| - |\beta|)^2 = |\alpha|^2 + |\beta|^2 - 2|\alpha\beta|$ und so $|\alpha\beta| \leq \frac{1}{2}(|\alpha|^2 + |\beta|^2)$, also

$$|c_k| \leq \frac{1}{2} \left(\frac{1}{4\pi^2 k^2} + |\gamma_k|^2 \right),$$

woraus $\sum_{k=-\infty}^{\infty} |c_k| < \infty$ folgt. Der letzte Schritt des Beweises ist ein eigenständiges Ergebnis, das als separates Lemma formuliert wird.

Lemma 15.1.14. *Sei f stetig und periodisch und für die Fourier-Koeffizienten c_k von f gelte*

$$\sum_{k=-\infty}^{\infty} |c_k| < \infty.$$

Dann konvergiert die Fourier-Reihe von f gleichmäßig absolut gegen f. Also gilt für jedes $x \in \mathbb{R}$,

$$f(x) = \sum_{k \in \mathbb{Z}} c_k e^{2\pi i k x}.$$

Beweis. Aus der Bedingung folgt, dass die Fourier-Reihe $\sum_{k=-\infty}^{\infty} c_k e^{2\pi i k x}$ von f gleichmäßig absolut konvergiert. Sei $g(x)$ der Limes. Die Funktion g ist als gleichmäßiger Limes von stetigen Funktionen wieder stetig. Da die Reihe, die g darstellt, gleichmäßig konvergiert, gilt für beliebiges $j \in \mathbb{Z}$,

$$\langle g, e_j \rangle = \sum_{k \in \mathbb{Z}} c_k \langle e_k, e_j \rangle = c_j = \langle f, e_j \rangle.$$

Damit gilt $\langle f - g, e_k \rangle = 0$ für jedes $k \in \mathbb{Z}$. Da die Fourier-Reihe in der L^2-Norm gegen f konvergiert, ebenfalls aber auch in der L^2-Norm gegen g, folgt

$$\|f - g\|_2 = 0.$$

Dann muss die stetige Funktion $f - g$ aber konstant Null sein. Lemma und Satz sind bewiesen. □

15.2 Einige Ungleichungen

In diesem Abschnitt werden die Ungleichungen von Hölder und Minkowski bewiesen. Die Minkowski-Ungleichung ist gerade die Dreiecksungleichung der L^p-Norm, die im nächsten Abschnitt betrachtet wird.

Satz 15.2.1. *Sei $(x, \mathcal{A}, \mu)$ ein Maßraum. Seien $1 < p, q < \infty$ mit $\frac{1}{p} + \frac{1}{q} = 1$. Für messbare Funktionen $f, g : X \to [0, \infty]$ gelten dann*

a) *die* Hölder-Ungleichung

$$\int_X fg \, d\mu \leq \left(\int_X f^p \, d\mu \right)^{1/p} \left(\int_X g^q \, d\mu \right)^{1/q}$$

und

b) *die* Minkowski-Ungleichung

$$\left(\int_X (f + g)^p \, d\mu \right)^{1/p} \leq \left(\int_X f^p \, d\mu \right)^{1/p} + \left(\int_X g^p \, d\mu \right)^{1/p}.$$

Beweis. Seien A und B die beiden Faktoren auf der rechten Seite der Hölder-Ungleichung. Ist $A = 0$, so ist f eine Nullfunktion, damit ist fg eine Nullfunktion und und die linke Seite von der Ungleichung verschwindet. Für $A = \infty$ ist die Ungleichung ebenfalls trivial. Es reicht also, den

Fall zu betrachten, wenn A und B beide > 0 und endlich sind. Setze $F = \frac{f}{A}$, $G = \frac{g}{B}$, dann ist $\int_X F^p \, d\mu = \int_X G^q \, d\mu = 1$. Lemma 5.2.16 liefert $F(x)G(x) \leq \frac{1}{p}F(x)^p + \frac{1}{q}G(x)^q$. Durch Integration folgt $\int_X FG \, d\mu \leq \frac{1}{p} + \frac{1}{q} = 1$. Dies ist die behauptete Hölder-Ungleichung.

Zum Beweis der Minkowski-Ungleichung schreibe

$$(f + g)^p = f(f + g)^{p-1} + g(f + g)^{p-1}.$$

Die Hölder-Ungleichung liefert

$$\int_X f(f + g)^{p-1} \leq \left(\int_X f^p \right)^{1/p} \left(\int_X (f + g)^{(p-1)q} \right)^{1/q}. \tag{$*$}$$

Sei ($**$) dieselbe Ungleichung mit f und g vertauscht. Da $(p - 1)q = p$ ist, ergibt die Addition von ($*$) und ($**$),

$$\int_X (f + g)^p \leq \left(\int_X (f + g)^p \right)^{1/q} \left[\left(\int_X f^p \right)^{1/p} + \left(\int_X g^p \right)^{1/p} \right]$$

$$= \left(\int_X (f + g)^p \right)^{1-1/p} \left[\left(\int_X f^p \right)^{1/p} + \left(\int_X g^p \right)^{1/p} \right].$$

Ist $\int_X (f + g)^p \neq 0, \infty$, so kann durch $\left(\int_X (f + g)^p \right)^{1-1/p}$ dividiert werden, was die Behauptung liefert. Ist $\int_X (f + g)^p = 0$, so ist die Minkowski-Ungleichung trivialerweise erfüllt. Ist schließlich $\int_X (f + g)^p = \infty$, so liefert die Konvexität der Funktion t^p für $0 < t < \infty$ die Ungleichung $\left(\frac{f+g}{2} \right)^p \leq \frac{1}{2}(f^p + g^p)$. Folglich ist in diesem Fall auch die rechte Seite der Minkowski-Ungleichung gleich ∞. $\qquad\qquad\qquad\square$

15.3 Vollständigkeit

Definition 15.3.1. Für $1 \leq p < \infty$ und eine komplexwertige messbare Funktion f auf X sei

$$\|f\|_p = \left(\int_x |f|^p \, d\mu \right)^{1/p}.$$

Es sei $\mathcal{L}^p(\mu)$ die Menge aller f mit $\|f\|_p < \infty$. Ist $g : X \to \mathbb{C}$ messbar so setzt man

$$\|g\|_\infty = \inf \left\{ a > 0 : |g| \leq a \text{ fast überall} \right\}.$$

Man nennt $\|g\|_\infty$ die *wesentliche Schranke* von g oder auch die ∞-Norm. Es bezeichne $\mathcal{L}^\infty(\mu)$ die Menge aller messbaren Funktionen $g : X \to \mathbb{C}$ mit $\|g\|_\infty < \infty$.

> **Satz 15.3.2.** *Seien* $1 \le p, q \le \infty$ *mit* $\frac{1}{p} + \frac{1}{q} = 1$.
>
> a) *Ist* $f \in \mathcal{L}^p(\mu)$ *und* $g \in \mathcal{L}^q(\mu)$, *so ist* $fg \in \mathcal{L}^1(\mu)$ *und es gilt*
> $$\|fg\|_1 \le \|f\|_p \|g\|_q.$$
>
> b) *Sind* $f, g \in \mathcal{L}^p(\mu)$, *so gilt*
> $$\|f + g\|_p \le \|f\|_p + \|g\|_p.$$

Beweis. (a) Für $1 < p < \infty$ ist dies die Hölder-Ungleichung für $|f|$ und $|g|$. Für $p = \infty$ beachte, dass außerhalb einer Nullmenge die Ungleichung

$$|f(x)g(x)| \le \|f\|_\infty |g(x)|$$

gilt. Durch Integration folgt die Behauptung.

(b) Für $1 < p < \infty$ folgt dies aus der Minkowski-Ungleichung, sonst ist die Aussage trivial. $\qquad\qquad\square$

Ist $f \in \mathcal{L}^p(\mu)$ und $\alpha \in \mathbb{C}$, so gilt

$$\|\alpha f\|_p = |\alpha| \, \|f\|_p,$$

also ist αf wieder in $\mathcal{L}^p(\mu)$, damit ist $\mathcal{L}^p(\mu)$ ein komplexer Vektorraum.

Definition 15.3.3. Sei $1 \le p \le \infty$ und sei $\mathcal{N}$ der Raum der Nullfunktionen. Offensichtlich gilt $\mathcal{N} \subset \mathcal{L}^p(\mu)$. Sei $L^p(\mu)$ der Quotientenraum

$$L^p(\mu) = \mathcal{L}^p(\mu)/\mathcal{N}.$$

Anders gesagt, ist

$$L^p(\mu) = \mathcal{L}^p(\mu)/ \sim,$$

wobei $\sim$ die Äquivalenzrelation

$$f \sim g \quad \Leftrightarrow \quad f(x) = g(x) \text{ fast überall in } x$$

bezeichnet.

Lemma 15.3.4. *Sei* $(V, \|.\|)$ *ein normierter* $\mathbb{C}$-*Vektorraum. Dann ist die Norm* $\|.\| : V \to [0, \infty)$ *eine stetige Abbildung.*

Beweis. Sei $v_j \to v$ eine in V konvergente Folge. Nach der umgekehrten Dreiecksungleichung gilt $| \, \|v\|_j - \|v\| \, | \leq \|v_j - v\|$. Da die rechte Seite gegen Null geht, folgt die Behauptung.   □

Satz 15.3.5 (Satz von Riesz-Fischer). *Sei* $1 \leq p \leq \infty$. *Dann ist* $L^p(\mu)$ *mit* $\|\cdot\|_p$ *ein normierter Vektorraum. Dieser ist vollständig, d.h., ein* Banach-Raum.

Beweis. Jetzt sieht man auch den Grund, weshalb die Nullfunktionen herausgeteilt werden mussten, denn auf dem Raum der Nullfunktionen ist die p-Norm gleich Null. Andererseits ist für $f \in \mathcal{L}^p(\mu)$,

$$\|f\|_p = 0 \quad \Leftrightarrow \quad f \in \mathcal{N}.$$

Daher ist die p-Norm auf $L^p(\mu)$ in der Tat definit. Die Vollständigkeit muss noch gezeigt werden. Sei also f_n eine Cauchy-Folge in $L^p(\mu)$. Es ist zu zeigen, dass sie konvergiert. Es existiert eine Teilfolge (f_{n_k}) so dass für $k \in \mathbb{N}$ die Ungleichung $\|f_{n_{k+1}} - f_{n_k}\|_p < \frac{1}{2^k}$ gilt. Setze

$$g_k = \sum_{j=1}^{k} |f_{n_{j+1}} - f_{n_j}|, \qquad g = \sum_{j=1}^{\infty} |f_{n_{j+1}} - f_{n_j}|.$$

Es folgt, $\|g_k\|_p < 1$ für jedes $k \in \mathbb{N}$. Aus der Tatsache, dass nach Lemma 15.3.4 die Norm eines normierten Vektorraums eine stetige Abbildung ist, folgert man, dass $\|g\|_p \leq 1$ gilt. Insbesondere ist $g(x) < \infty$ außerhalb einer Nullmenge, so dass die Reihe

$$f(x) = f_{n_1}(x) + \sum_{j=1}^{\infty} \left(f_{n_{j+1}}(x) - f_{n_j}(x) \right)$$

außerhalb einer Nullmenge absolut konvergiert. In den Punkten, in denen die Reihe nicht absolut konvergiert, setzt man $f(x) = 0$. Es folgt

$$f(x) = \lim_{j \to \infty} f_{n_j}(x) \quad \text{f.ü.}$$

Wegen $\|f\|_p \leq \|f_{n_1}\|_p + \|g\|_p < \infty$ ist $f \in L^p(\mu)$ und nach Definition konvergiert f_{n_k} in der p-Norm gegen f. Wenn allerdings eine Teilfolge einer Cauchy-Folge konvergiert, so konvergiert die ursprüngliche Folge auch, damit ist $L^p(\mu)$ vollständig.   □

Der Beweis enthält ein Teilresultat, das wichtig genug ist, separat erwähnt zu werden

Satz 15.3.6. *Ist $1 \leq p \leq \infty$ und f_n eine Cauchy-Folge in $L^p(\mu)$ mit Limes f, dann besitzt (f_n) eine fast überall gegen f konvergente Teilfolge.*

Proposition 15.3.7. *Seien $1 \leq p \leq q \leq \infty$.*

(a) *Ist μ ein endliches Maß, so gilt $L^q(\mu) \subset L^p(\mu)$.*

(b) *Für jedes Maß μ gilt*

$$L^p(\mu) \cap L^q(\mu) \subset L^r(\mu)$$

für jedes $p < r < q$.

Beweis. (a) Sei zunächst $q < \infty$. Sei $f \in L^q(\mu)$. Sei $X = A \sqcup B$, wobei $|f| \leq 1$ in A gilt, sowie $|f| > 1$ in B. In B gilt dann insbesondere $|f|^p < |f|^q$. Daher folgt

$$\int_B |f|^p \, d\mu \leq \int_B |f|^q \, d\mu < \infty.$$

Ferner ist

$$\int_A |f|^p \, d\mu \leq \int_A 1 \, d\mu = \mu(A) < \infty.$$

Zusammen folgt: $f \in L^p(\mu)$.

Schließlich betrachte den Fall $p < q = \infty$. Da $|f| \leq \|f\|_\infty$ auf dem Komplement einer Nullmenge gilt, folgt

$$\int_X |f|^p \, d\mu \leq \int_X \|f\|_\infty^p \, d\mu = \mu(X) \, \|f\|_\infty^p < \infty.$$

(b) Sei $f \in L^p \cap L^q$. Sei $X = A \sqcup B$, wobei $|f| \leq 1$ in A gilt, sowie $|f| > 1$ in B. Dann gilt

$$\int_A |f|^r \, d\mu \leq \int_A |f|^p \, d\mu < \infty.$$

Sowie

$$\int_B |f|^r \, d\mu \leq \int_B |f|^q \, d\mu < \infty,$$

falls $q < \infty$. Im Falle $q = \infty$ ist f beschränkt und nach Skalierung kann man $|f| \leq 1$ annehmen, also $X = A$ und dieser Fall ist bereits erledigt. $\square$

Beispiele 15.3.8.

- Betrachte den Maßraum $\mathbb{R}$ mit dem Lebesgue-Maß. Für $s > 0$ sei

$$f_s(x) = \begin{cases} x^{-s} & x \geq 1, \\ 0 & x < 1. \end{cases}$$

Dann gilt

$$f_s \in L^1(\lambda) \quad \Leftrightarrow \quad s > 1.$$

Für $1 \leq p < \infty$ gilt $|f_s|^p = f_{ps}$. Da ferner gilt $f \in L^p \Leftrightarrow |f|^p \in L^1$, folgt

$$f_s \in L^p \quad \Leftrightarrow \quad f_{ps} \in L^1 \quad \Leftrightarrow \quad p > \frac{1}{s}.$$

- Für $s > 0$ sei

$$g_s(x) = \begin{cases} x^{-s} & 0 < x < 1, \\ 0 & \text{sonst.} \end{cases}$$

Es gilt dann

$$g_s \in L^1(\lambda) \quad \Leftrightarrow \quad s < 1.$$

Analog zum ersten Beispiel gilt

$$g_s \in L^p(\lambda) \quad \leftrightarrow \quad p < \frac{1}{s}.$$

Sind $1 < p \neq q < \infty$, so kann man mit diesen Beispielen Funktionen basteln, die in L^p, aber nicht in L^q liegen und umgekehrt. Beachtet man ferner, dass g_s nie in L^∞ liegt, f_s aber immer, kann man dies auf $1 \leq p \neq q \leq \infty$ ausdehnen.

15.4 Der Satz von Lebsgue-Radon-Nikodym

Der Satz von Lebesgue-Radon-Nikodym gibt ein Kriterium an, wann ein Maß durch Integration aus einem anderen entsteht.

Definition 15.4.1. Sei $(X, \mathcal{A})$ ein Messraum und seien μ, η Maße auf $\mathcal{A}$. Man sagt, dass η *absolut stetig* bezüglich μ ist und schreibt

$$\eta \ll \mu,$$

falls jede μ-Nullmenge auch eine η-Nullmenge ist, wenn also gilt

$$\mu(A) = 0 \quad \Rightarrow \quad \eta(A) = 0.$$

Ferner schreibt man für Maße τ, μ:

$$\tau \perp \mu,$$

falls es eine disjunkte Zerlegung $X = A \sqcup B$ in messbare Mengen gibt, so dass

$$\mu(B) = 0 \quad \text{und} \quad \tau(A) = 0.$$

Beispiele 15.4.2.

- Sei δ das Dirac-Maß in Null auf $\mathbb{R}$, also

$$\delta(E) = \begin{cases} 1 & \text{falls } 0 \in E, \\ 0 & \text{falls } 0 \notin E. \end{cases}$$

Dann gilt $\delta \perp \lambda$, wobei λ das Lebesgue-Maß ist.

- Ist $(X, \mathcal{A}, \mu)$ ein Maßraum und $\phi : X \to [0, \infty]$ messbar, so definiert man ein Maß

$$\eta(E) = \int_E \phi \, d\mu.$$

Dann gilt $\eta \ll \mu$.

Definition 15.4.3. Ein Maß μ auf X heißt σ-*endlich*, falls es messbare Mengen $E_1, E_2, \ldots$ gibt, so dass

$$X = \bigcup_{j=1}^{\infty} E_j \quad \text{und} \quad \mu(E_j) < \infty \text{ für jedes } j.$$

Satz 15.4.4 (Lebesgue-Radon-Nikodym). *Sei $(X, \mathcal{A})$ ein Messraum und μ, η zwei σ-endliche Maße. Dann gibt es eindeutig bestimmte Maße η_a und η_s auf X, so dass*

$$\eta = \eta_a + \eta_s, \qquad \eta_a \ll \mu, \qquad \eta_s \perp \mu.$$

Das Maß η_s heißt μ-singulärer Teil von η. Es gibt ein messbare Funktion $h : X \to [0, \infty]$ so dass für jedes messbare $E \subset X$ gilt

$$\eta_a(E) = \int_E h \, d\mu.$$

Die Funktion h ist bis auf die Addition einer μ-Nullfunktion eindeutig bestimmt.

Definition 15.4.5. Die Zerlegung $\eta = \eta_a + \eta_s$ heißt *Lebesgue-Zerlegung* von η. Die Funktion h heißt *Radon-Nikodym-Dichte* von η_a bezüglich μ. Man schreibt

$$d\eta_a = h \, d\mu \quad \text{oder} \quad h = \frac{d\eta_a}{d\mu}.$$

Korollar 15.4.6. *Aus dem Satz folgt insbesondere: Gilt für σ-endliche Maße: $\eta \ll \mu$, so hat η eine Radon-Nikodym-Dichte bezüglich μ.*

Im Beweis des Satzes wird der folgende Begriff und das folgende Lemma gebraucht.

Definition 15.4.7. Ein lineares Funktional $\Lambda : H \to \mathbb{C}$ auf einem Hilbert-Raum H heisst ein *beschränktes Funktional*, falls es ein $C > 0$ gibt, so dass

$$\Lambda(v) \leq C\|v\|$$

für jeden Vektor $v \in H$ gilt.

Lemma 15.4.8. *Jedes beschränkte Funktional ist stetig.*

Beweis. Sei $\Lambda : H \to \mathbb{C}$ ein beschränktes Funktional, also etwa $\Lambda(v) \leq C\|v\|$ für jedes $v \in H$. Sei dann $v_j \to v$ eine konvergente Folge in H. Dann gilt

$$|\lambda(v_j) - \Lambda(v)| = |\Lambda(v_j - v)| \leq C \underbrace{\|v_j - v\|}_{\to 0}.$$

Also ist Λ stetig.   □

Beweis des Satzes. Die Eindeutigkeit von h folgt aus Satz 14.2.9. Für die Eindeutigkeit der Zerlegung seien zwei solcher Zerlegungen gegeben:

$$\eta = \eta_a + \eta_s = \eta_a' + \eta_s'.$$

Es gibt μ-Nullmengen N und N' mit $\eta_s(N^c) = 0 = \eta_s'\big((N')^c\big)$. Man kann beide durch $N \cup N'$ ersetzen und kann also annehmen, das es eine μ-Nullmenge N gibt, so dass $\eta_s(N^c) = \eta_s'(N^c) = 0$. Für eine beliebige messbare Teilmenge A folgt $\mu(A \cap N) = 0$, also auch $\eta_a(A \cap N) = 0 = \eta_a'(A \cap N)$. Damit folgt

$$\eta_s(A) = \eta_s(A \cap N) = \eta(A \cap N) = \eta_s'(A \cap N) = \eta_s'(A)$$

und

$$\eta_a(A) = \eta_a(A \cap N^c) = \eta(A \cap N^c) = \eta_a'(A \cap N^c) = \eta_a'(A).$$

Also ist die Zerlegung eindeutig.

Da η und μ beide σ-endlich sind, kann man X in abzählbar viele Teilmengen zerlegen auf deren jeder η und μ endlich sind. Hat man die Behauptung auf diesen Teilen, setzt man alles wieder zusammen, so dass man im Endeffekt den Satz nur unter der Voraussetzung, dass η und μ endlich sind, zu beweisen braucht.

Seien also η und μ endlich. Sei $\tau = \eta + \mu$. Für $f \in L^2(\tau)$ liefert die Hölder-Ungleichung

$$\left| \int_X f \, d\eta \right| \leq \int_X |f| \, d\eta \leq \int_X |f| \, d\tau \leq \left(\int_X |f|^2 \, d\tau \right)^{1/2} (\tau(X))^{1/2}.$$

Das heisst, dass das lineare Funktional $I : f \mapsto \int_X f \, d\eta$ beschränkt, also stetig ist. Nach Satz 15.1.10 gibt es dann eine Funktion $h \in L^2(\tau)$ mit

$$\int_X f \, d\eta = \langle f, \overline{h} \rangle = \int_X f h \, d\tau.$$

Für eine messbare Menge $E \subset X$ folgt durch Einsetzen von $f = \mathbf{1}_E$, dass $\eta(E) = \int_E h \, d\tau$. Da $\eta(E) \leq \tau(E)$ folgt $0 \leq \frac{1}{\tau(E)} \int_E h \, d\tau \leq 1$. Damit gilt τ-fast überall $0 \leq h \leq 1$, so dass $0 \leq h(x) \leq 1$ für jedes $x \in X$ angenommen werden kann. Es gilt also $\int_X f \, d\eta = \int_X f h \, d\eta + \int_X f h \, d\mu$, oder

$$\int_X f(1 - h) \, d\eta = \int_X f h \, d\mu.$$

Seien

$$A = \{ x \in X : h(x) < 1 \} \quad \text{und} \quad B = \{ x \in X : h(x) = 1 \}.$$

Definiere

$$\eta_a(E) = \eta(E \cap A) \quad \text{und} \quad \eta_s(E) = \eta(E \cap B)$$

für jedes messbare $E \subset X$. Dann ist $\eta = \eta_a + \eta_s$. Für $E \subset A$ setze $f = \frac{\mathbf{1}_E}{1-h}$. Dann folgt

$$\eta_a(E) = \eta(E) = \int_X f(1 - h) \, d\eta = \int_E \frac{h}{1 - h} \, d\mu.$$

Damit ist $\eta_a \ll \mu$ und η_a hat die Dichte $\frac{h}{1-h}$ bezüglich μ. Weiter setze $f = \mathbf{1}_B$ und erhalte

$$0 = \int_B (1 - h) \, d\eta = \int_B h \, d\mu = \int_B d\mu = \mu(B),$$

wobei hier benutzt wurde, dass $h \equiv 1$ auf B gilt. Also ist B eine μ-Nullmenge. Ferner ist A eine η_s-Nullmenge, also folgt $\eta_s \perp \mu$. $\qquad \square$

Beispiel 15.4.9. Das folgende Beispiel zeigt, dass die σ-Endlichkeit im Satz von Radon-Nikodym eine unverzichtbare Voraussetzung ist: Sei ζ das Zählmaß auf $\mathbb{R}$ und λ das Lebesgue-Maß. Dann gilt $\lambda \ll \zeta$, aber λ hat keine Dichte bezüglich ζ.

Beweis. Da die einzige ζ-Nullmenge die leere Menge ist, gilt $\lambda \ll \zeta$. Angenommen, es gibt eine Dichte $f \geq 0$, also es gilt

$$\lambda(A) = \int_A f \, d\zeta$$

für jedes messbare $A \subset \mathbb{R}$. Dann gilt zum Beispiel für $A = [0, 1]$,

$$1 = \lambda\big([0, 1]\big) = \int_{[0,1]} f \, d\zeta = \sum_{a \in [0,1]} f(a).$$

Nach Proposition 15.1.6 ist dann $f|_{[0,1]}$ ausserhalb einer abzählbaren Menge $N \subset [0, 1]$ gleich Null. Da N eine Lebesgue-Nullmenge ist, folgt

$$1 = \lambda\big([0, 1] \smallsetminus N\big) = \int_{[0,1] \smallsetminus N} f \, d\zeta = \sum_{a \in [0,1] \smallsetminus N} f(a) = 0.$$

Dies ist ein *Widerspruch!* Also ist die Annahme falsch und die Behauptung richtig. $\square$

15.5   Aufgaben

Aufgabe 15.1. Gib ein Beispiel eines Hilbert-Raums H und zweier abgeschlossener Unterräume $V, W \subset H$ so dass $V \cap W = 0$ aber $V + W$ nicht abgeschlossen ist.

Aufgabe 15.2. *Zeige:*

(a) Ist H ein Hilbert-Raum mit Skalarprodukt $\langle ., . \rangle$, dann ist

$$H \times H \to \mathbb{C}, \qquad (v, w) \mapsto \langle v, w \rangle$$

eine stetige Abbildung.
(Hinweis: die aus der Linearen Algebra bekannte Cauchy-Schwarz-Ungleichung kann benutzt werden.)

(b) Sei M eine Teilmenge eines Hilbert-Raums H, dann ist

$$M^\perp = \big\{ v \in H : \langle v, m \rangle = 0 \ \forall_{m \in M} \big\}$$

ein abgeschlossener Untervektorraum von H.

(c) Für einen Untervektorraum $L \subset H$ eines Hilbert-Raums sind äquivalent

$$\text{(i) } L \text{ ist abgeschlossen,} \qquad \text{(ii) } H = L \oplus L^\perp.$$

(d) Sei H ein Hilbert-Raum und $U \subset H$ eine abgeschlossener Unterraum. Für $v \in H$ sei $A = v + U := \{v + u : u \in U\}$ der affine Raum mit Ortsvektor v und linearem Teil U. Dann existiert genau ein $a_0 \in A$, so dass $\|a_0\| = \inf_{a \in A} \|a\|$.

Aufgabe 15.3. Sei f eine stetig differenzierbare periodische Funktion. *Zeige, dass für die* Fourier-Koeffizienten $c_k(f)$ gilt

$$\sum_{k \in \mathbb{Z}} |c_k(f)| < \infty$$

und dass die Folge $s_n(f) = \sum_{k=-n}^{n} c_k(f)e_k$ gleichmäßig gegen f konvergiert. (Hinweis: betrachte die Fourierkoeffizienten der Ableitung f'.)

Aufgabe 15.4. Für einen Maßraum $(X, \mathcal{A}, \mu)$ *zeige man:*

(a) Sei s eine einfache Funktion $s = \sum_{j=1}^{n} c_j \mathbf{1}_{A_j}$ mit $A_1, \ldots, A_n$ paarweise disjunkt und $c_j \neq 0$ für jedes j. Dann gilt

$$s \text{ integrierbar} \quad \Leftrightarrow \quad \mu(A_j) < \infty \text{ für jedes } j.$$

(b) Der Vektorraum S der einfachen integrierbaren Funktionen liegt dicht in $L^p(\mu)$ für jedes gegebene $1 \leq p < \infty$.

Aufgabe 15.5. Es seien $(X, \mathcal{A})$ ein Maßraum und ν, ρ signierte Maße auf $\mathcal{A}$. *Man zeige:*

(a) Für $A \in \mathcal{A}$ sind folgende Aussagen äquivalent:

   (i) A ist eine ν-Nullmenge.

   (ii) A ist eine ν^+- und eine ν^--Nullmenge.

   (iii) A ist eine $|\nu|$-Nullmenge.

(b) Folgende Aussagen sind äquivalent:

   (i) $\nu \perp \rho$,

   (ii) $\nu^+ \perp \rho$ und $\nu^- \perp \rho$,

   (iii) $|\nu| \perp \rho$,

   (iv) $|\nu| \perp |\rho|$.

Aufgabe 15.6. Es sei λ das Lebesgue-Maß auf der Borel-σ-Algebra $\mathcal{B}$ von $[0, 1]$. Sei $C \subset [0, 1]$ das Cantor-Diskontinuum und sei $F : C \to [0, 1]$ gegeben durch

$$F\left(\sum_{i=1}^{\infty} 2x_i 3^{-i}\right) = \sum_{i=1}^{\infty} x_i 2^{-i}.$$

Zeige, dass die Abbildung F monoton wachsend und bijektiv ist. Zeige ferner, dass sie Borel-messbar ist und dass sie Borel-messbare Mengen auf Borel-messbare Mengen abbildet. Zeige schließlich, dass die Vorschrift

$$\mu(A) := \lambda\left(F(A \cap C)\right)$$

ein Borel-Maß μ auf $[0, 1]$ definiert, welches die folgenden Eigenschaften hat:

- $\mu \perp \lambda$,

- $\mu(\{x\}) = 0$ für jedes $x \in [0, 1]$,

- $\mu([0, 1]) = 1$.

Mehr Aufgaben und Lösungen finden Sie in dem Begleitbuch *Übungsbuch zur Analysis,* *Springer-Verlag 2020.*

Kapitel 16

Produktintegral

Zu gegebenen Maßen auf X und Y kann man ein kanonisches Maß auf $X \times Y$ konstruieren. Der berühmte Satz von Fubini besagt, dass man bezüglich dieses Maßes integrieren kann, indem man zuerst über X und dann über Y integriert oder umgekehrt.

16.1 Dynkin-Systeme

Definition 16.1.1. Sei X eine Menge. Ein Mengensystem $\mathcal{E} \subset \mathcal{P}(X)$ heißt *schnittstabil*, wenn

$$A, B \in \mathcal{E} \quad \Rightarrow \quad A \cap B \in \mathcal{E}.$$

Ein Mengensystem $\mathcal{D} \subset \mathcal{P}(X)$ heißt *Dynkin-System*, wenn

a) $\emptyset \in \mathcal{D}$,

b) $M \in \mathcal{D} \Rightarrow M^c \in \mathcal{D}$,

c) $M_1, M_2, \dots \in \mathcal{D}$ paarweise disjunkt $\Rightarrow M = \bigsqcup_n M_n \in \mathcal{D}$.

Ein Dynkin-System ist also fast dasselbe wie eine σ-Algebra, bis auf die Tatsache, dass nur disjunkte Vereinigungen zugelassen sind. Es ist daher klar, dass jede σ-Algebra ein Dynkin-System ist. Die Umkehrung ist falsch, wie folgendes Beispiel zeigt.

Beispiel 16.1.2. Sei $X = \{1, 2, 3, 4\}$ und das Mengensystem $\mathcal{D} \subset \mathcal{P}(X)$ bestehe neben $\emptyset$ und X aus den Mengen $\{1, 2\}$ und $\{2, 3\}$ sowie deren Komplementen $\{3, 4\}$ und $\{1, 4\}$. Man macht sich leicht klar, dass $\mathcal{D}$ ein Dynkin-System ist. Es ist aber keine σ-Algebra, da zum Beispiel $\{1, 2\} \cup \{2, 3\}$ nicht in $\mathcal{D}$ liegt.

© Springer-Verlag GmbH Deutschland, ein Teil von Springer Nature 2021
A. Deitmar, *Analysis*, https://doi.org/10.1007/978-3-662-62858-4_16

Definition 16.1.3. Ebenso wie bei σ-Algebren gilt, dass zu einer beliebigen Teilmenge $\mathcal{E} \subset \mathcal{P}(X)$ die Menge

$$\mathcal{D}(\mathcal{E}) = \bigcap_{\substack{\mathcal{D} \supset \mathcal{E} \\ \mathcal{D} \text{ ist Dynkin-System}}} \mathcal{D}$$

ein Dynkin-System ist. Es ist das kleinste Dynkin-System, das $\mathcal{E}$ enthält, man nennt es das von $\mathcal{E}$ *erzeugte Dynkin-System*.

Satz 16.1.4.

a) Ist $\mathcal{D}$ ein Dynkin-System und $A, B \in \mathcal{D}$, mit $B \subset A$, so liegt auch die Differenz $A \setminus B$ in $\mathcal{D}$.

b) Ein schnittstabiles Dynkin-System ist eine σ-Algebra.

c) Ist $\mathcal{E} \subset \mathcal{P}(X)$ schnittstabil, so ist das von $\mathcal{E}$ erzeugte Dynkin-System gleich der von $\mathcal{E}$ erzeugten σ-Algebra.

Beweis. (a) Es ist $A \setminus B = (A^c \sqcup B)^c$.

(b) Sei $\mathcal{D}$ ein schnittstabiles Dynkin-System. Sind $A, B \in \mathcal{D}$, so auch $A \setminus B = A \cap B^c \in \mathcal{D}$. Damit liegt auch $A \cup B = (A \setminus B) \sqcup B$ in $\mathcal{D}$. Seien nun $M_1, M_2, \cdots \in \mathcal{D}$ nicht notwendig disjunkt. Dann ist

$$N_n = M_n \setminus (M_{n-1} \cup \cdots \cup M_1) \in \mathcal{D}$$

und es ist $\bigcup_j M_j = \bigsqcup_j N_j \in \mathcal{D}$.

(c) Nach Teil (b) reicht es, zu zeigen, dass das von $\mathcal{E}$ erzeugte Dynkin-System $\mathcal{D} = \mathcal{D}(\mathcal{E})$ schnittstabil ist. Für $D \in \mathcal{D}$ sei

$$Q(D) = \bigl\{ E \in \mathcal{D} : D \cap E \in \mathcal{D} \bigr\}.$$

Man beachte die Symmetrie dieser Definition, es gilt: $C \in Q(D) \Rightarrow D \in Q(C)$. Hiermit stellt man fest, dass $Q(D)$ wieder ein Dynkin-System ist, denn für $M \in Q(D)$ ist $M^c \cap D = D \setminus (M \cap D) \in \mathcal{D}$ nach Teil (a). Die Abgeschlossenheit unter disjunkten abzählbaren Vereinigungen ist klar, also ist $Q(D)$ in der Tat ein Dynkin-System.

Für jedes $E \in \mathcal{E}$ ist $\mathcal{E} \subset Q(E)$, denn $\mathcal{E}$ ist schnittstabil. Daher ist jedes $D \in \mathcal{D}$ schon in $Q(E)$, damit aber auch $E \in Q(D)$! Daher ist auch $\mathcal{D} \subset Q(D)$, also ist $\mathcal{D} = \mathcal{D}(\mathcal{E})$ schnittstabil und damit eine σ-Algebra. Es folgt also $\mathcal{D}(\mathcal{E}) \subset \mathcal{A}(\mathcal{E}) \subset \mathcal{A}(\mathcal{E})$ und damit gilt Gleichheit. $\qquad\square$

Satz 16.1.5 (Maß-Eindeutigkeitssatz). *Sei $\mathcal{A}$ eine σ-Algebra auf der Menge X und sei $\mathcal{E} \subset \mathcal{A}$ ein schnittstabiler Erzeuger. Es seien μ und τ Maße auf $\mathcal{A}$ so dass gilt*

(a) $\mu|_{\mathcal{E}} = \tau|_{\mathcal{E}}$,

(b) *es gibt eine Folge (E_j) in $\mathcal{E}$, so dass $X = \bigcup_{j=1}^{\infty} E_j$ und $\mu(E_k) < \infty$ für jedes $k \in \mathbb{N}$.*

Dann ist $\mu = \tau$.

Beweis. Es sei

$$\mathcal{B} = \Big\{ B \in \mathcal{A} : \mu(B \cap E) = \tau(B \cap E) \ \forall_{E \in \mathcal{E}} \Big\}.$$

Dann ist $\mathcal{E} \subset \mathcal{B}$ und es reicht zu zeigen, dass $\mathcal{B}$ eine σ-Algebra ist. Nach Satz 16.1.4 reicht es zu zeigen, dass $\mathcal{B}$ ein Dynkin-System ist. Die leere Menge ist in $\mathcal{B}$. Ferner ist $X \in \mathcal{B}$ und es gilt

$$E \in \mathcal{E}, \ B \in \mathcal{B} \quad \Rightarrow \quad B \cap E \in \mathcal{B}.$$

Als *erster Schritt* wird gezeigt: Sind $A, B \in \mathcal{B}$ und ist $\mu(A) < \infty$ sowie $B \subset A$, dann ist $A \smallsetminus B$ in $\mathcal{B}$. Hierfür sei $E \in \mathcal{E}$. Dann gilt

$$\mu\big((A \smallsetminus B) \cap E\big) = \mu\big((A \cap E) \smallsetminus (B \cap E)\big)$$
$$= \mu(A \cap E) - \mu(B \cap E) = \tau(A \cap E) - \tau(B \cap E)$$

Derselbe Schluss mit τ statt μ liefert die verlangte Gleichung $\mu\big((A \smallsetminus B) \cap E\big) = \tau\big((A \smallsetminus B) \cap E\big)$ und damit $A \smallsetminus B \in \mathcal{B}$.

Als *zweiter Schritt* wird gezeigt: Sind $A \in \mathcal{B}$ mit $\mu(A) < \infty$ und $E \in \mathcal{E}$, dann ist $A \smallsetminus E \in \mathcal{B}$. Dies folgt aus $A \smallsetminus E = A \smallsetminus (A \cap E)$ und $A \cap E \in \mathcal{B}$, sowie dem ersten Schritt.

Für den *dritten Schritt* sei $F_1 = E_1$, sowie

$$F_{n+1} = E_{n+1} \smallsetminus (E_1 \cup \cdots \cup E_n)$$

für $n \in \mathbb{N}$. Für $B \in \mathcal{B}$ gilt

$$B \cap F_{n+1} = (B \cap E_{n+1}) \smallsetminus (E_1 \cup \cdots \cup E_n)$$
$$= (\ldots((B \cap E_{n+1}) \smallsetminus E_n) \smallsetminus \ldots) \smallsetminus E_1.$$

Daher folgt durch wiederholte Anwendung des zweiten Schritts, dass die Menge $B \cap F_{n+1}$ in $\mathcal{B}$ liegt. Ferner gilt $X = \bigsqcup_{j=1}^{\infty} F_j$, sowie $\mu(F_n) < \infty$ für jedes $n \in \mathbb{N}$.

Nun zum *Finale*: Ist $M \in \mathcal{B}$ und $E \in \mathcal{E}$ dann folgt

$$\mu(E \cap M^c) = \sum_{j=1}^{\infty} \mu(F_j \cap E \cap M^c) = \sum_{j=1}^{\infty} \mu\left((F_j \cap E) \setminus \overbrace{((M \cap F_j) \cap E)}^{\in \mathcal{B}}\right).$$

Aus dem zweiten Schritt folgt dann, dass man jetzt μ durch τ ersetzen kann und $\mu(E \cap M^c) = \tau(E \cap M^c)$ erhält. Da E beliebig ist, folgt $M^c \in \mathcal{B}$.

Der Fall einer abzählbaren disjunkten Vereinigung ist ohnehin klar, so dass damit $\mathcal{B}$ ein Dynkin-System ist und der Satz folgt. $\square$

16.2   Produktmaße

Es wird ein kanonischer Weg vorgestellt, wie man aus Maßen auf X und Y ein Maß auf dem Produkt $X \times Y$ konstruiert.

Im folgenden seien $(X, \mathcal{A}, \mu)$ und $(Y, \mathcal{B}, \tau)$ Maßräume. Ein *messbares Produkt* ist eine Menge der Gestalt $A \times B$ mit $A \in \mathcal{A}$ und $B \in \mathcal{B}$. Sei $\mathcal{A} \otimes \mathcal{B}$ die σ-Algebra auf $X \times Y$ erzeugt von den messbaren Produkten.

Definition 16.2.1. Sei X eine Menge. Eine Teilmenge $\mathcal{E} \subset \mathcal{P}(X)$ heisst *Komplement-abgeschlossen*, falls aus $A \in \mathcal{E}$ folgt, dass $A^c \in \mathcal{E}$ ist.

Lemma 16.2.2.

a) *Sind $\mathcal{E}$ und $\mathcal{F}$ Komplement-abgeschlossene Erzeuger der σ-Algebren $\mathcal{A}$ und $\mathcal{B}$, so wird die Produkt-σ-Algebra von allen Mengen der Form $E \times F$ mit $E \in \mathcal{E}$ und $F \in \mathcal{F}$ erzeugt.*

b) *Sind X, Y topologische Räume, versehen mit den Borel-σ-Algebren und ist jede offene Menge $U \subset X \times Y$ eine abzählbare Vereinigung offener Quader, dann ist die Produkt-σ-Algebra auf $X \times Y$ gleich der Borel-σ-Algebra bezüglich der Produkttopologie.*

Insbesondere folgt, dass die Produkt-σ-Algebra auf $\mathbb{R}^n = \mathbb{R} \times \cdots \times \mathbb{R}$ gleich der Borel-σ-Algebra von $\mathbb{R}^n$ ist.

Beweis. (a) Aus $\mathcal{E} \times \mathcal{F} \subset \mathcal{A} \times \mathcal{B}$ folgt sofort

$$\mathcal{A}(\mathcal{E} \times \mathcal{F}) \subset \mathcal{A}(\mathcal{A} \times \mathcal{B}) = \mathcal{A} \otimes \mathcal{B}.$$

Für die umgekehrte Inklusion wird zunächst

$$\mathcal{A}(\mathcal{E} \times \mathcal{F}) = \mathcal{A}(\mathcal{E} \times \mathcal{B})$$

gezeigt. Hierzu sei $B \in \mathcal{B}$ und $E \in \mathcal{E}$. Es ist zu zeigen: $E \times B \in \mathcal{A}(\mathcal{E} \times \mathcal{F})$. Dies geschieht dadurch, dass man zeigt, dass die Menge

$$\mathcal{S} := \left\{ Q \subset Y : E \times Q, E^c \times Q \in \mathcal{A}(\mathcal{E} \times \mathcal{F}) \right\}$$

eine σ-Algebra ist. Die Abgeschlossenheit unter abzählbaren Vereinigungen ist klar. Für die Abgeschlossenheit unter Komplementen sei $Q \in \mathcal{S}$, so ist $E \times Q^c = (E^c \times Q)^c \cap E \times X$ und damit ist $Q^c \in \mathcal{S}$.

Nun ist klar, dass $\mathcal{S}$ die Menge $\mathcal{F}$ umfasst, also umfasst sie $\mathcal{B}$ und B liegt in ihr, was zu beweisen war. Aus Symmetriegründen folgt nun auch $\mathcal{A}(\mathcal{E} \times \mathcal{B}) = \mathcal{A}(\mathcal{A} \times \mathcal{B})$.

(b) Nach Teil (a) ist die Produkt-σ-Algebra von den endlichen Vereinigungen von Produkten der Form $A \times B$ erzeugt, wobei A und B offen oder abgeschlossen sind. Sind beide offen oder beide abgeschlossen, so ist auch $A \times B$ offen oder abgeschlossen, liegt also in der Borel-σ-Algebra von $X \times Y$. Ist hingegen etwa A abgeschlossen und B offen, dann ist $A \times B = X \times B \setminus A^c \times B$ eine Differenz offener Mengen, liegt also auch in der Borel-σ-Algebra des Produktes $X \times Y$. Da schliesslich eine gegebene offene Menge in $X \times Y$ eine abzählbare Vereinigung offener Quader ist, liegt sie schon in der Produkt-σ-Algebra, die damit gleich der Borel-σ-Algebra ist. □

Lemma 16.2.3. *Eine Abbildung* $f : Z \to X \times Y$ *von einem Messraum* Z *ist genau dann messbar, wenn beide Projektionen*

$$f_1 := Pr_1 \circ f : Z \to X, \quad f_2 := Pr_2 \circ f : Z \to Y$$

messbar sind.

Beweis. Ist f messbar, so sind f_1 und f_2 als Kompositionen messbarer Abbildungen messbar. Seien andersherum f_1 und f_2 messbar und sei $A \times B$ ein messbares Produkt in $X \times Y$. Dann ist die Menge $f^{-1}(A \times B) = f_1^{-1}(A) \cap f_2^{-1}(B)$ messbar. Da die messbaren Produkte die σ-Algebra erzeugen, ist f messbar. □

Satz 16.2.4. *Sind* μ *und* τ *beide* σ-*endlich, so gibt es ein eindeutig bestimmtes Maß* $\mu \otimes \tau$ *auf der* σ-*Algebra* $\mathcal{A} \otimes \mathcal{B}$ *mit*

$$\mu \otimes \tau(A \times B) = \mu(A)\tau(B).$$

Das Maß $\mu \otimes \tau$ *wird das* **Produktmaß** *genannt.*

Beweis. Die Existenz des Produktmaßes folgt aus dem Maßfortsetzungssatz 13.4.12, wobei man als Erzeuger $\mathcal{E}$ das System aller Teilmengen $A \times B$ mit $A \in \mathcal{A}$ und $B \in \mathcal{B}$ nimmt. Die Eindeutigkeit des Produktmaßes folgt aus dem Maß-Eindeutigkeitssatz 16.1.5. $\square$

Bemerkung 16.2.5. Indem man des Beweis des Maßfortsetzungssatzes, und damit die Konstruktion des Produktmaßes nachvollzieht, sieht man, dass für jede messbare Teilmenge $S \subset X \times Y$ gilt

$$\mu \otimes \nu(S) = \inf\left\{ \sum_{j=1}^{\infty} \mu(A_j)\nu(B_j) : A_j \in \mathcal{A}, \; B_j \in \mathcal{B}, \; S \subset \bigcup_{j=1}^{\infty} A_j \times B_j \right\}.$$

Beispiel 16.2.6. Das Lebesgue-Maß λ_n auf $\mathbb{R}^n$ ist definiert als das n-fache Produktmaß des Lebesgue-Maßes λ auf $\mathbb{R}$.

16.3 Der Satz von Fubini

Seien $(X, \mathcal{A}, \mu)$ und $(Y, \mathcal{B}, \tau)$ Maßräume. Der Satz von Fubini sagt, dass man über $X \times Y$ integrieren kann, indem man zuerst über X und dann über Y integriert, oder umgekehrt. Man muss allerdings verlangen, dass die Maße σ-endlich sind.

Satz 16.3.1 (Fubini). *Seien μ und τ beide σ-endlich und sei f eine messbare Funktion auf dem Produkt $X \times Y$.*

a) *Ist $f \geq 0$, dann sind $y \mapsto \int_X f(x, y)\, dx$ und $x \mapsto \int_Y f(x, y)\, dy$ messbare Funktionen auf Y bzw X und die Fubini-Formel*

$$\int_{X \times Y} f(x, y)d\mu \otimes \tau(x, y) = \int_X \int_Y f(x, y)\, dy\, dx$$
$$= \int_Y \int_X f(x, y)\, dx\, dy$$

gilt.

b) *Ist f komplexwertig und eines der iterierten Integrale*

$$\int_X \int_Y |f(x, y)|\, dy\, dx \quad \text{oder} \quad \int_Y \int_X |f(x, y)|\, dx\, dy$$

ist endlich, dann ist f integrierbar. Ist f integrierbar, so existieren auch die iterierten Integrale und die Fubini-Formel wie in Teil (a) gilt.

Beweis. Man zerlegt $X = \bigsqcup_n X_n$ in disjunkte Teile von endlichem Maß und verfährt ebenso mit Y. Ist die Behauptung für jede Menge der Gestalt $X_n \times Y_m$ gezeigt, folgt sie allgemein. Man kann also annehmen, dass beide Maße endlich sind, nach Skalieren kann man sogar $\mu(X) = \tau(Y) = 1$ annehmen.

Lemma 16.3.2 (Cavalierisches Prinzip). *Ist $M \subset X \times Y$ messbar, so ist für jedes $y \in Y$ die Menge $M_y = \{x \in X : (x, y) \in M\}$ messbar in X. Die Abbildung $y \mapsto \mu(M_y)$ ist messbar auf Y und es gilt*

$$\mu \otimes \tau(M) = \int_Y \mu(M_y) \, d\tau(y).$$

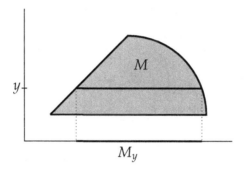

Beweis. Nach Lemma 16.2.3 ist die Abbildung $X \to X \times Y, x \mapsto (x, y)$ messbar. Damit ist das Urbild von M, also M_y, messbar.

Um zu zeigen, dass $\phi_M : y \mapsto \mu(M_y)$ messbar ist, wird das Prinzip der guten Mengen benutzt. Sei also $\mathcal{P}$ die Menge aller $M \subset X \times Y$, für die ϕ_M messbar ist. Dann gilt

a) $\emptyset \in \mathcal{P}$,

b) $M \in \mathcal{P} \Rightarrow M^c \in \mathcal{P}$,

c) $M_1, M_2, \cdots \in \mathcal{P}$ paarweise disjunkt, $\Rightarrow M = \bigsqcup_n M_n \in \mathcal{P}$,

d) $\mathcal{P}$ enthält alle messbaren Produkte.

Das bedeutet insbesondere, dass $\mathcal{P}$ ein Dynkin-System ist. Die Aussage (a) ist klar. (b) gilt wegen $\phi_{M^c} = 1 - \phi_M$. (c) folgt aus $\phi_M = \sum_n \phi_{M_n}$. Die Aussage (d) schließlich gilt wegen $\phi_{A \times B} = \mu(A) \mathbf{1}_B$. Sei $\mathcal{R}$ die Menge der messbaren Produkte. Dann ist $\mathcal{R}$ schnittstabil und mit Satz 16.1.4 folgt $\mathcal{P} = \mathcal{D}(\mathcal{R}) = \mathcal{A}(\mathcal{R}) = \mathcal{A} \otimes \mathcal{B}$. Die rechte Seite der Identität

$$\mu \otimes \tau(M) = \int_Y \mu(M_y) \, d\tau(y)$$

definiert ein Maß auf $\mathcal{A} \otimes \mathcal{B}$, das auf Produkten mit $\mu \otimes \tau$ übereinstimmt, daher stimmt die rechte Seite für jedes M mit der linken überein. Das Lemma folgt dann aus der Eindeutigkeit in Satz 16.2.4.   □

Nun zum Beweis des Satzes. Formel (a) folgt aus dem Lemma, wenn f eine einfache Funktion ist. Ein beliebiges f ist aber ein monotoner Limes einfacher Funktionen, damit folgt (a) allgemein.

Für Teil (b) zerlegt man $f = u + iv$ und reduziert damit die Behauptung auf reellwertige Funktionen. Weiter schreibt man $f = f_+ - f_-$. Ist etwa

$$\int_X \int_Y |f(x,y)|\, dy\, dx < \infty,$$

so folgt

$$\int_X \int_Y f_+(x,y)\, dy\, dx < \infty$$

und die Fubini-Formel gilt für f_+ und ebenso für f_-. Zusammen folgt die Behauptung.   □

Beispiele 16.3.3.

- Für $x, y > 0$ ist

$$\frac{x^2 - y^2}{(x^2 + y^2)^2} = \frac{\partial^2}{\partial x \partial y} \arctan \frac{x}{y},$$

  also gilt

$$\int_0^1 \left(\int_0^1 \frac{x^2 - y^2}{(x^2 + y^2)^2}\, dy \right) dx = \frac{\pi}{4}, \quad \int_0^1 \left(\int_0^1 \frac{x^2 - y^2}{(x^2 + y^2)^2}\, dx \right) dy = -\frac{\pi}{4}.$$

  Die iterierten Integrale existieren beide, sind aber nicht gleich, also ist diese Funktion nicht im Produktmaß integrierbar.

- Dieses Beispiel zeigt, dass die σ-Endlichkeit im Satz von Fubini erforderlich ist. Seien $X = Y = [0, 1]$ und sei X mit dem Lebesgue-Maß versehen, der zweite Faktor Y aber mit dem Zählmaß ζ, welches nicht σ-endlich ist. Sei $f(x,y) = 1$ falls $x = y$ und $f(x,y) = 0$ sonst. Dann gilt

$$\int_{[0,1]} \int_{[0,1]} f(x,y)\, d\lambda(x)\, d\zeta(y) = \int_{[0,1]} 0\, d\zeta(y) = 0.$$

  aber

$$\int_{[0,1]} \int_{[0,1]} f(x,y)\, d\zeta(y)\, d\lambda(x) = \int_{[0,1]} 1\, d\lambda(x) = 1.$$

16.4 Aufgaben und Bemerkungen

Aufgaben

Aufgabe 16.1. Sei $(X, \mathcal{A}, \mu)$ ein Maßraum und sei $f : X \to [0, \infty)$ eine messbare Funktion. *Zeige,* dass die Menge

$$V(f) = \{(x, y) \in X \times \mathbb{R} : 0 < y < f(x)\}$$

messbar ist und dass gilt

$$\mu \otimes \lambda\big(V(f)\big) = \int_X f \, d\mu.$$

Aufgabe 16.2. Sei X eine überabzählbare Menge und sei $\mathcal{A}$ die σ-Algebra, die von den abzählbaren Teilmengen von X erzeugt wirxd. *Beweise oder widerlege:* Die Diagonale $\Delta = \{(x, x); x \in X\}$ liegt in $\mathcal{A} \otimes \mathcal{A}$.

Aufgabe 16.3. Sei D das Dreieck mit den Eckpunkten $(0, 0)$, $(\pi/2, 0)$ und $(\pi/2, \pi/2)$.

Berechne das Integral der Funktion $f(x, y) = \frac{\sin(x)}{x}$ über D.

Aufgabe 16.4. Sei λ das Lebesgue-Maß auf $\mathbb{R}$ und $f, g \in L^1(\lambda)$. Das Integral

$$f * g(x) := \int_{\mathbb{R}} f(x - y) g(y) \, d\lambda(y)$$

heißt die *Faltung* von f und g.

Zeige, dass das Integral fast überall in x konvergiert. Definiere eine Funktion $x \mapsto f * g(x)$ durch dieses Integral, falls es konvergiert und Null sonst. Zeige weiter, dass diese Funktion messbar ist und dass $\|f * g\|_1 \leq \|f\|_1 \|g\|_1$ gilt.

Aufgabe 16.5. Berechne die Integrale

$$\int_0^1 \int_0^1 \frac{x - y}{(x + y)^3} \, dx \, dy$$

und

$$\int_0^1 \int_0^1 \frac{x - y}{(x + y)^3} \, dy \, dx.$$

Was folgt?

Aufgabe 16.6. Sei $g : (0, \infty) \to [0, \infty)$ stetig so dass

$$\int_{(0,1) \times (1,\infty)} g(xy) \, d\lambda^2(x, y) < \infty.$$

Zeige, dass g konstant gleich Null ist.

Mehr Aufgaben und Lösungen finden Sie in dem Begleitbuch *Übungsbuch zur Analysis,* *Springer-Verlag 2020.*

Bemerkungen

Wer die Maß- und Integrationstheorie in allen Verästelungen verstehen will, sollte das Buch [Els05] lesen.

Teil IV

Integration auf Mannigfaltigkeiten

Kapitel 17

Differentialformen

Bei allen Vorteilen, die die Lebesguesche Integrationstheorie hat, so liefert sie nicht den Zusammenhang zwischen Integration und Differentiation wie es der Hauptsatz der Differential- und Integralrechnung im Eindimensionalen leistet. Diesen Zusammenhang in den Fall höherer Dimension zu verallgemeinern ist das Ziel der folgenden Kapitel. Als Integrationsräume kommen in dieser Theorie sogenannte Mannigfaltigkeiten in Frage. Eine Mannigfaltigkeit ist ein topologischer Raum, der lokal aussieht wie der $\mathbb{R}^n$. Man denke zum Beispiel an die Oberfläche einer Kugel. Es ist für unsere Zwecke ausreichend, nur Mannigfaltigkeiten zu betrachten, die ihrerseits in einem $\mathbb{R}^N$ liegen, wobei N beliebig groß gewählt werden kann.

17.1 Mannigfaltigkeiten

Definition 17.1.1. Seien $n \le N$ natürliche Zahlen. Eine Teilmenge $M \subset \mathbb{R}^N$, versehen mit der Teilraumtopologie, heißt *n-dimensionale Mannigfaltigkeit*, falls es zu jedem Punkt $p \in M$ eine offene Umgebung $U \subset M$ gibt, auf der ein Homöomorphismus

$$\phi : U \xrightarrow{\sim} \mathbb{R}^n$$

definiert ist. Ein solches ϕ heißt *Karte* der Mannigfaltigkeit M. Die Menge U heißt *Kartenumgebung* von p.

Beachte: Jeder offene Quader $\{x \in \mathbb{R}^n : a_j < x_j < b_j\} \ne \emptyset$ in $\mathbb{R}^n$ ist homöomorph zum $\mathbb{R}^n$, etwa durch die Abbildung $\psi : (a, b) \to \mathbb{R}^n$ mit den Koordinaten

$$\psi(x)_j = \frac{1}{a_j - x_j} + \frac{1}{b_j - x_j}.$$

© Springer-Verlag GmbH Deutschland, ein Teil von Springer Nature 2021
A. Deitmar, *Analysis*, https://doi.org/10.1007/978-3-662-62858-4_17

Ebenso ist jeder offene Ball $B_r(a)$ in $\mathbb{R}^n$ homöomorph zu $\mathbb{R}^n$, etwa durch die Abbildung

$$\phi : x \mapsto \frac{1}{r - \|x - a\|} x.$$

Beispiele 17.1.2.

- $\mathbb{R}^n$ selbst ist eine Mannigfaltigkeit der Dimension n.

- Die n-dimensionale *Sphäre*

$$S^n = \left\{ x \in \mathbb{R}^{n+1} : \|x\| = 1 \right\}$$

ist eine n-dimensionale Mannigfaltigkeit. Dies kann man auf verschiedene Weisen einsehen. Sei etwa $x_0 \in S^n$ und sei $H \subset \mathbb{R}^n$ der Orthogonalraum zu x, also

$$H = \left\{ y \in \mathbb{R}^{n+1} : \langle x_0, y \rangle = 0 \right\}.$$

Dann ist H ein n-dimensionaler Untervektorraum, also ist der Raum H homöomorph zu $\mathbb{R}^n$. Sei $U = \left\{ x \in S^n : \langle x, x_0 \rangle > 0 \right\}$. Dann ist U eine offene Umgebung von x_0 in S^n und die Orthogonalprojektion $p : \mathbb{R}^{n+1} \to H$ bildet U homöomorph auf einen offenen Ball in H ab. Im Bild ist der Fall $n = 1$ dargestellt.

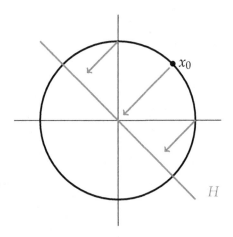

- Der *Torus* $T_2 \subset \mathbb{R}^3$ ist homöomorph zu $(S^1) \times (S^1)$. Er kann definiert werden als die Menge aller $x \in \mathbb{R}^3$, die zu dem Kreis $2S^1 \subset \mathbb{R}^2 \subset \mathbb{R}^3$ den Abstand 1 haben.

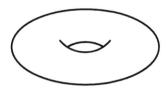

Man kann den Torus in Koordinaten (x, y, z) konstruieren, indem man etwa in der (x, z)-Ebene einen Kreis mit Radius 1 um den Punkt $(2, 0)$ in der (x, y)-Richtung um den Nullpunkt rotieren lässt. Der Kreis kann geschrieben werden als die Menge aller $(2 + \cos(t), 0, \sin(t))$ mit $t \in \mathbb{R}$. Also besteht der Torus aus allen Spaltenvektoren der Form

$$\phi(s, t) = \begin{pmatrix} \cos(s) & -\sin(s) & \\ \sin(s) & \cos(s) & \\ & & 1 \end{pmatrix} \begin{pmatrix} 2 + \cos(t) \\ 0 \\ \sin(t) \end{pmatrix}$$

wobei $s, t \in \mathbb{R}$. Diese Abbildung ist periodisch mit Periode 2π in beiden Argumenten, liefert also eine Bijektion

$$\mathbb{R}^2 / (2\pi\mathbb{Z})^2 \xrightarrow{\cong} T_2,$$

die auch zur Konstruktion lokaler Karten verwendet werden kann.

Definition 17.1.3. Ein *Atlas* einer Mannigfaltigkeit M ist eine Familie von Karten (ϕ_j, U_j), die ganz M überdecken, also dass $M = \bigcup_j U_j$ gilt. Eine Karte $\phi : U \to \mathbb{R}^n$ heißt *glatte Karte*, falls die Umkehrabbildung $\phi^{-1} : \mathbb{R}^n \to U \subset \mathbb{R}^N$ glatt, also unendlich oft differenzierbar ist und die Funktionalmatrix $D\phi^{-1}(x)$ für jedes $x \in \mathbb{R}^n$ den vollen Rang (nämlich n) besitzt. Die Mannigfaltigkeit M heißt *glatte Mannigfaltigkeit*, falls die glatten Karten einen Atlas bilden.

Beispiel 17.1.4. Die Oberfläche eines Würfels im $\mathbb{R}^3$ ist eine Mannigfaltigkeit, die nicht glatt ist. Sie ist aber homöomorph zu der zweidimensionalen Sphäre S^2, welche eine glatte Mannigfaltigkeit ist.

Sei M eine glatte Mannigfaltigkeit und $(\phi, U), (\psi, V)$ zwei glatte Karten. Dann ist die Abbildung $\psi \circ \phi^{-1}$,

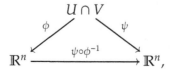

definiert auf der offenen Menge $\phi(U \cap V) \subset \mathbb{R}^n$, eine glatte Abbildung, wie aus dem Satz von der lokalen Umkehrfunktion folgt.

Definition 17.1.5. Eine Abbildung $F : M \to N$ zwischen glatten Mannigfaltigkeiten der Dimensionen m und n heißt *glatte Abbildung*, falls für je zwei glatte Karten

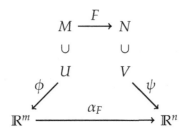

die induzierte Abbildung α_F, dort wo sie definiert ist, nämlich auf der Menge $\phi\left(F^{-1}(V) \cap U\right)$, glatt ist.

Ein *Diffeomorphismus* ist eine glatte bijektive Abbildung $F : M \to N$ deren Umkehrabbildung F^{-1} ebenfalls glatt ist. Es bezeichne $C^\infty(M, \mathbb{R})$ den reellen Vektorraum der glatten Funktionen $f : M \to \mathbb{R}$.

Definition 17.1.6. Sei M eine glatte Mannigfaltigkeit und sei $p \in M$ ein Punkt. Der *Tangentialraum* an p ist definiert als

$$T_pM = \text{Bild}\left(D\phi^{-1}(x)\right) \subset \mathbb{R}^N,$$

wobei $\phi : U \to \mathbb{R}^n$ eine glatte Karte ist, $D\phi^{-1}(x) : \mathbb{R}^n \to \mathbb{R}^N$ das Differential von ϕ^{-1} und $x = \phi(p) \in \mathbb{R}^n$. Dieser Untervektorraum der Dimension n des Vektorraums $\mathbb{R}^N$ hängt nicht von der Wahl der Karte ab, wie folgendes Lemma zeigt.

Lemma 17.1.7. *Der Tangentialraum T_pM ist die Menge aller Ableitungen $\gamma'(0)$, wobei $\gamma : (-\varepsilon, \varepsilon) \to M$ eine glatte Kurve ist mit $\gamma(0) = p$.*

Beweis. "$\subset$" Sei $v \in \mathbb{R}^n$ und sei $\gamma(t) = \phi^{-1}(x + tv)$. Dann ist γ glatt und $\gamma'(0) = D\phi^{-1}(x)v$.

"$\supset$" Sei γ eine solche Kurve und sei $\sigma = \phi \circ \gamma$. Dann ist $\gamma = \phi^{-1} \circ \sigma$ und $\gamma'(0) = D\phi^{-1}(x)\sigma'(0)$. $\square$

Beispiele 17.1.8. (a) Sei $M = \mathbb{R}^n$. Mit der Karte $\phi : \mathbb{R}^n \to \mathbb{R}^n$, $x \mapsto x$ sieht man, dass $\mathbb{R}^n$ eine glatte Mannigfaltigkeit ist. Der Tangentialraum $T_p\mathbb{R}^n$ ist das Bild des Differentials $D\phi^{-1}(x)$, also das Bild der Einheitsmatrix, d.h.,

$$T_p\mathbb{R}^n = \mathbb{R}^n.$$

(b) Sei $M = \mathbb{T} = \{z \in \mathbb{C} : |z| = 1\}$ der Einheitskreis. Dann ist $\mathbb{T}$ eine Mannigfaltigkeit. Glatte Karten sind zum Beispiel durch die Umkehrfunktion von $t \mapsto e^{2\pi it}$ gegeben, wenn man einmal $t \in (-\frac{1}{2}, \frac{1}{2})$ und einmal $t \in (0, 1)$ wählt. Der Tangentialraum in $z = e^{2\pi it}$ ist, wie im nächsten Bild zu sehen, gleich

$$T_zM = \mathbb{R}e^{2\pi it}i.$$

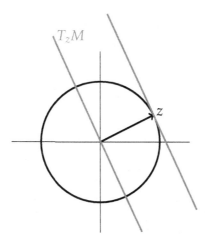

17.2 Derivationen

Sind $m, n \in \mathbb{N}$ und ist $F : \mathbb{R}^m \to \mathbb{R}^n$ differenzierbar, dann kann man $DF(p)$ als eine lineare Abbildung von $T_p\mathbb{R}^m = \mathbb{R}^m \to \mathbb{R}^n = T_{F(p)}\mathbb{R}^n$ auffassen.

Definition 17.2.1. Ist $F : M \to N$ eine glatte Abbildung zwischen zwei glatten Mannigfaltigkeiten und ist $p \in M$, so definiert man eine lineare Abbildung

$$DF(p) : T_pM \to T_{F(p)}N$$

in der folgenden Weise: Man wählt eine glatte Karte ϕ mit $\phi(p) = 0$ und eine weitere ψ mit $\psi(f(p)) = 0$ und definiert α_F wie in Definition 17.1.5, also durch das Diagramm

$$
\begin{array}{ccc}
M & \xrightarrow{\;F\;} & N \\
\cup & & \cup \\
U & & V \\
{\scriptstyle\phi}\swarrow & & \searrow{\scriptstyle\psi} \\
\mathbb{R}^m & \xrightarrow[\;\alpha_F\;]{} & \mathbb{R}^n,
\end{array}
$$

wobei $m = \dim M$ und $n = \dim N$. Dann ist $DF(p)$ die Verkettung

$$T_pM \xrightarrow{\; D(\phi^{-1})(0)^{-1} \;} \mathbb{R}^m \xrightarrow{\; D\alpha_F(0) \;} \mathbb{R}^n \xrightarrow{\; D(\psi^{-1})(0) \;} T_{F(p)}N.$$

Lemma 17.2.2.

Seien M, N, K glatte Mannigfaltigkeiten und $F : M \to N$ sowie $G : N \to K$ glatte Abbildungen.

(a) *Ist $G : N \to K$ eine weitere glatte Abbildung zu einer glatten Mannigfaltigkeit K. Dann gilt die* Kettenregel:

$$D(G \circ F)(p) = DG(F(p)) \circ DF(p).$$

(b) *Sei $\gamma : (-\varepsilon, \varepsilon) \to M$ eine glatte Kurve mit $p = \gamma(0)$. Dann ist $X = \gamma'(0)$ in T_pM. Sei $\tau : (-\varepsilon, \varepsilon) \to N$ die glatte Kurve $\tau = F \circ \gamma$. Dann gilt $\tau'(0) = DF(X)$, also*

$$DF(p)\gamma'(0) = (F \circ \gamma)'(0).$$

Beweis. (a) Man wählt Karten um die Punkte p, $F(p)$ und $G(F(p))$. dann hat man folgendes Diagramm

$$
\begin{array}{ccccc}
M & \xrightarrow{\;F\;} & N & \xrightarrow{\;G\;} & K \\
\cup & & \cup & & \cup \\
U & & V & & W \\
\downarrow{\scriptstyle\phi} & & \downarrow{\scriptstyle\psi} & & \downarrow{\scriptstyle\eta} \\
\mathbb{R}^m & \xrightarrow{\;\alpha_F\;} & \mathbb{R}^n & \xrightarrow{\;\alpha_G\;} & \mathbb{R}^k
\end{array}
$$

Dann gilt nach Definition von DF und der Kettenregel für den $\mathbb{R}^n$,

$$
\begin{aligned}
D(G \circ F)(p) &= D\eta^{-1}(0)\, D(\alpha_G \circ \alpha_F)\, D\phi^{-1}(0)^{-1} \\
&= D\eta^{-1}(0)\, D(\alpha_G) D(\alpha_F)\, D\phi^{-1}(0)^{-1} \\
&= \underbrace{D\eta^{-1}(0)\, D(\alpha_G) D\psi^{-1}(0)^{-1}}_{=DG(F(p))}\, \underbrace{D\psi^{-1}(0) D(\alpha_F)\, D\phi^{-1}(0)^{-1}}_{=DF(p)}
\end{aligned}
$$

(b) Nach Teil (a) ist

$$\tau'(0) = D\tau(0) + D(F \circ \gamma)(0) = DF(p)D\gamma(0) = DF(p)\gamma'(0). \qquad \square$$

Definition 17.2.3. Sei $\gamma : (-\varepsilon, \varepsilon) \to M$ eine glatte Kurve mit $\gamma(0) = p$. Für $f \in C^\infty(M, \mathbb{R})$ setze

$$X_\gamma(f) = \frac{d}{dt} f(\gamma(t)) \Big|_{t=0}$$

Dies definiert eine lineare Abbildung $X = X_\gamma : C^\infty(M, \mathbb{R}) \to \mathbb{R}$ mit

$$X(fg) = f(p)X(g) + X(f)g(p) \qquad \text{(Produktregel in } p\text{)}$$

Sei $\tilde{T}_pM$ die Menge aller linearen Abbildungen X von $C^\infty(M, \mathbb{R})$ nach $\mathbb{R}$, die im Punkt p der Produktregel genügen. Die Elemente des Raums $\tilde{T}_pM$ werden *Punktderivationen* in p genannt.

Lemma 17.2.4 (Glatte Version von Urysohns Lemma). *Sei $K \subset \mathbb{R}^n$ kompakt und sei $U \subset \mathbb{R}^n$ offen mit $K \subset U$. Dann existiert eine glatte Funktion $f : \mathbb{R}^n \to [0, 1]$ mit $f \equiv 1$ auf K und $f \equiv 0$ außerhalb von U.*

Beweis. Nach dem Lemma von Urysohn 12.3.8 existiert eine stetige Funktion mit den genannten Eigenschaften. Die Funktion

$$\chi(x) = \begin{cases} e^{-1/x}e^{-1/(1-x)} & 0 < x < 1, \\ 0 & \text{sonst}, \end{cases}$$

Ist nach Proposition 7.3.5 glatt auf $\mathbb{R}$ und hat kompakten Träger $[0, 1]$. Sei $\varepsilon > 0$. Durch geeignete Wahl von Zahlen $a, b, c \in \mathbb{R}$ kann man eine glatte Funktion $f_\varepsilon(x) = c\chi(a\|x\|^2 + b)$ auf $\mathbb{R}^n$ konstruieren, so dass der Träger von f_ε in dem ε-Ball $B_\varepsilon(0)$ um Null liegt, $f_\varepsilon \geq 0$ ist und $\int_{\mathbb{R}^n} f_\varepsilon(x)\,dx = 1$ gilt.

Da K kompakt ist, gibt es zwei offene Umgebungen V_1, V_2 von K mit kompakten Abschlüssen $\overline{V_1}, \overline{V_2}$, so dass $K \subset V_1 \subset \overline{V}_1 \subset V_2 \subset \overline{V}_2 \subset U$. Sei $\varepsilon > 0$ so klein, dass die offene Umgebung $U_\varepsilon(K) = \left\{ x \in \mathbb{R}^n : \exists_{y \in K} |x - y| < \varepsilon \right\}$ von K noch in V_1 liegt und $\overline{V}_2$ Abstand $> \varepsilon$ zu $\mathbb{R}^n \setminus U$ hat. Sei nun $\tilde{f} : \mathbb{R}^n \to [0, 1]$ eine stetige Funktion mit $\tilde{f} \equiv 1$ auf $\overline{V}_1$ und $\tilde{f} \equiv 0$ außerhalb von V_2. Dann leistet die Funktion $f = f_\varepsilon * \tilde{f}$ das Gewünschte. $\qquad\square$

Definition 17.2.5. Sei M eine glatte Mannigfaltigkeit und (ϕ, U) eine glatte Karte. Seien $x_1, \ldots x_n : U \to \mathbb{R}$ die Koordinaten von ϕ, also $\phi(p) = (x_1(p), \ldots, x_n(p))$. Man sagt, die Funktionen $x_1, \ldots, x_n$ sind *lokale Koordinaten* auf M. Man definiert dann eine Punktderivationen $\frac{\partial}{\partial x_j}$ durch

$$\frac{\partial}{\partial x_j}(f) := \frac{\partial(f \circ \phi^{-1})}{\partial x_j}(x), \qquad x = \phi(p).$$

Satz 17.2.6. *Für eine glatte Kurve γ durch p hängt die Punktderivation X_γ nur von $\gamma'(0)$ ab. Die so definierte Abbildung*

$$T_pM = \{\gamma'(0) : \gamma(0) = p\} \to \tilde{T}_pM$$
$$\gamma'(0) \mapsto X_\gamma$$

ist ein Vektorraum-Isomorphismus. Es gibt also einen kanonischen Isomorphismus $T_pM \cong \tilde{T}_pM$. Ist (ϕ, U) eine glatte Karte mit $\phi(p) = 0$, so ist

$$\tilde{T}_pM = \left\{\mu_1 \frac{\partial}{\partial x_1} + \cdots + \mu_n \frac{\partial}{\partial x_n} : \mu \in \mathbb{R}^n\right\},$$

wobei $x_1, \ldots, x_n$ die lokalen Koordinaten von ϕ sind. Das bedeutet, dass $\frac{\partial}{\partial x_1}, \ldots, \frac{\partial}{\partial x_n}$ eine Basis des reellen Vektorraums $\tilde{T}_pM$ ist.

Beweis. Nach Definition ist $X_\gamma(f) = \frac{d}{dt} f(\gamma(t))\big|_{t=0}$. Aus der Kettenregel folgt, dass dieser Ausdruck nur von $\gamma'(0)$ abhängt und dass die Abbildung, die $\gamma'(0)$ auf X_γ abbildet, linear und injektiv ist. Für $\mu \in \mathbb{R}^n$ sei $D_\mu = \mu_1 \frac{\partial}{\partial x_1} + \cdots + \mu_n \frac{\partial}{\partial x_n} \in \tilde{T}_pM$. Es reicht zu zeigen, dass die Abbildung $\mu \mapsto D_\mu$ ein Vektorraum-Isomorphismus von $\mathbb{R}^n$ nach $\tilde{T}_pM$ ist. Zeige zunächst: Für $X \in \tilde{T}_pM$ hängt $X(f)$ nur von $f|_U$ ab, wobei U eine beliebig kleine Umgebung von p ist. Sei hierfür $g \in C^\infty(M, \mathbb{R})$ mit $g|_U \equiv 0$ für eine offene Umgebung U von p, die klein genug ist, um in einer Kartenumgebung zu liegen. Dann gibt es eine offene Umgebung V von p mit $V \subset \overline{V} \subset U \subset \overline{U}$ und nach Lemma 17.2.4 gibt es $h \in C^\infty(M, \mathbb{R})$ mit $h|_V \equiv 0$, $h|_{M\setminus U} \equiv 1$. Daher gilt $g = hg$. Es folgt

$$X(g) = X(hg) = X(h) \underbrace{g(p)}_{=0} + \underbrace{h(p)}_{=0} X(g) = 0.$$

Gilt also $f \equiv f_1$ auf U, so folgt $X(f - f_1) = 0$ also $X(f) = X(f_1)$. Nach Anwendung einer Kartenabbildung reicht es daher aus, den Satz für $M = \mathbb{R}^n$ und $p = 0$ zu zeigen.

Die Abbildung $\mu \mapsto D_\mu$ ist injektiv: sei x_j die j-te Koordinatenabbildung, dann ist

$$D_\mu(x_j) = \mu_1 \frac{\partial x_j}{\partial x_1} + \cdots + \mu_n \frac{\partial x_j}{\partial x_n} = \mu_j.$$

Sie ist surjektiv: sei $X \in \tilde{T}_pM = \tilde{T}_0\mathbb{R}^n$. Sei $\mu_j = X(x_j)$ für $j = 1, \ldots, n$. Sei $Y = X - D_\mu$. Zu zeigen ist: $Y = 0$. Sei zunächst $h(x) = x_i x_j g(x)$ für $g \in C^\infty(\mathbb{R}^n, \mathbb{R})$. Dann ist

$$X(h) = X\left(x_i x_j g(x)\right) = x_i(p)X(x_j g) + x_j(p)g(0)X(x_i) = 0.$$

Nach der Theorie der Taylor-Reihen kann jedes $f \in C^\infty(\mathbb{R}^n, \mathbb{R})$ geschrieben werden als

$$f(x) = c + \alpha_1 x_1 + \cdots + \alpha_n x_n + \sum_{i,j} x_i x_j g_{i,j},$$

mit $g_{i,j} \in C^\infty(\mathbb{R}^n, \mathbb{R})$. Es folgt $Y(f) = Y(c) = Y(1 \cdot c) = Y(1)c + Y(c) = 2Y(c)$. Hier wurde beim letzten Schritt die Linearität von Y verwendet. Es folgt $Y(f) = 0$. $\qquad\square$

Definition 17.2.7. Sei $p \in M$. Ein Koordinatensystem $x_1, \ldots x_n$ heißt *zentriert* in p, falls $x(p) = 0$.

Ab jetzt wird $T_p M$ mit $\tilde{T}_p M$ identifiziert. Man sagt also: *Tangentialvektoren sind Punktderivationen*. Dies ist die abstrakte Definition des Tangentialraums.

Ein *Vektorfeld* auf M ist eine stetige Abbildung $X : M \to \mathbb{R}^N$ so dass für jedes $p \in M$ der Vektor $X(p)$ im Tangentialraum $T_p M$ liegt. Man schreibt auch X_p statt $X(p)$. Das nachfolgende Bild zeigt ein Vektorfeld auf der Kreislinie S^1.

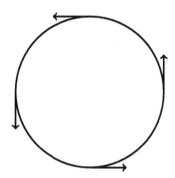

Ist X ein Vektorfeld auf M, so definiert $X_p \in T_p M$ eine Punktderivation und für $f \in C^\infty(M, \mathbb{R})$ erhält man eine Abbildung

$$Xf : M \to \mathbb{R}, \qquad p \mapsto X_p(f).$$

In lokalen Koordinaten $x_1, \ldots, x_n$ lässt sich ein Vektorfeld X in der Form

$$X_p = \mu_1(p) \frac{\partial}{\partial x_1} + \cdots + \mu_n(p) \frac{\partial}{\partial x_n}$$

schreiben, wobei $\mu_1, \ldots, \mu_n$ in der Kartenumgebung definierte stetige reellwertige Funktionen sind. Dann ist

$$Xf(p) = \mu_1(p) \frac{\partial f}{\partial x_1}(p) + \cdots + \mu_n(p) \frac{\partial f}{\partial x_n}(p).$$

Das Vektorfeld X ist als Abbildung von M nach $\mathbb{R}^N$ genau dann glatt, wenn für alle glatten lokalen Koordinaten die Koordinatenfunktionen $\mu_1, \ldots, \mu_n$

glatt sind und das ist wiederum genau dann der Fall, wenn Xf für jedes $f \in C^\infty(M, \mathbb{R})$ eine glatte Funktion ist. Ein glattes Vektorfeld liefert also eine lineare Abbildung $X : C^\infty(M, \mathbb{R}) \to C^\infty(M, \mathbb{R})$ mit der Eigenschaft:

$$X(fg) = X(f)g + fX(g) \qquad \text{(Produktregel)}$$

Eine solche Abbildung nennt man eine *Derivation*. Es gibt also eine natürliche Abbildung

$$\{\text{glatte Vektorfelder auf } M\} \ \to \ \{\text{Derivationen von } C^\infty(M, \mathbb{R})\}.$$

Diese Abbildung ist eine Bijektion. Die Umkehrabbildung erhält man wie folgt: Sei D eine Derivation von $C^\infty(M, \mathbb{R})$. Man wendet D auf eine Funktion f an und wertet dann im Punkt p aus. Die so entstehende Abbildung $f \mapsto D(f)(p)$ ist dann eine Punktderivation, also ein Tangentialvektor, den man X_p nennt. Dann ist die Abbildung $X : P \mapsto X_p$ ein glattes Vektorfeld. Dazu ist zu zeigen, dass für jede glatte Funktion f die Abbildung $p \mapsto X_p(f)$ glatt ist. Nach Definition ist diese Abbildung gleich $p \mapsto D(f)(p)$ und da $D(f)$ eine glatte Funktion ist, folgt also dass X ein glattes Vektorfeld ist.

Lemma 17.2.8 (Interpretation des Differentials). *Ist $F : M \to N$ glatt, so ist $DF_p : T_pM \to T_{F(p)}M$ gegeben durch*

$$DF(X_p)f = X_p(f \circ F), \qquad f \in C^\infty(N, \mathbb{R}).$$

Beweis. Die Derivation X_p kann als $\gamma'(0)$ für eine glatte Kurve γ dargestellt werden. Die Aussage folgt dann aus Lemma 17.2.2. $\qquad\square$

Lemma 17.2.9 (Koordinatenwechsel). *Seien (x_j) und (y_i) zwei lokale Koordinatensysteme auf M. In jedem Punkt, in dem beide definiert sind, gilt*

$$\frac{\partial}{\partial x_j} = \sum_{i=1}^n \frac{\partial y_i}{\partial x_j} \frac{\partial}{\partial y_i}$$

Beweis. Sei f eine glatte Funktion auf M und sei $\phi = f \circ x^{-1} : \mathbb{R}^n \to \mathbb{R}$. Dann ist $\frac{\partial f}{\partial x_j} = D_j\phi$ die j-te Richtungsableitung von ϕ. Sei $\psi = f \circ y^{-1} : \mathbb{R}^n \to \mathbb{R}$. Es folgt

$$\phi = f \circ x^{-1} = f \circ y^{-1} \circ y \circ x^{-1} = \psi \circ \alpha$$

mit $\alpha = y \circ x^{-1} : \mathbb{R}^n \to \mathbb{R}^n$. Also gilt nach Kettenregel

$$D\phi(x) = D\psi\,(\alpha(x))\,D\alpha(x).$$

Es ist aber $D\alpha(x) = \left(\frac{\partial y_i}{\partial x_j}\right)_{i,j}$, was die Behauptung liefert. $\qquad\square$

Definition 17.2.10. Sei $F : M \to N$ eine glatte Abbildung zwischen glatten Mannigfaltigkeiten. Ein Punkt $q \in M$ heisst *regulärer Wert*, wenn q im Bild von F liegt und für jedes $p \in M$ mit $F(p) = q$ das Differential $DF(p) : T_pM \to T_qN$ surjektiv ist.

Satz 17.2.11 (Satz vom regulären Wert). *Sei $F : M \to N$ eine glatte Abbildung und sei $q \in N$ ein regulärer Wert. Dann ist $Z = F^{-1}(q) \subset M$ eine glatte Mannigfaltigkeit der Dimension* $\dim M - \dim N$.

Beweis. Sei $p \in Z$, sei $\phi : U \to \mathbb{R}^m$ eine glatte Karte um den Punkt p und sei $\psi : V \to \mathbb{R}^n$ eine glatte Karte von N um den Punkt q. Sei $W = \phi(U \cap F^{-1}(V)) \subset \mathbb{R}^m$ und sei $\alpha_F : W \to \mathbb{R}^n$, $G = \psi \circ F \circ \phi^{-1}$

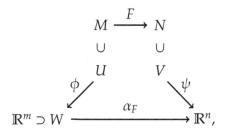

Dann ist das Differential $A = D\alpha_F(0) : \mathbb{R}^m \to \mathbb{R}^n$ surjektiv, also muss $m = n + k \geq n$ sein. Die $n \times m$ Matrix A hat also vollen Rang. Daher gibt es eine invertierbare $m \times m$ Matrix S so dass $B = AS$ die Gestalt (C, I) hat, wobei I die $n \times n$ Einheitsmatrix, und C eine $n \times k$ Matrix ist. Man ersetzt ϕ durch $S^{-1} \circ \phi$, wobei S hier für die durch S gegebene invertierbare lineare Abbildung steht. Dann ist $\alpha_F : W \to \mathbb{R}^n$, wobei $W \subset \mathbb{R}^n \times \mathbb{R}^k$ offen ist. Ferner ist $I = D_2\alpha_F(0, 0)$ invertierbar. nach dem Satz ueber implizite Funktionen, 9.5.2 gibt es eine offene Umgebung der Form $V_1 \times V_2 \subset W$ von $(0, 0) \in \mathbb{R}^n \times \mathbb{R}^k$ und eine glatte Funktion $g : V_1 \to V_2$ so dass $\alpha_F(x, g(x)) = 0$ und alle Nullstellen von α_F in $V_1 \times V_2$ sind von dieser Form. Dann ist die Abbildung $\eta = \phi^{-1} \circ g : V_1 \to M$ eine glatte Abbildung, deren Bild genau $\phi^{-1}(V_1 \times V_2) \cap Z$ ist und deren Differential in jedem Punkt vollen Rang hat. Daher ist η^{-1} eine lokale Karte von Z um den Punkt p. Da der Punkt $p \in Z$ beliebig war, ist Z also eine glatte Mannigfaltigkeit. $\qquad \square$

Beispiel 17.2.12. Die Menge $SL_2(\mathbb{R})$ aller 2×2 Matrizen A mit $\det(A) = 1$ ist eine glatte Untermannigfaltigkeit von $M_2(\mathbb{R}) = \mathbb{R}^4$.

Beweis. Man fixiert einen Isomorphismus $\mathbb{R}^4 \to M_2(\mathbb{R})$ durch

$$(x_1, x_2, x_3, x_4)^t \mapsto \begin{pmatrix} x_1 & x_2 \\ x_3 & x_4 \end{pmatrix}.$$

Dann ist die Menge $M = SL_2 \mathbb{R})$ ist die Nullstellenmenge der Funktion $F : \mathbb{R}^4 \to \mathbb{R}$, $F(x) = \det(x) - 1 = x_1 x_4 - x_2 x_3 - 1$. Die Differentialmatrix dieser Funktion ist ist $DF(x) = (x_4, -x_3, -x_2, x_1)$. Da $(0,0,0,0) \notin SL_2(\mathbb{R})$, ist das Differential von F in jedem Punkt von $SL_2(\mathbb{R})$ surjektiv und damit folgt die Behauptung aus dem Satz.   □

17.3 Multilineare Algebra

Damit der Hauptsatz der Differential- und Integralrechnung gültig wird, wurde in der Riemannschen Integrationstheorie vereinbart, dass das Integral das Vorzeichen wechselt, wenn man die Integrationsrichtung ändert. Man stellt fest, dass eine Verallgemeinerung auf höherdimensionale Integrale erfordert, dass sich das Vorzeichen ändert, wenn man in einer Koordinate die Richtung wechselt, aber auch, wenn man zwei Koordinaten vertauscht. Dies ist genau das Verhalten von alternierenden Multilinearformen, die deshalb als lokales Modell für die Definition von Differentialformen dienen.

Definition 17.3.1. Seien $k, n \in \mathbb{N}$ und V ein reeller Vektorraum der Dimension n. Eine Abbildung $\omega : V^k \to \mathbb{R}$ heißt *multilinear* oder *Multilinearform*, falls

$$v \mapsto \omega(v_1, \ldots, v_{j-1}, v, v_{j+1}, \ldots, v_k)$$

eine lineare Abbildung ist, wenn man die Koordinaten v_i, $i \neq j$ festhält. Die Form ω heißt *alternierend*, falls

$$\omega(\ldots, v, \ldots, w, \ldots) = -\omega(\ldots, w, \ldots, v, \ldots),$$

das heißt, die Form wechselt das Vorzeichen, wenn man zwei Einträge vertauscht und alle anderen festhält. Sei $\mathrm{Alt}^k V$ die Menge der alternierenden Multilinearformen auf V^k.

Beispiele 17.3.2.

(a) Ein (willkürliches) Beispiel für eine Multilinearform mit $k = 3$ und $V = \mathbb{R}^n$ ist etwa

$$\omega(x, y, z) = x_1 y_1 z_1,$$

also das Produkt der ersten Koordinaten. Diese Form ist nicht alternierend.

(b) Für $k = 2$ und $n \geq 2$ ist eine alternierende Multilinearform gegeben durch $\omega(v, w) = v_1 w_2 - v_2 w_1$.

(c) Ein Beispiel für eine alternierende Form ist die Determinante $\det : V^n \to \mathbb{R}$ für $V = \mathbb{R}^n$, wobei man $V^n = (\mathbb{R}^n)^n \cong \mathbb{R}^{n^2}$ mit dem Raum der $n \times n$-Matrizen identifiziert.

Lemma 17.3.3. *$\mathrm{Alt}^k V$ ist ein Vektorraum bezüglich punktweiser Addition und Skalarmultiplikation.*

Beweis. Die Eigenschaften sind stabil unter punktweiser Addition und Skalarmultiplikation. □

Definition 17.3.4. Für gegebene Elemente $\alpha_1, \ldots, \alpha_k$ des Dualraums V^* sei die Multilinearform $\alpha_1 \wedge \cdots \wedge \alpha_k$ durch

$$\alpha_1 \wedge \cdots \wedge \alpha_k(v_1, \ldots, v_k) = \det\left(\left(\alpha_i(v_j)\right)_{i,j}\right)$$

definiert.

Beispiel 17.3.5. Im Falle $k = 2$ ist

$$\alpha \wedge \beta(v, w) = \alpha(v)\beta(w) - \alpha(w)\beta(v).$$

Da die Determinante eine alternierende Multilinearform ist, ist $\alpha_1 \wedge \cdots \wedge \alpha_k$ auch eine. Es folgt: die Abbildung

$$\alpha \mapsto \ldots \wedge \alpha \wedge \ldots$$

ist linear und

$$\cdots \wedge \alpha \wedge \cdots \wedge \beta \wedge \cdots = - \cdots \wedge \beta \wedge \cdots \wedge \alpha \wedge \ldots.$$

Proposition 17.3.6. *Sei $\phi_1, \ldots, \phi_n$ eine Basis von V^*.*

(a) *Es existiert eine Basis $v_1, \ldots, v_n$ von V, so dass (ϕ_j) die duale Basis ist zu (v_j), also dass gilt $\phi_i(v_j) = \delta_{i,j}$. Man nennt (v_j) die zu (ϕ_j) präduale Basis.*

(b) *Die Elemente*

$$\phi_{i_1} \wedge \cdots \wedge \phi_{i_k}, \qquad 1 \leq i_1 < \cdots < i_k \leq n$$

bilden eine Basis von $\mathrm{Alt}^k V$. Insbesondere ist die Dimension des Vektorraums $\dim \mathrm{Alt}^k V$ gleich dem Binomialkoeffizienten $\binom{n}{k}$.

Beweis. (a) Zu einer Basis $\phi_1, \ldots, \phi_n$ von V^* sei $\phi_1^*, \ldots, \phi_n^*$ die duale Basis von V^{**}. Die kanonische Abbildung

$$\delta : V \to V^{**},$$

$$\delta(v)(\phi) = \phi(v)$$

ist ein Isomorphismus von Vektorräumen. Sei δ^{-1} die Umkehrabbildung. Dann ist $v_1 = \delta^{-1}(\phi_1^*), \ldots, v_n = \delta^{-1}(\phi_n^*)$ eine Basis von V. Es gilt

$$\phi_i(v_j) = \delta(v_j)(\phi_i) = \phi_j^*(\phi_i) = \begin{cases} 1 & i = j, \\ 0 & i \neq j. \end{cases}$$

(b) Sei $\omega \in \mathrm{Alt}^k V$ eine gegebene Multilinearform. Für $I = (i_1, \ldots, i_k)$ mit $1 \leq i_1 < \cdots < i_k \leq n$ sei $\lambda_I = \omega(v_{i_1}, \ldots, v_{i_k})$. Schreibe $\phi_I = \phi_{i_1} \wedge \cdots \wedge \phi_{i_k}$ sowie $v_I = (v_{i_1}, \ldots, v_{i_k})$. Dann gilt für ein zweites Tupel $J = (j_1, \ldots, j_k)$ mit $1 \leq j_1 < \cdots < j_k \leq n$, dass

$$\phi_I(v_J) = \begin{cases} 1 & I = J, \\ 0 & I \neq J. \end{cases}$$

Um dies einzusehen, beachte, dass die Matrix $(\phi_{i_k}(v_{j_l}))_{k,l}$ die Einheitsmatrix ist, falls $I = J$ und andernfalls eine Nullspalte hat. Durch Einsetzen der Basisvektoren folgt somit

$$\omega = \sum_{\substack{I = (i_1, \ldots, i_k) \\ 1 \leq i_1 < \cdots < i_k \leq n}} \lambda_I \phi_I.$$

Außerdem ist diese Darstellung eindeutig. $\qquad\qquad\qquad\qquad\qquad\qquad\quad\square$

Gemäß dieser Proposition schreibt man auch $\bigwedge^k V^*$ statt $\mathrm{Alt}^k V$.

Lemma 17.3.7. *Sei $T : V \to V$ eine lineare Abbildung. Für $\omega \in \mathrm{Alt}^k V$ sei*

$$T^*\omega(v_1, \ldots, v_k) = \omega(Tv_1, \ldots, Tv_k).$$

Ist $n = \dim V$, so ist $\mathrm{Alt}^n V$ eindimensional und es gilt $T^*\omega = \det(T)\,\omega$ für $\omega \in \mathrm{Alt}^n V$.

Beweis. Sei $\alpha_1, \ldots \alpha_n$ eine Basis des Dualraums und $v_1, \ldots, v_n$ eine Basis von V. Sei $\omega = \alpha_1 \wedge \cdots \wedge \alpha_n$ und sei B die Matrix $(\alpha_j(v_i))_{i,j}$, dann gilt $\det(B) = \omega(v_1, \ldots, v_n)$. Sei $A = (a_{i,j})$ die Matrix von T in der Basis v_j, dann gilt $Tv_i = \sum_k a_{k,i} v_k$. Also ist $\alpha_j(Tv_i) = \sum_k a_{k,i} \alpha_j(v_k)$. Damit

$$T^*\omega(v_1, \ldots, v_n) = \det(AB) = \det(A)\omega(v_1, \ldots, v_n). \qquad\qquad\square$$

Satz 17.3.8. *Es gibt genau eine bilineare Abbildung*

$$\mathrm{Alt}^k V \times \mathrm{Alt}^l V \to \mathrm{Alt}^{k+l} V$$

$$(\omega, \sigma) \mapsto \omega \wedge \sigma$$

mit

$$(\psi_1 \wedge \cdots \wedge \psi_k) \wedge (\eta_1 \wedge \cdots \wedge \eta_l) = \psi_1 \wedge \cdots \wedge \psi_k \wedge \eta_1 \wedge \cdots \wedge \eta_l$$

für alle $\psi_j, \eta_j \in V^*$.

Beweis. Wie bei linearen Abbildungen ist eine bilineare Abbildung $b : U \times V \to W$ mit Vektorräumen U, V, W eindeutig festgelegt, wenn man $b(u_i, v_j)$ festlegt, wobei u_i eine Basis von U und v_j eine Basis von V durchläuft. Sei also $\phi_1, \ldots, \phi_n$ eine Basis von V^*. Für zwei Tupel $I = (i_1, \ldots, i_k)$ mit $1 \le i_1 < \cdots < i_k \le n$ und $J = (j_1, \ldots, j_l)$ mit $1 \le j_1 < \cdots < j_l \le n$ definiere $\phi_I = \phi_{i_1} \wedge \cdots \wedge \phi_{i_k}$ und analog für ϕ_J. definiere dann

$$B(\phi_I, \phi_J) = \phi_{i_1} \wedge \cdots \wedge \phi_{i_k} \wedge \phi_{j_1} \wedge \cdots \wedge \phi_{j_l}.$$

Dann ist B nach obigem Prinzip als bilineare Abbildung eindeutig festgelegt. Damit folgt insbesondere die Eindeutigkeitsaussage des Satzes.

Es bleibt zu zeigen, dass die so definierte bilineare Abbildung die Behauptung erfüllt. Dazu seien $\psi_j, \eta_j \in V^*$ wie im Satz gegeben. Das die ϕ_I mit $I \subset \{1, \ldots, n\}$ eine Basis von $\mathrm{Alt}^k V$ bilden, gibt es Koeffizienten $\lambda_{j,r}, \mu_{j,s} \in \mathbb{R}$ so dass

$$\psi_j = \sum_{r=1}^{n} \lambda_{j,r} \phi_r, \qquad \eta_j = \sum_{s=1}^{n} \mu_{j,s} \phi_s.$$

Dann folgt wegen der Multilinearität

$$(\psi_1 \wedge \cdots \wedge \psi_k) \wedge (\eta_1 \wedge \cdots \wedge \eta_l)$$

$$= \sum_{r_1,\ldots,r_k=1}^{n} \sum_{v_1,\ldots,v_k=1}^{n} \lambda_{i,r_1} \cdots \lambda_{k,r_k} \mu_{1,s_1} \cdots \mu_{l,s_l} \left(\phi_{r_1} \wedge \cdots \wedge \phi_{r_k}\right) \wedge \left(\phi_{s_1} \wedge \cdots \wedge \phi_{s_l}\right)$$

$$= \sum_{r_1,\ldots,r_k=1}^{n} \sum_{v_1,\ldots,v_k=1}^{n} \lambda_{i,r_1} \cdots \lambda_{k,r_k} \mu_{1,s_1} \cdots \mu_{l,s_l} \, \phi_{r_1} \wedge \cdots \wedge \phi_{r_k} \wedge \phi_{s_1} \wedge \cdots \wedge \phi_{s_l}$$

$$= \psi_1 \wedge \cdots \wedge \psi_k \wedge \eta_1 \wedge \cdots \wedge \eta_l. \qquad \square$$

Definition 17.3.9. Sei M eine glatte n-dimensionale Mannigfaltigkeit. Eine k-*Differentialform* oder k-*Form* ω auf M ist eine Abbildung

$$\omega : M \to \bigcup_{p \in M} \mathrm{Alt}^k(T_p M), \qquad\qquad p \mapsto \omega_p,$$

mit $\omega_p \in \mathrm{Alt}^k(T_p M)$, die stetig ist in folgendem Sinne: Für beliebige Vektorfelder $X_1, \ldots, X_k$ ist die Abbildung $M \to \mathbb{R}$,

$$p \mapsto \omega_p(X_1, \ldots, X_k)$$

stetig. Ist diese Abbildung stets glatt, wenn die Vektorfelder $X_1, \ldots, X_k$ glatt sind, so sagt man, dass die Form ω glatt ist. Man schreibt $\Omega^k(M)$ für den Vektorraum der glatten k-Formen auf M, sowie

$$\Omega(M) = \bigoplus_{k=0}^{\dim M} \Omega^k(M).$$

Seien $x_1, \ldots, x_n$ lokale Koordinaten um p, dann ist $\left(\frac{\partial}{\partial x_j}\right)$ eine Basis von $T_p M$. Schreibe die duale Basis von $T_p^* M = (T_p M)^*$ als $dx_1, \ldots, dx_n$. Dann lässt sich jede k-Form schreiben als

$$\omega = \sum_{i_1 < \cdots < i_k} f_{1, \ldots, i_k} \, dx_{i_1} \wedge \cdots \wedge dx_{i_k}$$

mit eindeutig bestimmten stetigen Funktionen $f_{i_1, \ldots, i_k}$. Für diese gilt

$$f_{i_1, \ldots, i_k} = \omega\left(\frac{\partial}{\partial x_{i_1}}, \ldots, \frac{\partial}{\partial x_{i_k}}\right).$$

Eine verkürzte Schreibweise ist

$$\omega = \sum_I f_I dx_I,$$

wobei die Summe über alle Tupel $I = (i_1, \ldots, i_k)$ mit $1 \leq i_1 < \cdots < i_k \leq n$ läuft und dx_I für $dx_{i_1} \wedge \cdots \wedge dx_{i_k}$ steht.

Beispiel 17.3.10. Im Fall $k = 1$ ist $\omega_p \in \mathrm{Alt}^1(T_p M)$ einfach eine lineare Abbildung $\omega_p : T_p M \to \mathbb{R}$. Ist nun $f : M \to \mathbb{R}$ eine glatte Funktion, dann ist das Differential Df eine lineare Abbildung $Df : T_p M \to T_{f(p)}\mathbb{R}$. Der Vektorraum $T_{f(p)}\mathbb{R}$ wird erzeugt von $\frac{\partial}{\partial x}$, also kann $T_{f(p)}\mathbb{R} = \frac{\partial}{\partial x}\mathbb{R} \cong \mathbb{R}$ kanonisch mit $\mathbb{R}$ identifiziert werden. Mit anderen Worten: Df kann als lineare Abbildung $Df : T_p M \to \mathbb{R}$ aufgefasst werden. Zur Unterscheidung wird diese Differentialform als df geschrieben.

Satz 17.3.11 (Die äußere Ableitung).

a) *Sei f eine glatte Funktion und sei df die 1-Form aus Beispiel 17.3.10. In lokalen Koordinaten $x_1, \ldots, x_n$ gilt dann*

$$df = \sum_{j=1}^{n} \frac{\partial f}{\partial x_j} \, dx_j.$$

b) *Für jede glatte k-Form ω existiert genau eine glatte $k + 1$-Form $d\omega$ mit*

$$\omega = \sum_i f_i \, dx_{i_1} \wedge \cdots \wedge x_{i_k} \quad \Rightarrow \quad d\omega = \sum_i df_i \wedge dx_{i_1} \wedge \cdots \wedge x_{i_k}.$$

c) *Sind $\omega \in \Omega^k$, $\eta \in \Omega^l$, so gilt*

$$d(\omega \wedge \eta) = d\omega \wedge \eta + (-1)^k \omega \wedge d\eta.$$

Sind insbesondere 1-Formen $\omega_1, \ldots, \omega_k$ gegeben, so gilt

$$d(\omega_1 \wedge \cdots \wedge \omega_k) = \sum_{v=1}^{k} (-1)^{v+1} \omega_1 \wedge \cdots \wedge d\omega_v \wedge \cdots \wedge \omega_k.$$

d) *Für jedes $\omega \in \Omega^k(M)$ gilt $d(d\omega) = 0$.*

Beweis. Nach der Definition des Differentials gilt $df\left(\frac{\partial}{\partial x_j}\right) = \frac{\partial f}{\partial x_j}$ und damit folgt (a).

Zu (b): In lokalen Koordinaten definiert man $d\omega$ durch die angegebene Formel. Dann ist zu zeigen, dass $d\omega$ nicht von der Wahl der Koordinaten abhängt. Zunächst werden (c) und (d) bewiesen, wobei fest gewählte Koordinaten benutzt werden. Am Ende werden diese Aussagen dann benutzt um die Unabhängigkeit von der Wahl der Koordinaten zu zeigen.

Zu (c): sind $k = l = 0$ so ist die Regel äquivalent zur Produktregel. Allgemein seien $\omega \in \Omega^k(M)$ und $\eta \in \Omega^l(M)$, also

$$\omega = \sum_I f_I \, dx_{i_1} \wedge \cdots \wedge dx_{i_k}, \qquad \eta = \sum_J g_J \, dx_{j_1} \wedge \cdots \wedge dx_{j_l},$$

wobei die erste Summe ueber alle Tupel $I = (i_1, \ldots, i_k)$ natürlicher Zahlen mit $1 \leq i_1 < \cdots < i_k \leq n$ läuft und J ueber entsprechende Tupel der Länge l. Man kürzt ab $dx_I = dx_{i_1} \wedge \cdots \wedge dx_{i_k}$ und $dx_J = dx_{j_1} \wedge \cdots \wedge dx_{j_l}$. Da dg_J eine

1-Form ist, folgt

$$dg_J \wedge dx_I = (-1)^k dx_I \wedge dg_J.$$

Es ist $\omega \wedge \eta = \sum_{I,J} f_I g_J \, dx_I \wedge dx_J$ und damit also

$$d(\omega \wedge \eta) = \sum_{I,J} g_J \, df_I \wedge dx_I \wedge dx_J + f_I \, dg_J \wedge dx_I \wedge dx_J$$

$$= \sum_{I,J} g_J \, df_I \wedge dx_I \wedge dx_J + (-1)^k f_I \, dx_I \wedge dg_J \wedge dx_J$$

$$= d\omega \wedge \eta + (-1)^k \omega \wedge d\eta.$$

Für (d) sei zunächst $\omega = f \in C^\infty(M, \mathbb{R})$. Dann ist

$$d(d\omega) = d\left(\sum_{j=1}^n \frac{\partial f}{\partial x_j} dx_j\right) = \sum_{i,j=1}^n \frac{\partial^2 f}{\partial x_i \partial x_j} dx_i \wedge dx_j$$

$$= \sum_{i<j} \frac{\partial^2 f}{\partial x_i \partial x_j} \underbrace{(dx_i \wedge dx_j + dx_j \wedge dx_i)}_{=0}.$$

Allgemein sei $\omega = \sum_i f_i \, dx_i$, dann ist

$$dd\omega = d\sum_I df_I \wedge dx_I = \sum_I \underbrace{dd f_I}_{=0} \wedge dx_I - df_I \wedge dd x_I.$$

Schließlich ist

$$dd x_I = d\left(dx_{i_1} \wedge \cdots \wedge dx_{i_k}\right)$$

$$= \underbrace{dd x_{i_1}}_{=0} \wedge dx_{i_2} \wedge \cdots \wedge dx_{i_k} - dx_{i_1} \wedge d\left(dx_{i_2} \wedge \cdots \wedge dx_{i_k}\right)$$

Induktiv kann man voraussetzen, dass $d\left(dx_{i_2} \wedge \cdots \wedge dx_{i_k}\right) = 0$, so dass $dd x_I = 0$ folgt.

Nun zu (b). Ist y_i ein zweites Koordinatensystem, so kann man eine zweite äußere Ableitung d' mit den y-Koordinaten definieren. Diese erfüllt dann ebenfalls (c) und (d). Es ist zu zeigen, dass $df = d'f$ für Funktionen $f \in C^\infty(M, \mathbb{R})$ gilt. Die Formel für den Koordinatenwechsel besagt

$$\frac{\partial}{\partial y_j} = \sum_{i=1}^n \frac{\partial x_i}{\partial y_j} \frac{\partial}{\partial x_i} \qquad \text{oder} \qquad \frac{\partial}{\partial x_k} = \sum_{j=1}^n \frac{\partial y_j}{\partial x_k} \frac{\partial}{\partial y_j}.$$

Indem man die erste Formel in die zweite einsetzt, erhält man

$$\frac{\partial}{\partial x_k} = \sum_{j=1}^{n} \frac{\partial y_j}{\partial x_k} \sum_{i=1}^{n} \frac{\partial x_i}{\partial y_j} \frac{\partial}{\partial x_i} \qquad \text{oder} \qquad \sum_{j=1}^{n} \frac{\partial y_j}{\partial x_k} \frac{\partial x_i}{\partial y_j} = \delta_{i,k}.$$

Für die duale Basis ergibt sich daraus $dy_j = \sum_{i=1}^{n} \frac{\partial y_j}{\partial x_i} dx_i$, wie man sieht, indem man $\frac{\partial}{\partial y_j}$ auf der rechten Seite einsetzt und die erste Formel benutzt. Für $f \in C^\infty(M, \mathbb{R})$ gilt daher

$$d'f = \sum_{j=1}^{n} \frac{\partial f}{\partial y_j} dy_j = \sum_{j=1}^{n} \sum_{i=1}^{n} \frac{\partial x_i}{\partial y_j} \frac{\partial f}{\partial x_i} dy_j = \sum_{j=1}^{n} \sum_{i=1}^{n} \frac{\partial x_i}{\partial y_j} \frac{\partial f}{\partial x_i} \sum_{k=1}^{n} \frac{\partial y_j}{\partial x_k} dx_k$$

$$= \sum_{i=1}^{n} \sum_{k=1}^{n} \underbrace{\left(\sum_{j=1}^{n} \frac{\partial x_i}{\partial y_j} \frac{\partial y_j}{\partial x_k} \right)}_{=\delta_{i,k}} \frac{\partial f}{\partial x_i} dx_k = \sum_{i=1}^{n} \frac{\partial f}{\partial x_i} dx_i = df.$$

Diese Aussage kann man insbesondere auf die Koordinatenabbildung x_i anwenden und erhält $dx_i = d'x_i$. Für eine beliebige Differentialform $\omega = \sum_i f_i dx_{i_1} \wedge \cdots \wedge dx_{i_k}$ gilt dann nach (c), angewandt auf d', dass

$$d'\omega = \sum_i d'(f_j \, dx_{i_1} \wedge \cdots \wedge dx_{i_k})$$

$$= \sum_i (d'f_j) \, dx_{i_1} \wedge \cdots \wedge dx_{i_k} + f_j \, d'(dx_{i_1} \wedge \cdots \wedge dx_{i_k})$$

Da $d'f_j = df_j$, bleibt zu zeigen $d'(dx_{i_1} \wedge \cdots \wedge dx_{i_k}) = 0$. Durch iterierte Anwendung der Regel (c) sieht man, dass es reicht, $k = 1$ anzunehmen. Dann ist aber $d'dx_i = d'd'x_i = 0$ und der Satz ist vollständig bewiesen. $\qquad \square$

Beispiele 17.3.12.

- Ist $\omega \in \Omega^n(M)$ mit $mn = \dim M$, dann ist $d\omega = 0$, da $\Omega^{n+1}(M) = 0$.

- Als (willkürliches) Beispiel sei $\omega \in \Omega^1(\mathbb{R}^3)$ in den Koordinate (x, y, z) gegeben durch

$$\omega = y^2 z \, dz + xyz \, dy.$$

Da $dz \wedge dz = 0 = dy \wedge dy$, gilt

$$d\omega = 2yz \, dy \wedge dz + yz \, dx \wedge dy + xy \, dz \wedge dy$$

$$= 2yz \, dy \wedge dz + yz \, dx \wedge dy - xy \, dy \wedge dz.$$

Definition 17.3.13. Eine Differentialform ω heisst *geschlossen*, wenn

$$d\omega = 0$$

gilt. Sie heisst *exakt*, falls es eine Form η gibt, so dass

$$\omega = d\eta.$$

Nach Satz 17.3.11 ist jede exakte Form auch geschlossen.

17.4   Zurückziehen von Differentialformen

Sei $F : M \to N$ eine glatte Abbildung zwischen glatten Mannigfaltigkeiten, dann ist das Differential von F für $p \in M$ eine lineare Abbildung

$$DF_p : T_pM \to T_{F(p)}N.$$

Sei nun $\omega \in \Omega^k(N)$ eine glatte Differentialform. Man definiert die *Zurückziehung* von ω entlang F als die Differentialform $F^*\omega \in \Omega^k(M)$ gegeben durch

$$F^*\omega_p(X_1, \dots, X_k) = \omega\big(DF_p(X_1), \dots, DF_p(X_k)\big),$$

für alle $X_1, \dots, X_k \in T_pM$. Als Spezialfall beachte, dass die lineare Abbildung $DF_p : T_pM \to T_{F(p)}N$ dualisiert zu $F^* : T^*_{F(p)}N \to T^*_pM$, was das Zurückziehen von 1-Formen erklärt.

Man kann das Zurückziehen auch so schreiben:

$$F^*\omega = \omega \circ DF.$$

Ist insbesondere $\omega = f$ eine 0-Form, also eine glatte Funktion $f : N \to \mathbb{R}$, so ist

$$F^*f(p) = f\left(F(p)\right).$$

Satz 17.4.1. *Für eine glatte Abbildung $F : M \to N$ gilt:*

a) *$F^* : \Omega(N) \to \Omega(M)$ ist linear,*

b) *$F^*(\omega \wedge \eta) = F^*\omega \wedge F^*\eta$,*

c) *$d(F^*\omega) = F^*d\omega$.*

Ist außerdem $G : N \to L$ glatt, so gilt $(G \circ F)^* = F^* \circ G^*$.

Beweis. Teil (a) gilt, weil das Zurückziehen punktweise linear ist. Für Teil (b) reicht es wegen der Linearität, anzunehmen, dass

$$\omega = \alpha_1 \wedge \cdots \wedge \alpha_k, \qquad \eta = \alpha_{k+1} \wedge \cdots \wedge \alpha_{k+l}$$

für geeignete 1-Formen gilt. Man kann etwa ein lokales Koordinatensystem wählen und die Richtungsableitungen nehmen. Nun wird der Beweis als Induktion ueber $\max(k, l)$ geführt.

$$
\begin{aligned}
F^*(\omega \wedge \eta)_p(X_1, \ldots, X_{k+l}) &= (\omega \wedge \eta)(DF_p(X_1), \ldots, DF_p(X_{k+l})) \\
&= (\alpha_1 \wedge \cdots \wedge \alpha_{k+l})(DF_p(X_1), \ldots, DF_p(X_{k+l})) \\
&= \det(\alpha_i(DF_p(X_j))) \\
&= \det(F^*\alpha_i(X_j)) \\
&= (F^*\alpha_1 \wedge \cdots \wedge F^*\alpha_{k+l})(X_1, \ldots, X_{k+l}).
\end{aligned}
$$

Ist nun $k, l \le 1$, dann steht die Behauptung die Behauptung bereits da, also gilt der Induktionsanfang. Für den Induktionsschritt beachte, dass nach Satz 17.3.8 dieser letzte Ausdruck gleich

$$(F^*\alpha_1 \wedge \cdots \wedge F^*\alpha_k) \wedge (F^*\alpha_{k+1} \wedge \cdots \wedge F^*\alpha_{k+l})(X_1, \ldots, X_{k+l})$$

ist. Nach Induktionsvoraussetzung ist dies gleich $F^*\omega \wedge F^*\eta(X_1, \ldots, X_{k+l})$ und damit ist die Induktion abgeschlossen.

Zum Beweis von (c) sei $\omega = f$ eine Funktion, so ist $F^*f = f \circ F$ und daher folgt aus der Kettenregel:

$$d(F^*f) = df \circ dF = F^*df.$$

Eine beliebige k-Form schreibt man als $\omega = \sum_I f_I dx_I$. Dann folgt

$$
\begin{aligned}
d(F^*\omega) = d\left(\sum_I F^*f_I \, F^*dx_I \right) \\
= \sum_I d(F^*f_I) \, F^*dx_I + \sum_I F^*f_I \, d(F^*dx_I).
\end{aligned}
$$

Da $d(F^*f_I) = F^*(df_I)$ ist die erste Summe gleich

$$\sum_I F^*(df_I) \, F^*(dx_I) = F^* \sum_I df_I \, dx_I = F^*(d\omega).$$

Um zu zeigen, dass die zweite Summe Null ist, reicht es, zu zeigen, dass der Faktor $d(F^*dx_I)$ gleich Null ist. Dieser Faktor ist gleich

$$
\begin{aligned}
d(F^*(dx_{i_1} \wedge \cdots \wedge dx_{i_k})) &= d(F^*dx_{i_1} \wedge \cdots \wedge F^*dx_{i_k}) = d(dF^*x_{i_1} \wedge \cdots \wedge dF^*x_{i_k}) \\
&= \sum_{v=1}^{k} (-1)^{v+1} dF^*x_{i_1} \wedge \cdots \wedge \underbrace{ddF^*x_{i_v}}_{=0} \wedge \cdots \wedge dF^*x_{i_k} = 0.
\end{aligned}
$$

Die letzte Aussage des Satzes folgt leicht aus der Definition. $\qquad\square$

Korollar 17.4.2. *Ist* $\omega = f dx_1 \wedge \cdots \wedge dx_n$ *eine n-Form auf* $\mathbb{R}^n$ *und* $\alpha : \mathbb{R}^n \to \mathbb{R}^n$
eine glatte Abbildung, dann gilt

$$\alpha^* \omega(x) = \det(D\alpha(x)) \, f(\alpha(x)) \, dx_1 \wedge \cdots \wedge dx_n.$$

Beweis. Aus Dimensionsgründen ist es klar, dass $\alpha^* \omega$ von der Form $g \, dx_1 \wedge$
$\cdots \wedge dx_n$ ist. Es gilt also, die Funktion g auszurechnen. Seien $X_1, \ldots, X_n$ die
Vektorfelder $\frac{\partial}{\partial x_1}, \ldots, \frac{\partial}{\partial x_n}$. Nach Lemma 17.3.7 gilt

$$\begin{aligned}
g(x) &= \alpha^* \omega(x)(X_1, \ldots, X_n) \\
&= \omega(\alpha(x))(D\alpha(x)X_1, \ldots, D\alpha(x)X_n) \\
&= \det(D\alpha(x)) \, \omega(\alpha(x))(X_1, \ldots, X_n) = \det(D\alpha(x)) \, f(\alpha(x)).
\end{aligned}$$
$\square$

17.5 Aufgaben und Bemerkungen

Aufgaben

Aufgabe 17.1. Sei $\alpha \in \mathbb{R}$ und sei M_α die Menge aller (x, y, z) in $\mathbb{R}^3$ mit $x^2 + y^2 = z^2 + \alpha$ mit
der Teilraumtopologie des $\mathbb{R}^3$ ausgestattet. Für welche $\alpha \in \mathbb{R}$ ist M_α eine Mannigfaltigkeit?

Aufgabe 17.2. Sei M eine Mannigfaltigkeit. *Zeige,* dass die Algebra

$$C(M) = \left\{ f : M \to \mathbb{R} : f \text{ stetig} \right\}$$

keine nicht-trivialen Derivationen hat. Mit anderen Worten: Für jede lineare Abbildung
$D : C(M) \to C(M)$ die der Produktregel genügt, gilt bereits $D = 0$.
(Hinweis: Zeige, dass $D(f_0) = 0$ für eine konstante Funktion f_0. Zeige, dann, dass $f(x_0) = 0 \Rightarrow D(f^2)(x_0) = 0$ und folgere hieraus, dass $f(x_0) = 0 \Rightarrow D(f)(x_0) = 0$ für $f \geq 0$.)

Aufgabe 17.3. (a) Sei M eine glatte Mannigfaltigkeit und seien seien $X, Y : C^\infty(M) \to C^\infty(M)$
Derivationen (Definition 17.2.7), also glatte Vektorfelder. *Man zeige,* dass

$$[X, Y] := X \circ Y - Y \circ X$$

ebenfalls eine Derivation ist. Man nennt $[X, Y]$ die *Kommutatorklammer* oder *Lie-Klammer*
von X und Y.

(b) Auf der Mannigfaltigkeit $M = \mathbb{R}^n$ definieren die Koordinaten-Ableitungen $X_j = \frac{\partial}{\partial x_j}$
Vektorfelder. Nach dem Satz von Schwarz (9.1.3) vertauschen diese Vektorfelder miteinander, also gilt $[X_j, X_k] = 0$ für alle $1 \leq j, k \leq n$. *Zeige:* Ist X ein glattes Vektorfeld auf
$\mathbb{R}^n$ mit

$$[X, X_j] = 0$$

für jedes $1 \leq j \leq n$, so ist X eine Linearkombination der $X_1, \ldots, X_n$.

Aufgabe 17.4. Sei V ein reeller Vektorraum und seien $\alpha \in \text{Alt}^k V, \beta \in \text{Alt}^l V$. *Zeige,* dass

$$\alpha \wedge \beta = (-1)^{kl} \beta \wedge \alpha.$$

Aufgabe 17.5. Eine *Lie-Algebra* über $\mathbb{R}$ ist ein reeller Vektorraum L mit einer Abbildung

$$[.,.] : L \times L \to L$$

so dass

(a) $[.,.]$ bilinear ist,

(b) $[X, X] = 0$ für jedes $X \in L$ gilt und

(c) die *Jacobi-Identität*:

$$[X, [Y, Z]] + [Y, [Z, X]] + [Z, [X, Y]] = 0$$

erfüllt ist.

Zeige, dass der Vektorraum $L = M_n(\mathbb{R})$ der reellen $n \times n$ Matrizen durch die *Kommutator-Klammer*

$$[A, B] = AB - BA$$

zu einer Lie-Algebra wird.

Aufgabe 17.6. Seien $\omega(x, y) = y\,dx$ und $\eta(x, y) = y\,dy$ in $\Omega^1(\mathbb{R}^2)$.

Berechne $\omega \wedge \eta, d\omega$ und $d\eta$.

Aufgabe 17.7. Sei $\omega(x) = f(x)dx$ eine 1-Form auf $\mathbb{R}$. Sei $\phi : \mathbb{R} \to \mathbb{R}$ eine glatte Abbildung.

Zeige, dass $\phi^*\omega(x) = f\big(\phi(x)\big)\phi'(x)dx$.

Aufgabe 17.8. Sei $0 \le k \le n$. Der *$*$-Operator* ist die lineare Abbildung die jedem $\omega \in \Omega^k(\mathbb{R}^n)$ eine $(n - k)$-Form $*\omega \in \Omega^{n-k}(\mathbb{R}^n)$ zuordnet und durch die Eigenschaft

$$*(g(x)\,dx_{i_1} \wedge \cdots \wedge dx_{i_k}) = g(x)\,dx_{i_{k+1}} \wedge \cdots \wedge dx_{i_n},$$

falls $\{i_1, \ldots, i_k, i_{k+1}, \ldots, i_n\}$ eine gerade Permutation von $\{1, 2, \ldots, n\}$ ist und $g \in C^\infty(\mathbb{R}^n)$, eindeutig festgelegt ist.

Zeige: Ist $f : \mathbb{R}^n \to \mathbb{R}$ eine C^2-Funktion, so gilt

$$d * d(f) = \big(\Delta f\big)\,dx_1 \wedge \cdots \wedge dx_n,$$

wobei Δ der *Laplace-Operator* ist:

$$\Delta f = \frac{\partial^2 f}{\partial x_1^2} + \cdots + \frac{\partial^2 f}{\partial x_n^2}.$$

Mehr Aufgaben und Lösungen finden Sie in dem Begleitbuch *Übungsbuch zur Analysis, Springer-Verlag 2020.*

Bemerkungen

Ein gute Einführung in die allgemeine Theorie differenzierbarer Mannigfaltigkeiten findet sich zum Beispiel in dem Buch [War83]. Im Allgemeinen werden Mannigfaltigkeiten lediglich als topologische Räume definiert, die lokale Kartenabbildungen zum $\mathbb{R}^n$ besitzen. Eine Einbettung in einen $\mathbb{R}^N$ ist bei dem meisten Autoren nicht Teil der Definition. Dies ist allerdings nur ein marginaler Unterschied in den Definitionen, denn der *Einbettungssatz von Whitney* besagt, dass sich jede glatte Mannigfaltigkeit in einen $\mathbb{R}^N$ einbetten lässt.

Kapitel 18

Der Satz von Stokes

In diesem Kapitel wird die Integration von Differentialformen eingeführt und der Stokesche Integralsatz bewiesen. Orientierungen auf Hyperflächen werden mit normalen Vektorfeldern identifiziert. Ein wichtiges Hilfsmittel, um lokale Resultate global auf Mannigfaltigkeit anzuwenden ist die Teilung der Eins, der besonderer Raum gegeben wird.

18.1   Orientierung

Im Riemann-Integral gibt es eine Integrationsrichtung, ein Umstand, der für die Gültigkeit des Hauptsatzes der Differential- und Integralrechnung von essentieller Bedeutung ist. In der höherdimensionalen Integrationstheorie wird die Richtung durch den Begriff der Orientierung ersetzt.

Definition 18.1.1. Sind $\mathcal{V} = (v_1, \dots, v_n)$ und $\mathcal{W} = (w_1, \dots w_n)$ zwei Basen eines reellen Vektorraums $V \neq \{0\}$, dann wird durch die Vorschrift $Tv_j = w_j$ eine invertierbare lineare Abbildung T auf V definiert, die sogenannte *Basiswechsel-Abbildung* von $\mathcal{V}$ nach $\mathcal{W}$, auch geschrieben $T_{\mathcal{V}}^{\mathcal{W}}$. Man sagt, dass die Basen *gleich orientiert* sind, falls $\det(T) > 0$ gilt. In diesem Fall schreibt man

$$\mathcal{V} \approx \mathcal{W}$$

Lemma 18.1.2. *Die Relation $\approx$ ist eine Äquivalenzrelation auf der Menge* BAS(V) *aller Basen von V. Es gibt genau zwei Äquivalenzklassen. Diese werden die* Orientierungsklassen *oder* Orientierungen *von V genannt.*

Beweis. Sei $\mathcal{V} \in$ BAS(V). Die Basiswechsel-Abbildung von $\mathcal{V}$ nach $\mathcal{V}$ ist die

© Springer-Verlag GmbH Deutschland, ein Teil von Springer Nature 2021
A. Deitmar, *Analysis*, https://doi.org/10.1007/978-3-662-62858-4_18

Identität, diese hat Determinante 1, also folgt

$$\mathcal{V} \approx \mathcal{V}.$$

Es gelte $\mathcal{V} \approx \mathcal{W}$ und sei T die Basiswechsel-Abbildung von $\mathcal{V}$ nach $\mathcal{W}$, also $Tv_j = w_j$ mit $\det(T) > 0$. Dann ist T invertierbar und es gilt $T^{-1}w_j = v_j$, also ist T^{-1} die Basiswechsel-Abbildung von $\mathcal{W}$ nach $\mathcal{V}$. Da $\det(T^{-1}) = \det(T)^{-1} > 0$, folgt $\mathcal{W} \approx \mathcal{V}$.

Schliesslich sei $\mathcal{U} = (u_1, \dots, u_n)$ eine weitere Basis und es gelte $\mathcal{U} \approx \mathcal{V}$ und $\mathcal{V} \approx \mathcal{W}$ mit den Basiswechsel-Abbildungen S und T mit $\det(S), \det(T) > 0$. Dann gilt $Su_j = v_j$ und $Tv_j = w_j$ und daher $TSu_j = w_j$ und da $\det(TS) = \det(T)\det(S) > 0$, folgt $\mathcal{U} \approx \mathcal{W}$. Insgesamt ist $\approx$ also eine Äquivalenzrelation.

Sei nun $\mathcal{V} = (v_1, \dots, v_n)$ eine Basis und sei $\mathcal{V}_- = (-v_1, v_2, \dots, v_n)$. Dann gilt

(a) $\mathcal{V} \not\approx \mathcal{V}_-$ und

(b) jede Basis $\mathcal{W}$ ist entweder gleich orientiert zu $\mathcal{V}$ oder zu $\mathcal{V}_-$.

Zum Beweis der Aussage (a) beachte, dass die Basiswechsel-Abbildung S von $\mathcal{V}$ nach $\mathcal{V}_-$ in der Basis $\mathcal{V}$ die Diagonalmatrix mit der Diagonale $(-1, 1, \dots, 1)$ ist, also folgt $\det(S) = -1 < 0$ und damit gilt (a).

Sei nun $\mathcal{V}$ irgendeine Basis und sei T die Basiswechsel-Abbildung von $\mathcal{V}$ nach $\mathcal{U}$. Ist $\det(T) > 0$, dann ist $\mathcal{W} \approx \mathcal{V}$. Ist $\det(T) < 0$, dann hat die Basiswechsel-Abbildung ST von $\mathcal{W}$ nach $\mathcal{V}_-$ Determinante $\det(ST) = \det(S)\det(T) = -\det(T) > 0$. Also ist $\mathcal{W} \approx \mathcal{V}_-$.   □

Beispiele 18.1.3.

- Auf $\mathbb{R}$ gibt es die Orientierung die durch 1 gegeben ist und die durch -1.

- Auf $\mathbb{R}^2$ sind die Orientierungen einmal durch die Standardbasis: e_1, e_2 und durch $-e_1, e_2$ gegeben. Beachte, dass $-e_1, -e_2$ die gleiche Orientierung hat wie die Standardbasis.

Definition 18.1.4. Ist M eine glatte Mannigfaltigkeit und (x_j) ein lokales Koordinatensystem, so liefert die Basis $\frac{\partial}{\partial x_1} \dots, \frac{\partial}{\partial x_n}$ eine Orientierung von T_pM für jedes p aus dem Definitionsbereich der Karte. Zwei Karten heißen *gleich orientiert*, wenn sie in jedem Punkt p, in dem beide definiert sind, dieselbe Orientierung in T_pM induzieren. Ein glatter Atlas heißt *orientiert*, wenn je zwei Karten gleich orientiert sind. Eine glatte Mannigfaltigkeit heißt *orientierbar*, wenn sie einen orientierten Atlas besitzt. Ist M orientierbar und zusammenhängend, so gibt es genau zwei maximale orientierte Atlanten, die beiden *Orientierungen* auf M. Eine Mannigfaltigkeit M mit einer Orientierung σ nennt man eine *orientierte Mannigfaltigkeit*. Eine Karte die zu σ gehört nennt man *positiv orientiert*, andernfalls ist sie *negativ orientiert*.

Man kann die Angabe einer Orientierung auch so verstehen, dass man für jedes $p \in M$ eine Orientierung σ_p auf dem Tangentialraum T_pM angibt, so dass σ_p stetig von p abhängt.

Beispiele 18.1.5.

- Die Mannigfaltigkeiten $\mathbb{R}^n$ und S^n sind orientierbar. Auf $\mathbb{R}^n$ gibt es eine standard-Orientierung, die durch die standard-Basis $e_1, \ldots, e_n$ gegeben ist. Eine Basis $v_1, \ldots, v_n$ von $\mathbb{R}^n$ heißt *positiv orientiert*, falls sie dieselbe Orientierung wie (e_j) besitzt. Eine Basis (v_j) ist genau dann positiv orientiert, wenn ihre Determinante positiv ist, also wenn $\det(v_1, \ldots, v_n) > 0$.

- Nicht orientierbar ist das Möbiusband:

$$M = (\mathbb{R} \times (-1, 1)) / \mathbb{Z},$$

wobei die Gruppe $\mathbb{Z}$ operiert durch $k(x, y) = (x+k, (-1)^k y)$. Das hat den Grund darin, dass die Abbildung $(x, y) \mapsto (x + 1, -y)$ Orientierungen umkehrt. Es ist allerdings zu zeigen, dass das Möbiusband als Teilmenge des $\mathbb{R}^N$ dargestellt werden kann. Dies ist mit $N = 3$ möglich. Die Abbildung $\phi : M \to \mathbb{R}^3$,

$$\phi(x, y) = \begin{pmatrix} 2\cos(2\pi x) + y\sin(\pi x)\cos(2\pi x) \\ 2\sin(2\pi x) + y\sin(\pi x)\sin(2\pi x) \\ y\cos(\pi x) \end{pmatrix}$$

ist ein Homöomorphismus von M auf eine eingebettete Mannigfaltigkeit im $\mathbb{R}^3$. Der Nachweis sei dem Leser überlassen, wobei empfohlen wird, eine Zeichnung zu anzufertigen und $\phi(x, y)$ als Matrixprodukt in der Form

$$\begin{pmatrix} \cos(2\pi x) & -\sin(2\pi x) & 0 \\ \sin(2\pi x) & \cos(2\pi x) & 0 \\ 0 & 0 & 1 \end{pmatrix} \begin{pmatrix} 2 + y\sin(\pi x) \\ 0 \\ y\cos(\pi x) \end{pmatrix}$$

zu schreiben.

Definition 18.1.6. Sei ω eine n-Form auf der orientierten Mannigfaltigkeit M. Wie bei Funktionen definiert man den *Träger* von ω als

$$\mathrm{supp}(\omega) := \overline{\{p \in M : \omega(p) \neq 0\}} \subset M.$$

Definition 18.1.7. Sei M eine glatte Mannigfaltigkeit und sei U der Definitionsbereich der lokalen Koordinaten (x_j). Sei $\omega \in \Omega^n(U)$, $n = \dim M$, mit kompaktem Träger. Dann lässt ω sich auf U schreiben als

$$\omega = f dx_1 \wedge \cdots \wedge dx_n.$$

Setze

$$\int_U \omega = \int_{\mathbb{R}^n} f(x_1, \ldots, x_n) \, dx_1 \ldots dx_n.$$

Proposition 18.1.8. *Sei M eine glatte Mannigfaltigkeit und seien U, V Definitionsbereiche lokaler Koordinatensysteme (x_i) und (y_i). Seien $U' \subset U$ und $V' \subset V$ offene Teilmengen und sei $F : U' \to V'$ ein Diffeomorphismus. Sei $\omega \in \Omega^n(M)$ mit kompaktem Träger in V', dann hat $F^*\omega$ kompakten Träger in U', kann also durch Null zu einer Form $F^*\omega \in \Omega^n(M)$ fortgesetzt werden. Es gilt*

$$\int_V \omega = \int_U F^*\omega,$$

falls F die Orientierung von x_i in die von y_i überführt. Kehrt F die Orientierungen um, so gilt

$$\int_V \omega = - \int_U F^*\omega.$$

Insbesondere gilt: Ist M orientiert und sind die Koordinatensysteme positiv orientiert, dann hängt die Definition von $\int_V \omega$ nicht von der Wahl der Karte, sondern nur von ω ab.

Beweis. Es gibt eine glatte Funktion f auf V, so dass $\omega = f \, dy_1 \wedge \cdots \wedge dy_n$. Seien ϕ und ψ die Karten, die die lokalen Koordinaten (x_i) und $(y)_i$ erzeugen. Das Diagramm

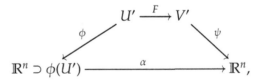

definiert die Abbildung α. Sei $\varepsilon = 1$, falls F (und damit α) die Orientierung erhält, und $\varepsilon = -1$ falls es sie umkehrt. Es gilt dann $\det D\alpha(x) = \varepsilon |\det D\alpha(x)|$.

Nach der Transformationsformel, Satz 10.3.8, ist das Integral $\int_{\mathbb{R}^n} f(y) \, dy$ gleich $\int_{\mathbb{R}^n} f(\alpha(x)) \, |\det D\alpha(x)| \, dx$. Nach Definition von $F^*\omega$ und Korollar 17.4.2

gilt

$$\int_U F^*\omega = \int_{\mathbb{R}^n} f(\alpha(x)) \det D\alpha(x)\,dx$$

$$= \varepsilon \int_{\mathbb{R}^n} f(\alpha(x))\,|\det D\alpha(x)|\,dx = \varepsilon \int_{\mathbb{R}^n} f(y)\,dy = \varepsilon \int_V \omega.$$

Man erhält die Unabhängigkeit von der Wahl der Karten wie folgt: Sei $\omega \in \Omega^n(M)$ mit Träger in $U \cap V$, wobei U und V Kartenumgebungen sind, die auf $U \cap V$ dieselbe Orientierung erzeugen. Sei dann $U' = V' = V \cap V$ und sei $F : U' \to V'$ die Identität. Dann folgt $\int_U \omega = \int_V \omega$. $\qquad\square$

Definition 18.1.9. Sei (ϕ, U) eine Karte. Sei $\omega \in \Omega^n(M)$ mit Träger in U. Dann ist

$$\int_M \omega := \int_U \omega$$

wohldefiniert. Das Integral existiert, da ω kompakten Träger hat.

18.2 Teilung der Eins

Eine Teilung der Eins erlaubt es, eine Differentialform ω als Summe von Formen ω_j zu schreiben, die jeweils Träger in Kartenumgebungen haben. Dann kann man das Integral über ω als die Summe der Integrale der ω_j definieren.

Lemma 18.2.1. *Sei M eine Mannigfaltigkeit. Es gibt eine Folge offener Mengen G_j mit kompakten Abschlüssen $\overline{G}_j$, so dass*

$$\overline{G}_j \subset G_{j+1} \quad \text{und} \quad M = \bigcup_j G_j.$$

Beweis. Die Topologie von $\mathbb{R}^N$ wird erzeugt von den abzählbar vielen offenen Bällen

$$B_{1/n}(q),$$

wobei $q \in \mathbb{Q}^N$ und $n \in \mathbb{N}$. Daher wird die Topologie von M erzeugt von den abzählbar vielen offenen Mengen

$$W_{q,n} = B_{1/n}(q) \cap M,$$

wobei es reicht, solche Paare q, n zu betrachten, so dass $W_{q,n}$ kompakten Abschluss hat. Ordne diese Mengen in einer Folge $U_1, U_2, \dots$. Die Folge G_j wird induktiv konstruiert. Sei $G_1 = U_1$ und sei $G_j = U_1 \cup \cdots \cup U_l$ bereits konstruiert. Sei k der kleinste Index $> l$ mit $\overline{G}_j \subset U_1 \cup \cdots \cup U_k$. Dann setze $G_{j+1} = U_1 \cup \cdots \cup U_k$. Dann erfüllt die Folge G_j die Bedingungen. $\qquad\square$

Satz 18.2.2 (Teilung der Eins). *Sei M eine glatte Mannigfaltigkeit und es
sei $(U_i)_{i \in I}$ eine offene Überdeckung von M. Dann existieren glatte Funktionen
$u_i : M \to [0,1]$, so dass der Träger von u_i ganz in U_i liegt und dass*

$$\sum_{i \in I} u_i \equiv 1$$

*auf ganz M gilt, wobei die Summe lokal endlich ist, d.h. für jedes $p \in M$ gibt
es eine offenen Umgebung U, so dass die Menge*

$$\left\{ i \in I : u_i|_U \neq 0 \right\}$$

endlich ist. Es folgt, dass für jede kompakte Teilmenge $K \subset M$ die Menge

$$\left\{ i \in I : u_i|_K \neq 0 \right\}$$

endlich ist. Man nennt die Familie (u_i) eine Teilung der Eins *zur Überdeckung
(U_i).*

Beweis. In Lemma 18.2.1 wurde die Existenz einer Folge G_j offener Teilmengen von M mit kompakten Abschlüssen gezeigt, so dass

$$\overline{G_j} \subset G_{j+1} \quad \text{und} \quad M = \bigcup_j G_j.$$

Für $p \in M$ sei i_p die größte ganze Zahl so dass $p \notin \overline{G_{i_p}}$. Wähle α_p so dass
$p \in U_{\alpha_p}$ und sei (τ, V) eine Karte um p so dass $V \subset U_{\alpha_p} \cap (G_{i_p+2} \setminus \overline{G_{i_p}})$. Sei ϕ
eine glatte Funktion auf $\mathbb{R}^n$ die Eins ist auf dem abgeschlossenen Ball um
Null mit Radius 1 und Null außerhalb des Balls mit Radius 2, welche nach
Lemma 17.2.4 existiert. Setze

$$\psi_p = \begin{cases} \phi \circ \tau & \text{auf } V \\ 0 & \text{sonst.} \end{cases}$$

Dann ist ψ_p eine glatte Funktion auf M, die konstant gleich 1 ist auf einer
offenen Umgebung W_p von p und die kompakten Träger hat, der in $V \subset U_{\alpha_p} \cap
(G_{i_p+2} \setminus \overline{G_{i_p}})$ liegt. Für jedes $i \geq 1$ wähle eine endliche Menge von Punkten p
in M, so dass die W_p-Umgebungen die Menge $\overline{G_i} \setminus G_{i-1}$ überdecken. Ordne
die entsprechenden ψ_p-Funktionen in einer Folge $(\psi_j)_{j \geq 1}$. Die Träger der
ψ_j bilden eine lokal-endliche Überdeckung von M, also ist die Funktion
$\psi = \sum_{j \geq 1} \psi_j$ eine wohldefinierte glatte Funktion auf M und es gilt $\psi(p) > 0$

für jeden Punkt $p \in M$. Die Funktionen $u_j = \frac{\psi_j}{\psi}$ sind glatt und erfüllen $\sum_j u_j = 1$. Für jedes $j \geq 1$ wähle nun ein $i \in I$, so dass der Träger von u_j in U_i liegt und nenne dieses u_j dann u_i. Enthält ein U_i die Träger mehrerer u_j, dann kann man diese u_j durch ihre Summe ersetzen. Für die $i \in I$, die kein u_i abgekriegt haben, setzt man schließlich $u_i \equiv 0$. Die Behauptung folgt. $\square$

Sei nun ω eine n-Form auf der orientierten Mannigfaltigkeit M und sei (U_i) eine Überdeckung durch Kartenumgebungen. Sei (u_i) eine Teilung der Eins zu dieser Überdeckung. Dann hat für $i \in I$ die Form $u_i\omega$ kompakten Träger in einer Kartenumgebung U_i und damit existiert $\int_M u_i\omega$.

Lemma 18.2.3. *Hat die Form ω kompakten Träger in der orientierten Mannigfaltigkeit M, dann ist die Summe $\sum_i \int_M u_i\omega$ endlich, d.h., fast alle Summanden sind Null. Ihr Wert wird als Integral von ω definiert:*

$$\int_M \omega = \sum_j \int_M u_i\omega.$$

Das Integral hängt nicht von der Wahl der Überdeckung oder der Teilung der Eins ab.

Beweis. Da ω kompakten Träger hat und die Summe $\sum_i u_i = 1$ lokal-endlich ist, gibt es nur endlich viele i mit $u_i\omega \neq 0$. Daher ist die Summe endlich. Seien zwei Kartenüberdeckungen (U_i) und (V_j) gegeben und seien (u_i) und (v_j) Teilungen der Eins zu (U_i) bzw. (V_j). Dann gilt für $i \in I$,

$$u_i\omega = \sum_j v_j u_i \omega.$$

In der folgenden Rechnung sind immer nur endlich viele Summanden $\neq 0$:

$$\sum_i \int_M u_i\omega = \sum_i \sum_j \int_M v_j u_i\omega = \sum_j \sum_i \int_M u_i v_j\omega = \sum_j \int_M v_j\omega. \qquad \square$$

Beachte, dass das Integral von der gewählten Orientierung von M abhängt. Ist $\overline{M}$ dieselbe Mannigfaltigkeit mit der entgegengesetzten Orientierung, so gilt

$$\int_{\overline{M}} \omega = - \int_M \omega.$$

Auf $\mathbb{R}^n$ wählt man die Standard-Orientierung, d.h., die Orientierung der Basis $e_1, \ldots, e_n$.

Beispiel 18.2.4. Sei $M = S^1 = \{x \in \mathbb{R}^2 : \|x\| = 1\}$ und sei ω die 1-Form

$$\omega(e^{2\pi it}) = \eta(t)dt,$$

wobei $\eta : \mathbb{R} \to \mathbb{R}$ glatt und periodisch ist. Ferner sei M mit der Orientierung durch das Vektorfeld X versehen, wobei $Xf(e^{2\pi it}) = \frac{\partial}{\partial t}f(e^{2\pi it})$. Dann gilt $\int_M \omega = \int_0^1 \eta(t)\,dt$.

18.3   Orientierung von Hyperflächen

Definition 18.3.1. Sei $M \subset \mathbb{R}^N$ eine Mannigfaltigkeit. Ein *Normalenfeld* auf M ist eine stetige Abbildung

$$v : M \to \mathbb{R}^N$$

so dass für jeden Punkt $p \in M$ der Vektor $v(p)$ ein Normalenvektor ist, d.h. senkrecht auf T_pM steht und die Länge 1 hat.

Beispiel 18.3.2. Als Beispiel betrachte $N = 2$ und $M = S^1$ die Kreislinie, also $M = \{(x, y) \in \mathbb{R}^2 : x^2 + y^2 = 1\}$. Dann ist $v(x, y) = (x, y)$ ein Normalenfeld.

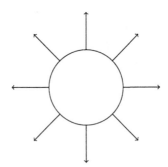

Definition 18.3.3. Die Mannigfaltigkeit $M \subset \mathbb{R}^N$ heisst *Hyperfläche* in $\mathbb{R}^N$, wenn $\dim(M) = N - 1$.

Sei M eine orientierte Hyperfläche. Ein Normalenfeld v heisst *positiv orientiert*, wenn für jedes $p \in M$ folgendes gilt: Ist $v_1, \ldots, v_{N-1}$ eine positiv orientierte Basis von T_pM, so ist $v(p), v_1 \ldots, v_{N-1}$ eine positiv orientierte Basis von $\mathbb{R}^N$, d.h.

$$\det\big(v(p), v_1 \ldots, v_{N-1}\big) > 0.$$

Satz 18.3.4. *Sei* $M \subset \mathbb{R}^N$ *eine Hyperfläche.*

   a) *Besitzt M eine Orientierung* σ, *so existiert genau ein Normalenfeld* $v :$ $M \to \mathbb{R}^N$, *das positiv orientiert bezüglich* σ *ist.*

   b) *M besitze ein Normalenfeld v. Dann existiert genau eine Orientierung* σ *auf M bezüglich der v positiv orientiert ist.*

Beweis. (a) Für linear unabhängige Vektoren $v_1, \ldots, v_{N-1} \in \mathbb{R}^N$ gibt es genau einen Vektor $w \in \mathbb{R}^N$ so dass w senkrecht steht auf allen v_j und dass $\det(w, v_1, \ldots, v_{N-1}) = 1$. Nenne diesen Vektor $w = w(v_1, \ldots, v_{N-1})$. Sei $S \subset (\mathbb{R}^N)^{N-1}$ die Menge aller Tupel $(v_1, \ldots, v_{N-1})$ die linear unabhängig sind. Man versieht S mit der Teilraum-Topologie als Teilmenge von $\mathbb{R}^{N(N-1)}$. Nach dem Satz über implizite Funktionen ist die Abbildung $w : S \to \mathbb{R}^N$ glatt. Sind $x_1, \ldots, x_{N-1}$ lokale Koordinaten auf M, die positiv orientiert sind, dann setze für p im Definitionsbereich der Koordinaten

$$W(p) = w\left(\frac{\partial}{\partial x_1}\Big|_p, \ldots, \frac{\partial}{\partial x_{N-1}}\Big|_p\right).$$

Dann ist die Abbildung $W : M \to \mathbb{R}^N$ glatt, nirgends verschwindend und das Normalenfeld $v(p) = \frac{1}{\|W(p)\|} W(p)$ leistet das Gewünschte.

(b) Sei v ein Normalenfeld. Die Menge der glatten Karten, deren Koordinaten $x_1, \ldots, x_{N-1}$ die Bedingung

$$\det\left(v(p), \frac{\partial}{\partial x_1}, \ldots, \frac{\partial}{\partial x_{N-1}}\right) > 0$$

erfüllen, definiert eine Orientierung auf M. $\qquad \Box$

Beispiel 18.3.5. Sei $M \subset \mathbb{R}^N$ eine glatte Hyperfläche. Es gebe eine offenen Menge $A \subset \mathbb{R}^N$ mit kompaktem Abschluss, so dass M der Rand von A ist. Dann ist das *äußere Normalenfeld* v definiert durch

- $v(p)$ steht senkrecht auf $T_p M$,

- $\|v(p)\| = 1$,

- es gibt ein $\varepsilon > 0$ so dass für $0 < t < \varepsilon$ gilt: $p + tv(p) \notin A$.

Integral über Teilmengen

Ist $A \subset M$ eine messbare Teilmenge mit kompaktem Abschluss, so kann man $\int_A \omega$ wie folgt definieren. Ist (ϕ, U) eine positiv orientierte Karte und der Träger von ω in U enthalten, so definiert man

$$\int_A \omega = \int_{\phi(A \cap U)} f(x)\, dx_1 \ldots dx_n,$$

wobei $x_1, \ldots, x_n$ das lokale Koordinatensystem von ϕ ist. Allgemein wählt man eine Überdeckung durch positiv orientierte Karten, eine unterliegende Teilung der Eins (u_i) und definiert

$$\int_A \omega = \sum_i \int_A u_i \omega.$$

Beispiel 18.3.6. Sei ω eine glatte 1-Differentialform auf $\mathbb{R}^2$ und sei $A = (0, 1) \times (0, 1) \subset \mathbb{R}^2$. Dann ist $d\omega$ eine 2-Form, die über A integriert werden kann. Die Form ω kann geschrieben werden als $\omega = f(x, y)dx + g(x, y)dy$ mit glatten Funktionen f und g. Es gilt

$$d\omega = \left(\frac{\partial g}{\partial x} - \frac{\partial f}{\partial y}\right) dx \wedge dy.$$

Mit Hilfe des Hauptsatzes der Differential- und Integralrechnung erhält man

$$\begin{aligned}
\int_A d\omega &= \int_0^1 \int_0^1 \frac{\partial g}{\partial x}(x, y) - \frac{\partial f}{\partial y}(x, y) dx dy \\
&= \int_0^1 g(1, y) - g(0, y)\, dy - \int_0^1 f(x, 1) - f(x, 0)\, dx \\
&= \int_0^1 f(x, 0)\, dx + \int_0^1 g(1, y)\, dy + \int_1^0 f(x, 1)\, dx + \int_1^0 g(0, y)\, dy.
\end{aligned}$$

Diese vier Summanden sind genau die Integrale von ω über die vier Seiten des Quadrats A:

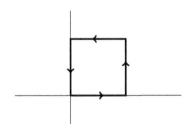

Hierbei ist die Orientierung des Randes von A gleich der vom äußeren Normalenfeld induzierten. Mit dieser Orientierung folgt also

$$\int_A d\omega = \int_{\partial A} \omega.$$

Dies genau ist der Integralsatz von Stokes, der im nächsten Abschnitt für offene Teilmengen des $\mathbb{R}^n$ mit glattem Rand bewiesen wird.

18.4   Der Satz von Stokes

Der Integralsatz von Stokes ist die Verallgemeinerung des Hauptsatzes der Differential- und Integralrechnung und er hat für die mehrdimensionale Analysis auch eine ähnlich grundlegende Bedeutung wie der Hauptsatz für die eindimensionale Theorie.

Definition 18.4.1. Sei H der Halbraum aller $x \in \mathbb{R}^n$ mit $x_1 < 0$. Sei A eine offene Teilmenge des $\mathbb{R}^n$ und sei $p \in \partial A$ ein Randpunkt von A. Dann heißt p ein *glatter Randpunkt*, falls falls es eine offene Menge $U \subset \mathbb{R}^n$ mit $p \in U$ und einen Diffeomorphismus $\phi : U \to \mathbb{R}^n$ gibt, so dass $\phi(A \cap U) = H$. Man nennt ϕ eine *Randkarte*.

Man sagt, A hat einen *glatten Rand*, falls jeder Randpunkt glatt ist.

Beispiele 18.4.2.

- Eine Menge hat einen glatten Rand, falls ihr Rand sich lokal als Graph einer glatten Funktion darstellen lässt. Sei etwa $f : \mathbb{R}^{n-1} \to \mathbb{R}$ eine glatte Funktion, dann hat die Menge

$$A = \left\{(x, y) \in \mathbb{R}^{n-1} \times \mathbb{R} : y < f(x)\right\}$$

  als Teilmenge von $M = \mathbb{R}^n$ einen glatten Rand. Man erhält eine globale Randkarte durch die Abbildung $\phi : \mathbb{R}^n \to \mathbb{R}^n$,

$$\phi(x, y) = (x, y - f(x)).$$

- Sei $r > 0$ und $z \in \mathbb{R}^n$. Der offene Ball $B_r(z) = \{x \in \mathbb{R}^n : \|x - z\| < r\}$ hat einen glatten Rand.

- Die offene Menge $A = \mathbb{R}^n \setminus \{0\}$ hat keinen glatten Rand in $\mathbb{R}^n$.

- Sei $n = 2$. Sei D die Menge aller $(x, y) \in \mathbb{R}^2$ mit $y > \sin\left(\frac{1}{|x|}\right)$, falls $x \neq 0$ und $y > 1$, falls $x = 0$. Dann ist $D \subset \mathbb{R}^2$ offen und der Rand ist der

Graph der Funktion $0 \neq x \mapsto \sin\left(\frac{1}{|x|}\right)$ vereinigt mit $\{0\} \times [-1, 1]$. Jeder Punkt des Graphen ist ein glatter Randpunkt aber alle verbleibenden Randpunkte sind nicht glatt.

Satz 18.4.3 (Stokes). *Sei ω eine glatte $(n-1)$-Form auf $\mathbb{R}^n$ mit kompaktem Träger. Sei A eine offene Teilmenge von $\mathbb{R}^n$ mit glattem Rand, so gilt*

$$\int_A d\omega = \int_{\partial A} \omega,$$

wobei der Rand ∂A die durch das äußere Normalenfeld aus Beispiel 18.3.5 gegebene Orientierung trägt.

Bemerkung 18.4.4.

(a) Für $n = 1$ wird dieser Satz gerade der Hauptsatz der Differential- und Integralrechnung

$$\int_a^b f'(x)\,dx = f(b) - f(a).$$

(b) Der Satz gilt ebenso für Differentialformen ω, die nicht glatt, also unendlich oft differenzierbar sind, sondern nur einmal stetig differenzierbar. Dies kann man dem Beweis auch ablesen, in diesem Buch wurde aber darauf verzichtet, alles immer in größtmöglicher Allgemeinheit zu formulieren um die Aussagen einfacher zu gestalten.

(c) Der Satz gilt auch für Mengen A, die nur *stückweise glatten Rand* haben, was bedeutet, dass die Menge der nicht-glatten Randpunkte in einer endlichen Vereinigung von Mannigfaltigkeiten der Dimension $\dim \partial A - 1$ liegen. Es wird dann nur über die glatten Randpunkte integriert. Dies sieht man ein, indem man den Rand "glättet", d.h. dass man A durch eine Folge von Teilmengen $A_n \subset M$ mit glattem Rand approximiert. Damit gilt der Satz zum Beispiel für $A \subset \mathbb{R}^2$, wenn A das Innere eines Polygonzugs ist, also etwa das Innere eines Dreiecks, Vierecks, usw. Genauso gilt der Satz für Würfel, Quader, Tetraeder und deren höherdimensionale Analoga.

Die Folge A_n erhält man etwa dadurch, dass man eine Dirac-Folge (ϕ_j) auswählt wie in Definition 10.2.16, dann das Faltungsprodukt $f_n = \mathbf{1}_A * \phi_j$ betrachtet (Definition 10.2.12) und dann $A_n = f_n^{-1}\left(\frac{1}{2}, 1\right]$ setzt.

Beweis des Satzes. Zunächst wird der Spezialfall $M = \mathbb{R}^n$ und $A = H$ bewiesen. Der Rand ∂H von H ist die Hyperfläche $x_1 = 0$. Das äußere Normalenfeld ist $\nu(x) = e_1$ der erste Standard-Basisvektor. Der Rand ∂H hat eine globale Karte $\phi : H \to \mathbb{R}^{n-1}$ gegeben durch $\phi(0, x_2, \ldots, x_n)^t = (x_2, \ldots, x_n)^t$. Die Orientierung durch das äußere Normalenfeld stimmt mit der dieser Karte überein. Sei $\beta = \phi^{-1} : \mathbb{R}^{n-1} \to \partial H$.

Lemma 18.4.5. *Sei $\omega \in \Omega^{n-1}(\mathbb{R}^n)$ mit kompaktem Träger. Dann gilt*

$$\text{(a) } \int_H d\omega = \int_{\partial H} \omega, \qquad\qquad \text{(b) } \int_{\mathbb{R}^n} d\omega = 0.$$

Beweis. (a) Schreibe ω als

$$\omega = \sum_{j=1}^n (-1)^{j-1} f_j dx_1 \wedge \cdots \wedge \widehat{dx_j} \wedge \cdots \wedge dx_n.$$

Es folgt $\beta^* \omega = f_1(0, t_1, \ldots, t_{n-1}) dt_1 \wedge \cdots \wedge dt_{n-1}$. Also

$$\int_{\partial H} \omega = \int_{\mathbb{R}^{n-1}} f_1(0, t_1, \ldots, t_{n-1}) dt_1 \ldots dt_{n-1}.$$

Auf der anderen Seite ist $d\omega = \sum_{j=1}^n \frac{\partial f_j}{\partial x_j} dx_1 \wedge \cdots \wedge dx_n$. Ferner gilt die Gleichung $\int_{-\infty}^0 \frac{\partial f_1}{\partial x_1}(x_1, \ldots, x_n)\, dx_1 = f_1(0, x_2, \ldots, x_n)$, also

$$\int_H \frac{\partial f_1}{\partial x_1}(x_1, \ldots, x_n)\, dx_1 \ldots dx_n = \int_{\mathbb{R}^{n-1}} f_1(0, x_2, \ldots, x_n)\, dx_2 \ldots dx_n.$$

Für $2 \leq j \leq n$ gilt

$$\int_H \frac{\partial f_j}{\partial x_j} dx_1 \ldots dx_n = \pm \int_{\mathbb{R}_- \times \mathbb{R}^{n-2}} \left(\int_\mathbb{R} \frac{\partial f_j}{\partial x_j}\, dx_j \right) dx_1 \ldots \widehat{dx_j} \ldots dx_n.$$

Da f kompakten Träger hat, ist das Integral $\int_\mathbb{R} \frac{\partial f_j}{\partial x_j} dx_j$ nach dem Hauptsatz gleich Null, also verschwinden die Beiträge zu $j \geq 2$. Es folgt

$$\int_H \omega = \int_{\mathbb{R}^{n-1}} f_1(0, x_2, \ldots, x_n)\, dx_2 \ldots dx_n = \int_{\partial H} \omega.$$

(b) Es gilt $d\omega = \sum_{j=1}^n \frac{\partial f_j}{\partial x_j} dx_1 \wedge \cdots \wedge dx_n$ und es ist

$$\int_{\mathbb{R}^n} d\omega = \sum_{j=1}^n \int_\mathbb{R} \cdots \int_\mathbb{R} \frac{\partial f_j}{\partial x_j} dx_1 \ldots dx_n,$$

wobei nach Satz 10.1.6 die Reihenfolge der Integrale beliebig ist. Integriert man zuerst nach dx_j, dann ist aber, da f_j kompakten Träger hat, nach dem Hauptsatz der Differential- und Integralrechnung: $\int_{\mathbb{R}} \frac{\partial f_j}{\partial x_j}\, dx_j = 0$.   □

Nun zum Beweis des Satzes: Seien (ϕ_i, U_i) Randkarten, so dass die U_i den Rand von A überdecken. Erweitere die Familie um Karten vom Inneren A. All diese Karten können positiv orientiert gewählt werden. Sei u_i eine unterliegende Teilung der Eins auf A. Dann gilt nach dem Lemma, wobei Teil (a) bei Randkarten eingesetzt wird, Teil (b) bei den anderen Karten:

$$
\int_A d\omega = \int_A d\left(\sum_{i\in I} u_i\omega\right) = \sum_{i\in I} \int_A d(u_i\omega) = \sum_{i\in I} \int_{A\cap U_i} d(u_i\omega)
$$

$$
= \sum_{i\in I} \int_{\phi(A\cap U_i)} \phi^* d(u_i\omega) = \sum_{i\in I} \int_{\phi(A\cap U_i)} d\phi^*(u_i\omega)
$$

$$
= \sum_{i\in I} \int_{\partial\phi(A\cap U_i)} \phi^*(u_i\omega) = \sum_{i\in I} \int_{\phi(\partial A\cap U_i)} \phi^*(u_i\omega)
$$

$$
= \sum_{i\in I} \int_{\partial A\cap U_i} u_i\omega = \sum_{i\in I} \int_{\partial A} u_i\omega = \int_{\partial A} \omega.
$$ □

Beispiel 18.4.6. Eine einfache Anwendung des Satzes von Stokes ist die Berechnung des Flächeninhalts der Einheitskreisscheibe $D = \{(x, y) \in \mathbb{R}^2 : x^2 + y^2 \le 1\}$. Gesetzt den Fall, man wüsste nur, dass der Umfang 2π ist, dann betrachtet man die 1-Form $\omega = x\, dy$ auf $\mathbb{R}^2$. Es gilt $d\omega = dx \wedge dy$ und daher ist $\mathrm{vol}(D) = \int_D d\omega$ die gesuchte Zahl. Nach dem Satz von Stokes ist diese gleich $\int_{\partial D} \omega$. Die Orientierung nach dem äusseren Normalenfeld ist die übliche positive Orientierung auf dem Einheitskreis, so dass die Umkehrabbildung von $F : t \mapsto (\cos(t), \sin(t))$ eine positiv orientierte Karte ist. Es folgt dann $\int_{\partial D} \omega = \int_0^{2\pi} F^*\omega$. Es gilt

$$
(F^*\omega)_t\left(\frac{\partial}{\partial t}\right) = \omega_{F(t)}\left((DF(t)\left(\frac{\partial}{\partial t}\right)\right)
$$

$$
= \omega_{(\cos(t),\sin(t))}\left(-\sin(t)\frac{\partial}{\partial x} + \cos(t)\frac{\partial}{\partial y}\right)
$$

$$
= \cos(t)\, dy\left(-\sin(t)\frac{\partial}{\partial x} + \cos(t)\frac{\partial}{\partial y}\right) = \cos(t)^2.
$$

Das heisst also $F^*\omega(t) = \cos(t)^2\, dt$. Also folgt

$$
\mathrm{vol}(D) = \int_{\partial D} \omega = \int_0^{2\pi} \cos^2(t)\, dt = \frac{1}{2}\int_0^{2\pi} \sin^2(t) + \cos^2(t)\, dt = \pi.
$$

Korollar 18.4.7 (Gaußscher Integralsatz). *Für ein Vektorfeld X auf $\mathbb{R}^n$ sei die Divergenz definiert als* $\mathrm{div}(X) : \mathbb{R}^n \to \mathbb{R}$,

$$\mathrm{div}(X) = \sum_{j=1}^{n} \frac{\partial}{\partial x_j} dx_j(X).$$

Auf $\mathbb{R}^n$ sei ω die Differentialform $dx_1 \wedge \cdots \wedge dx_n$. Für ein Vektorfeld X sei $\widehat{\omega}(X)$ die $(n-1)$-Form gegeben durch

$$\widehat{\omega}(X) : (X_1, \ldots, X_{n-1}) \mapsto \omega(X, X_1, \ldots, X_{n-1}).$$

Dann gilt

$$\int_{\partial S} \widehat{\omega}(X) = \int_S \mathrm{div}(X)\,\omega,$$

wobei S eine offene Menge mit kompaktem Abschluss und glattem Rand ist. Der Rand wird nach dem äußeren Normalenfeld orientiert.

Beweis. Schreibe $X = \sum_{j=1}^{n} f_j \frac{\partial}{\partial x_j}$ für die glatten Funktionen $f_j = dx_j(X)$. Dann ist

$$\widehat{\omega}(X) = \sum_{j=1}^{n} (-1)^{n+1} f_j \, dx_1 \wedge \cdots \widehat{dx_j} \cdots \wedge dx_n.$$

Es folgt

$$d\widehat{\omega}(X) = \mathrm{div}(X)\omega.$$

Daher folgt die Behauptung aus dem Stokeschen Integralsatz. $\qquad\square$

18.5 Poincaré Lemma

Eine Form ω heißt *exakt*, falls es eine Form η gibt, so dass $d\eta = \omega$. Jede exakte Form ist geschlossen, aber es gibt geschlossenen Formen, die nicht exakt sind. Das Poincaré Lemma zeigt nun, dass die Frage der Exaktheit einer Form vom Definitionsgebiet abhängt.

Definition 18.5.1. Eine offene Menge $U \subset \mathbb{R}^n$ heißt *sternförmig,* wenn es einen Punkt $p \in U$ gibt, so dass für jeden Punkt $q \in U$ die Verbindungslinie

$$\left\{ p + t(q - p) : 0 \le t \le 1 \right\}$$

ganz in U liegt.

Satz 18.5.2 (Poincaré Lemma). *Sei $U \subset \mathbb{R}^n$ offen und sternförmig und ω eine in U glatte geschlossene k-Form, $k \geq 1$. Dann ist ω exakt.*

Beweis. Der Beweis basiert auf folgendem Lemma.

Lemma 18.5.3. *Seien $U \subset \mathbb{R}^n$ und $V \subset \mathbb{R} \times \mathbb{R}^n$ offen mit $[0,1] \times U \subset V$. Die Abbildungen $\psi_0, \psi_1 : U \to V$ seien definiert durch*

$$\psi_v(x) = (v, x), \qquad v = 0, 1.$$

Ist dann σ eine glatte geschlossene k-Form auf V, $k \geq 1$, so gibt es eine glatte $(k-1)$-Form η auf U mit

$$\psi_1^* \sigma - \psi_0^* \sigma = d\eta.$$

Beweis. Seien $t, x_1, \ldots, x_n$ die Koordinaten in $\mathbb{R} \times \mathbb{R}^n$. Dann kann man σ schreiben

$$\sigma = \sum_{|I|=k} f_I \, dx_I + \sum_{|J|=k-1} g_J dt \wedge dx_J.$$

Es ist dann $\psi_v^* \sigma = \sum_I f_I(v, x) \, dx_I$, so dass für das Differential folgt

$$d\sigma = \sum_I \frac{\partial f_I}{\partial t} dt \wedge dx_I + \sum_I \sum_{i=1}^n \frac{\partial f_I}{\partial x_i} dx_i \wedge dx_I - \sum_J \sum_{i=1}^n \frac{\partial g_J}{\partial x_i} dt \wedge dx_i \wedge dx_J.$$

Da $d\sigma = 0$ gilt, ist

$$\sum_I \frac{\partial f_I}{\partial t} dx_I = \sum_J \sum_i \frac{\partial g_J}{\partial x_i} dx_i \wedge dx_J.$$

Integriere beide Seiten über $t = 0$ bis $t = 1$. Da

$$\int_0^1 \frac{\partial f_I}{\partial t}(t, x) \, dt = f_I(1, x) - f_I(0, x)$$

und

$$\int_0^1 \frac{\partial g_J}{\partial x_i}(t, x) \, dt = \frac{\partial}{\partial x_i} \int_0^1 g_J(t, x) \, dt,$$

erhält man $\psi_1^* \sigma - \psi_0^* \sigma = d\eta$ mit $\eta = \sum_J \left(\int_0^1 g_J(t, x) dt \right) dx_J$.   □

Nun zum Beweis des Satzes Es kann angenommen werden, dass die offene Menge U sternförmig bezüglich des Nullpunktes ist. Sei

$$\phi : \mathbb{R} \times \mathbb{R}^n \to \mathbb{R}^n; \qquad \phi(t, x) = tx,$$

und $V = \phi^{-1}(U)$. Dann gilt $[0,1] \times U \subset V$. Seien ψ_ν wie im Lemma. Die k-Form $\sigma = \phi^*\omega$ ist geschlossen, da ω geschlossen ist. Nach dem Lemma gibt es eine $(k-1)$-Form η auf U mit

$$\psi_1^*\sigma - \psi_0^*\sigma = d\eta.$$

Da $\phi \circ \psi_1 = \mathrm{Id}_U$ und $\phi \circ \psi_0$ die konstante Abbildung 0 ist, folgt

$$\psi_1^*\sigma = \psi_1^*(\phi^\omega) = (\phi \circ \psi_1)^*\omega = \omega, \quad \psi_0^*\sigma = 0.$$

Also ist $\omega = d\eta$. $\qquad\qquad\qquad\qquad\qquad\qquad\qquad\qquad\qquad$ $\square$

Definition 18.5.4. Eine jede exakte Form ist stets geschlossen und daher kann man für eine glatte Mannigfaltigkeit M für jedes $p \geq 0$ die *de Rham Kohomologie*

$$H^p(M) = \big\{\text{geschlossene } p - \text{Formen}\big\}\big/\big\{\text{exakte } p - \text{Formen}\big\}$$

definieren. Diese Gruppen enthalten tiefliegende Informationen über die Geometrie der Mannigfaltigkeit. Die de Rham Kohomologie ist Untersuchungsgegenstand der sogenannten Differentialtopologie, siehe [BJ90].

Beispiel 18.5.5. Ein Beispiel für eine Form ω, die geschlossen ist, aber nicht exakt: Sei $M = S^1$ die Kreislinie in $\mathbb{R}^2$. Identifiziert man $\mathbb{R}^2$ mit $\mathbb{C}$, so ist $\mathbb{R} \to S^1$, $t \mapsto e^{2\pi i t}$ eine surjektive Abbildung, die S^1 mit $\mathbb{R}/\mathbb{Z}$ identifiziert. Sei X_0 das Vektorfeld, das in diesen Koordinaten $f \in C^\infty(S^1, \mathbb{R})$ auf $\frac{\partial f}{\partial t}(t)$ abbildet. Da X_0 nirgends verschwindet und S^1 eindimensional ist, ist jedes Vektorfeld auf S^1 von der Form ϕX_0 für eine Funktion ϕ. Sei nun eine 1-Form ω definiert durch $\omega(\phi X_0) = \phi$. Da S^1 eindimensional ist, gilt $d\omega = 0$. Ist nun $f \in C^\infty(S^1, \mathbb{R}) = C^\infty(\mathbb{R}/\mathbb{Z}, \mathbb{R})$, so kann man f als eine periodische glatte Funktion auf $\mathbb{R}$ verstehen. Daher nimmt sie ihr Maximum an, es gibt also ein $x_0 \in \mathbb{R}$ mit $f'(x_0) = 0$, also hat die 1-Form df eine Nullstelle. Da ω keine Nullstelle hat, gilt $\omega \neq df$ für jede glatte Funktion f. Es folgt damit $H^1(S^1) \neq 0$.

18.6 Die Stokes-Formel für Mannigfaltigkeiten

Sei $M \subset \mathbb{R}^k$ eine glatte orientierte n-dimensionale Mannigfaltigkeit und sei $N \subset M$ eine glatte *Hyperfläche* in M, d.h. N ist eine glatte $(n-1)$-dimensionale

Untermannigfaltigkeit. Also ist N eine Teilmenge von M, die ebenfalls eine glatte Mannigfaltigkeit ist. Ein *Normalenfeld* auf N ist eine Abbildung $v : N \to \bigcup_{p \in N} T_p M$ so dass für jedes $p \in N$ der Vektor $v(p) \in T_p M$ senkrecht (in $\mathbb{R}^k$) steht auf $T_p N$ und die Länge 1 hat. Ist N orientiert, so heißt v *positiv orientiert*, wenn für jedes $p \in N$ und jede positiv orientierte Basis $v_1, \dots, v_{n-1}$ von $T_p N$ die Basis $v(p), v_1, \dots, v_{n-1}$ von $T_p M$ positiv orientiert ist.

Satz 18.6.1 (Stokes). *Sei ω eine glatte $(n-1)$-Form auf M. Sei A eine kompakte Teilmenge von M mit glattem Rand, so gilt*

$$\int_A d\omega = \int_{\partial A} \omega,$$

wobei der Rand ∂A die durch das äußere Normalenfeld gegebene Orientierung trägt.

Beweis. Man macht sich leicht klar, dass es einen Atlas $(U_i, \phi_i)_{i \in I}$ auf M gibt, dergestalt, dass ϕ_i eine Randkarte ist, sobald $U_j \cap \partial A \neq \emptyset$ gilt. Ist dann $(U_i)_{i \in I}$ eine Teilung der Eins mit $\operatorname{supp}(u_i) \subset U_i$ für jedes i, dann folgt die Aussage mit der gleichen Rechnung wie am Ende des Beweises von Satz 18.4.3. □

Korollar 18.6.2. *Sei M eine kompakte n-dimensionale orientierte Mannigfaltigkeit. Dann gilt für jede glatte $(n-1)$-Form ω auf M:*

$$\int_M d\omega = 0.$$

Beweis. Da M kompakt ist, kann man im Satz von Stokes $A = M$ wählen. Da dann $\partial A = \emptyset$ ist, folgt die Behauptung. □

Das folgende Beispiel zeigt, dass die Sternförmigkeit der offenen Menge im Poincaré-Lemma tatsächlich erforderlich ist.

Beispiel 18.6.3. In $\mathbb{R}^n \setminus \{0\}$ betrachte die $(n-1)$-Form

$$\sigma = \sum_{i=1}^{n} \frac{(-1)^{i-1} x_i}{\|x\|^n} dx_1 \wedge \dots \widehat{dx_i} \dots \wedge dx_n.$$

Aus

$$\frac{\partial}{\partial x_i}\left(\frac{x_i}{\|x\|^n}\right) = \frac{\partial}{\partial x_i}\left(\frac{x_i}{(x_1^2 + \cdots + x_n^2)^{\frac{n}{2}}}\right)$$

$$= \frac{(x_1^2 + \cdots + x_n^2)^{\frac{n}{2}} - nx_i^2(x_1^2 + \cdots + x_n^2)^{\frac{n}{2}-1}}{(x_1^2 + \cdots + x_n^2)^n} = \frac{1 - \frac{nx_i^2}{\|x\|^2}}{\|x\|^n}$$

folgt $d\sigma = 0$. Um zu zeigen, dass σ nicht exakt ist, integriert man σ über die Sphäre S^{n-1}, die durch das äußere Normalenfeld orientiert ist. Für $\|x\| = 1$ ist allerdings $\sigma(x) = \omega(x)$ mit

$$\omega = \sum_{j=1}^n (-1)^{j-1} x_j \, dx_1 \wedge \ldots \widehat{dx_j} \cdots \wedge dx_n$$

auf $\mathbb{R}^n$ gilt $d\omega = n \, dx_1 \wedge \cdots \wedge dx_n$. Sei B der offene Einheitsball in $\mathbb{R}^n$. Es folgt nach dem Satz von Stokes:

$$\int_{S^{n-1}} \sigma = \int_{S^{n-1}} \omega = \int_B d\omega = n\tau_n,$$

wobei τ_n das Volumen des Einheitsballs ist. Wäre σ exakt, so wäre nach Korollar 18.6.2 das Integral Null. Also ist σ nicht exakt.

18.7 Der Brouwersche Fixpunktsatz

Als weitere Anwendung des Stokesschen Satzes wird hier der Brouwersche Fixpunktsatz bewiesen, nach dem jede stetige Abbildung des abgeschlossenen Einheitsballs in sich einen Fixpunkt haben muss. In dem Beweis wird die in Beispiel 18.6.3 betrachtete Differentialform ein Rolle spielen.

Satz 18.7.1 (Brouwerscher Fixpunktsatz). *Sei $B \subset \mathbb{R}^n$ der abgeschlossene Einheitsball. Dann hat jede stetige Abbildung $f : B \to B$ einen Fixpunkt, d.h. es gibt ein $p \in B$ mit $f(p) = p$.*

Beweis. Für $n = 1$ ist $B = [-1, 1]$ und die Aussage folgt aus dem Zwischenwertsatz angewandt auf die Funktion $x - f(x)$. Sei also $n \geq 2$ angenommen.

Sei ferner $f : B \to B$ stetig. *Annahme:* f hat keinen Fixpunkt. Um einen Widerspruch zu erreichen zeigt man zunächst, dass es unter der gegebenen Annahme auch eine glatte Funktion F ohne Fixpunkt auf B gibt. Genauer wird gezeigt, dass es eine glatte Funktion $F : \mathbb{R}^n \to \mathbb{R}^n$ gibt, die $F(B) \subset B$ erfüllt und keinen Fixpunkt in B hat. Dann führt diese Aussage zu einem Widerspruch.

Zunächst setze f zu eine stetigen Funktion mit kompaktem Träger $f : \mathbb{R}^n \to \mathbb{R}^n$ fort. Dies ist immer möglich. Zum Beispiel kann man für $1 < \|x\| < 2$ setzen: $f(x) = f(x/\|x\|)(2 - \|x\|)$. Für $\|x\| \geq 2$ setzt man dann $f(x) = 0$.

Da f keinen Fixpunkt auf der kompakten Menge B hat, gibt es $\varepsilon > 0$ mit $\|x - f(x)\| \geq \varepsilon$ für jedes $x \in B$. Man konstruiert eine glatte Abbildung $F : \mathbb{R}^n \to \mathbb{R}^n$ mit

$$\big\|F(x) - f(x)\big\| < \varepsilon$$

für jedes $x \in \mathbb{R}^n$. Dann hat auch F keinen Fixpunkt in B. Hierzu wähle ein $\delta > 0$ so dass

$$\big\|x - y\big\| < \delta \quad \Rightarrow \quad \big\|f(x) - f(y)\big\| < \varepsilon/2.$$

Ein solches δ existiert, das f gleichmäßig stetig ist. Wähle nun eine glatte Funktion $\chi : \mathbb{R}^n \to [0, \infty)$ mit Träger im Ball um Null mit Radius δ und $\int_{\mathbb{R}^n} \chi(x)\, d\lambda(x) = 1$. Setze

$$F_1(x) = f * \chi(x) = \int_{\mathbb{R}^n} f(y)\chi(x - y)\, d\lambda(y) = \int_{\mathbb{R}^n} f(x - y)\chi(y)\, d\lambda(y).$$

Dann ist F_1 glatt und es gilt für jedes $x \in \mathbb{R}^n$

$$\big\|F_1(x) - f(x)\big\| = \left\|\int_{\mathbb{R}^n} f(x - y)\chi(y)\, d\lambda(y) - \int_{\mathbb{R}^n} f(x)\chi(y)\, d\lambda(y)\right\|$$

$$\leq \int_{\mathbb{R}^n} \chi(y)\big\|f(x - y) - f(x)\big\|\, d\lambda(y) \; < \; \varepsilon/2.$$

Sei $d_1 = \max\big\{\|F_1(x)\| : x \in B\big\}$ und $d = \max(1, d)$. Dann setze $F(x) = \frac{1}{d}F_1(x)$. Dann gilt $F(B) \subset B$ und $d < 1 + \varepsilon/2$, so dass

$$\|F_1(x) - F(x)\| = \left\|F_1(x) - \frac{1}{d}F_1(x)\right\|$$

$$= \frac{d - 1}{d}\, \|F_1(x)\| \; < \; \varepsilon/2$$

so dass $\|f(x) - F(x)\| < \varepsilon$ für jedes $x \in B$ gilt. *Angenommen, es gibt ein $x \in B$ mit $F(x) = x$, dann gilt*

$$\varepsilon \leq \|f(x) - x\| \leq \|f(x) - F(x)\| + \|F(x) - x\| = \|f(x) - F(x)\| < \varepsilon.$$

Widerspruch! also ist F fixpunktfrei auf B. Man ersetzt f durch F und nimmt also an, dass f auf $\mathbb{R}^n$ glatt ist. Wegen der Stetigkeit von f kann man annehmen, dass f in einer (kleinen) Umgebung U von B fixpunktfrei ist. Sei

$g : U \to \mathbb{R}^n \setminus 0$ definiert durch $g(x) = x - f(x)$. Da die in Beispiel 18.6.3 betrachtete Form σ geschlossen ist, ist auch $g^*\sigma$ geschlossen. Die Menge U kann als sternförmig angenommen werden. Dann ist nach dem Poincaré Lemma die Form $g^*\sigma$ exakt. Also ist

$$\int_{S^{n-1}} g^*\sigma = 0.$$

Sei

$$\phi : \mathbb{R} \times U \to \mathbb{R}^n; \qquad \phi(t,x) = x - tf(x).$$

Dann ist $\phi(0,x) = x$ und $\phi(1,x) = g(x)$. Für $\|x\| = 1$ und $0 \le t \le 1$ ist $\phi(t,x) \ne 0$, also ist $V = \phi^{-1}(\mathbb{R}^n \setminus 0)$ eine offenen Menge, die $[0,1] \times S^{n-1}$ umfasst. Man verkleinert U nun zu einer offenen Umgebung von S^{n-1}, von der angenommen wird, dass $[0,1] \times U \subset V$. Es seien $\psi_v : U \to V$ die Funktionen $\psi_v(x) = (v,x)$ für $v = 0, 1$ wie in Lemma 18.5.3. Nach diesem Lemma gibt es eine differenzierbare $(n-2)$-Form η auf U, so dass

$$\psi_1^*\phi^*\sigma - \psi_0^*\phi^*\sigma = d\eta.$$

Für $x \in U$ gilt aber

$$(\phi \circ \psi_1)(x) = \phi(x,1) = x - f(x) = g(x), \qquad (\phi \circ \psi_0)(x) = \phi(0,x) = x.$$

Daraus folgt $\psi_1^*\phi^*\sigma = g^*\sigma$ und $\psi_0^*\phi^*\sigma = \sigma$ auf U, also $g^*\sigma - \sigma = d\eta$ auf U. Nach Korollar 18.6.2 ist $\int_{S^{n-1}} d\eta = 0$, so dass

$$\int_{S^{n-1}} \sigma = \int_{S^{n-1}} g^*\sigma = 0.$$

Dies ist ein *Widerspruch* zu den Bemerkungen in Beispiel 18.6.3. Also muss f doch einen Fixpunkt haben. □

Bemerkung 18.7.2. Sei K ein topologischer Raum, der homöomorph ist zum abgeschlossenen Ball B. Dann hat jede stetige Abbildung $f : K \to K$ einen Fixpunkt.

Beweis. Sei $\phi : K \to B$ ein Homöomorphismus und sei $f : K \to K$ stetig. Dann ist $g : B \to B$, $g = \phi \circ f \circ \phi^{-1}$ stetig, hat also einen Fixpunkt $p = g(p)$. Mit $q = \phi^{-1}(p) \in K$ gilt dann $f(q) = \phi^{-1}(g(\phi(q))) = \phi^{-1}(g(\phi(\phi^{-1}(p)))) = \phi^{-1}(g(p)) = \phi^{-1}(p) = q$. □

18.8 Wegintegrale

Definition 18.8.1. Sei M eine glatte Mannigfaltigkeit. Ein *Weg* in M ist eine stetige Abbildung $\gamma : [0,1] \to M$.

Ein Weg heisst *stückweise stetig differenzierbar*, oder *stückweise C^1*, falls es eine Zerlegung $0 = t_0 < t_1 < \cdots < t_n = 1$ gibt, so dass γ auf jedem Teilintervall $[t_{j-1}, t_j]$, $j = 1, \ldots, n$ stetig differenzierbar ist. Ein Weg $\gamma : [0,1] \to M$ heisst *geschlossen*, wenn $\gamma(0) = \gamma(1)$.

Sind $\omega \in \Omega^1(M)$ und γ stückweise C^1, dann wird das *Wegintegral* über γ definiert durch

$$\int_\gamma \omega = \sum_{j=1}^n \int_{t_{j-1}}^{t_j} \gamma^*\omega.$$

Definition 18.8.2. Sei $\gamma : [0,1] \to M$ ein Weg. Eine *Umparametrisierung* ist Weg $\eta : [0,1] \to M$ derart dass ein monoton wachsender Homöomorphismus $\phi : [0,1] \to [0,1]$ existiert mit $\eta(t) = \gamma(\phi(t))$ für jedes $t \in [0,1]$. Sie heisst *C^1-Umparametrisierung*, falls ϕ ein *C^1-Diffeomorphismus* ist, d.h., wenn ϕ bijektiv ist und sowohl ϕ als auch ϕ^{-1} stetig differenzierbar sind.

Lemma 18.8.3. *Ist η eine C^1-Umparametrisierung eines stückweise C^1-Weges γ, dann ist η ebenfalls stückweise C^1 und es gilt*

$$\int_\gamma \omega = \int_\eta \omega$$

für jedes $\omega \in \Omega^1(M)$.

Beweis. Es sei $\gamma = \eta \circ \phi$. Dann ist nach Proposition 18.1.8

$$\int_\gamma \omega = \sum_{j=1}^n \int_{t_{j-1}}^{t_j} \gamma^*\omega = \sum_{j=1}^n \int_{t_{j-1}}^{t_j} (\eta \circ \phi)^*\omega$$

$$= \sum_{j=1}^n \int_{t_{j-1}}^{t_j} \phi^*\eta^*\omega = \sum_{j=1}^n \int_{\phi(t_{j-1})}^{\phi(t_j)} \eta^*\omega = \int_\eta \omega. \qquad \square$$

Definition 18.8.4. Sei $\omega \in \Omega^1(M)$. Eine Funktion $f \in C^\infty(M, \mathbb{R})$ heisst *Stammfunktion* zu ω, wenn $df = \omega$ gilt.

> **Satz 18.8.5.**
>
> (a) *Ein gegebenes $\omega \in \Omega^1(M)$ hat genau dann eine Stammfunktion, wenn*
>
> > (i) *$d\omega = 0$ und*
> > (ii) *für jeden geschlossenen Weg γ gilt $\int_\gamma \omega = 0$.*
>
> (b) *Ist f eine Stammfunktion, dann gilt für jeden Weg $\gamma : [0,1] \to M$, dass $\int_\gamma \omega = f(\gamma(1)) - f(\gamma(0))$.*
>
> (c) *Ist g eine weitere Stammfunktion, dann ist $f - g$ konstant.*

Beweis. (b) Sei $\omega = df$. dann ist $d\omega = ddf = 0$ Ferner gilt für einen Weg $\gamma : [0,1] \to M$ mit Zerlegung $0 = t_0, \dots, t_n = 1$, dass

$$\int_\gamma \omega = \sum_{j=1}^n \int_{t_{j-1}}^{t_j} \gamma^*\omega = \sum_{j=1}^n \int_{t_{j-1}}^{t_j} \gamma^* df = \sum_{j=1}^n \int_{t_{j-1}}^{t_j} (f \circ \gamma)'$$

$$= \sum_{j=1}^n \int_{t_{j-1}}^{t_j} f(\gamma(t_j)) - f(\gamma(t_{j-1})) = f(\gamma(1)) - f(\gamma(0)).$$

(a) Hat ω eine Stammfunktion, dann ist nach Teil (b) $\int_\gamma \omega = 0$ für jeden geschlossenen Weg γ.

Sei umgekehrt ω so, dass $d\omega = 0$ und $\int_\gamma \omega = 0$ für jeden geschlossenen Weg γ. Fixiere einen Basispunkt $p \in M$ und fixiere für jeden Punkt $x \in M$ einen Weg $\gamma_x : [0,1] \to M$ mit $\gamma_x(0) = p$ und $\gamma_x(1) = x$. Setze

$$f(x) = \int_{\gamma_x} \omega.$$

Es soll gezeigt werden, dass f nicht von der Wahl des Weges γ_x abhängt und dass f eine Stammfunktion zu ω ist. Sei dazu $\eta : [0,1] \to M$ ein weiterer Weg von p nach x. Dann ist $\tau : [0,1] \to M$,

$$\tau(t) = \begin{cases} \gamma_x(2t) & 0 \leq t \leq \frac{1}{2}, \\ \eta(2 - 2t) & \frac{1}{2} < t \leq 2 \end{cases}$$

ein geschlossener Weg. Also ist

$$0 = \int_\tau \omega = \int_{\gamma_x} \omega - \int_\eta \omega.$$

Daher hängt f nicht von der Wahl von γ_x ab. Sei $q \in M$ und seien lokale Koordinaten $x_1, \ldots, x_n$ um den Punkt q gegeben. Indem man einen Weg von p nach q wählt und dann einen zu einem gegebenen x, kann man sich auf den Fall $p = q$ zurückziehen. Man wählt dann in den lokalen Koordinaten $\gamma : [0,1] \to M$, $\gamma(t) = tx = (tx_1, \ldots, tx_n)$. Ist $\omega = \sum_{j=1}^{n} f_j \, dx_j$, dann ist $\gamma^*\omega(t) = \sum_{j=1}^{n} f_j(tx)x_j \, dt$. Daher gilt $f(x) = \int_\gamma \omega = \int_0^1 \gamma^*\omega = \sum_{j=1}^{n} \int_0^1 f_j(tx)x_j \, dt$. Da ω geschlossen ist, gilt

$$0 = d\omega = \sum_{j=1}^{n} df_j \wedge dx_j = \sum_{j,k=1}^{n} \frac{\partial f_j}{\partial x_k} dx_k \wedge dx_j = \sum_{k<j} \left(\frac{\partial f_j}{\partial x_k} - \frac{\partial f_k}{\partial x_j} \right) dx_k \wedge dx_j.$$

Da die $dx_k \wedge dx_j$ mit $k < j$ linear unabhängig sind, folgt

$$D_k f_j = \frac{\partial f_j}{\partial x_k} = \frac{\partial f_k}{\partial x_j} = D_j f_k.$$

Partielle Integration liefert

$$df(x) = \sum_{k=1}^{n} \frac{\partial f}{\partial x_k}(x) \, dx_k = \sum_{j,k=1}^{n} \int_0^1 \frac{\partial f_j(tx)x_j}{\partial x_k} \, dt \, dx_k$$

$$= \sum_{j,k=1}^{n} \int_0^1 D_k f_j(tx)tx_j \, dt \, dx_k + \sum_{k=1}^{n} \int_0^1 f_k(tx) \, dt \, dx_k$$

$$= \sum_{j,k=1}^{n} \int_0^1 D_j f_k(tx)tx_j \, dt \, dx_k + \sum_{k=1}^{n} \int_0^1 f_k(tx) \, dt \, dx_k$$

$$= \sum_{k=1}^{n} \int_0^1 \left(\frac{\partial}{\partial t} f_k(tx) \right) t \, dt \, dx_k + \sum_{k=1}^{n} \int_0^1 f_k(tx) \, dt \, dx_k$$

$$= \sum_{k=1}^{n} f_k(x)dx_k - \sum_{k=1}^{n} \int_0^1 f_k(tx) \, dt \, dx_k + \sum_{k=1}^{n} \int_0^1 f_k(tx) \, dt \, dx_k = \omega(x). \qquad \square$$

18.9 Aufgaben

Aufgabe 18.1. Sei M eine glatte Mannigfaltigkeit und sei $(U_i)_{i \in I}$ eine offene Überdeckung von M. Zeige, dass es eine der Überdeckung unterliegende Teilung der Eins $(u_i)_{i \in I}$ gibt, so dass für jedes $i \in I$ die Funktion $\sqrt{u_i}$ glatt ist.
(Hinweis: Übertrage den Existenzbeweis einer Teilung der Eins, Satz 18.2.2 und nimm die Quadrate der Funktionen ψ_j.)

Aufgabe 18.2. Sei $M \subset \mathbb{R}^N$ eine glatte Mannigfaltigkeit der Dimension n.

Zeige, dass die folgenden Aussagen äquivalent sind:

(a) M ist orientierbar.

(b) Es existiert ein glatter Atlas $(U_i, \phi_i)_{i \in I}$, so dass

$$\det\left(\frac{\partial x_i}{\partial y_j}\right) > 0 \quad \text{auf} \quad U \cap V$$

für alle Koordinatensysteme $(U, x_1, \ldots, x_n)$ und $(V, y_1, \ldots, y_n)$ des Atlas.

(c) Es existiert eine glatte n-Form $\omega \in \Omega^n(M)$ mit $\omega_p \neq 0$ für alle $p \in M$.

Aufgabe 18.3. Sei $n = 2$. Sei D die Menge aller $(x, y) \in \mathbb{R}^2$ mit $y > \sin\left(\frac{1}{x}\right)$, falls $x \neq 0$ und $y > 1$, falls $x = 0$. Dann ist $D \subset \mathbb{R}^2$ offen und der Rand ist der Graph der Funktion $0 \neq x \mapsto \sin\left(\frac{1}{x}\right)$ vereinigt mit $\{0\} \times [-1, 1]$. *Zeige:* Liegt ein Punkt auf dem Graph, so ist er ein glatter Randpunkt, aber alle verbleibenden Randpunkte sind nicht glatt. (Siehe Definition 18.4.1.)

Aufgabe 18.4. Sei $A \subset \mathbb{R}^n$ eine offene Menge mit glattem Rand und kompaktem Abschluss $\overline{A} \subset \mathbb{R}^n$. Sei $\omega \in \Omega^k(\mathbb{R}^n)$ eine Differentialform und es gelte

$$\int_A \omega \wedge *\omega = 0,$$

wobei $*$ den Operator aus Aufgabe 17.8 bezeichnet. *Beweise*, dass die Form ω auf A identisch verschwindet.

Aufgabe 18.5. Sei $M = S^1 \subset \mathbb{R}^2$ die 1-Sphäre, orientiert durch das äußere Normalenfeld. Sei η die 1-Form auf $\mathbb{R}^2$, gegeben durch $\eta(x, y) = x\,dx$. Sei $i : M \hookrightarrow \mathbb{R}^2$ die Inklusion und sei $\omega = i^*\eta$. *Zeige*, dass $\int_M \omega = 0$.

Aufgabe 18.6. Auf dem $\mathbb{R}^3$ sei die 2-Differentialform ω durch

$$\omega = -(z^2 + e^x)\,dx \wedge dy + 2xz\,dy \wedge dz + dz \wedge dx$$

gegeben. *Zeige*, dass ω exakt ist.

Aufgabe 18.7. Sei $K \subset \mathbb{R}^n$ kompakt und konvex (Aufgabe 10.5) und K habe innere Punkte, siehe Definition 8.2.18. *Zeige*, dass die Menge K zum abgeschlossenen Einheitsball $\overline{B} = \overline{B_1(0)} \subset \mathbb{R}^n$ homöomorph ist

Aufgabe 18.8. Sei $A \in M_n(\mathbb{R})$ eine reelle Matrix, deren Einträge alle ≥ 0 sind. *Zeige*, dass A einen Eigenwert ≥ 0 hat mit einem Eigenvektor, dessen Einträge alle ≥ 0 sind.

Mehr Aufgaben und Lösungen finden Sie in dem Begleitbuch *Übungsbuch zur Analysis*, *Springer-Verlag 2020.*

Teil V

Komplexe Analysis

Kapitel 19

Holomorphe Funktionen

Differential- und Integralrechnung lassen sich auf komplexe Funktionen übertragen. Zum Teil erhält man Sätze, die reellen Pendants ähneln, etwa den Hauptsatz der Differential- und Integralrechnung, in anderen Teilen benimmt sich die Theorie aber ganz anders, so ist zum Beispiel eine auf $\mathbb{C}$ komplex differenzierbare Funktion schon unendlich oft differenzierbar und wird durch eine Potenzreihe dargestellt. Ferner sind solche Funktionen entweder konstant oder offene Abbildungen. Das Kapitel kulminiert in dem Residuensatz, der es erlaubt, Wegintegrale leicht zu berechnen und viele tiefliegende Anwendungen hat. Danach wird das Abbildungsverhalten komplex differenzierbarer Funktionen betrachtet. Das wichtigste Ergebnis ist Riemanns Abbildungssatz, nach dem jede einfach zusammenhängende Gebiet, das nicht die ganze komplexe Ebene ist, biholomorph auf die Kreisscheibe abgebildet werden kann. Das Kapitel endet mit der Charakterisierung einfach zusammenhängender Gebiete. In diesem einem Satz wird das gesamte Kapitel zusammengefasst.

Dieser Teil des Buches setzt nur Kenntnisse der ersten sechs Kapitel und den Begriff der partiellen Ableitung aus dem neunten Kapitel voraus. Auf die Verwendung des Satzes von Stokes wurde bewusst verzichtet, damit dieser Abschnitt auch ohne Vorkenntnisse aus Teil IV gelesen und bearbeitet werden kann.

19.1 Komplexe Differenzierbarkeit

Komplexe Differenzierbarkeit wird üblicherweise in offenen Definitionsgebieten in $\mathbb{C}$ betrachtet. Dies führt zum zentralen Begriff der Komplexen

© Springer-Verlag GmbH Deutschland, ein Teil von Springer Nature 2021
A. Deitmar, *Analysis*, https://doi.org/10.1007/978-3-662-62858-4_19

Analysis, dem der Holomorphie.

Definition 19.1.1. Ist $p \in \mathbb{C}$ und $r > 0$, so sei

$$B_r(p) = \left\{ z \in \mathbb{C} : |z - p| < r \right\}$$

die *offene Kreisscheibe* um p vom Radius r. Ebenso sei

$$\overline{B}_r(p) = \left\{ z \in \mathbb{C} : |z - p| \leq r \right\}$$

die *abgeschlossene Kreisscheibe* um p vom Radius r. Zur Erinnerung: eine Teilmenge $D \subset \mathbb{C}$ ist genau dann offen, wenn sie mit jedem Punkt $z \in D$ auch eine Kreisscheibe $B_r(z)$ enthält, also $B_r(z) \subset D$ für ein $r > 0$ gilt.

Definition 19.1.2. Sei $D \subset \mathbb{C}$ offen und $f : D \to \mathbb{C}$ eine Funktion. Dann heißt f im Punkt $z \in D$ *komplex differenzierbar*, wenn der Limes

$$f'(z) = \lim_{h \to 0} \frac{f(z + h) - f(z)}{h}$$

existiert. Im Limes werden natürlich nur solche $h \in \mathbb{C}$ betrachtet, die ungleich Null sind und für die $z + h \in D$ gilt.

Lemma 19.1.3. *Ist f im Punkt z differenzierbar, so ist f im Punkt z stetig.*

Beweis. Da der Limes existiert, gibt es $C, \varepsilon > 0$ so dass für jedes $h \in \mathbb{C} \smallsetminus \{0\}$ mit $|h| < \varepsilon$ gilt

$$\left| \frac{f(z + h) - f(z)}{h} \right| < C.$$

Für kleine $h \in \mathbb{C}$ gilt dann also $|f(z + h) - f(z)| < C|h|$, woraus die Stetigkeit folgt. □

Definition 19.1.4. Sei $D \subset \mathbb{C}$ eine offene Teilmenge. Eine Funktion $f : D \to \mathbb{C}$, die in jedem Punkt von D komplex differenzierbar ist, heißt *holomorph* in D.

Satz 19.1.5 (Cauchy-Riemann Differentialgleichungen). *Sei f definiert in einer offenen Menge D und komplex differenzierbar in $z \in D$. Schreibe*

$$f(z) = u(x, y) + iv(x, y)$$

für Real- und Imaginärteil von f. Dann existieren die partiellen Ableitungen u_x, u_y, v_x, v_y im Punkt z und es gilt

$$u_x = v_y, \qquad u_y = -v_x.$$

Hier bezeichnet u_x die Ableitung von $u(x, y)$ nach der ersten Variablen x und u_y die nach der zweiten.

Beweis. Nach Definition ist $f'(z) = \lim_{h \to 0} \frac{f(z+h)-f(z)}{h}$. Indem man h einmal reell wählt und dann rein imaginär, erhält man

$$f'(z) = \lim_{\substack{h \to 0 \\ h \in \mathbb{R}}} \left(\frac{u(x+h, y) - u(x, y)}{h} + i \frac{v(x+h, y) - v(x, y)}{h} \right) = u_x + i v_x$$

und

$$f'(z) = \lim_{\substack{h \to 0 \\ h = ik \in i\mathbb{R}}} \left(\frac{u(x, y+k) - u(x, y)}{ik} + \frac{v(x, y+k) - v(x, y)}{k} \right) = \frac{1}{i} u_y + v_y.$$

Da diese beiden Ausdrücke gleich sind, folgt $i u_x - v_x = u_y + i v_y$. Der Vergleich von Real-und Imaginärteil liefert

$$u_x = v_y, \qquad u_y = -v_x. \qquad \square$$

Beispiel 19.1.6. Die Funktion $f(z) = |z|$ ist in keinem Punkt von $\mathbb{C}$ komplex differenzierbar. Um dies einzusehen, betrachtet man Real- und Imaginärteile u und v. Es ist

$$u(x, y) = \sqrt{x^2 + y^2}, \quad v(x, y) = 0.$$

Dann gilt $v_x = v_y = 0$ und für $(x, y) \neq (0, 0)$ gilt

$$u_x = \frac{x}{\sqrt{x^2 + y^2}}, \quad u_y = \frac{y}{\sqrt{x^2 + y^2}},$$

so dass für $z \neq 0$ die Cauchy-Riemann-Gleichungen nicht erfüllt sind. Im Punkt $z = 0$ betrachte

$$\frac{f(h) - f(0)}{h} = \frac{|h|}{h}.$$

Dieser Ausdruck konvergiert nicht, wenn $h \to 0$.

Proposition 19.1.7. *Sei f holomorph auf der Kreisscheibe $B_r(p)$ mit $r > 0$.*

(a) *Ist $f' = 0$, so ist f konstant.*

(b) *Ist $|f|$ konstant, so ist f konstant.*

Beweis. (a) Gilt $f' = 0$, so folgt $u_x = u_y = v_x = v_y = 0$. Damit sind u und v konstant nach Analysis 2.

(b) Sei nun $|f| = c$, also $u^2 + v^2 = c^2$. Ist $c = 0$, so ist f konstant Null. Sei also $c \neq 0$. Dann folgt

$$u u_x + v v_x = 0, \quad u u_y + v v_y = 0.$$

Mit Hilfe der Cauchy-Riemann Gleichungen folgt

$$uu_x - vu_y = 0, \quad uu_y + vu_x = 0.$$

Multiplikation der ersten Gleichung mit u und der zweiten mit v führt zu

$$u^2 u_x - uvu_y = 0, \quad uvu_y + v^2 u_x = 0.$$

Addition der beiden Gleichungen liefert

$$0 = (u^2 + v^2)u_x = c^2 u_x.$$

Da $c \neq 0$, folgt $u_x = 0$. Nach den Cauchy-Riemann-Gleichungen folgt dann $v_y = 0$. Ersetzt man f durch if, so wird $-v$ zum Realteil, also folgt $v_x = 0 = u_y$ und damit $u_x = 0 = u_y$ und ebenso für v, so dass beide konstant sind.   □

Beispiele 19.1.8.

(a) Eine konstante Funktion f auf einer offenen Menge ist stets holomorph, denn es ist $\frac{f(z+h)-f(z)}{h} = 0$ für jedes $h \neq 0$.

(b) Die Funktion $f(z) = z$ ist holomorph in $\mathbb{C}$, denn es ist $\frac{f(z+h)-f(z)}{h} = \frac{h}{h} = 1$. Als nächstes werden Rechenregeln bewiesen, die insbesondere die Holomorphie aller Polynomfunktionen zeigen.

Satz 19.1.9. *Ist $D \subset \mathbb{C}$ offen und sind f, g auf D holomorph, so auch $f + g$ und fg. Es gilt dann*

$$(f + g)' = f' + g', \quad (fg)' = f'g + g'f.$$

Insbesondere ist die Abbildung $f \mapsto f'$ linear. Ferner gilt die Quotientenregel: Ist $g(z) \neq 0$ für alle $z \in D$, so ist auch $\frac{f}{g}$ in D holomorph und es gilt

$$\left(\frac{f}{g}\right)' = \frac{f'g - fg'}{g^2}.$$

Beweis. Der Fall $f + g$ ist trivial. Für fg rechne

$$\frac{f(z+h)g(z+h) - f(z)g(z)}{h}$$

$$= \frac{f(z+h)g(z+h) - f(z+h)g(z) + f(z+h)g(z) - f(z)g(z)}{h}$$

$$= \frac{f(z+h)g(z+h) - f(z+h)g(z) + f(z+h)g(z) - f(z)g(z)}{h}$$

$$= \underbrace{f(z+h)}_{\to f(z)} \underbrace{\frac{g(z+h) - g(z)}{h}}_{\to g'(z)} + \underbrace{\frac{f(z+h) - f(z)}{h}}_{\to f'(z)} g(z)$$

$$\to f(z)g'(z) + f'(z)g(z).$$

Hierbei bedeuten die Pfeile den jeweiligen Grenzübergang für $h \to 0$. Man beachte, dass dies derselbe Beweis ist wie der Beweis von Satz 5.1.4, also der reellen Produktregel. Da dasselbe für die Quotientenregel gilt, wird dieser Beweis jetzt weggelassen. □

Beispiel 19.1.10. Nach dem Satz sind rationale Funktionen $f(z) = \frac{p(z)}{q(z)}$ außerhalb der Nullstellen des Nenners $q(z)$ holomorph.

Satz 19.1.11 (Kettenregel). *Seien $D \subset \mathbb{C}$ offen, f holomorph in D und g in einer Umgebung von $f(D)$ holomorph. Dann ist $g \circ f$ in D holomorph und es gilt für jedes $z \in D$:*

$$(g \circ f)'(z) = g'(f(z))f'(z).$$

Beweis. Der Beweis der reellen Kettenregel, Satz 5.1.8, überträgt sich auch auf den komplexen Fall. □

19.2 Potenzreihen

Eine Besonderheit der Komplexen Analysis besteht darin, dass holomorphe Funktionen in Potenzreihen entwickelbar sind. Zunächst wird hier die Umkehrung bewiesen, welche besagt, dass konvergente Potenzreihen holomorphe Funktionen definieren.

Definition 19.2.1. Sei $(a_n)_{n \geq 0}$ eine Folge komplexer Zahlen. Aus Satz 7.2.1 folgt, dass es zu der Potenzreihe

$$f(z) = \sum_{n=0}^{\infty} a_n z^n$$

eine eindeutig bestimmte Zahl $0 \leq R \leq \infty$ gibt, so dass gilt

- Die Reihe $\sum_{n=0}^{\infty} a_n z^n$ konvergiert absolut für jedes $|z| < R$.

- Die Reihe divergiert für jedes $z \in \mathbb{C}$ mit $|z| > R$.

Diese Zahl R nennt man den *Konvergenzradius* der Potenzreihe $\sum_{n=0}^{\infty} a_n z^n$.

Beispiele 19.2.2.

(a) Der Konvergenzradius der Exponentialreihe $\exp(z) = \sum_{n=0}^{\infty} \frac{z^n}{n!}$ ist $R = \infty$.

(b) Der Konvergenzradius der Reihe $\sum_{n=0}^{\infty} n! \, z^n$ ist $R = 0$. Um dies einzusehen, betrachte die Folge $c_n = n! \, z^n$. Es gibt ein n_0, so dass für $n \geq n_0$ gilt $n|z| \geq 1$. Dann gilt für $n \geq n_0$, dass

$$|c_n| = n! \, |z|^n = n|z| \underbrace{(n-1)! \, |z|^{n-1}}_{=|c_{n-1}|} \geq |c_{n-1}| \geq \cdots \geq |c_{n_0}|.$$

Daher geht die Folge (c_n) nicht gegen Null und also kann die Reihe $\sum_n c_n$ nicht konvergieren.

(c) Der Konvergenzradius der geometrischen Reihe $\sum_{n=0}^{\infty} z^n$ ist 1, denn für $|z| < 1$ konvergiert sie, aber für $|z| > 1$ ist z^n nicht einmal beschränkt.

Lemma 19.2.3. *Der Konvergenzradius der Reihe $\sum_{n=0}^{\infty} a_n z^n$ ist gleich dem Konvergenzradius der Potenzreihe $\sum_{n=0}^{\infty} |a_n| z^n$.*

Beweis. Eine direkte Konsequenz der Definition.   □

Satz 19.2.4 (Potenzreihen sind holomorph). *Sei $r > 0$ und sei die Potenzreihe $f(z) = \sum_{n=0}^{\infty} a_n z^n$ für $|z| < r$ konvergent. Dann ist f in der offenen Kreisscheibe $B_r(0)$ holomorph und es gilt*

$$f'(z) = \sum_{n=1}^{\infty} a_n n z^{n-1},$$

wobei diese Potenzreihe wieder für $|z| < r$ konvergiert.

Beweis. Dieser Satz wurde bereits in der reellen Analysis gezeigt, siehe Bemerkung 7.2.5.   □

Korollar 19.2.5. *Die Potenzreihe $f(z) = \sum_{n=0}^{\infty} a_n z^n$ konvergiere für $|z| < r$. Dann ist f unendlich oft komplex differenzierbar und es gilt für jedes $n \in \mathbb{N}_0$,*

$$a_n = \frac{f^{(n)}(0)}{n!}.$$

Insbesondere sind die Koeffizienten a_n durch die Funktion f eindeutig bestimmt.

Beweis. Wiederholte Anwendung von Satz 19.2.4 liefert die Differenzierbarkeit und

$$f^{(k)}(z) = \sum_{n=k}^{\infty} n(n-1)\cdots(n-k+1)c_n z^{n-k}$$

woraus $f^{(k)}(0) = k!\, c_k$ folgt.   □

Beispiel 19.2.6.

Die Exponentialfunktion

$$\exp(z) = e^z = \sum_{n=0}^{\infty} \frac{z^n}{n!}$$

ist auf ganz $\mathbb{C}$ holomorph, da ihre Potenzreihe für jedes $z \in \mathbb{C}$ absolut konvergiert.

Bemerkung 19.2.7. Sei $f(z) = \sum_{n=0}^{\infty} a_n z^n$ eine für $|z| < r$ konvergente Potenzreihe mit reellen Koeffizienten. Sei $f_{\mathbb{R}}$ ihre Einschränkung auf das Intervall $(-r, r)$. Dann ist $f_{\mathbb{R}}$ im Sinne der reellen Analysis differenzierbar und für jedes $x \in (-r, r)$ gilt

$$f_{\mathbb{R}}'(x) = f'(x),$$

wobei $f_{\mathbb{R}}'$ die reelle Ableitung bezeichnet. Diese Aussage folgt aus der Definition der komplexen Ableitung. Damit gilt zum Beispiel für die komplexe Ableitung

$$(e^z)' = e^z, \qquad \sin'(z) = \cos(z), \qquad \cos'(z) = -\sin(z).$$

Erinnerung. Eine *Potenzreihe um einen Punkt $p \in \mathbb{C}$* ist eine Reihe der Form

$$\sum_{n=0}^{\infty} a_n (z - p)^n.$$

Sinngemäß gelten alle Aussagen auch für solche Potenzreihen.

Satz 19.2.8 (Identitätssatz für Potenzreihen). *Sei $p \in \mathbb{C}$ und seien*

$$f(z) = \sum_{n=0}^{\infty} a_n(z-p)^n \quad und \quad g(z) = \sum_{n=0}^{\infty} b_n(z-p)^n$$

zwei in einer Umgebung von p konvergente Potenzreihen. Es gebe eine Folge $(p_j)_{j\in\mathbb{N}}$, die gegen p konvergiert so dass für jedes $j \in \mathbb{N}$ gilt

$$p_j \neq p \quad und \quad f(p_j) = g(p_j).$$

Dann stimmen die Potenzreihen überein, d.h., es gilt $a_n = b_n$ für jedes $n \geq 0$.

Beweis. Indem man $f(z)$ durch $f(z) - g(z)$ ersetzt, sieht man, dass es reicht, $g(z) = 0$ anzunehmen. Dann ist also $f(p_j) = 0$ und es ist zu zeigen, dass $a_n = 0$ für jedes $n \geq 0$ gilt.

Dies wird gezeigt durch Induktion nach n: sei zunächst $n = 0$. Da f stetig ist, folgt $a_0 = f(p) = \lim_j f(p_j) = 0$ und damit ist der Induktionsanfang gezeigt. Für den Induktionsschritt sei $a_0 = a_1 = \cdots = a_n = 0$ bereits gezeigt. Dann gilt

$$f(z) = \sum_{\nu=n+1}^{\infty} a_\nu(z-p)^\nu = (z-p)^{n+1} \underbrace{\sum_{\mu=0}^{\infty} a_{\mu+n+1}(z-p)^\mu}_{=h(z)}.$$

Die hierdurch definierte Potenzreihe $h(z)$ erfüllt $h(p_j) = 0$ und daher folgt nach dem Induktionsanfang, angewendet auf $h(z)$, dass $a_{n+1} = 0$ ist. $\square$

Beispiel 19.2.9. Die Exponentialfunktion $e^z = \sum_{n=0}^{\infty} \frac{z^n}{n!}$ erfüllt für reelle Zahlen $a, b \in \mathbb{R}$ die Funktionalgleichung $e^{a+b} = e^a e^b$. Die überträgt sich auf komplexe Zahlen, d.h., für alle $z, w \in \mathbb{C}$ gilt

$$e^{z+w} = e^z e^w.$$

Beweis. Sei zunächst $w \in \mathbb{R}$. Die auf ganz $\mathbb{C}$ durch konvergente Potenzreihen gegebenen Funktionen $z \mapsto e^{z+w}$ und $z \mapsto e^z e^w$ stimmen auf $\mathbb{R}$ überein, also sind sie nach dem Identitätssatz gleich. Man hat also $e^{z+w} = e^z e^w$ für alle $z \in \mathbb{C}$ und alle $w \in \mathbb{R}$. Hält man nun $z \in \mathbb{C}$ fest, kann man denselben Schluss für w anwenden und schliesst die Aussage allgemein. $\square$

Satz 19.2.10 (Cauchy-Produkt von Reihen). *Seien $\sum_{n=0}^{\infty} \alpha_n$ und $\sum_{n=0}^{\infty} \beta_n$ absolut konvergente Reihen in $\mathbb{C}$. Setze $\gamma_n = \sum_{k=0}^{n} \alpha_k \beta_{n-k}$. Dann ist auch die Reihe $\sum_{n=0}^{\infty} \gamma_n$ absolut konvergent und es gilt $\sum_{n=0}^{\infty} \gamma_n = \left(\sum_{n=0}^{\infty} \alpha_n\right)\left(\sum_{n=0}^{\infty} \beta_n\right)$. Insbesondere folgt: Sind $r > 0$ und*

$$f(z) = \sum_{n=0}^{\infty} a_n z^n, \quad sowie \quad g(z) = \sum_{n=0}^{\infty} b_n z^n$$

Potenzreihen, die für $|z| < r$ konvergieren. Sei $c_n = \sum_{k=0}^{n} a_n b_{n-k}$. Dann konvergiert auch die Potenzreihe $h(z) = \sum_{n=0}^{\infty} c_n z^n$ für $|z| < r$ und es gilt

$$h(z) = f(z)g(z).$$

Beweis. Dieser Satz wurde in Satz 3.7.3 für reelle Zahlen bewiesen. Der Beweis läuft auch für komplexe Zahlen durch. □

19.3 Wegintegrale

Um ein Analogon des Hauptsatzes der Differential- und Integralrechnung in der komplexen Theorie zu erhalten, ist der richtige Integralbegriff der des Wegintegrals, das in diesem Abschnitt eingeführt wird. Das Wegintegral trat bereits in Abschnitt 18.8 im Kontext des Integralsatzes von Stokes auf. In diesem Abschnitt werden Wegintegrale über Wege in $\mathbb{C}$ betrachtet, also Integrale über komplexwertige 1-Formen $f(z)(dx + idy)$, wobei f eine $\mathbb{C}$-wertige Funktion ist. Dieses Kapitel soll allerdings unabhängig vom Abschnitt IV lesbar sein und daher wird der Begriff des Wegintegrals hier neu eingeführt.

Definition 19.3.1. Ein *Weg* in $\mathbb{C}$ ist eine stetige Abbildung $\gamma : [0,1] \to \mathbb{C}$. Der Weg γ heisst *geschlossener Weg*, wenn $\gamma(0) = \gamma(1)$ gilt.

Beispiele 19.3.2. • Die Kreislinie $\gamma(t) = e^{2\pi it}$ ist ein geschlossener Weg.

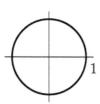

- Die Spirale, $\gamma(t) = te^{10it}$ ist ein nichtgeschlossener Weg.

- Das Quadrat mit den Ecken $\pm 1 \pm i$

kann in der komplexen Ebene durch $\gamma : [0,1] \to \mathbb{C}$ beschrieben werden:

$$\gamma(t) = \begin{cases} 1 - i + 8it & 0 \le t \le \tfrac{1}{4}, \\ 3 + i - 8t & \tfrac{1}{4} < t \le \tfrac{1}{2}, \\ -1 + 3i - 8it & \tfrac{1}{2} < t \le \tfrac{3}{4}, \\ -7 - i + 8t & \tfrac{3}{4} < t \le 1. \end{cases}$$

- Das Haus vom Nikolaus ist ein nichtgeschlossener Weg.

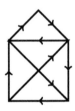

Man muss die Geradensegmente so durchfahren, dass jedes nur einmal genommen wird. Dann müssen die beiden unteren Ecken Start- und Endpunkt sein. (Beweis?)

Definition 19.3.3. (Komposition von Wegen) Sind $\gamma : [0,1] \to \mathbb{C}$ und $\eta : [0,1] \to \mathbb{C}$ Wege mit $\gamma(1) = \eta(0)$, so wird die *Komposition* $\gamma.\eta : [0,1] \to \mathbb{C}$ definiert durch

$$\gamma.\eta(t) = \begin{cases} \gamma(2t) & 0 \le t \le \tfrac{1}{2}, \\ \eta(2t - 1) & \tfrac{1}{2} < t \le 1. \end{cases}$$

Das heißt also, in $\gamma.\eta$ wird der Weg γ zuerst durchlaufen, dann der Weg η. Ferner ist der zu $\gamma : [0,1] \to \mathbb{C}$ *umgekehrte Weg* $\check{\gamma} : [0,1] \to \mathbb{C}$ definiert durch

$$\check{\gamma}(t) = \gamma\big(1 - t\big),$$

dieser durchläuft den Weg γ also rückwärts.

Definition 19.3.4. Ein *Geradensegment* ist ein Weg γ der Form $\gamma(t) = p + t(q - p)$, wobei $p, q \in \mathbb{C}$. Eine Komposition von endlich vielen Geradensegmenten nennt man einen *Polygonzug*. Das Quadrat und das Haus vom Nikolaus aus 19.3.2 sind Beispiele für Polygonzüge.

Definition 19.3.5. Sei $\gamma : [0,1] \to \mathbb{C}$ ein Weg. Ist $0 = t_0 < t_1 < \cdots < t_k = 1$ eine Zerlegung des Intervalls, so ist die *Feinheit* der Zerlegung T definiert als

$$F(T) = \max_j \left(|t_j - t_{j-1}| \right).$$

Ferner ist

$$L(\gamma, T) := \sum_{j=1}^{k} \left| \gamma(t_j) - \gamma(t_{j-1}) \right|$$

die Länge des Polygonzugs $\gamma(t_0), \ldots, \gamma(t_k)$.

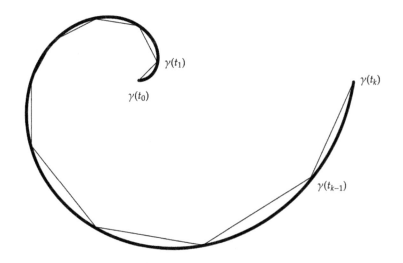

Definition 19.3.6. Ein Weg γ heißt *rektifizierbar*, wenn die Länge $L(\gamma, T)$ konvergiert, falls die Feinheit der Zerlegung gegen Null geht. Genauer heißt γ rektifizierbar, falls es eine Zahl $L(\gamma) \in \mathbb{R}$ gibt, so dass es zu jedem $\varepsilon > 0$ ein $\delta > 0$ gibt, so dass für jede Zerlegung T der Feinheit $F(T) < \delta$ gilt

$$|L(\gamma, T) - L(\gamma)| < \varepsilon.$$

Die Zahl $L(\gamma)$ ist dann ≥ 0 und heißt die *Länge* von γ.

Bemerkung 19.3.7. Ein Weg γ in $\mathbb{C}$ ist genau dann rektifizierbar, wenn für jede Folge $(T_n)_{n\in\mathbb{N}}$ von Zerlegungen, deren Feinheiten $F(T_n)$ gegen Null gehen, die Folge der Längen $L(\gamma, T_n)$ konvergiert. Die Längen konvergieren dann für jede Folge (T_n) gegen denselben Limes $L(\gamma)$.

Beispiele 19.3.8.

- Seien $p, q \in \mathbb{C}$ dann ist der Weg $\gamma : [0,1] \to \mathbb{C}$, $\gamma(t) = (1 - t)p + tq$ rektifizierbar mit Lange $|p - q|$.

- Der Weg

$$\gamma(t) = \begin{cases} 0 & t = 0, \\ e^{i/t}t & t > 0 \end{cases}$$

ist nicht rektifizierbar. Der Beweis dieser Aussage, der mit dem Satz 19.3.15 geführt werden kann, bleibt dem Leser zur Übung gelassen.

Bemerkung 19.3.9. Seien γ und η rektifizierbare Wege mit $\gamma(1) = \eta(0)$. Dann gilt

$$L(\gamma.\eta) = L(\gamma) + L(\eta) \quad \text{und} \quad L(\breve{\gamma}) = L(\gamma).$$

Definition 19.3.10. Sei $\gamma : [0,1] \to \mathbb{C}$ ein Weg. Eine *Umparametrisierung* ist Weg $\eta : [0,1] \to \mathbb{C}$ derart dass ein monoton wachsender Homöomorphismus $\phi : [0,1] \to [0,1]$ existiert mit $\eta(t) = \gamma(\phi(t))$ für jedes $t \in [0,1]$. Sie heisst *C^1-Umparametrisierung*, falls ϕ ein *C^1-Diffeomorphismus* ist, d.h., wenn sowohl ϕ als auch ϕ^{-1} stetig differenzierbar sind.

Lemma 19.3.11. *Ist $\gamma : [0,1] \to \mathbb{C}$ rektifizierbar und ist $\eta : [0,1] \to \mathbb{C}$ eine Umparametrisierung von γ, dann ist auch η rektifizierbar und es gilt*

$$L(\gamma) = L(\eta).$$

Beweis. Es gibt einen monoton wachsenden Homöomorphismus $\phi : [0,1] \to [0,1]$, so dass $\eta = \gamma \circ \phi$. Ist $T = (t_0, \ldots, t_k)$ eine Zerlegung, dann ist $\phi(T) = (\phi(t_0), \ldots, \phi(t_k))$ ebenfalls eine Zerlegung. Dies induziert eine Bijektion von der Menge aller Zerlegungen in sich. Es gilt $L(\eta, T) = L(\gamma \circ \phi, T) = L(\gamma, \phi(T))$. Da ϕ ein Homöomorphismus ist, sind ϕ und ϕ^{-1} auf dem kompakten Intervall $[0,1]$ gleichmäßig stetig und daher geht die Feinheit einer Folge (T_n) von Zerlegungen genau dann gegen Null, wenn die Feinheit von $\phi(T_n)$ gegen Null geht. Damit folgt

$$L(\eta) = \lim_n L(\eta, T_n) = \lim_n L(\gamma, \phi(T_n)) = L(\gamma). \qquad \square$$

Definition 19.3.12. Ein Weg $\gamma : [0,1] \to \mathbb{C}$ heißt *stückweise stetig differenzierbar*, wenn es eine Zerlegung $0 = t_0 < t_1 < \cdots < t_n = 1$ gibt, so dass γ stetig differenzierbar auf jedem Teilintervall $[t_{j-1}, t_j]$, $j = 1, \ldots, n$ ist.

Bemerkung 19.3.13. Die Beispiele 19.3.2, also der Kreis, die Spirale, das Quadrat und das Haus vom Nikolaus sind allesamt stückweise stetig differenzierbare Wege.

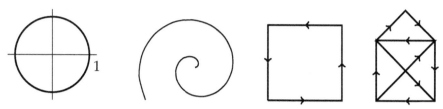

Definition 19.3.14. Sei $\gamma : [0,1] \to \mathbb{C}$ ein stückweise stetig differenzierbarer Weg. Man schreibt

$$\gamma'(t) = \lim_{h \to 0} \frac{\gamma(t+h) - \gamma(t)}{h} \in \mathbb{C}$$

für alle $t \in [0,1]$, für die dieser Limes existiert. Für die endlich vielen t, in denen der Limes nicht existiert, setzt man $\gamma'(t) = 0$.

Satz 19.3.15. *Jeder stückweise stetig differenzierbare Weg $\gamma : [0,1] \to \mathbb{C}$ ist rektifizierbar und die Länge ist*

$$L(\gamma) = \int_0^1 |\gamma'(x)| \, dx.$$

Beweis. Wegen $L(\gamma.\eta) = L(\gamma) + L(\eta)$ reicht es, den Satz für einen stetig differenzierbaren Weg γ zu beweisen. Es wird ein Lemma benötigt.

Lemma 19.3.16. *Sei $\gamma : [0,1] \to \mathbb{C}$ stetig differenzierbar. Dann gibt es zu jedem $\varepsilon > 0$ ein $\delta > 0$ so dass für alle $s, t \in [0,1]$ mit $0 < |t - s| < \delta$ die Ungleichung*

$$\left| \frac{\gamma(s) - \gamma(t)}{s - t} - \gamma'(t) \right| < \varepsilon,$$

also $\left| \gamma(s) - \gamma(t) - (s-t)\gamma'(t) \right| < \varepsilon|s - t|$ gilt.

Für festes t konvergiert der Bruch $\frac{\gamma(s)-\gamma(t)}{s-t}$ gegen $\gamma'(t)$. Das Lemma besagt nun, dass diese Konvergenz für alle t mit derselben Geschwindigkeit abläuft.

Beweis des Lemmas. Man zerlegt γ in Real-und Imaginärteil: $\gamma(t) = u(t) + iv(t)$. Nach dem Mittelwertsatz der Differentialrechnung 5.2.5 existiert zu zwei verschiedenen $s, t \in [0,1]$ ein $\theta_{s,t}$ zwischen s und t, so dass $\frac{u(t)-u(s)}{t-s} = u'(\theta_{s,t})$. Da u' auf dem kompakten Intervall $[0,1]$ stetig ist, ist es gleichmäßig stetig, also existiert zu gegebenem $\varepsilon > 0$ ein $\delta > 0$ so dass für alle $t, s \in [0,1]$ mit $0 < |t-s| < \delta$ gilt

$$\left| \frac{u(t)-u(s)}{t-s} - u'(t) \right| = \left| u'(\theta_{s,t}) - u'(t) \right| < \frac{\varepsilon}{2}.$$

Da dieselbe Aussage für v gilt, kann man zu gegebenem $\varepsilon > 0$ ein $\delta > 0$ finden, so dass diese Abschätzung sowohl für u als auch für v gilt. Und damit is für $0 < |s-t| < \delta$

$$\left| \frac{\gamma(t)-\gamma(s)}{t-s} - \gamma'(t) \right|$$
$$= \left| \frac{u(t)-u(s)}{t-s} + i\frac{v(t)-v(s)}{t-s} - u'(t) - iv'(t) \right|$$
$$\leq \left| \frac{u(t)-u(s)}{t-s} - u'(t) \right| + \left| \frac{v(t)-v(s)}{t-s} - v'(t) \right| < \frac{\epsilon}{2} + \frac{\epsilon}{2} = \epsilon \qquad \square$$

Nun zum Beweis des Satzes. Sei $\varepsilon > 0$ und sei $\delta > 0$ so klein, dass das Lemma für $\varepsilon/2$ gilt. Indem man δ gegebenenfalls noch kleiner wählt, kann man nach Satz dem Satz über Riemannsche Summen, Satz 6.2.1 annehmen, dass für jede Zerlegung $T = (t_0, \ldots, t_k)$ der Feinheit $F(T) < \delta$ gilt

$$\left| \int_0^1 |\gamma'(t)|\, dt - \sum_{j=1}^{k} (t_j - t_{j-1}) |\gamma'(\theta_j)| \right| < \frac{\varepsilon}{2}$$

für jede Wahl von Stützstellen $t_{j-1} \leq \theta_j \leq t_j$. Nach der umgekehrten Dreiecksungleichung und dem Lemma gilt dann

$$\left| \left| \gamma(t_j) - \gamma(t_{j-1}) \right| - |t_j - t_{j-1}| \left| \gamma'(t_j) \right| \right| < \frac{\varepsilon |t_j - t_{j-1}|}{2}$$

und daher

$$\left| \sum_{j=1}^{k} \left| \gamma(t_j) - \gamma(t_{j-1}) \right| - |t_j - t_{j-1}| \left| \gamma'(t_j) \right| \right| < \frac{\varepsilon}{2},$$

so dass

$$\left| \int_0^1 |\gamma'(t)|\, dt - L(\gamma, T) \right| = \left| \int_0^1 |\gamma'(t)|\, dt - \sum_{j=1}^{k} |\gamma(t_j) - \gamma(t_{j-1})| \right|$$
$$< \left| \int_0^1 |\gamma'(t)|\, dt - \sum_{j=1}^{k} |t_j - t_{j-1}||\gamma'(t_j)| \right| + \frac{\varepsilon}{2} < \varepsilon.$$

Damit folgt der Satz. $\qquad\qquad\qquad\qquad\qquad\qquad\qquad\qquad\qquad\qquad\qquad\qquad\qquad$ $\square$

Definition 19.3.17. Sei $\gamma : [0,1] \to \mathbb{C}$ ein stückweise stetig differenzierbarer Weg und f eine auf dem Bild von γ definierte, stetige Funktion mit Werten in $\mathbb{C}$. Das *Wegintegral* von f über γ ist definiert als

$$\int_\gamma f(z)\,dz = \int_0^1 f\big(\gamma(t)\big)\gamma'(t)\,dt.$$

wobei rechts das Integral über eine komplexwertige Funktion $F(t) = u(t) + iv(t)$ durch die Vorschrift

$$\int_0^1 F(t)\,dt := \int_0^1 u(t)\,dt + i \int_0^1 v(t)\,dt$$

definiert wird. Mit dieser Konvention wird die Abbildung $F \mapsto \int_0^1 F(t)\,dt$ eine $\mathbb{C}$-lineare Abbildung $C([0,1]) \to \mathbb{C}$, wobei $C([0,1])$ der Vektorraum der $\mathbb{C}$-wertigen stetigen Funktionen auf $[0,1]$ ist.

Satz 19.3.18. *In den folgenden Aussagen sei f jeweils eine stetige Funktion $f : \mathrm{Bild}(\gamma) \to \mathbb{C}$.*

(a) *Ist γ ein stückweise stetig differenzierbarer Weg und η eine C^1-Umparametrisierung von γ, so folgt*

$$\int_\eta f(z)\,dz = \int_\gamma f(z)\,dz.$$

(b) *Für den umgekehrten Weg $\check{\gamma}$ gilt*

$$\int_{\check{\gamma}} f(z)\,dz = - \int_\gamma f(z)\,dz.$$

(c) *Es gilt die* Standardabschätzung:

$$\left| \int_\gamma f(z)\,dz \right| \leq L(\gamma) \sup_{t \in [0,1]} |f(\gamma(t))|.$$

Beweis. (a) Es gibt einen C^1-Diffeomorphismus $\phi : [0,1] \to [0,1]$, so dass

$\eta = \gamma \circ \phi$. Definiert man $G : [0, 1] \to \mathbb{C}$ durch $G(t) = f(\gamma(t))\gamma'(t)$, dann gilt

$$\int_\eta f(z)\,dz = \int_0^1 f(\gamma \circ \phi(t))\,(\gamma \circ \phi)'(t)\,dt = \int_0^1 f(\gamma(\phi(t)))\,\gamma'(\phi(t))\,\phi'(t)\,dt$$

$$= \int_0^1 G(\phi(t))\,\phi'(t)\,dt = \int_0^1 G(x)\,dx$$

$$= \int_0^1 f(\gamma(x))\,\gamma'(x)\,dx = \int_\gamma f(z)\,dz,$$

wobei die Kettenregel und die Substitution $x = \phi(t)$ benutzt wurde.

Teil (b) folgt aus der Rechnung

$$\int_{\check\gamma} f(z)\,dz = \int_0^1 f(\check\gamma(t))\,\check\gamma'(t)\,dt = -\int_0^1 f(\gamma(1-t))\,\gamma'(1-t)\,dt$$

$$= \int_1^0 f(\gamma(x))\,\gamma'(x)\,dx = -\int_0^1 f(\gamma(x))\,\gamma'(x)\,dx = -\int_\gamma f(z)\,dz.$$

Die dritte Aussage (c) folgt aus

$$\left| \int_\gamma f(z)\,dz \right| = \left| \int_0^1 f(\gamma(t))\,\gamma'(t)\,dt \right| \leq \int_0^1 |f(\gamma(t))|\,|\gamma'(t)|\,dt$$

$$\leq \int_0^1 |\gamma'(t)|\,dt \; \sup_{t\in[0,1]} |f(\gamma(t))| = L(\gamma) \; \sup_{t\in[0,1]} |f(\gamma(t))|. \qquad \square$$

Beispiele 19.3.19. (a) Ist $\gamma(t) = t$, so folgt $\int_\gamma f(z)\,dz = \int_0^1 f(t)\,dt$.

(b) Ist $\gamma : [0, 1] \to \mathbb{C}, t \mapsto e^{2\pi it}$ die Standard-Parametrisierung der Kreislinie, dann gilt

$$\int_\gamma f(z)\,dz = 2\pi i \int_0^1 f\left(e^{2\pi it}\right) e^{2\pi it}\,dt.$$

(c) Ist $\gamma : [0, 1] \to \mathbb{C}$ ein konstanter Weg, also Bild$(\gamma) = \{p\} \subset \mathbb{C}$, dann ist $\int_\gamma f(z)\,dz = 0$, denn es gilt $\gamma'(t) = 0$ für jedes $t \in [0, 1]$.

(d) Sei $\gamma : [0, 1] \to \mathbb{C}$ der Kreis $\gamma(t) = e^{2\pi it}$. Sei $k \in \mathbb{Z}, D = \mathbb{C}^\times = \mathbb{C} \setminus \{0\}$ und $f : D \to \mathbb{C}$ gegeben durch $f(z) = z^k$. Dann ist f stetig auf dem Bild von γ und es gilt

$$\int_\gamma f(z)\,dz = \begin{cases} 2\pi i & k = -1, \\ 0 & k \neq -1. \end{cases}$$

Beweis. Im Fall $k = -1$ ist das Integral gleich

$$\int_\gamma \frac{1}{z} \, dz = 2\pi i \int_0^1 \frac{1}{e^{2\pi i t}} e^{2\pi i t} \, dt = 2\pi i \int_0^1 dt = 2\pi i.$$

Ist $k \in \mathbb{Z} \setminus \{-1\}$, dann gilt

$$\int_\gamma f(z) \, dz = \int_\gamma z^k \, dz = 2\pi i \int_0^1 e^{2\pi i k t} e^{2\pi i t} \, dt = 2\pi i \int_0^1 e^{2\pi i (k+1) t} \, dt$$

$$= 2\pi i \frac{1}{2\pi i (k+1)} e^{2\pi i (k+1) t} \Big|_0^1 = 0. \qquad \square$$

Der folgende Satz ist die komplexe Version des ersten Teils des Hauptsatzes der Differential- und Integralrechnung.

Satz 19.3.20. *Sei $D \subset \mathbb{C}$ offen, $f : D \to \mathbb{C}$ stetig und sei F eine Stammfunktion von f, also F ist holomorph in D mit $F' = f$. Dann gilt für jeden stückweise stetig differenzierbaren Weg $\gamma : [0, 1] \to D$,*

$$\int_\gamma f(z) \, dz = F\big(\gamma(1)\big) - F\big(\gamma(0)\big).$$

Ist γ geschlossen, dann gilt

$$\int_\gamma f(z) \, dz = 0.$$

Beweis. Die Aussage für geschlossenes γ folgt aus der ersten Aussage. Ist γ überall stetig differenzierbar, dann rechnet man

$$\int_\gamma f(z) \, dz = \int_0^1 f(\gamma(t)) \gamma'(t) \, dt = \int_0^1 F'(\gamma(t)) \gamma'(t) \, dt$$

$$= \int_0^1 (F \circ \gamma)'(t) \, dt = F \circ \gamma(1) - F \circ \gamma(0).$$

Der letzte Schritt dieser Rechnung fußt auf dem Hauptsatz der Differential- und Integralrechnung in der reellen Version, den man auf Real- und Imaginärteil separat anwendet.

Im Allgemeinen ist γ nicht stetig differenzierbar, es gibt aber eine Zerlegung $0 = t_0 < \cdots < t_n = 1$, so dass γ auf jedem Teilintervall $[t_{j-1}, t_j]$ stetig differenzierbar ist. Mit $\gamma_j := \gamma|_{[t_{j-1}, t_j]}$ folgt dann

$$\int_\gamma f(z)\, dz = \sum_{j=1}^n \int_{\gamma_j} f(z)\, dz = \sum_{j=1}^n F(\gamma(t_j)) - F(\gamma(t_{j-1})) = F(\gamma(1)) - F(\gamma(0)).$$

$\square$

Proposition 19.3.21. *Sei γ ein stückweise stetig differenzierbarer Weg und seien $f_1, f_2, \ldots$ stetige Funktionen $\mathrm{Bild}(\gamma) \to \mathbb{C}$. Die Folge (f_n) konvergiere gleichmäßig gegen f. Dann gilt für $n \to \infty$,*

$$\int_\gamma f_n(z)\, dz \ \to\ \int_\gamma f(z)\, dz.$$

Beweis. Betrachte die Folge stetiger Funktionen $[0,1] \to \mathbb{C}, t \mapsto f_n(\gamma(t))\gamma'(t)$. Sie konvergiert gleichmäßig gegen $f \circ \gamma$. Nach Satz 7.1.9 (angewendet auf Real- und Imaginärteil) konvergieren dann auch die Integrale. $\square$

Erinnerung: Ein metrischer Raum X heißt *zusammenhängend*, wenn X nicht disjunkt in zwei offene Teilmengen zerlegt werden kann.

Genauer: X ist zusammenhängend, wenn für jede offene Teilmenge $U \subset X$ gilt: ist $X \smallsetminus U$ ebenfalls offen, dann ist $U = \emptyset$ oder $U = X$.

Erinnerung: Eine Teilmenge $T \subset \mathbb{C}$ heißt *wegzusammenhängend*, wenn es zu je zwei Punkten $z, w \in T$ einen Weg $\gamma : [0,1] \to T$ gibt mit $\gamma(0) = z$ und $\gamma(1) = w$ (siehe Definition 8.4.6).

Eine wegzusammenhängende Menge ist stets zusammenhängend, die Umkehrung gilt im Allgemeinen nicht (Satz 8.4.7). Anders liegt der Fall für offene Teilmengen von $\mathbb{C}$, wie folgende Proposition zeigt.

Proposition 19.3.22. *Sei $D \subset \mathbb{C}$ offen. Dann sind äquivalent:*

(a) *D ist zusammenhängend.*

(b) *D ist wegzusammenhängend.*

(c) *Zu je zwei Punkten $z, w \in D$ existiert ein Polygonzug γ in D, der die Endpunkte z und w hat.*

Eine offene Menge $D \subset \mathbb{C}$, die diese äquivalenten Bedingungen erfüllt, nennt man ein Gebiet. Also ist ein Gebiet eine zusammenhängende offene Teilmenge von $\mathbb{C}$.

Beweis. (a)$\Rightarrow$(c): Sei D zusammenhängend. Man kann $D \neq \emptyset$ annehmen. Sei $z \in D$ fest gewählt und sei U die Menge aller Punkte $w \in D$, die mit z durch einen Polygonzug innerhalb von D verbunden werden können.

- U ist offen.

  Ist nämlich $u \in U$, so gibt es eine kleine offene Kreisscheibe B um u, die ganz in D liegt. Da jeder Punkt von B mit u durch ein Geradensegment verbunden werden kann, kann auch jeder Punkt von B mit z durch einen Polygonzug verbunden werden, also $B \subset U$, d.h., U ist offen.

- $V = D \setminus U$ ist ebenfalls offen.

  Sei $v \in V$ und sei B eine offene Kreisscheibe um v, die ganz in D liegt. Wäre nun ein einziger Punkt von b mit z durch einen Polygonzug verbindbar, dann auch v. Da dies nicht der Fall ist, folgt $B \subset V$.

Da D zusammenhängend ist, folgt hieraus, dass $U = \emptyset$ oder $U = D$ ist. Da z in U liegt, ist $U \neq \emptyset$, also $U = D$. Also ist z mit jedem Punkt durch einen Polygonzug verbindbar. Da z beliebig ist, folgt die Behauptung.

(c)$\Rightarrow$(b) ist trivial und (b)$\Rightarrow$(a) gilt für beliebige topologische Räume. $\qquad\square$

19.4 Der Integralsatz von Cauchy

Von zentraler Bedeutung für die komplexe Analysis ist der Satz von Cauchy, nach dem das Integral einer in einem Gebiet holomorphen Funktion über einen geschlossenen Weg verschwindet, wenn das Gebiet stetig zu einem Punkt zusammengezogen werden kann. Die hier auftretenden Begriffe werden im Folgenden erläutert. In diesem Abschnitt wird dieser Satz zunächst für sternförmige Gebiete bewiesen. Später folgt er allgemeiner. Der Spezialfall für Dreiecke ist auch als das *Lemma von Goursat* bekannt.

Definition 19.4.1. Seien $z_1, z_2, z_3 \in \mathbb{C}$ drei Punkte, die nicht auf einer Geraden liegen. Dann sind sie die Ecken eines Dreiecks. Eine *spezielle Randparametrisierung* eines Dreiecks ist ein Weg der Form

$$\gamma(t) = \begin{cases} (1 - 3t)z_1 + 3tz_2 & 0 \le t \le \frac{1}{3}, \\ (2 - 3t)z_2 + (3t - 1)z_3 & \frac{1}{3} < t \le \frac{2}{3}, \\ (3 - 3t)z_3 + (3t - 2)z_1 & \frac{2}{3} < t \le 1. \end{cases}$$

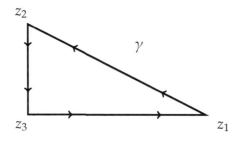

Satz 19.4.2 (Lemma von Goursat). *Sei $\gamma : [0,1] \to \mathbb{C}$ eine Randparametrisierung eines Dreiecks in $\mathbb{C}$. Sei f holomorph auf einer offenen Menge, die* Bild(γ) *und das Innere des Dreiecks* Bild(γ) *enthält. Dann gilt*

$$\int_\gamma f(z)\, dz = 0.$$

Beweis. Man zerlegt das Dreieck γ in eine Summe aus 4 kleineren Dreiecken wie im folgenden Bild:

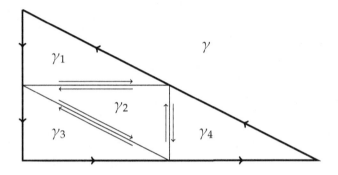

Da Integrale über entgegengesetzte Wege sich aufheben, gilt

$$\int_\gamma f(z)\, dz = \int_{\gamma_1} f(z)\, dz + \int_{\gamma_2} f(z)\, dz + \int_{\gamma_3} f(z)\, dz + \int_{\gamma_4} f(z)\, dz.$$

Es ist $L(\gamma) = 2L(\gamma_j)$ für jedes $j = 1,\dots,4$. Unter den Wegen γ_j wählt man einen, $\gamma^{(1)}$ so dass

$$\left| \int_{\gamma^{(1)}} f(z)\, dz \right| \geq \left| \int_{\gamma_j} f(z)\, dz \right|$$

für jedes $j = 1,\dots,4$. Es folgt dann

$$\left| \int_\gamma f(z)\, dz \right| \leq 4 \left| \int_{\gamma^{(1)}} f(z)\, dz \right|.$$

Man wiederholt diese Prozedur mit $\gamma^{(1)}$ statt γ und erhält ein Dreieck $\gamma^{(2)}$, dann $\gamma^{(3)}$ und so weiter, so dass

$$\left| \int_\gamma f(z)\, dz \right| \leq 4^n \left| \int_{\gamma^{(n)}} f(z)\, dz \right|$$

und $L\left(\gamma^{(n)}\right) = \frac{L(\gamma)}{2^n}$, sowie

$$\mathrm{diam}\left(\mathrm{Bild}\left(\gamma^{(n)}\right)\right) = \frac{d}{2^n},$$

wobei $d = \mathrm{diam}\,(\mathrm{Bild}(\gamma))$ und für eine Teilmenge $\emptyset \neq S \subset \mathbb{C}$ der *Durchmesser* wie in Definition 8.5.6 definiert ist als $\mathrm{diam}(S) = \sup_{z,w \in S} |z - w|$.

Sei $\Delta^{(n)}$ die Menge $\mathrm{Bild}\left(\gamma^{(n)}\right)$ zusammen mit dem Inneren des Dreiecks. Dann ist $\Delta^{(n+1)} \subset \Delta^{(n)}$ und die Durchmesser der kompakten Mengen $\Delta^{(n)}$ gehen gegen Null. Nach der endlichen Schnitteigenschaft kompakter Mengen ist der Schnitt $S = \bigcap_{n \in \mathbb{N}} \Delta^{(n)}$ nichtleer und da die Durchmesser gegen Null gehen, besteht S aus einem einzigen Punkt p.

Sei $\varepsilon > 0$. Da f in p komplex differenzierbar ist, existiert $\delta > 0$ so dass für $0 < |z - p| < \delta$ gilt

$$\left| \frac{f(z) - f(p)}{z - p} - f'(p) \right| < \varepsilon,$$

oder

$$|f(z) - f(p) - (z - p)f'(p)| < \varepsilon|z - p|.$$

Sei $n \in \mathbb{N}$, so dass $\mathrm{diam}\,\Delta^{(n)} < \delta$. Die Funktionen 1 und z haben Stammfunktionen z und $\frac{1}{2}z^2$, also ist jedes Integral über einen geschlossenen Weg über diese Funktionen nach Satz 19.3.20 gleich Null. Daher ist

$$\left| \int_{\gamma^{(n)}} f(z)\,dz \right| = \left| \int_{\gamma^{(n)}} f(z) - f(p) - (z - p)f'(p)\,dz \right|$$

$$\leq \sup_{z \in \mathrm{Bild}(\gamma^{(n)})} |f(z) - f(p) - (z - p)f'(p)|\, L\left(\gamma^{(n)}\right)$$

$$\leq \varepsilon \underbrace{\sup_{z \in \mathrm{Bild}(\gamma^{(n)})} |z - p|}_{\leq \mathrm{diam}(\mathrm{Bild}(\gamma^{(n)}))} L\left(\gamma^{(n)}\right) \leq \varepsilon \frac{d}{2^n} L(\gamma^{(n)}) = \varepsilon d L(\gamma) \frac{1}{4^n}.$$

Also

$$\left| \int_{\gamma} f(z)\,dz \right| \leq 4^n \left| \int_{\gamma^{(n)}} f(z)\,dz \right| \leq \varepsilon d L(\gamma).$$

Da $\varepsilon > 0$ beliebig ist, folgt $\int_{\gamma} f(z)\,dz = 0$. $\qquad\qquad\square$

Definition 19.4.3. Für zwei komplexe Zahlen z, w sei

$$[z, w] = \left\{ z + t(w - z) : 0 \leq t \leq 1 \right\}$$

die Strecke zwischen z und w. Eine offene Menge $S \subset \mathbb{C}$ heißt *sternförmig*, oder ein *Sterngebiet*, falls es ein $p \in S$ gibt mit $z \in S \;\Rightarrow\; [z, p] \subset S$.

Mit anderen Worten, von p aus kann man alle Punkte von S sehen. Jedes solche p heißt *zentraler Punkt* von S.

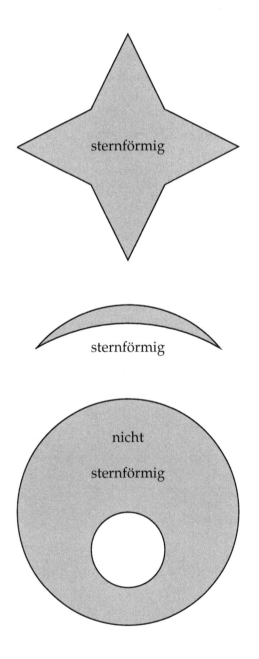

Satz 19.4.4. *Sei f holomorph in dem sternförmigen Gebiet D. Sei p ein zentraler Punkt von D. Setze*

$$F(z) = \int_p^z f(w)\, dw,$$

wobei das Integral über das Geradensegment von p nach z erstreckt wird. Dann ist F holomorph und $F' = f$.

Die Schreibweise bedeutet

$$\int_p^z f(w)\, dw = \int_{\gamma_z} f(w)\, dw,$$

wobei $\gamma_z : [0,1] \to \mathbb{C}$ definiert ist als $\gamma_z(t) = p + t(z - p)$.

Beweis. Ist $z \in D$ und $h \in \mathbb{C}$ hinreichend klein, so liegt $z + h$ in einer Kreisscheibe B, die ganz in D liegt und daher liegt das Dreieck γ mit den Ecken $p, z, z + h$ mitsamt seinem Inneren in D und es gilt $\int_\gamma f(w)\, dw = 0$. Das bedeutet

$$0 = \underbrace{\int_p^z f(w)\, dw}_{=F(z)} + \int_z^{z+h} f(w)\, dw + \underbrace{\int_{z+h}^p f(w)\, dw}_{=-F(z+h)}.$$

Es folgt $F(z + h) - F(z) = \int_z^{z+h} f(w)\, dw$. Die konstante Funktion $g(w) = 1$ hat Stammfunktion $G(w) = w$. Daher folgt für $h \neq 0$, dass $\frac{1}{h} \int_z^{z+h} dw = \frac{1}{h}(z + h - z) = 1$. Also ist $f(z) = \frac{1}{h} \int_z^{z+h} f(z)\, dw$ und damit

$$\left| \frac{F(z+h) - F(z)}{h} - f(z) \right| = \left| \frac{1}{h} \int_z^{z+h} f(w)\, dw - f(z) \right|$$

$$= \left| \frac{1}{h} \int_z^{z+h} (f(w) - f(z))\, dw \right|$$

$$\leq \underbrace{\left(\sup_{\substack{w \in D \\ |z-w| \leq h}} |f(w) - f(z)| \right)}_{\to 0 \text{ für } h \to 0} \frac{1}{h} \underbrace{L([z, z+h])}_{=h}.$$

$$\underbrace{\phantom{\frac{1}{h}}}_{=1}$$

Damit geht $\frac{F(z+h) - F(z)}{h}$ für $h \to 0$ gegen $f(z)$. $\square$

Beispiel 19.4.5. Ist D nicht sternförmig, dann kann es holomorphe Funktionen geben, die keine Stammfunktion haben. Sei zum Beispiel $D = \mathbb{C}^{\times}$ und $f(z) = \frac{1}{z}$. In Beispiel 19.3.19 wurde ausgerechnet, dass

$$\int_{\gamma} f(z)\, dz = 2\pi i,$$

wobei $\gamma : [0,1] \to \mathbb{C}$ der Weg $\gamma(t) = e^{2\pi i t}$ ist. Hätte die Funktion f aber eine Stammfunktion, dann wäre diese Integral nach Satz 19.3.20 gleich Null.

Satz 19.4.6 (Satz von Cauchy für Sterngebiete). *Sei D ein Sterngebiet und f holomorph in D. Dann gilt für jeden geschlossenen, stückweise stetig differenzierbaren Weg γ in D, dass*

$$\int_{\gamma} f(z)\, dz = 0.$$

Beweis. Nach dem letzten Satz besitzt f eine Stammfunktion F. Nach Satz 19.3.20 folgt die Behauptung.   □

Korollar 19.4.7 (Satz von Cauchy für abgeschlossene Kreisscheiben). *Sei $B = B_r(p)$ eine offene Kreisscheibe vom Radius $r > 0$ und $f : \overline{B} \to \mathbb{C}$ eine stetige Funktion, die im Inneren holomorph ist. Dann gilt für jeden geschlossenen, stückweise stetig differenzierbaren Weg $\gamma : [0,1] \to \overline{B}$, dass*

$$\int_{\gamma} f(z)\, dz = 0.$$

Beweis. Für $n \in \mathbb{N}$ ist die Funktion $f_n(z) = f\left(\left(1 - \frac{1}{n}\right)z\right)$ holomorph in einer Umgebung von $\overline{B}$, also gilt nach Cauchys Integralsatz, dass

$$\int_{\gamma} f_n(z)\, dz = 0.$$

Die Funktion f ist stetig auf dem Kompaktum $\overline{B}$, also gleichmäßig stetig. Ferner konvergiert $\left(1 - \frac{1}{n}\right)z$ gleichmäßig für $n \to \infty$ gegen z. Daher konvergiert f_n für $n \to \infty$ gleichmäßig auf $\overline{B}$ gegen $f(z)$. Man darf also Limesbildung und Integral vertauschen:

$$\int_{\gamma} f(z)\, dz = \int_{\gamma} \lim_{n \to \infty} f_n(z)\, dz = \lim_{n \to \infty} \int_{\gamma} f_n(z)\, dz = 0. \qquad \square$$

19.5 Homotopie

In der noch zu formulierenden allgemeineren Version bezieht sich der Cauchysche Integralsatz auf Wege, die stetig zu einem Punkt deformiert werden können. Dieser Deformationsbegriff wird *Homotopie* genannt und in diesem Abschnitt präzisiert.

Definition 19.5.1. Seien X, Y topologische Räume. Zwei stetige Abbildungen $f, g : X \to Y$ heissen *frei homotop*, wenn es eine stetige Abbildung $h : [0,1] \times X \to Y$ gibt, so dass für jedes $x \in X$ gilt $h(0, x) = f(x)$ und $h(1, x) = g(x)$. Das heisst also, zwei Abbildungen sind frei homotop, wenn sie sich stetig ineinander deformieren lassen. Jede Abbildung h, die dies leistet, heisst *Homotopie* von f nach g.

Definition 19.5.2. Sei $D \subset \mathbb{C}$ eine Teilmenge. Zwei Wege $\gamma, \eta : [0,1] \to D$ heißen *homotop in D mit festen Enden* oder einfach nur *homotop in D*, wenn es eine Homotopie $h : [0,1] \to D$ von γ nach η gibt, die die Zusatzeigenschaft hat, dass sie die Enden festhält, d.h., für jedes $s \in [0,1]$ gilt

$$h(s, 0) = \gamma(0), \quad h(s, 1) = \gamma(1).$$

Insbesondere müssen dann γ und η dieselben Endpunkte haben.

Homotopie mit festen Enden

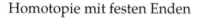
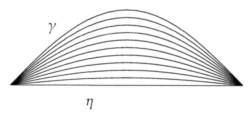

Ist ein Weg γ in D homotop zum konstanten Weg $\eta(t)$, dann sagt man, γ ist in D *nullhomotop*.

Proposition 19.5.3. *Sei $D \subset \mathbb{C}$ eine Teilmenge.*

(a) *Homotopie mit festen Enden ist eine Äquivalenzrelation auf der Menge der Wege in D. Wenn klar ist, welche Teilmenge D gemeint ist, schreibt man diese Äquivalenzrelation als "$\simeq$".*

(b) *Gilt $\gamma_1 \simeq \gamma_2$ und $\eta_1 \simeq \eta_2$, gilt ferner $\gamma_1(1) = \eta_1(0)$, dann ist $\gamma_1.\eta_1 \simeq \gamma_2.\eta_2$.*

(c) *Sind γ, η, τ Wege in D mit $\gamma(1) = \eta(0)$ und $\eta(1) = \tau(0)$, dann gilt*

$$(\gamma.\eta).\tau \simeq \gamma.(\eta.\tau).$$

(d) *Ist γ ein konstanter Weg $\gamma(t) = p$, dann gilt*

$$\eta.\gamma \simeq \eta \quad und \quad \gamma.\tau \simeq \tau$$

für alle Wege η und τ mit $\eta(1) = p = \tau(0)$.

(e) *Ist γ ein beliebiger Weg in D, dann ist $\gamma.\breve{y}$ in D homotop zum konstanten Weg mit Wert $\gamma(0)$.*

Beweis. (a) Jeder Weg γ ist mit $h(s,t) = \gamma(t)$ homotop zu sich selbst. Ist h eine Homotopie von γ nach η, dann ist $\breve{h}(s,t) = h(1-s,t)$ eine Homotopie von η nach γ. Seien zum Schluss h_1 eine Homotopie von γ nach η und h_2 eine von η nach τ, dann ist

$$h(s,t) = \begin{cases} h_1(2s,t) & 0 \le s \le \frac{1}{2}, \\ h_2(2s-1,t) & \frac{1}{2} < s \le 1, \end{cases}$$

eine Homotopie von γ nach τ.

(b) Sind h_1 und h_2 die jeweiligen Homotopien, dann ist

$$h(s,t) = \begin{cases} h_1(s,2t) & 0 \le t \le \frac{1}{2}, \\ h_2(s,2t-1) & \frac{1}{2} < t \le 1 \end{cases}$$

eine Homotopie von $\gamma_1.\eta_1$ nach $\gamma_2.\eta_2$.

(c) Der Weg $(\gamma.\eta).\tau$ durchläuft im ersten Viertel den Weg γ, im zweiten η und dann im Rest τ. Diese Intervalle muss man nur verschieben. Man definiert also eine Homotopie h von $(\gamma.\eta).\tau$ nach $\gamma.(\eta.\tau)$ durch

$$h(s,t) = \begin{cases} \gamma\left(\frac{4t}{s+1}\right) & 0 \le t \le \frac{s+1}{4}, \\ \eta\left(4t-s-1\right) & \frac{s+1}{4} < t \le \frac{s+2}{4} \\ \tau\left(\frac{4t-s-2}{2-s}\right) & \frac{s+2}{4} < t \le 1. \end{cases}$$

Das Bild zeigt den Definitionsbereich von h.

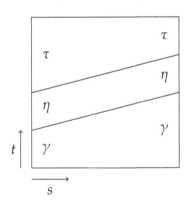

(d) Der Weg $\eta.\gamma$ ist in der zweiten Hälfte des Einheitsintervalls $[0,1]$ konstant. Dann ist

$$h(s,t) = \begin{cases} \eta\left(\frac{2t}{s+1}\right) & 0 \le t \le \frac{s+1}{2}, \\ p & \frac{s+1}{2} < t \le 1 \end{cases}$$

eine Homotopie von $\eta.\gamma$ nach η. Der andere Fall geht analog.

(e) In diesem Fall erhält man eine Homotopie, indem man den Weg γ nicht bis ganz zum Ende läuft, sondern vorher schon mit $\bar\gamma$ zurückkehrt. Genauer ist eine Homotopie durch

$$h(s,t) = \begin{cases} \gamma\big(2(1-s)t\big) & 0 \le t \le \frac{1}{2}, \\ \gamma\big(2(1-s)(1-t)\big) & \frac{1}{2} < t \le 1, \end{cases}$$

gegeben.   □

Bemerkung 19.5.4. Ist p ein Punkt der Menge D so sei $G(p)$ die Menge aller geschlossener Wege in D mit Endpunkt p. Sei ferner

$$\pi_1(D,p) = G(p)/\simeq$$

die Menge der Homotopieklassen mit festen Enden von geschlossenen Wegen mit Endpunkt p. Aus der Proposition folgt, dass die Verknüpfung

$$[\gamma][\eta] := [\gamma.\eta]$$

auf $\pi(D,p)$ wohldefiniert ist und $\pi(D,p)$ zu einer Gruppe macht. Das neutrale Element ist gegeben durch den konstanten Weg mit Wert p und $[\gamma]^{-1} = [\bar\gamma]$. Diese Gruppe nennt man die *Fundamentalgruppe* von D.

Beispiel 19.5.5. Ist D ein sternförmiges Gebiet, dann ist jeder geschlossene Weg, der an einem zentralen Punkt p beginnt, in D nullhomotop, das heisst, die Fundamentalgruppe ist trivial.

Beweis. Sei γ ein geschlossener Weg mit Endpunkt p. Dann ist

$$h(s,t) = \gamma(t) + s(p - \gamma(t))$$

eine Homotopie zum konstanten Weg p.   □

Satz 19.5.6. *Sei D ein Gebiet und f holomorph auf D. Sind γ und η stückweise stetig differenzierbare Wege in D, die in D homotop sind, dann gilt*

$$\int_\gamma f(z)\,dz = \int_\eta f(z)\,dz.$$

Beweis. Sei $I = [0, 1]$ das Einheitsintervall und sei $h : I \times I \to D$ eine Homotopie zwischen γ und η. Die Abbildung h ist stetig auf der kompakten Menge $I \times I$, also ist sie gleichmäßig stetig. Ferner ist das Bild kompakt in D, es existiert also ein $\varepsilon > 0$, so dass der Abstand von $h(I \times I)$ zum Rand ∂D größer ist als ε. Mit anderen Worten, zu jedem $z \in h(I \times I)$ liegt die ε-Umgebung $B_\varepsilon(z)$ noch ganz in D. Wegen der gleichmäßigen Stetigkeit gibt es ein $n \in \mathbb{N}$ so dass aus $\max(|s_1 - s_2|, |t_1 - t_2|) \leq \frac{1}{n}$ folgt $|h(s_1, t_1) - h(s_2, t_2)| < \varepsilon$. Für $1 \leq k, l \leq n$ sei

$$Q_{k,l} = \left[\frac{k-1}{n}, \frac{k}{n} \right] \times \left[\frac{l-1}{n}, \frac{l}{n} \right].$$

Dann liegt das Bild $h\left(Q_{k,l}\right)$ ganz in einer ε-Kreisscheibe, die wiederum in D liegt. Das bedeutet, dass die Funktion f auf einer sternförmigen Umgebung von $h(Q_{k,l})$ holomorph ist.

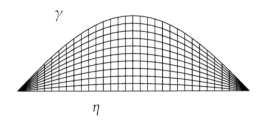

In der folgenden Vergrösserung liefern der untere und der obere Weg dasselbe Integral, da sie sich nur um einen geschlossenen Weg innerhalb einer Sterngebiets unterscheiden.

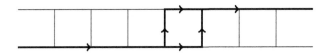

Man kann daher γ sukzessive durch die Wege ersetzen, die "durch die Mitte" der Homotopie laufen und kommt am Ende zu η. Genauer sei $\gamma_{k,l}$ der folgende Weg:

- Ist $l = 1$, so sei $\gamma_{k,1}$ die Komposition aus $\gamma|_{[(k-1)/n, k/n]}$ und den Geradensegmenten von $\gamma(k/n) = h(0, k/n)$ nach $h(1/n, k/n,)$, von dort nach $h(1/n, (k-1)/n)$ und schliesslich nach $\gamma((k-1)/n) = h(0, (k-1)/n)$.

- Ist $2 \leq l \leq n-1$, dann ist $\gamma_{k,l}$ der Rand des Vierecks mit den Ecken

  $$h((l-1)/n, (k-1)/n), \ h((l-1)/n, k/n), \ h(l/n, k/n), \ h(l/n, (k-1)/n),$$

  wobei die Orientierung so gewählt ist, dass die Punkte in der angegebenen Reihenfolge durchlaufen werden.

- Ist schliesslich $l = n$, so ist $\gamma_{k,l}$ die Komposition aus $\eta|_{[(k-1)/n,k/n]}$, aber diesmal rückwärts durchlaufen, sowie den Geradensegmenten von $h(1,(k-1)/n)$ nach $h((n-1)/n,(k-1)/n)$, dann nach $h((n-1)/n,k/n)$ und schliesslich nach $h(1,k/n)$.

Dann ist jedes $\gamma_{k,l}$ ein geschlossener stückweise stetig differenzierbarer Weg, der in einer sternförmigen offenen Menge in D liegt. Nach Satz 19.4.6 folgt $\int_{\gamma_{k,l}} f(z)\,dz = 0$. Nach Konstruktion werden alle "inneren Linien" von jeweils zwei $\gamma_{k,l}$ mit verschiedenen Orientierungen durchlaufen, so dass sich ergibt

$$\int_{\gamma} f(z)\,dz - \int_{\eta} f(z)\,dz = \sum_{k,l=1}^{n} \int_{\gamma_{k,l}} f(z)\,dz = 0. \qquad \square$$

Definition 19.5.7. Ein Gebiet $D \subset \mathbb{C}$ heißt *einfach zusammenhängend*, wenn jeder geschlossene Weg in D homotop ist zu einem konstanten Weg.

Beispiel 19.5.8. Jedes sternförmige Gebiet ist einfach zusammenhängend.

Beweis. Sei D ein sternförmiges Gebiet und $p \in D$ ein zentraler Punkt. Sei $\gamma : [0,1] \to D$ ein Weg mit $q := \gamma(0) = \gamma(1)$. Sei η der Weg, der p und q in einer geraden Linie verbindet. Dann ist der Weg $\tau = \eta.\gamma.\breve{\eta} : [0,1] \to D$ geschlossen mit Endpunkt p. Dieser ist gemäss Beispiel 19.5.5 homotop zum konstanten Weg c. Nach Proposition 19.5.3 ist γ homotop zu $\breve{\eta}.\tau.\eta$ und dieser Weg ist homotop zu $\breve{\eta}.c.\eta \sim \breve{\eta}.\eta$ und dieser Weg ist wiederum homotop zum konstanten Weg q. $\qquad \square$

Beispiel 19.5.9. Hier ist ein Beispiel für ein einfach zusammenhängendes Gebiet, das nicht sternförmig ist:

Satz 19.5.10 (Cauchy). *Sei D ein einfach zusammenhängendes Gebiet in $\mathbb{C}$ und f holomorph in D. Dann gilt für jeden geschlossenen stückweise stetig differenzierbaren Weg γ in D*

$$\int_{\gamma} f(z)\,dz = 0.$$

Beweis. Der Weg γ ist homotop zu einem konstanten Weg η. Also gilt

$$\int_\gamma f(z)\, dz = \int_\eta f(z)\, dz = 0. \qquad\qquad \square$$

Satz 19.5.11. *Sei D ein einfach zusammenhängendes Gebiet und sei f holomorph in D. Dann hat f eine Stammfunktion, d.h., es gibt eine holomorphe Funktion F auf D mit F' = f.*

Beweis. Seien $p, z \in D$ und γ, η zwei stückweise stetig differenzierbare Wege in D von p nach z. Dann ist $\gamma.\check\eta$ ein geschlossener Weg, also

$$0 = \int_{\gamma.\check\eta} f(w)\, dw = \int_\gamma f(w)\, dw - \int_\eta f(w)\, dw,$$

oder $\int_\gamma f(w)\, dw = \int_\eta f(w)\, dw$. Also hängt der Wert

$$F(z) = \int_p^z f(w)\, dw = \int_\gamma f(w)\, dw$$

nicht von dem gewählten Weg γ von p nach z ab. Für kleines $h \in \mathbb{C}$ ist

$$\frac{F(z+h) - F(z)}{h} = \frac{1}{h} \int_z^{z+h} f(w)\, dw$$

und der Weg von z nach $z + h$ kann als Geradensegment gewählt werden. Man beweist wie in Satz 19.4.4 dass F eine Stammfunktion zu f ist. $\qquad \square$

19.6 Cauchys Integralformel

Nach der Cauchyschen Integralformel kann eine holomorphe Funktion im Inneren eines Kreises durch ein Integral über den Rand dargestellt werden. Die Randwerte bestimmen also die Funktion. Diese erstaunliche Tatsache wird in diesem Abschnitt bewiesen.

Definition 19.6.1. Ist $B = B_r(p_0)$ eine Kreisscheibe, so bezeichnet ∂B neben dem Rand von B auch den Weg $\partial B = \gamma : [0, 1] \to \mathbb{C}$, $\gamma(t) = p_0 + re^{2\pi it}$, der den Rand von B einmal positiv orientiert durchläuft.

Lemma 19.6.2. *Ist B eine offene Kreisscheibe und $z \in B$, so gilt*

$$\frac{1}{2\pi i} \int_{\partial B} \frac{1}{w - z}\, dw = 1.$$

Beweis. Sei $r > 0$ so klein, dass der abgeschlossene Kreis $\overline{B}_r(z)$ ganz in B liegt. Die Integrale über die Wege γ und τ in folgendem Bild verschwinden, da jeder in einem Sterngebiet liegt, in dem $w \mapsto \frac{1}{w-z}$ holomorph ist.

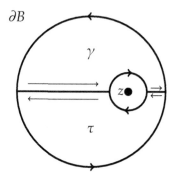

Da über die Geradensegmente in beiden Richtungen integriert wird, heben diese Integrale sich auf und es gilt

$$0 = \int_\gamma - \int_\tau = \int_{\partial B} - \int_{\partial E},$$

wobei jeweils $\frac{1}{w-z}\,dw$ integriert wird. Daher kann man B durch E ersetzen und annehmen, dass B den Punkt z als Mittelpunkt hat. Dann gilt

$$\frac{1}{2\pi i}\int_{\partial B}\frac{1}{w-z}\,dw = \frac{2\pi i}{2\pi i}\int_0^1 \frac{1}{z + re^{2\pi it} - z}re^{2\pi it}\,dt = 1. \qquad \square$$

Satz 19.6.3. *Sei B eine offene Kreisscheibe in $\mathbb{C}$ und f eine auf einer Umgebung von $\overline{B}$ holomorphe Funktion. Für jedes $z \in B$ gilt dann*

$$f(z) = \frac{1}{2\pi i}\int_{\partial B}\frac{f(w)}{w-z}\,dw.$$

Beweis. Da nach dem Lemma gilt $\frac{1}{2\pi i}\int_{\partial B}\frac{1}{w-z}\,dw = 1$, so folgt

$$\frac{1}{2\pi i}\int_{\partial B}\frac{f(w)}{w-z}\,dw - f(z) = \frac{1}{2\pi i}\int_{\partial B}\frac{f(w)-f(z)}{w-z}\,dw.$$

Sei $\varepsilon > 0$ hinreichend klein. Wie im Beweis von Lemma 19.6.2 kann der Kreis B durch einen Kreis B_ε von Radius ε um den Punkt z ersetzt werden. Die Funktion

$$\phi(w) = \begin{cases} \frac{f(w)-f(z)}{w-z} & w \neq z, \\ f'(z) & w = z, \end{cases}$$

ist stetig in $\overline{B}$, daher gibt es $M > 0$ mit $|\phi(z)| \le M$ für jedes $z \in \overline{B}$ und es gilt

$$\left| \frac{1}{2\pi i} \int_{\partial B} \frac{f(w)}{w - z} \, dw - f(z) \right| = \left| \frac{1}{2\pi i} \int_{\partial B_\varepsilon(z)} \frac{f(w) - f(z)}{w - z} \, dw \right|$$

$$\le \frac{1}{2\pi} 2\pi\varepsilon \sup_{z \in \partial B_\varepsilon} \underbrace{\left| \frac{f(w) - f(z)}{w - z} \right|}_{\le M} \le \varepsilon\, M.$$

Da ε beliebig ist, folgt die Behauptung. $\square$

Korollar 19.6.4 (Cauchys Integralformel für abgeschlossene Kreisscheiben).
Sei $B = B_r(p)$ eine offene Kreisscheibe vom Radius $r > 0$ und $f : \overline{B} \to \mathbb{C}$ eine stetige Funktion, die im Inneren holomorph ist. Für jedes $z \in B$ gilt dann

$$f(z) = \frac{1}{2\pi i} \int_{\partial B} \frac{f(w)}{w - z} \, dw.$$

Beweis. Für $n \in \mathbb{N}$ ist die Funktion $f_n(z) = f\left(\left(1 - \frac{1}{n} \right) z \right)$ holomorph in einer Umgebung von $\overline{B}$, also gilt nach Cauchys Integralformel, dass

$$f_n(z) = \frac{1}{2\pi i} \int_{\partial B} \frac{f_n(w)}{w - z} \, dw.$$

Die Funktion f ist stetig auf dem Kompaktum $\overline{B}$, also gleichmäßig stetig. Ferner konvergiert $\left(1 - \frac{1}{n} \right) z$ gleichmäßig für $n \to \infty$ gegen z. Daher konvergiert f_n für $n \to \infty$ gleichmäßig auf $\overline{B}$ gegen $f(z)$. Man darf also Limesbildung und Integral vertauschen:

$$f(z) = \lim_n f_n(z) = \lim_n \frac{1}{2\pi i} \int_{\partial B} \frac{f_n(w)}{w - z} \, dw$$

$$= \frac{1}{2\pi i} \int_{\partial B} \lim_n \frac{f_n(w)}{w - z} \, dw = \frac{1}{2\pi i} \int_{\partial B} \frac{f(w)}{w - z} \, dw. \qquad \square$$

Definition 19.6.5. Eine Funktion f, die auf ganz $\mathbb{C}$ holomorph ist, heißt *ganze Funktion*.

Satz 19.6.6 (Liouville). *Sei f ganz und beschränkt. Dann ist f konstant.*

Beweis. Sei $M > 0$ so dass $|f(w)| \le M$ für jedes $w \in \mathbb{C}$ gilt. Seien $\alpha, \beta \in \mathbb{C}$ und sei $R > 2 \max(|\alpha|, |\beta|)$. Dann gilt für jedes $z \in \mathbb{C}$ mit $|z| = R$, dass

$$|z - \alpha| \ge \frac{1}{2} R \quad \text{und} \quad |z - \beta| \ge \frac{1}{2} R,$$

oder

$$\left|\frac{1}{z-\alpha}\right| \le \frac{2}{R} \quad \text{und} \quad \left|\frac{1}{z-\beta}\right| \le \frac{2}{R}.$$

Cauchys Integralformel liefert für $B = B_R(0)$,

$$\begin{aligned}
|f(\alpha) - f(\beta)| &= \frac{1}{2\pi}\left|\int_{\partial B} f(z)\left(\frac{1}{z-\alpha} - \frac{1}{z-\beta}\right)dz\right| \\
&= \frac{1}{2\pi}\left|\int_{\partial B} f(z)\frac{\alpha-\beta}{(z-\alpha)(z-\beta)}dz\right| \\
&\le \frac{1}{2\pi}M2\pi R(|\alpha|+|\beta|)\frac{4}{R^2} = M(|\alpha|+|\beta|)\frac{4}{R}.
\end{aligned}$$

Da R beliebig groß gewählt werden kann, folgt $f(\alpha) = f(\beta)$. □

Satz 19.6.7 (Fundamentalsatz der Algebra). *Jedes nichtkonstante Polynom in $\mathbb{C}[x]$ hat eine Nullstelle in $\mathbb{C}$.*

Beweis. Sei f ein nichtkonstantes Polynom. Nimmt man an, dass f keine Nullstelle in $\mathbb{C}$ hat, dann ist die Funktion $\frac{1}{f}$ ganz. Da $\frac{1}{f(z)}$ für $z \to \infty$ gegen Null geht, ist nach dem Satz von Liouville f konstant, Widerspruch! □

Satz 19.6.8. *Sei B eine offene Kreisscheibe und f holomorph in einer offenen Umgebung von $\overline{B}$. Dann existieren alle Ableitungen $f^{(n)}$ von f in B und es gilt*

$$f^{(n)}(z) = \frac{n!}{2\pi i}\int_{\partial B}\frac{f(w)}{(w-z)^{n+1}}dw$$

für jedes $n \in \mathbb{N}_0$ und jedes $z \in B$. Insbesondere folgt, dass für eine in einem Gebiet D holomorphe Funktion f jede Ableitung $f^{(n)}$ existiert und holomorph ist.

Beweis. Induktion nach n. Für $n = 0$ ist die Aussage gerade Cauchys Integralformel. Sei der Satz also für n bewiesen. Dann gilt für hinreichend kleines $h \in \mathbb{C}$,

$$
\begin{aligned}
\frac{f^{(n)}(z+h) - f^{(n)}(z)}{h} &= \frac{n!}{2\pi i h} \int_{\partial B} \frac{f(w)}{(w-z-h)^{n+1}} - \frac{f(w)}{(w-z)^{n+1}} \, dw \\
&= \frac{(n+1)!}{2\pi i} \int_{\partial B} f(w) \underbrace{\left(\frac{1}{h} \int_z^{z+h} \frac{1}{(w-s)^{n+2}} \, ds \right)}_{\xrightarrow{h \to 0} \frac{1}{(w-z)^{n+2}}} dw \\
&\xrightarrow{h \to 0} \frac{(n+1)!}{2\pi i} \int_{\partial B} \frac{f(w)}{(w-z)^{n+2}} \, dw,
\end{aligned}
$$

da die Konvergenz des inneren Integrals in $w \in \partial B$ gleichmäßig ist. $\square$

19.7 Holomorpher Logarithmus und Windungszahl

In diesen Abschnitt wird gezeigt, dass in einem einfach zusammenhängenden Gebiet jede nullstellenfreie holomorphe Funktion einen holomorphen Logarithmus besitzt.

Satz 19.7.1. *Sei D ein einfach zusammenhängendes Gebiet.*

(a) *Sei $g : D \to \mathbb{C}$ holomorph und nullstellenfrei. Dann existiert eine holomorphe Funktion f auf D mit*

$$
e^{f(z)} = g(z)
$$

für jedes $z \in D$. Die Funktion f ist eindeutig bestimmt bis auf einen Summanden der Form $2\pi i k$ mit $k \in \mathbb{Z}$. Jede solche Funktion heißt holomorpher Logarithmus *von g.*

(b) *Ist $0 \notin D$, so existiert eine holomorphe Funktion L auf D, so dass für jedes $z \in D$ gilt*

$$
e^{L(z)} = z.
$$

Die Funktion L ist eindeutig bestimmt bis auf einen Summanden der Form $2\pi i k$ mit $k \in \mathbb{Z}$. Jede solche Funktion heißt holomorpher Logarithmus *auf D.*

Beweis. (a) Nach Satz 19.6.8 ist $g'(z)$ holomorph und nach Satz 19.5.11 existiert eine Stammfunktion f zu $\frac{g'(z)}{g(z)}$, also $f'(z) = \frac{g'(z)}{g(z)}$. Daraus folgt

$$\left(\frac{e^{f(z)}}{g(z)}\right)' = \frac{f'(z)e^{f(z)}g(z) - g'(z)e^{f(z)}}{g(z)^2} = 0$$

Damit ist $\frac{e^{f(z)}}{g(z)}$ eine Konstante $c \neq 0$, also $e^{f(z)} = cg(z)$. Addiert man zu f eine Konstante, kann man $c = 1$ erreichen. Zur Eindeutigkeit: Ist $h(z)$ ein weiterer Logarithmus, so ist $e^{f(z)-h(z)} = 1$, also

$$f(z) - h(z) \in 2\pi i\mathbb{Z}.$$

Da die Funktion $f(z) - h(z)$ stetig ist und D zusammenhängend, ist $f(z) - h(z)$ konstant.

Teil (b) folgt durch Anwendung von (a) auf die Funktion $g(z) = z$. □

Proposition 19.7.2. *Sei D ein Gebiet und g holomorph auf D. Sei $f : D \to \mathbb{C}$ stetig mit $e^f = g$. Dann ist f ein holomorpher Logarithmus von g.*

Beweis. Sei S ein sternförmiges Teilgebiet. Die holomorphe Funktion g ist nullstellenfrei, hat also einen holomorphen Logarithmus h auf S. Dann ist $f-h$ stetig auf S mit Werten in $2\pi i\mathbb{Z}$, also konstant. Es folgt, dass f holomorph in S ist. Da S beliebig war, ist f holomorph auf D. □

Definition 19.7.3. (Haupzweig des Logarithmus). Für $z = re^{i\theta}$ mit $r > 0$ und $-\pi < \theta \leq \pi$ definiere

$$\log(z) = \log(re^{-\theta i}) = \log_\mathbb{R}(r) + i\theta,$$

wobei $\log_\mathbb{R}$ den reellen Logarithmus bezeichnet. Man beachte, dass diese Funktion zwar auf ganz $\mathbb{C}^\times$ definiert, aber in den Punkten aus $(-\infty, 0)$ nicht stetig ist.

Proposition 19.7.4 (Hauptzweig des Logarithmus). *Der Hauptzweig ist ein holomorpher Logarithmus auf dem Gebiet $D = \mathbb{C} \setminus (-\infty, 0]$. Für $|z| < 1$ gilt*

$$\log(1 - z) = -\sum_{n=1}^{\infty} \frac{z^n}{n}.$$

Beweis. Die Funktion $\log z$ ist stetig auf D und erfüllt $e^{\log z} = z$. Also ist $\log z$ ein holomorpher Logarithmus. Um die Potenzreihe auszurechnen, setze

$$f(z) = -\sum_{n=1}^{\infty} \frac{z^n}{n}.$$

Diese Reihe konvergiert für $|z| < 1$ und definiert eine holomorphe Funktion mit der Ableitung

$$f'(z) = -\sum_{n=1}^{\infty} z^{n-1} = -\frac{1}{1-z} = (\log(1-z))'.$$

Daher ist $f(z) - \log(1 - z)$ eine Konstante. Durch Einsetzen von $z = 0$ sieht man, dass diese Konstante Null ist.   □

Bemerkung 19.7.5. Die Exponentialfunktion bildet den Streifen

$$S = \left\{ \mathrm{Im}(z)| < \pi \right\}$$

bijektiv nach $D = \mathbb{C} \setminus (-\infty, 0)$ ab und der Hauptzweig des Logarithmus ist die Umkehrfunktion.

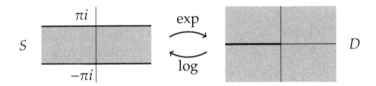

Definition 19.7.6. Sei $D \subset \mathbb{C}$ eine offene Menge. Eine Funktion $f : D \to \mathbb{C}$ heisst *lokal-konstant*, wenn es zu jedem Punkt $p \in D$ eine offene Umgebung $U \subset D$ gibt, so dass $f|_U$ konstant ist.

Erinnerung. Jeder metrische Raum X ist disjunkte Vereinigung $X = \bigsqcup_{j \in J} X_j$ von maximalen zusammenhängenden Teilmengen. Sie heissen die *Zusammenhangskomponenten* von X. (Siehe Abschnitt 8.4.) Man macht sich leicht klar, dass eine lokalkonstante Funktion f auf jeder Zusammenhangskomponente konstant ist.

Definition 19.7.7. Sei γ ein geschlossener, stückweise stetig differenzierbarer Weg in $\mathbb{C}$ und $p \in \mathbb{C} \setminus \mathrm{Bild}(\gamma)$. Dann ist die Funktion $z \mapsto \frac{1}{z-p}$ auf dem Bild von γ holomorph. Die *Windungszahl* von γ im Punkt p ist definiert als

$$\mathcal{W}(\gamma, p) = \frac{1}{2\pi i} \int_{\gamma} \frac{1}{z - p}\, dz.$$

Satz 19.7.8 (Windungszahl). *Sei γ ein geschlossener, stückweise stetig differenzierbarer Weg in $\mathbb{C}$ und $p \in \mathbb{C} \setminus \mathrm{Bild}(\gamma)$. Dann ist die* Windungszahl *ganzzahlig, d.h., es gilt*

$$\mathcal{W}(\gamma, p) \in \mathbb{Z}.$$

Ferner ist die Abbildung $p \mapsto \mathcal{W}(\gamma, p)$ lokal-konstant auf $\mathbb{C} \setminus \mathrm{Bild}(\gamma)$.

Beweis. Sei $D = \mathbb{C} \setminus \{p\}$ und seien $0 = t_0 < \cdots < t_n = 1$ so, dass $\gamma([t_{j-1}, t_j]) \subset S_j$, wobei $S_j \subset D$ ein sternförmiges Teilgebiet ist. Auf S_j existiert ein holomorpher Logarithmus g_j der Funktion $z \mapsto z - p$. Es gilt also $z - p = e^{g_j(z)}$ für $z \in S_j$. Ableiten beider Seiten dieser Gleichung liefert $1 = g_j'(z)e^{g_j(z)} = g_j'(z)(z - p)$. Das bedeutet, dass g_j eine Stammfunktion von $\frac{1}{z-p}$ ist.

Sei $z_j = \gamma(t_j)$. Dann gilt insbesondere $z_n = z_0$. Man beachte, dass die Werte der verschiedenen g_j sich nur um Elemente von $2\pi i\mathbb{Z}$ unterscheiden können, wo immer mehrere von ihnen definiert sind. Es gilt

$$\mathcal{W}(\gamma, p) = \frac{1}{2\pi i} \int_\gamma \frac{1}{z-p}\,dz = \frac{1}{2\pi i} \sum_{j=1}^n \int_{\gamma|_{[t_{j-1}, t_j]}} \frac{1}{z-p}\,dz$$

$$= \frac{1}{2\pi i} \sum_{j=1}^n g_j(z_j) - g_j(z_{j-1})$$

$$= \frac{1}{2\pi i}\left(\underbrace{g_n(z_0) - g_1(z_0)}_{\in 2\pi i\mathbb{Z}} + \sum_{j=1}^{n-1} \underbrace{g_j(z_j) - g_{j+1}(z_j)}_{\in 2\pi i\mathbb{Z}} \right) \in \mathbb{Z}.$$

Hier wurde abkürzend

$$\int_{\gamma|_{[t_{j-1}, t_j]}} \frac{1}{z-p}\,dz = \int_{t_{j-1}}^{t_j} \frac{1}{\gamma(t) - p}\gamma'(t)\,dt$$

geschrieben. Die Tatsache, dass die Windungszahl lokal-konstant ist, folgt aus der Ganzzahligkeit und daraus, dass $p \to \mathcal{W}(\gamma, p)$ stetig ist. $\square$

Bemerkung 19.7.9. In Lemma 19.6.2 wurde gezeigt, dass für eine Kreisscheibe B und einen Punkt $z \in B$ gilt

$$\mathcal{W}(\partial B, z) = 1.$$

Im folgenden Lemma wird gezeigt, dass jede andere Potenz von $z - p$ den Integralwert Null ergibt.

Lemma 19.7.10. *Sei $p \in \mathbb{C}$ und $k \in \mathbb{Z}$, $k \neq -1$. Dann gilt für jeden stückweise stetig differenzierbaren, geschlossenen Weg $\gamma : [0, 1] \to \mathbb{C} \setminus \{p\}$*

$$\int_\gamma (z - p)^k\,dz = 0.$$

Beweis. In dem Gebiet $\mathbb{C} \setminus \{p\}$ ist die Funktion $G(z) = \frac{1}{k+1}(z - p)^{k+1}$ eine Stammfunktion des Integranden. Nach Satz 19.3.20 ist das Integral $\int_\gamma (z - p)^k\,dz$ gleich Null. $\square$

Algorithmus zur Bestimmung der Windungszahl

Ohne genaue Formulierung oder einen Beweis wird in diesem Abschnitt ein Algorithmus beschrieben, wie man in der Praxis Windungszahlen berechnet.

Sei γ ein geschlossener Weg in $\mathbb{C}$ und $z \in \mathbb{C} \setminus \text{Bild}(\gamma)$. Dann bestimmt man die Windungszahl $\mathcal{W}(\gamma, z)$ wie folgt: Man verbindet z mit ∞, was bedeutet, dass man einen Strahl auswählt, der von z ausgeht. Man folgt diesem Strahl von z ausgehend und startet mit der Zahl $w = 0$. Jedesmal, wenn γ den Strahl von rechts nach links kreuzt, addiert man eine 1 zu der Zahl w, jedesmal, wenn γ den Strahl von links nach recht kreuzt, zieht man eine 1 ab. Dies passiert nur endlich oft und am Schluss ist w die Windungszahl, also $w = \mathcal{W}(\gamma, z)$.

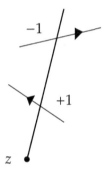

Im folgenden Bild sind die Windungszahlen auf jeder beschränkten Zusammenhangskomponente von $\mathbb{C} \setminus \text{Bild}(\gamma)$ eingetragen, wobei γ der durch das Bild definierte Weg ist.

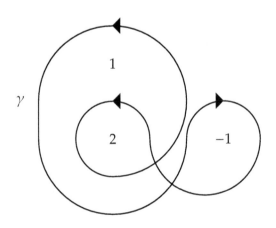

19.8 Potenzreihenentwicklung

In Abschnitt 19.2 wurde gezeigt, dass Potenzreihen holomorphe Funktionen sind. Hier nun folgt die Umkehrung, dass holomorphe Funktionen durch Potenzreihen dargestellt werden.

Satz 19.8.1 (Potenzreihenentwicklung). *Sei $p \in \mathbb{C}$ und f sei holomorph in der Kreisscheibe $B = B_R(p)$ für ein $R > 0$. Dann existieren Koeffizienten $c_n \in \mathbb{C}$ so dass die Potenzreihe $\sum_{n=0}^{\infty} c_n(z - p)^n$ in B konvergiert und die Funktion f darstellt, d.h. für jedes $z \in B$ gilt*

$$f(z) = \sum_{n=0}^{\infty} c_n(z - p)^n.$$

Hierdurch sind die Koeffizienten c_n eindeutig bestimmt und es gilt

$$c_n = \frac{1}{2\pi i} \int_{\partial B_r(p)} \frac{f(z)}{(z - p)^{n+1}} \, dz$$

für beliebiges $0 < r < R$. Diese letzte Aussage ist als Cauchys Integralformel *für die Koeffizienten c_n bekannt.*

Beweis. Sei $z \in B = B_R(p)$ und seien $|z - p| < s < r < R$. Dann gilt

$$f(z) = \frac{1}{2\pi i} \int_{\partial B_r(p)} \frac{f(w)}{w - z} \, dw.$$

Sei $w \in \partial B_r(p)$. Da $|z - p| < s < |w - p| = r < R$ ist

$$\left| \frac{z - p}{w - p} \right| < \frac{s}{|w - p|} = \frac{s}{r} < 1$$

und daher konvergiert die geometrische Reihe $\sum_{n=0}^{\infty} \left(\frac{z-p}{w-p} \right)^n$ absolut gleichmäßig für $w \in \partial B_r(p)$ und $z \in B_s(p)$. Es gilt

$$\sum_{n=0}^{\infty} \left(\frac{z - p}{w - p} \right)^n = \frac{1}{1 - \frac{z-p}{w-p}} = \frac{w - p}{w - p - z + p} = \frac{w - p}{w - z}$$

Also ist

$$\frac{f(w)}{w - z} = \frac{1}{w - p} \sum_{n=0}^{\infty} \frac{(z - p)^n}{(w - p)^n} f(w) = \sum_{n=0}^{\infty} \frac{(z - p)^n}{(w - p)^{n+1}} f(w),$$

wobei diese Reihe gleichmäßig für $w \in \partial B_r(p)$ konvergiert. Aus diesem Grund darf man im Folgenden die Reihe mit dem Integral vertauschen,

$$f(z) = \frac{1}{2\pi i} \int_{\partial B_r(p)} \sum_{n=0}^{\infty} \frac{(z-p)^n}{(w-p)^{n+1}} f(w) \, dw$$

$$= \sum_{n=0}^{\infty} (z-p)^n \frac{1}{2\pi i} \int_{\partial B_r(p)} \frac{f(w)}{(w-p)^{n+1}} \, dw.$$

Es folgt die Existenz der Koeffizienten c_n und die Beschreibung durch die Integralformel. Die eindeutige Bestimmtheit der Koeffizienten c_n folgt aus dem Identitätssatz für Potenzreihen, Satz 19.2.8. □

Korollar 19.8.2. *Sei f eine ganze Funktion so dass für alle $|z| \geq 1$ gilt*

$$|f(z)| \leq C|z|^k$$

für ein $C > 0$ und ein $k \in \mathbb{N}$. Dann ist f ein Polynom vom Grad $\leq k$.

Beweis. Es ist $f(z) = \sum_{n=0}^{\infty} c_n z^n$, wobei $c_n = \frac{1}{2\pi i} \int_{\partial B_R(0)} f(z) z^{-n-1} \, dz$. Für $R \geq 1$ folgt

$$|c_n| \leq \frac{1}{2\pi} C R^{k-n-1} 2\pi R = C R^{k-n}.$$

Mit $R \to \infty$ folgt $c_n = 0$ für $n > k$. □

Satz 19.8.3 (Identitätssatz für holomorphe Funktionen). *Seien f, g zwei auf einem Gebiet D holomorphe Funktionen. Es gebe eine Folge $(p_n)_{n \in \mathbb{N}}$ in D, die gegen ein $p \in D$ konvergiert, so dass $f(p_n) = g(p_n)$ und $p_n \neq p$ für jedes $n \in \mathbb{N}$ gilt. Dann ist $f = g$.*

Beweis. Beide Funktionen sind um p in eine Potenzreihe entwickelbar. Nach dem Identitätssatz für Potenzreihen, Satz 19.2.8, sind die beiden Potenzreihen gleich, daher gilt $f = g$ in einer offenen Umgebung U von p.

Sei M die Vereinigung aller offenen Teilmengen $U \subset D$, mit der Eigenschaft, dass $f = g$ auf U gilt. Dann ist M eine Vereinigung offener Mengen, also selbst offen. Ist $p \in D$ ein Randpunkt von M, dann ist er Grenzwert einer Folge $p_n \to p$, mit $p_n \in M$, dann aber gilt $f = g$ in einer offenen Umgebung $U \subset D$ von p, also gilt $U \subset M$. Daher kann M keine Randpunkte in D haben, also folgt $M = D$, also $f = g$. □

Beispiele 19.8.4. (a) Sei D ein Gebiet mit $D \cap \mathbb{R} \neq \emptyset$. Seien f, g holomorph auf D mit $f(x) = g(x)$ für jedes $x \in D \cap \mathbb{R}$. Dann gilt $f = g$.

(b) Ist D ein Gebiet, das gleich seinem komplex konjugiertem $D^c = \{\bar{z} : z \in D\}$ ist und ist f holomorph in D mit $f(D \cap \mathbb{R}) \subset \mathbb{R}$, dann folgt

$$\overline{f(z)} = f(\bar{z})$$

für jedes $z \in D$.

Beweis. Da D zusammenhängend ist, ist $D \cap \mathbb{R} \neq \emptyset$. Sei $f(z) = \sum_{n=0}^{\infty} a_n(z - p)^n$ die Potenzreihenentwicklung von f um einen Punkt $p \in D$ und sei $f^*(z) = \overline{f(\bar{z})}$. Dann gilt in einer Umgebung von p, dass $f^*(z) = \sum_{n=0}^{\infty} \bar{a}_n(z - \bar{p})^n$, so dass f^* ebenfalls holomorph ist und für $x \in D \cap \mathbb{R}$ gilt $f^*(x) = \overline{f(x)} = f(x)$, so dass $f = f^*$ folgt. $\qquad \square$

Definition 19.8.5. Seien $k \in \mathbb{N}$, sowie D ein Gebiet und $f \neq 0$ eine in D holomorphe Funktion. Man sagt, f hat eine Nullstelle der *Ordnung k*, falls die Potenzreihe von f um den Punkt p die Gestalt

$$f(z) = \sum_{n=k}^{\infty} c_n(z - p)^n$$

mit $a_k \neq 0$ hat. Das heisst, a_k ist der erste nichtverschwindende Koeffizient.

Proposition 19.8.6 (Wegmultiplizieren von Nullstellen). *Sei $f \neq 0$ holomorph in einem Gebiet D und sei $p \in D$. Dann existiert ein $k \in \mathbb{N}_0$ und eine holomorphe Funktion h auf D, so dass*

$$f(z) = (z - p)^k h(z), \qquad h(p) \neq 0.$$

Die Funktion h und die Zahl k sind eindeutig bestimmt. Die Zahl k wird die Nullstellenordnung *oder auch* Ordnung *von f im Punkt p genannt.*

Beweis. Sei $f(z) = \sum_{n=0}^{\infty} a_n(z - p)^n$ die Potenzreihe von f um p und sei $k \in \mathbb{N}_0$ die kleinste Zahl, so dass $a_k \neq 0$. Dieses k muss existieren, da f sonst in einer Umgebung von p konstant Null wäre und daher nach dem Identitätssatz ganz verschwinden müsste. Die Funktion $h(z) = f(z)(z - p)^{-k}$ ist holomorph in $D \setminus \{p\}$ und in einer punktierten Umgebung $U \setminus \{p\}$ von p gilt

$$h(z) = \sum_{n=k}^{\infty} a_n(z - p)^{n-k}.$$

Daher ist h in $U \setminus \{p\}$ durch eine Potenzreihe gegeben Durch die Vorschrift $h(p) = a_k$ setzt h also holomorph nach ganz D fort. Damit ist die Existenz bewiesen. Zur Eindeutigkeit sei $f(z) = (z - p)^l g(z)$ eine zweite solche Darstellung. Angenommen, es ist $l > k$, dann folgt $h(z) = (z - p)^{l-k} g(z)$, also $h(p) = 0$, was einen Widerspruch bedeutet. Also ist $l \leq k$ und aus Symmetrie folgt $k \leq l$ also sind sie gleich und damit auch $g = h$. $\qquad \square$

Satz 19.8.7 (Lokales Maximumprinzip). *Sei f holomorph in einer Kreisscheibe $B = B_R(p)$, $p \in \mathbb{C}$, $R > 0$. Es gelte $|f(z)| \le |f(p)|$ für jedes $z \in B$. Dann ist f konstant.*
Das heisst, eine nicht-konstante holomorphe Funktion hat kein lokales Maximum.

Beweis. Sei $0 < r < R$, dann gilt

$$|f(p)| = \left| \frac{1}{2\pi i} \int_{\partial B_r(p)} \frac{f(z)}{z - p} \, dz \right|$$

$$= \frac{1}{2\pi} \left| \int_0^1 \frac{f(p + re^{2\pi it})}{re^{2\pi it}} r2\pi i e^{2\pi it} \, dt \right| \le \int_0^1 |f(p + re^{2\pi it})| \, dt \le |f(p)|.$$

Damit gilt überall Gleichheit. Insbesondere

$$|f(p)| = \int_0^1 \underbrace{|f(p + re^{2\pi it})|}_{\le |f(p)|} \, dt.$$

Damit muss $|f(p)| = |f(p + re^{2\pi it})|$ für alle t gelten. Da r beliebig ist, folgt, dass $|f(z)|$ konstant ist. Mit Proposition 19.1.7 folgt, dass f konstant ist.   □

Satz 19.8.8 (Globales Maximumprinzip). *Sei f holomorph in einem beschränkten Gebiet D und stetig auf dem Abschluss $\overline{D}$. Dann nimmt die Funktion $|f|$ ihr Maximum auf dem Rand ∂D an.*

Beweis. Man kann annehmen, dass f nicht-konstant ist. Da $\overline{D}$ kompakt ist, muss die stetige Funktion $|f|$ ihr Maximum in $\overline{D}$ annehmen. Im Inneren kann sie es nach dem lokalen Maximumprinzip nicht annehmen, also muss sie es auf dem Rand tun.   □

Bemerkung 19.8.9.

(a) Nullstellen holomorpher Funktionen liegen isoliert.
   Genauer: ist p eine Nullstelle einer holomorphen Funktion $0 \ne f : D \to \mathbb{C}$, dann gibt es eine offene Umgebung $U \subset D$ von p so dass $U \setminus \{p\}$ keine Nullstelle von f enthält.

(b) Nullstellen können sich aber durchaus in einem Randpunkt des Holomorphiegebietes häufen.

Ein Beispiel ist die Funktion $f(z) = \sin(1/z)$, die in $D = \{\operatorname{Re}(z) > 0\}$ holomorph ist und in den Punkten $1/k\pi$, $k \in \mathbb{N}$ Nullstellen hat.

Beispiel 19.8.10. Sei D das innere des Quadrats mit den Ecken $\pm 1 \pm i$.

$$
\begin{array}{cc}
-1+i & 1+i \\
\boxed{ D } \\
-1-i & 1-i
\end{array}
$$

Sei f holomorph in D und stetig auf dem Abschluss $\overline{D}$ mit der Eigenschaft, dass $f(z) = 0$ gilt, falls $\operatorname{Re}(z) = 1$. Dann gilt $f = 0$.

Beweis. Sei $g(z) = f(z)f(iz)f(-z)f(-iz)$. Dann ist g ebenfalls holomorph in D und stetig auf dem Abschluss mit $g \equiv 0$ auf dem ganzen Rand von D. Nach dem Maximumprinzip ist $g = 0$. Wäre nun $f \neq 0$, so hätte f nur isolierte Nullstellen in D, was sich auf g vererben würde. $\qquad\square$

19.9 Lokal-gleichmäßige Konvergenz

In starkem Gegensatz zur reellen Theorie wird komplexe Differenzierbarkeit unter gleichmäßiger Konvergenz bewahrt. gleichmäßige Limiten von holomorphen Funktionen sind ebenfalls holomorph, wie in diesem Abschnitt aus der Cauchyschen Integralformel gefolgert wird.

Satz 19.9.1.

(a) *Sei B eine offene Kreisscheibe und g eine stetige Funktion auf ∂B. Dann ist die Funktion*

$$ f(z) = \frac{1}{2\pi i} \int_{\partial B} \frac{g(w)}{w-z}\, dw $$

eine holomorphe Funktion auf B.

(b) *Eine stetige Funktion f auf einer abgeschlossenen Kreisscheibe $\overline{B}$ ist genau dann holomorph im Inneren B, wenn sie für jedes $z \in B$ der Cauchyschen Integralformel*

$$ f(z) = \frac{1}{2\pi i} \int_{\partial B} \frac{f(w)}{w-z}\, dw $$

genügt.

Beweis. (a) Sei f definiert wie im Satz. Dann gilt für $z \in B$ und h hinreichend klein,

$$\frac{f(z+h) - f(z)}{h} = \frac{1}{2\pi hi} \int_{\partial B} \frac{g(w)}{w - z - h} - \frac{g(w)}{w - z}, dw$$

$$= \frac{1}{2\pi hi} \int_{\partial B} g(w) \frac{h}{(w - z - h)(w - z)}, dw$$

$$= \frac{1}{2\pi i} \int_{\partial B} \frac{g(w)}{(w - z - h)(w - z)}, dw.$$

Dieser Ausdruck konvergiert für $h \to 0$, also ist (a) bewiesen.

(b) folgt aus (a) und der Cauchyschen Integralformel für abgeschlossene Kreisscheiben, Korollar 19.6.4.   □

Definition 19.9.2. Sei D ein Gebiet in $\mathbb{C}$. Eine Folge (f_n) von Funktionen auf D konvergiert *lokal-gleichmäßig* gegen eine Funktion $f : D \to \mathbb{C}$, wenn es zu jedem $p \in D$ eine offene Umgebung $U \subset D$ gibt, so dass $f_n|_U$ gleichmäßig gegen $f|_U$ konvergiert.

Satz 19.9.3 (Weierstraßscher Konvergenzsatz). *Sei (f_n) eine Folge im Gebiet D holomorpher Funktionen, die auf D lokal-gleichmäßig gegen eine Funktion f konvergiert. Dann ist f ebenfalls holomorph und die k-ten Ableitungen $f_n^{(k)}$ mit $k \in \mathbb{N}$ konvergieren lokal-gleichmäßig gegen $f^{(k)}$.*

Beweis. Sei B eine offene Kreisscheibe, deren Abschluss in D liegt. Für $z \in B$ gilt

$$f_n(z) = \frac{1}{2\pi i} \int_{\partial B} \frac{f_n(w)}{w - z} \, dw.$$

Da die Folge auf $\overline{B}$ gleichmäßig konvergiert, folgt nach Limesübergang

$$f(z) = \frac{1}{2\pi i} \int_{\partial B} \frac{f(w)}{w - z} \, dw.$$

Nach Satz 19.9.1 ist f holomorph. Für die k-te Ableitung gilt nach Satz 19.6.8

$$f_n^{(k)}(z) = \frac{k!}{2\pi i} \int_{\partial B} \frac{f_n(w)}{(w - z)^{k+1}} \, dw.$$

die rechte Seite konvergiert lokal-gleichmäßig in B gegen $\frac{1}{2\pi i} \int_{\partial B} \frac{f(w)}{(w-z)^{k+1}} \, dw$, dieser Ausdruck ist nach Satz 19.6.8 gleich $f^{(k)}(z)$.   □

19.10 Der Residuensatz

In der Cauchyschen Integralformel wird eine holomorphe Funktion durch ein Integral ausgedrückt. Im Residuensatz geht es um die umgekehrte Fragestellung: Wie kann man ein Integral über eine holomorphe Funktion ausrechnen? Welche Größen bestimmen das Integral? Es stellt sich heraus, dass die sogenannten Residuen der Funktion hierfür maßgeblich sind. Um den Begriff des Residuums zu definieren, muss erst die Theorie der Singularitäten entwickelt werden.

Definition 19.10.1. Seien $p \in \mathbb{C}$ und $0 \leq R < S \leq \infty$. Der *Kreisring* $A_{R,S}(p)$ ist definiert als

$$A_{R,S}(p) = \{z \in \mathbb{C} : R < |z - p| < s\}.$$

Hier ein Bild dazu:

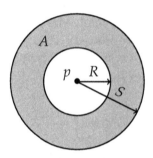

Satz 19.10.2 (Laurent-Entwicklung). *Seien* $p \in \mathbb{C}$, $0 \leq R < S$ *und sei* $A = A_{R,S}(p)$. *Sei* f *holomorph in* A. *Für* $z \in A$ *gilt dann*

$$f(z) = \sum_{k=-\infty}^{\infty} c_k (z - p)^k,$$

wobei

$$c_k = \frac{1}{2\pi i} \int_{\partial B_r(p)} \frac{f(w)}{(w - p)^{k+1}} \, dw$$

für jedes $k \in \mathbb{Z}$ *und jedes* $R < r < S$. *Die Reihe konvergiert absolut lokal gleichmäßig in* A. *Sie heißt die* **Laurent-Reihe** *von* f *um* p. *Diese Reihenentwicklung für* f *ist in folgendem Sinne eindeutig bestimmt: Für* $z \in A$ *gelte die Reihenentwicklung* $f(z) = \sum_{k=-\infty}^{\infty} b_k (z - p)^k$ *gilt, wobei nur angenommen werden muss, dass die Reihen* $\sum_{k=0}^{\infty}$ *und* $\sum_{k=-\infty}^{-1}$ *jede für sich punktweise konvergieren. Dann konvergieren diese Reihen schon lokal-gleichmäßig absolut und es gilt* $b_n = c_n$.

Beweis. Ersetzt man $f(z)$ durch $f(z-p)$, kann man $p = 0$ annehmen. Sei $z \in A$ und seien $R < r < |z| < s < S$.

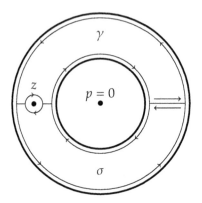

Sei $B_\varepsilon(z)$ eine Kreisscheibe um z wie im Bild, die mitsamt Abschluss im Kreisring mit den Radien r und s liegt. Man teilt, wie im Bild, den Kreisring A in zwei Hälften, wobei die Teilung durch den Punkt z geht. Seien γ und σ die beiden Wege wie im Bild. Da sowohl γ als auch σ jeweils in einem einfach zusammenhängenden Gebiet liegen, in dem der Integrand holomorph ist, gilt

$$\int_\gamma \frac{f(w)}{w-z}\,dw = \int_\sigma \frac{f(w)}{w-z}\,dw = 0.$$

Der Einfachheit halber wird nun B_r statt $B_r(0)$ geschrieben. Da die Integrale über die Geradensegmente sich aufheben, gilt

$$0 = \int_\gamma \frac{f(w)}{w-z}\,dw + \int_\sigma \frac{f(w)}{w-z}\,dw$$

$$= \int_{\partial B_s} \frac{f(w)}{w-z}\,dw - \int_{\partial B_\varepsilon(z)} \frac{f(w)}{w-z}\,dw - \int_{\partial B_r} \frac{f(w)}{w-z}\,dw.$$

Nach Cauchys Integralformel ist $f(z) = \frac{1}{2\pi i} \int_{B_\varepsilon(z)} \frac{f(w)}{w-z}\,dw$. Damit gilt also

$$f(z) = \frac{1}{2\pi i} \int_{\partial B_s} \frac{f(w)}{w-z}\,dw - \frac{1}{2\pi i} \int_{\partial B_r} \frac{f(w)}{w-z}\,dw$$

$$= f_1(z) - f_2(z),$$

wobei $f_1(z)$ das erste Integral bezeichnet und $f_2(z)$ das zweite. Das Integral $f_1(z)$ lässt sich wie im Satz 19.8.1 in eine Potenzreihe entwickeln. Man benutzt $\frac{1}{w-z} = \sum_{n=0}^\infty \frac{z^n}{w^{n+1}}$, wobei diese Reihe in w gleichmäßig absolut konvergiert. Daher ist die folgende Vertauschung von Integration und Summation gerechtfertigt:

$$f_1(z) = \frac{1}{2\pi i} \int_{\partial B_s} \frac{f(w)}{w - z} \, dw = \frac{1}{2\pi i} \int_{\partial B_s} f(w) \sum_{k=0}^{\infty} \frac{z^k}{w^{k+1}} \, dw$$

$$= \sum_{k=0}^{\infty} z^k \underbrace{\frac{1}{2\pi i} \int_{\partial B_s} \frac{f(w)}{w^{k+1}} \, dw}_{=c_k}$$

Im Integral f_2 wird über $w \in \partial B_r$ integriert, also gilt $|w| < |z|$ oder $\left|\frac{w}{z}\right| < 1$. Damit folgt

$$\frac{1}{w - z} = -\frac{1}{z} \frac{1}{1 - \frac{w}{z}} = -\frac{1}{z} \sum_{n=0}^{\infty} \frac{w^n}{z^n} = -\sum_{n=0}^{\infty} \frac{w^n}{z^{n+1}} = -\sum_{k=-\infty}^{-1} \frac{z^k}{w^{k+1}}.$$

Diese Reihe konvergiert ebenfalls für $|w| = r$ gleichmäßig absolut, so dass gilt

$$f_2(z) = \frac{1}{2\pi i} \int_{\partial B_r} \frac{f(w)}{w - z} \, dw = -\frac{1}{2\pi i} \int_{\partial B_r} f(w) \sum_{k=-\infty}^{0} \frac{z^k}{w^{k+1}} \, dw$$

$$= -\sum_{k=-\infty}^{0} z^k \underbrace{\frac{1}{2\pi i} \int_{\partial B_r} \frac{f(w)}{w^{k+1}} \, dw}_{=c_k}.$$

Sei schliesslich weiterhin $p = 0$ und eine Reihenentwicklung der Form

$$f(z) = \sum_{k=-\infty}^{\infty} b_k z^k$$

mit der punktweisen Konvergenz wie im Satz gegeben. Die Potenzreihe $\sum_{n=0}^{\infty} b_n z^n$ konvergiert dann für $R < |z| < S$, also konvergiert sie nach Satz 7.2.1 schon lokal-gleichmäßig absolut in der Menge $|z| < S$. Ebenso konvergiert die Reihe $\sum_{n=1}^{\infty} b_{-n} \left(\frac{1}{z}\right)^n$ lokal-gleichmäßig absolut in der Menge $\left\{\left|\frac{1}{z}\right| < 1/R\right\} = \{|z| > R\}$. Insgesamt folgt die verlangte lokal-gleichmäßige Konvergenz. Dann gilt für $S < r < R$:

$$c_k = \frac{1}{2\pi i} \int_{\partial B_r} \frac{f(w)}{w^{k+1}} \, dw = \frac{1}{2\pi i} \int_{\partial B_r} \sum_{j=-\infty}^{\infty} b_k w^{j-k-1} \, dw$$

$$= \sum_{j=-\infty}^{\infty} b_j \frac{1}{2\pi i} \int_{\partial B_r} w^{j-k-1} \, dw = b_k. \qquad \square$$

Korollar 19.10.3. *Seien $p \in \mathbb{C}$, sowie $0 \leq R < S$ und $A = A_{R,S}(p)$ wie im Satz. Sei f holomorph in A mit Laurent-Reihe $f(z) = \sum_{k=-\infty}^{\infty} c_k(z-p)^k$. Dann konvergiert die Reihe*

$$\sum_{k=-\infty}^{-1} c_k(z-p)^k$$

lokal-gleichmäßig absolut in $\mathbb{C} \setminus \overline{B}_R(p)$. Die Reihe

$$\sum_{k=0}^{\infty} c_k(z-p)^k$$

konvergiert lokal-gleichmäßig absolut in $B_S(p)$.

Beweis. Diese Aussage ergibt sich aus dem Beweis des Satzes. $\qquad\square$

Beispiele 19.10.4.

(a) Die Funktion $f(z) = \frac{1}{z(1-z)}$ wird einmal im Kreisring $A_1 = \{0 < |z| < 1\}$ und dann im Kreisring $A_2 = \{|z| > 1\}$ betrachtet. Für $z \in A_1$ gilt

$$f(z) = \frac{1}{z} + \frac{1}{1-z} = \frac{1}{z} + \sum_{n=0}^{\infty} z^n = \sum_{k=-1}^{\infty} z^k.$$

Für $z \in A_2$ gilt

$$f(z) = \frac{1}{z} - \frac{1}{z}\frac{1}{1-\frac{1}{z}} = \frac{1}{z} - \frac{1}{z}\sum_{n=0}^{\infty}\left(\frac{1}{z}\right)^n = \sum_{k=-\infty}^{-2} -z^k.$$

(b) Die Funktion $e^{1/z}$ ist holomorph in $\mathbb{C} \setminus \{0\}$ und dort gilt

$$e^{1/z} = \sum_{n=0}^{\infty} \frac{(1/z)^n}{n!} = \sum_{k=-\infty}^{0} \frac{z^k}{|k|!}.$$

Definition 19.10.5. Eine Funktion f hat in $p \in \mathbb{C}$ eine *isolierte Singularität*, wenn es eine Umgebung U von p gibt, so dass f in $U \setminus \{p\}$ holomorph ist. Man sagt dann, dass f in einer *punktierten Umgebung* von p holomorph ist. In diesem Fall hat f eine in einer punktierten Umgebung von p konvergente Laurent-Reihe. Die Singularität heißt *hebbare Singularität*, wenn f zu einer in U holomorphen Funktion fortgesetzt werden kann.

Definition 19.10.6. Sei p eine isolierte Singularität der holomorphen Funktion f. Sei $f(z) = \sum_{k=-\infty}^{\infty} a_k (z-p)^k$ die Laurent-Reihe um den Punkt. Die *Ordnung* von f ist die Zahl in $\mathbb{Z} \cup \{\pm\infty\}$ definiert durch

$$\operatorname{ord}_{z=p} f(z) = \min\{k \in \mathbb{Z} : a_k \neq 0\}.$$

Der Wert $-\infty$ wird angenommen, falls es unendlich viele $k < 0$ mit $a_k \neq 0$ gibt. In diesem Fall nennt man p eine *wesentliche Singularität* von f.

Der Fall $\operatorname{ord}_p f = +\infty$ tritt nur auf, wenn $f = 0$ ist.

Ist $\operatorname{ord}_p f$ eine streng negative ganze Zahl und ist $n = -\operatorname{ord}_p f \in \mathbb{N}$, so sagt man, f hat einen *n-fachen Pol*. Vorsicht: In manchen Büchern heisst ein k-facher Pol auch Pol der Ordnung k, was zu dem hier gegebenen Begriff der Ordnung im Widerspruch steht. Zur Sicherheit nennt man die Ordnung daher auch die *Verschwindungsordnung* von f.

Eine Singularität ist genau dann hebbar, wenn ihre Ordnung ≥ 0 ist.

Merke: Die Ordnung ist positiv bei einer Nullstelle, negativ bei einem Pol.

Beispiel 19.10.7. Die Funktion $e^{1/z} = \sum_{n=0}^{\infty} \frac{z^{-n}}{n!}$ hat eine wesentliche Singularität in $a = 0$.

Proposition 19.10.8.

(a) *Sei f in einer Umgebung von $p \in \mathbb{C}$ holomorph. Die Funktion f hat genau dann eine Nullstelle der Ordnung n in p, wenn der Limes $\lim_{z \to p} \frac{1}{(z-p)^n} f(z)$. existiert und ungleich Null ist.*

(b) *Sei f holomorph in einer punktierten Umgebung von p. Die Funktion hat genau dann einen n-fachen Pol in p, wenn $\lim_{z \to p} (z-p)^n f(z)$ existiert ungleich Null ist.*

(c) *Eine in einer Umgebung von p holomorphe Funktion hat genau dann eine Nullstelle der Ordnung n in p, wenn die Funktion $1/f$ in p einen n-fachen Pol hat.*

Beweis. (a) und (b) folgen sofort aus der Definition. (c) folgt aus (a) und (b). $\qquad\square$

Satz 19.10.9 (Riemannscher Hebbarkeitssatz). *Eine isolierte Singularität p einer Funktion f ist genau dann hebbar, wenn f in einer Umgebung von p beschränkt ist.*

Beweis. Ist die Singularität hebbar, dann gibt es eine Umgebung U von p, so dass f holomorph, also stetig nach U fortgesetzt werden kann. Die Umgebung U enthält eine kompakte Umgebung V und da f stetig auf V ist, ist das Bild $f(V)$ beschränkt.

Für die Rückrichtung reicht es, $p = 0$ anzunehmen. Es sei $r > 0$ so dass f im punktierten Kreis $B^* = \{z \in \mathbb{C} : 0 < |z| < r\}$ um 0 von Radius r holomorph ist. Ferner sei r so klein, dass es ein $M > 0$ gibt, so dass $|f(z)| \leq M$ für jedes $z \in B^*$ gilt. Dann gilt für jedes $0 < \delta < r$,

$$f(z) = \sum_{n=-\infty}^{\infty} c_n z^n$$

mit

$$c_n = \frac{1}{2\pi i} \int_{\partial B_\delta(0)} \frac{f(z)}{(z-p)^{n+1}} \, dz.$$

Für $n \in \mathbb{N}$ folgt

$$|c_{-n}| \leq \frac{1}{2\pi} \int_0^1 \frac{|f(\delta e^{2\pi i t})|}{\delta^{1-n}} 2\pi\delta \, dt \leq M\delta^n.$$

Der letzte Ausdruck geht mit $\delta \searrow 0$ gegen Null, also ist $c_{-n} = 0$ für $n \in \mathbb{N}$. Das bedeutet, dass f um $p = 0$ durch eine Potenzreihe gegeben ist, also holomorph nach $p = 0$ fortgesetzt werden kann. $\square$

Definition 19.10.10. Hat f um die Singularität p die Laurent-Entwicklung

$$f(z) = \sum_{-\infty}^{\infty} a_n(z-p)^n,$$

so nennt man die in $\mathbb{C} \setminus \{p\}$ holomorphe Funktion

$$h(z) = \sum_{n=-\infty}^{-1} a_n(z-p)^n$$

den *Hauptteil* der Laurent-Entwicklung. Die Singularität ist genau dann ein Pol, wenn der Hauptteil endlich ist und genau dann hebbar, wenn der Hauptteil Null ist. Die in p holomorphe Funktion

$$N(z) = \sum_{n=0}^{\infty} a_n(z-p)^n$$

heißt *Nebenteil* der Laurent-Reihe.

Beispiele 19.10.11.   • Die Funktion $\frac{1}{(z-1)^2}$ hat einen Pol der Ordnung 2 in $z = 1$. Diese Funktion ist gleich ihrem Hauptteil, der Nebenteil ist Null.

• Die Funktion $\frac{1-\cos z}{z^2}$ hat eine hebbare Singularität in $z = 0$, ist also gleich ihrem Nebenteil in $z = 0$.

• Die Funktion $f : \mathbb{C}^\times \to \mathbb{C}$, definiert durch $f(z) = \frac{e^z}{z}$ hat in $z = 0$ einen einfachen Pol. Der Hauptteil ist $h(z) = \frac{1}{z}$ und er Nebenteil $N(z) = \sum_{n=0}^\infty \frac{z^n}{(n+1)!}$.

Lemma 19.10.12. *Sei D ein einfach zusammenhängendes Gebiet und γ ein geschlossener stückweise stetig differenzierbarer Weg in $D \smallsetminus \{p\}$ für ein $p \in D$. Sei f holomorph in $D \smallsetminus \{p\}$. Sei*

$$f(z) = \sum_{k=-\infty}^\infty c_k(z-p)^k$$

die Laurent-Entwicklung von f um p. Dann gilt

$$\int_\gamma f(z)\,dz = 2\pi i\,\mathcal{W}(\gamma,p)\,c_{-1},$$

wobei $\mathcal{W}(\gamma,p)$ die Windungszahl von γ in p ist.

Beweis. Sei $h(z) = \sum_{k=-\infty}^{-1} c_k(z-p)^k$ der Hauptteil der Laurent-Entwicklung. Dann konvergiert die Reihe h auf $\mathbb{C} \smallsetminus \{p\}$ und stellt dort eine holomorphe Funktion dar. Ferner ist $f - h$ in D holomorph, also ist $\int_\gamma (f-h) = 0$. Da die Laurent-Reihe von h lokal-gleichmäßig konvergiert, folgt mit Lemma 19.7.10, dass

$$\int_\gamma f(z)\,dz = \int_\gamma h(z)\,dz = \int_\gamma \sum_{k=-\infty}^{-1} c_k(z-p)^k\,dz$$

$$= \sum_{k=-\infty}^{-1} c_k \int_\gamma (z-p)^k\,dz = 2\pi i c_{-1}\mathcal{W}(\gamma,p) = 2\pi i c_{-1}. \qquad \square$$

Definition 19.10.13. Sei p eine isolierte Singularität von f. Das *Residuum* von f in p ist der Laurent-Koeffizient mit dem Index -1. Man schreibt das Residuum als

$$\operatorname{res}_{z=p} f(z) \quad \text{oder} \quad \operatorname{res}_p f.$$

Ist also $f(z) = \sum_{k=-\infty}^\infty c_k(z-p)^k$, dann ist

$$\operatorname{res}_p f = c_{-1}.$$

Beispiele 19.10.14.

- Ist $f(z) = \frac{1}{z-1}$, dann ist das Residuum im Punkt $z = 1$ gleich 1.

- Sei $f(z) = \frac{1}{(z-p)(z-q)}$ für zwei komplexe Zahlen $p \neq q$. Dann gilt

$$\operatorname{res}_{z=p} f(z) = \frac{1}{p-q}.$$

- Ist $f(z) = \frac{h(z)}{z-1}$, wobei $h(z)$ in einer Umgebung von $z = 1$ holomorph ist, dann gilt

$$\operatorname{res}_{z=1} f(z) = h(1).$$

- Ist $f(z) = e^{1/z}$, dann ist

$$\operatorname{res}_{z=0} f(z) = 1.$$

Lemma 19.10.15. *Hat f einen Pol der Ordnung $k \geq 1$ in p, dann gilt*

$$\operatorname{res}_p f = \frac{1}{(k-1)!} g^{(k-1)}(p),$$

wobei $g(z)$ die in einer Umgebung von p holomorphe Funktion mit $g(z) = (z - p)^k f(z)$ für $z \neq p$ ist. Insbesondere gilt: hat f einen einfachen Pol in $p \in \mathbb{C}$, dann

$$\operatorname{res}_p f = \lim_{z \to p}(z - p) f(z).$$

Beweis. Hat f eine Pol der Ordnung $k \in \mathbb{N}$, dann gilt nach Satz 19.6.8 für $r > 0$ hinreichend klein,

$$\begin{aligned}
g^{(k-1)}(p) &= \frac{(k-1)!}{2\pi i} \int_{\partial B_r(p)} \frac{g(z)}{(z-p)^k} \, dz \\
&= \frac{(k-1)!}{2\pi i} \int_{\partial B_r(p)} f(z) \, dz = (k-1)! \operatorname{res}_{z=p} f(z). \qquad \square
\end{aligned}$$

Definition 19.10.16. Man sagt, ein Gebiet D hat einen *regulären Rand*, falls es einen stückweise stetig differenzierbaren Weg γ gibt, so dass für jedes $z \in \mathbb{C} \setminus \operatorname{Bild}(\gamma)$ gilt

$$\begin{aligned}
z \in D &\Leftrightarrow \mathcal{W}(\gamma, z) = 1, \\
z \notin D &\Leftrightarrow \mathcal{W}(\gamma, z) = 0,
\end{aligned}$$

wobei $\mathcal{W}(\gamma, z)$ die Windungszahl von γ im Punkt z ist. Ein solcher Weg γ heisst *positiv orientierte Randparametrisierung* von D.

Beispiele 19.10.17.

- Eine Kreisscheibe $B = B_r(p)$ mit $p \in \mathbb{C}$ und $r > 0$ hat einen regulären Rand, der Weg $\gamma(t) = p + re^{2\pi i t}$ ist eine positiv orientierte Randparametrisierung.

- Das Innere eines Dreiecks, Vierecks, allgemeiner eines beliebigen n-Ecks ist ein Gebiet mit regulärem Rand, also etwa

- Eine offene Kreisscheibe, von der endlich viele abgeschlossene Kreisscheiben abgezogen werden, ist kein Gebiet mit regulärem Rand, da der Rand mehrere Zusammenhangskomponenten besitzt.

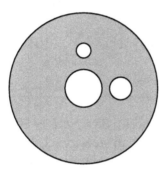

Bemerkung 19.10.18. Sei D ein Gebiet mit regulärem Rand. Dann ist D einfach zusammenhängend und beschränkt.

Um dies einzusehen, sei D ein Gebiet mit regulärem Rand und sei γ eine positiv orientierte Randparametrisierung. Das Bild(γ) ist beschränkt und liegt daher in einer Kreisscheibe B. Ist $p \in \mathbb{C} \smallsetminus B$, dann ist die Funktion $\frac{1}{z-p}$ holomorph in B und da B einfach zusammenhängend ist, folgt nach Cauchys Integralsatz, dass $\mathcal{W}(\gamma, p) = \frac{1}{2\pi i} \int_\gamma \frac{1}{z-p}\, dz = 0$. Damit folgt $D \subset B$ und also ist D beschränkt.

Der Beweis, dass D einfach zusammenhängend ist, erfordert etwas mehr Theorie und wird in Korollar 20.6.2 erbracht.

Satz 19.10.19 (Residuensatz für Ränder). *Sei D ein Gebiet mit regulärem Rand. Sei f holomorph in einer Umgebung von $\overline{D}$ bis auf endlich viele Punkte $a_1, \ldots, a_n \in D$. Dann gilt*

$$\int_{\partial D} f(z)\, dz = 2\pi i \sum_{k=1}^{n} \operatorname{res}_{z=a_k} f(z) = 2\pi i \sum_{z \in D} \operatorname{res}_z f(z),$$

wobei über eine positiv orientierte Randparametrisierung integriert wird.

Merksatz: *Das Integral über den Rand ist $2\pi i$ mal der Residuensumme.*

In dieser Form wird der Residuensatz meist verwendet. Er gilt auch in einer etwas stärkeren Version für geschlossene Wege.

Satz 19.10.20 (Residuensatz für Wege). *Sei D ein einfach zusammenhängendes Gebiet und sei γ ein geschlossener stückweise stetig differenzierbarer Weg in D. Sei f holomorph in D bis auf endlich viele Punkte $a_1, \ldots, a_n \in D$, von denen keiner auf dem Bild von γ liegt. Dann gilt*

$$\int_\gamma f(z)\, dz = 2\pi i \sum_{z \in D \setminus \text{Bild}(\gamma)} \mathcal{W}(\gamma, z)\ \operatorname{res}_z f(z).$$

Beweis. Zunächst sei bemerkt, dass Satz 19.10.19 aus Satz 19.10.20 folgt, da die Windungszahl in dem Fall stets gleich 1 ist. Es reicht also, den letzteren zu beweisen. Seien $f_1, \ldots, f_n$ die Hauptteile der Laurent-Entwicklungen von f um die Punkte $a_1, \ldots, a_n$. Dann ist die Funktion $g = f - \sum_{j=1}^{n} f_j$ holomorph in D, also gilt $\int_\gamma g(z)\, dz = 0$. Mit Lemma 19.10.12 folgt

$$\int_\gamma f(z)\, dz = \sum_{k=1}^{n} \int_\gamma f_k(z)\, dz = 2\pi i \sum_{k=1}^{n} \mathcal{W}(\gamma, z)\ \operatorname{res}_{z=a_k} f(z). \qquad \square$$

Beispiel 19.10.21. Sei $f(z) = \frac{1}{z^4 - 1} = \frac{1}{(z-1)(z+1)(z-i)(z+i)}$. Dann hat f einfache Pole an den Stellen ± 1 und $\pm i$. Sei $D = \{x + iy \in \mathbb{C} : x + y > 0,\ x^2 + y^2 < 2\}$.

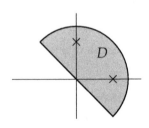

Dann gilt

$$\int_{\partial D} f(z)\,dz = 2\pi i \sum_{z\in D} \operatorname{res}_z f(z) = 2\pi i \left(\lim_{z\to 1} \frac{z-1}{z^4-1} + \lim_{z\to i} \frac{z-i}{z^4-1} \right)$$

$$= 2\pi i \left(\lim_{z\to 1} \frac{1}{(z+1)(z-i)(z+i)} + \lim_{z\to i} \frac{1}{(z-1)(z+1)(z+i)} \right)$$

$$= 2\pi i \left(\frac{1}{(1+1)(1-i)(1+i)} + \frac{1}{(i-1)(i+1)(i+i)} \right) = \frac{\pi}{2}(1+i).$$

Proposition 19.10.22. *Sei $f(z) = \frac{P(z)}{Q(z)}h(z)$ wobei P, Q Polynome sind so dass Q keine reelle Nullstelle hat und $\deg Q \geq \deg P + 2$ gilt und ferner h eine in einer Umgebung von $\overline{\mathbb{H}} = \{z \in \mathbb{C} : |\operatorname{Im}(z) \geq 0\}$ holomorphe und auf $\overline{\mathbb{H}}$ beschränkte Funktion ist. Dann konvergiert das uneigentliche Integral $\int_{-\infty}^{\infty} f(x)\,dx$ und ist gleich*

$$\int_{-\infty}^{\infty} f(x)\,dx = 2\pi i \sum_{z:\operatorname{Im}(z)>0} \operatorname{res}_z f(z).$$

Beweis. Sei $R_0 > 0$ so groß, dass alle Nullstellen von Q in $B_{R_0}(0)$ liegen. Aus den Voraussetzungen folgt, dass es ein $C > 0$ gibt, so dass für jedes $z \in \overline{\mathbb{H}}$ mit $|z| \geq R_0$ gilt $|f(z)| \leq \frac{C}{|z|^2}$. Sei $R \geq R_0$ und $D_R = B_R(0) \cap \{\operatorname{Im}(z) > 0\}$ und $\gamma_R = \partial D_R$.

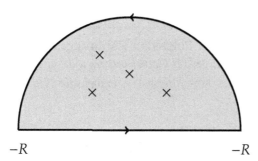

$$-R \hspace{10em} -R$$

Dann gilt nach dem Residuensatz

$$\int_{\gamma_R} f(z)\,dz = 2\pi i \sum_{\operatorname{Im}(z)>0} \operatorname{res}_z f(z).$$

Man schreibt γ_R als die Komposition aus dem Geradensegment von $-R$ nach R und dem Halbkreis σ_R. Dann ist

$$\int_{\gamma_R} = \int_{-R}^{R} + \int_{\sigma_R}.$$

Für $R \to \infty$ geht $\int_{-R}^{R}$ gegen das auszurechnende Integral $\int_{-\infty}^{\infty}$. Die Proposition folgt also, wenn gezeigt wird, dass $\int_{\sigma_R} f(z)\,dz$ für $R \to \infty$ gegen Null geht. Es ist allerdings

$$\left| \int_{\sigma_R} f(z)\,dz \right| \leq \pi R \sup_{|z|=R} |f(z)| \leq C \pi R \frac{1}{R^2} \overset{R \to \infty}{\longrightarrow} 0. \qquad \square$$

Beispiel 19.10.23. Es gilt

$$\int_{-\infty}^{\infty} \frac{1}{z^2 + 1}\,dz = \int_{-\infty}^{\infty} \frac{1}{(z+i)(z-i)}\,dz = 2\pi i \frac{1}{2i} = \pi.$$

Definition 19.10.24. Sei D eine offene Menge in $\mathbb{C}$. Eine *meromorphe Funktion* auf D ist eine holomorphe Funktion $f : D \setminus S \to \mathbb{C}$, wobei S eine abzählbare Teilmenge von D ist und f in den Punkten von S nichthebbare Pole hat.

Hierbei kann P auch leer sein, dann ist f holomorph in D.

Die Sprechweise, dass es sich um eine Funktion auf D handelt, obwohl sie gar nicht auf ganz D definiert ist, kann man dadurch rechtfertigen, dass man f als eine Abbildung $D \to \mathbb{C} \cup \{\infty\}$ auffasst, wobei man $f(s) = \infty$ setzt, falls s ein Pol ist. Fasst man $\widehat{\mathbb{C}} = \mathbb{C} \cup \{\infty\}$ als Einpunktkompaktifizierung wie in Definition 12.3.11 von $\mathbb{C}$ auf, dann ist eine meromorphe Funktion eine stetige Abbildung $D \to \widehat{\mathbb{C}}$.

Satz 19.10.25 (Null- und Polstellen Zählintegral). *Sei D ein einfach zusammenhängendes beschränktes Gebiet mit regulärem Rand. Sei f meromorph in einer Umgebung des Abschlusses $\overline{D}$, wobei alle Null- und Polstelle in D liegen. Dann gilt*

$$\frac{1}{2\pi i} \int_{\partial D} \frac{f'(z)}{f(z)}\,dz = \sum_{z \in D} \mathrm{ord}_f(z) = N - P,$$

wobei N die Anzahl der Nullstellen ist und P die Anzahl der Polstellen, beide gezählt mit Vielfachheiten und das Integral läuft über eine positiv orientierte Randparametrisierung.

Beweis. Die Funktion $\frac{f'}{f}$ ist holomorph in einer Umgebung von $\overline{D}$, außer an den Pol- und Nullstellen von f. Ist p eine Pol- oder Nullstelle der Ordnung $k \in \mathbb{Z}, k \neq 0$ dann ist

$$f(z) = (z - p)^k h(z),$$

wobei h holomorph in einer Umgebung von p ist und $h(p) \neq 0$ erfüllt. Daher ist $f'(z) = k(z-p)^{k-1}h(z) + (z-p)^k h'(z)$ und es folgt

$$\frac{f'}{f}(z) = \frac{k}{z-p} + \frac{h'(z)}{h(z)}.$$

Der zweite Summand ist holomorph in einer Umgebung von p. Also hat f'/f einen einfachen Pol in p vom Residuum $\text{res}_{z=p}\frac{f'}{f}(z) = k = \text{ord}_{z=p}f(z)$. Der Satz folgt daher aus dem Residuensatz. $\qquad\square$

Satz 19.10.26. *Sei D ein einfach zusammenhängendes Gebiet und f_n eine lokal-gleichmäßig konvergente Folge holomorpher Funktionen auf D mit Limes f. Ist K ein Kompaktum in D, dann gibt es eine offene Umgebung E von K mit kompaktem Abschluss $\overline{E} \subset D$ und ein n_0, so dass für jedes $n \geq n_0$ die Funktionen f und f_n gleich viele Nullstellen (mit Vielfachheiten) in E besitzen. Insbesondere folgt: sind alle f_n injektiv, so auch f.*

Beweis. Für jedes $k \in K$ gibt es ein $r > 0$, so dass die abgeschlossene Kreisscheibe $\overline{B_r(k)}$ ganz in D liegt und auf dem Rand $\partial B_r(k)$ keine Nullstelle von f oder einem f_n liegt. Da K kompakt ist, gibt es $k_1, \ldots, k_m \in K$ mit Radien $r_1, \ldots, r_m > 0$ so dass $K \subset E := \bigcup_{j=1}^m B_{r_j}(k_j)$. Die Aussage folgt nun aus der Tatsache, dass für jedes $j = 1, \ldots, m$ das Integral $\int_{\partial B_{r_j}(k_j)} \frac{f_n'}{f_n}(z)\,dz$ gegen $\int_{\partial B_{r_j}(k_j)} \frac{f'}{f}(z)\,dz$ konvergiert. $\qquad\square$

Satz 19.10.27 (Rouché). *Sei D ein einfach zusammenhängendes, beschränktes Gebiet mit regulärem Rand. Seien f, g holomorph in einer Umgebung des Abschlusses $\overline{D}$ ohne Nullstellen auf dem Rand. Es gelte $|f(z)| > |g(z)|$ auf dem Rand ∂D. Dann haben f und $f + g$ die gleiche Anzahl von Nullstellen in D, wenn man mit Vielfachheiten zählt.*

Beweis. Da $|f(z)| > |g(z)|$ auf dem Rand ∂D, folgt für jedes $z \in \partial D$

$$f(z) + tg(z) \neq 0 \quad \forall_{t \in [0,1]}.$$

Setze

$$\phi(t) = \frac{1}{2\pi i} \int_{\partial D} \frac{f' + tg'}{f + tg}(z)\,dz.$$

Dies ist die Anzahl der Nullstellen von $f + tg$ innerhalb von D. Dann ist $\phi : [0, 1] \to \mathbb{C}$ eine stetige Funktion. Da es aber nur Werte in $\mathbb{Z}$ annimmt, ist ϕ konstant. $\square$

Beispiel 19.10.28. Die Funktion $z^2 + 2 - e^{iz}$ hat genau eine Nullstelle in der oberen Halbebene $\{\mathrm{Im}(z) > 0\}$.

Beweis. Sei $f(z) = z^2 + 2$ und $g(z) = -e^{iz}$. Sei $D = \{z \in \mathbb{Z} : \mathrm{Im}(z) > 0, |z| < R\}$

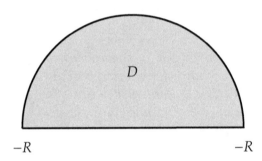

Für $z \in [-R, R]$ gilt $|f(z)| \geq 2 > 1 = |g(z)|$. Für $z = Re^{i\theta}$ mit $0 \leq \theta \leq \pi$ ist $\sin(\theta) \geq 0$ und für $R > 0$ ist daher $e^{-R \sin \theta} \leq 1$, so dass für $R > \sqrt{3}$ gilt:

$$|f(z)| \geq R^2 - 2 > 1 \geq e^{-R \sin \theta} = |g(z)|.$$

Aus dem Satz von Rouché folgt dann, dass $f(z) + g(z)$ gleich viele Nullstellen in D haben. Nun hat $f(z) = (z + i\sqrt{2})(z - i\sqrt{2})$ aber genau eine. $\square$

19.11   Aufgaben

Aufgabe 19.1. Sei $D \subset \mathbb{C}$ offen und $f : D \to \mathbb{C}$ eine Funktion. *Zeige,* dass die folgenden Aussagen äquivalent sind.

(a) f ist in $z \in D$ komplex differenzierbar,

(b) f ist in $z \in D$ reell total differenzierbar und die Cauchy-Riemannschen Differentialgleichungen sind erfüllt,

(c) f ist in $z \in D$ reell total differenzierbar und die Jacobimatrix $Df(z)$ beschreibt eine $\mathbb{C}$-lineare Abbildung.

Aufgabe 19.2. Seien $\mathbb{H} = \{z \in \mathbb{C} : \mathrm{Im}(z) > 0\}$ die obere Halbebene und $\mathbb{E} = \{z \in \mathbb{C} : |z| < 1\}$ die Einheitskreisscheibe. *Zeige,* dass die Vorschrift $\tau(z) = \frac{z-i}{z+i}$ eine holomorphe Bijektion $\tau : \mathbb{H} \to \mathbb{E}$ mit holomorpher Inversen definiert.

Aufgabe 19.3. Schreibe die folgenden komplexen Funktionen als Potenzreihen um $z = 0$:

$$\frac{1}{1+z}, \quad \frac{1}{1+z^2}, \quad \frac{1}{z^2 - 3z + 2}.$$

Aufgabe 19.4. Sei γ ein stückweise stetig differenzierbarer geschlossener Weg mit $\gamma(t) = x(t) + iy(t)$, wobei x, y reellwertig sind. *Zeige:*

$$\int_{\gamma} \bar{z}\,dz = 2i \int_0^1 x(t)\,y'(t)\,dt.$$

Aufgabe 19.5. Sei $A \in M_n(\mathbb{C})$ eine komplexwertige $n \times n$ Matrix. Das charakteristische Polynom sei mit $\chi_A(x) = \det(xE_n - A)$ bezeichnet. *Zeige* mit Hilfe des Cauchyschen Integralsatzes, dass $\chi_A(A) = 0$.
(Satz von Cayley-Hamilton)

Anleitung:

(a) Zeige, dass die euklidische Norm auf $M_n(\mathbb{C})$ *submultiplikativ* ist, also die Ungleichung $\|AB\| \le \|A\|\|B\|$ erfüllt. Folgere, dass für eine Matrix A mit $\|A\| < 1$ gilt $\sum_{n=0}^{\infty} A^n = (1-A)^{-1}$.

(b) Für ein Polynom $P \in \mathbb{C}[X]$ und eine Matrix $B \in M_n(\mathbb{C})$ definiere

$$Q(B) = \frac{1}{2\pi i} \int_{\partial B_r(0)} P(z)(zE_n - B)^{-1}dz,$$

wobei $r > 0$ so groß gewählt ist, dass $r > \|B\|$ und alle Eigenwerte von B in der Kreisscheibe $B_r(0)$ liegen. Zeige dann, dass $Q(B) = P(B)$.

(c) Für $B \in M_n(\mathbb{C})$ sei $B^{\#}$ die Komplementärmatrix zu B. Benutze die Identität $\chi_A(z)E_n = (zE_n - A)(zE_n - A)^{\#}$ um zu zeigen, dass die matrixwertige Funktion $f(z) := \chi_A(z)(zE_n - A)^{-1}$ auf ganz $\mathbb{C}$ holomorph fortsetzbar ist.

(d) Schließe mit dem Cauchyschen Integralsatz, dass $\chi_A(A) = 0$.

Aufgabe 19.6. Welche der folgenden Gebiete sind einfach zusammenhängend? Antwort mit Begründung.

(a) $\mathbb{H} = \{z \in \mathbb{C} : \operatorname{Im}(z) > 0\}$,

(b) $A = \left\{z \in \mathbb{C} : \frac{1}{2} < |z| < 2\right\}$,

(c) $B = \{z = x + iy \in \mathbb{C} : \sin(x) < y < \sin(x) + 1\}$.

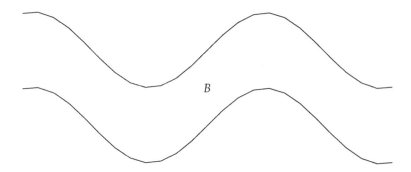

Aufgabe 19.7. Berechne die folgenden Integrale mit Hilfe der Cauchyschen Integralformel:

$$\int_{\partial B_1(0)} \frac{\sin(z)}{z}\,dz, \qquad \int_{\partial B_1(0)} \frac{\cos(z)}{z}\,dz, \qquad \int_{\partial B_2(0)} \frac{1}{z^2 + 1}\,dz.$$

Aufgabe 19.8. Sei f eine ganze Funktion, die kein Polynom ist. *Zeige*, dass für jedes $R > 0$ die Menge

$$f\big(\{z \in \mathbb{C} : |z| > R\}\big)$$

dicht in $\mathbb{C}$ liegt.

Aufgabe 19.9. Sei B die offene Einheitskreisscheibe und sei $f : \overline{B} \to \mathbb{C}$ stetig und im Inneren holomorph. Es gebe eine offene Teilmenge U des Randes ∂B so dass $f|_U \equiv 0$. *Zeige*, dass f konstant Null ist.
(Hinweis: Für $n \in \mathbb{N}$ sei $\zeta = e^{\frac{2\pi i}{n}}$. Betrachte die Funktion

$$F(z) = f(z)f(\zeta z)f(\zeta^2 z) \cdots f(\zeta^{n-1} z).)$$

Aufgabe 19.10. Bestimme die Laurent-Reihe der jeweils gegebenen Funktion in dem jeweiligen Kreisring $A_{r,s}(p) = \{z \in \mathbb{C} : r < |z - p| < s\}$.

$$
\begin{array}{lll}
\text{(a)} & f(z) = \dfrac{1}{z^2 - 1} & A_{0,2}(1), \\[3mm]
\text{(b)} & g(z) = \dfrac{z}{(z - 1)^2} & A_{0,\infty}(1), \\[3mm]
\text{(c)} & h(z) = \dfrac{1}{(z - 1)(z - 2)} & A_{1,2}(0).
\end{array}
$$

Aufgabe 19.11. Bestimme die Singularitäten und Residuen der folgenden Funktionen:

(a) $f(z) = \dfrac{z^2}{(z + 1)^3}$ (b) $g(z) = \dfrac{1}{z^2 + 1}$

(c) $h(z) = \dfrac{e^z}{(z - 1)^2}$ (d) $j(z) = z \cdot e^{\frac{1}{z-1}}$

Aufgabe 19.12. (a) Berechne

$$\int_{\partial B_2(0)} \frac{1}{(z - 1)^2(z^2 + 1)} dz.$$

(b) *Zeige*, dass

$$\int_0^1 \frac{1}{1 + 8\cos^2(2\pi\theta)} d\theta = \frac{1}{3}.$$

(Hinweis: Benutze den Residuensatz, um das Integral $\int_{\partial B_1(0)} \frac{z}{2z^4 + 5z^2 + 2} dz$ zu berechnen. Verwende die Parametrisierung $t \mapsto e^{2\pi i t}$, $\theta \in [0, 1]$ des Einheitskreises um dies mit dem Intgeral in (b) zu vergleichen.)

Aufgabe 19.13. Sei f holomorph auf $\mathbb{C}$ bis auf Pole in 1 und -1 mit Residuen a bzw. b. Außerdem existiere eine Konstante $M > 1$, so dass $|z^2 f(z)| \leq M$ für $|z| > M$. *Zeige*, dass $a + b = 0$ und finde ein solches f im Fall $a = 1$.

Aufgabe 19.14. *Zeige* mit Hilfe des Residuensatzes, dass $\int_{-\infty}^{\infty} \frac{\cos(x)}{x^2 + 1} dx = \frac{\pi}{e}$.

Aufgabe 19.15. Seien f, g ganze Funktionen mit $|f| \leq |g|$. *Zeige*, dass es eine Konstante $c \in \mathbb{C}$ gibt, so dass $f = cg$.
(Hinweis: Betrachte f/g und benutze Riemanns Hebbarkeitssatz, 19.10.9.)

Aufgabe 19.16. Berechne die Anzahl der Nullstellen des Polynoms $p(z) = z^8 - 5z^3 + z - 2$ im Einheitskreis $\mathbb{E}$, wobei die Nullstellen mit Vielfachheiten gezählt werden.

Mehr Aufgaben und Lösungen finden Sie in dem Begleitbuch *Übungsbuch zur Analysis*, *Springer-Verlag 2020.*

Kapitel 20

Abbildungssätze

Bisher stand der Holomorphiebegriff als lokale Eigenschaft im Vordergrund. In diesem Kapitel soll es um globale Eigenschaften holomorpher Funktionen gehen. Dies beinhaltet einerseits globale Approximationssätze und zum anderen das Abbildungsverhalten. Zum Beispiel wird erörtert, welche Null- oder Polstellen eine holomorphe Funktion haben kann oder wie ihr Bild aussieht. Am Ende des Kapitels werden alle Sätze dieses und des vorherigen Kapitels vereint in der Charakterisierung des einfachen Zusammenhangs.

20.1 Lokale Umkehrfunktion und offene Abbildung

In diesem Abschnitt wird gezeigt, dass eine holomorphe Funktion mit nicht-verschwindender Ableitung in einem Punkt eine lokale Umkehrfunktion besitzt. Ferner wird gezeigt, dass holomorphe Abbildungen entweder konstant oder offene Abbildungen sind.

Lemma 20.1.1. *Sei f eine auf einem Gebiet D holomorphe Funktion und sei $\eta : D \times D \to \mathbb{C}$ definiert durch*

$$\eta(z, w) = \begin{cases} \frac{f(z) - f(w)}{z - w} & w \neq z, \\ f'(z) & w = z. \end{cases}$$

Dann ist η stetig.

Beweis. Sei $(p_j, q_j)_{j \in \mathbb{N}}$ eine Folge in $D \times D$, die gegen ein $(p, q) \in D \times D$ konvergiert, d.h., $p_j \to p$ und $q_j \to q$. Ist $p \neq q$, dann gibt es ein j_0 so dass

© Springer-Verlag GmbH Deutschland, ein Teil von Springer Nature 2021
A. Deitmar, *Analysis*, https://doi.org/10.1007/978-3-662-62858-4_20

für $j \geq j_0$ gilt $p_j \neq q_j$ und dann gilt für $j \to \infty$,

$$\eta(p_j, q_j) = \frac{f(p_j) - f(q_j)}{p_j - q_j} \to \frac{f(p) - f(q)}{p - q} = \eta(p, q).$$

Ist $p = q$, dann kann man gegebenenfalls die Folge in zwei Teilfolgen aufteilen und die Fälle $p_j = q_j \; \forall_{j \in \mathbb{N}}$ und $p_j \neq q_j \; \forall_{j \in \mathbb{N}}$ getrennt betrachten. Gilt $p_j = q_j$ für alle j, dann konvergiert

$$\eta(p_j, q_j) = \eta(p_j, p_j) = f'(p_j) \to f'(p) = \eta(p, p) = \eta(p, q).$$

Betrachte schliesslich den Fall $p_j \neq q_j$ für alle $j \in \mathbb{N}$. Um diesen Fall abzuhandeln, benutzt man die Potenzreihenentwicklung um p. Es gibt ein $\varepsilon > 0$ und Koeffizienten $c_n \in \mathbb{C}$, so dass jedes $z \in \mathbb{C}$ mit $|z - p| < \varepsilon$ in D liegt und

$$f(z) = \sum_{n=0}^{\infty} c_n (z - p)^n.$$

Hierbei ist insbesondere $c_1 = f'(p)$. Für z, w mit $z \neq w$ in $B_\varepsilon(p)$ gilt

$$\eta(z, w) = \sum_{n=1}^{\infty} c_n \left(\frac{(z - p)^n - (w - p)^n}{z - w} \right) = \sum_{n=1}^{\infty} c_n \left(\frac{(z - p)^n - (w - p)^n}{(z - p) - (w - p)} \right)$$

$$= \sum_{n=1}^{\infty} c_n \sum_{k=0}^{n-1} (z - p)^k (w - p)^{n-1-k}.$$

Also folgt

$$\eta(p_j, q_j) - \eta(p, p) = \sum_{n=2}^{\infty} c_n \sum_{k=0}^{n-1} (p_j - p)^k (q_j - p)^{n-1-k}.$$

Sei $0 < \delta < \varepsilon$ und $|p_j - p|, |q_j - p| < \delta$. Dann gilt

$$|\eta(p_j, q_j) - \eta(p, p)| \leq \sum_{n=2}^{\infty} |c_n| n \delta^{n-1}.$$

Die rechte Seite geht gegen Null, wenn $\delta \to 0$, woraus die Stetigkeit folgt. □

Satz 20.1.2 (Satz der lokalen Umkehrfunktion). *Sei f eine auf einem Gebiet D holomorphe Funktion und sei $p \in D$ mit $f'(p) \neq 0$. Dann enthält D eine Umgebung V von p so dass*

(a) *f injektiv auf V ist,*

(b) *$W = f(V)$ offen ist und*

(c) *die Umkehrfunktion $g : W \to V$ holomorph ist.*

Beweis. Nach dem Lemma gibt es eine Umgebung V von p in D so dass

$$|f(z) - f(w)| > \frac{1}{2}|f'(p)||z - w|$$

für alle $z, w \in V$ gilt. Gilt also $z \neq w$, dann folgt $f(z) \neq f(w)$, also ist f auf V injektiv und damit folgt (a). Durch Grenzübergang $w \to z$ folgt auch, dass $f'(z) \neq 0$ ist für jedes $z \in V$.

Für (b) sei $q \in V$. Wähle $r > 0$ so dass die abgeschlossene Kreisscheibe $\overline{B}_r(q)$ um q noch ganz in V liegt. Sei $\delta = \frac{1}{4}|f'(p)|r > 0$. Es soll gezeigt werden, dass die Kreisscheibe $B_\delta(f(q))$ ganz in $f(V)$ liegt. Da q beliebig war, folgt dann, dass $f(V)$ offen ist. Sei dazu $\alpha \in \mathbb{C}$ mit $\alpha \notin f(V)$. Es ist zu zeigen, dass $|\alpha - f(q)| \geq \delta$. Nach der Definition von V gilt

$$|f(q + re^{i\theta}) - f(q)| > \frac{1}{2}|f'(p)|r = 2\delta$$

für jedes $-\pi < \theta \leq \pi$. Da $\alpha \notin f(V)$, ist $h(z) = \frac{1}{\alpha - f(z)}$ holomorph in V. Da für jedes θ gilt

$$2\delta < |f(q + re^{i\theta}) - f(q)| \leq |\alpha - f(q)| + |\alpha - f(q + re^{i\theta})|,$$

so folgt

$$2\delta - |\alpha - f(q)| < |\alpha - f(q + re^{i\theta})|.$$

Ist die linke Seite ≤ 0, dann ist $|\alpha - f(q)| \geq 2\delta \geq \delta$ und die Behauptung ist gezeigt. Andernfalls kann man zu den Kehrwerten übergehen und erhält

$$\frac{1}{|\alpha - f(q + re^{i\theta})|} \leq \frac{1}{2\delta - |\alpha - f(q)|}.$$

Dann folgt nach dem Maximumprinzip

$$\frac{1}{|\alpha - f(q)|} = |h(q)| \leq \sup_\theta |h(q + re^{i\theta})| \leq \frac{1}{2\delta - |\alpha - f(q)|}.$$

Indem man wieder zu Kehrwerten übergeht, erhält man auch in diesem Fall

$$|\alpha - f(q)| \geq \delta.$$

Da α beliebig war, folgt $B_\delta(f(q)) \subset f(V)$, also ist $f(V)$ offen.

Für (c) sei g die Umkehrfunktion. Sei $b \in W$ und $a = g(b)$. Sind $w \in W$ und $z = g(w)$, so gilt

$$\frac{g(w) - g(b)}{w - b} = \frac{z - a}{f(z) - f(a)} \longrightarrow \frac{1}{f'(a)},$$

wenn z gegen a geht. □

Definition 20.1.3. Eine Abbildung $\phi : V \to W$ zwischen zwei Gebieten heißt *biholomorph*, falls ϕ holomorph und bijektiv und ihre Umkehrfunktion ebenfalls holomorph ist.

Falls eine biholomorphe Abbildung zwischen V und W existiert, sagt man V ist *biholomorph* zu W.

Lemma 20.1.4. *Sei D ein Gebiet, f eine nicht-konstante holomorphe Funktion auf D. Seien $p \in D$ und $\omega = f(p)$. Sei m die Ordnung der Nullstelle p der Funktion $f(z) - \omega$. Dann gibt es eine Umgebung V von p in D und eine in V holomorphe Funktion ϕ so dass*

(a) *$f(z) = \omega + (\phi(z))^m$ für jedes $z \in V$,*

(b) *ϕ' hat keine Nullstelle in V und ϕ ist eine biholomorphe Abbildung von V auf eine Kreisscheibe $B_r(0)$ für ein $r > 0$.*

Insbesondere folgt: Hat f eine Nullstelle der Ordnung ≥ 2 in einem Punkt p, dann ist f in keiner Umgebung von p injektiv.

Beweis. Man kann annehmen, dass D eine Kreisscheibe um p ist und zwar so klein, dass $f(z) \neq \omega$ für jedes $z \in D \smallsetminus \{p\}$. Dann gilt

$$f(z) - \omega = (z - p)^m g(z)$$

für eine in D holomorphe Funktion g ohne Nullstellen in D. Damit ist $g = e^h$ für eine Holomorphe Funktion h. Sei

$$\phi(z) = (z - p)e^{h(z)/m}.$$

Dann folgt (a). Ferner ist $\phi'(p) = e^{h(p)/m} \neq 0$. Damit folgt die Existenz von V nach Satz 20.1.2, allerdings bis auf die Aussage, dass das Bild $\phi(V)$ eine Kreisscheibe sein soll. Da das Bild allerdings offen ist, enthält es eine Kreisscheibe B um die Null. Dann ersetzt man V durch das Urbild $\phi^{-1}(B)$ und die Behauptung folgt.

Nun zum Zusatz über die Nicht-Injektivität. Sei $\zeta = e^{2\pi i/m}$. Da in diesem Fall $m \geq 2$ ist, gilt $\zeta \neq 1$. Ferner ist $\zeta^m = 1$. Sei (p_j) ein Folge in V, die gegen p konvergiert und sei $q_j = \phi^{-1}(\zeta\phi(p_j))$. Da $\phi : V \to B_r(0)$ bijektiv ist, ist $q_j \in V$ wohldefiniert und $q_j \neq p_j$ gilt für jedes $j \in \mathbb{N}$. Da ϕ stetig ist, konvergiert auch die Folge (q_j) gegen p. Es gilt nun

$$f(q_j) = w + \phi(q_j)^m = w + (\zeta\phi(p_j))^m = w + \phi(p_j)^m = f(p_j).$$

Da beide Folgen gegen p konvergieren, ist f in keiner Umgebung von p injektiv. □

Erinnerung. Eine Abbildung $f : X \to Y$ zwischen topologischen Räumen heißt eine *offene Abbildung*, falls für jede offene Menge $U \subset X$ das Bild $f(U)$ ebenfalls offen ist.

Satz 20.1.5 (Satz der offenen Abbildung). *Sei f eine auf einem Gebiet D holomorphe Funktion.*

(a) *Ist f nicht-konstant, dann ist f eine offene Abbildung. Insbesondere ist dann das Bild $f(D)$ ebenfalls ein Gebiet.*

(b) *Ist f injektiv, dann hat die Ableitung $f'(z)$ keine Nullstelle in D und die inverse Funktion $f(D) \to D$ ist ebenfalls holomorph.*

Beweis. (a) Sei f nicht-konstant und $U \subset D$ offen. Für die Offenheit von $f(U)$ reicht es zu zeigen, dass es zu jedem Punkt $p \in U$ eine offene Umgebung $V \subset U$ gibt, so dass $f(V)$ offen ist. Nach Lemma 20.1.4 gibt es eine offene Umgebung $V \subset U$ so dass für $z \in V$ gilt $f(z) = w + \phi(z)^m$ mit $m \in \mathbb{N}$ und ϕ holomorph, so dass das Bild $\phi(V)$ eine Kreisscheibe um Null ist. Da die Abbildung $z \mapsto z^m$ jede offene Kreisscheibe um Null surjektiv auf eine offene Kreisscheibe um Null wirft, ist auch $f(V)$ eine offene Kreisscheibe. Also ist f eine offene Abbildung. Schliesslich sind stetige Bilder zusammenhängender Mengen stets zusammenhängend, d.h., $f(D)$ ist ein Gebiet.

(b) Ist $f'(p) = 0$, dann hat $f(z) - f(p)$ eine Nullstelle höherer Ordnung in p und nach Lemma 17.3.7 ist f in einer Umgebung von p nicht injektiv. Da das nicht passieren kann, ist f' nullstellenfrei. Nach Satz 20.1.2 ist die Umkehrfunktion von f holomorph. □

20.2 Der Weierstraßsche Faktorisierungssatz

Die Potenzreihe einer holomorphen Funktion konvergiert nur lokal. In diesem Abschnitt wird gezeigt, dass jede holomorphe Funktion eine Darstellung als ein unendliches Produkt mit einfach gebauten Faktoren besitzt, wobei jeder Faktor eine Nullstelle der Funktion beiträgt.

Definition 20.2.1. Für jedes $j \in \mathbb{N}$ sei eine komplexe Zahl $z_j \in \mathbb{C}$ gegeben. Man sagt, das *unendliche Produkt* $\prod_{j=1}^{\infty} z_j$ existiert, falls die Folge

$$p_n = \prod_{j=1}^{n} z_j$$

in $\mathbb{C}$ konvergiert.

Der triviale Fall ist der, wenn eines der z_j gleich Null ist. Dann ist auch der Wert des Produktes gleich Null.

Lemma 20.2.2. *Konvergiert das unendliche Produkt $\prod_{j=1}^{\infty} z_j$ gegen einen Wert ungleich Null, dann geht die Folge (z_j) gegen 1.*

Beweis. Sei $P_n = \prod_{j=1}^{n} z_j$, dann ist jedes $P_n \neq 0$ und die Folge P_n konvergiert gegen ein $z \in \mathbb{C}^{\times}$. Dann konvergiert auch die Folge $z_j = \frac{P_j}{P_{j-1}}$ und es gilt

$$\lim_j z_j = \lim_j \frac{P_j}{P_{j-1}} = \frac{\lim_j P_j}{\lim_j P_{j-1}} = \frac{z}{z} = 1. \qquad \square$$

Lemma 20.2.3. *Sei $D \subset \mathbb{C}$ eine offene Menge und $h_n : V \to \mathbb{C}$ eine Folge von Funktionen, die gleichmäßig in D gegen eine stetige Funktion $h : D \to \mathbb{C}$ konvergiert. Sei $\psi : \mathbb{C} \to \mathbb{C}$ eine stetige Funktion. Dann konvergiert die Folge $\psi \circ h_n$ lokal-gleichmäßig gegen $\psi \circ h$.*

Beweis. Sei $z \in D$ und sei $U \subset D$ eine offene Umgebung von z, so dass der Abschluss $\overline{U}$ kompakt ist und $\overline{U} \subset D$ gilt. Es ist zu zeigen, dass $\psi \circ h_n$ gleichmäßig auf U gegen $\psi \circ h$ konvergiert. Sei dazu also $\varepsilon > 0$.

Das Bild $h\left(\overline{U}\right) \subset \mathbb{C}$ ist kompakt. Sei $\alpha > 0$ und sei W_α die α-Umgebung von $h\left(\overline{U}\right)$. Dann ist $\overline{W_\alpha} \subset \mathbb{C}$ ebenfalls kompakt und daher ist ψ auf W_α gleichmäßig stetig. Man kann also α so klein wählen, dass aus $|w - w'| < \alpha$, $w, w' \in W_\alpha$ folgt dass $|\psi(w) - \psi(w')| < \varepsilon$.

Da h_n auf $\overline{U}$ gleichmäßig gegen h konvergiert, existiert ein n_0, so dass $|h_n(z) - h(z)| < \alpha$ für jedes $n \geq n_0$ und jedes $z \in \overline{U}$. Zusammen folgt also für jedes $n \geq n_0$ und jedes $z \in U$, dass $|\psi(h_n(z)) - \psi(h(z))| < \varepsilon$. Damit ist die verlangte lokal-gleichmäßige Konvergenz bewiesen. $\qquad \square$

Proposition 20.2.4. *Es bezeichne $\log : \mathbb{C}^{\times} \to \mathbb{C}$ den Hauptzweig des Logarithmus.*

(a) *Das Produkt $\prod_{j=1}^{\infty} z_j$ konvergiert genau dann in $\mathbb{C}^{\times}$, wenn die Summe der Logarithmen $\sum_{j=1}^{\infty} \log z_j$ konvergiert. In diesem Fall gilt*

$$\exp\left(\sum_{j=1}^{\infty} \log z_j\right) = \prod_{j=1}^{\infty} z_j.$$

(b) *Sei $D \subset \mathbb{C}$ ein Gebiet und sei $(w_j)_{j \in \mathbb{N}}$ eine Folge von Funktionen $w_j : D \to \mathbb{C}$, so dass $w_j(z) \neq -1$ für alle $z \in D$ und jedes $j \in \mathbb{N}$. Dann sind die folgenden Aussagen äquivalent:*

(i) *Die Summe $\sum_{j=1}^{\infty} w_j(z)$ konvergiert absolut gleichmäßig in $z \in D$.*

(ii) *Die Summe $\sum_{j=1}^{\infty} \log(1+w_j(z))$ konvergiert absolut gleichmäßig in $z \in D$.*

Ist dies der Fall, so folgt, dass das Produkt $\prod_{j=1}^{\infty}(1 + w_j(z))$ lokal-gleichmäßig konvergiert. Man sagt dann, dass das Produkt absolut konvergiert.

Beweis. (a) "$\Leftarrow$" Es sei die Summe $\sum_j \log z_j$ konvergent, d.h., die Folge $s_n = \sum_{j=1}^{n} \log z_j$ konvergiert gegen ein $s \in \mathbb{C}$. Dann konvergiert $\prod_{j=1}^{n} z_j = \exp(s_n)$ gegen $\exp(s) \in \mathbb{C}^{\times}$.

"$\Rightarrow$" Indem man z_1 durch z_1/z ersetzt, kann $z = 1$ angenommen werden. Mit $p_n = \prod_{j=1}^{n} z_j$ folgt dann $\log p_n \to 0$. Sei $s_n = \sum_{j=1}^{n} \log z_j$. Dann gilt $\exp(\log p_n) = \exp(s_n)$ und es gibt $k_n \in \mathbb{Z}$ mit $2\pi i k_n = \log p_n - s_n$. Da $s_{n+1} - s_n = \log z_{n+1}$ gegen Null geht, geht auch

$$k_{n+1} - k_n = \frac{1}{2\pi i} \left(\log p_{n+1} - \log p_n + s_n - s_{n-1} \right)$$

gegen Null. Dann wird die Folge $k_n \in \mathbb{Z}$ stationär, konvergiert also. Damit konvergiert auch

$$s_n = \log p_n - 2\pi i k_n.$$

(b) Gilt (i) oder (ii), dann konvergiert die Folge $(w_j(z))$ gleichmäßig gegen Null. Für Konvergenzfragen kann man endlich viele Folgenglieder weglassen, so dass $|w_j(z)| < \frac{1}{2}$ für alle $j \in \mathbb{N}$, $z \in D$ angenommen werden kann.

Für $|w| < 1$ gilt $\log(1 + w) = \sum_{n=1}^{\infty} (-1)^{n-1} \frac{w^n}{n}$. Daher folgt

$$\left| 1 - \frac{\log(1 + w)}{w} \right| = \left| \sum_{n=2}^{\infty} (-1)^{n-1} \frac{w^{n-1}}{n} \right| \leq \frac{1}{2} \sum_{n=2}^{\infty} |w|^{n-1} = \frac{1}{2} \frac{|w|}{1 - |w|}.$$

Für $|w| < \frac{1}{2}$ folgt daraus $\left| 1 - \frac{\log(1+w)}{w} \right| \leq \frac{1}{4}$, also

$$\frac{3}{4}|w| \leq |\log(1 + w)| \leq \frac{5}{4}|w|,$$

woraus die Äquivalenz von (i) und (ii) folgt.

Zum Zusatz nimm an, dass (ii) gilt, dass also die Folge $S_n(z) = \sum_{j=1}^{n} \log(w_j(z))$ gleichmäßig absolut konvergiert. Der Limes $S(z) = \lim_n S_n(z)$ ist daher stetig auf D. Da die Exponentialfunktion $\exp : \mathbb{C} \to \mathbb{C}$ stetig ist, folgt nach Lemma 20.2.3, dass die Folge $\exp(S_n(z))$ lokal-gleichmäßig gegen $\exp(S(z))$ konvergiert. Wegen $\exp(S_n(z)) = \prod_{j=1}^{n}(1 - w_j(z))$ ist dies die Behauptung. $\square$

Beispiele 20.2.5.

- Das Produkt $\prod_{n=1}^{\infty}(1 - \frac{1}{n^2})$ konvergiert absolut.

- Das Produkt $\prod_{n=1}^{\infty}(1 - z^n)$ konvergiert für absolut für $|z| < 1$.

- Ein Beispiel für ein in $\mathbb{C}^{\times}$ konvergentes, aber nicht absolut konvergentes Produkt ist

$$\prod_{n=1}^{\infty}\left(1 + \frac{(-1)^{n+1}}{n}\right).$$

Beweis. Dieses Produkt konvergiert nicht absolut, da die Harmonische Reihe nicht konvergiert. Für die einfache Konvergenz sei $p_k = \prod_{n=1}^{k}\left(1 + \frac{(-1)^{n+1}}{n}\right)$. Dann konvergiert $\frac{p_{k+1}}{p_k} = 1 + \frac{(-1)^k}{k+1}$ gegen 1, daher reicht es, zu zeigen, dass die Folge $(p_{2k})_{k\in\mathbb{N}}$ konvergiert. Es gilt

$$\left(1 + \frac{1}{2k-1}\right)\left(1 - \frac{1}{2k}\right) = 1 - \frac{1}{2k} + \frac{1}{2k-1} - \frac{1}{2k(2k-1)} = 1 - \frac{2}{2k(2k-1)}.$$

Da das Produkt $\prod_{k=1}^{\infty}\left(1 - \frac{2}{2k(2k-1)}\right)$ sogar absolut konvergiert, konvergiert die Folge $(p_{2k})_{k\in\mathbb{N}}$.   □

Im Folgenden werden *konvergenzerzeugende Faktoren* definiert, die genau das machen, was der Name sagt: sie machen aus einem nichtkonvergenten Produkt ein konvergentes.

Definition 20.2.6. Für $k \in \mathbb{N}$ sei

$$E_k(z) = z + \frac{z^2}{2} + \cdots + \frac{z^k}{k}.$$

Man setzt ferner $E_0(z) = 1$. Dann ist $E_k(z)$ der Anfang der Potenzreihenentwicklung von $-\log(1 - z)$.

Lemma 20.2.7. *Für $|z| \leq 1$ und $k \geq 0$ gilt*

$$|(1 - z)e^{E_k(z)} - 1| \leq |z|^{k+1}.$$

Beweis. Für $k = 0$ ist die Sache klar. Sei also $k \geq 1$ und sei $(1 - z)e^{E_k(z)} = 1 + \sum_{j=1}^{\infty} a_j z^j$ die Potenzreihe um Null. Dann ist $\left((1 - z)e^{E_k(z)}\right)' = \sum_{j=1}^{\infty} a_j j z^{j-1}$. Andererseits ist die Ableitung von $(1-z)e^{E_k(z)} = (1-z)\exp\left(z + \frac{z^2}{2} + \cdots + \frac{z^k}{k}\right)$ gleich

$$-\exp\left(z + \frac{z^2}{2} + \cdots + \frac{z^k}{k}\right) + \underbrace{(1-z)\left(1 + z + \cdots + z^{k-1}\right)}_{=1-z^k}\exp\left(z + \frac{z^2}{2} + \cdots + \frac{z^k}{k}\right)$$

$$= -z^k \exp\left(z + \frac{z^2}{2} + \cdots + \frac{z^k}{k}\right).$$

Hieraus folgt $a_1 = a_2 = \cdots = a_{k-1} = 0$ und $a_j \leq 0$ für $j \geq k$. Es gilt

$$0 = (1-z)e^{E_k(z)}\Big|_{z=1} = 1 + \sum_{j=k+1}^{\infty} a_j,$$

also

$$\sum_{j=k+1}^{\infty} |a_j| = -\sum_{j=k+1}^{\infty} a_j = 1.$$

Damit folgt für $|z| \leq 1$,

$$\left|(1-z)e^{E_k(z)} - 1\right| = \left|\sum_{j=k+1}^{\infty} a_j z^j\right| = |z|^{k+1}\left|\sum_{j=k+1}^{\infty} a_j z^{j-k-1}\right| \leq |z|^{k+1}\sum_{j=k+1}^{\infty}|a_j| = |z|^{k+1}.$$

$\square$

Satz 20.2.8. *Sei $(p_n)_{n\in\mathbb{N}}$ eine Folge komplexer Zahlen mit $|p_n| \to \infty$ für $n \to \infty$ und $p_n \neq 0$ für jedes n.*

(a) *Für jedes $r > 0$ gilt*

$$\sum_{n=1}^{\infty}\left(\frac{r}{|p_n|}\right)^n < \infty$$

(b) *Ist $k_n \geq 0$ eine Folge ganzer Zahlen, so dass für jedes $r > 0$ gilt*

$$\sum_{n=1}^{\infty}\left(\frac{r}{|p_n|}\right)^{k_n+1} < \infty,$$

dann konvergiert das Produkt

$$f(z) = \prod_{n=1}^{\infty}\left(1 - \frac{z}{p_n}\right)e^{E_{k_n}(z/p_n)}$$

auf ganz $\mathbb{C}$ lokal gleichmäßig und definiert eine ganze Funktion mit Nullstellen genau in den Punkten p_n. Die Vielfachheit einer Nullstelle p ist gleich der Anzahl der $n \in \mathbb{N}$ mit $p_n = p$.

Beweis. (a) Sei $r > 0$. Da die Folge $\frac{r}{|p_n|}$ gegen Null geht, existiert ein n_0 so dass für $n \geq n_0$ gilt $\frac{r}{|p_n|} < \frac{1}{2}$. Dann ist

$$\sum_{n=1}^{\infty}\left(\frac{r}{|p_n|}\right)^n < \sum_{n=1}^{n_0-1}\left(\frac{r}{|p_n|}\right)^n + \sum_{n=n_0}^{\infty}\frac{1}{2^n} < \infty$$

(b) Sei (k_n) eine Folge wie in der Voraussetzung. Sei $z \in \mathbb{C}$ mit $|z| \leq r$, so gilt nach Lemma 20.2.7,

$$\underbrace{\left|\left(1 - \frac{z}{p_n}\right)e^{E_{k_n}(z/p_n)} - 1\right|}_{=Z_n(z)} \leq \left(\frac{|z|}{|p_n|}\right)^{k_n+1} \leq \left(\frac{r}{|p_n|}\right)^{k_n+1}.$$

Daher konvergiert daher die Reihe über $Z_n(z) - 1$ absolut gleichmäßig auf der Kreisscheibe $B_r(0)$. Nach Proposition 20.2.4 konvergiert dann das Produkt für $\{|z| \leq r\}$ gleichmäßig. Da dies für jedes $r > 0$ richtig ist, folgt die Behauptung.   □

Satz 20.2.9 (Weierstraßscher Faktorisierungssatz). *Sei f eine ganze Funktion. Sei (p_n) die Folge der Nullstellen, außer Null, wobei jede Nullstelle gemäß ihrer Vielfachheit wiederholt wird. Diese Folge ist möglicherweise endlich oder leer. Sei ferner $m \in \mathbb{N}_0$ die Ordnung von $f(z)$ in $z = 0$. Für jede Folge (k_n) ganzer Zahlen ≥ 0, die die Bedingung (b) in Satz 20.2.8 erfüllt, existiert eine ganze Funktion g, so dass*

$$f(z) = z^m e^{g(z)} \prod_{n=1}^{\infty} \left(1 - \frac{z}{p_n}\right)e^{E_{k_n}(z/p_n)}.$$

Beweis. Nach Satz 20.2.8 ist

$$h(z) = z^m \prod_{n=1}^{\infty} \left(1 - \frac{z}{p_n}\right)e^{E_{k_n}(z/p_n)}$$

eine ganze Funktion. Dann hat h genau dieselben Nullstellen mit denselben Vielfachheiten wie f, die Funktion $\frac{f(z)}{h(z)}$ ist also ganz und ohne Nullstellen. Damit existiert eine ganze Funktion g mit $\frac{f(z)}{h(z)} = e^{g(z)}$. Die Behauptung folgt.   □

Beispiel 20.2.10. Sei $f(z) = \sin \pi z$. In diesem Fall duchläuft die Folge p_n alle ganzen Zahlen. Daher reicht es, $k_n = 1$ zu wählen. Also folgt

$$\sin \pi z = z e^{g(z)} \prod_{n=1}^{\infty} \left(1 - \frac{z}{n}\right)\left(1 + \frac{z}{n}\right)e^{z/n}e^{-z/n}$$

$$= z e^{g(z)} \prod_{n=1}^{\infty} \left(1 - \left(\frac{z}{n}\right)^2\right).$$

Später wird gezeigt, dass

$$\sin \pi z = \pi z \prod_{n=1}^{\infty} \left(1 - \left(\frac{z}{n}\right)^2\right)$$

gilt, also g konstant ist.

Satz 20.2.11. *Sei D ein Gebiet und sei (p_n) eine Folge in D, die in D keinen Häufungspunkt besitzt. Dann gibt es eine in D holomorphe Funktion f, die genau in den p_j Nullstellen besitzt mit der Vielfachheit des Auftretens.*

Beweis. Für $D = \mathbb{C}$ ist der Satz bereits in 20.2.8 bewiesen. Es sei also $D \neq \mathbb{C}$. Der Beweis wird zunächst auf folgenden Spezialfall reduziert: es gebe ein $R > 0$ so dass

$$\{z : |z| > R\} \subset D \quad \text{und} \quad |p_n| \leq R \text{ für jedes } n \geq 1.$$

In diesem Fall wird dann zusätzlich gezeigt, dass man auch $\lim_{z \to \infty} f(z) = 1$ verlangen kann.

Reduktion auf den Spezialfall: Sei D ein beliebiges Gebiet und (p_n) eine Folge in D ohne Häufungspunkt in D. Sei $p \in D$ ein Punkt mit $p \neq p_n$ für jedes $n \in \mathbb{N}$ und sei $r > 0$ so dass die Kreisscheibe $B_r(p)$ ganz in D liegt und keinen der Punkte p_n enthält. Sei $T : \mathbb{C} \setminus \{p\} \to \mathbb{C}, z \mapsto \frac{1}{z-p}$. Dann ist die holomorphe Abbildung T injektiv und bildet folglich das Gebiet $D \setminus \{p\}$ bijektiv auf das Bild $T(D \setminus \{p\})$ ab. Ihre Unkehrfunktion $T^{-1}(w) = \frac{1-wp}{w}$ ist holomorph auf $T(D \setminus \{p\})$. Nach Satz 20.1.5 ist $T(D \setminus \{p\})$ ein Gebiet. Dieses Gebiet erfüllt die Zusatzvoraussetzung. Ist dann f eine Funktion, die den Satz für $T(D \setminus \{p\})$ und die Folge $T(p_n)$ erfüllt mit $\lim_{z \to \infty} f(z) = 1$, dann erfüllt die Funktion $h = f \circ T$ den Satz für $D \setminus \{p\}$ und wegen $\lim_{z \to p} h(z) = \lim_{z \to \infty} f(z) = 1$, kann man h holomorph durch $h(p) = 1$ nach D fortsetzen.

Es bleibt also, den Satz unter der Zusatzvoraussetzung zu beweisen. Für jedes n sei $q_n \in \mathbb{C}$ ein Punkt außerhalb von D, der den Abstand zu p_n minimiert, also

$$|q_n - p_n| = d(p_n, \mathbb{C} \setminus D).$$

Da die Folge (p_n) keinen Häufungspunkt in D besitzt, folgt $\lim_n |p_n - q_n| = 0$. Die Funktion

$$z \mapsto \left(1 - \frac{p_n - q_n}{z - q_n}\right) e^{E_n((p_n - q_n)/(z - q_n))}$$

ist ganz, hat eine einfache Nullstelle in $z = p_n$ und ist ansonsten nullstellenfrei. Die Funktion

$$f(z) = \prod_n \left(1 - \frac{p_n - q_n}{z - q_n}\right) e^{E_n((p_n - q_n)/(z - q_n))}$$

erfüllt daher den Satz, wenn gezeigt werden kann, dass das Produkt auf D
lokal-gleichmäßig konvergiert. Hierfür sei A eine abgeschlossene Teilmenge
von D, die einen strikt positiven Abstand zu $\mathbb{C} \setminus D$ hat. Für jedes $z \in A$ gilt

$$\left|\frac{p_n - q_n}{z - q_n}\right| \leq \frac{|p_n - q_n|}{d(q_n, A)} \leq \frac{|p_n - q_n|}{d(\mathbb{C} \setminus D, A)}.$$

Mit Lemma 20.2.7 folgt

$$\left|\left(1 - \frac{p_n - q_n}{z - q_n}\right) e^{E_n((p_n - q_n)/(z - q_n))} - 1\right| \leq \left(\frac{|p_n - q_n|}{d(\mathbb{C} \setminus D, A)}\right)^{n+1}.$$

Da die Folge $|p_n - q_n|$ gegen Null geht, konvergiert die Reihe

$$\sum_n \left|\left(1 - \frac{p_n - q_n}{z - q_n}\right) e^{E_n((p_n - q_n)/(z - q_n))} - 1\right|$$

gleichmäßig auf A. das bedeutet, dass das Produkt $f(z)$ lokal-gleichmäßig in
D konvergiert. Der Satz ist bewiesen, bis auf die Aussage $\lim_{z \to \infty} f(z) = 1$.
Für diese sei $f_n(z) = \prod_{n=1}^{N} \left(1 - \frac{p_n - q_n}{z - q_n}\right) e^{E_n((p_n - q_n)/(z - q_n))}$ für $n \in \mathbb{N}$. Aus dem
oben gezeigten folgt, dass die Folge $f_n(z)$ in der Menge

$$A = \left\{z \in \mathbb{C} : |z| \geq 2R\right\}$$

gleichmäßig gegen $f(z)$ konvergiert. Es gilt nun $\lim_{z \to \infty} f_n(z) = 1$ für jedes
$n \in \mathbb{N}$ und da die f_n in A gleichmäig konvergieren, können die Limiten über
n und z vertauscht werden, so dass die Behauptung folgt. $\square$

Beispiel 20.2.12. Zu jedem Gebiet D gibt es eine in D holomorphe Funktion
f, die sich auf kein grösseres Gebiet holomorph fortsetzen lässt.

Beweis. Sei p_n eine Folge in D, die keinen Häufungspunkt in D besitzt, die
aber jeden Randpunkt von D als Häufungspunkt hat. Dann gibt es ein in
D holomorphes f mit $f(p_n) = 0$. Könnte man nun dieses f über D hinaus
ausdehnen, wäre es auch in einem Randpunkt holomorph, in dem häufen
sich aber Nullstellen, was dem Identitätssatz widerspricht. $\square$

20.3 Mittag-Leffler-Reihen

Eine meromorphe Funktion lässt sich als Summe ihrer Hauptteile darstellen, wobei die Summe durch konvergenzerzeugende Summanden vorbehandelt wird. Reihen dieser Art sind als *Mittag-Leffler-Reihen* bekannt.

Definition 20.3.1. Sei D ein Gebiet in $\mathbb{C}$ und sei Mer(D) die Menge aller meromorphen Funktionen auf D. Es gilt: sind $f, g \in$ Mer(D), so auch $f + g$ und fg und, falls $g \neq 0$ auch f/g. Damit ist also Mer(D) ein Körper.

Definition 20.3.2. Ein *Hauptteil* um den Entwicklungspunkt $p \in \mathbb{C}$ ist eine holomorphe Funktion auf $\mathbb{C} \setminus \{p\}$ der Form

$$h(z) = \sum_{j=-\infty}^{-1} c_j (z - p)^j,$$

wobei verlangt wird, dass die Reihe für jedes $z \neq p$ konvergiert. Eine *Hauptteilverteilung* auf $\mathbb{C}$ ist eine abzählbare Familie h_n von Hauptteilen um verschiedene Entwicklungspunkte p_n für die gilt, dass die Beträge $|p_n|$ gegen ∞ gehen, wenn $n \to \infty$ geht.

Definition 20.3.3. Eine Funktion f auf $\mathbb{C}$ mit isolierten Singularitäten liefert eine Hauptteilverteilung wobei die (p_n) die Singularitäten von f sind und die h_n die zugehörigen Laurent-Hauptteile. Diese Hauptteilverteilung heisst die *Laurent-Hauptteilverteilung* von f.

Satz 20.3.4 (Mittag-Leffler). *Für jede Hauptteilverteilung (h_n) auf $\mathbb{C}$ gibt es eine Funktion f mit isolierten Singularitäten auf $\mathbb{C}$, so dass (h_n) die Laurent-Hauptteilverteilung von f ist.*
Sind alle Hauptteile meromorph, so ist f meromorph.

Beweis. Sei (h_n) eine Hauptteilverteilung mit Entwicklungspunkten (p_n). Ist die Verteilung endlich, etwa ($h_1, \ldots, h_n$), so kann man $f = h_1 + \cdots + h_n$ wählen.

Sei die Folge also unendlich. Es wird nun eine Folge von Polynomen (Q_n) konstruiert, so dass die Reihe

$$f(z) = \sum_{n=1}^{\infty} (h_n(z) - Q_n(z))$$

lokal-gleichmäßig absolut in $\mathbb{C} \setminus \{p_n : n \in \mathbb{N}\}$ konvergiert. Diese Polynome Q_n nennt man *konvergenzerzeugende Summanden*. Ist $p_n = 0$, so setzt man

$Q_n = 0$. Sei also $n \in \mathbb{N}$ so, dass $p_n \neq 0$ ist. Dann konvergiert die Potenzreihe $\sum_{j=0}^{\infty} c_{n,j} z^j$ von $h_n(z)$ um den Entwicklungspunkt $p = 0$ gleichmäßig auf dem Kreis $B_{|p_n|/2}(0)$. Sei dann

$$Q_n(z) = \sum_{j=0}^{N_n} c_{n,j} z^j,$$

wobei N_n so gewählt ist, dass für jedes $z \in \mathbb{C}$ mit $|z| < |p_n|/2$ gilt

$$|h_n(z) - Q_n(z)| < \frac{1}{2^n}.$$

Die Reihe $\sum_n (h_n - Q_n)$ konvergiert dann gleichmäßig auf jeder Menge der Gestalt $B_R(0)$, denn zu gegebenem $R > 0$ existiert ein n_0 so dass für $n \geq n_0$ gilt $|p_n| > 2R$. Daher gilt für jedes $z \in B_R$ schon

$$\sum_{n=n_0}^{\infty} |h_n(z) - Q_n(z)| < \sum_{n=n_0}^{\infty} \frac{1}{2^n} \leq 1. \qquad\qquad \square$$

Korollar 20.3.5. *Sei f meromorph auf $\mathbb{C}$ mit Hauptteilverteilung (h_n). Dann gibt es Polynome Q_n und eine ganze Funktion g mit*

$$f = g + \sum_n (h_n - Q_n).$$

Man nennt eine Reihe der Form $\sum_n (h_n - Q_n)$ auch eine Mittag-Leffler-Reihe.

Beweis. Man bildet die Mittag-Leffler-Reihe $\sum_n (h_n - Q_n)$ wie im Beweis des Satzes und setzt

$$g = f - \sum_n (h_n - Q_n).$$

Da f und die Mittag-Leffler-Reihe dieselben Hauptteile haben, ist g zu einer ganzen Funktion fortsetzbar. $\qquad\qquad \square$

Als Beispiel soll im Folgenden die Mittag-Leffler-Darstellung des Cotangens berechnet werden. Es ist

$$\cot z = \frac{\cos z}{\sin z} = i\frac{e^{iz} + e^{-iz}}{e^{iz} - e^{-iz}}.$$

Die Funktion $\pi \cot(\pi z)$ hat einfache Pole vom Residuum 1 in $z = k$ für $k \in \mathbb{Z}$, also die Hauptteilverteilung $\left(\frac{1}{z-k}\right)_{k \in \mathbb{Z}}$. Nach dem Korollar gibt es Polynome Q_k und eine ganze Funktion g, so dass

$$\pi \cot(\pi z) = g(z) + \sum_{k \in \mathbb{Z}} \frac{1}{z-k} - Q_k(z).$$

Fasst man die Summanden von $k \in \mathbb{N}$ und $-k$ zusammen, dann ist

$$\pi \cot(\pi z) = g(z) + \frac{1}{z} - Q_0(z) + \sum_{n=1}^{\infty} \left(\frac{1}{z+n} + \frac{1}{z-n} \right) - Q_n(z) - Q_{-n}(z).$$

Der folgende Satz besagt, dass die Polynome in dieser Reihe als Null gewählt werden können.

> **Satz 20.3.6.** *Für $z \in \mathbb{C}$, $z \notin \mathbb{Z}$ gilt*
>
> $$\pi \cot \pi z = \frac{1}{z} + \sum_{n=1}^{\infty} \left(\frac{1}{z+n} + \frac{1}{z-n} \right),$$
>
> *wobei die Reihe lokal-gleichmäßig in $\mathbb{C} \setminus \mathbb{Z}$ konvergiert.*

Beweis. Wegen

$$\frac{1}{z+n} + \frac{1}{z-n} = \frac{2z}{z^2 - n^2} = \frac{1}{n^2} \frac{(-2z)}{1 - \frac{z^2}{n^2}}$$

ist die lokal-gleichmäßige Konvergenz der Reihe klar. Sei $h(z)$ die rechte Seite der behaupteten Gleichung. Dann ist $h(z)$ also meromorph in $\mathbb{C}$. Es gilt

- $h(z) = h(z+1)$, denn für $N \in \mathbb{N}$ gilt

$$h(z+1) = \frac{1}{z+1} + \sum_{n} \left(\frac{1}{z+(n+1)} + \frac{1}{z-(n-1)} \right)$$

$$= \underbrace{\frac{1}{z} + \sum_{n \leq N} \left(\frac{1}{z+n} + \frac{1}{z-n} \right)}_{\to h(z) \text{ für } N \to \infty} + \underbrace{\frac{1}{z+N+1} - \frac{1}{z-N}}_{\to 0}$$

$$+ \underbrace{\sum_{n > N} \left(\frac{1}{z+(n+1)} + \frac{1}{z-(n-1)} \right)}_{\to 0 \text{ für } N \to \infty}.$$

- Es gibt ein $C >$, so dass für $|\mathrm{Im}(z)| \geq 1$, $0 \leq \mathrm{Re}(z) \leq 1$ gilt

$$\frac{2|z|}{|z^2 - n^2|} = \frac{1}{n^2} \frac{2|z|}{|(z/n)^2 - 1|} \leq C \frac{2|z|}{n^2}.$$

Das bedeutet $|h(z)| \leq D|z|$ für $|\mathrm{Im}(z)| \geq 1$ und eine Konstante D.

Sei $f(z) = \pi \cot \pi z - h(z)$. dann gilt

- f lässt sich zu einer ganzen Funktion fortsetzen,

- $f(z + 1) = f(z)$,

- f ist ungerade, also $f(-z) = -f(z)$,

- $|f(z)| \le D(|z| + 1)$ für eine Konstante D.

Den letzten Punkt erhält man zunächst nur für $|\operatorname{Im}(z)| \ge 1$. Aber wegen der Periodizität ist f auf dem Streifen $|\operatorname{Im}(z)| \le 1$ ohnehin beschränkt.

Da f ganz ist und die Wachstumsabschätzung erfüllt, folgt nach Korollar 19.8.2, dass $f(z) = az + b$ mit $a, b \in \mathbb{C}$. Wegen der Periodizität ist $a = 0$, da f ungerade ist, folgt $b = 0$.   □

20.4 Riemanns Abbildungssatz

Riemanns Abbildungssatz besagt, dass ein einfach zusammenhängendes Gebiet, welches nicht $\mathbb{C}$ selbst ist, biholomorph auf das Innere $\mathbb{E}$ des Einheitskreises abgebildet werden kann. Damit werden Fragestellungen über einfach zusammenhängende Gebiete auf die beiden Spezialfälle $\mathbb{C}$ und $\mathbb{E}$ reduziert.

Lemma 20.4.1 (Schwarzsches Lemma). *Sei* $\mathbb{E} = \{|z| < 1\}$ *der Einheitskreis und sei f holomorph in $\mathbb{E}$ mit*

(a) $|f(z)| \le 1$ *für jedes* $z \in \mathbb{E}$ *und*

(b) $f(0) = 0$.

Dann gilt $|f'(0)| \le 1$ *und* $|f(z)| \le |z|$ *für jedes* $z \in \mathbb{E}$.

Ist $|f'(0)| = 1$ *oder* $|f(z)| = |z|$ *für ein* $z \ne 0$, *dann gibt es eine Konstante c mit* $|c| = 1$ *so dass* $f(z) = cz$ *für jedes* $z \in \mathbb{E}$.

Beweis. Sei $g(z) = \frac{f(z)}{z}$ für $z \ne 0$ und $g(0) = f'(0)$. Dann ist g nach dem Hebbarkeitssatz 19.10.9 holomorph auf $\mathbb{E}$ und es gilt $|g(z)| \le \frac{1}{|z|}$ für $z \ne 0$. Sei $0 < r < 1$. Sei $p \in \overline{B_r(0)}$ so, dass $|g(p)|$ das Maximum von $|g(z)|$ auf $\overline{B_r(0)}$ ist. Nach dem Maximumprinzip liegt p auf dem Rand der Kreisscheibe $B_r(0)$, für $|z| < r$ folgt also $|g(z)| \le |g(p)| \le \frac{1}{|p|} = \frac{1}{r}$ und mit $r \to 1$ erhält man $|g(z)| \le 1$, also $|f(z)| \le |z|$ sowie $|f'(0)| = |g(0)| \le 1$. Ist $|f'(0)| = 1$ oder $|f(z)| = |z|$ für ein $z \ne 0$, so existiert in jedem Fall ein $z \in \mathbb{E}$ mit $|g(z)| = 1$, also nimmt g im Inneren das Maximum an, also ist g konstant, etwa $g(z) = c$, also $f(z) = cz$. Aus $|f'(0)| = 1$ oder $|f(z)| = |z|$ für ein $z \ne 0$ folgt schliesslich $|c| = 1$. $\square$

Lemma 20.4.2. *Sei $p \in \mathbb{E}$. Dann ist die Abbildung*

$$\phi_p(z) = \frac{z - p}{\bar{p}z - 1}$$

eine biholomorphe Abbildung $\mathbb{E} \to \mathbb{E}$, die 0 und p vertauscht. Es gilt $\phi_p \circ \phi_p = \mathrm{Id}$.

Beweis. Für $p = 0$ ist die Aussage klar. Sei also $p \in \mathbb{E} \smallsetminus \{0\}$. Ist für ein $z \in \mathbb{C}$ der Nenner von $\phi_p(z)$ gleich Null, dann ist $|\bar{p}z| = 1$, also $|z| = \frac{1}{|p|} > 1$, daher ist ϕ_p holomorph in $\mathbb{E}$. Für $z \in \mathbb{E}$ ist

$$|\phi_p(z)|^2 = \left| \frac{z - p}{\bar{p}z - 1} \right|^2 = \frac{z - p}{\bar{p}z - 1} \frac{\bar{z} - \bar{p}}{p\bar{z} - 1} = \frac{|z|^2 - \bar{p}z - p\bar{z} + |p|^2}{|p|^2|z|^2 - p\bar{z} - \bar{p}z + 1}.$$

Nun ist $|z|^2 < 1$, also $|z|^2(1 - |p|^2) < 1 - |p|^2$ oder

$$|z|^2 + |p|^2 < |p|^2|z|^2 + 1,$$

d.h. $|\phi_p(z)|^2 < 1$, also bildet ϕ_p den Einheitskreis $\mathbb{E}$ in sich ab. Es gilt

$$\phi_p^2(z) = \phi_p(\phi_p(z)) = \frac{\frac{z-p}{\bar{p}z-1} - p}{\bar{p}\frac{z-p}{\bar{p}z-1} - 1}$$

$$= \frac{z - p - p\bar{p}z + p}{\bar{p}z - \bar{p}p - \bar{p}z + 1} = z\frac{1 - |p|^2}{1 - |p|^2} = z.$$

Also ist ϕ_p biholomorph mit Umkehrfunktion ϕ_p. $\square$

> **Satz 20.4.3.** *Seien $f : \mathbb{E} \to \mathbb{E}$ biholomorph und sei $p = f(0)$. Dann existiert eine komplexe Zahl c mit $|c| = 1$ so dass $f = c\phi_p$.*

Beweis. Indem man f durch $f \circ \phi_p$ ersetzt, kann man $p = 0$ annehmen. Sei g die Umkehrfunktion von f, so folgt aus dem Schwarzschen Lemma $|f'(0)|, |g'(0)| \le 1$. Es ist aber $g'(0) = 1/f'(0)$, also gilt $|f'(0)| = 1$ und damit folgt nach dem Schwarzschen Lemma $f(z) = cz$ für ein $|c| = 1$. $\square$

Definition 20.4.4. Für ein Gebiet D bezeichne $\mathrm{Hol}(D)$ die Menge der in D holomorphen Funktionen. Eine Teilmenge $\mathcal{F} \subset \mathrm{Hol}(D)$ heißt *normal*, falls jede Folge (f_n) in $\mathcal{F}$ eine lokal-gleichmäßig konvergente Teilfolge besitzt.

Beispiele 20.4.5.

- Ist $\mathcal{F}$ endlich, so ist $\mathcal{F}$ normal.

- Sei $D = \mathbb{E}$, dann ist die Menge $\mathcal{F} = \{z \mapsto nz : n \in \mathbb{N}\}$ nicht normal.

Definition 20.4.6. Eine Teilmenge $\mathcal{F} \subset \mathrm{Hol}(D)$ heißt *auf jedem Kompaktum beschränkt*, falls es zu jedem Kompaktum $K \subset D$ eine Schranke $C_K > 0$ gibt so dass $|f(z)| \le C_K$ für jedes $z \in K$ und jedes $f \in \mathcal{F}$ gilt.

Satz 20.4.7 (Holomorphe Version des Satzes von Arzela-Ascoli). *Sei $\mathcal{F} \subset \mathrm{Hol}(D)$ für ein Gebiet D und sei $\mathcal{F}$ auf jedem Kompaktum beschränkt. Dann ist $\mathcal{F}$ normal.*

Beweis. Sei $p \in D$ und sei $r > 0$ so dass $\overline{B_{2r}(p)} \subset D$ gilt. Sei $M \ge 1$ so dass $|f(z)| \le M$ für jedes $f \in \mathcal{F}$ und jedes $z \in \overline{B_{2r}(p)}$. Nach der Cauchyschen Integralformel für Ableitungen, Satz 19.6.8, gilt für jedes $z \in B = B_r(p)$,

$$|f'(z)| = \left| \frac{1}{2\pi i} \int_{\partial B_{2r}(p)} \frac{f(w)}{(w-z)^2} \, dw \right| \le \frac{1}{2\pi} \frac{M 2\pi r}{r^2} = \frac{M}{r}.$$

Sei nun $0 < \varepsilon < 1$ und sei $\delta = \frac{\varepsilon r}{M}$. Dann gilt für jedes $z \in D$ mit $|z - p| < \delta$, dass $z \in B_r(p)$ und

$$|f(z) - f(p)| = \left| \int_p^z f'(w) \, dw \right| \le |z - p| \frac{M}{r} < \varepsilon.$$

Damit ist die Familie $\mathcal{F}$ gleichgradig stetig in p, siehe Definition 8.6.3. Nach dem Satz von Arzela-Ascoli 8.6.4 folgt die Behauptung. $\qquad\square$

Proposition 20.4.8. *Sei D ein einfach-zusammenhängendes Gebiet. Dann hat jede nullstellenfreie holomorphe Funktion $g : D \to \mathbb{C}$ eine holomorphe Quadratwurzel, also eine holomorphe Funktion h auf D mit $h^2 = g$.*

Beweis. Nach Satz 19.7.1 hat g einen holomorphen Logarithmus, es existiert also eine holomorphe Funktion f auf D mit $e^f = g$. Setze $h = e^{f/2}$, dann ist h holomorph auf D und erfüllt $h^2 = g$. $\qquad\square$

> **Satz 20.4.9** (Riemanns Abbildungssatz). *Sei $D \neq \mathbb{C}$ ein Gebiet, so dass jede nullstellenfreie holomorphe Funktion auf D eine holomorphe Quadratwurzel hat. Dann gibt eine biholomorphe Abbildung $\phi : \mathbb{E} \xrightarrow{\cong} D$.*

Da jedes Gebiet D, welches biholomorph zu $\mathbb{E}$ ist, auch einfach zusammenhängend ist, folgen aus dem Satz und der Proposition die beiden Punkte:

- Jedes einfach zusammenhängende Gebiet $\neq \mathbb{C}$ ist biholomorph zum Einheitskreis $\mathbb{E}$.

- Existiert auf einem Gebiet $D \neq \mathbb{C}$ zu jeder holomorphen Funktion eine holomorphe Quadratwurzel, dann ist D einfach-zusammenhängend.

Beweis des Satzes. Sei $\mathrm{Hol}_{\mathrm{inj}}(D, \mathbb{E})$ die Menge aller injektiven, holomorphen Abbildungen $\psi : D \to \mathbb{E}$. Als erstes wird gezeigt, dass $\mathrm{Hol}_{\mathrm{inj}}(D, \mathbb{E})$ nichtleer ist. Da $D \neq \mathbb{C}$, gibt es ein $q \in \mathbb{C} \setminus D$. Nach Voraussetzung gibt es $\phi \in \mathrm{Hol}(D)$ so dass $\phi(z)^2 = z - q$. Die Funktion ϕ^2 ist demnach injektiv, also ist ϕ injektiv und es gibt keine Punkte $z_1 \neq z_2$ in D mit $\phi(z_1) = -\phi(z_2)$. Da ϕ eine offene Abbildung ist, folgt, dass es ein $w \in \mathbb{C} \setminus \{0\}$ gibt und ein $0 < r < |w|$ mit

$$\phi(D) \supset \overline{B}_r(w).$$

Sei $\psi(z) = \frac{r}{\phi(z)+w}$. Der Nenner ist niemals Null für $z \in D$, denn ϕ nimmt den Wert w an und kann daher nicht den Wert $-w$ annehmen. Es folgt $\psi \in \mathrm{Hol}_{\mathrm{inj}}(D, \mathbb{E})$, denn zunächst ist ψ injektiv, da ϕ injektiv ist. Ferner gilt $|\psi(z)| < 1$ für jedes $z \in D$, denn die Annahme $|\psi(z)| \geq 1$ führt zu $r \geq |\phi(z) + w|$, also $-\phi(z) \in \overline{B}_r(w)$. Dann ist aber $-\phi(z)$ im Bild von ϕ, im Widerspruch zur Injektivität von ϕ^2.

Sei nun $p \in D$ und sei $\mathrm{Hol}_p(D, \mathbb{E})$ die Menge aller $\psi \in \mathrm{Hol}_{\mathrm{inj}}(D, \mathbb{E})$ mit $\psi(p) = 0$. Auch diese Menge ist nichtleer , denn ist $\psi \in \mathrm{Hol}_{\mathrm{inj}}(D, \mathbb{E})$ und ist $w = \psi(p)$, dann ist auch $\phi_w \circ \psi$ in $\mathrm{Hol}_{\mathrm{inj}}(D, \mathbb{E})$ und wirft p auf 0. Hierbei ist ϕ_w die Funktion aus Lemma 20.4.2.

Weiter gilt: ist ein gegebenes $\psi \in \mathrm{Hol}_p(D, \mathbb{E})$ nicht surjektiv, dann gibt es $\psi_1 \in \mathrm{Hol}_p(D, \mathbb{E})$ mit

$$|\psi_1'(p)| > |\psi'(p)|.$$

Beweis. Sei $\psi \in \mathrm{Hol}_p(D, \mathbb{E})$ und sei $q \in \mathbb{E}$, $q \notin \psi(D)$. Sei dann wieder $\phi_q(z) = \frac{z-q}{\bar{q}z-1}$ wie in Lemma 20.4.2. Dann ist $\phi_q \circ \psi \in \mathrm{Hol}_{\mathrm{inj}}(D, \mathbb{E})$ und $\phi_q \circ \psi$ hat keine

Nullstelle in D. Also existiert $g \in \text{Hol}(D)$ mit $g^2 = \phi_q \circ \psi$. Dann ist g injektiv, da g^2 injektiv ist, also ist $g \in \text{Hol}_{\text{inj}}(D, \mathbb{E})$. Man setzt $\psi_1 = \phi_w \circ g$, wobei $w = g(p)$, dann ist $\psi_1(p) = 0$. Mit der Funktion $s(z) = z^2$ gilt

$$\psi = \phi_q \circ g^2 = \underbrace{\phi_q \circ s \circ \phi_w}_{F} \circ \psi_1 = F \circ \psi_1.$$

Damit ist $\psi'(p) = F'(0)\psi_1'(p)$. Die Funktion $F : \mathbb{E} \to \mathbb{E}$ ist nicht injektiv und

$$F(0) = \phi_q(s(\phi_w(0))) = \phi_q(w^2) = \phi_q(\phi_q(\psi(p))) = \phi_q(\phi_q(0)) = 0.$$

Nach dem Schwarzschen Lemma ist $|F'(0)| < 1$, da F sonst bijektiv wäre und die Behauptung folgt.   □

Weiter im Beweis des Satzes: Sei

$$a = \sup_{\psi \in \text{Hol}_p(D, \mathbb{E})} |\psi'(p)|.$$

Gibt es nun ein $\psi \in \text{Hol}_p(D, \mathbb{E})$ mit $|\psi'(p)| = a$, dann ist ψ surjektiv. Es ist also nur noch die Existenz eines solchen ψ zu zeigen. Da die Menge $\text{Hol}_p(D, \mathbb{E})$ sogar global beschränkt ist, ist sie normal nach Satz 20.4.7. Sei also ψ_n eine Folge in $\text{Hol}_p(D, \mathbb{E})$ mit $a = \lim_n |\psi'(p)|$, so hat ψ_n eine lokal-gleichmäßig konvergente Teilfolge. Man kann (ψ_n) durch diese Teilfolge ersetzen, also annehmen, dass ψ_n lokal-gleichmäßig gegen eine Funktion ψ konvergiert. Dann ist ψ holomorph nach dem Satz von Weierstrass. Ferner gilt $\psi(p) = 0$. Es ist $|\psi(z)| \leq 1$ für jedes $z \in D$, da aber $\psi(D)$ ein Gebiet ist, ist $\psi(D) \subset \mathbb{E}$. Schliesslich ist ψ injektiv nach Satz 19.10.26. Damit liegt ψ also in $\text{Hol}_p(D, \mathbb{E})$. Da $|\psi'(p)| = a$ ist, ist ψ surjektiv.   □

20.5 Der Satz von Runge

Der Satz von Runge wird hier in zwei Teilen dargestellt. Der erste besagt, dass holomorphe Funktionen auf Kompakta gleichmäßig durch rationale Funktionen approximiert werden können. Der andere besagt, dass auf einem einfach zusammenhängenden Gebiet, die approximierenden Funktionen sogar als Polynome gewählt werden können.

Es seien $D \subset \mathbb{C}$ offen und $K \subset D$ eine kompakte Teilmenge.

Lemma 20.5.1. *In $D \setminus K$ gibt es geschlossene, stückweise stetig differenzierbare Wege $\gamma_1, \ldots, \gamma_m$, so dass für jedes $f \in \text{Hol}(D)$ und jedes $z \in K$ gilt*

$$f(z) = \sum_{k=1}^{m} \frac{1}{2\pi i} \int_{\gamma_k} \frac{f(w)}{w - z} \, dw.$$

Beweis. Da K kompakt ist, ist der Abstand $d(K, \partial D)$ positiv. Es gibt also ein $\varepsilon > 0$ so dass für jedes $z \in K$ die Kreisscheibe $B_\varepsilon(z)$ um z mit Radius ε mitsamt Abschluss in D liegt. Diese Kreisscheiben $B_\varepsilon(z)$ mit $z \in K$ liefern eine offene Überdeckung von K. Da K kompakt ist, reichen endlich viele, also gilt $K \subset V = \bigcup_{j=1}^{n} B_\varepsilon(z_j)$ für geeignete $z_1, \dots, z_n \in K$. Sei n minimal mit dieser Eigenschaft und sei $B_j = B_\varepsilon(z_j)$ für $j = 1, \dots, n$. Der Rand von V ist eine Vereinigung regulärer geschlossener Wege $\gamma_1, \dots, \gamma_m$, die den Rand in positiver Richtung durchlaufen.

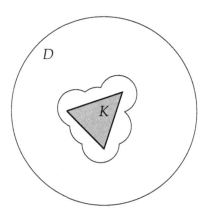

Da n minimal ist, liegt B_1 nicht in der Vereinigung A der anderen Kreisscheiben. Wenn die Behauptung für jedes $z \in B_1 \setminus A$ gilt, dann gilt sie nach dem Identitätssatz auf der Zusammenhangskomponente von z in V. Dann iteriert man den Schluss für die anderen Zusammenhangskomponenten.

Es reicht also, $z \in B_1 \setminus A$ mit $A = \bigcup_{j=2}^{n} B_j$ anzunehmen. Für $n = 1$ ist die Aussage nach der Cauchy Integralformel klar. Sei also $n \geq 2$. Dann ist $\int_{\partial B_n} \frac{f(w)}{w-z} \, dw = 0$, da der Integrand in einer Umgebung der Kreisscheibe B_n holomorph ist. Für jede Teilmenge $I \subset \{1, 2, \dots, n-1\}$ setze $B_I = B_n \cap \bigcap_{j \in I} B_j$. Dann ist $B_\emptyset = B_n$. Sei $V' = \bigcup_{j=1}^{n-1} B_j$. Nach Cauchys Integralsatz ist $\int_{B_I} \frac{f(w)}{w-z} \, dw = 0$ für jedes I und da jeder Randpunkt von jedem B_I in der folgenden Gleichung auf beiden Seiten der Gleichung gleich oft durchfahren wird, gilt

$$\int_{\partial V} \frac{f(w)}{w-z} \, dw = \int_{\partial V'} \frac{f(w)}{w-z} \, dw + \sum_{I} (-1)^{|I|} \int_{\partial B_I} \frac{f(w)}{w-z} \, dw.$$

Die Summe ganz rechts ist Null und daher ist die rechte Seite der Gleichung $\int_{\partial V'} \frac{f(w)}{w-z} \, dw$. Mit Induktion nach n folgt das Lemma. $\qquad \square$

Satz 20.5.2 (Runge). *Sei $K \subset \mathbb{C}$ kompakt und D offen mit $K \subset D \subset \mathbb{C}$. Sei $f \in \mathrm{Hol}(D)$. Zu jedem $\varepsilon > 0$ gibt es eine rationale Funktion R mit einfachen Polen außerhalb von K und*

$$|f(z) - R(z)| < \varepsilon, \quad z \in K.$$

Hierbei kann $R(z)$ als Linearkombination von Funktionen der Form $\frac{1}{z-p}, p \notin K$ gewählt werden.

Beweis. Seien Wege $\gamma_1, \dots, \gamma_m$ wie im Lemma gewählt. Der Einfachheit halber schreibt man $\int_\gamma$ für $\sum_j \int_{\gamma_j}$. Die Funktion

$$g : \mathrm{Bild}(\gamma) \times K \to \mathbb{C},$$

$$(w, z) \mapsto \frac{f(w)}{w - z}$$

ist stetig, also, da auf einem Kompaktum definiert, gleichmäßig stetig. Daher existiert zu gegebenem $\varepsilon > 0$ ein $\delta > 0$ so dass

$$|g(w, z) - g(w', z)| < \frac{2\pi\varepsilon}{L(\gamma)} \quad \text{falls} \quad |w - w'| < \delta.$$

Der Weg γ wird in Teilstücke $\gamma(j)$ der Länge $< \delta$ zerlegt und in jedem Teil ein Punkt $w_j \in \gamma(j)$ gewählt. Dann ist

$$\left| \frac{1}{2\pi i} \int_{\gamma(j)} g(w, z)\, dw - \frac{1}{2\pi i} \int_{\gamma(j)} g(w_j, z)\, dw \right| < \frac{L(\gamma(j))}{L(\gamma)} \varepsilon.$$

Setzt man $R(z) = \sum_j \frac{L(\gamma(j))}{2\pi i} g(w_j, z)$, so folgt

$$|f(z) - R(z)| = \left| \sum_j \frac{1}{2\pi i} \int_{\gamma(j)} g(w, z)\, dw - \frac{1}{2\pi i} \int_{\gamma(j)} g(w_j, z)\, dw \right| < \varepsilon. \qquad \square$$

Definition 20.5.3. Die *Riemannsche Zahlenkugel* ist die Einpunktkompaktifizierung von $\mathbb{C}$:

$$\widehat{\mathbb{C}} = \mathbb{C} \cup \{\infty\}.$$

Sie kann mit Hilfe der *stereographischen Projektion* mit der 2-Sphäre

$$S^2 = \left\{ (x, y, t) \in \mathbb{R}^3 : x^2 + y^2 + t^2 = 1 \right\}$$

identifiziert werden. Hierzu bettet man $\mathbb{C} = \mathbb{R}^2$ in den $\mathbb{R}^3$ ein durch $x + iy \mapsto (x, y, 0)$ und bildet eine komplexe Zahl $z = x + iy = (x, y, 0)$ auf den eindeutig bestimmten Punkt $\phi(z) \in S^3$ ab, der auf der Verbindungslinie von z zum *Nordpol $N = (0, 0, 1)$* liegt.

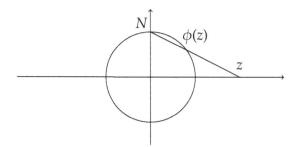

Identifiziert man $\mathbb{R}^3$ mit $\mathbb{C} \times \mathbb{R}$, dann ist die stereographische Projektion ϕ explizit gegeben durch

$$\phi(z) = \frac{1}{|z|^2 + 1}\bigl(2z, |z|^2 - 1\bigr).$$

Satz 20.5.4 (Runge). *Sei $D \subset \mathbb{C}$ ein Gebiet so dass $E = \widehat{\mathbb{C}} \setminus D$ zusammenhängend ist. Dann ist jedes $f \in \mathrm{Hol}(D)$ lokal-gleichmäßiger Limes von Polynomen.*

In Abschnitt 20.6 wird gezeigt, dass ein Gebiet D genau dann der Voraussetzung dieses Satzes genügt, wenn es einfach zusammenhängend ist.

Beweis. Sei $f \in \mathrm{Hol}(D)$. Sei $K \subset D$ kompakt so dass $\mathbb{C} \setminus K$ zusammenhängend ist. Auf der kompakten Menge K kann f wie folgt durch Polynome approximiert werden: Zunächst gilt nach Satz 20.5.2. dass f auf K gleichmäßig durch Linearkombinationen von Funktionen der Form $\frac{1}{z-p}$, $p \notin K$ approximiert werden kann. Sei dann $\mathcal{A}$ die Menge aller Funktionen auf K, die gleichmäßige Limiten von Polynomen sind. Dann ist $\mathcal{A}$ eine Algebra, d.h. mit f, g sind auch $f + g$ und fg in $\mathcal{A}$. Ferner ist $\mathcal{A}$ abgeschlossen unter gleichmäßiger Konvergenz auf K, denn konvergiert $f_j \in \mathcal{A}$ gleichmäßig auf K gegen f, so gibt es Folgen von Polynomen $p_{i,\nu}$ so dass $|f_j - p_{j,\nu}| < \frac{1}{2^\nu}$ auf K gilt. Dann konvergiert die Folge $p_{j,j}$ von Polynomen gleichmäßig auf K gegen f, also liegt f in $\mathcal{A}$.

Sei V die Menge aller $p \in \mathbb{C}$, so dass $\frac{1}{z-p}$ in $\mathcal{A}$ liegt. Es ist zu zeigen, dass $V = \mathbb{C} \setminus K$ ist. Sei zunächst $|p| > \sup_{z \in K} |z|$, dann konvergiert die Potenzreihe von $\frac{1}{z-p}$ um den Punkt Null gleichmäßig auf K, also folgt $p \in V$. Sei nun $p \in V$ und sei $q \in \mathbb{C}$ mit

$$d(p, q) < d(p, K).$$

Dann ist $q \in V$: denn für $z \in K$ gilt $|p - q| < |p - z|$ oder $\left|\frac{p-q}{p-z}\right| < 1$. Also

$$\frac{1}{z - q} = \frac{1}{z - p}\left(\frac{1}{1 - \frac{p-q}{p-z}}\right) = \frac{1}{z - p}\sum_{n=0}^{\infty}\left(\frac{p - q}{p - z}\right)^n.$$

Diese Reihe konvergiert gleichmäßig auf K. Mit $\frac{1}{p-z}$ ist auch $\left(\frac{p-q}{p-z}\right)^n$ in $\mathcal{A}$, und wegen der Konvergenz ist dann auch $\frac{1}{z-q}$ in $\mathcal{A}$. Es folgt, dass V offen ist.

Andererseits ist V aber abgeschlossen in $\mathbb{C} \smallsetminus K$, denn sei p_j eine Folge in V mit Grenzwert $p \in \mathbb{C} \smallsetminus K$, dann konvergiert die Funktionenfolge $f_j(z) = \frac{1}{p_j - z}$ gleichmäßig auf K gegen $f(z) = \frac{1}{p - z}$, also liegt auch f in $\mathcal{A}$ und damit ist p in V. Da nun $\mathbb{C} \smallsetminus K$ zusammenhängend ist, folgt $V = \mathbb{C} \smallsetminus K$. Damit ist f auf K durch Polynome approximierbar.

Sei nun

$$K_n = \left\{z \in D : |z| \leq n, \ d(z, \partial D) \leq \frac{1}{n}\right\}.$$

Dann ist K_n kompakt und $\mathbb{C} \smallsetminus K_n$ zusammenhängend, denn für eine disjunkte Zerlegung $\mathbb{C} \smallsetminus K_n = V \sqcup W$, mit offenen Mengen V und W kann man annehmen, dass V die Menge $\mathbb{C} \smallsetminus \overline{B_n(0)}$ enthält. Ist W nicht leer, dann muss W einen Randpunkt von D enthalten. Es folgt $\widehat{\mathbb{C}} \smallsetminus D \subset [\{\infty\} \cup V] \sqcup W$ und da $\widehat{\mathbb{C}} \smallsetminus D$ zusammenhängend ist, folgt $[\widehat{\mathbb{C}} \smallsetminus D] \cap W = \emptyset$, was bedeutet, dass W keinen Randpunkt von D enthalten kann, also ist W leer und damit ist $\mathbb{C} \smallsetminus K_n$ zusammenhängend.

Es gilt $K_n \subset \mathring{K}_{n+1}$ und $\bigcup_n K_n = D$. Auf jedem K_n ist f gleichmäßig durch Polynome approximierbar, daher ist f lokal-gleichmäßig auf D durch Polynome approximierbar.   □

20.6 Einfacher Zusammenhang

In dem folgenden Satz werden viele der in diesem Kapitel gewonnenen Erkenntnisse zu einer umfassenden Charakterisierung des Einfachen Zusammenhangs vereint.

Satz 20.6.1. *Sei D ein Gebiet in* $\mathbb{C}$*. Die folgenden Aussagen sind äquivalent.*

(a) *D ist einfach zusammenhängend.*

(b) $\mathcal{W}(\gamma, q) = 0$ *für jedes* $q \notin D$ *und jeden geschlossenen stückweise stetig differenzierbaren Weg* γ *in D.*

(c) $\widehat{\mathbb{C}} \setminus D$ *ist zusammenhängend.*

(d) *Jede in D holomorphe Funktion ist lokal-gleichmäßiger Limes einer Folge von Polynomen.*

(e) $\int_\gamma f(z)\, dz = 0$ *für jeden geschlossenen stückweise stetig differenzierbaren Weg* γ *in D und jede in D holomorphe Funktion f.*

(f) *Jede in D holomorphe Funktion f hat eine Stammfunktion.*

(g) *Jede in D holomorphe Funktion ohne Nullstellen hat einen holomorphen Logarithmus.*

(h) *Jede in D holomorphe, nullstellenfreie Funktion hat eine holomorphe Quadratwurzel.*

(i) *Entweder es gilt* $D = \mathbb{C}$ *oder D ist biholomorph zu* $\mathbb{E}$*.*

(j) *D ist homöomorph zu* $\mathbb{E}$*.*

Beweis. (a)$\Rightarrow$(b) Sei $f(z) = \frac{1}{z-q}$, dann ist f holomorph in D und nach dem Cauchyschen Integralsatz gilt $n(\gamma, q) = \frac{1}{2\pi i} \int_\gamma f(z)\, dz = 0$.

(b)$\rightarrow$(c) *Angenommen,* $\widehat{\mathbb{C}} \setminus D$ ist nicht zusammenhängend. Dann gilt $\widehat{\mathbb{C}} \setminus D = A \cup B$, wobei A und B disjunkte nicht-leere abgeschlossene Teilmengen von $\widehat{\mathbb{C}}$ sind. Es gelte $\infty \in B$. Da A abgeschlossen ist, ist A kompakt in $\mathbb{C}$. Dann ist die Menge $D_1 = A \cup D = \widehat{\mathbb{C}} \setminus B$ offen und enthält die kompakte Menge A. Nach Lemma 20.5.1 gibt es stückweise stetig differenzierbare Wege $\gamma_1, \ldots, \gamma_m$ in $D = D_1 \setminus A$ so dass für jedes $f \in \mathrm{Hol}(D_1)$ und jedes $z \in A$ gilt

$$f(z) = \frac{1}{2\pi i} \sum_{k=1}^m \int_{\gamma_k} \frac{f(w)}{w - z}\, dw.$$

Insbesondere für die konstante Funktion $f \equiv 1$ gilt

$$1 = \sum_{k=1}^m \mathcal{W}(\gamma_k, z),$$

so dass mindestens eine Windungszahl $\neq 0$ ist. *Widerspruch!*

(c)→(d) ist der Satz von Runge.

(d)→(e) Für jedes Polynom P gilt $\int_\gamma P(z)\,dz = 0$, daher folgt dasselbe für lokal-gleichmäßige Limiten von Polynomen.

(e)→(f) Ist $f \in \mathrm{Hol}(D)$ und $p \in D$, so kann man $F(z) = \int_p^z f(w)\,dw$ durch Wahl eines Weges von p nach z definieren und $F(z)$ hängt nicht von der Wahl des Weges ab. Dann ist $F(z)$ eine Stammfunktion für $f(z)$.

(f)→(g) Sei f nullstellenfrei und sei h eine Stammfunktion von $\frac{f'}{f}$. Dann folgt

$$\left(\frac{e^h}{f}\right)' = \frac{h'e^h f - f'e^h}{f^2} = 0.$$

Daher ist $e^h = cf$ für eine Konstante $c \neq 0$. Indem man h durch $h + d$ ersetzt für eine geeignete Konstante d, folgt die Behauptung.

(g)→(h) Sei $f \in \mathrm{Hol}(D)$ nullstellenfrei und sei h ein holomorpher Logarithmus. Setze $g = e^{h/2}$, dann ist $g \in \mathrm{Hol}(D)$ und $g^2 = f$.

(h)→(i) Dies ist der Beweis von Riemanns Abbildungssatz.

(i)→(j) und (j)→(a) sind klar.   □

Korollar 20.6.2. *Sei D ein Gebiet mit regulärem Rand. Dann ist D einfach zusammenhängend.*

Beweis. Sei $\rho : [0,1] \to \mathbb{C}$ eine positiv orientierte Randparametrisierung und sei γ ein geschlossener, stückweise stetig differenzierbarer Weg in D. Die Abbildung $z \mapsto \mathcal{W}(\gamma, z)$ ist lokalkonstant und daher konstant auf jeder Zusammenhangskomponente der offenen Menge $\mathbb{C} \setminus \mathrm{Bild}(\gamma)$. Diese Menge hat genau eine unbeschränkte Zusammenhangskomponente Z_∞, und auf dieser ist $\mathcal{W}(\gamma, z) = 0$. Da D ebenfalls beschränkt ist und $\mathrm{Bild}(\gamma)$ enthält, muss Z_∞ Randpunkte von D enthalten. Da der Rand ∂D den Weg γ nicht schneidet, liegt die zusammenhängende Menge $\partial D = \mathrm{Bild}(\rho)$ ganz in Z_∞.

Sei nun Z eine beschränkte Zusammenhangskomponente von $\mathbb{C} \setminus \mathrm{Bild}(\gamma)$. *Angenommen,* Z liegt nicht vollständig in D. Dann gibt es ein $z_0 \in Z \setminus D$. Da $\partial Z \subset \mathrm{Bild}(\gamma) \subset D$, folgt $Z \cap D \neq \emptyset$. Da Z also Punkte aus D und Punkte aus $\mathbb{C} \setminus D$ enthält, muss Z Randpunkte von D enthalten, was der Aussage $\partial D \subset Z_\infty$ *widerspricht!* Das bedeutet also $Z \subset D$.

Also liegt jede beschränkte Zusammenhangskomponente von $\mathbb{C} \setminus \mathrm{Bild}(\gamma)$ in D und damit folgt $\mathbb{C} \setminus D \subset Z_\infty$. Also gilt $\mathcal{W}(\gamma, z) = 0$ für jedes $z \in \mathbb{C} \setminus D$. Nach dem Satz ist D daher einfach zusammenhängend.   □

20.7 Aufgaben und Bemerkungen

Aufgaben

Aufgabe 20.1. *Zeige,* dass für $\mathrm{Re}(s) > 0$ das Integral

$$\Gamma(s) = \int_0^\infty e^{-t} t^{s-1} dt$$

absolut konvergiert und eine holomorphe Funktion definiert, die die Funktionalgleichung

$$\Gamma(s+1) = s\Gamma(s)$$

erfüllt. Folgere, dass $\Gamma(s)$ eine holomorphe Fortsetzung auf das Gebiet $\mathbb{C} \smallsetminus \{0, -1, -2, \dots\}$ besitzt.

Aufgabe 20.2. Sei (f_n) eine Folge von holomorphen Funktionen auf einem Gebiet $D \subset \mathbb{C}$, so dass das Produkt $f(z) = \prod_{n=1}^\infty f_n(z)$ lokal-gleichmäßig auf D gegen eine nullstellenfreie Funktion f konvergiert. *Zeige,* dass

$$\frac{f'}{f}(z) = \sum_{n=1}^\infty \frac{f_n'}{f_n}(z),$$

wobei die Reihe lokal-gleichmäßig konvergiert.

Aufgabe 20.3. Ein *Gitter* in $\mathbb{C}$ ist eine Untergruppe Λ von $(\mathbb{C}, +)$ von der Form

$$\Lambda = \Lambda(a, b) = \mathbb{Z}a + \mathbb{Z}b = \left\{ka + lb : k, l \in \mathbb{Z}\right\}$$

für zwei $a, b \in \mathbb{C}$, die ueber $\mathbb{R}$ linear unabhängig sind. Beispiel: $\mathbb{Z} + \mathbb{Z}i = \{x + iy : x, y \in \mathbb{Z}\}$. Eine meromorphe Funktion f auf $\mathbb{C}$ heisst Λ-*periodisch*, wenn

$$f(z + \lambda) = f(z)$$

für alle $\lambda \in \Lambda$ gilt.

(a) Für das Gitter $\Lambda = \Lambda(a, b)$ sei

$$\mathcal{F} = \mathcal{F}(a, b) = \{ta + sb : 0 \le s, t < 1\}.$$

Dann heisst $\mathcal{F}$ eine *Fundamentalmasche* zu Λ.

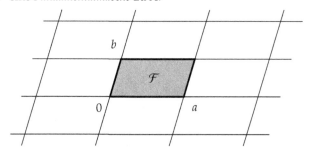

Zeige, dass es zu jedem $z \in \mathbb{C}$ genau ein $\lambda \in \Lambda$ gibt, so dass $z + \lambda \in \mathcal{F}$ gilt.

(b) *Zeige,* dass eine holomorphe, Λ-periodische Funktion konstant ist.

Aufgabe 20.4. Sei D ein einfach-zusammenhängendes Gebiet. *Zeige, dass es zu je zwei* verschiedenen Punkten $p, q \in D$ genau eine biholomorphe Abbildung $f : D \to D$ gibt, so dass $f(p) = q$ und $f(q) = p$. Folgere, dass $f \circ f = \mathrm{Id}_D$ gilt.

Aufgabe 20.5. (Das Spiegelungsprinzip von Schwarz)

(a) Sei $D \subset \mathbb{C}$ ein Gebiet und $f : D \to \mathbb{C}$ eine stetige Abbildung.
    Zeige: Ist $f : D \setminus \mathbb{R} \to \mathbb{C}$ holomorph, dann ist f holomorph.

(b) Sei $\mathbb{H} = \{z \in \mathbb{C} : \mathrm{Im}(z) > 0\}$ die obere Halbebene und seien $f, g : \overline{\mathbb{H}} \to \mathbb{C}$ stetige Funktionen, die in $\mathbb{H}$ holomorph sind. Nimm an, dass $f(z) = g(z)$ für jedes $z \in \mathbb{R}$.
    Zeige, dass $f = g$ gilt.

Aufgabe 20.6. Ein geschlossener, stückweise stetig differenzierbarer Weg γ in einem Gebiet D heißt *nullhomolog* in D, wenn die Windungszahl ausserhalb von D verschwindet, wenn also

$$\mathcal{W}(\gamma, z) = 0$$

für jedes $z \in \mathbb{C} \setminus D$ gilt. *Zeige:*

(a) Jeder in D nullhomotope Weg ist in D nullhomolog.

(b) (Cauchys Integralsatz für nullhomologe Wege):
    Ist γ nullhomolog in D, so gilt für jede in D holomorphe Funktion f, dass $\int_\gamma f(z)\, dz = 0$.

(c) (Residuensatz für nullhomologe Wege):
    In der Formulierung des Residuensatzes für Wege kann auf die Bedingung, dass D einfach zusammenhängend ist, verzichtet werden, wenn man stattdessen annimmt, dass γ nullhomolog in D ist.

(Hinweis: Benutze den Satz von Runge.)

Als Ergänzung noch ein Beispiel eines Weges, der nullhomolog, aber nicht nullhomotop ist (ohne Beweis). Sei $D = \mathbb{C} \setminus \{0, 1\}$ und γ der durch das folgende Bild definierte Weg.

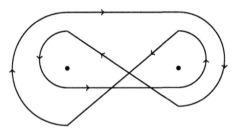

Aufgabe 20.7. Ein wegzusammenhängender topologischer Raum X heißt *einfach zusammenhängend*, wenn jeder geschlossene Weg $\gamma : [0, 1] \to X$, $x_0 = \gamma(0) = \gamma(1)$ mit festen Enden homotop ist zu dem konstanten Weg $\hat{x}_0 : [0, 1] \to X$, $\hat{x}_0(t) = x_0$. *Zeige:*

(a) Der Raum $\mathbb{R}^k$, $k \in \mathbb{N}$ ist einfach zusammenhängend.

(b) Die Menge

$$S^n = \{x \in \mathbb{R}^{n+1} : \|x\| = 1\}, \quad n \geq 2$$

ist, mit der Teilraumtopologie des $\mathbb{R}^{n+1}$, einfach zusammenhängend.
(Hinweis: Zeige, dass ein gegebener Weg γ in S^n zu einem Weg τ homotop ist, der nicht jeden Punkt von S^n trifft. Dann benutze stereographische Projektion, Beispiel 12.2.4).

Mehr Aufgaben und Lösungen finden Sie in dem Begleitbuch *Übungsbuch zur Analysis, Springer-Verlag 2020.*

Bemerkungen

Die letzten beiden Kapitel können nur eine Einführung in die ersten Grundlagen der komplexen Analysis liefern. Weitere Themen wie etwa den großen Satz von Picard, der besagt, dass eine holomorphe Funktion in jeder punktierten Umgebung einer wesentlichen Singularität alle Werte in $\mathbb{C}$ mit einer möglichen Ausnahme annimmt und das dann gleich unendlich oft. Diesen Satz und viele weitere findet man zum Beispiel in Conways Buch [Con78].

Anhang A

Existenz der reellen Zahlen

Die reellen Zahlen wurden in diesem Buch als Dezimalzahlen ohne Neuner-Enden eingeführt, wobei ein strenger Beweis, dass sie zum Beispiel den Körperaxiomen genügen, nicht geführt wurde. Dies ist in der Tat möglich, aber sehr mühsam und nicht besonders lehrreich. Wenn man die reellen Zahlen effektiv konstruieren möchte, geht man daher meist einen anderen Weg. Eine gebräuchliche Methode ist die der sogenannten Dedekindschen Schnitte. Hierbei nutzt man aus, dass eine reelle Zahl x durch die rationalen Zahlen, die größer als x sind, eindeutig festgelegt ist, die Zahl x ist also durch die Menge $(x, \infty) \cap \mathbb{Q}$ bestimmt. Diese Konstruktion von $\mathbb{R}$ wird in diesem Kapitel ausgeführt, gefolgt von dem Beweis, dass der Körper der reellen Zahlen durch die Eigenschaft, ein Dedekind-vollständiger Körper zu sein, eindeutig festgelegt ist. Am Ende wird schließlich aus den Axiomen gefolgert, dass reelle Zahlen Dezimalentwicklungen haben.

A.1   Existenz der reellen Zahlen

Ausgehend von der Menge der rationalen Zahlen $\mathbb{Q}$ wird hier eine Konstruktion des Körpers der reellen Zahlen angegeben, die es ermöglicht, die Körperaxiome und die Vollständigkeit leicht nachzuweisen. Die Konstruktion beginnt mit dem angeordneten Körper der rationalen Zahlen. Es werden also im folgenden die Intervalle (a, b) als Teilmengen von $\mathbb{Q}$ aufgefasst. Zur besseren Unterscheidung schreibt man dann $(a, b)_{\mathbb{Q}}$ für die Menge aller rationalen Zahlen $r \in \mathbb{Q}$ mit $a < r < b$.

Definition A.1.1. Ein *Dedekindscher Schnitt* ist eine Teilmenge $\emptyset \neq S \subsetneq \mathbb{Q}$, die kein Minimum hat und für die unter der Anordnung nach oben abge-

© Springer-Verlag GmbH Deutschland, ein Teil von Springer Nature 2021
A. Deitmar, *Analysis*, https://doi.org/10.1007/978-3-662-62858-4_21

schlossen ist, d.h., es gilt

$$x \in S,\ x < y \quad \Rightarrow \quad y \in S.$$

Beispiele A.1.2.

- Für jede rationale Zahl $r \in \mathbb{Q}$ ist das offene Intervall $S_r = (r, \infty)_{\mathbb{Q}}$ ein Dedekindscher Schnitt. Hingegen ist das abgeschlossene Intervall $[r, \infty)_{\mathbb{Q}}$ kein Dedekindscher Schnitt, da es ein Minimum hat.

- Sei $T = \{x \in \mathbb{Q} : x > 0,\ x^2 > 2\}$. Es ist leicht einzusehen, dass T ein Dedekindscher Schnitt ist. Dieser wird die Rolle von $\sqrt{2}$ spielen.

Sei $\mathcal{R}$ die Menge aller Dedekindschen Schnitte. Die Abbildung $\phi : \mathbb{Q} \to \mathcal{R}$, die $r \in \mathbb{Q}$ auf $S_r = (r, \infty)_{\mathbb{Q}}$ abbildet, ist injektiv, also kann man $\mathbb{Q}$ als Teilmenge von $\mathcal{R}$ auffassen. Es wird im Folgenden gezeigt, dass $\mathcal{R}$ ein Dedekind-vollständiger angeordneter Körper ist und dass $\mathbb{Q}$ ein angeordneter Unterkörper von $\mathcal{R}$ ist.

Lemma A.1.3. *Sind $S, T \subset \mathbb{Q}$ zwei Dedekindsche Schnitte, so ist*

$$S + T = \left\{s + t : s \in S,\ t \in T\right\}$$

ein Dedekindscher Schnitt. Die Menge $\mathcal{R}$ wird mit dieser Verknüpfung eine abelsche Gruppe. Das neutrale Element ist S_0. Für zwei rationale Zahlen $r, s \in \mathbb{Q}$ gilt $S_r + S_s = S_{r+s}$.

Beweis. Das Assoziativgesetz $S + (T + U) = (S + T) + U$ und das Kommutativgesetz $S + T = T + S$ gelten für Elemente und damit auch für Dedekindsche Schnitte. Um einzusehen, dass das Element S_0 neutral ist, muss man für einen beliebiges $S \in \mathcal{R}$ zeigen, dass $S + S_0 = S$ gilt. Sei hierzu $s \in S$ und $r \in S_0$, also $r > 0$, dann ist $s + r > s \in S$, also $s + r \in S$ und so $S + S_0 \subset S$. Sei umgekehrt $s \in S$. Da S kein Minimum hat, gibt es $s' \in S$ mit $s' < s$, also $s = s' + r$ mit $r > 0$, so dass $S + S_0 \supset S$ folgt, insgesamt also $S + S_0 = S$. Damit ist S_0 neutral in $\mathcal{R}$.

Zur Konstruktion des Inversen: sei S ein Dedekindscher Schnitt. Sei S' die Menge aller $s' \in \mathbb{Q}$ so dass es ein $\varepsilon(s') > 0$ in $\mathbb{Q}$ gibt mit der Eigenschaft dass $s' + s > \varepsilon(s')$ für jedes $s \in S$ gilt. Es ist nun zu zeigen, dass S' ein Dedekindscher Schnitt ist, der $S + S' = S_0$ erfüllt. Die Inklusion $S + S' \subset S_0$ ist nach Definition klar. Sei also $r \in S_0$, also $r > 0$. Ist $s \in S$ und ist auch $s - r \in S$, so ersetze s durch $s - r$ und wiederhole diesen Vorgang. Da $S \neq \mathbb{Q}$, bricht dieses Verfahren ab und man erhält ein $s \in S$, so dass $s - r \notin S$. Wegen $r = s + (r - s)$ reicht es zu zeigen, dass $r - s$ in S' liegt. Sei also $s_1 \in S$, so ist zu zeigen, dass $s_1 + (r - s) > 0$ ist. Dies ist aber gleichbedeutend mit $s_1 > s - r$, was wegen $s - r \notin S$ klar ist. Insgesamt folgt also $S + S' = S_0$, so dass S' das Inverse zu S ist. Es bleibt zu zeigen, dass S' auch ein Dedekindscher Schnitt ist. Die Eigenschaft $y > x \in S' \implies y \in S'$ ist nach Definition klar. Dass S' nichtleer und ungleich $\mathbb{Q}$ ist, ist leicht einzusehen und soll dem Leser als Übungsaufgabe überlassen bleiben. Bleibt zu zeigen, dass S' kein Minimum hat, dies folgt allerdings daraus, dass mit $s' \in S'$ und einem gewählten $\varepsilon(s') > 0$ das Element $t = s' - \frac{\varepsilon(s')}{2}$ ebenfalls in S' liegt. Man kann in diesem Fall $\varepsilon(t) = \varepsilon(s')/2$ wählen. □

Als nächstes sei die Anordnung auf $\mathcal{R}$ definiert durch

$$S \leq T \quad \Leftrightarrow \quad S \supset T.$$

Für $r, t \in \mathbb{Q}$ ist dann $r \leq t$ äquivalent zu $S_r \leq S_t$. Aus der Definition Dedekindscher Schnitte folgt sofort, dass $\mathcal{R}$ mit dieser Ordnung linear geordnet ist, d.h., für zwei Dedekindsche Schnitte S, T gilt stets $S \leq T$ oder $S \geq T$.

Die Multiplikation wird zunächst auf der Teilmenge $\mathcal{R}_+$ aller $S > S_0$ definiert. Seien also $S, T > 0$ Dedekindsche Schnitte, also insbesondere $S, T \neq S_0$. Setze

$$ST = \big\{ st : s \in S, t \in T \big\}.$$

Analog zum Fall der Addition stellt man fest, dass $\mathcal{R}_+$ mit dieser Multiplikation eine Gruppe bildet, das neutrale Element ist S_1 und das Inverse zu $S \in \mathcal{R}_+$ ist $S^{-1} = \{s^{-1} : s \in S\}$. Da Multiplikation und Addition elementweise distributiv sind, gilt für $S, T, U \in \mathcal{R}_+$,

$$S(T + U) = ST + SU.$$

Hieraus ergibt sich leicht, dass man die Multiplikation auf ganz $\mathcal{R}$ eindeutig zu einer assoziativen Verknüpfung fortsetzen kann, die das Distributivgesetz auf ganz $\mathcal{R}$ erfüllt.

Satz A.1.4. *Mit diesen Verknüpfungen ist $\mathcal{R}$ ein Dedekind-vollständiger Körper.*

Beweis. Die Körperaxiome und die Anordnungsaxiome sind klar. Es ist nur die Vollständigkeit zu beweisen. Ist $M \neq \emptyset$ eine nach unten beschränkte Menge von Dedekindschen Schnitten, dann ist

$$S = \bigcup_{T \in M} T$$

ebenfalls ein Dedekindscher Schnitt, der eine untere Schranke zu M ist. Ist S' eine zweite untere Schranke, dann enthält S' jedes $T \in M$, also folgt $S' \leq S$, damit ist S die größte untere Schranke, also das Infimum. Es hat also jede nach unten beschränkte Menge ein Infimum und durch Multiplikation mit (-1) folgt, dass jede nach oben beschränkte Menge $\neq \emptyset$ ein Supremum hat, damit ist $\mathcal{R}$ ein Dedekind-vollständiger Körper. □

A.2   Eindeutigkeit

Satz A.2.1. *Seien $\mathcal{K}$ und $\mathcal{L}$ zwei Dedekind-vollständige Körper, dann existiert eine eindeutig bestimmte bijektive Abbildung $\eta : \mathcal{K} \to \mathcal{L}$ so dass*

$$\eta(a + b) = \eta(a) + \eta(b), \quad und \quad \eta(ab) = \eta(b)\eta(b),$$

sowie $\eta(1) = 1$ und

$$a \leq b \quad \Leftrightarrow \quad \eta(a) \leq \eta(b).$$

Man sagt dazu, dass $\mathcal{K}$ und $\mathcal{L}$ als angeordnete Körper isomorph *sind. Es hat zur Folge, dass $\mathcal{K}$ und $\mathcal{L}$ in der Theorie der angeordneten Körper nicht mehr unterscheidbar sind.*

Beweis. Zunächst zur Existenz. Sei $a \in \mathcal{K}$. Das Intervall $(-\infty, a)$ ist nach oben beschränkt. Also ist auch die Menge $M_a = (-\infty, a) \cap \mathbb{Q}$ nach oben beschränkt. Da es zwischen a und $a + 1$ rationale Zahlen gibt, existiert auch obere Schranke für M, die in $\mathbb{Q}$ liegt. Der Körper der rationalen Zahlen liegt kanonisch sowohl in $\mathcal{K}$ als auch in $\mathcal{L}$. Die Menge M kann also auch als Teilmenge von $\mathcal{L}$ aufgefasst werden und da sie obere Schranken in $\mathbb{Q}$ hat, ist sie auch in $\mathcal{L}$ nach oben beschränkt. Damit ist die folgende Definition einer Abbildung $\eta : \mathcal{K} \to \mathcal{L}$ sinnvoll:

$$\eta(a) = \sup_{\mathcal{L}} \left(\mathbb{Q} \cap (-\infty, a) \right).$$

Da $a \leq b \Leftrightarrow M_a \subset M_b$, folgt $a \leq b \quad \Leftrightarrow \quad \eta(a) \leq \eta(b)$. Zu jedem $a \in \mathcal{K}$ existiert eine monoton wachsende Folge (a_n) in $\mathbb{Q}$, die in $\mathcal{K}$ gegen a konvergiert und für jede solche Folge gilt $\eta(a) = \eta(\lim_n a_n) = \lim_n \eta(a_n)$. Hiermit folgt wegen Satz 3.1.16, dass $\eta(a + b) = \eta(a) + \eta(b)$ und $\eta(ab) = \eta(b)\eta(b)$ gilt. Damit ist die Existenzaussage des Satzes bewiesen. Zum Beweis der Eindeutigkeit sei ψ eine weitere solche Abbildung, dann stimmen η und ψ wegen der Additivität auf $\mathbb{Z}$ und dann wegen der Multiplikativität auch auf $\mathbb{Q}$ überein. Da ψ bijektiv und ordnungstreu ist, gilt $\sup(\psi(M)) = \eta(\sup M)$ für jede nach oben beschränkte Menge M und damit folgt $\psi = \eta$. □

A.3 Dezimalzahlen

Die Menge $\mathbb{R}$ der reellen Zahlen wird hier als die Menge aller Dedekind-schen Schnitte wie in Abschnitt A.1 betrachtet. Dann ist $\mathbb{R}$ ein Dedekind-vollständiger Körper.

Definition A.3.1. Eine *Dezimalzahl* ist ein Formaler Ausdruck der Form

$$\sum_{j=-\infty}^{N} a_j 10^j,$$

mit $N \in \mathbb{Z}$ und Koeffizienten $a_j \in \{0, 1, \ldots, 9\}$, so dass $a_N \neq 0$. Genauer wird die Dezimalzahl mit der Folge der Koeffizienten $(a_j)_{j \leq N}$ identifiziert. Eine *reguläre Dezimalzahl* ist eine Dezimalzahl $(a_j)_{j \leq N}$ die kein Neuner-Ende hat, für die also gilt: es gibt unendlich viele $j \leq N$ so dass $a_j \neq 9$.

Satz A.3.2. *Für jede reelle Zahl $a > 0$ gibt es genau eine reguläre Dezimalzahl $(a_j)_{j \geq N}$ so dass die Reihe $\sum_{j=-\infty}^{N} a_j 10^j$ gegen a konvergiert, d.h., dass*

$$\lim_{k \to \infty} \sum_{j=-k}^{N} a_j 10^j = a.$$

Beweis. Sei $a > 0$ in $\mathbb{R}$ gegeben. Für jedes $k \in \mathbb{Z}$ ist die Gauß-Klammer $[10^k a]$ eine ganze Zahl, die sich in der Form

$$[10^k a] = \sum_{j=0}^{\infty} a_{k,j} 10^j$$

mit eindeutig bestimmten Koeffizienten $a_{k,j} \in \{0, \ldots, 9\}$ schreiben lässt, die fast alle Null sind. Es wird nun gezeigt, dass für jedes $v \in \mathbb{N}$ und $j \geq 0$ gilt $a_{k+v,j+v} = a_{k,j}$. Hierzu beachte, dass für jedes $x \geq 0$ gilt $x - [x] \in [0, 1)$. Indem man dies für $x = 10^v a$ anwendet und dann durch 10^v dividiert, erhält man $a - \frac{[10^v a]}{10^v} \in [0, 10^{-v})$. Es folgt

$$\frac{[10^v a]}{10^v} - [a] = a - [\overset{.}{a}] - \left(a - \frac{[10^v a]}{10^v} \right) \in (-10^{-v}, 1).$$

Nun ist $\frac{[10^v a]}{10^v} = \sum_{j=-v}^{\infty} a_{k+v,j+v} 10^j$. Es folgt, dass die Zahl

$$\sum_{j=0}^{\infty} (a_{k+v,j+v} - a_{k,j}) 10^j + \sum_{j=-v}^{-1} a_{k+v,j+v} 10^j$$

im Intervall $(-1, 1)$ liegt, was für $j \geq 1$ die Behauptung $a_{k+\nu, j+\nu} = a_{k,j}$ impliziert.

Man kann nun die Koeffizienten a_j aus dem Satz definieren. Zu gegebenem $j \in \mathbb{Z}$ und $k \in \mathbb{N}$ so dass $j + k \geq 1$ gilt, hängt der Ausdruck $a_j = a_{k,j+k}$ nicht von der Wahl von k ab. Ferner gilt $a_j = 0$, falls $j > M$, wobei $M \in \mathbb{N}$ mit $a \leq 10^M$ gewählt ist. da $a \neq 0$, gibt es ein $j \in \mathbb{Z}$ mit $a_j \neq 0$. Sei also N die grösste ganze Zahl mit $a_N \neq 0$. Es ist nun zu zeigen, dass

$$a = \sum_{j=-\infty}^{N} a_j 10^j$$

gilt. Da die Koeffizienten beschränkt sind, konvergiert die Reihe in $\mathbb{R}$. Für beliebiges $k \in \mathbb{N}$ gilt

$$\left| a - \sum_{j=1-k}^{N} a_j 10^j \right| = \left| a - \sum_{j=1-k}^{\infty} a_j 10^j \right| = 10^{-k} \left| 10^k a - \sum_{j=1-k}^{\infty} a_j 10^{j+k} \right|$$

$$= 10^{-k} \left| 10^k a - \sum_{j=1}^{\infty} a_{j-k} 10^j \right| = 10^{-k} \left| 10^k a - \sum_{j=1}^{\infty} a_{k,j} 10^j \right|$$

$$= 10^{-k} \left| 10^k a - [10^k a] + a_{k,0} \right| \leq 10^{1-k}.$$

Der Beweis, dass die so definierte Dezimalzahl regulär ist und eindeutig bestimmt sei dem Leser zur Übung gelassen.   □

Anhang B

Vollständigkeit

In manchen Lehrbüchern findet sich statt der Dedekind-Vollständigkeit der reellen Zahlen die Forderung, dass Cauchy-Folgen konvergieren, also *Folgenvollständigkeit*. Dieser Vollständigkeitsbegriff hat den Vorteil, im Wesentlichen mit dem analogen Begriff für metrische Räume übereinzustimmen, aber den Nachteil, dass man das archimedische Prinzip als separates Axiom fordern muss.

B.1 Cauchy-Vollständigkeit

Ein angeordneter Körper $\mathcal{K}$ heißt *Cauchy-vollständig*, wenn jede Cauchy-Folge in $\mathcal{K}$ konvergiert.

Beispiele B.1.1.

- In Satz 3.1.30 wurde gezeigt, dass der Körper der reellen Zahlen Cauchy-vollständig ist.

- Der Körper $\mathbb{Q}$ ist nicht Cauchy-vollständig. Um dies einzusehen wähle eine reelle Zahl $a \in \mathbb{R}$, die nicht in $\mathbb{Q}$ liegt, etwa $a = \sqrt{2}$. Nach Satz 3.1.8 existiert eine Folge (r_n) in $\mathbb{Q}$, die in $\mathbb{R}$ gegen a konvergiert. Dann ist (r_n) eine Cauchy-Folge nach Satz 3.1.30. Sie konvergiert aber nicht in $\mathbb{Q}$, da ihr eindeutig bestimmter Limes in $\mathbb{R} \setminus \mathbb{Q}$ liegt.

Definition B.1.2. Sei $\mathcal{K}$ ein angeordneter Körper. Dann kann man die Menge $\mathbb{N}$ der natürlichen Zahlen als eine Teilmenge von $\mathcal{K}$ auffassen. Man sagt, $\mathcal{K}$ ist *archimedisch* oder *archimedisch angeordnet*, falls in $\mathcal{K}$ die Menge $\mathbb{N}$ nach oben unbeschränkt ist, falls es also zu jedem $x \in \mathcal{K}$ ein $n \in \mathbb{N}$ mit $n > x$ gibt.

Nach Satz 2.5.7 ist $\mathbb{R}$ und damit auch $\mathbb{Q}$ archimedisch angeordnet.

© Springer-Verlag GmbH Deutschland, ein Teil von Springer Nature 2021
A. Deitmar, *Analysis*, https://doi.org/10.1007/978-3-662-62858-4_22

Beispiel B.1.3. Zur Vervollständigung des Weltbildes hier nun ein Beispiel eines nicht-archimedisch angeordneten Körpers. Sei $\mathbb{Q}[x]$ die Menge aller Polynome in der Unbestimmten x. Man kann Polynome addieren und multiplizieren und es gelten die Körperaxiome bis auf die Tatsache, dass nicht jedes Element $\neq 0$ invertierbar ist. Man sagt in diesem Fall, dass $\mathbb{Q}[x]$ ein *Ring* ist. Für diesem Ring definiert man eine Anordnung in der x größer ist als jede rationale Zahl. Genauer sei $p(x) = a_0 + a_1 x + \cdots + a_n x^n$ ein Polynom mit $a_n \neq 0$, so definiert man

$$p(x) > 0 \quad \Leftrightarrow \quad a_n > 0.$$

Für zwei Polynome p, q setzt man

$$p(x) > q(x) \quad \Leftrightarrow \quad p(x) - q(x) > 0.$$

Man verifiziert nun leicht die Anordnungsaxiome für $\mathbb{Q}[x]$. Sei $\mathbb{Q}(x)$ der Körper aller rationaler Funktionen $\frac{p(x)}{q(x)}$ wobei p und q Polynome sind und q nicht das Nullpolynom ist. Formal ist $\mathbb{Q}(x)$ die Menge aller Paare (p, q) in $\mathbb{Q}[x] \times (\mathbb{Q}[x] \setminus \{0\})$ modulo der Äquivalenzrelation

$$(p, q) \sim (\alpha, \beta) \quad \Leftrightarrow \quad p\beta = \alpha q.$$

Man schreibt die Elemente von $\mathbb{Q}(x)$ in der Form $\frac{p}{q}$ statt (p, q) und verifiziert, dass $\mathbb{Q}(x)$ ein Körper ist und $\mathbb{Q}[x]$ ein Unterring. Da stets gilt $\frac{p}{q} = \frac{(-1)p}{(-1)q}$, kann man stets $q > 0$ annehmen. Unter dieser Maßgabe definiert man

$$\frac{p}{q} < \frac{\alpha}{\beta} \quad \Leftrightarrow \quad p\beta < \alpha q.$$

Dann ist $\mathbb{Q}(x)$ ein angeordneter Körper. Da $x > r$ für jedes $r \in \mathbb{Q}$ gilt, ist insbesondere $x > n$ für jedes $n \in \mathbb{N}$, der Körper also nicht archimedisch angeordnet.

Satz B.1.4. *Sei $\mathcal{K}$ ein angeordneter Körper. Dann sind äquivalent:*

(a) *$\mathcal{K}$ ist Dedekind-vollständig,*

(b) *$\mathcal{K}$ ist Cauchy-vollständig und archimedisch.*

Nach Satz A.2.1 sind beide Eigenschaften dann auch äquivalent dazu, dass $\mathcal{K}$ isomorph zu $\mathbb{R}$ ist.

Beweis. Ist $\mathcal{K}$ Dedekind-Vollständig, so ist $\mathcal{K}$ isomorph zu $\mathbb{R}$ und damit archimedisch nach Satz 2.5.7 und Cauchy-vollständig nach Satz 3.1.30.

Sei nun umgekehrt $\mathcal{K}$ Cauchy-vollständig und archimedisch. Es ist zu zeigen, dass $\mathcal{K}$ Dedekind-vollständig ist. Sei also $\emptyset \neq M \subset \mathcal{K}$ nach oben beschränkt und sei b_0 eine obere Schranke. Sei $a_0 \in M$ beliebig. Man konstruiert nun eine Folge von Intervallen $[a_n, b_n]$ so dass $[a_{n+1}, b_{n+1}] \subset [a_n, b_n]$, dass jedes b_n eine obere Schranke für M ist und jedes a_n in M liegt. Es gilt $0 \leq b_n - a_n \leq \frac{1}{2^n}(b_0 - a_0)$. Ferner sind beide Folgen Cauchy-Folgen mit einem gemeinsamen Limes, der ein Supremum für M ist.

Die Konstruktion ist induktiv. Sei $[a_n, b_n]$ bereits konstruiert. Sei $\alpha = \frac{a_n + b_n}{2}$ das arithmetische Mittel. Ist α eine obere Schranke zu M, so setze $a_{n+1} = a_n$ und $b_{n+1} = \alpha$. Andernfalls setze $a_{n+1} = \alpha$ und $b_{n+1} = b_n$. Es ist nun $a_n \leq a_{n+1} \leq b_{n+1} \leq b_n$ und $0 \leq b_{n+1} - a_{n+1} \leq \frac{1}{2}(b_n - a_n)$ so dass induktiv $0 \leq b_n - a_n \leq \frac{1}{2^n}(b_0 - a_0)$ folgt. Da nach dem archimedischen Prinzip die Folge $\frac{1}{2^n}$ eine Nullfolge ist, folgen die Behauptungen. Der Körper $\mathcal{K}$ ist also Dedekind-vollständig. $\qquad\square$

Literaturverzeichnis

[BJ90] Theodor Bröcker and Klaus Jänich, *Einführung in die Differentialtopologie*, Universitext, Springer, Heidelberg, 1990.

[Con78] John B. Conway, *Functions of one complex variable*, 2nd ed., Graduate Texts in Mathematics, vol. 11, Springer-Verlag, New York-Berlin, 1978.

[Con83] John H. Conway, *Über Zahlen und Spiele*, Friedr. Vieweg & Sohn, Braunschweig, 1983 (German). Translated from the English by Brigitte Kunisch.

[Deis04] Oliver Deiser, *Einführung in die Mengenlehre*, 2nd ed., Springer-Lehrbuch. [Springer Textbook], Springer-Verlag, Berlin, 2004 (German). Die Mengenlehre Georg Cantors und ihre Axiomatisierung durch Ernst Zermelo. [The set theory of Georg Cantor and its axiomization by Ernst Zermelo].

[Deit05] Anton Deitmar, *A first course in harmonic analysis*, 2nd ed., Universitext, Springer-Verlag, New York, 2005. MR2121678 (2006a:42001)

[DE09] Anton Deitmar and Siegfried Echterhoff, *Principles of harmonic analysis*, Universitext, Springer, New York, 2009.

[EHH+83] H.-D. Ebbinghaus, H. Hermes, F. Hirzebruch, M. Koecher, K. Mainzer, A. Prestel, and R. Remmert, *Zahlen*, Grundwissen Mathematik [Basic Knowledge in Mathematics], vol. 1, Springer-Verlag, Berlin, 1983 (German). Edited and with an introduction by K. Lamotke.

[Els05] Jürgen Elstrodt, *Maß- und Integrationstheorie*, 4th ed., Springer-Lehrbuch. [Springer Textbook], Springer-Verlag, Berlin, 2005 (German). Grundwissen Mathematik.

[Fis10] Gerd Fischer, *Lineare Algebra*, 17th ed., Grundkurs Mathematik, Vieweg & Teubner, Braunschweig, 2010.

[Hör90] Lars Hörmander, *An introduction to complex analysis in several variables*, 3rd ed., North-Holland Mathematical Library, vol. 7, North-Holland Publishing Co., Amsterdam, 1990.

[Jec03] Thomas Jech, *Set theory*, Springer Monographs in Mathematics, Springer-Verlag, Berlin, 2003. The third millennium edition, revised and expanded.

[Kel75] John L. Kelley, *General topology*, Springer-Verlag, New York, 1975. Reprint of the 1955 edition [Van Nostrand, Toronto, Ont.]; Graduate Texts in Mathematics, No. 27.

[Rud87] Walter Rudin, *Real and complex analysis*, 3rd ed., McGraw-Hill Book Co., New York, 1987. MR924157 (88k:00002)

[SS95] Lynn Arthur Steen and J. Arthur Seebach Jr., *Counterexamples in topology*, Dover Publications Inc., Mineola, NY, 1995. Reprint of the second (1978) edition.

© Springer-Verlag GmbH Deutschland, ein Teil von Springer Nature 2021
A. Deitmar, *Analysis*, https://doi.org/10.1007/978-3-662-62858-4

[vQ79] Boto von Querenburg, *Mengentheoretische Topologie*, 2nd ed., Springer-Verlag, Berlin, 1979 (German). Hochschultext. [University Text].

[War83] Frank W. Warner, *Foundations of differentiable manifolds and Lie groups*, Graduate Texts in Mathematics, vol. 94, Springer-Verlag, New York, 1983. Corrected reprint of the 1971 edition. MR722297 (84k:58001)

Index

© Springer-Verlag GmbH Deutschland, ein Teil von Springer Nature 2021
A. Deitmar, *Analysis*, https://doi.org/10.1007/978-3-662-62858-4